全国高等农林院校"十一五"规划教材

家畜解剖生理学

周定刚　马恒东　主编

中国农业出版社

编 写 人 员

主　编　周定刚　马恒东
副主编　李玉谷　陈秋生　杨焕民
编　者　（按姓氏笔画排序）
　　　　　马恒东（四川农业大学）
　　　　　王　讯（四川农业大学）
　　　　　王月影（河南农业大学）
　　　　　王纯洁（内蒙古农业大学）
　　　　　计　红（黑龙江八一农垦大学）
　　　　　司晓辉（四川农业大学）
　　　　　朱晓彤（华南农业大学）
　　　　　杜　荣（山西农业大学）
　　　　　李玉谷（华南农业大学）
　　　　　杨焕民（黑龙江八一农垦大学）
　　　　　张书杰（辽宁医学院）
　　　　　陈秋生（南京农业大学）
　　　　　周定刚（四川农业大学）
　　　　　贾　斌（石河子大学）
　　　　　高爱琴（内蒙古农业大学）
　　　　　韩克光（山西农业大学）
　　　　　黎德兵（四川农业大学）
　　　　　额尔敦木图（内蒙古农业大学）

前 言

家畜解剖生理学是研究家畜形态、构造及生命活动规律的科学，是高等农林院校动物生产类专业的专业基础课程。迄今为止，国内高等农林院校尚缺这类规划教材。

《家畜解剖生理学》一书，为"全国高等农林院校'十一五'规划教材"。本书涵盖家畜解剖学、组织学和生理学三部分内容，为适应有关专业需要，其中家畜生理学内容相对占较大比例。本教材着重介绍家畜解剖生理学的基本理论、基本知识和基本技能，适当反映本学科发展的新动态和新进展。全书共14章，并附有实验指导。各章整合形态、构造和机能活动的相关内容，使之浑然一体，以便加深学生对结构与功能之间辩证关系的理解、认识。编写中力求语言简练、结构严谨、概念准确、图文并茂、易读易懂。

本书由国内9所高等院校处在教学、科研第一线的18位教师共同编写。除绪论外，具体编写分工如下：第一章，李玉谷；第二章第一节，额尔敦木图，第二节，杜荣；第三章，高爱琴；第四章，韩克光；第五章，马恒东；第六章，贾斌；第七章，周定刚；第八章，朱晓彤；第九章，王纯洁；第十章，杨焕民、计红；第十一章，张书杰；第十二章，王月影；第十三章，陈秋生；第十四章第一节，张书杰，第二节，高爱琴；实验指导，马恒东、司晓辉、陈秋生、黎德兵和王讯。全书由周定刚统稿。

在编写过程中，各位编者尽心尽责，为保证教材质量付出了辛勤劳动，给予了大力支持。在此，谨向各位作者表示深切的谢意！

由于我们的知识水平和编写能力有限，书中难免有疏漏之处，尚祈同行、读者不吝教正！

周定刚
2009年11月

目 录

前言

绪论 ·· 1
 一、家畜解剖生理学及其研究方法 ·· 1
 二、家畜生理功能的调节 ·· 2
 三、动物体内的控制系统 ·· 4

第一章 畜体基本结构 ·· 7
第一节 细胞 ·· 7
 一、细胞的化学组成 ·· 8
 二、细胞的结构与功能 ·· 8
 三、细胞的生命活动 ·· 15
第二节 基本组织 ··· 19
 一、上皮组织 ·· 19
 二、结缔组织 ·· 24
 三、肌组织 ··· 33
 四、神经组织 ·· 37
第三节 器官系统和躯体方位 ·· 48
 一、器官与系统 ··· 48
 二、畜禽体表各部位的划分 ·· 48
 三、畜体的轴、切面和方位术语 ··· 50

第二章 运动系统 ·· 52
第一节 骨骼 ·· 52
 一、骨 ··· 52
 二、骨连接 ··· 57
 三、全身骨骼的组成 ·· 58
第二节 骨骼肌 ··· 84
 一、骨骼肌的形态和结构 ·· 84
 二、骨骼肌的辅助器官 ·· 87
 三、骨骼肌的分布概况 ·· 88
 四、骨骼肌的收缩 ··· 102

第三章　皮肤及其衍生物 110
第一节　皮肤 110
一、皮肤的构造 110
二、皮肤的机能 112
第二节　皮肤的衍生物 113
一、毛 113
二、皮肤腺 115
三、蹄 117
四、角 118

第四章　血液 119
第一节　概述 119
一、血液的组成和血量 119
二、内环境与稳态 120
三、血液的主要机能 121
第二节　血液的化学成分和理化特性 121
一、血液的化学成分 121
二、血液的理化特性 122
第三节　血细胞生理 123
一、红细胞 123
二、白细胞 125
三、血小板 127
四、造血过程的调节 128
第四节　血液凝固 130
一、凝血因子 130
二、血液凝固的过程 131
三、抗凝系统与纤维蛋白溶解 133
四、促凝与抗凝措施 134
第五节　血型 135
一、红细胞凝集与血型 135
二、家畜的血型 136

第五章　循环系统 137
第一节　心脏 137
一、心脏的形态结构 137
二、心脏生理 140
第二节　血管 147
一、血管的结构 147

目 录

　　二、血管的分布 149
　　三、血管生理 150
第三节　淋巴循环 157
　　一、淋巴液 157
　　二、淋巴管与淋巴回流 158
第四节　心血管活动的调节 159
　　一、神经调节 159
　　二、体液调节 161
　　三、自身调节——局部血流调节 164

第六章　呼吸系统 166

第一节　呼吸器官 167
　　一、呼吸道 167
　　二、肺 169
　　三、胸膜与胸膜腔 171
第二节　肺通气 171
　　一、呼吸运动 171
　　二、肺内压与胸膜腔内压 173
　　三、肺容量和肺通气量 174
第三节　呼吸气体的交换与运输 176
　　一、呼吸气体的交换 176
　　二、气体在血液中的运输 178
第四节　呼吸运动的调节 181
　　一、呼吸中枢与呼吸节律 182
　　二、呼吸运动的反射性调节 183

第七章　消化系统 187

第一节　概述 187
　　一、消化道平滑肌的生理特性 187
　　二、消化道的神经支配 189
　　三、消化道的内分泌功能 190
第二节　消化管与腹腔 192
　　一、消化管的一般构造 192
　　二、腹腔 193
第三节　消化器官的结构和功能 194
　　一、口腔 194
　　二、胃 200
　　三、小肠、肝和胰 213
　　四、大肠 221

第四节　吸收 ... 223
　一、吸收的部位 ... 224
　二、吸收的机理 ... 224
　三、小肠内主要营养物质的吸收 ... 228
第五节　家禽消化的特点 ... 231
　一、家禽的消化器官 ... 231
　二、家禽消化的特点 ... 235

第八章　能量代谢与体温调节 ... 239

第一节　能量代谢 ... 239
　一、能量的来源与利用 ... 239
　二、能量代谢的测定原理与方法 ... 241
　三、基础代谢与静止能量代谢 ... 243
第二节　体温及其调节 ... 245
　一、畜体的体温 ... 245
　二、机体的产热与散热 ... 246
　三、体温的调节 ... 248
　四、家畜对高温和低温的耐受能力与适应 ... 250

第九章　泌尿系统 ... 252

第一节　泌尿系统的结构 ... 252
　一、肾 ... 252
　二、输尿管 ... 255
　三、膀胱与尿道 ... 255
第二节　泌尿生理 ... 255
　一、尿的化学成分和理化特性 ... 255
　二、尿的生成 ... 256
　三、尿的浓缩与稀释 ... 261
　四、尿的排放 ... 263
　五、肾脏在维持稳态中的作用 ... 264

第十章　神经系统 ... 266

第一节　神经系统的结构 ... 266
　一、神经系统的组成 ... 266
　二、中枢神经系统 ... 266
　三、周围神经系统 ... 273
第二节　神经组织的一般生理 ... 276
　一、神经元和神经胶质细胞 ... 276
　二、神经的兴奋与传导 ... 277

三、神经元间的功能联系 ································· 281
第三节　神经系统的功能 ································· 290
　　一、神经系统的感觉机能 ································· 290
　　二、神经系统对躯体运动的调节 ························· 297
　　三、神经系统对内脏活动的调节 ························· 299
　　四、神经系统的高级功能 ································· 302
　　五、神经、内分泌和免疫系统的相互关系 ················ 306

第十一章　感觉器官 ································· 310
第一节　视觉器官 ·· 310
　　一、眼球的结构 ·· 310
　　二、眼球的辅助器官 ···································· 312
第二节　位听器官 ·· 314
　　一、外耳 ·· 314
　　二、中耳 ·· 315
　　三、内耳 ·· 315
第三节　其他感受器 ······································ 316
　　一、嗅觉感受器 ·· 316
　　二、味觉感受器 ·· 316
　　三、皮肤感受器 ·· 317

第十二章　内分泌系统 ································· 318
第一节　概述 ·· 318
　　一、内分泌和激素的概念 ································ 318
　　二、激素作用的一般特征 ································ 319
　　三、激素的分类 ·· 320
　　四、激素的作用机制 ···································· 322
第二节　下丘脑与垂体 ···································· 323
　　一、下丘脑 ·· 323
　　二、脑垂体 ·· 326
第三节　甲状腺 ·· 331
　　一、甲状腺的位置、形态和结构 ························· 331
　　二、甲状腺激素的合成与释放 ·························· 331
　　三、甲状腺激素的生理作用 ······························ 334
　　四、甲状腺激素分泌的调节 ······························ 335
第四节　甲状旁腺与调节钙、磷代谢的激素 ················· 336
　　一、甲状旁腺的位置、形态和结构 ······················· 336
　　二、甲状旁腺激素的生物学作用 ························· 337
　　三、降钙素 ·· 337

        四、1,25-二羟维生素 D_3 ··· 337
        五、甲状旁腺素、降钙素和1,25-二羟维生素 D_3 分泌的调节 ······················· 338
    第五节　胰岛 ··· 338
        一、胰岛的位置、形态和结构 ··· 338
        二、胰岛素的生理作用 ··· 339
        三、胰高血糖素的生理作用 ·· 340
        四、胰岛分泌功能的调节 ·· 340
    第六节　肾上腺 ·· 341
        一、肾上腺的位置、形态和结构 ··· 341
        二、肾上腺皮质激素 ··· 343
        三、肾上腺髓质激素 ··· 345
    第七节　其他内分泌腺和激素 ·· 347
        一、松果体 ··· 347
        二、胸腺素 ··· 348
        三、前列腺素 ··· 348
        四、瘦素 ··· 349

第十三章　免疫系统 ··· 350

    第一节　免疫细胞 ··· 350
        一、淋巴细胞 ··· 350
        二、单核吞噬细胞系统 ··· 352
        三、抗原呈递细胞 ·· 353
    第二节　免疫组织 ··· 353
    第三节　免疫器官 ··· 354
        一、胸腺 ··· 355
        二、腔上囊 ··· 357
        三、骨髓 ··· 357
        四、脾 ·· 357
        五、淋巴结 ··· 361
        六、扁桃体 ··· 366
        七、血结与血淋巴结 ··· 367

第十四章　生殖系统 ··· 368

    第一节　生殖器官 ··· 368
        一、雄性生殖器官 ·· 368
        二、雌性生殖器官 ·· 373
    第二节　生殖生理 ··· 377
        一、雄性生殖生理 ·· 378
        二、雌性生殖生理 ·· 380

三、交配与受精 ……………………………………………………………… 387
　　四、妊娠 …………………………………………………………………… 390
　　五、分娩 …………………………………………………………………… 393
　　六、泌乳 …………………………………………………………………… 395
　第三节　家禽生殖的特点 ………………………………………………………… 397
　　一、家禽的生殖系统 ………………………………………………………… 397
　　二、家禽生殖生理的特点 …………………………………………………… 399

家畜解剖生理学实验指导 …………………………………………………………… 402

　家畜解剖生理学实验基础知识 …………………………………………………… 402
　实验一　家畜解剖学方位与躯体各部名称 ……………………………………… 418
　实验二　几种畜禽的实地解剖 …………………………………………………… 420
　实验三　四大基本组织及主要器官组织学观察 ………………………………… 427
　实验四　血液学实验 ……………………………………………………………… 432
　实验五　坐骨神经-腓肠肌标本的制备及坐骨神经干动作电位的测定 ……… 435
　实验六　离体蛙心灌流 …………………………………………………………… 439
　实验七　动脉血压直接测定 ……………………………………………………… 441
　实验八　不同因素对尿生成的影响 ……………………………………………… 443
　实验九　胆汁和胰液的分泌 ……………………………………………………… 445
　实验十　内分泌腺和性腺组织学观察 …………………………………………… 447

主要参考文献 ………………………………………………………………………… 450

绪 论

一、家畜解剖生理学及其研究方法

家畜解剖生理学是以家畜形态学为基础，研究正常、健康家畜生命活动规律的一门科学，是动物医学和动物科学有关专业的重要专业基础课之一。它涵盖家畜解剖学、家畜组织学和家畜生理学三个部分的内容。广义的解剖学包括大体解剖学和显微解剖学。大体解剖学主要是借助解剖器械（刀、剪等），采用分离、切割的方法，通过肉眼、放大镜和解剖显微镜观察研究畜体各器官的形态及构造的科学。依据研究目的和叙述方法的不同，又分为系统解剖学、局部解剖学、比较解剖学和X线解剖学等。显微解剖学即组织学，主要是借助显微镜观察研究机体微细结构及其与功能之间关系的科学。其研究内容包括细胞、基本组织和器官组织三个部分。家畜生理学则是通过急性实验和慢性实验，从机体整体水平、器官系统水平和细胞分子水平侧重研究家畜机能活动规律的科学。畜体的形态结构和机能活动之间有着不可分割的联系。机能以形态结构为基础，而形态结构又受机能活动的影响，并与之相互适应。家畜解剖生理学整合形态、构造和机能活动的相关内容，使之成为一门既与解剖学、组织学和生理学具有密切联系而又有其自身特点的独立学科，为适应有关专业需要，其中生理学内容相对占较大比例。

家畜解剖生理学的知识来自于对形态结构的客观观察和科学实验。应用一般光学显微镜，观察组织切片是组织学研究的最基本方法。观察生活状态的细胞则常用组织培养（tissue culture）方法。组织培养也称体外实验，即在无菌条件下，把活细胞或活组织放在体外适宜的条件下培养成活，并对培养细胞附加各种条件（例如温度、药物、激素等），观察其所受到的影响和变化。此外，组织化学、细胞化学、免疫组化技术以及荧光显微镜、相差显微镜、暗视野显微镜、透射电子显微镜和扫描电子显微镜等也被广泛地应用于组织、细胞形态结构（超微结构）的观察研究。在形态学研究的基础上，欲进一步了解器官、组织和细胞的生理活动及其活动机制，必须运用实验的方法，因为每一种生理功能的发现及其机制的揭示，都是通过科学实验获得的。解剖生理学的实验方法主要分为急性实验和慢性实验两类。

（一）急性实验

急性实验由于研究目的的不同，又可将其分为离体器官实验（in vitro）和活体解剖实验（in vivo）。

1. 离体器官实验　从活着的或刚死去的动物体内分离出组织、器官，置于与体内环境相似的人工模拟环境中，使其在短时间内保持生理功能，以便进行研究。例如，将蛙的心脏取出，用近似血浆成分的溶液进行灌流，这样蛙心就能搏动数小时以上，从而可以进行对于心脏的各种研究。

2. 活体解剖实验　在麻醉或毁损大脑的情况下，对动物进行活体解剖，暴露所要研究的器官，以便进行各种实验。例如，胃肠运动的直接观察等。

由于离体器官和活体解剖实验过程时间短暂，实验后动物一般不能存活，所以称之为急性实验。此法的优点在于实验条件和研究对象较为简单，容易排除其他因素的干扰，可以对实验对象进行直接观察和细致分析，并可较快获得实验结果。但急性实验是在脱离整体条件，或者是在受到解剖或麻醉的情况下进行的，故所获结果与正常生理功能差异较大，常有一定的局限性。

（二）慢性实验

慢性实验是以完整、健康的动物为研究对象，在正常的环境条件下进行各种实验。慢性实验可以研究复杂的生理活动、器官之间的协调关系，以及机体的生理活动如何与外界环境相适应。例如，将埋藏电极植入动物脑内某一部位，施予电刺激以观察分析与此部位相关的生理功能活动。又如，在无菌条件下给动物安置慢性瘘管（消化瘘管、血管瘘管等），直接观察某些器官的生理活动规律等。这种动物可以在正常的饲养管理条件下，进行较长时间的观察、试验，称为慢性实验。慢性实验法的优点在于研究对象是完整、健康的动物，又是在自然、正常条件下进行的，因此所获结果比较接近正常生理活动规律。其缺点是不便于分析诸多影响因素，应用范围常受限制。

总之，上述研究方法各有其特殊意义和一定的局限性。无论采用哪种实验方法，在解释结果时，必须实事求是，既不能把局限于某种特定条件下所获得的资料引申为普遍规律，更不能把一种动物的实验结果，不加区别地移用于所有的动物。

解剖生理学的研究与其他学科的发展密切相关。随着电子学、生物化学、生物物理学、神经生物学和分子生物学的发展，促进了解剖生理学的研究从宏观向微观领域的不断深入。例如，应用神经生理和药理学相结合方法，已经能在细胞水平研究单个细胞膜受体活动的特性等。

二、家畜生理功能的调节

动物有机体由多种不同的细胞、组织和器官所组成，它们分别执行着各不相同的功能。但是，这些组织、器官的功能活动并不是彼此孤立、互不相关的。相反，体内同一器官系统在不同时间的功能活动（例如消化活动），或在同一时间不同部位器官的功能活动（例如机体运动），无论在时间和空间上都相互联系、协调配合，作为一个统一的整体而存在和活动。有机体通过其调节机制，把不同时间和空间的机能活动调整统一起来，使之成为整体活动，这种调节作用称为整合（integration）。以消化活动为例，进食前，胃肠运动及各种消化液的分泌其先后次序并不一致。但食物进入口腔后，不仅引起唾液分泌加强，而且胃肠运动及各种消化液如胃液、胰液和胆汁的分泌也同时加强。以上是指不同时间某些顺序性机能活动之间的配合，称为时间上的配合。所谓空间上的配合，是指同一时间不同部位机能活动之间的配合。例如，动物剧烈运动时，除骨骼肌肉的活动加强外，其他处于不同空间的器官系统活动在同一时间也与之密切配合。如呼吸加强，以便吸入更多氧气和排除大量二氧化碳；心跳加快、血流加速，以便给肌肉输送大量养料和能量；消化和泌尿系统活动受到抑制，以便重新分配器官血液流量使之首先满足肌肉做功需要等。上述过程都是通过相应的调节机制实现的。动物体内的调节机制主要有三种，即神经调节（neuroregulation）、体液调节（humoral regulation）以及器官、组织、细胞的自身调节（autoregulation），其中神经调节占主导地位。

（一）神经调节

神经调节（nervous regulation）是通过神经系统的活动所实现的一种调节方式。神经活动的基本过程是反射（reflex）。例如，强光照射眼睛会使瞳孔缩小；食物进入口腔能引起唾液分泌增加等，这些都是通过中枢神经系统完成的反射活动。可见，反射是指在中枢神经系统的参与下，机体对内外环境变化所做出的规律性应答。完成反射所需的结构称为反射弧（reflex arc），由感受器→传入神经→神经中枢→传出神经→效应器5个环节构成。巴甫洛夫在前人研究的基础上，将反射分为非条件反射和条件反射两类。非条件反射（unconditioned reflex）是指通过遗传、出生后无需训练就具有的反射。其数量有限、适应范围小，是比较固定和形式低级的反射活动，例如防御反射、食物反射和性反射等。非条件反射由非条件刺激所引起，具有固定的神经联系，反射中枢位于神经系统的低级部位，是动物在种族进化过程中形成，而相继遗传给后代的。条件反射（conditioned reflex）是指动物出生后，通过训练而建立起来的反射。其数量无限、适应范围广，可以建立，亦能消退，是反射活动的高级形式。由条件刺激（无关动因）所引起，具有暂时性的神经联系。高等动物形成条件反射的中枢主要位于大脑皮质，是个体通过后天训练而获得的。

（二）体液调节

体液调节（humoral regulation）是指通过体液中的某些特殊化学物质（主要是激素）所实现的一种调节方式。体内有多种内分泌腺能分泌激素。激素是一些能在细胞与细胞之间传递信息的化学物质，由血液或组织液携带，作用于具有相应受体（receptor）的细胞，以调节这些细胞的活动。接受某种激素调节的细胞，称为该种激素的靶细胞（target cell）。例如，胰岛β细胞分泌的胰岛素随血液运送到机体各组织细胞，可以使它们加速摄取、贮存和利用葡萄糖，使葡萄糖水平降低。葡萄糖水平降低又可抑制胰岛素的分泌，从而使血糖水平保持相对恒定。有些内分泌细胞分泌的激素并不是由循环血液携带到远处的组织、细胞，而是通过组织液扩散至邻近的靶细胞，调节这些细胞的活动。这种调节称为局部的体液调节，也称为旁分泌（paracrine）调节。有些细胞分泌的激素反过来作用于其自身或其周围同类的细胞，以调节它们的活动，这种调节方式称为自分泌（autocrine）。例如，胰岛素可以抑制胰岛β细胞自身分泌胰岛素的活动；肾上腺素分泌量增多时，可抑制自身合成酶（苯乙醇胺氮位甲基转移酶，PNMT）的活性等。另外，下丘脑内有些神经细胞能合成催产素、抗利尿激素和多种下丘脑调节性多肽。催产素和抗利尿激素由神经轴突沿下丘脑垂体束运送到神经垂体，再从神经末梢释放入血液，并作用于相应的靶细胞；各种下丘脑调节性多肽则由垂体门脉系统运送至腺垂体，作用于腺垂体的内分泌细胞（详见第十二章内分泌系统）。这种由神经分泌激素的调节方式称为神经-内分泌，简称神经分泌（neurocrine）。除激素外，某些组织细胞产生的化学物质如组胺、激肽、各种细胞因子，以及代谢产物如葡萄糖、CO_2等，也可以作为体液因素起调节作用。动物机体的许多生理功能，同时受到神经系统和内分泌系统的双重调节。虽然一般可将内分泌系统看作是一个独立的系统，但体内大多数内分泌腺都直接或间接受神经系统的调节。例如，肾上腺髓质受交感神经节前纤维末梢支配，交感神经兴奋时，肾上腺髓质分泌肾上腺素和去甲肾上腺素，它们进入血液后可以加强体内许多效应细胞对交感神经的反应。在这种情况下，可将体液调节看做是神经调节中的一个环节，这类通过神经影响激素分泌对机体功能进行调节的方式，称为神经体液调节（neurohumoral regulation）。

（三）自身调节

许多组织、细胞自身也能对周围环境的变化发生适应性反应，这种反应是组织、细胞本身的生理特性，不依赖于外来神经或体液因素的作用，因此称为自身调节（autoregulation）。例如，血管平滑肌受到牵拉刺激时，会发生收缩反应。当小动脉的灌流压升高时，对管壁的牵张刺激增强，小动脉管壁平滑肌就发生收缩，使小动脉管径缩小。这种自身调节对维持局部组织血流量的相对恒定起一定作用。细胞的一些代谢产物在组织中含量增加时，能引起局部的血管舒张，使局部血流量增加，从而使积蓄的代谢产物能迅速地运走，这种现象又可称为局部体液因素调节。

上述3种调节，各具有其重要性和特点：神经调节的特点是迅速而精确，作用部位较局限，持续时间较短；体液调节的特点是效应出现缓慢，作用部位比较广泛，持续时间较长；自身调节的特点是在组织器官局部发挥调节作用，对维持局部的自稳态具有一定意义。

三、动物体内的控制系统

20世纪40年代，在用数学、物理学原理和方法研究各种工程技术的控制过程中，产生了一门新的学科，即控制论（cybernetics）。当人们应用这些原理和方法来分析、研究动物体内许多功能的调节过程时，发现它们与工程技术的控制过程有许多共同的规律。动物体内存在着数以千计的控制系统（control system）。有关细胞和分子水平上各种控制系统的知识，一般在细胞生物学、分子生物学和生物化学等课程中讨论，而在生理学课程中则主要讨论器官水平和整体水平上的各种控制系统，例如神经系统对肌肉活动的调控，神经和体液因素对心血管、呼吸、胃肠活动的调控等。任何控制系统都是由控制部分和受控制部分组成。运用控制论的原理来分析，可将动物体内的控制系统分为非自动控制系统、反馈控制系统和前馈控制系统三类。

（一）非自动控制系统

非自动控制系统（non-automatic system）是一个开环系统（open-loop system），即仅由控制部分（例如神经中枢、内分泌细胞）对受控制部分（例如效应器、靶细胞）发出指令，受控制部分即按指令发生活动或停止活动。这种控制方式是单向的，也就是仅由控制部分发出指令到达受控制部分，受控制部分的活动不会反过来影响控制部分的活动。这种控制方式对受控制部分的活动实际上并不能起调节作用，在正常生理功能的调节中比较少见，仅在体内反馈控制系统受到抑制时，才表现出非自动控制方式。例如，正常情况下当血液中糖皮质激素浓度增高时，糖皮质激素与腺垂体特异性受体结合，使腺垂体促肾上腺皮质激素（ACTH，促使肾上腺皮质合成、分泌糖皮质激素等）释放减少或停止，从而使糖皮质激素浓度下降，维持于正常水平（详见第十二章内分泌系统）。但应激反应（stress response）增强时，可能由于中枢神经系统与腺垂体对反馈作用的敏感性减弱，上述糖皮质激素的负反馈调节作用失效，ACTH继续分泌，使糖皮质激素浓度远远超过正常水平。

（二）反馈控制系统

反馈控制系统（feedback control system）是一个闭环系统（closed-loop system），即控制部分发出指令，指示受控制部分活动，而受控制部分的活动可被一定的感受装置（例如感受器或监测器）感受，感受装置再将受控制部分的活动情况作为反馈信息返回到控制部分。控制部分可以根据反馈信息来改变自己的活动，从而对受控制部分的活动进行调节。可见，在这样的系统中，控制部分和受控制部分之间形成了一个闭环联系。在反馈控制系统中，反馈信号对控制部分的活动可产生不同的影响，从而实现对受控制部分的调节。如果经过反馈调节，受控制部分的活动向原先相反的方向发生改变，这种调节方式称为负反馈（negative feedback）调节；相反，如果反馈调节使受控制部分原来的活动继续加强，则称为正反馈（positive feedback）。举例而言，当由于某种原因使心脏活动加强、外周血管收缩而导致动脉血压高于正常时，颈动脉窦和主动脉弓压力感受器立即将这一信息通过传入神经反馈到心血管中枢，进而使受控制部分的活动发生相应改变，具体表现为心搏频率减慢，心脏输出血量减少，同时外周血管舒张，于是动脉血压向正常水平恢复（详见第五章循环系统），此即负反馈调节。可见，负反馈控制系统的作用是使系统保持稳定、平衡，因而是可逆的过程。在正反馈的情况下，受控制部分的活动如果加强，通过感受装置将此信息反馈至控制部分，控制部分再发出指令，使受控制部分的活动更为加强。例如当膀胱内的尿液达到一定量时，可以刺激膀胱的牵张感受器，冲动经盆神经传入脊髓，由脊髓发出的传出冲动经盆神经到达膀胱引起膀胱平滑肌的收缩，使尿液排出体外。当尿液经过尿道时可刺激尿道感受器，由尿道感受器传入的冲动，到达脊髓后可进一步加强排尿反射的作用，使膀胱进一步持续收缩，形成正反馈，直到将膀胱中的尿液全部一次排尽（详见第九章泌尿系统）。与负反馈相反，正反馈不可能维持系统的稳定或平衡，反而破坏原来的平衡，是不可逆的、不断增强的过程。

（三）前馈控制系统

动物体内除反馈控制系统外，还存在前馈控制系统（feed-forward control system）。前馈控制的一种形式是控制部分发出指令使受控制部分进行某一活动，同时又通过另一快捷途径向受控制部分发出前馈信息，及时地调控受控制部分的活动。在神经调节中有前馈控制机制。例如，在寒冷的环境中，皮肤的温度感受器受到寒冷刺激，立即将此信息传递到下丘脑体温调节中枢，该中枢发出指令通过多种传出途径使代谢增强、产热增加，同时皮肤血管收缩，使体表散热减少，以维持体温恒定。可见，机体并不是等到寒冷环境使体温降低之后，才改变产热和散热活动，而是在体温降低之前就已对其进行调节，所以这种调控方式属于前馈调节。在体液调节中也有前馈调节。例如，动物在开始进食时即分泌抑胃肽（详见第七章消化系统），抑胃肽可刺激胰岛素分泌，后者可使血糖水平降低。胰岛素是调节血糖水平的一个重要激素，一般当血糖水平超过正常范围时，即会使胰岛素分泌量增加（见第十二章内分泌系统）。在上述例子中，动物在进食开始而血糖水平尚未升高时，因受抑胃肽刺激胰岛素分泌就开始增加，所以这是一种前馈调节。条件反射也是前馈调节。例如，在食物进入口腔之前，动物只是见到食物的形状或嗅到食物的气味，就可以引起唾液、胃液等分泌，从而使消化活动具有前瞻性和更广泛的适应性。

综上可见，前馈控制对受控制部分的调节比较快速，控制部分可以在受控制部分的活动偏离正常范围之前就发出前馈信息，及时地对受控制部分的活动进行调控，因此受控制部分活动的波动幅度较小。与前馈控制相比，反馈控制存在滞后、缓慢和易发生波动的缺陷。因为控制部分要在接到受控制部分活动的反馈信息后才发出纠正受控制部分活动的指令，常需要较长的时间反馈调节才发生作用，所以总是要滞后一段时间才能纠正偏差，而且纠偏时往往容易"矫枉过正"，使受控制部分的活动出现较大的波动。

（周定刚）

第一章 畜体基本结构

第一节 细 胞

　　细胞（cell）是生物体形态结构和生命活动的基本单位，是可以独立生存的最小生命体。自然界中存在原核细胞和真核细胞。原核细胞（prokaryotic cell）是一种原始的生命单位，属单细胞生物，如细菌、蓝藻等。这种细胞结构简单，没有典型的细胞核，即没有核膜将遗传物质与细胞质分开。真核细胞（eukaryotic cell）是一种进化上更为高级的生命单位，如真菌、动物和植物细胞。这种细胞结构复杂，具有典型的细胞核。由真核细胞构成的生物，既有较为简单的单细胞生物，如变形虫；又有复杂的多细胞生物，如动物和植物。家畜是由真核细胞构成的多细胞生物，其细胞种类繁多、形态多样、大小不一、功能各不相同，但它们仍有共同的基本结构，均可分为细胞膜、细胞质和细胞核三部分（图1-1）。细胞是一个

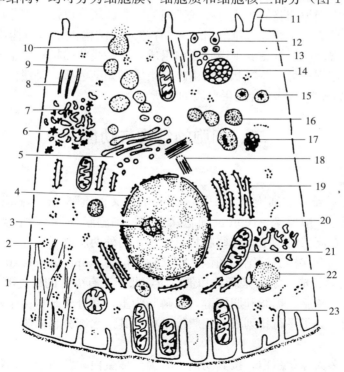

图1-1　细胞超微结构模式图
1. 微丝　2. 游离核糖体　3. 核仁　4. 核被膜　5. 高尔基复合体　6. 糖原颗粒
7. 滑面内质网　8. 微管　9. 分泌颗粒　10. 胞吐作用　11. 微绒毛　12. 胞吞作用
13. 吞饮小泡　14. 多泡体　15. 过氧化物酶　16. 初级溶酶体　17. 脂褐素
18. 中心体　19. 粗面内质网　20. 核孔　21. 线粒体　22. 脂肪滴　23. 质膜内褶

有机统一的整体，各个组成部分在结构上既彼此独立，又互相联系；在功能上既分工细致，又高度合作，有条不紊地进行各种代谢过程，共同完成细胞的各种生命活动。

一、细胞的化学组成

构成细胞的生活物质称为原生质（protoplasm）。组成原生质的化学元素主要是C、H、O、N四种元素，约占细胞全重的90%；其次是S、P、Na、Ca、K、Cl、Mg、Fe八种元素，约占细胞全重的10%。此外，还有微量的其他元素，如B、Si、V、Mn、Co、Cu、Zn、Mo、I等。从元素周期表上看，它们都是比较轻的元素。

组成原生质的各种化学元素并非单独存在，而是互相结合，构成大小不一的各类分子。其中，水最多，约占细胞全重的85%，以自由水和结合水的形式存在；其次是蛋白质，约10%，脂类约2%，无机物约1.5%；此外，还有RNA约0.7%，DNA约0.4%，糖类和其他有机物约0.4%。

原生质的各种化学成分聚合成各种不同的结构，归纳起来有三种基本形态：一是膜（membrane），包括细胞膜和细胞内膜。细胞膜是细胞表面的界膜，细胞通过它与外界进行活跃的物质交换，同时又与外界相隔离，保持自己相对稳定的内环境。细胞内膜构成细胞内各种膜性细胞器，如线粒体、内质网、高尔基复合体、溶酶体、过氧化物酶体等。各种膜主要由脂蛋白构成，它们把细胞原生质分隔成不同的功能区域，以保证细胞内各种不同的物质代谢过程有序地进行。二是线或纤维（fiber），有些线状结构由蛋白质构成，如微丝主要由肌动蛋白组成，微管的原纤维主要由微管蛋白组成，这些线状结构对原生质的运动和保持细胞的形状起着重要作用；另一些线状结构由核酸组成，如染色质，是遗传信息的载体。三是颗粒（particle），如核糖体，是合成蛋白质的场所。

二、细胞的结构与功能

（一）细胞膜

1. 细胞膜的电镜结构 细胞膜（cell membrane）又称质膜（plasma membrane），是包在细胞表面的界膜，一般厚7～10nm。细胞除表面的细胞膜外，细胞内部还有构成某些细胞器的细胞内膜。在高倍电镜下，这些膜均呈三层：内外两层电子密度高，深暗；中间层电子密度低，明亮。具有这样三层结构图像的膜又称单位膜（unit membrane）。

2. 细胞膜的化学组成 主要是脂类和蛋白质，此外还有少量的糖类等。

（1）膜脂：包括磷脂、糖脂和胆固醇，以磷脂为主，其分子结构由亲水的头部和疏水的尾部组成。这些脂类分子平行排列成双层膜性结构，其亲水部分朝向膜的内外表面，疏水部分伸入膜的中央。

（2）膜蛋白：多为球状蛋白，按其功能，分为受体蛋白、载体蛋白、抗原、酶等；若按其分布，则分为表在蛋白和嵌入蛋白两类。表在蛋白（extrinsic protein）又称外周蛋白（peripheral protein），多附在膜的内表面；嵌入蛋白（mosaic protein）又称内在蛋白（intrinsic protein），镶嵌于膜内或跨越膜层。功能活跃的膜，其膜蛋白含量高，而且多为嵌入蛋白。

（3）膜糖：主要是由葡萄糖、半乳糖、甘露糖、岩藻糖、氨基糖、神经氨酸、唾液酸等组成的低聚寡糖链，与膜脂结合成糖脂，或与膜蛋白结合成糖蛋白，其糖链突出于细胞膜的外表面，形成致密丛状的细胞衣（cell coat）。不同的细胞，其表面糖链分支的多少，以及单糖的种类、数量、排列顺序、结合方式等各不相同，从而形成各种细胞各自特有的表面结构，表现出各自不同的功能特异性。

3. 细胞膜的分子结构 关于细胞膜的分子结构曾提出过多种模型，目前公认的是1972年Singer和Nicholson提出的液态镶嵌模型（fluid mosaic model）（图1-2）。他们认为，细胞膜是

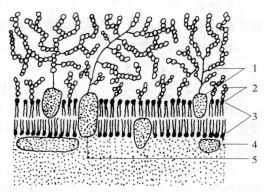

图1-2 细胞膜分子结构模型
1. 糖蛋白 2. 糖脂 3. 脂类双分子层
4. 表在蛋白 5. 嵌入蛋白

以脂类双分子层为基础，其中镶嵌着球状蛋白。该模型强调膜的流动性和不对称性。认为脂类分子处于液态可以流动，蛋白质分子也可横向移动；不同细胞甚至同一细胞的不同部位的细胞膜，其脂类、蛋白质和糖的种类及数量可以不同，而糖类仅分布于细胞膜的外表面。

4. 细胞膜的功能 细胞膜作为细胞与其周围环境相隔离的界膜，具有保护细胞的作用。此外，还与物质运输、能量转换、代谢调控、信息传递、细胞运动、细胞识别、免疫作用、防御作用、激素作用、神经传导、肿瘤发生等有着密切的关系。下面介绍几种主要的功能。

（1）物质运输作用：细胞在新陈代谢过程中，需要不断地从周围环境中摄取所需的营养物质，并不断地排出代谢产物，这些物质的转运都要经过细胞膜。细胞膜的物质运输方式有被动运输、主动运输、胞吞作用、胞吐作用等。

①被动运输（passive transport）：是指物质顺着浓度差（电位差）由高浓度（高电位）一侧向低浓度（低电位）一侧的转运过程。脂溶性分子和不带电荷的极性小分子，如 H_2O、O_2、CO_2、乙醇等，可以直接顺着浓度差穿过细胞膜；而水溶性物质，如糖、氨基酸、核苷酸等，需借助膜上载体蛋白的帮助才能顺着浓度差穿过细胞膜。被动运输不需要细胞本身提供能量。

②主动运输（active transport）：是指物质逆着浓度差（电位差）由低浓度（低电位）一侧向高浓度（高电位）一侧的转运过程。例如，在正常情况下，血浆中 Na^+ 浓度高于红细胞内，而红细胞内 K^+ 浓度则高于血浆中，但 Na^+ 仍可从红细胞内进入血浆，而 K^+ 则由血浆进入红细胞内。主动运输需要膜蛋白的帮助，这些膜蛋白起"泵"的作用，如运输 Na^+、K^+ 的钠-钾泵，运输 Ca^{2+} 的钙泵等。它们实际上是能够水解ATP的ATP酶，通过其构象变化实现对专一性物质的逆浓度运送。主动运输需要消耗一定的能量。

③胞吞作用（endocytosis）：或称内吞作用，是细胞摄取大分子或颗粒物质的一种方式。当这类物质附于细胞表面时，细胞伸出伪足将其包裹起来，或使该处的细胞膜凹陷形成小囊，接着囊口的细胞膜融合，小囊与细胞膜分离形成内吞小泡进入细胞内。胞吞作用可分为内吞固体物质的吞噬作用（phagocytosis）、内吞液体物质的吞饮作用（pinocytosis）以及内吞过程依赖膜受体而进行的受体介导内吞作用（receptor mediated endocytosis）。

④胞吐作用（exocytosis）：或称外排作用，是与内吞作用正好相反的过程。内分泌细胞

合成的激素、神经末梢释放的神经递质、外分泌腺细胞分泌的消化酶、细胞内未消化的残余物等包装于小泡内,小泡从细胞内部逐渐移至细胞表面,然后小泡的膜与细胞膜融合,形成小孔将内含物释放到细胞外。

(2) 信息传递作用:激素、药物、神经递质等细胞外化学信号(配体,ligand)对细胞的作用,多数并不进入细胞内,而是作用于靶细胞膜上相应的受体,通过受体引起细胞内部一系列的变化。受体(receptor)是对配体具有特异性识别和结合能力的生物活性分子。膜受体是细胞膜上的嵌入蛋白,一般为糖蛋白。伸展于细胞膜外表面的糖链的多样化,使受体能够分别识别不同的配体。

(3) 细胞识别作用:细胞识别(cell recognition)是指细胞通过膜受体的作用,对同种和异种细胞的认识,对自己和异己物质的鉴定。通过细胞的识别作用,在细胞之间建立起正确的关系,如免疫细胞之间的相互作用、同种精子和卵子的受精、胚胎发育过程出现的细胞迁移和聚集等。

(4) 参与免疫反应:细胞膜上的部分糖蛋白可以充当膜抗原(membrane antigen),如血型抗原、组织相容性抗原等。组织相容性抗原是决定个体特异性的主要抗原;血型抗原也存在个体差异,由此产生不同的血型。这些抗原参与移植排斥反应等特异性免疫反应,即当某一个体的细胞、组织或器官进入另一个体时,除同卵孪生者外,其他均会产生排斥反应。因此,输血时要求血型一致,而进行器官移植时要选择组织相容性抗原接近的供体。

(二) 细胞质

细胞质(cytoplasm)由基质、细胞器和内含物组成。

1. 基质(matrix) 是指细胞质中的液体部分,呈均匀透明而无定形的胶状,内含水、无机盐、氨基酸、糖类、脂类、核苷酸、可溶性酶类、蛋白质、多糖、RNA 等。基质为维持各种细胞器的正常结构及完成其功能提供适宜的环境,并在细胞的物质代谢中起重要作用。

2. 细胞器(organelle) 是指细胞质中具有一定形态结构,并执行特定生理功能的成分,包括膜性细胞器(线粒体、内质网、高尔基复合体、溶酶体、过氧化物酶体)和非膜性细胞器(核糖体、中心粒、微管、微丝、中间丝)。其中,微管、微丝、中间丝共同构成细胞骨架(cytoskeleton)。大多数细胞器要在电镜下才能分辨。

(1) 线粒体(mitochondrion):光镜下呈粒状或短线状,因而得名。电镜下多为圆形或椭圆形小体,长 $1.0 \sim 2.0 \mu m$,宽 $0.5 \sim 1.0 \mu m$。由两层单位膜围成,外膜表面光滑;内膜向内折叠形成线粒体嵴,内膜和嵴上分布有球形颗粒,称为基粒(elementary particle),是合成 ATP 的部位(图 1-3)。

线粒体含有多种氧化酶系,如催化三羧酸循环、脂肪酸氧化、氨基酸分解以及氧化磷酸化的酶系等。动物细胞摄取的糖、脂肪、蛋白质等营养物质,最终都在线粒体内经这些酶的作用,彻底氧化分解成 CO_2 和 H_2O 等,释放出来的能量储存于 ATP 中,供细胞利用。线粒体为细胞提供 80% 以上的能量,好似细胞内的"动力工厂"。

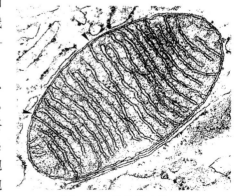

图 1-3 线粒体电镜图

(2) 核糖体（ribosome）：又称核蛋白体或核糖核蛋白体，呈颗粒状，大小约 15nm× 25nm，由大、小两个亚基组成，其化学成分是 rRNA（核糖体核糖核酸）和蛋白质。核糖体可以单独存在，称为单核糖体，这种核糖体没有功能活性；也可由 mRNA 串联起来，形成多聚核糖体（polyribosome），这种核糖体具有功能活性。有的核糖体附在内质网的外表面，称为附着核糖体（attached ribosome）；有的游离于细胞质基质中，称为游离核糖体（free ribosome）。

核糖体能合成蛋白质，它好似细胞内蛋白质合成过程中的"装配车间"。其中，附着核糖体主要合成分泌蛋白，如抗体、消化酶等，分泌到细胞外发挥作用；游离核糖体主要合成自身的结构蛋白，如膜蛋白、基质蛋白等，供细胞生长、代谢和增殖等使用（图 1-4）。

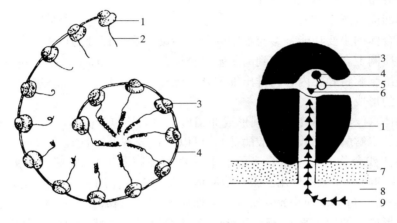

图 1-4 核糖体结构及蛋白质合成示意图
1. 大亚基 2. 合成的肽链 3. 小亚基 4. mRNA
5. tRNA 6. 氨基酸 7. 内质网膜 8. 内质网池
9. 正在合成的肽链

(3) 内质网（endoplasmic reticulum）：由单位膜构成，呈小管、小泡或扁囊状，腔内含有多种酶。它们彼此通连，甚至与细胞膜和核膜相连，形成连续的网状膜系统。内质网分为下列两种。

①粗面内质网（rough endoplasmic reticulum，RER）：膜上附着有核糖体，多呈扁平囊状。其主要功能是合成分泌蛋白，好似细胞内合成蛋白质的"工厂"，故在一些能够合成和分泌蛋白质的细胞（如浆细胞、胰腺泡细胞等）中，特别是当其处于功能旺盛时，RER 特别丰富（图1-5）。

②滑面内质网（smooth endoplasmic reticulum，SER）：膜上没有核糖体附着，多呈分支小管状或小泡状。各种细胞的 SER 形态相似，但所含的酶不同，因而具有不同的功能。滑面内质网与类固醇激素合成（肾上腺皮质细胞、睾丸间质细胞、卵巢黄体细胞等）、解毒、胆汁生成、糖原

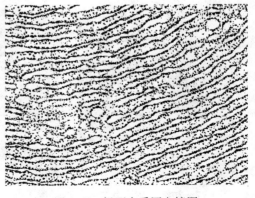

图 1-5 粗面内质网电镜图

代谢（肝细胞）、脂肪合成（肝细胞、小肠上皮细胞、脂肪细胞）、肌纤维舒缩（横纹肌细胞）、盐酸合成（胃腺壁细胞）等有关。

（4）高尔基复合体（Golgi complex）：位于细胞核附近。光镜下观察银染的标本，可见其呈黑色网状结构。电镜下，它由扁平囊泡、小泡（直径40~80nm）、大泡（直径100~500nm）三部分组成。通常数个扁平囊泡平行排列在一起，共同构成该细胞器的主体，整体观一般呈弓形或半球形。小泡分布于扁平囊泡的凸面，大泡分布于扁平囊泡的凹面（图1-6）。

图1-6 高尔基复合体电镜图

高尔基复合体的主要功能是参与细胞的分泌活动，它好似细胞内的"加工厂"。分泌蛋白质在粗面内质网上合成后，转移到高尔基复合体，经浓缩、加工、改造并包装后成为分泌颗粒，最后经细胞膜将颗粒内容物排出细胞外。此外，高尔基复合体亦进行糖脂、多糖的合成以及溶酶体的形成。

（5）溶酶体（lysosome）：多为圆形或卵圆形小泡，外包单位膜，内含60多种酶，其中绝大多数为酸性水解酶（如酸性磷酸酶等），可以消化分解外源性异物（如进入细胞内的细菌等）和内源性残余物（如细胞自身的衰老死亡的细胞器等），它好似细胞内的"消化器官"，具有重要的防御和保护作用。根据溶酶体内是否含有作用底物，将其分为下列两类。

①初级溶酶体（primary lysosome）：又称原溶酶体（protolysosome），是新生的溶酶体，一般呈圆形或椭圆形，直径25~50nm。其内容物呈均质状，电子密度中等或较高，仅含水解酶而无作用底物（图1-7）。

②次级溶酶体（secondary lysosome）：又称吞噬性溶酶体（phagolysosome），由初级溶酶体和吞噬的底物融合而成。由于次级溶酶体除含水解酶外，还含相应的作用底物和消化后的产物，因此体积较大，直径可达 $0.8\mu m$ 左右，形态多样，内容物为非均质状（图1-8）。

（6）过氧化物酶体（peroxisome）：又称微体（microbody），为圆形或卵圆形小泡，直径 $0.1~1.0\mu m$，外包单位膜，内含细粒状物质，中央有一致密核芯（图1-9）。过氧化物酶体含有40多种酶，包括过氧化氢酶和多种氧化酶。氧化酶能氧化多种底物，并使氧还原为

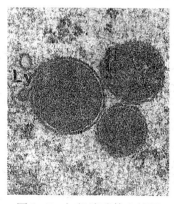

图1-7 初级溶酶体电镜图

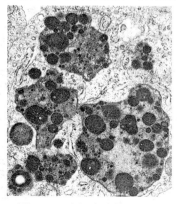

图1-8 次级溶酶体电镜图

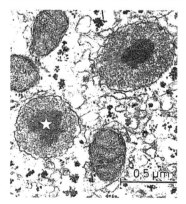

图1-9 过氧化物酶体电镜图

H_2O_2；而过氧化氢酶能使 H_2O_2 还原为水，以防 H_2O_2 浓度过高而中毒。

（7）微管（microtubule）：是一种中空管状结构，直径约 25nm，长数微米（多数细胞）至数厘米（某些运动神经元）；横断面呈圆管状，壁厚 5nm，由 13 条原丝（protofilament）环列而成，原丝由微管蛋白构成（图 1-10）。微管参与构成细胞支架，并与纤毛和鞭毛的运动、细胞有丝分裂过程中染色体的移动、细胞内物质运输等有关。微管以下列三种形式存在。

① 单微管（microtubule singlet）：为单条微管，如纺锤体微管、神经元突起内的微管等。

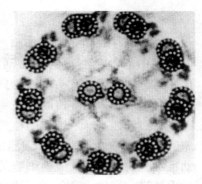

图 1-10 纤毛横切面电镜图
（示单微管和二联微管）

② 二联微管（microtubule doublet）：由两条微管构成，见于纤毛和鞭毛。

③ 三联微管（microtubule triplet）：由三条微管构成，见于中心粒和基粒。

（8）微丝（microfilament）：广泛存在于多种细胞，其中肌细胞的微丝特别发达，形成稳定的肌丝。肌丝分为细肌丝和粗肌丝两种，前者直径 5~7nm，主要由肌动蛋白组成；后者直径 10~15nm，主要由肌球蛋白组成。微丝也参与构成细胞支架，还与胞吞和胞吐作用、微绒毛收缩、伪足伸缩、分泌颗粒移动和排出、细胞器移位、细胞质分裂等有关。

（9）中间丝（intermediate filament）：又称中等纤维，是一类形态上十分相似，而化学组成不同的蛋白质纤维，直径 8~10nm，介于粗肌丝与细肌丝之间，因而得名。中间丝也参与构成细胞支架，还可能具有传递信息的作用。目前已确定的中间丝有下列 5 种。

① 角蛋白丝（keratin filament）：又称张力丝（tonofilament），主要由角蛋白构成，常见于上皮细胞。

② 波形纤维蛋白丝（vimentin filament）：主要由波形纤维蛋白构成，分布于由间充质分化而来的细胞，如成纤维细胞、血管平滑肌细胞等。

③ 结蛋白丝（desmin filament）：主要由结蛋白构成，分布于肌细胞等。

④ 神经丝（neurofilament）：主要由神经丝蛋白构成，分布于神经细胞。

⑤ 神经胶质丝（neuroglial filament）：主要由胶质原纤维酸性蛋白构成，分布于神经胶质细胞。

（10）中心粒（centriole）：位于细胞中央或细胞核附近，光镜下呈颗粒状，因而得名。一个细胞通常有两个中心粒，彼此互相垂直，它们一起构成中心体（centrosome）。电镜下，中心粒为中空短圆柱体，长 $0.3\sim0.5\mu m$，直径约 $0.15\mu m$，其壁由 9 组三联微管构成（图 1-11）。中心粒参与细胞的分裂，以及鞭毛和纤毛的形成。

3. 内含物（inclusion） 是指细胞质中具有一定形态的营养物质或代谢产物，如脂滴、糖原、蛋白颗粒、分泌颗粒、色素颗粒等。其数量和形态，可因细胞类型和生理状态的不同而变化。如饱食后肝细胞内糖原增多，饥饿时则减少；肝细胞内的糖原是花簇状颗粒群，而肌细胞内的糖原是分散分布的。

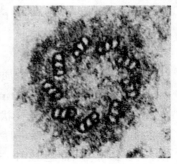

图 1-11 中心粒电镜图

（三）细胞核

细胞核（nucleus）是细胞遗传和代谢活动的控制中心，在细胞的生命活动中起关键作用。每个细胞通常有一个核，只有少数细胞无核或有多个核。细胞核的形态一般与细胞的形态相关。例如，球形细胞的核为球形；柱状细胞的核为长椭圆形；扁平细胞的核为扁平形。幼稚细胞的核较大，成熟细胞的核较小。细胞核由核膜、核仁、染色质、核基质等构成（图1-12）。

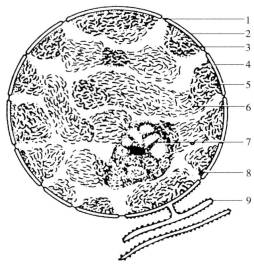

图1-12 细胞核超微结构模式图
1. 核孔 2. 外膜 3. 内膜 4. 核周隙 5. 异染色质
6. 常染色质 7. 核仁 8. 核纤层 9. 粗面内质网

1. 核膜（nuclear membrane） 又称核被膜（nuclear envelope），是包在细胞核表面的界膜。电镜下，核膜由内、外两层单位膜构成，彼此平行排列。两层核膜之间夹有一核周隙（perinuclear space）。内、外核膜在一定部位融合贯穿，形成圆形的核孔（nuclear pore），直径40～100nm。核孔并非单纯的孔洞，而是由一组蛋白质颗粒及纤维以特定方式排布而成的复杂结构，现一般称为核孔复合体（nuclear pore complex）。核孔是细胞质与细胞核之间进行物质交换的重要通道。在内核膜的内表面，还有一层纤维状蛋白质组成的核纤层（nuclear lamina），厚10～100nm。核纤层可为核膜提供支架，并与核内骨架一起构成核骨架。

2. 核仁（nucleolus） 光镜下，核仁为均质性结构，呈球形，染色深，位置不定，多为1～2个。电镜下，核仁为无膜包裹的海绵状结构，由纤维成分、颗粒成分、核仁内染色质、核仁基质四部分组成。核仁的化学成分是蛋白质、RNA和DNA等。其功能是合成rRNA，参与核糖体的生成，因此蛋白质合成活跃的细胞，核仁大而明显，如胰腺泡细胞；反之，核仁不明显、小或无，如精子细胞。

3. 染色质与染色体 染色质（chromatin）是指细胞分裂间期细胞核内能被碱性染料着色的物质，主要由DNA、组蛋白和非组蛋白构成，另有少量RNA。DNA是遗传的物质基础，通过转录等过程，可以控制细胞质内蛋白质的合成。DNA还可自我复制，将遗传信息一代一代地传递下去。在高倍电镜下，染色质呈串珠链状，其基本结构单位是核小体（图1-13）。

染色质可分为常染色质和异染色质两种。常染色质（euchromatin）是指细胞分裂间期细胞核内处于伸展状态，有转录活性的染色质。常染色质弱嗜碱性，染色甚浅，大多位于细胞核中央。异染色质（heterochromatin）是指间期细胞核内处

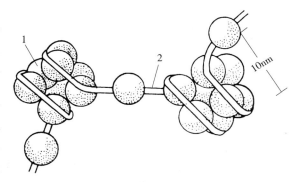

图1-13 核小体模式图
1. 组蛋白 2. DNA

于浓缩状态，转录不活跃或不转录的染色质。异染色质强嗜碱性，染色深，呈块状，大多位于核膜下。

在细胞分裂时，染色质高度卷曲折叠而变粗变短，组装成一条条光镜下清晰可见的短线状或棒状结构，称为染色体（chromosome）（图 1-14）。

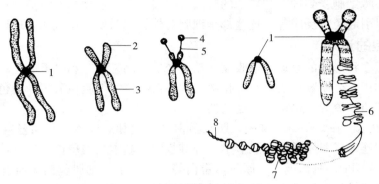

图 1-14　染色体类型与结构模式图
1. 着丝点　2. 短臂　3. 长臂　4. 随体　5. 次缢痕
6. 染色质丝　7. 核小体串珠　8. DNA 双螺旋

染色体具有种属特异性，同种生物细胞的染色体数目相同。一些动物的染色体数目是：黄牛 60、水牛 48、马 64、驴 62、猪 38、山羊 60、绵羊 54、犬 78、兔 44、猫 38、鸡 78、火鸡 82、鸭 80、鸽 80、豚鼠 64、小鼠 40、大鼠 42。

动物体细胞内的染色体配合成对，其中有一对与性别有关，称为性染色体（sex chromosome），其余的称为常染色体（autosome）。在哺乳动物，带有 XY 性染色体的个体为雄性，带有 XX 性染色体的个体为雌性。在禽类，带有 ZW 性染色体的个体为雌性，带有 ZZ 性染色体的个体为雄性。

4. 核基质与核内骨架　核基质的传统概念是指细胞核内除核仁和染色质外的无定形液体成分，内含水、无机盐、酶类等，故又名核液或核质（nucleoplasm）。但近年来发现，核基质内还有蛋白质纤维，它们组成三维网络状结构充满整个核内空间。因其形态与细胞质骨架相似，故称核内骨架（endonuclear skeleton）。核内骨架与核纤层、核孔复合体相连，一起构成核骨架（nuclear skeleton）。核骨架可能参与 DNA 复制、RNA 转录、染色质的有序空间排列以及染色体的构建等。

三、细胞的生命活动

（一）细胞的新陈代谢

新陈代谢（metabolism）是细胞生命活动的基本特征。细胞必须不断地从周围环境中摄取营养物质，经过消化、吸收和合成，成为细胞自身的物质，这一过程称为同化作用或合成代谢（anabolism）。同时，细胞本身的物质又不断地分解，释放能量，供细胞各种功能活动的需要，并将废物排出细胞外，这一过程称为异化作用或分解代谢（catabolism）。由此可见，同化作用和异化作用是新陈代谢两个互相依存、互为因果的对立统一过程。通过新陈代谢，细胞内的物质不断得到更新，保持和调整细胞内外环境的平衡，以维持细胞的生命活动。

（二）细胞的感应性

感应性（irritability）是细胞对外界刺激产生反应的能力。不同类型的细胞，其感应性有所不同。如神经细胞受刺激后产生兴奋和传导冲动；刺激肌细胞可使之收缩；刺激腺细胞可使之分泌；吞噬细胞受到细菌和异物的刺激可以引起变形运动和吞噬活动；淋巴细胞受到抗原刺激后可以引起免疫反应等。这些都是细胞对外界刺激发生反应的表现形式。

（三）细胞的运动

细胞可以做多种形式的运动，如收缩运动、变形运动、纤毛和鞭毛的摆动等。此外，胞吞作用、胞吐作用、分泌颗粒的移动与排出、细胞器移位、细胞质分裂、染色体移动、细胞内物质转运、胞质环流等，也是细胞运动的方式。

1. 肌纤维收缩 在骨骼肌纤维中，肌动蛋白细肌丝和肌球蛋白粗肌丝穿插排列构成肌节，许多肌节相连形成肌原纤维，肌节是肌纤维收缩的基本结构单位。当神经冲动传到肌纤维时，在 Ca^{2+}、ATP、肌钙蛋白、原肌球蛋白等的辅助下，细肌丝向粗肌丝中央滑动使肌节长度缩短，从而导致肌原纤维、肌纤维以至整块肌肉的收缩（详见"运动系统"）。心肌纤维和平滑肌纤维也含细肌丝和粗肌丝，其收缩机制与骨骼肌纤维相似，也是肌丝滑动所致。

2. 变形运动 原生动物变形虫，高等动物的巨噬细胞和白细胞等，依靠细胞体的形态变化进行移动，这种细胞运动方式称为阿米巴运动（amoeboid movement）。有些离体培养的动物细胞，能够产生波动式的突起（伪足），这些突起相继交替与玻璃表面接触，使细胞向前移动，这种细胞运动方式称为变皱膜运动（ruffled membrane locomotion）。许多细胞的细胞膜下富含肌动蛋白微丝，细胞的变形运动与这些肌动蛋白的溶胶-凝胶状态相互转化有关。

3. 胞质环流 细胞质可分为细胞膜下的外质和里面的内质，内质为溶胶状，可以进行环形流动，这种细胞质运动方式称为胞质环流（cyclosis）。细胞内的颗粒物质和细胞器等，可随胞质环流而运动。推动胞质环流的动力来自内质与外质的交界处，此处有许多平行于环流方向的肌动蛋白微丝，在内质内还有肌球蛋白，这两种蛋白相互作用，导致胞质环流。

4. 纤毛和鞭毛运动 纤毛和鞭毛主要由二联微管组成，通过二联微管上的动力蛋白臂（dynein arm），使相邻二联微管相互滑动，而形成纤毛和鞭毛的摆动。

5. 染色体移动 在细胞有丝分裂过程中，间期细胞质内的微管解聚，重新装配成纺锤体，介导染色体的移动。有关染色体移动的机制有两种学说：一是微管集散学说，认为染色体的移动与微管的装配-去装配有关；二是微管滑动学说，认为染色体的移动是纺锤体微管相互滑动引起的，并有肌动蛋白和肌球蛋白的参与。

6. 细胞质分裂 在细胞有丝分裂的末期，细胞中部的细胞膜下产生一个由大量平行排列的微丝组成的收缩环，随着收缩环的收缩，细胞表面出现分裂沟，细胞质逐渐分开，成为两个子细胞（详见"细胞增殖"）。

7. 细胞内物质转运 微管在细胞内物质转运中起重要作用，可作为某些细胞器和颗粒成分转运的轨道。例如，神经元轴突中的突触小泡和线粒体等是在细胞体生成后，沿着微管再转运到轴突的；某些两栖类动物的皮肤色素细胞，其色素颗粒可在数秒钟内迅速分布到细胞各处或返回细胞中心，使皮肤颜色快速变化而适应环境，色素颗粒也是沿着微管而转运的。

8. 胞吞作用和胞吐作用　详见"细胞膜的功能"。

（四）细胞的增殖与分化

1. 细胞增殖（cell proliferation）　细胞增殖是通过细胞分裂来实现的。细胞分裂分为有丝分裂和无丝分裂。有丝分裂（mitosis）又称间接分裂，分裂时细胞内出现细丝，因而得名。无丝分裂（amitosis）又称直接分裂，分裂时细胞内不出现细丝，它是一种简单的细胞分裂方式，细胞质和细胞核一分为二。在生殖细胞成熟过程中还有一种特殊的有丝分裂，分裂时染色体数目减半，称为减数分裂（meiosis）。

细胞从上一次分裂结束到下一次分裂结束所经历的时间称为细胞增殖周期，简称细胞周期（cell cycle），分为分裂期和分裂间期两个阶段。繁殖快的细胞每隔 16～24h 增殖一次，而细胞分裂一般在 1～2h 内完成，占整个周期的 10% 左右，其余 90% 左右的时间为分裂间期（图 1-15）。

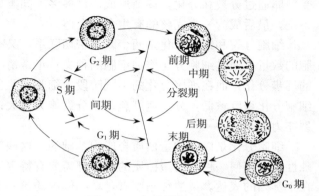

图 1-15　细胞周期示意图

（1）分裂间期（interphase）：在细胞分裂间期，细胞进行着活跃的合成代谢，为细胞分裂做准备。它可进一步分为下列三个时期。

①DNA 合成前期：又称第一间隙期（G_1 期），此期主要是合成结构蛋白、酶蛋白、核苷酸等。

②DNA 合成期（S 期）：此期主要是 DNA 复制加倍，以保证分裂后的子细胞具有足够的遗传物质，并具有与亲代相同的遗传性状。

③DNA 合成后期：又称第二间隙期（G_2 期），此期主要是 RNA 和其他蛋白质的合成。

（2）分裂期（division stage）：有丝分裂是一个连续变化的过程，为了描述方便，一般根据细胞的形态变化将其分为下列四个时期。

①前期（prophase）：细胞常变成球形，细胞核膨大，继而核膜、核仁解体，染色质变成染色体，已复制的两对中心粒开始移向细胞两极，纺锤体开始形成。

②中期（metaphase）：中心粒已移向细胞两极，纺锤体形成。染色体移至纺锤体中部，若从侧面看，它们整齐地排列在赤道面上；若从细胞一极观察，则呈放射状排列。

③后期（anaphase）：每个染色体于着丝粒处分开成为两个染色单体，并在纺锤体微管的牵引下逐渐移向两极。与此同时，在细胞中部的细胞膜下形成一束环形微丝（收缩环）并收缩，就像一根绳子束紧口袋一样，从而使该处的细胞膜下陷形成分裂沟，并逐渐加深。

④末期（telophase）：细胞拉长，收缩环进一步缩小，最后将细胞质分开，成为两个子细胞。与此同时，纺锤体消失，染色体变回染色质，核膜、核仁重新出现。至此，细胞完成有丝分裂过程，并进入分裂间期。

不同类型细胞的分裂能力是不同的。有些细胞高度分化，完全丧失分裂能力，称为终末细胞（end cell），如成熟红细胞等。有些细胞分裂能力很低，几乎不见分裂相，如神经细胞。有些细胞进入 G_1 期后不立即转入 S 期，而暂时处于休止状态，称为 G_0 期细胞，只有在一定条件下才出现增殖活动。例如，肝细胞在正常情况下极少见到分裂相，当肝受损害或部分切除后，剩余的肝细胞即分裂增殖。也有些细胞可持续进行分裂活动，分裂后的部分子细胞分化为执行一定功能的成熟细胞；部分子细胞则一直保持连续增殖的能力，称为干细胞（stem cell），如造血干细胞等。

2. 细胞分化（cell differentiation） 是指多细胞生物在个体发育过程中，细胞在分裂的基础上，彼此之间在形态结构、化学组成和生理功能等方面产生稳定性差异的过程。细胞分化存在于动物体的整个生命过程中，但在胚胎期表现最为明显。在胚胎发育过程中，一个受精卵通过分裂和分化，逐渐形成许许多多不同类型的细胞，它们分别构成组织、器官乃至系统，最后成为一个完整的有生命的个体。

细胞分裂和细胞分化是两个既有密切联系，又有本质区别的概念。通过细胞分裂增加细胞的数量，通过细胞分化增加细胞的种类；正常情况下，细胞的不断分裂，通常伴随着细胞的逐步分化；而在细胞分化的不同阶段，细胞分裂的速度和能力是不同的。其一般规律是，细胞分化程度愈低，分裂速度愈快，分裂能力愈大；细胞分化程度愈高，分裂速度愈慢，分裂能力愈小。

细胞分化是以新的蛋白质合成为基础的，这些新的蛋白质赋予细胞某些结构和功能的特殊性，而任何一种新的蛋白质的合成都需要有特定的基因来控制，因此，细胞分化归根结底在于基因的表达。从遗传角度看，动物体内的每一个细胞都是由受精卵经有丝分裂发育而来的，都携带有一整套具有相同遗传信息的基因，但只是其中某一部分得到表达，从而产生了不同类型的细胞。

（五）细胞的衰老与死亡

衰老和死亡是生命的基本现象，也是细胞正常的发育过程和机体发育的必然规律。衰老过程可以在整体水平、器官水平、细胞水平和分子水平等不同层次发生，并首先是在细胞以不同形式表现出来。

1. 细胞衰老（cell senescence） 是指细胞适应外界环境变化和维持细胞内部环境稳定的能力降低，并以形态结构和生化改变为基础。细胞衰老时，其结构变化主要表现为细胞核固缩变小、结构不清、染色加深，内质网、线粒体等细胞器减少，色素、脂褐素等沉积于细胞内；其生化改变主要表现为酶活性与含量下降、水分减少、氨基酸和蛋白质合成速率下降等。

2. 细胞死亡（cell death） 是细胞生命现象不可逆的终止。细胞死亡有两种不同的形式：一种是细胞意外性死亡或称细胞坏死（necrosis），是由于某些外界因素如局部贫血、高热、物理性或化学性损伤、生物侵袭等，造成的细胞急速死亡；另一种是细胞自然死亡或称细胞凋亡（apoptosis），也称细胞编程性死亡（programmed cell death），是细胞衰老过程中其功能逐渐衰退的结果，就像秋天树叶凋谢一样，遵循自身的程序和规律，自己结束生命。细胞凋亡受基因的调控。

（1）细胞死亡的形态学特征：细胞坏死与细胞凋亡二者的形态学特征不同。细胞坏死时，其外形发生不规则变化，细胞膜通透性增加，细胞核肿胀，染色质不规则位移，内质网扩张，线粒体肿胀，溶酶体破坏，最后细胞膜破裂，细胞质外溢。这种方式的细胞死亡常常引起周围组织的炎症反应。而细胞凋亡时，细胞体积缩小，核仁裂解，染色质呈新月形或花瓣状凝集在核膜下（图 1-16）；继而细胞质浓缩，内质网、高尔基复合体及核膜扩张呈泡状并与细胞膜融合;线粒体在凋亡早期可见增生或变化不大,之后扩张空泡化;进而细胞膜内陷或"出泡"将细胞自行分割为多个有膜包裹的凋亡小体(apoptosis body);最后被吞噬细胞吞噬清除,或自然脱落而离开生物体。由于这种方式的细胞死亡不导致溶酶体和细胞膜破裂,没有细胞内容物外泄,故不引起周围组织的炎症反应。

图 1-16 凋亡的胸腺细胞电镜图

(2)细胞凋亡的生物学意义:细胞凋亡在动物的生命活动中具有非常重要的意义。在胚胎发育中,器官的形成、组织的分化、肢体的发育等,都有细胞凋亡的发生,以清除多余的细胞。如蝌蚪尾巴的自然消失,动物指(趾)的形成等。胚胎发育实际上是细胞按器官形成的预定程序增殖、分化、凋亡,相互协调,严密控制和精细调节的结果。细胞凋亡也是机体清除衰老和受损伤的细胞、已发生突变的细胞、受病毒感染的细胞的一条途径,以维持机体内环境的稳定。例如,成熟白细胞的寿命只有数天,死一批,再生一批,互相交替,非常严格有序,若细胞凋亡发生障碍,就会引起白血病等多种疾病。艾滋病、老年性痴呆、帕金森氏症、癫痫等疾病均与细胞凋亡异常有关。因此,研究细胞凋亡及其发生机制,对深入了解生命活动的基本规律和疾病的防治等具有重要的意义。

第二节 基本组织

动物体内功能相关的细胞和细胞间质组合在一起,构成四种基本组织,即上皮组织、结缔组织、肌组织和神经组织。这些组织再按一定的规律组合成各种器官。

一、上皮组织

上皮组织(epithelial tissue)简称上皮(epithelium),由大量排列紧密的上皮细胞和少量的细胞间质组成,分为被覆上皮、腺上皮、感觉上皮、生殖上皮和肌上皮。被覆上皮(covering epithelium)覆盖于体表和衬贴于有腔器官的内表面及某些器官的外表面,具有保护、吸收、分泌和排泄等作用;腺上皮(glandular epithelium)构成腺的主体,具有分泌作用;感觉上皮(sensory epithelium)分布于视网膜、内耳、鼻黏膜嗅部、口腔和舌黏膜味蕾处,具有视觉、听觉、嗅觉和味觉功能;生殖上皮(germinal epithelium)见于睾丸曲精小管,具有生精作用;肌上皮(myo epithelium)位于某些外分泌腺泡的周围,具有收缩功能。本节仅介绍被覆上皮和腺上皮,其他上皮将在后面有关章节里阐述。

(一)被覆上皮

1. 被覆上皮的特点 不同部位的被覆上皮,其结构和功能虽有差异,但它们仍有一些共同特点:①被覆上皮构成器官的边界,故又称边界组织。②细胞多,间质少,细胞排列紧密,多呈层状分布。③上皮细胞具有极性(polarity),即细胞的两端在结构和功能上存在差异。朝向器官表面的一端称为游离面;与其相对的另一端称为基底面,借助于基膜与结缔组织相连;细胞之间的连接面为侧面。④上皮组织中无血管,其营养依靠渗透作用从结缔组织获得。⑤上皮组织常含丰富的神经末梢，因而感觉灵敏。

2. 被覆上皮的类型、结构和分布 根据上皮细胞的层数，可将被覆上皮分为单层上皮和复层上皮。单层上皮（simple epithelium）只有一层细胞；复层上皮（stratified epithelium）有多层细胞。切面看似复层实为单层的上皮称为假复层上皮（pseudostratified epithelium）。根据单层上皮细胞或复层上皮浅层细胞的形态，可将它们进一步分为下列几种类型（图 1-17）。

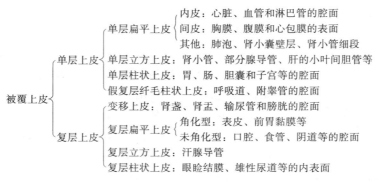

图 1-17 被覆上皮的类型

（1）单层扁平上皮（simple squamous epithelium）：由一层扁平细胞构成。从表面看，细胞呈多边形，边缘为锯齿状，相邻细胞互相嵌合；从侧面看，细胞呈梭形，细胞核椭圆形，含核部分稍厚（图 1-18）。衬贴于心脏、血管和淋巴管腔面的单层扁平上皮，又称内皮（endothelium），游离面薄而光滑，有利于血液和淋巴流动及物质交换；分布于胸膜、腹膜和心包膜表面的单层扁平上皮，又称间皮（mesothelium），表面光滑湿润，有利于内脏的运动。单层扁平上皮还分布于肺泡壁、肾小管细段和肾小囊的壁层等处，参与气体交换和水分吸收等功能活动。

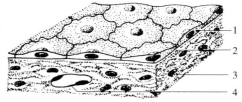

图 1-18 单层扁平上皮模式图
1. 间皮 2. 基膜 3. 结缔组织 4. 内皮

（2）单层立方上皮（simple cuboidal epithelium）：由一层立方形细胞构成。从表面看，细胞呈多边形，有的细胞游离面有微绒毛；从侧面看，细胞为正方形，细胞核圆形，位于中央（图 1-19）。单层立方上皮分布于肾小管、肝的小叶间胆管和外分泌腺的导管等处，具有吸收、分泌和排泄等功能。

图 1-19 单层立方上皮模式图
1. 立方上皮 2. 基膜 3. 结缔组织

（3）单层柱状上皮（simple columnar epithelium）：由一层柱状细胞构成。从表面看，细胞呈多边形，有的细胞游离面有密集的微绒毛；从侧面看，细胞为长方形，细胞核椭圆形，靠近细胞基部（图 1-20）。单层柱状上皮主要分布于胃、肠、胆囊、子宫等器官的黏膜表面，具有吸收、分泌等功能。在肠管内表面的单层柱状上皮细胞之间，常夹有杯状细胞（goblet cell），杯状细胞呈高脚酒杯状，上大下小，细胞质淡染。在子宫和输卵管等腔面的柱状细胞游离面有纤毛，称为单层纤毛柱状上皮（simple ciliated columnar epithelium）。

（4）假复层纤毛柱状上皮（pseudostratified ciliated columnar epithelium）：由单层的柱状细胞、杯状细胞、梭形细胞和锥形细胞构成，由于这些细胞的形态、大小、高矮不一，故其细胞核的位置也不在同一水平线上，因而从侧面看好像是多层细胞，但实际上是单层（图1-21）。柱状细胞较多，游离面有纤毛。这种上皮主要分布于呼吸道、附睾管和某些动物的输卵管黏膜，具有保护和分泌等功能。

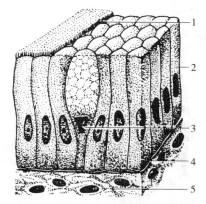

图1-20 单层柱状上皮模式图
1. 纹状缘 2. 柱状上皮 3. 杯状细胞
4. 基膜 5. 结缔组织

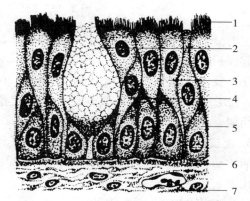

图1-21 假复层纤毛柱状上皮模式图
1. 纤毛 2. 杯状细胞 3. 柱状细胞 4. 梭形细胞
5. 锥形细胞 6. 基膜 7. 结缔组织

（5）复层扁平上皮（stratified squamous epithelium）：由多层细胞构成。其基底层细胞呈立方形或矮柱状，中间层细胞为多边形，近浅层细胞呈扁平形（图1-22）。浅层细胞很快死亡脱落，由基底层细胞不断分裂增殖加以补充。根据表层细胞是否角化，复层扁平上皮又分为角化的和未角化的两型。前者如皮肤的表皮等，后者如阴道黏膜上皮等。这种上皮具有很强的保护和抗摩擦作用，受损伤后有很强的再生修复能力。

（6）变移上皮（transitional epithelium）：分布于排尿管道，其细胞的形状和层数，可随器官的功能状态不同而变化。例如，膀胱处于收缩状态时，上皮细胞层

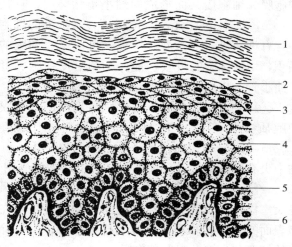

图1-22 复层扁平上皮模式图
1. 角质层 2. 透明层 3. 颗粒层 4. 棘层
5. 结缔组织 6. 基底层

数较多，表层细胞呈大立方形，中层细胞为多边形，基层细胞为矮柱状；而膀胱扩张时，上皮细胞层数变少，细胞变扁（图1-23）。电镜观察发现，其表层和中间层细胞下方都有突起附着于基膜，故为假复层上皮。

（7）复层柱状上皮（stratified columnar epithelium）：表面是一层排列整齐的柱状细胞或矮柱状细胞，中间层细胞呈横行的梭形，基底层细胞为立方形或多边形。此种上皮较少

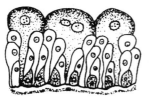
收缩状态　　　　　　　扩张状态

图 1-23　变移上皮模式图（膀胱）

见，主要分布于一些动物的眼睑结膜和腺体的大导管，起保护和排泄的作用。

（8）复层立方上皮（stratified cuboidal epithelium）：表层细胞呈立方形，其他层细胞和复层柱状上皮相似。此种上皮仅见于汗腺的导管。

3. 上皮组织的特殊结构　上皮组织为了适应各种功能活动，在上皮细胞的游离面、基底面和侧面常分化形成一些特殊结构（图 1-24）。

（1）上皮细胞游离面的特殊结构：有微绒毛、纤毛、鞭毛等。

①微绒毛（microvillus）：是上皮细胞游离面的细胞膜和细胞质共同形成的细小指状突起，直径约 0.1μm，长 0.5～1.4μm。电镜下，微绒毛的细胞质中含有许多纵行的微丝。微绒毛可以扩大细胞的表面积，增强细胞的吸收功能。小肠上皮细胞和肾脏近曲小管上皮细胞的微绒毛特别发达。

②纤毛（cilia）：是上皮细胞游离面的细胞膜和细胞质共同形成的较粗长的突起，直径 0.2～0.5μm，长 5～10μm，光镜下可见。电镜下，纤毛的中央有两根单微管，周围有 9 组二联微管（图 1-10）。纤毛可以摆动，许多纤毛的协调摆动就像风吹麦浪一样，形成有节律性的定向运动，将黏附在细胞表面的分泌物和颗粒等异物排出体外，以清除吸入的细菌和尘埃，起保护作用。

③鞭毛（flagellum）：其结构与纤毛基本相同，但较纤毛长，一般长 15～30μm，有的可达 150μm。哺乳动物精子的尾部是典型的鞭毛，长达 50～200μm。鞭毛可以由根部向末端呈弯曲波动，为无定向摆动。

（2）上皮细胞侧面的特殊结构：上皮组织的细胞排列紧密，在细胞侧面分化形成一些特殊的细

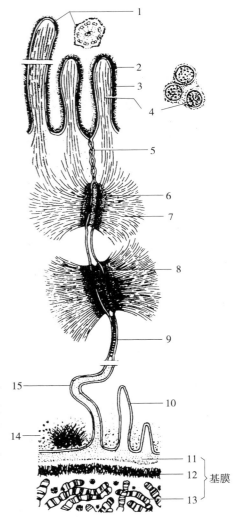

图 1-24　上皮细胞的特殊结构模式图
1. 纤毛　2. 细胞膜　3. 糖衣　4. 微绒毛
5. 紧密连接　6. 中间连接　7. 终末网
8. 桥粒　9. 缝隙连接　10. 质膜内褶
11. 透明板　12. 基板　13. 网板
14. 半桥粒　15. 镶嵌连接

连接（cell junction），有紧密连接、中间连接、桥粒、缝隙连接和镶嵌连接等。紧密连接（tight junction）可以封闭相邻细胞顶部构成屏障，并有连接作用；中间连接（intermediate junction）有黏着、保持细胞形态、传递细胞收缩力、调节微绒毛的活动等作用；桥粒（desmosome）可以加强细胞间的机械联系，维持组织结构的完整性；缝隙连接（gap junction）是细胞间的离子通道，传递信息，协调细胞的功能活动；镶嵌连接（interdigitation）可加强细胞间的牢固结合，同时扩大细胞间的接触面积。

（3）上皮细胞基底面的特殊结构：有基膜、半桥粒、质膜内褶等。

①基膜（basement membrane）：位于上皮细胞基底面与深部结缔组织之间，是一层连续的均质状薄膜，由上皮细胞和结缔组织的成纤维细胞共同产生，主要成分是层粘连蛋白、Ⅳ型胶原蛋白、硫酸肝素蛋白多糖、纤细的网状纤维和无定形的基质，有时还含有少许胶原纤维。电镜下，基膜由透明板、基板和网板组成。基膜主要起支持、连接和固着作用，也是一种半透膜，具有选择性的通透作用，对上皮细胞和结缔组织之间的物质交换发挥重要作用，还能引导上皮细胞移动，影响细胞的增殖和分化。肾血管球的基膜还具有滤过作用。

②半桥粒（hemidesmosome）：位于上皮细胞基底面的细胞膜内侧，结构为桥粒的一半，可以加固上皮与基膜的连接。

③质膜内褶（plasma membrane infolding）：由上皮细胞基底面的细胞膜折向细胞质内所形成，褶间的细胞质内常含有许多纵行排列的线粒体。质膜内褶可以扩大细胞底部的面积，有利于水和离子的快速转运。

（二）腺上皮与腺

以分泌功能为主的上皮，称为腺上皮（glandular epithelium）。以腺上皮为主要成分所构成的器官，称为腺或腺体（gland）。腺细胞的分泌物有酶、糖蛋白、脂类、激素等。

1. 外分泌腺与内分泌腺 根据腺体有无导管，可分为外分泌腺和内分泌腺两种类型。外分泌腺（exocrine gland）有导管，将其分泌物输送到身体的一定部位，故又称有管腺。内分泌腺（endocrine gland）没有导管，分泌物通过渗透作用进入腺细胞周围的血管或淋巴管而输送到全身，故又称无管腺。内分泌腺的分泌物称为激素（hormone），作用于特定的靶器官（target organ）或靶细胞（target cell）。

2. 外分泌腺的结构与分类 根据组成外分泌腺的细胞数目，可分为单细胞腺和多细胞腺。单细胞腺（unicellular gland）仅由一个细胞构成，如杯状细胞；多细胞腺（multicellular gland）由许多细胞构成，身体内大多数腺体属多细胞腺。

（1）多细胞外分泌腺的结构：由分泌部和导管组成。分泌部（secretory portion）又称腺末房，由一层细胞围成，中央有小的腺腔；分泌部可呈泡状、管状或管泡状，泡状和管泡状的分泌部常称腺泡（acinus）。导管（duct）与分泌部相连，由单层或复层上皮构成。

（2）多细胞外分泌腺的分类：根据导管是否分支，分为单腺（simple gland）和复腺（compound gland）；根据分泌部的形状，分为管状腺（tubular gland）、泡状腺（acinar gland）和管泡状腺（tubuloacinar gland）。复腺除导管分支外，分泌部肯定也有分支；单腺的导管虽不分支，但一些大的单腺的分泌部可以有分支。通常结合导管和分泌部两者的情况，将多细胞外分泌腺分为单管状腺、单泡状腺、单管泡状腺、复管状腺、复泡状腺和复管泡状腺等（图 1-25）。

部分消化腺，以及呼吸道和生殖道中的某些腺体，根据其分泌物的性质，可分为浆液腺、黏液腺和混合腺。浆液腺（serous gland）分泌稀薄的浆液，主要成分为蛋白质（包括酶）；黏液腺（mucous gland）分泌浓稠的黏液，主要成分为糖蛋白；混合腺（mixed gland）分泌浆液和黏液。

二、结缔组织

结缔组织（connective tissue）也由细胞和细胞间质构成。其特点是：①细胞数量较少，散在于间质内，无极性。②细胞间质多，由均质状的基质、细丝状的纤维和不断更新的组织液组成。③不与外界接触，故又称内环境组织。④形态多样，广义的结缔组织包括液态的血液、胶态的固有结缔组织、固态的骨组织和软骨组织。⑤分布广泛，所有的器官都有结缔组织存在。⑥功能复杂，具有支持、连接、充填、营养、保护、修复和防御等功能。⑦都来源于胚胎时期的间充质。

（一）固有结缔组织

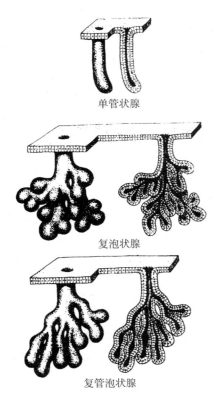

图 1-25 外分泌腺的形态示意图

固有结缔组织（proper connective tissue）分为疏松结缔组织、致密结缔组织、脂肪组织和网状组织。一般所称的结缔组织即指固有结缔组织。

1. 疏松结缔组织（loose connective tissue） 又称蜂窝组织（areolar tissue），广泛分布于器官之间、组织之间甚至细胞之间，起支持、连接、充填、营养、保护、防御和创伤修复等作用。其特点是：细胞种类较多，基质较多，纤维较少，排列疏松（图 1-26）。

（1）细胞成分：数量不恒定，包括下列几种。

①成纤维细胞（fibroblast）：数量最多，细胞较大，多呈扁平状，有突起；细胞核椭圆形，着色浅，核仁明显；粗面内质网丰富，高尔基复合体发达。成纤维细胞能产生纤维和基质。相对静止或功能不活跃的细胞称为纤维细胞（fibrocyte）。纤维细胞比成纤维细胞小，突起少，呈细长梭形；细胞核较小，扁卵圆形，染色较深，核仁不清楚；细胞质弱嗜酸性，电镜下，粗面内质网少，高尔基复合体不发达。在一定条件下，如创伤修复、结缔组织再生时，纤维细胞可转化为功能活跃的成纤维细胞。

②巨噬细胞（macrophage）：又称组织细胞（histocyte），数量较多，形态多样，但多呈圆形或椭圆形，轮廓清楚；细胞核小，染色深；细胞质内含许多溶酶体和吞噬小体等。巨噬细胞具有活跃的吞噬能力，并参与免疫反应，还能分泌多种生物活性物质。

③浆细胞（plasma cell）：呈卵圆形，细胞核圆形，常偏于细胞的一侧；染色质为块状，靠近核膜呈放射状分布，使细胞核呈车轮状；粗面内质网丰富，高尔基复合体发达（图 1-27）。浆细胞能合成和分泌免疫球蛋白（抗体），参与体液免疫。

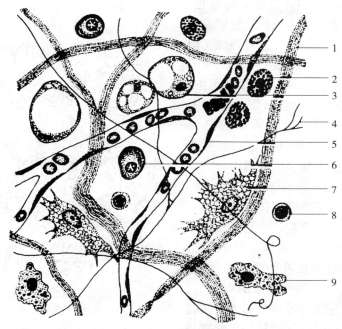

图 1-26 疏松结缔组织模式图
1. 胶原纤维 2. 肥大细胞 3. 脂肪细胞 4. 弹性纤维 5. 毛细血管
6. 浆细胞 7. 成纤维细胞 8. 淋巴细胞 9. 巨噬细胞

④肥大细胞（mast cell）：呈圆形或卵圆形，细胞核小圆形；细胞质内充满异染性颗粒，颗粒内含肝素、组胺、白三烯等。肥大细胞参与过敏反应，即当其受到过敏原刺激时，可发生脱颗粒反应，释放出颗粒内容物，引起毛细血管通透性增加，血浆渗出，造成局部水肿等症状。

⑤脂肪细胞（fat cell）：细胞较大，呈圆球形；细胞核扁平，位于细胞边缘；细胞质内含有一个大脂滴，HE 染色呈空泡状。脂肪细胞具有合成、贮存脂肪和参与脂质代谢的作用。

⑥间充质细胞（mesenchymal cell）：形态与成纤维细胞相似，但较小，在切片上不易区分。间充质细胞可增殖分化为成纤维细胞、脂肪细胞等。

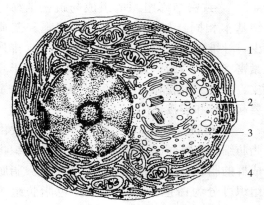

图 1-27 浆细胞超微结构模式图
1. 粗面内质网 2. 中心粒
3. 高尔基复合体 4. 线粒体

⑦白细胞（white blood cell）：从血液迁移而来，正常情况下较少，炎症反应时增多，以淋巴细胞、中性粒细胞和嗜酸性粒细胞为多。

（2）纤维成分：有下列三种。

①胶原纤维（collagen fiber）：是疏松结缔组织的主要纤维，较粗，HE 染色呈粉红色，新鲜时呈白色，故又称白纤维。它是由更细的胶原原纤维（collagenous fibril）聚集而成，其化学成分是胶原蛋白。胶原纤维有很强的韧性和抗拉力，但弹性较差。

②弹性纤维（elastic fiber）：数量较少，新鲜时呈黄色，故又称黄纤维。纤维较细，有

分支，互相吻合成网。HE染色不易着色，但可被醛品红、地衣红等染成深紫色或深棕红色。它由弹性蛋白等组成，富有弹性，但韧性较差。

③网状纤维（reticular fiber）：很细，有很多分支，互相吻合成网。HE染色不着色，但银染时呈黑色，故又称嗜银纤维（argyrophilic fiber）。网状纤维也由胶原蛋白组成，但其表面包有较多的糖蛋白。

（3）基质（ground substance）：是一种均质状的胶态物质，纤维和细胞埋藏其中。基质的化学成分是蛋白多糖，为蛋白质和多糖的复合物。多糖成分以透明质酸含量最多。它们形成具有许多微孔的分子筛结构，对细菌等的扩散具有屏障作用（图1-28）。但溶血性链球菌和癌细胞等可分泌透明质酸酶，溶解透明质酸，破坏屏障结构，使感染蔓延，形成蜂窝织炎，或使肿瘤浸润扩散。

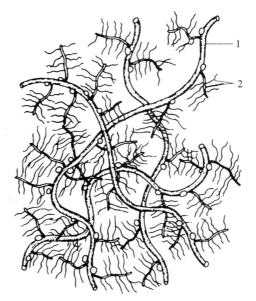

图1-28 基质分子筛结构示意图
1. 透明质酸分子　2. 蛋白多糖亚单位

2. 致密结缔组织（dense connective tissue） 致密结缔组织的组成与疏松结缔组织基本相同。其主要特点是：细胞和基质少，纤维多而粗大，以胶原纤维为主，排列紧密（图1-29）。致密结缔组织多分布于真皮、肌腱、巩膜和一些器官的被膜等处，主要起支持和连接作用。

3. 脂肪组织（adipose tissue） 主要由脂肪细胞聚集而成，有少量疏松结缔组织将成群的脂肪细胞分隔成许多脂肪小叶。脂肪组织可分为白色脂肪组织和棕色脂肪组织（图1-30）。白色脂肪组织的脂肪细胞为单泡脂肪细胞，即细胞质内含一个大的脂滴；

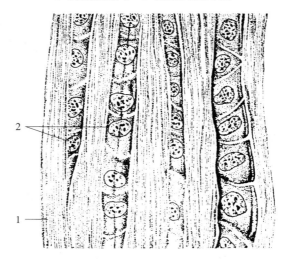

图1-29 致密结缔组织模式图（肌腱）
1. 胶原纤维束　2. 腱细胞

细胞核扁椭圆形，位于细胞周边。棕色脂肪组织的脂肪细胞为多泡脂肪细胞，即细胞质内含多个小的脂滴；细胞核圆形，位于细胞中央。脂肪组织具有贮存脂肪、维持体温和缓冲保护等作用。

4. 网状组织（reticular tissue） 由网状细胞、网状纤维和基质构成（图1-31）。网状细胞（reticular cell）呈星形，有许多突起，彼此连接成网；细胞质较丰富，弱嗜碱性；细胞核椭圆形，较大，着色浅，核仁明显。

体内没有单独存在的网状组织，它是淋巴组织、淋巴器官和造血器官的基本成分，构成这些器官或组织的支架。

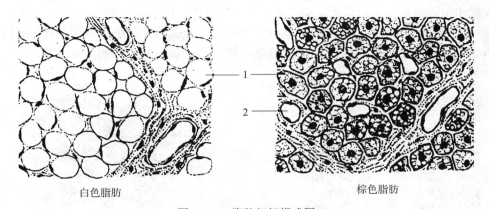

白色脂肪　　　　　　　　　棕色脂肪

图 1-30　脂肪组织模式图
1. 脂肪细胞　2. 毛细血管

(二) 软骨组织与软骨

1. 软骨组织 (cartilage tissue)　由软骨细胞 (chondrocyte) 和细胞间质构成。细胞间质包括基质和纤维。根据所含纤维的不同，将软骨组织分为下列三种。

(1) 透明软骨 (hyaline cartilage)：新鲜时呈淡蓝色半透明状，分布于呼吸道、肋软骨和关节软骨等处。

①软骨细胞：位于基质所围成的软骨陷窝 (cartilage lacuna) 内。软骨陷窝周围有一层含硫酸软骨素较多的基质构成软骨囊 (cartilage capsule)，呈强嗜碱性。软骨周边的软骨细胞较幼稚，细胞较小，呈扁椭圆形，多为单个存在，长轴与软骨表面平行。越向深部，细胞越成熟，体积增大并逐渐变圆。在软骨中央，软骨细胞成群分布，每群细胞由一个软骨细胞分裂而来，故称同源细胞群 (isogenous group) （图 1-32）。

②基质：呈凝胶状，嗜碱性，其主要成分是软骨黏蛋白和水。软骨黏蛋白也是蛋白质和多糖的复合物。多糖以硫酸软骨素含量最多。

③纤维：为细小的胶原原纤维，不形成胶原纤维。纤维埋于基质中，光镜下不能分辨。

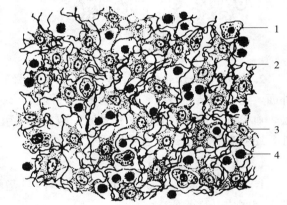

图 1-31　网状组织模式图
1. 巨噬细胞　2. 网状纤维
3. 网状细胞　4. 淋巴细胞

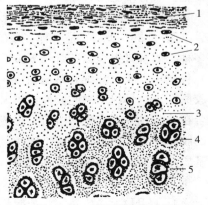

图 1-32　透明软骨模式图
1. 软骨膜　2. 幼稚的软骨细胞　3. 基质
4. 软骨囊　5. 同源细胞群

(2) 弹性软骨 (elastic cartilage)：新鲜时呈黄色，分布于耳郭、会厌等处。其结构与透明软骨相似,只是间质内含大量交织成网的弹性纤维,因而富有弹性(图1-33)。

(3)纤维软骨(fibrous cartilage):分布于椎间盘、关节盘和耻骨联合等处。其特点是:间质内含大量平行或交织排列的胶原纤维束,软骨细胞成行排列于纤维束之间,基质很少(图1-34)。

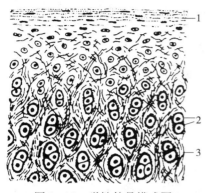

图1-33 弹性软骨模式图
1. 软骨膜 2. 软骨细胞 3 弹性纤维

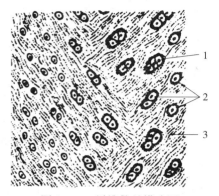

图1-34 纤维软骨模式图
1. 软骨囊 2. 软骨细胞 3. 胶原纤维

2. 软骨(cartilage) 由软骨组织和软骨膜构成。软骨膜(perichondrium)包在软骨外面,为致密结缔组织,可分为内、外两层。外层纤维多,排列致密;内层纤维少,排列疏松,血管和细胞多,其中含有骨原细胞,可增殖分化为软骨细胞。软骨膜除保护和营养软骨外,还对软骨的生长有重要作用。

(三)骨组织与骨

1. 骨组织(osseous tissue) 是体内最坚硬的结缔组织,也由细胞和细胞间质构成。其细胞间质又称骨质。

(1)细胞成分:有骨原细胞、成骨细胞、骨细胞和破骨细胞,以骨细胞为最多。骨原细胞(osteogenic cell)是骨组织中的干细胞,在骨生长或修复过程中,骨原细胞可增殖分化为成骨细胞。成骨细胞(osteoblast)向周围分泌基质和纤维,将自身包埋于其中,成熟为骨细胞。骨细胞(osteocyte)呈扁椭圆形,多突起,单个分散夹于相邻骨板间或包埋于骨板内。破骨细胞(osteoclast)是一种多核的大细胞,属单核吞噬细胞系统,细胞质强嗜酸性,可释放多种酶溶解骨组织,在骨修复或改造过程中清除陈旧骨质。

(2)骨质:由胶原纤维和基质组成。

①胶原纤维:骨组织中的胶原纤维又称骨胶纤维,含量很多,平行排列成层,并借有机基质黏合在一起,其上有骨盐沉着,形成薄板状结构,称为骨板(bone lamella)。相邻两层骨板内的胶原纤维互相垂直或成一定角度。在骨板内和骨板间分布有骨细胞。

②基质:包括有机基质和无机基质。有机基质呈无定型凝胶状,其化学成分亦为蛋白质与多糖的复合物。无机基质主要为钙盐,又称骨盐,其主要成分为羟基磷灰石结晶 $[Ca_{10}(PO_4)_6(OH)_2]$。结晶体为细针状,紧密而规律地沿胶原纤维长轴排列。

胶原纤维和有机基质共占骨干重的35%左右,使骨组织具有较大的韧性和一定的弹性;无机基质占骨干重的65%左右,使骨组织具有坚硬性。

2. 骨的结构 以四肢的长骨为例,骨由骨膜、骨质(骨密质和骨松质)、骨髓、血管和神经等构成。长骨两端还覆有关节软骨，为透明软骨。

（1）骨膜（periost）：在骨干的内、外表面被覆一层结缔组织，分别称为内骨膜和外骨膜。骨膜内富含血管和神经，并有骨原细胞和成骨细胞，对骨起保护、营养、再生等作用，因此，在处理骨折等手术时，要很好地保护骨膜。

（2）骨密质（compact bone）：主要位于骨干外侧面。骨密质的骨板排列非常致密而规则，肉眼不见腔隙。长骨干的骨密质可形成三种骨板：①环骨板（circumferential lamella），环绕于骨干的内、外表面，分别与内、外骨膜相贴。②哈佛骨板（Haversian lamella），构成哈佛系统（Haversian system），又称骨单位（osteon），位于内、外环骨板之间。骨单位为筒状结构，由周围呈同心圆排列的哈佛骨板和中央的哈佛管（中央管）组成。骨板内和骨板间分布有骨细胞。③间骨板（interstitial lamella），是填充于骨单位之间的一些不规则的骨板（图1-35）。

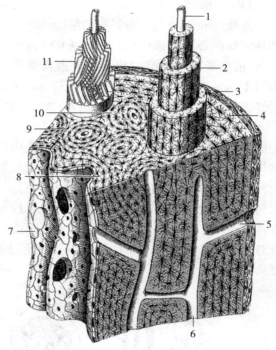

图1-35　长骨骨干结构模式图
1. 中央管　2. 骨单位骨板　3. 骨外膜　4. 外环骨板
5. 穿通管　6. 中央管　7. 骨内膜　8. 内环骨板
9. 骨单位　10. 间骨板　11. 骨板呈螺旋走向

（3）骨松质（spongy bone）：主要位于骨干内侧面，是由大量针状或片状的骨小梁连接而成的海绵状网架结构。骨小梁之间肉眼可见腔隙，其内充满骨髓。骨小梁也由骨板构成。

（4）骨髓（bone marrow）：位于骨髓腔内，是体内最大的造血器官，分为红骨髓和黄骨髓。胚胎和幼年动物的骨髓均为红骨髓。随着年龄的增长，长骨干的骨髓腔内逐渐出现脂肪组织，红骨髓逐渐变为黄骨髓。成年动物的红骨髓和黄骨髓约各占一半，红骨髓主要分布于扁骨、不规则骨和长骨骺端的骨松质中，造血功能活跃。红骨髓以网状组织为支架，网眼内充满不同发育阶段的各种血细胞和血窦（窦状毛细血管）等。黄骨髓内含有少量幼稚血细胞，故仍保持着造血潜能，当机体需要时（如大失血等）可转变为红骨髓进行造血。

3. 骨的理化特性　骨是体内最坚硬的组织，具有很大的坚固性、较大的韧性和一定的弹性，骨的这些特性与骨的化学性质等相关。幼畜骨中有机质占多数，骨显得比较有韧性和弹性，硬度小，不易骨折，但易弯曲；老龄家畜骨中无机质成分较高，骨显得坚硬而脆，易发生骨折。

4. 骨的生长　骨的生长包括骨的长长和长粗。以幼畜的管状长骨为例，长骨的上下两端（骨骺）在骨的发育早期各有一层软骨，称为骺软骨，此处细胞繁殖分化的能力很强，所以骺软骨就不断地向两端生长而使长骨增长。到家畜成年后，骺软骨骨化，仅在骨骺表面保留薄层关节软骨，此时长骨停止增长。长骨的增粗是由于骨膜内的成骨细胞不断增生使骨质增厚，骨的横径增粗所致。因此，骨的生长在于骨骺和骨膜。成年后骨停止生长，只保持内部的动态平衡。骨受损后的再生和愈合，主要靠骨膜内成骨细胞的繁殖分化来填充伤口。

（四）血液

血液（blood）是一种特殊的结缔组织，循环流动在心血管系统内，占体重的7%~8%，由血浆和血细胞组成。血浆占血液容积的45%~65%；血细胞占35%~55%，包括红细胞、白细胞和血小板（图1-36、图1-37）。在正常生理状态下，血细胞具有一定的形态结构和相对稳定的数量。通常采用瑞特（Wright）或姬姆萨（Giemsa）染色血液涂片来观察血细胞。血细胞形态、数量、比例和血红蛋白含量的测定，称为血常规检查，患病时它们可发生显著变化。血液学检查对于了解机体状况、临床诊断疾病、判断疾病预后和制定疾病治疗方案等，都具有重要的意义。

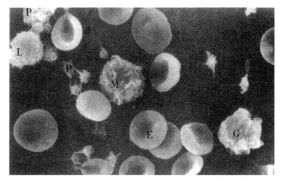

图1-36 各种血细胞电镜图
E. 红细胞 G. 粒细胞 L. 淋巴细胞
M. 单核细胞 P. 血小板

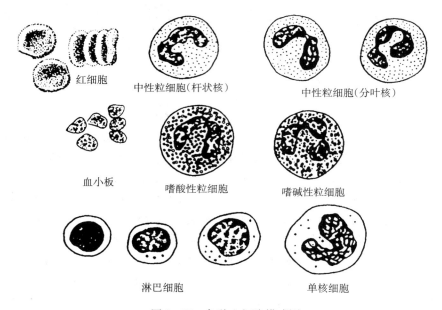

图1-37 各种血细胞模式图

1. 血浆（plasma）　血浆中90%左右是水，其余为血浆蛋白、脂类、糖类、无机盐、酶、激素、维生素和各种代谢产物。

2. 红细胞（erythrocyte, red blood cell, RBC）　是血液中数量最多的细胞。新鲜单个的红细胞呈黄绿色，稠密的红细胞使血液呈红色。大多数哺乳动物的红细胞呈双凹圆盘状，中央薄，周边厚。骆驼和鹿的红细胞为椭圆形。哺乳动物的成熟红细胞无细胞核。禽类的红细胞呈卵圆形，有卵圆形的细胞核。红细胞的细胞膜光滑，细胞质内主要含大量的血红蛋白。血红蛋白具有携带O_2和CO_2的功能，即将肺内的O_2带到其他器官，供组织细胞利用；并将其他器官代谢所产生的CO_2带到肺部排出体外。血红蛋白还与CO具有很强的结合能力并难以分离，从而失去运输 O_2 和 CO_2 的功能，故在 CO 的环境中容易中毒。

红细胞的数量与动物种类、年龄、性别、生理状况、地理环境等有关（表1-1）。例如，哺乳动物的红细胞较禽类的多；年幼的较年长的多；雄性的较雌性的多；营养好的较营养差的多；经常运动的较不运动的多；生活在高原的较平原的多；高产乳牛的较低产的多；生殖能力强的较生殖能力差的多。

表1-1　几种畜禽红细胞的大小和数量

动物	红细胞的直径（μm）	每立方毫米血液的红细胞数（百万）
马	5.6	8.5（6.0～11.0）
驴	5.3	6.5
牛	5.1	8.1（6.1～10.7）
绵羊	5.0	12.0（8.0～16.0）
山羊	4.1	13.0（8.0～18.0）
猪	6.2	6.5（5.0～8.0）
兔	6.8	5.6（5.5～6.5）
犬	7.0	6.8（5.0～8.0）
猫	5.9	7.5（5.0～10.0）
鸡	7.5×12.0	3.5

3. 白细胞（leukocytes，white blood cell，WBC）　为无色有核的细胞，体积较红细胞大，数量则远较红细胞少，雌雄无明显差异，幼年动物较成年动物稍多。运动、营养水平、妊娠等对白细胞数量稍有影响。

光镜下，根据细胞质内有无特殊颗粒，将白细胞分为有粒白细胞和无粒白细胞。有粒白细胞又根据颗粒的嗜色性，分为中性粒细胞、嗜酸性粒细胞和嗜碱性粒细胞。无粒白细胞包括单核细胞和淋巴细胞。几种畜禽白细胞的数量与分类百分比见表1-2。

表1-2　几种畜禽白细胞的数量与分类百分比

动物	每立方毫米血液的白细胞数（千）	中性粒细胞（%）	嗜酸性粒细胞（%）	嗜碱性粒细胞（%）	单核细胞（%）	淋巴细胞（%）
马	8.5	52.4	4.0	0.6	3.0	40.0
驴	8.0	27.8	8.3	0.5	4.0	59.4
牛	8.2	31.0	7.0	0.7	7.0	54.3
山羊	9.6	49.2	2.0	0.8	6.0	42.0
绵羊	8.2	34.2	4.5	0.6	3.0	57.7
猪	14.8	44.5	4.0	1.4	2.1	48.0
兔	5.7～12.0	8.0～50.0	1.0～3.0	0.5～30.0	1.0～4.0	20.0～90.0
犬	3.0～11.4	42.0～77.0	0～14.0	0～1.0	1.0～6.0	9.0～50.0
猫	8.6～32.0	31.0～85.0	1.0～10.0	0～2.0	1.0～3.0	10～69.0
鸡	30.0	24.1	12.0	4.0	6.0	53.0

家畜患某些疾病时，可引起白细胞数量显著增加或减少。前者如大叶性肺炎、猪丹毒和结核病等，后者如伤寒、流感和猪瘟等。患病时，不仅白细胞的数量会发生改变，而且各种

白细胞的比例也会发生改变。例如，各种急性细菌性传染病，特别是病的初期，中性粒细胞增多；寄生虫病、湿疹、过敏性炎症，嗜酸性粒细胞增多；焦虫病和慢性细菌性传染病，单核细胞增多；病毒病和某些慢性细菌性传染病（如结核病），淋巴细胞增多。

(1) 中性粒细胞（neutrophilic granulocyte，neutrophil）：数量很多，呈球形，直径 $7\sim15\mu m$。细胞核呈杆状或分叶状，一般 $2\sim5$ 叶，以 3 叶居多。细胞核分叶数目与细胞年龄有关，幼稚细胞的核呈杆状，衰老细胞的核分叶数目较多。在某些疾病情况下，临床血涂片检查可见杆状核的中性粒细胞增多，称为核左移，常出现在机体严重细菌感染时；$4\sim5$ 叶核的细胞增多，称为核右移，常出现在骨髓造血功能低下时。细胞质淡染，内含细小的淡紫色或淡红色特殊颗粒，即中性颗粒，含有碱性磷酸酶、酸性磷酸酶、过氧化物酶、吞噬素、溶菌酶等。禽类的异嗜性细胞（heterophilic granulocyte）相当于哺乳动物的中性粒细胞，其细胞质内含有暗红色嗜酸性颗粒，鸡的颗粒呈杆状或纺锤形，鸭的为圆形。中性粒细胞具有活跃的吞噬杀灭细菌的能力，因此机体受细菌感染时，血液中的中性粒细胞增多，起重要的防御作用。中性粒细胞在外周血中停留时间很短，一般为 $6\sim7h$，能做变形运动穿过毛细血管壁进入结缔组织中，在组织中存活 $1\sim3d$。

(2) 嗜酸性粒细胞（eosinophilic granulocyte，eosinophil）：数量较少，呈球形，直径 $8\sim20\mu m$。细胞核常分为 2 叶。细胞质内含橘红色或鲜红色特殊颗粒，即嗜酸性颗粒，含有酸性磷酸酶、组胺酶、过氧化物酶、芳基硫酸酯酶等。嗜酸性粒细胞能够吞噬抗原抗体复合物，释放组胺酶分解过敏物质组胺，具有抗寄生虫和抗过敏的作用，因此，在机体寄生虫感染和患过敏性疾病时，血液中的嗜酸性粒细胞增多。嗜酸性粒细胞在血液中一般仅停留数小时，进入组织后可存活 $8\sim12d$。

(3) 嗜碱性粒细胞（basophilic granulocyte，basophil）：数量很少，呈球形，直径 $10\sim12\mu m$。胞核呈 S 形或分为 2 叶，常被颗粒遮盖。细胞质内含大小不一的紫蓝色特殊颗粒，即嗜碱性颗粒，含有肝素、组胺和白三烯等。嗜碱性粒细胞具有抗凝血和参与过敏反应的作用。嗜碱性粒细胞在组织中可存活 $12\sim15d$。

(4) 单核细胞（monocyte）：数量较少，呈圆形或椭圆形，直径 $14\sim20\mu m$，是白细胞中最大的细胞。细胞核多呈马蹄形或不规则形。细胞质较多，弱嗜碱性，为灰蓝色。颗粒内含酸性磷酸酶、过氧化物酶、溶菌酶等。单核细胞具有一定的吞噬能力，当其穿出血管壁进入其他组织时，增殖分化为巨噬细胞，吞噬能力大大增强。

(5) 淋巴细胞（lymphocyte）：数量很多，细胞大小不等，可分为大、中、小三型。外周血中以小淋巴细胞居多，直径 $6\sim8\mu m$，呈圆形或椭圆形；细胞核大而圆，一侧常有一凹陷；细胞质很少，嗜碱性，为蔚蓝色。淋巴细胞是机体内非常重要的免疫细胞。当受到抗原刺激时，淋巴细胞被激活，引起特异性免疫反应（详见第十三章免疫系统）。

4. 血小板（blood platelet） 是从骨髓巨核细胞脱落下来的细胞质小块，呈圆形或椭圆形，直径 $2\sim3\mu m$，每立方毫米血液有 20 万～50 万个。在血涂片中成群分布于血细胞之间。哺乳动物的血小板无细胞核。禽类的血小板，又称凝血细胞（thrombocyte），呈卵圆形，含卵圆形的细胞核，类似红细胞，但较红细胞小，每立方毫米血液约有 10 万个。血小板在止血和凝血过程中起重要作用，血管破损血液流出时，血小板堆集堵塞伤口，而血小板破坏后，其血小板因子参与凝血酶原激活为凝血酶的过程。此外，血小板还有保护血管内皮、参与内皮修复和防止动脉粥样硬化的作用。

三、肌 组 织

肌组织（muscle tissue）主要由肌细胞构成。在肌细胞之间含有少量的结缔组织、丰富的血管和神经，它们对肌细胞起着支持、营养和传递神经冲动的作用。肌细胞呈细长纤维状，故又称肌纤维（myofiber），具有收缩功能。肌纤维的细胞膜又称肌膜（sarcolemma），细胞质又称肌质（sarcoplasm），滑面内质网又称肌质网（sarcoplasmic reticulum）。

根据肌纤维的结构和功能，将肌组织分为骨骼肌、心肌和平滑肌。骨骼肌和心肌的肌纤维上有明暗相间的横纹，故又称横纹肌（striated muscle）。平滑肌的肌纤维无横纹。骨骼肌受意识的支配，为随意肌。心肌和平滑肌不受意识的支配，为不随意肌。

（一）骨骼肌

骨骼肌（skeletal muscle）一般附着在骨骼上，只有皮肌、食管肌等少数肌肉不附于骨骼上。

1. 骨骼肌纤维的光镜结构 骨骼肌纤维多呈细长圆柱形，直径 10～100μm，长度不等，多为 1～40mm，但长者可达 10cm，除舌肌等少数肌纤维外，骨骼肌纤维一般不分支。骨骼肌纤维是一种多核细胞，细胞核的数量随肌纤维的长短而异，短者细胞核少，长者可有100～200 个细胞核，位于肌膜下，呈卵圆形，染色较淡，核仁清楚。肌质内含有大量的肌原纤维。在横切面上，骨骼肌纤维呈圆形或多边形，细胞核位于边缘（图 1-38）。

肌原纤维（myofibril）呈细丝状，直径 1～2μm，长轴与细胞长轴平行。光镜下，每条肌原纤维由许多明暗相

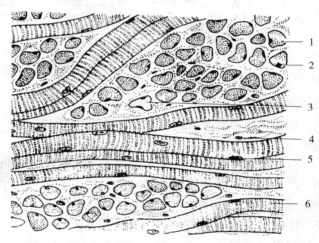

图 1-38 骨骼肌光镜结构模式图
1. 肌纤维横切面 2. 肌细胞核 3. 毛细血管
4. 成纤维细胞核 5. 肌细胞核 6. 肌纤维纵切面

间的带组成，所有肌原纤维的明带和暗带整齐地排列在同一平面上，故使纵切的肌纤维呈现明、暗相间的横纹。明带（light band）在偏光显微镜下呈单折光性，为各向同性（isotropic），故又称 I 带，长约 0.8μm，着色浅。在明带中央可见一条暗线，实为一薄膜，称为 Z 线或 Z 膜（zwischem line or membrane）。暗带（dark band）在偏光显微镜下呈双折光性，为各向异性（anisotropic），故又称 A 带，长约 1.6μm。暗带中央有一较明的窄带，称为 H 带，H 带的中央也有一条暗线，实际亦是一薄膜，称为 M 线或 M 膜（median line or membrane）。相邻两个 Z 膜之间的一段肌原纤维称为一个肌节（sarcomere），故每个肌节为 1/2 明带＋暗带＋1/2 明带，长度为 2～3μm。一条肌原纤维可由几百个肌节组成，肌节是肌纤维结构和功能的基本单位，其长度随肌纤维的收缩或舒张而改变（图 1-39）。

2. 骨骼肌纤维的电镜结构 骨骼肌纤维的肌质丰富，除含肌原纤维外，还有大量的肌质网、线粒体、横小管、肌红蛋白、糖原颗粒和少量脂滴（图 1-40）。肌红蛋白与血红蛋白

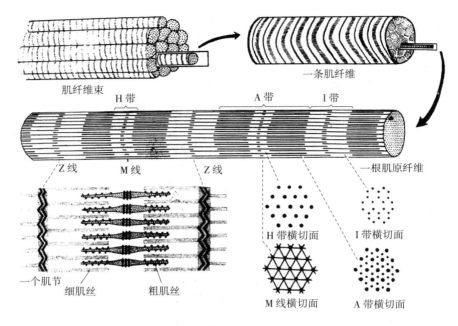

图 1-39 骨骼肌纤维连续放大示意图

相似，能与氧结合，起到储存氧的作用，与线粒体、糖原颗粒和脂滴共同构成肌纤维收缩的供能系统。

（1）肌原纤维：电镜下，肌原纤维由粗肌丝和细肌丝构成，两种肌丝沿肌纤维长轴互相穿插平行排列。粗肌丝位于肌节的中部，贯穿 A 带全长，中间有 M 膜起固定作用，两端游离。细肌丝一端附着在 Z 膜上，另一端伸到粗肌丝之间，达 H 带的外缘。所以，明带只含细肌丝，H 带只含粗肌丝，H 带以外的暗带含有粗肌丝和细肌丝。两种肌丝具有一定的空间布局，在横断面上，可见 1 根粗肌丝的周围排列有 6 根细肌丝，而细肌丝则位于 3 根粗肌丝的中央。骨骼肌收缩时，细肌丝向粗肌丝的 M 膜方向滑动，明带变窄，暗带长度不变，H 带变窄乃至消失，肌节变短，以致整条肌纤维变短（详见第二章运动系统）。

（2）横小管（transverse tubule）：又称 T 小管，是肌膜以垂直于肌纤维长轴的方向陷入细胞内而形成的小管，位于 A 带和 I 带交界处。在同一平面上，横小管分支吻合成网，并环绕在每条肌原纤维的表面，在肌膜表面有许多开口。来自

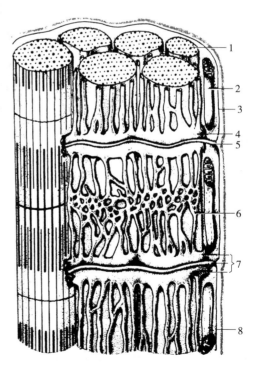

图 1-40 骨骼肌纤维超微结构模式图
1.肌原纤维　2.线粒体　3.肌膜　4.终池
5.横小管　6.肌浆网　7.三联体　8.基膜

神经末梢运动终板的神经冲动，通过横小管传入肌细胞内，引起肌纤维收缩。

（3）肌质网：曾称肌浆网，即滑面内质网，在相邻两个横小管之间形成互相通连的小管网，包绕在每条肌原纤维的周围，大部分走向与肌纤维长轴一致，故称纵小管（longitudinal tubule），简称 L 小管。纵小管末端膨大并互相通连，形成与横小管平行并紧密相贴的盲管，称为终池（terminal cisternae）。横小管和两侧的终池，共同形成三联体（triad）。肌质网膜上有钙泵，亦是一种 ATP 酶，可将肌质内的 Ca^{2+} 泵入肌质网腔内，因此肌质网可以调控肌质内 Ca^{2+} 的浓度，在肌纤维收缩过程中起重要作用。

（4）线粒体：肌质内有丰富的线粒体，分布于肌膜下、细胞核附近以及肌原纤维之间。线粒体产生 ATP 为肌肉提供能量。肌质内线粒体的数量和大小，反映肌纤维氧化代谢率的高低。

3. 肌丝的分子结构　粗、细肌丝分别由不同的蛋白质构成。

（1）粗肌丝（thick myofilament）：直径约 10nm，长约 $2\mu m$，由 250～360 个肌球蛋白分子集合而成。肌球蛋白（myosin）分子形似豆芽，由两个球状的头部和一条杆状的尾部组成，两个肌球蛋白分子尾对尾地反向排列，即尾部在中央，头部在两端，再平行聚合成束，组成一条粗肌丝。肌球蛋白分子的杆部都向着 M 膜，并以一定距离相错开，而头部都朝向粗肌丝的两端并露于表面，称为横桥（cross bridge）。因在粗肌丝的中段没有肌球蛋白分子的头部，故表面是光滑的（图 1-41）。肌球蛋白分子头部具有与肌动蛋白相结合的位点，并且含有 ATP 酶，能结合并水解 ATP，但在肌纤维舒张状态时，ATP 酶无活性。

（2）细肌丝（thin myofilament）：直径约 5nm，长约 $1\mu m$，由肌动蛋白、原肌球蛋白和肌钙蛋白组成（图 1-41）。

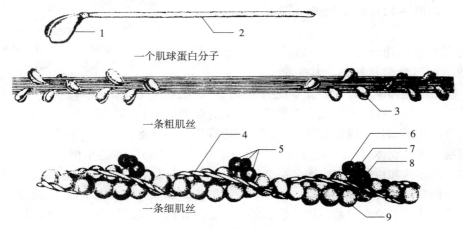

图 1-41　粗肌丝和细肌丝分子结构模式图
1. 肌球蛋白分子头部　2. 肌球蛋白分子杆部　3. 粗肌丝的横突
4. 原肌球蛋白　5. 肌原蛋白　6. TnI　7. TnC　8. TnT　9. 肌动蛋白

肌动蛋白（actin）：单个分子呈球形，比肌球蛋白分子小，球形肌动蛋白单体互相连接，形成有极性的肌动蛋白链。两条肌动蛋白链呈螺旋状相互绞合在一起，形成纤维型肌动蛋白，构成细丝的主要部分。在每一个球形肌动蛋白单体上，有一个能与肌球蛋白结合的位点。

原肌球蛋白（tropomyosin）：呈细长丝状，长约 40nm，是由两条多肽链相互缠绕形成的双股螺旋状分子，也有极性。原肌球蛋白分子首尾相连形成长链状，位于肌动蛋白的两股螺旋链所形成的浅沟附近。一个原肌球蛋白分子缠在 7 个球形肌动蛋白分子的表面。

肌钙蛋白（troponin）：又称肌原蛋白，由三个球状亚单位构成，一个原肌球蛋白分子上附有一个肌钙蛋白分子。三个亚单位分别是：C 亚单位（TnC），是 Ca^{2+} 受体蛋白，能与 Ca^{2+} 相结合；T 亚单位（TnT），能与原肌球蛋白相结合，在舒张状态下，可使肌球蛋白头上的位点与肌动蛋白分子上的位点隔开；I 亚单位（TnI），能抑制肌动蛋白与肌球蛋白相结合。

（二）心肌

心肌（cardiac muscle）分布于心脏，少量心肌细胞位于大静脉靠近心脏的部位。心肌可以进行节律性搏动。

1. 心肌纤维的光镜结构 心肌纤维呈短圆柱状，直径 10～20μm，长 80～150μm，有分支并互相连接成网。每条肌纤维含有一个细胞核，椭圆形，位于中央，偶见双核。核周肌质较丰富。心肌纤维彼此相连处形成特殊的连接结构，称为闰盘（intercalated disk）。在 HE 染色标本中，闰盘为深染的粗线，与肌纤维长轴垂直或呈阶梯形。心肌纤维纵切面上也有明、暗相间的横纹，但不如骨骼肌清楚（图 1-42）。

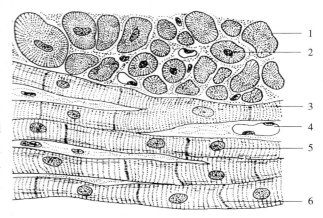

图 1-42 心肌光镜结构模式图
1. 肌纤维横切面 2. 肌细胞核 3. 肌纤维纵切面
4. 毛细血管 5. 肌细胞核 6. 闰盘

2. 心肌纤维的电镜结构 心肌纤维的超微结构与骨骼肌相似，其主要特点是：①粗肌丝和细肌丝主要分布在细胞周边，被肌质网、线粒体及横小管分隔成大小不等的肌丝区，故肌原纤维不典型，以致横纹不如骨骼肌的明显。②横小管口径较粗，位于 Z 膜处。③纵小管不如骨骼肌的发达，其末端不形成膨大的终池，常是一侧的盲端略膨大，与横小管相贴形成二联体（diad），极少有三联体。④闰盘是心肌细胞互相连接的部位，在横位部分有中间连接和桥粒，起牢固的结合作用；纵位部分是缝隙连接，相邻的心肌细胞间可以交换化学信息，并传递神经冲动，使心肌纤维同步舒缩成为一功能整体。⑤心肌纤维的肌质丰富，线粒体、糖原颗粒数量比骨骼肌的多。⑥除普通心肌纤维外，还有构成心脏传导系统的特殊心肌纤维。⑦心房的肌纤维除有收缩功能外，还有内分泌功能，细胞内有一些特殊颗粒，含心房利钠尿多肽（atrium natriuretic polypeptide），又称心纳素（cardionatrin），具有强大的利尿、利钠、扩张血管和降低血压的作用。

（三）平滑肌

平滑肌（smooth muscle）由平滑肌纤维构成，主要分布在胃肠道、呼吸道、泌尿生殖管道、血管和淋巴管的壁层。皮肤的竖毛肌，眼的瞳孔括约肌和睫状肌也是平滑肌。

1. 平滑肌纤维的光镜结构 平滑肌纤维一般呈长梭形，长短不一，小动脉壁上的平滑肌纤维长约 20μm，肠壁上的长 50～100μm，而妊娠子宫壁的可长达 500μm。最粗横径为

5~20μm。平滑肌纤维只有一个细胞核，呈椭圆形或长杆状，位于中央，着色较深，可见1~2个核仁。当平滑肌纤维收缩时，细胞核常呈螺旋状扭曲。细胞质嗜酸性，染色较深，不见横纹。在横切面，肌纤维直径很小，呈圆形或不规则形（图1-43）。

2. 平滑肌纤维的电镜结构 肌膜内陷形成一些小凹，相当于骨骼肌的横小管。在肌膜的内面，有许多电子密度高的区域，称为密区（dense area），相当于骨骼肌纤维的Z膜，其上有肌丝附着。在细胞内还有电子密度高的不规则小体，称为密体（dense body）。从密区到密体之间有中间丝相连。平滑肌

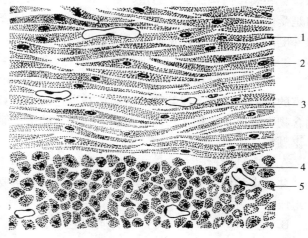

图1-43 平滑肌光镜结构模式图
1. 肌纤维纵切面 2. 肌细胞核 3. 毛细血管
4. 肌细胞核 5. 肌纤维横切面

的肌质网发育较差，呈泡状或管状，位于肌膜小凹的周围及肌丝之间。细胞核的两端、肌膜下以及肌丝之间有球形或杆状的线粒体。在细胞核的两端还有高尔基复合体、脂肪小滴、粗面内质网和游离核糖体。

四、神经组织

神经组织（nerve tissue）由神经细胞和神经胶质细胞组成，是构成神经系统的主要成分。神经细胞（nerve cell）又称神经元（neuron），是神经组织的结构和功能单位，具有感受刺激、整合信息和传导冲动的功能。神经元之间通过特化的连接结构（突触）彼此相连，形成复杂的神经通路和网络，支配和调节各器官的功能活动。有些神经元具有内分泌功能，称为神经内分泌细胞（neuroendocrine cell）。神经胶质细胞（neuroglial cell）是神经组织的辅助成分，无传递信息的功能，对神经元起支持、营养、分隔、绝缘、保护和修复等作用。

（一）神经元

1. 神经元的结构 神经元由细胞体和突起两部分构成（图1-44）。

（1）细胞体（soma）：是神经元的营养代谢中心，表面有细胞膜，内含细胞质和细胞核。位于脑和脊髓的灰质以及神经节内。大小不一，直径在5~150μm之间。形态各异，有星形、梨形、锥体形和圆球形等。

①细胞膜：神经元的细胞膜具有兴奋性特性，能够接受刺激、处理信息、产生和传导神经冲动。这些特性取决于膜蛋

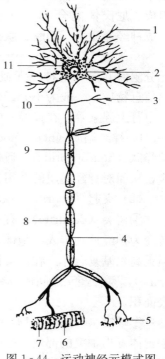

图1-44 运动神经元模式图
1. 树突 2. 细胞核 3. 侧支
4. 郎氏结 5. 轴突终末
6. 运动终板 7. 骨骼肌纤维
8. 施万细胞核 9. 髓鞘
10. 轴突 11. 尼氏体

白，有些膜蛋白构成离子通道，如 Na^+ 通道、K^+ 通道、Ca^{2+} 通道和 Cl^- 通道等。有些膜蛋白是受体，与神经递质结合后，离子通道开放，选择性地允许某些离子进出细胞，使细胞膜内外电位差发生改变，从而形成神经冲动。

②细胞核：一个，位于细胞体中央，大而圆，染色浅，核仁明显。

③细胞质：又称核周质（perikaryon），含有神经元特有的尼氏体和神经原纤维，以及丰富的滑面内质网、线粒体、溶酶体和发达的高尔基复合体等各种细胞器。此外，还含一些内含物，主要是脂褐素，呈棕黄色，随年龄的增长而增加。神经内分泌细胞的细胞质内还含分泌颗粒。

A. 神经原纤维（neurofibril）：在银染的标本上呈棕黑色细丝状，在细胞体内交织成网，并呈束状伸入突起内。电镜下，神经原纤维主要由聚集成束的神经丝（属中间丝）和微管组成。

B. 尼氏体（Nissl body）：为嗜碱性物质，又称嗜染质（chromophilic substance），光镜下呈斑块状或细粒状散在分布。在一些大型的运动神经元，尼氏体大而多，宛如虎皮花纹，故又称"虎斑"（图1-45）。电镜下，尼氏体由大量平行排列的粗面内质网和其间的游离核糖体组成。尼氏体能合成蛋白质，包括结构蛋白、合成神经递质所需的酶、肽类的神经调质等。

a. 神经递质（neurotransmitter）：是神经元分泌的并向其他神经元或效应细胞传递的化学信息物质，一般为小分子物质，如乙酰胆碱、去甲肾上腺素等，在神经元的轴突终末合成。

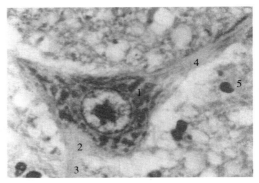

图1-45 脊髓运动神经元光镜图
1. 尼氏体 2. 轴丘 3. 轴突
4. 树突 5. 神经胶质细胞

b. 神经调质（neuromodulator）：一般为肽类物质，如脑啡肽、神经降压素等，故又称神经肽（neuropeptide），通常不直接引起效应细胞的变化，而是改变神经元对神经递质的反应，从而对神经递质的效用起调节作用。

（2）突起（neurite）：依其结构和功能，分为树突和轴突。

①树突（dendrite）：有一个或多个，从细胞体发出后呈树枝状分支，能接受刺激并将其转变为神经冲动传入细胞体。其结构与细胞体相似，也含尼氏体、神经原纤维和线粒体等，但无高尔基复合体。在银染标本上，树突表面可见许多棘状小突起，称为树突棘（dendritic spine），是神经元之间形成突触的主要部位。树突的分支和树突棘扩大了神经元接受刺激的表面积。

②轴突（axon）：只有一个，自细胞体或主树突基部发出，能将神经冲动自细胞体传出。细胞体发出轴突的部位常呈圆锥状，称为轴丘（axon hillock），此处不含尼氏体，光镜下常依此区分树突和轴突（图1-45）。轴突常较树突细，粗细较均匀，表面光滑。分支较少，常呈直角分出。但轴突末端分支较多，形成特殊的轴突终末，与其他神经元或效应细胞接触。轴突长短不一，短的仅数微米，长的可达1m以上。

轴突表面的细胞膜称为轴膜（axolemma），内含的细胞质称为轴质（axoplasm）。轴突起始段的轴膜较厚，膜下有电子密度高的致密层，此段轴膜易引起电兴奋，常是产生神经冲动的部位，神经冲动形成后沿轴膜向终末传递。轴质内含有神经原纤维、滑面内质网、线粒体等，但不含尼氏体和高尔基复合体，因此不能合成蛋白质。

轴突与细胞体之间进行频繁的物质交流，称为轴突运输（axonal transport），包括由细胞体运向轴突终末的顺向运输和由轴突终末运向细胞体的逆向运输。神经元细胞体新合成的微管、微丝、神经丝、线粒体、滑面内质网、基质蛋白、可溶性酶、轴膜更新所需的蛋白质、突触小泡、合成神经递质所需的酶等，经顺向运输流向轴突终末。轴突的代谢产物、轴突终末经内吞作用摄取的蛋白质和神经营养因子等，经逆向运输流向细胞体。某些病毒和细菌毒素，如狂犬病毒、脊髓灰质炎病毒、破伤风毒素等，也可经逆向运输迅速侵入神经元细胞体而致病。在科学研究中，可以利用轴突的逆向运输来研究神经通路，如将辣根过氧化物酶或其他标记物注射于轴突终末处，经过一定时间后，即可检查这些标记物的分布情况。

2. 神经元的分类 有多种分类方法。

（1）根据神经元突起的数目，将其分为下列三类（图 1-46）。

①假单极神经元（pseudounipolar neuron）：从细胞体发出一个突起，但在离细胞体不远处呈 T 形分为两支，其中一支伸向周围器官，称为周围突（peripheral process），其功能相当于树突；另一支伸向中枢神经系统，称为中枢突（central process），其功能相当于轴突。脊神经节内的感觉神经元属于此类。

②双极神经元（bipolar neuron）：从细胞体两端各发出一个突起，其中一个是树突，另一个是轴突。耳蜗神经节和视网膜内的感觉神经元等属于此类。

③多极神经元（multipolar neuron）：从细胞体发出多个树突和一个轴突。体内绝大多数神经元属于此类。

（2）根据神经元的功能，也将其分为三类（图 1-47）。

①感觉神经元（sensory neuron）：也称传入神经元（afferent neuron），多为假单极神经元，细胞体位于脑脊神经节内，能感受刺激并将神经冲动自周围器官传向中枢神经系统。

②运动神经元（motor neuron）：也称传出神经元（efferent neuron），多为多极神经元，细

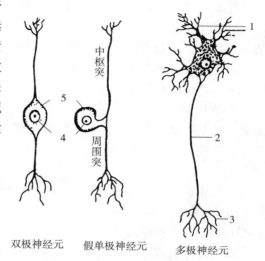

图 1-46 三种神经元模式图
1. 树突 2. 轴突 3. 终末分支
4. 胞核 5. 胞体

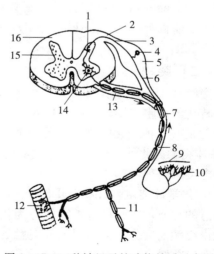

图 1-47 三种神经元的功能关系示意图
1. 中间神经元 2. 背根 3. 中枢突 4. 感觉神经元
5. 脊神经节 6. 周围突 7. 运动神经纤维
8. 郎飞结 9. 皮肤 10. 感觉神经末梢
11. 侧支 12. 运动终板 13. 腹根
14. 运动神经元 15. 灰质 16. 白质

胞体位于中枢神经系统的灰质和植物性神经节内，能将神经冲动自中枢神经系统传向周围器官。

③联合神经元（associated neuron）：也称中间神经元（interneuron），多为多极神经元，位于感觉神经元与运动神经元之间，起联络作用。中间神经元数量最多，而且动物越进化，中间神经元越多，在中枢神经系统内构成复杂的神经网络。

（3）根据神经元释放的神经递质和神经调质的化学性质，分为下列几类。

①胆碱能神经元（cholinergic neuron）：释放乙酰胆碱，如脊髓腹角的运动神经元等。

②胺能神经元（aminergic neuron）：释放单胺类神经递质，如肾上腺素、去甲肾上腺素、多巴胺、5-羟色胺、组胺等。交感神经节内的神经元属于此类。

③氨基酸能神经元（aminoacidnergic neuron）：释放谷氨酸、甘氨酸、γ-氨基丁酸等。如小脑皮质的颗粒细胞释放谷氨酸。

④肽能神经元（peptidergic neuron）：释放神经肽，如脑啡肽、血管活性肠肽、神经降压素、加压素、P物质等。下丘脑的一些神经元等属于此类。

一般来说，一个神经元只释放一种神经递质，同时还可释放一种神经调质。另外，一氧化氮（NO）也是一种神经递质。

除上述分类方法外，还可根据神经元细胞体的形态，分为锥体细胞、星形细胞、梭形细胞等（图1-48）。根据神经元的兴奋或抑制作用，分为兴奋性神经元（excitatory neuron）和抑制性神经元（inhibitory neuron）。有些神经元还以某人的名字命名，如蒲肯野细胞（Purkinje cell）、高尔基细胞（Golgi cell）等。

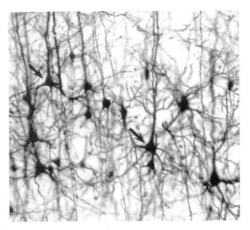

图1-48 大脑皮质锥体细胞光镜图

（二）突触

突触（synapse）是神经元与神经元，或神经元与非神经元（肌细胞、腺细胞等）之间一种特化的细胞连接，是神经元传递信息的结构。神经元彼此相邻的部位都能形成突触，最常见的是一个神经元的轴突与另一个神经元的树突或细胞体构成突触，分别称为轴-树突触和轴-体突触。此外，还有轴-轴、树-树、体-体突触等。根据突触的性质，可分为化学性突触和电突触两种。

1. 化学性突触（chemical synapse） 多数神经元利用化学物质（神经递质）作为传递信息的介质，因此将这类突触称为化学性突触。通常所说的突触即指化学性突触。这种突触由突触前成分、突触间隙和突触后成分组成。突触前、后成分相对应的细胞膜，分别称为突触前膜（presynaptic membrane）和突触后膜（postsynaptic membrane）（图1-49、图1-50）。

（1）突触前成分（presynaptic element）：通常是构成突触的前一个神经元呈球状膨大的轴突终末部分。光镜下，在银染标本上呈扣环状，附着于后一个神经元的细胞体或树突上，称为突触小体或突触扣结（synaptic button）。电镜下，突触扣结内含有许多突触小泡，还有少量线粒体、微管、微丝等结构。突触小泡（synaptic vesicle）形态不一，大小不等，内含神经递质。含有乙酰胆碱的突触小泡多为圆形清亮型，含氨基酸类递质的为扁平清亮型，含单胺类递质的为小颗粒型，而含神经肽的往往是大颗粒型。

（2）突触间隙（synaptic cleft）：突触前、后膜之间的狭窄间隙为突触间隙，宽15～30nm，内含糖蛋白和糖胺多糖（如唾液酸等），这些物质能够与神经递质结合，促进神经递质由突触前膜移向后膜，使其不向外扩散，同时也能清除多余的神经递质。

（3）突触后成分（postsynaptic element）：通常是构成突触的后一个神经元的细胞体或树突表面，包括突触后膜等结构，突触后膜上有神经递质的受体。

当神经冲动沿着前一个神经元的轴膜传至轴突终末时，导致突触前膜上的 Ca^{2+} 通道开放，Ca^{2+} 进入突触扣结内，使突触小泡移向突触前膜并与之融合，通过胞吐作用将突触小泡内的神经递质释放于突触间隙内，然后神经递质作用于突触后膜上相应的受体，导致突触后膜上的离子通道开放，使相应的离子进出，改变突触后膜内外离子的分布，从而使后一个神经元产生兴奋性或抑制性变化，进而调节所支配的效应细胞的活动。突触的兴奋性或抑制性，取决于神经递质的性质和受体的种类。

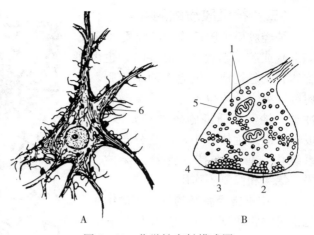

图1-49　化学性突触模式图
A. 光镜结构　B. 电镜结构
1. 突触小泡　2. 突触前膜　3. 突触后膜
4. 突触间隙　5. 突触前部　6. 突触结

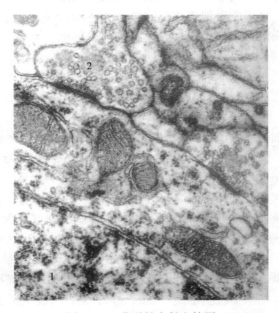

图1-50　化学性突触电镜图
1. 神经元细胞核　2. 突触扣结

化学性突触的信息传递是单向性的。神经递质在产生上述效用后，立即被相应的酶灭活或被吸收入突轴终末内被分解，迅速消除其作用，以保证突触传递的灵敏性。

2. 电突触（electrical synapse）　即神经元之间的缝隙连接，它是低电阻通道，可经此传递神经冲动。电突触是神经元之间传递信息的最简单方式，这种信息传递是双向性的。哺乳动物大脑皮质的星形细胞，小脑皮质的兰细胞、星形细胞，视网膜的水平细胞、双极细胞，以及一些神经核的神经细胞，均有电突触分布。

（三）神经胶质细胞

神经胶质细胞简称神经胶质（neuroglia）或胶质细胞（glial cell），也由细胞体和突起构成，突起多而不规则，无树突轴突之分，也不能感受刺激和传导冲动。神经胶质细胞较神经元多10倍以上，但细胞体较小，广泛分布于神经系统内，具有支持、营养、保护、分隔、绝缘和修复等作用。

1. 中枢神经系统的神经胶质细胞 包括星形胶质细胞、少突胶质细胞、小胶质细胞和室管膜细胞（图1-51）。HE染色，只能显示其细胞核和周围少量的细胞质，可以依据细胞核的形状、大小和染色的深浅，识别不同的胶质细胞。星形胶质细胞的细胞核最大，圆形或椭圆形，染色浅。少突胶质细胞的细胞核较小，圆形或椭圆形，染色较深。

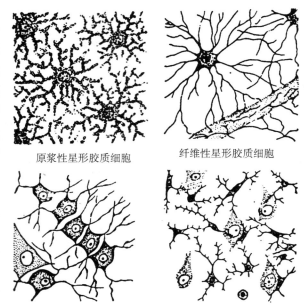

图1-51 几种神经胶质细胞模式图

小胶质细胞的细胞核最小，形态多样，染色最深。银染或免疫组织化学方法，可以显示胶质细胞的全貌。

（1）星形胶质细胞（astrocyte）：是胶质细胞中体积最大、数量最多的细胞，呈星形。从细胞体发出许多放射状的突起，部分突起末端膨大形成脚板（end feet），附着于毛细血管上，或伸到脑和脊髓的表面形成胶质界膜，参与血-脑屏障的形成。星形胶质细胞的突起伸展充填于神经元之间，具有支持和分隔神经元的作用。星形胶质细胞还能分泌神经营养因子，具有维持神经元存活和促进神经元突起生长的作用。中枢神经系统受损伤的部位，也常由星形胶质细胞增生修复。星形胶质细胞可分为原浆性星形胶质细胞（protoplasmic astrocyte）和纤维性星形胶质细胞（fibrous astrocyte）两种。

（2）少突胶质细胞（oligodendrocyte）：数量较多，细胞体较小，呈圆形或椭圆形。突起少，分支亦少，其末端扩展成扁平膜状，包绕神经元的轴突构成髓鞘。

（3）小胶质细胞（microglial cell）：数量最少，细胞体最小，呈梭形或椭圆形。从细胞体两端发出数个突起，细长而有较多分支，表面有许多小棘突。中枢神经系统受损伤时，小胶质细胞可以变为巨噬细胞，具有变形运动和吞噬能力，吞噬细胞碎片和退化变性的髓鞘。

（4）室管膜细胞（ependymal cell）：覆盖在脑室和脊髓中央管壁上，构成室管膜，具有保护作用。室管膜细胞呈立方形或柱状，游离面有许多微绒毛。在脑室壁形成脉络丛处，室管膜细胞特化，能够分泌脑脊液，称之为脉络丛上皮细胞（choroid plexus epithelial cell）。

2. 周围神经系统的神经胶质细胞 包括神经膜细胞和卫星细胞（图1-52）。

（1）神经膜细胞（neurolemmal cell）：又称施万细胞（Schwann cell），呈扁平梯形，细胞核长椭圆形，细胞核和绝大部分细胞质分布于梯形底部，其余部分的细胞膜紧贴在一起。

神经膜细胞包绕在周围神经纤维的表面，形成髓鞘和神经膜。神经膜细胞也能分泌神经营养因子，维持受损伤的神经元存活，促进其轴突再生。

（2）卫星细胞（satellite cell）：又称被囊细胞（capsular cell），包在神经节细胞的表面形成被囊，细胞体呈扁平形，细胞核圆形，染色较深。卫星细胞具有营养和保护神经节细胞的作用。

（四）神经纤维

神经纤维（nerve fiber）由神经元的轴突或长树突（统称轴索）外包神经胶质细胞构成。根据神经胶质细胞是否形成髓鞘，将其分为有髓神经纤维和无髓神经纤维两种。

1. 有髓神经纤维（myelinated nerve fiber）周围神经系统的有髓神经纤维由轴突、髓鞘和神经膜构成（图1-53、图1-54）。髓鞘和神经膜是神经膜细胞的两部分。在有髓神经纤维的发生过程中，伴随轴突一起生长的神经膜细胞表

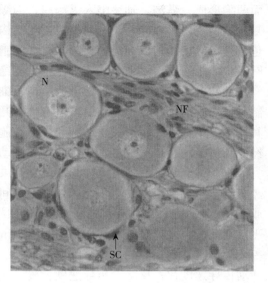

图1-52 脊神经节光镜图
N. 神经元 NF. 神经纤维 SC. 卫星细胞

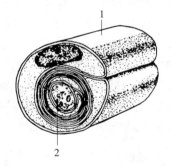
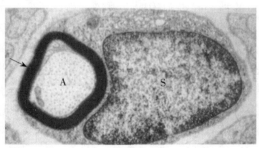

图1-53 周围有髓神经纤维（左．示意图 右．电镜图）
A. 轴突 S. 施万细胞核
1. 神经膜细胞 2. 轴索

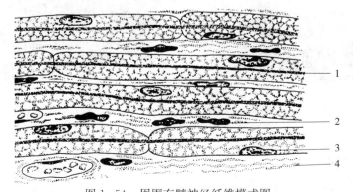

图1-54 周围有髓神经纤维模式图
1. 轴突 2. 成纤维细胞核 3. 神经膜细胞核 4. 结缔组织

面凹陷形成一纵沟,轴突陷入纵沟内,沟缘的细胞膜相贴形成轴突系膜,系膜不断伸长并反复包卷轴突,形成同心圆排列的板层状结构即为髓鞘,而含细胞核和绝大部分细胞质的部分包在髓鞘的表面构成神经膜。髓鞘富含类脂和蛋白质,HE 染色时由于类脂溶解,仅残留呈网格状的蛋白质,故染色浅淡。髓鞘具有绝缘和保护作用,类似于电线的塑料皮,可防止神经冲动的扩散。在周围神经常见病急性感染性多发性神经炎和多发性硬化症中,神经纤维的髓鞘损伤脱落,导致神经"短路",造成神经冲动传导异常,甚至裸露的轴突形成缠结硬化,其周围聚集大量的星形胶质细胞和炎性细胞(如淋巴细胞、巨噬细胞、浆细胞等),以致神经冲动传导中断,造成患者的肌肉丧失运动和协调能力,皮肤失去知觉。

有髓神经纤维的轴突,除起始段和终末部分外,其余部分均有神经膜细胞包裹。一个神经膜细胞包裹一段轴突,相邻两个细胞之间形成间断,形似藕节,此间断处称为神经纤维节或郎飞结(Ranvier node),此处无髓鞘和神经膜,轴膜裸露,可发生膜电位变化。相邻郎飞结之间的一段神经纤维,称为结间体(internode)。有髓神经纤维的神经冲动传导,是从一个郎飞结跳到相邻的另一个郎飞结。长的神经纤维,轴突粗,髓鞘厚,结间体长,故神经冲动传导速度快;反之,传导速度就慢。大部分脑脊神经属于有髓神经纤维。

中枢神经系统的有髓神经纤维,结构与周围神经系统的相似,所不同的是,包裹轴突的是少突胶质细胞,而非神经膜细胞。一个少突胶质细胞有数个突起,可以缠绕数条轴突形成几节髓鞘,其细胞体位于神经纤维之间。

2. 无髓神经纤维(unmyelinated nerve fiber) 周围神经系统的无髓神经纤维由较细的轴突及其外包的神经膜细胞构成。电镜观察,轴突陷于神经膜细胞凹槽内,神经膜细胞沿轴突连续排列,不形成髓鞘,也无郎飞结。一个神经膜细胞可以包裹多条轴突(图 1-55)。中枢神经系统的无髓神经纤维由神经元的突起及其外包的少突胶质细胞构成。一个少突胶质细胞可以包裹多个神经元的突起,但不形成髓鞘。在一些脑区,无髓神经纤维可被星形胶质细胞的突起分隔成束。无髓神经纤维的神经冲动传导是沿轴突连续性进行的,其传导速度比有髓神经纤维慢得多。植物性神经的节后纤维和部分感觉神经纤维属于无髓神经纤维。

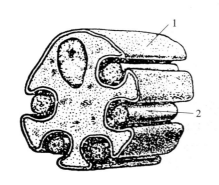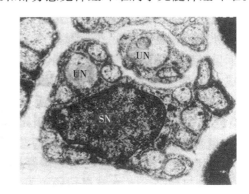

图 1-55 周围无髓神经纤维(左.示意图;右.电镜图)
SN. 施万细胞 UN. 无髓神经纤维轴突
1. 神经膜细胞 2. 轴索

(五)周围神经

在周围神经系统,神经纤维聚集在一起并由结缔组织包裹构成周围神经,简称神经(nerve),分为脑神经、脊神经和植物性神经(自主神经),植物性神经又分为交感神经和副交感神经。周围神经的结构相似，在其表面包有一层较厚的结缔组织，称为神经外膜（epineurium），其内部主要由神经纤维组成。多数神经既含感觉神经纤维，又含运动神经纤维，只有少数神经仅含单一类型的神经纤维；这些神经纤维可以是有髓的，也可以是无髓的，通常一条神经内既含有髓神经纤维，又含无髓神经纤维。神经外膜的结缔组织伸入神经内部将神经纤维分隔成大小不等的神经纤维束，这些包裹在神经束外面的结缔组织，称为神经束膜（perineurium）。神经束膜内层有数层扁平上皮细胞，称为神经束膜上皮（perineural epithelium），上皮细胞之间有紧密连接，上皮基底面有基膜，因此对进出神经的物质具有一定的屏障作用。神经束内的每条神经纤维又由结缔组织分隔开来，这些包裹在每条神经纤维周围的结缔组织称为神经内膜（endoneurium）。

（六）神经末梢

神经末梢（nerve ending）是周围神经纤维的终末部分，终止于全身各组织器官内，并与其他组织共同形成形式多样的特殊结构。按其功能，分为感觉神经末梢和运动神经末梢。

1. 感觉神经末梢（sensory nerve ending） 是感觉神经元（假单极神经元）周围突的终末部分，通常与周围的其他组织共同形成感受器（receptor）。感受器能够接受体内外各种刺激，并转化为神经冲动传向中枢，产生感觉。分为游离神经末梢和有被囊神经末梢。

（1）游离神经末梢（free nerve ending）：感觉神经元的周围突在接近终末时失去神经膜细胞，裸露的突起呈树枝状分支，分布于上皮组织、结缔组织和肌组织内，感受冷、热、疼痛和轻触的刺激（图1-56）。在表皮、角膜、毛囊、牙髓、脑膜、骨膜、筋膜、肌腱、韧带、关节囊和血管外膜等处，游离神经末梢丰富。

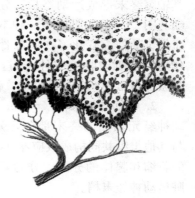

图1-56 表皮内游离神经末梢模式图

（2）有被囊神经末梢（encapsulated nerve ending）：由感觉神经元的周围突终末外包结缔组织被囊构成。主要有下列几种。

①触觉小体（tactile corpuscle）：又称Meissner小体，呈卵圆形，分布于真皮乳头内，长轴与表皮垂直，以指、趾掌侧皮肤居多，感受触觉。其被囊内有许多横行排列的扁平细胞，有髓神经纤维失去髓鞘后进入被囊内，分成细支盘绕在扁平细胞之间（图1-57）。

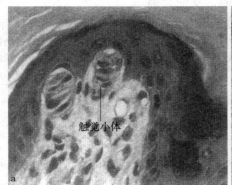

图1-57 触觉小体光镜图

②环层小体（lamellar corpuscle）：又称 Pacinian 小体，呈圆形或椭圆形，分布于真皮深层、皮下组织、肠系膜、韧带、关节囊、骨骼肌和胰腺等处，感受压力、振动和张力觉。其被囊由数十层同心圆排列的扁平细胞构成，小体中轴有一均质性的圆柱体称为内棍（inner bulb），有髓神经纤维失去髓鞘后进入内棍内（图1-58）。

③肌梭（muscle spindle）：呈梭形，分布于骨骼肌内。其被囊内有数条较细的肌纤维（梭内肌纤维，intrafusal muscle fiber），这些肌纤维的细胞核沿肌纤维纵轴成串排列或集中于中段而使该处膨大，肌质较多，肌原纤维较少。感觉神经纤维失去髓鞘后进入肌梭内并反复分支，呈环状或螺旋状盘绕在梭内肌纤维中段，或呈花枝样附着于近中段。肌梭内还有运动神经纤维，来自脊髓腹角的运动神经元，其轴突终末形成运动终板，分布于梭内肌纤维的两端（图1-59）。肌梭是一种本体感受器，主要感受肌纤维的伸缩变化，在调节骨骼肌的运动中起重要作用。当肌肉收缩或伸张时，梭内肌纤维被牵拉，刺激神经末梢产生神经冲动，传向中枢而产生感觉。

2. 运动神经末梢（motor nerve ending） 是运动神经元轴突的终末部分，分布于肌组织和腺体，与其他组织共同构成效应器（effector），支配肌纤维的收缩和腺体的分泌。分为躯体运动神经末梢和内脏运动神经末梢。

（1）躯体运动神经末梢（somatic motor nerve ending）：是分布于骨骼肌的运动神经元轴突的终末部分，与骨骼肌纤维形成化学性突触连接结构，称为神经肌连接（neuromuscular junction），支配骨骼肌纤维的收缩。来自脊髓腹角或脑干的运动神经元的轴突到达骨骼肌时失去髓鞘，并反复分支，每一分支形成葡萄状终末，附着于肌纤维的表面形成神经肌连接，因神经肌连接处呈椭圆形的板状隆起，故又称运动终板（motor end plate）（图1-60）。一条轴突可以支配多条肌纤维，而一条肌纤维通常只由一个轴突分支支配。一个运动神经元及其所支配的全部骨骼肌纤维，合称一个运动单位。

电镜下，运动终板处的肌纤维内含较多的细胞核和线粒体，肌膜凹陷形成浅槽，轴突分支的葡萄状终末嵌入浅槽内，此处的轴膜为突触前膜；与突触前膜相对应的槽底的肌膜为突触后膜，它又向肌质内凹陷形成深沟和皱褶，使其表面积增大，上面有乙酰胆碱N型受体。

图1-58 环层小体光镜图

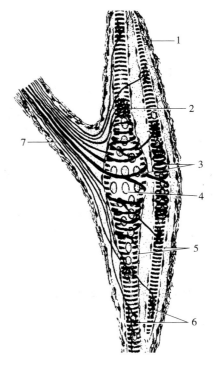

图1-59 肌梭结构模式图
1. 结缔组织被囊 2. 花枝样感觉神经末梢
3. 环状感觉神经末梢 4. 梭内肌纤维的细胞核
5. 梭内肌纤维 6. 运动神经末梢
7. 运动神经纤维

突触前、后膜之间的间隙为突触间隙。轴突终末内含有许多线粒体、微管、微丝以及含有乙酰胆碱的圆形突触小泡（图1-61）。当神经冲动传到轴突终末时，突触前膜上的Ca^{2+}通道开放，Ca^{2+}进入轴突终末内，使突触小泡移向突触前膜，通过胞吐作用将小泡内的乙酰胆碱释放于突触间隙内，并作用于突触后膜上的受体，使肌膜内外侧的离子发生变化，导致肌膜兴奋并经横小管传至肌纤维内，引发粗、细肌丝滑动，肌节缩短，最终导致肌纤维收缩。

（2）内脏运动神经末梢（visceral motor nerve ending）：是植物性神经节后纤维的终末部分，分布

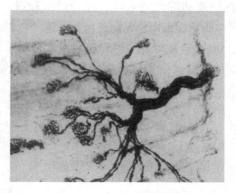

图1-60　运动终板光镜图

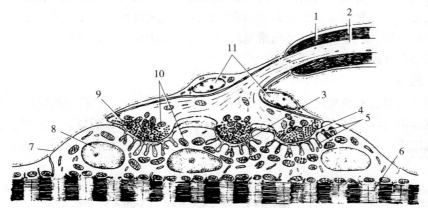

图1-61　运动终板超微结构模式图
1. 髓鞘　2. 轴突　3. 突触间隙　4. 突触前膜　5. 突触后膜　6. 肌丝
7. 肌细胞膜　8. 肌细胞核　9. 突触小泡（含乙酰胆碱）　10. 线粒体　11. 施万细胞

于心肌、腺体、内脏和血管的平滑肌，支配心肌、平滑肌的收缩和腺体的分泌。内脏运动神经纤维较细，无髓鞘，在接近终末时反复分支，每一分支常形成串珠状膨大，称为膨体（varicosity），附着于肌纤维上或穿行于腺细胞之间，与肌细胞和腺细胞建立突触连接。膨体内含有许多突触小泡，小泡内含乙酰胆碱或去甲肾上腺素或肽类神经递质（图1-62）。当

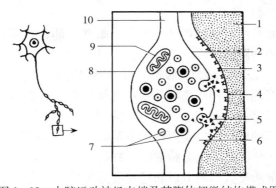

图1-62　内脏运动神经末梢及其膨体超微结构模式图
1. 效应细胞　2. 突触前膜　3. 受体　4. 突触后膜　5. 神经递质分子
6. 突触间隙　7. 突触小泡　8. 膨体　9. 线粒体　10. 轴突

神经冲动传至终末时，神经递质释放，作用于肌细胞或腺细胞膜上相应的受体，引起心肌、平滑肌收缩或腺体分泌。

第三节　器官系统和躯体方位

一、器官与系统

（一）器官

几种不同的组织按一定的方式组合在一起，构成器官（organ）。根据器官的结构特点，可分为实质性器官和中空性器官。实质性器官无明显可见的大腔隙，如肝、脾、肺、肾等，其结构由实质和间质构成。实质是执行该器官主要功能的成分，如肝的肝细胞等；间质是器官的辅助成分，一般是结缔组织，但脑和脊髓的间质是神经胶质。中空性器官有明显可见的大腔隙，如胃、肠、气管等，其结构常呈现层次性。如消化管壁从内向外一般分为黏膜、黏膜下层、肌层和外膜。

（二）系统

功能相关的器官有机地组合在一起，构成系统（system），它们共同完成一系列生理功能。家畜机体由运动、被皮、消化、呼吸、泌尿、生殖、循环、免疫、内分泌、神经和感觉器官等系统组成。在神经、内分泌系统的统一调节下，各个系统共同完成家畜有机体的正常生理活动。

二、畜禽体表各部位的划分

以牛、鸡为例。

（一）牛体表部位的划分

牛体表分为头部、躯干部和四肢部（图 1-63）。

1. 头部　分为颅部和面部。

（1）颅部：位于颅腔周围，又分枕部（两耳根之间）、顶部（两角根之间）、额部（两眼眶之间）、颞部（耳眼之间）和耳部。

（2）面部：位于口腔和鼻腔周围，又分眼部、眼眶下部、鼻部、颊部、咬肌部、唇部、颏部（下唇腹侧）和下颌间隙部。

2. 躯干部　分为颈部、胸背部、腰腹部、荐臀部和尾部。

（1）颈部：又分颈背侧部、颈腹侧部、颈左侧部和颈右侧部。

（2）胸背部：又分背部和胸部。

①背部：为颈背侧部的延续，主要以胸椎为基础，又分前部的鬐甲部和后部的背后部。

②胸部：为胸椎以下的部分，又分胸侧部、胸前部和胸后部。胸侧部以肋为基础，其前部被前肢的肩胛部和臂部所覆盖，后方以肋弓与腹部为界；胸前部位于胸部腹侧的前部，为胸骨柄所在部位；胸后部位于两前肢之间，为胸骨体和剑状软骨所在部位。

（3）腰腹部：分为腰部和腹部。

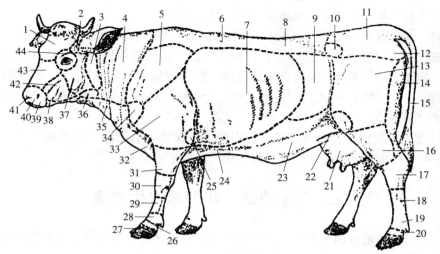

图 1-63 牛体表各部划分示意图

1. 额部 2. 颞部 3. 腮腺部 4. 颈背侧部 5. 肩胛 6. 背 7. 胸壁 8. 腰 9. 腹肋
10. 髋结节 11. 臀 12. 坐骨结节 13. 股部 14. 股后缘 15. 尾 16. 小腿 17. 跗部
18. 跖部 19. 跖趾关节 20. 系部 21. 乳房 22. 膝 23. 腹下部 24. 胸后部
25. 肘部 26. 系部 27. 蹄冠 28. 掌指关节 29. 掌部 30. 腕部 31. 前臂部
32. 胸前部 33. 臂部 34. 肩关节 35. 颈下部 36. 喉部 37. 咬肌部 38. 下唇
39. 上唇 40. 鼻孔 41. 鼻唇镜 42. 颊部 43. 鼻部 44. 眶部

①腰部：以腰椎为基础，为背部向后延续的部分。
②腹部：为腰椎横突腹侧的软腹壁部分。
（4）荐臀部：分为荐部和臀部。
①荐部：以荐骨为基础，为腰部向后延续的部分。
②臀部：位于荐部外侧，以髋骨为基础。
（5）尾部：位于荐部之后，分为尾根、尾体和尾尖。

3. 四肢部 分为前肢部和后肢部。
（1）前肢部：分为肩带部、臂部、前臂部和前脚部。前脚部又分腕部、掌部和指部。
（2）后肢部：分为骨盆带部（臀部）、股部（大腿部）、膝部、小腿部和后脚部。后脚部又分跗部、跖部和趾部。

（二）鸡体表部位的划分

鸡体表分为头部、颈部、躯干部、尾部、翼部和后肢部。

1. 头部 分为颅部和面部。
（1）颅部：分为前头部、头顶部和头底部。
（2）面部：分为喙部、鼻部、眶部、眶下部、眶后部、上下颌颊部和下颌间隙部。

2. 颈部 分为颈背侧部、颈腹侧部、颈左侧部和颈右侧部。

3. 躯干部 分为背部、腹部、左肋部和右肋部。
（1）背部：位于躯干部背侧。
（2）腹部：位于躯干部腹侧，又分为胸骨部和腹后部。
①胸骨部：位于腹部的前部，覆盖胸骨表面。

②腹后部：位于胸骨部之后至尾部腹侧之间，此部为软腹壁。

(3) 左、右肋部：位于背部和腹部之间的躯干两侧。

4. 尾部 为躯干部向后延续部分。以尾羽为界，分为尾背侧部和尾腹侧部。

5. 翼部 当翼部呈展开状态时，有背侧、腹侧、前缘和后缘之分。翼部分为肩部、臂部、肘部、前臂部和掌指部。掌指部又分腕部、掌部和指部。翼部的前缘和后缘均有翼膜。前翼膜薄而阔，位于臂部和前臂部之间，为三角形的皮肤褶；后翼膜位于肘部、前臂部和掌指部的后缘，窄而长。

6. 后肢部 分为髋部、股部、膝部、腘部、小腿部和后脚部。后脚部又分为跗部、跖部和趾部。鹅、鸭的趾部在趾间有蹼，为角化的皮肤褶，有利于划水。

三、畜体的轴、切面和方位术语

畜体正常站立，都是四肢着地。为了正确描述畜体各部和器官的方向及位置关系，以家畜正常站立时为标准，人为地规定了轴、切面和方位。

（一）轴

1. 纵轴 又称长轴，是指家畜正常站立时，从头端至尾端并与地面平行的轴线。畜体各器官的纵轴是以器官纵长方向为基准，从一端至另一端。

2. 横轴 是指垂直于纵轴的轴线。

（二）切面

1. 矢状面（纵切面） 是指与畜体纵轴平行，而与地面垂直的切面。矢状面有无数个，它们均与横断面和水平面垂直。但通过畜体纵轴的矢状面只有一个，它将畜体分为对称的左、右两部分，此矢状面称为正中矢状面（图1-64），其余的则称侧矢状面。

头、颈、四肢和器官的矢状面是以其自身的长轴为标准的。

2. 横断面（横切面） 是指与畜体纵轴、地面均垂直的切面。横断面也有无数个，它们均与矢状面和水平面垂直，每个横断面将畜体分为不对称的前、后两部分。

头、颈、四肢和器官的横断面是指垂直于其自身长轴的切面。

3. 额面（水平面） 是指与畜体纵轴、地面均平行的切面。额面也有无数个，它们均与矢状面和横断面垂直，每个额面将畜体分为不对称的背、腹两部分。

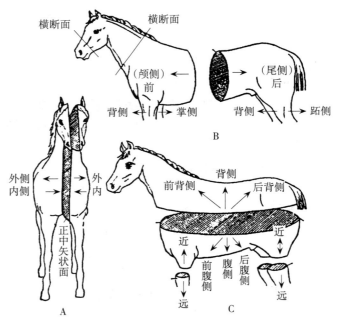

图1-64 畜体方位和切面示意图
A. 矢状面 B. 横切面 C. 水平切面

（三）方位

1. 躯干部和头部的方位　在正中矢状面的两侧，靠近正中矢状面的为内侧，远离正中矢状面的为外侧；靠近畜体背部（脊柱）的部分为背侧，靠近畜体腹部的部分为腹侧（图1-64）。在躯干上，靠近头端的部分为头（颅）侧，靠近尾端的部分为尾侧。在头上，靠近口端的部分为近口侧；远离口端的部分为远口侧。

2. 四肢部的方位　在四肢上，离躯干近的位置为近端，离躯干远的位置为远端；前、后肢的前面为背侧；前肢的后面为掌侧，后肢的后面为跖侧。

（李玉谷）

第二章 运动系统

运动系统（Systema locomotorium）由骨、骨连接和肌肉三部分组成。全身骨由骨连接连接成骨骼，构成畜体的坚固支架，在维持体形、保护脏器和支持体重方面起着重要的作用。肌肉附着于骨上，肌肉收缩时，以骨连接为支点，牵引骨骼改变位置，产生各种运动。因此，在运动中，骨起杠杆作用，骨连接是运动的枢纽，肌肉则是运动的动力。所以说，骨和骨连接是运动系统的被动部分，在神经系统支配下的肌肉则是运动系统的主动部分。

运动系统构成了家畜的基本体型。其重量占家畜体重相当大的比例，具体比例因家畜种类、品种、年龄以及营养健康状况等而不同。因此，运动系统的状况不仅直接关系到役畜的使役能力，而且也影响到肉用家畜的屠宰率及品质。位于皮下的一些骨的突起和肌肉，可以在体表摸到，在畜牧兽医实践中常用来作为确定内部器官位置、体尺测量的标志及针灸穴位的依据。

第一节 骨 骼

一、骨

家畜全身的每一块骨（Os）都有一定的形态和功能，是一个复杂的器官，主要由骨组织构成，坚硬而有弹性，有丰富的血管、淋巴管及神经，具有能不断地进行新陈代谢及生长发育的特点，并具有改建和再生的能力。骨基质内沉积有大量的钙盐和磷酸盐，是畜体的钙、磷库，并参与钙、磷的代谢与平衡。骨髓有造血功能。

（一）骨的类型

家畜全身的骨骼，因位置和机能不同，形状也不一样，一般可分为长骨、扁骨、短骨和不规则骨四种类型。

1. 长骨（Os longum） 主要分布于四肢的游离部，呈圆柱状，两端膨大称骺（Epiphysis）或骨端；中部较细，称骨干或骨体，骨干中空为骨髓腔，容纳骨髓。长骨的作用是支持体重和形成运动杠杆。

2. 扁骨（Os planum） 如颅骨、肋骨和肩胛骨等。一般为板状，主要位于颅腔、胸腔的周围以及四肢带部，可保护脑和重要器官，或供大量肌肉附着。

3. 短骨（Os breve） 约呈立方形，多成群地分布于四肢的长骨之间，如腕骨和跗骨，除起支持作用外，还有分散压力和缓冲震动的作用。

4. 不规则骨（Os compositum） 形状不规则，如椎骨和蝶骨等，一般构成畜体中轴。其作用也是多方面的，具有支持、保护和供肌肉附着等作用。

（二）骨的构造

骨由骨膜、骨质、骨髓和血管、神经等构成。

1. 骨膜（Periosteum） 是被覆在骨表面的一层致密结缔组织膜。骨膜呈淡粉红色，富含血管和神经。在腱和韧带附着的地方，骨膜显著增厚，腱和韧带的纤维束穿入骨膜，有的深入骨质中。骨的关节面上没有骨膜，由关节软骨覆盖。

骨膜分深浅两层。浅层为纤维层，富含血管和神经，具有营养保护作用；深层为成骨层，富含细胞成分。正在生长的骨，成骨层很发达，直接参与骨的生成；老龄动物成骨层逐渐萎缩，细胞转为静止状态，但它终生保持分化能力。骨受损伤时，成骨层有修补和再生骨质的作用。

2. 骨质 是构成骨的基本成分，分骨密质和骨松质两种。骨密质（Substantia compacta）分布于长骨的骨干、骺和其他类型骨的表面，致密而坚硬。骨松质（Substantia spongiosa）分布于长骨骺和其他类型骨的内部，由许多骨板和骨针交织呈海绵状，这些骨板和骨针的排列方式与该骨所承受的压力和张力的方向是一致的（图2-1）。骨密质和骨松质的这种配合使骨具有坚固性，又减轻了骨的重量。

3. 骨髓（Medulla ossium） 填充于长骨的骨髓腔和骨松质的间隙内。胎儿和幼龄动物全是红骨髓。红骨髓内含有不同发育阶段的各种血细胞和大量毛细血管，是重要的造血器官。随动物

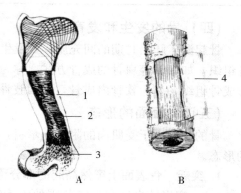

图2-1 骨的构造
A. 肱骨的纵切面，上端表示骨松质的结构
B. 长骨骨干，示骨膜
1. 骨密质 2. 骨髓腔 3. 骨松质 4. 骨模

年龄的增长，骨髓腔中的红骨髓逐渐被黄骨髓所代替，因此，成年动物有红、黄两种骨髓。黄骨髓主要是脂肪组织，具有贮存营养的作用。

4. 血管神经 骨具有丰富的血液供应，分布在骨膜上的小血管经骨表面的小孔进入并分布于骨质。较大的血管称滋养动脉，穿过骨的滋养孔分布于骨髓。

骨膜、骨质和骨髓均有丰富的神经分布。

（三）骨的化学成分和物理特性

骨是由有机质和无机质两种化学成分组成的。在新鲜骨中，水占50%，有机质占21.85%，无机质占28.15%。干燥的牛骨有机质占33.30%，无机质占66.70%。有机质主要为骨胶原（ossein），成年家畜约占1/3，决定骨的弹性和韧性。如用酸溶液脱去骨内钙盐，只剩有机质，骨虽保留原来形状，但失去了支持作用，柔软易弯曲。无机质主要是磷酸钙、碳酸钙、氟化钙等，约占2/3，决定骨的坚固性。将骨煅烧后，除去有机质，骨的外形仍保留，但脆而易破碎。有机质和无机质的比例，随年龄和营养状况不同有很大的变化。幼畜有机质多，骨柔韧富弹性；老畜无机质多，骨质硬而脆，易发生骨折。妊娠母畜骨内钙质被胎儿吸收，导致母畜骨质疏松而发生骨软症。乳牛在泌乳期，如饲料成分比例失调，也可发生上述情况。为了预防骨软症，应注意饲料成分的调配。

新鲜骨化学成分见表2-1。

表 2-1 新鲜骨化学成分（平均值）

在整个骨内的含量	（%）	骨的无机物含量	（%）
水 分	50.0	磷酸钙	85.0
有机质	28.15	碳酸钙	9.0
无机质	21.85	氟化钙	3.0
		磷酸镁	1.5
		氯化钠和氯化钙	0.5
		其 他	1.0

（四）骨的发生和发育

骨起源于胚胎时期的间充质。骨发生的方式有两种：一种是直接由胚性结缔组织膜形成骨组织，如面骨等扁骨的成骨方式，称为膜内成骨；另一种是先形成软骨，在软骨的基础上形成骨组织，称为软骨内成骨，如四肢骨和椎骨等。

（五）骨表面的形态

骨的表面由于受肌肉的附着、牵引，血管和神经的穿通及附近器官的接触，形成了不同的形态。

1. 突起 骨表面上突然高起的部分称为突（*Processus*）；逐渐高起的部分称隆起（*Eminentia*）。突出较少且有一定范围的称为结节（*Tuber*）；较高的突称为棘或棘突（*Spina*）；薄而锐的长形隆起称为嵴（*Crista*）；长形细小的凸出称为线（*Linea*）；骨端部球状突出部称为头（*Caput*）；在关节部横的圆柱状膨大称为髁（*Condylus*）。

2. 凹陷 骨表面较大的凹陷称为窝（*Fossa*），细长者为沟（*Sulcus*）。指状压痕为压迹（*Impressio*）。骨缘部的凹陷称切迹（*Incisura*）。骨内长的管道称骨管（*Canalis*）或骨道（*Meatus*）。骨间或骨面的裂隙称为裂（*Fissura*），较大的裂隙称为裂孔（*Hiatus*）。骨的内外骨板间充气的空腔称为窦（*Sinus*）。

（六）畜体全身骨骼的划分

家畜的骨骼可分为中轴骨和四肢骨两大部分。全身骨骼的划分见图 2-2。中轴骨包括躯干骨和头骨；四肢骨包括前肢骨和后肢骨（图 2-3～图 2-6）。

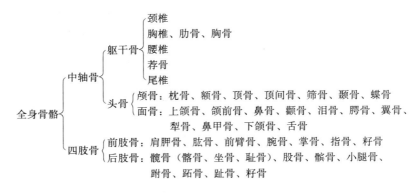

图 2-2 全身骨骼的划分

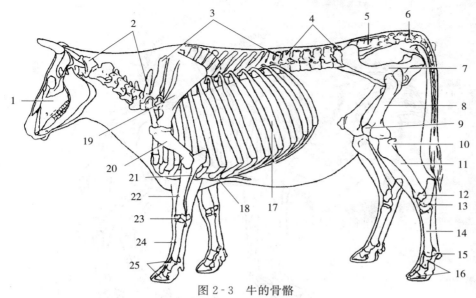

图 2-3 牛的骨骼

1. 头骨 2. 颈椎 3. 胸椎 4. 腰椎 5. 荐骨 6. 尾椎 7. 髋骨 8. 股骨 9. 髌骨 10. 腓骨 11. 胫骨 12. 踝骨 13. 跖骨 14. 跖骨 15. 近籽骨 16. 趾骨 17. 肋骨 18. 胸骨 19. 肩胛骨 20. 肱骨 21. 尺骨 22. 桡骨 23. 腕骨 24. 掌骨 25. 指骨

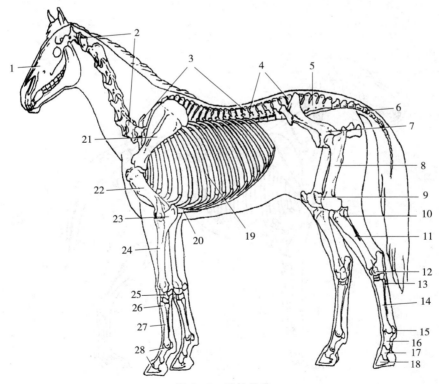

图 2-4 马的骨骼

1. 头骨 2. 颈椎 3. 胸椎 4. 腰椎 5. 荐骨 6. 尾椎 7. 髋骨 8. 股骨 9. 髌骨 10. 腓骨 11. 胫骨 12. 跗骨 13. 第四跖骨 14. 第三跖骨 15. 近籽骨 16. 系骨 17. 冠骨 18. 蹄骨 19. 肋骨 20. 胸骨 21. 肩胛骨 22. 肱骨 23. 尺骨 24. 桡骨 25. 腕骨 26. 第四掌骨 27. 第三掌骨 28. 指骨

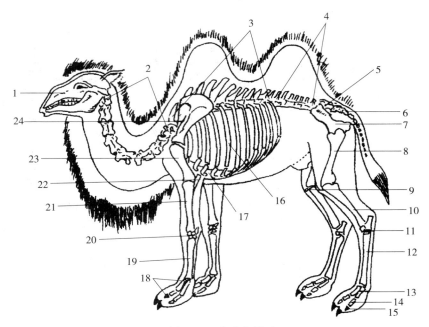

图 2-5　骆驼的骨骼

1. 头骨　2. 颈椎　3. 胸椎　4. 腰椎　5. 荐骨　6. 尾椎　7. 髋骨　8. 股骨　9. 髌骨　10. 胫骨　11. 跗骨　12. 跖骨　13. 系骨　14. 冠骨　15. 蹄骨　16. 肋骨　17. 胸骨　18. 指骨　19. 掌骨　20. 腕骨　21. 桡骨　22. 尺骨　23. 肱骨　24. 肩胛骨

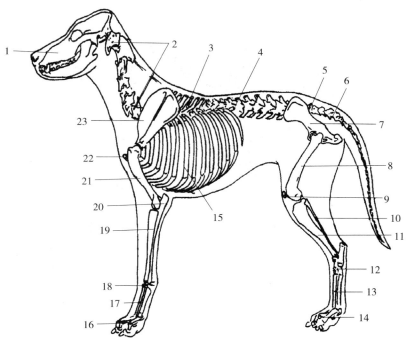

图 2-6　犬的骨骼

1. 头骨　2. 颈椎　3. 胸椎　4. 腰椎　5. 荐椎　6. 尾椎　7. 髋骨　8. 股骨　9. 髌骨　10. 腓骨　11. 胫骨　12. 跗骨　13. 跖骨　14. 趾骨　15. 肋骨　16. 指骨　17. 掌骨　18. 腕骨　19. 桡骨　20. 尺骨　21. 肱骨　22. 胸骨　23. 肩胛骨

二、骨连接

骨与骨之间借纤维结缔组织、软骨或骨组织相连,形成骨连接。由于骨间的连接方式及其运动情况不同,可分为两大类,即直接连接和间接连接。

(一) 直接连接

两骨的相对面或相对缘借结缔组织直接相连,其间无腔隙,不活动或仅有小范围活动。直接连接分为三种类型。

1. 纤维连接 两骨之间以纤维结缔组织连接,比较牢固,一般无活动性。如头骨缝间的缝韧带,桡骨和尺骨的韧带联合。这种连接大部分是暂时性的,当老龄时常骨化,变成骨性结合。

2. 软骨连接 两骨相对面之间借软骨相连,基本不能运动。由透明软骨结合的,如蝶骨与枕骨的结合,长骨的骨干与骺之间的骺软骨等,到老龄时,常骨化为骨性结合;由纤维软骨结合的,如椎体之间椎间盘,这种连接在正常情况下终生不骨化。

3. 骨性结合 两骨相对面以骨组织连接,完全不能运动。骨性结合常由软骨连接或纤维连接骨化而成。如荐椎椎体之间融合,髂骨、坐骨和耻骨之间的结合等。

(二) 间接连接

间接连接又称关节(Articulatio),是骨连接中较普遍的一种形式。骨与骨之间具有关节腔及滑液,可进行灵活的运动,如四肢的关节。

1. 关节的构造 关节的基本构造包括关节面及关节软骨、关节囊和关节腔三部分(图 2-7)。有的关节尚有韧带、关节盘等辅助结构。

(1) 关节面(*Facies articularis*):是骨与骨相接触的光滑面,骨质致密,形状彼此互相吻合。关节面表面覆盖一层透明软骨,为关节软骨。关节软骨表面光滑,富有弹性,有减轻冲击和吸收震动的作用。

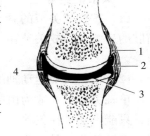

图 2-7 关节构造模式图
1. 关节囊纤维层
2. 关节囊滑膜层
3. 关节腔 4. 关节软骨

(2) 关节囊(*Capsula articularis*):是围绕在关节周围的结缔组织囊,它附着于关节面的周缘及其附近的骨面上,是密闭的腔体。囊壁分内外两层:外层是纤维层,由致密结缔组织构成,具有保护作用,其厚度与关节的功能相一致,负重大而活动性较小的关节,纤维层厚而紧张,运动范围大的关节纤维层薄而松弛;内层是滑膜层,薄而柔润,由疏松结缔组织构成,能分泌透明黏稠的滑液,有营养软骨和润滑关节的作用。滑膜常形成绒毛和皱襞,突入关节腔内,以扩大分泌和吸收的面积。

(3) 关节腔(*Cavum articulare*):为滑膜和关节软骨共同围成的密闭腔隙,内有少量滑液,滑液为无色透明浅淡黄色的黏性液体,具有润滑、缓冲震动和营养关节软骨的作用。关节腔的形状、大小因关节而异。

(4) 关节的血管和神经:关节的血管主要来自附近的血管分支,在关节周围形成血管网,再分支到骨骺和关节囊。神经也来自附近神经的分支,分布于关节囊和韧带。

2. 关节的辅助结构 是适应关节的功能而形成的一些结构。

(1) 韧带（Ligamentum）：见于多数关节，由致密结缔组织构成。位于关节囊外的韧带为囊外韧带，在关节两侧者，称内、外侧副韧带，可限制关节向两侧运动。位于关节囊内的为囊内韧带，囊内韧带均有滑膜包围，故不在关节腔内，而是位于关节囊的纤维层和滑膜层之间，如髋关节的圆韧带等。位于骨间的称骨间韧带。韧带有增强关节稳固性的作用。

(2) 关节盘（Discus articularis）：是介于两关节面之间的纤维软骨板。如膝关节的半月板，其周缘附着于关节囊，把关节腔分为上下两半，有使关节面吻合一致、扩大运动范围和缓冲震动的作用。

(3) 关节唇（Labrum articulare）：为附着在关节窝周围的纤维软骨环，可加深关节窝、扩大关节面，并有防止边缘破裂的作用，如髋臼周围的唇软骨。

3. 关节的运动 关节的运动与关节面的形状有密切关系，其运动的形式基本上可依照关节的三种轴分为三组颉顽性的动作。

(1) 屈、伸运动：关节沿横轴运动，凡是使成关节的两骨接近，关节角变小的称屈；反之，使关节角变大的为伸。

(2) 内收、外展运动：关节沿纵轴运动，使骨向正中矢状面移动的为内收；相反，使骨远离正中矢状面的运动为外展。

(3) 旋转运动：骨环绕垂直轴运动时称旋转运动。向前内侧转动的称为旋内，向后外侧转动的称旋外。家畜四肢只有髋关节能作小范围的旋转运动。寰枢关节的运动也属旋转运动。

4. 关节的类型

(1) 按构成关节的骨数，可分为单关节和复关节两种。单关节由相邻的两骨构成，如前肢的肩关节。复关节由两块以上的骨构成，或在两骨间夹有关节盘，如腕关节、膝关节等。

(2) 根据关节运动轴的数目，可将关节分为三种。

单轴关节：一般为由中间有沟或嵴的滑车关节面构成的关节。这种关节由于沟和嵴的限制，只能沿横轴在矢状面上作屈、伸运动。

双轴关节：是由凸并呈椭圆形的关节面和相应的窝相结合形成的关节。这种关节除了可沿横轴作屈、伸运动外，还可沿纵轴左右摆动。家畜的寰枕关节属于双轴关节。

多轴关节：是由半球形的关节头和相应的关节窝构成的关节，如肩关节和髋关节。这种类型的关节除能作屈、伸、内收和外展运动外，尚能作旋转运动。

此外，两个或两个以上结构完全独立的关节，但必须同时进行活动的关节称为联合关节，如下颌关节。

三、全身骨骼的组成

（一）躯干骨及其连接

1. 躯干骨 躯干骨包括脊柱、肋和胸骨。脊柱由颈椎、胸椎、腰椎、荐骨和尾椎组成。躯干骨除具有支持头部和传递推动力外，还可作为胸腔、腹腔和骨盆腔的支架，容纳并保护内部器官。

(1) 脊柱（Columnar vertebralis）：构成畜体中轴，由一系列椎骨借软骨、关节与韧带紧密连接形成。脊柱内有椎管，容纳并保护脊髓。

①椎骨的一般构造：组成脊柱的各段椎骨（Vertebrae）由于机能不同，形态和构造虽有差异，但基本结构相似，均由椎体、椎弓和突起组成（图 2-8）。

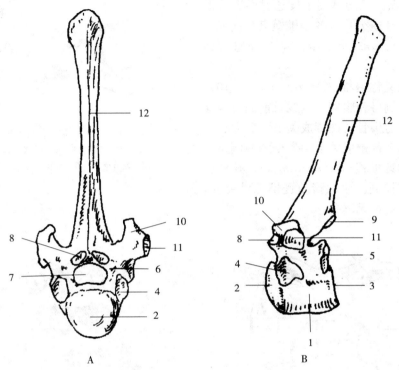

图 2-8 典型椎骨的构造（马的胸椎）
A. 前面 B. 侧面
1. 椎体 2. 椎头 3. 椎窝 4. 前肋窝 5. 后肋窝 6. 椎弓
7. 椎孔 8. 关节前突 9. 关节后突 10. 横突 11. 小关节面 12. 棘突

椎体（Corpus vertebrae）：位于椎骨的腹侧，呈短圆柱形，前面略凸称椎头，后面稍凹称椎窝。相邻椎骨的椎头与椎窝由椎间软骨相连接。

椎弓（Arcus vertebrae）：是椎体背侧的拱形骨板。椎弓与椎体之间形成椎孔，所有的椎孔依次相连形成椎管（Canalis vertebralis），容纳脊髓。椎弓基部的前后缘各有一对切迹，相邻椎弓的切迹合成椎间孔（Foramen intervertebralis），供血管、神经通过。

突起：有三种，从椎弓背侧向上方伸出的一个突起，称棘突（Processus spinosus）；从椎弓基部向两侧伸出的一对突起，称横突（Processus transversus）。横突和棘突是肌肉和韧带的附着处。从椎弓背侧的前后缘各伸出一对关节突（Processus articulares）。关节前突的关节面向前向上，关节后突的关节面向后向下，相邻椎弓的前、后关节突成关节。

②脊柱各部椎骨的主要特征：以下分别介绍颈椎、胸椎、腰椎、荐椎和尾椎的特征。

A. 颈椎（Vertebrae cervicales）：家畜颈部长短不一，均由 7 枚颈椎组成。第 3～6 颈椎的形态基本相似。第 1 和第 2 颈椎由于适应头部多方面的运动，形态发生变化。第 7 颈椎是颈椎向胸椎的过渡类型。

第3～6颈椎（图2-9）椎体发达，其长度与颈部长度相适应。牛的较短，马的较长，猪的最短，骆驼的最长。椎头和椎窝均很明显。前、后关节突很发达。牛的棘突从第3～7颈椎逐渐增高。马的棘突不发达。横突分前后两支，基部有横突孔。各颈椎横突孔连成横突管（Canalis transversarium），供血管神经通过。

第1颈椎又称寰椎（Atlas）（图2-10），呈环形，由背侧弓和腹侧弓构成。前面有较深的前关节凹，与头骨的枕髁成关节。后面有后关节面，与第2颈椎成关节。寰椎的两侧是一对宽骨板，称寰椎翼（Ala atlantis），其外侧缘可以在体表摸到。牛、猪的寰椎无横突孔，犬的寰椎翼较宽，无翼孔。

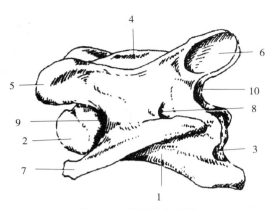

图2-9 马的第四颈椎
1. 椎体 2. 椎头 3. 椎窝 4. 棘突
5. 关节前突 6. 关节后突 7. 横突
8. 横突孔 9. 椎前切迹 10. 椎后切迹

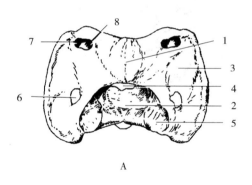
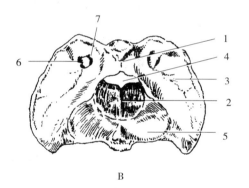

图2-10 寰 椎
A. 马的寰椎 B. 牛的寰椎
1. 背侧弓 2. 腹侧弓 3. 寰椎翼 4. 椎孔 5. 后关节面 6. 横突孔 7. 翼孔 8. 椎外侧孔

第2颈椎又称枢椎（Axis）（图2-11），椎体前端形成发达的齿突，与寰椎的后关节面形成轴转关节。棘突纵长呈嵴状。无关节前突，牛的横突粗大，马的很小，仅有一支伸向外后方。

第7颈椎短而宽，椎窝两侧有一对后肋凹，与第1肋骨成关节。横突短而粗，无横突孔。棘突较显著。

B. 胸椎（Vertebrae thoracicae）（图2-8）：位于背部，各种家畜数目不同，牛、羊13个，马18个，猪14～15个，骆驼12个，犬13个。牛胸椎椎体长，棘突发达，较宽，第2～6胸椎棘突最高。马的椎体较牛短，第3～5胸椎棘突最高，较高的一些棘突（第3～10）构成鬐甲的基础。关节突小。椎头与椎窝的两侧均有与肋骨头成关节的前、后肋凹。相邻胸椎的前、后肋凹形成肋窝，与肋骨头成关节。横突短，游离端有小关节面，与肋结节成关节。

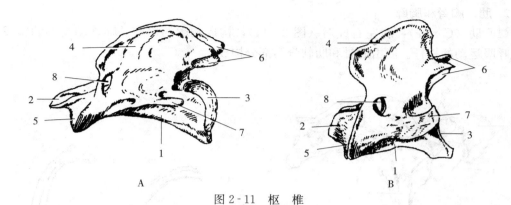

图 2-11 枢 椎
A. 马的枢椎 B. 牛的枢椎
1. 椎体 2. 齿突 3. 椎窝 4. 棘突 5. 鞍状关节面 6. 关节后突 7. 横突 8. 椎外侧孔

C. 腰椎（Vertebrae lumbales）
（图2-12）：构成腰部的基础，并形成腹腔的支架。牛和马有6个，驴、骡常有5个，猪和羊有6～7个，骆驼7个，犬7个。椎体的长度与胸椎相似；棘突较发达，高度与后位胸椎相等；横突长，呈上下压扁的板状，伸向外侧，牛第3～6横突最长，马第3～5横突最长，这些长横突以扩大腹腔顶壁的横径，并都可以在体表触摸到。在马第5～6腰椎横突间，第6腰椎和荐骨翼之间都有卵圆形关节面连接。关节突连接紧密，以增加腰部的牢固性。

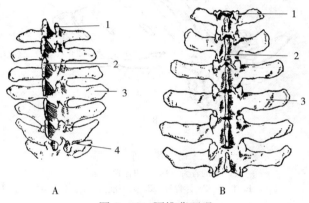

图 2-12 腰椎背面观
A. 马的腰椎 B. 牛的腰椎
1. 关节前突 2. 棘突 3. 横突 4. 卵圆形关节面

D. 荐椎（Vertebrae sacrum）（图2-13）：构成荐部的基础并连接后肢骨。牛、马均有5个荐椎，猪、羊有4个荐椎，骆驼5个，犬3个。以上动物成年时荐椎愈合成一整体，称荐骨（Os sacrum），以增加荐部的牢固性。荐椎的横突相互愈合，前部宽并向两侧突出，称荐骨翼。翼的背外侧有粗糙的耳状关节面，与髂骨成关节。第一荐椎椎头腹侧缘较突出，称荐骨岬（Promontorium）。荐骨的背面和盆面每侧各有4个孔，称为荐背侧孔和荐盆侧孔，是血管神经的通路。牛的荐骨比马大，愈合较完全。棘突顶端愈合形成粗厚的荐骨正中嵴。翼后部横突愈合成薄锐的荐外侧嵴。荐骨翼的前面无关节面。荐骨盆面的横轴和纵轴均向背侧隆起。马的荐骨呈三角形，棘突未愈合。猪的荐骨愈合较晚且不完全，棘突不发达，常部分缺少，荐骨翼与牛的相似，荐骨盆面的弯曲度较牛为小。

E. 尾椎（Vertebrae coccygeae）：数目变化较大，牛有18～20个，马有14～21个，羊有3～24个，猪有20～23个，骆驼有15～20个，犬有20～30个。前几个尾椎仍具有椎弓、棘突和横突，向后椎弓、棘突和横突则逐渐退化，仅保留棒状椎体并逐渐变细。牛前几个尾椎椎体腹侧有成对腹棘，中间形成一血管沟，供尾中动脉通过。

2. 肋、胸骨和胸廓

（1）肋（Costae）：肋左右成对（图2-14），构成胸廓的侧壁。哺乳动物的肋很发达，构成呼吸运动的杠杆。肋由肋骨和肋软骨两部分构成。

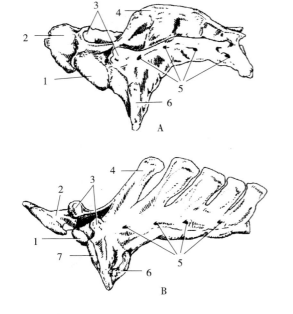
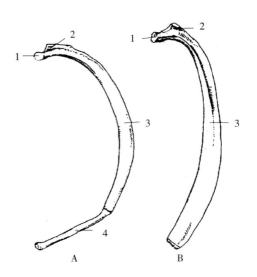

图2-13 荐骨
A. 牛的荐骨 B. 马的荐骨
1. 椎头 2. 荐骨翼 3. 关节前突
4. 棘突 5. 荐背侧孔

图2-14 肋
A. 马的肋（内面） B. 牛的肋（内面）
1. 肋骨小头 2. 肋结节 3. 肋骨 4. 肋软骨

①肋骨（Os costale）：位于背侧，近端前方肋骨小头（Caput costae），与两相邻胸椎的肋凹形成的肋窝成关节；肋骨小头的后方有肋结节（Tuberculum costae），与胸椎横突成关节。肋骨的远侧端与肋软骨相连。在肋骨的后缘内侧有血管、神经通过的肋沟。

②肋软骨（Cartilago costalis）：位于肋的腹侧，由透明软骨构成，前几对肋的肋软骨直接与胸骨相连，称真肋或胸骨肋；其余肋的肋软骨则由结缔组织顺次连接形成肋弓（Arcus costalis），这种肋称为假肋或弓肋。有的肋的肋软骨末端游离，称为浮肋。

肋的对数与胸椎的数目一致，牛、羊有13对，真肋8对，假肋5对，肋骨较宽；马有18对，真肋8对，假肋10对，肋骨较细；猪有14～15对，7对真肋，余为假肋，最后1对有时为浮肋；骆驼有12对，真肋8对，假肋4对；犬有13对，9对真肋，3对假肋，1对浮肋。

（2）胸骨（Sternum）：位于腹侧，构成胸廓的下壁，由6～8个胸骨片和软骨构成。胸骨前部为胸骨柄，中部为胸骨体，在胸骨片间有与胸骨肋成关节的肋凹。胸骨的后端有上下扁圆形的剑状软骨。

各种家畜胸骨的形状不同，与胸肌发育的程度有关。牛的胸骨长，缺柄软骨，胸骨体上下压扁，无胸骨嵴。马的胸肌发达，胸骨呈舟状，近端有柄软骨，胸骨体前部左右压扁，有发达的胸骨嵴，后部上下压扁。猪的胸骨与牛相似，但胸骨柄明显突出（图2-15、图2-16）。

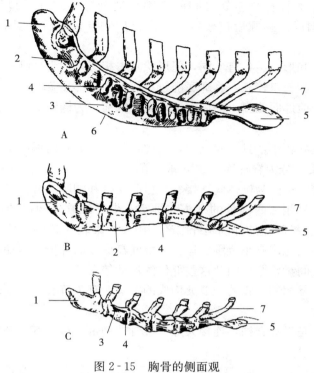

图2-15 胸骨的侧面观
A. 马 B. 牛 C. 猪
1. 胸骨柄 2. 胸骨片 3. 胸骨体 4. 肋窝 5. 剑状软骨 6. 胸骨嵴 7. 肋软骨

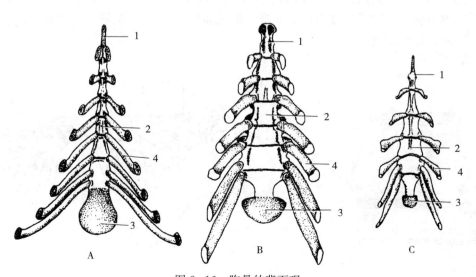

图2-16 胸骨的背面观
A. 马 B. 牛 C. 猪
1. 胸骨柄 2. 胸骨体 3. 剑状软骨 4. 肋软骨

(3) 胸廓：胸廓由胸椎、肋和胸骨组成。胸廓前部的肋较短，并与胸骨连接，坚固性强但活动范围小，适应于保护胸腔内器官和连接前肢。胸廓后部的肋长且弯曲，活动范围大，形成呼吸运动的杠杆。相邻之间的空隙称肋间隙。胸廓前口较窄，由第1胸椎、第1对肋和胸骨柄围成。胸廓后口较宽大，由最后胸椎、最后1对肋、肋弓和剑状软骨构成。

家畜胸廓的容积和形态虽各有不同，但形状基本相似，均为平卧的截顶圆锥状。

牛的胸廓较短，胸前口较高，胸廓底部较宽而长，后部显著增宽。

马的胸廓较长，前部两侧扁，向后逐渐扩大。胸前口为椭圆形，下方狭窄；胸后口相当宽大，呈倾斜状。

猪的肋骨长度差异较小，且弯曲度大，因此，胸廓近似圆筒形。

3. 躯干骨的连接　分为脊柱连接和胸廓关节。

(1) 脊柱的连接：可分为椎体间连接、椎弓间连接和胸廓关节。

①椎体间连接：是相邻两椎骨的椎头与椎窝，借纤维软骨构成的椎间盘（*Disci intervertebrales*）相连接。椎间盘的外围是纤维环，中央为柔软的髓核（是脊索的遗迹）。因此，椎体间的连接既牢固又允许有小范围的运动。椎间盘愈厚的部位，运动的范围愈大。家畜颈部、腰部和尾部的椎间盘较厚，因此这些部位的运动较灵活。

②椎弓间连接：是相邻椎骨的关节突构成的关节，有关节囊。颈部的关节突发达，关节囊宽松，活动性较大。

③脊柱总韧带：是贯穿脊柱，连接大部分椎骨的韧带，包括棘上韧带、背纵韧带和腹纵韧带（图2-17）。

棘上韧带（*Lig. supraspinale*）：位于棘突顶端，由枕骨伸至荐骨。在颈部特别发达，形成强大的项韧带。项韧带（*Lig. nuchae*）（图2-18、图2-19）由弹性组织构成，呈黄色。其构造可分为索状部和板状部。索状部呈圆索状，起于枕外隆凸，沿颈部上缘向后，附着于第3、4胸椎的棘突，向后延续为棘上韧带。板状部起于第2、3胸椎棘突和索状部，向前下方止于2～6颈椎的棘突。

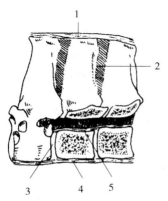

图2-17　马胸椎的椎间关节
1. 棘上韧带　2. 棘间韧带　3. 椎间盘
4. 腹纵韧带　5. 背纵韧带

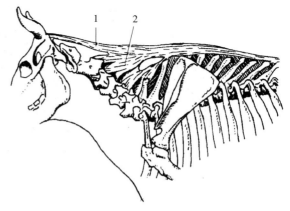

图2-18　牛的项韧带
1. 索状部　2. 板状部

板状部由左、右两叶构成，中间由疏松结缔组织连接。索状部也是左右两条，沿中线相接。项韧带的作用是辅助颈部肌肉支持头部。牛、马和骆驼的项韧带很发达，牛项韧带板状部后部不分为两叶，猪的项韧带不发达。

背纵韧带（Lig. longitudinale dorsale）：位于椎管底部，椎体的背侧，由枢椎至荐骨，在椎间盘处变宽并附着于椎间盘上。

腹纵韧带（Lig. longitudinale ventrale）：位于椎体和椎间盘的腹面，并紧密附着于椎间盘上，由胸椎中部开始，终止于荐骨的骨盆面。

脊柱的运动是许多椎间运动的总和，虽然每一个椎间的活动范围有限，但整个脊柱仍能作范围较大的屈伸和侧转运动。

由于适应头部多方面的运动，脊柱前端与枕骨间形成寰枕关节和寰枢关节。

寰枕关节（Art. atlantooccipitalis）：由寰椎的前关节凹与枕髁形成，为双轴关节，可作屈、伸运动和小范围的侧转运动。

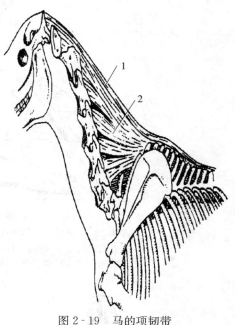

图 2-19 马的项韧带
1. 索状部 2. 板状部

寰枢关节（Art. atlantoepistrophica）：由寰椎的后关节面与枢椎的齿突构成，可沿枢椎的纵轴作旋转运动。

（2）胸廓的关节：包括肋椎关节和肋胸关节。

①肋椎关节：是肋骨与胸椎形成的关节。包括肋骨小头与肋窝形成的关节和肋结节与横突的小关节面形成的关节。两个关节各有关节囊和短韧带。胸廓前部的肋椎关节活动性较小，胸廓后部的活动性较大。

②肋胸关节：是胸肋骨的肋软骨与胸骨两侧的肋窝形成的关节，具有关节囊和韧带。牛第 2～11 肋的肋骨与肋软骨间还形成关节，有关节囊。

（二）头骨及其连接

头骨位于脊柱的前端，经枕骨与寰椎相连。头骨主要由扁骨和不规则骨构成，绝大部分借结缔组织和软骨组织连接，形成直接连接。下颌骨因适应咀嚼运动与颞骨形成关节。头骨分颅骨和面骨。颅骨（Ossa cranii）位于后上方，构成颅腔和感觉器官——眼、耳和嗅觉器官的保护壁。面骨（Ossa faciei）位于前下方，形成口腔、鼻腔、咽、喉和舌的支架。在有些头骨的内、外骨板之间形成空腔，称窦。窦可增大头部的体积，以附着牙齿，但不增加其重量。在头骨上还有许多的孔、沟和管，是血管、神经的通路。

1. 头骨的一般特征

（1）颅骨：包括位于正中线上的单骨：枕骨、顶间骨、蝶骨和筛骨；与位于正中线两侧的对骨：顶骨、额骨和颞骨（图 2-20、图 2-21、图 2-22）。

①枕骨（Os occipitale）：单骨，位于颅骨后部，构成颅腔的后壁和底壁。枕骨后下方有枕骨大孔通椎管，孔的两侧有枕髁，与寰椎成关节。枕的外侧有颈静脉突（Processus

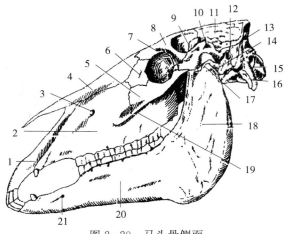

图 2-20 马头骨侧面

1. 切齿骨 2. 上颌骨 3. 眶下孔 4. 鼻骨 5. 颧骨 6. 泪骨 7. 眶上孔 8. 额骨
9. 下颌骨冠状突 10. 颧弓 11. 顶骨 12. 外耳道 13. 枕骨 14. 颞骨 15. 枕髁
16. 颈静脉突 17. 髁状突 18. 下颌骨支 19. 面嵴 20. 下颌骨体 21. 颏孔

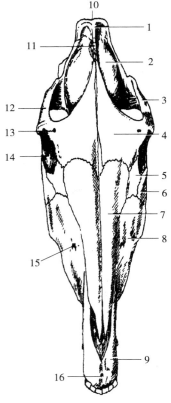

图 2-21 马头骨背面

1. 枕骨 2. 顶骨 3. 颧突 4. 额骨 5. 泪骨
6. 颧骨 7. 鼻骨 8. 上颌骨 9. 切齿骨
10. 枕嵴 11. 顶间骨 12. 颧弓 13. 眶上孔
14. 眼窝 15. 眶下孔 16. 切齿孔

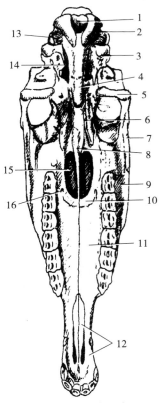

图 2-22 马头骨底面

1. 枕骨大孔 2. 枕髁 3. 岩颞骨 4. 蝶骨体
5. 颞骨 6. 翼骨 7. 颧骨 8. 犁骨
9. 上颌骨 10. 腭骨 11. 上颌骨额突
12. 切齿骨 13. 颈静脉突 14. 破裂孔
15. 鼻后孔 16. 腭前孔

jugularis）。枕骨基部向前伸延，与蝶骨体连接。枕骨的项面粗糙，有明显的枕外隆凸，供韧带、肌肉附着。

②顶骨（*Os parietale*）：对骨，位于枕骨之前，额骨之后，除牛外，构成颅腔顶壁，内面有与脑的沟、回相适应的压迹。

③顶间骨（*Os interparietale*）：为一小单骨，位于枕骨和顶骨间，常与邻骨愈合，脑面有枕内隆凸，隔开大脑和小脑。

④额骨（*Os frontale*）：对骨，位于鼻骨后上方，构成颅腔的顶壁，面平整，向外侧伸出颧突，构成眼眶的上界。颧突基部有眶上孔。

⑤颞骨（*Os temporale*）：对骨，位于枕骨的前方，顶骨的外下方，构成颅腔的侧壁。分为鳞部、岩部和鼓部。鳞部与额骨、顶骨和蝶骨相接，向外伸出颧突，颧突转向前方，与颧骨颞突相结合，形成颧弓。在颧突的腹侧有颞髁，与下颌骨成关节。岩部位于鳞部和枕骨之间，内耳和内耳道在岩部，岩部腹侧有连接舌骨的茎突。鼓部位于岩部的腹外侧，外侧有骨性外耳道，向内通鼓室（中耳），鼓室在腹侧，形成突向腹外侧的鼓泡。

⑥蝶骨（*Os sphenoidale*）：单骨，位于颅腔的底壁，形似蝴蝶，由蝶骨体、两对翼（眶翼和颞翼）和1对翼突组成。前方与筛骨、腭骨、翼骨和犁骨相连，侧面与颞骨相接，后面与枕骨基部连接。在蝶骨翼上还有视神经孔、眶裂等，是神经、血管的通路。

⑦筛骨（*Os ethmoidale*）：单骨，位于颅腔的前壁，由筛板、垂直板和1对筛骨迷路组成。筛板在颅腔和鼻腔之间，上有很多小孔，脑面形成筛骨窝，容纳嗅球。嗅神经就是通过筛板上的小孔到嗅球的。垂直板位于正中，形成鼻中隔的后部。筛骨迷路位于垂直板两侧，由许多薄骨片卷曲形成，支持嗅黏膜。筛骨上接额骨，下面与蝶骨相接。

（2）面骨：包括位于正中线两侧的对骨：鼻骨、上颌骨、泪骨、颧骨、切齿骨、腭骨、翼骨、鼻甲骨和下颌骨；与位于正中线上的单骨：犁骨和舌骨（图2-20、图2-21、图2-22）。

①鼻骨（*Os nasale*）：对骨，构成鼻腔的顶壁。后接额骨，外侧与泪骨、上颌骨和切齿骨相接。鼻骨前部游离。

②上颌骨（*Os maxillare*）：对骨，构成鼻腔的侧壁、底壁和口腔的上壁。几乎与所有的面骨相邻接。上颌骨的外侧面宽大，有面嵴和眶下孔，水平的板状腭突隔开口腔和鼻腔。上颌骨的下缘称齿槽缘，有臼齿槽，前方为齿槽间缘。内外骨板间形成发达的上颌窦。

③泪骨（*Os lacrimale*）：对骨，位于眼眶前部，背侧与鼻骨、额骨相接，腹侧与上颌骨、颧骨相邻，其眶面有一漏斗状的泪囊窝，为骨性鼻泪管的入口。

④颧骨（*Os zygomaticum*）：对骨，位于泪骨下方，前面与上颌骨相接，构成眼眶的下壁，并向后方伸出颞突，与颞骨的颧突结合，形成颧弓。

⑤切齿骨（*Os incisivum*）：对骨，位于上颌骨的前方。除反刍兽外，骨体上均有切齿槽。骨体向后伸出腭突和鼻突。腭突水平伸出，向后接上颌骨腭突，共同构成口腔顶壁。鼻突伸向后上方，与上颌骨和鼻骨相接，并与鼻骨的游离端形成鼻切齿骨切迹。

⑥腭骨（*Os palatinum*）：对骨，位于上颌骨内侧后方。构成鼻后孔的侧壁与硬腭后部的骨质基础。

⑦翼骨（Os pterygoideum）：对骨，为狭窄而薄的小骨板，附着于蝶骨翼突的内侧。

⑧犁骨（Os vomer）：单骨，位于蝶骨体前方，沿鼻腔底壁中线向前延伸。背面有鼻中隔沟，容纳筛骨垂直板的下部与鼻中隔。

⑨鼻甲骨（Os conchae nasalis）：是两对卷曲的薄骨片，附着于鼻腔的两侧壁上。上面的1对称背鼻甲骨，下面的1对称腹鼻甲骨，支持鼻黏膜，并将每侧鼻腔分为上、中、下三个鼻道。

⑩下颌骨（Os mandibula）：对骨，是面骨中最大的骨，分左、右两半，每半分下颌体和下颌支。下颌体位于前方，呈水平位，较厚，前部为切齿部，有切齿槽，后部为臼齿部，有臼齿槽，切齿槽与臼齿槽之间为齿槽间缘。下颌支位于后方，呈垂直位。下颌支上端的后方有下颌头与颞骨成关节；前方有较高的冠状突，供肌肉附着。在下颌体与下颌支之间的下缘，有下颌血管切迹。两侧下颌骨之间形成下颌间隙。

⑪舌骨（Os hyoideum）（图2-23）：单骨，位于下颌间隙后部，由数块小骨组成，支持舌根、咽及喉。可分为基舌骨或舌骨体，是横位的短柱状，向前方伸出舌突，支持舌根。由舌骨体向后方伸出1对甲状舌骨，与喉的甲状软骨相连接；向后上方伸出角舌骨和茎舌骨，与岩颞骨的茎突相连。

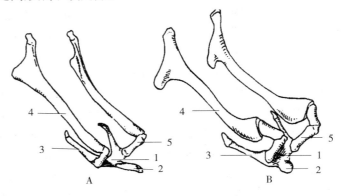

图2-23 舌骨
A. 马的舌骨 B. 牛的舌骨
1. 基舌骨 2. 舌骨突 3. 甲状舌骨 4. 茎舌骨 5. 角舌骨

（3）鼻旁窦（Sinus paranasales）：为一些头骨的内、外骨板之间的腔洞，可增加头骨的体积而不增加其重量，并对眼球和脑起到保护、隔热的作用，其直接或间接与鼻腔相通，故称为鼻旁窦。鼻旁窦内的黏膜和鼻腔的黏膜相延续，当鼻腔黏膜发炎时，常蔓延到鼻旁窦，引起鼻旁窦炎。鼻旁窦包括上颌窦（Sinus maxillaris）、额窦（Sinus frontalis）、蝶腭窦（Sinus sphenopalatinus）和筛窦（Sinus ethmoidalia）等。

（4）家畜头骨的主要特征：

①牛的头骨：牛的头骨呈角锥形，较短而宽。额骨约占背面的一半，呈四方形，宽而平坦，后缘与顶骨之间，形成额隆起，为头骨的最高点。颧突向两侧伸出，是头骨背面的最宽处，颧突基部有眶上沟及眶上孔。在有角的牛，额骨后方两侧有角突。鼻骨较短而窄，前后几乎等宽，前端有深的切迹，切齿骨，骨体薄而扁平，无切齿槽，两侧的切齿骨互相分开，前部距离较宽。上颌骨和下颌骨各有6个臼齿槽，下颌体前方有4个切齿槽，前方外侧有颏孔。颅腔的后壁由顶骨、顶间骨构成，此二骨在出生前或生后不久即愈合为一整体。枕外隆凸较粗大（图2-24、图2-25）。

额窦（Sinus frontalis）很大，伸延于整个额部、颅顶壁和部分后壁，并与角突的腔相通连。正中有一中隔，将左、右两窦分开（图2-25）。

上颌窦（Sinus maxillaris）主要在上颌骨、泪骨和颧骨内，上颌窦在眶下管内侧的部分很发达，伸入上颌骨腭突与腭骨内，故又称腭窦（Sinus palatinus）。

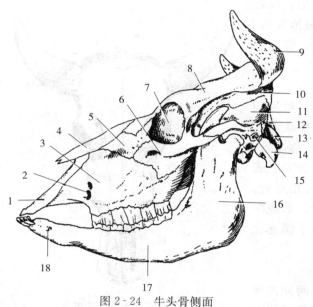
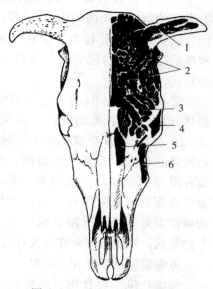

图 2-24 牛头骨侧面
1. 切齿骨 2. 眶下孔 3. 上颌骨 4. 鼻骨 5. 泪骨
6. 颧骨 7. 眶窝 8. 额骨 9. 角突 10. 顶骨
11. 颞骨 12. 枕骨 13. 枕髁 14. 颈静脉突
15. 外耳道 16. 下颌支 17. 下颌体 18. 颏孔

图 2-25 牛的额窦和上颌窦
1. 角腔 2. 额大窦 3. 额小窦 4. 眶窦
5. 上鼻甲窦 6. 上颌窦

绵羊的头骨基本上与牛相似，主要不同点在颅骨。在眼眶后部最宽也是颅顶最高的地方，有角羊的角突从该部伸出。额骨后部倾斜，接顶骨。顶骨构成颅腔的后上壁；枕骨构成头骨的项面，并有明显的枕外嵴（图 2-26）。

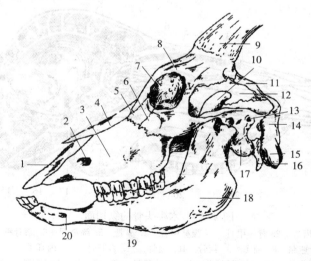

图 2-26 绵羊头骨侧面
1. 切齿骨 2. 眶下孔 3. 上颌骨 4. 鼻骨 5. 泪骨
6. 颧骨 7. 眶窝 8. 额骨 9. 角突 10. 冠状突
11. 顶骨 12. 颞骨 13. 外耳道 14. 枕骨 15. 枕髁
16. 颈静脉突 17. 鼓泡 18. 下颌支 19. 下颌体 20. 颏孔

· 69 ·

水牛头骨较近似绵羊，颅顶呈穹隆形。额骨有发达的角突，向两侧伸出。颞骨部的鼓泡发达。面骨较长；切齿骨较宽。犁骨特别发达，将鼻腔和鼻后孔也完全分隔为左右两半（图2-27、图2-28）。

②马的头骨：马的头骨全形略呈长的锥形四面体，额骨较平坦而宽广，颧突基部有眶上孔（图2-29）。鼻骨后宽而前窄，前端尖，称鼻棘。切齿骨前端腹侧有3个切齿槽。上颌骨较长，表面有明显的面嵴，向前延伸至第3臼齿相对处。面嵴的前上方有眶下孔。切齿骨与鼻骨间形成深的鼻切齿骨切迹。下颌骨构成下颌部。下颌支比牛的发达。颅底后方为枕骨大孔。

鼻旁窦包括额窦和上颌窦。

额窦：位于额骨内、外骨板之间。两侧的额窦由额窦中隔完全分开。额窦的底是筛骨迷路向前扩展到鼻骨和背鼻甲的后半部之间，在窦的腹外侧有大的卵圆孔与上颌窦相通。

上颌窦：是上颌骨、颧骨和泪骨内的四边形空腔。窦随年龄增长而增大。

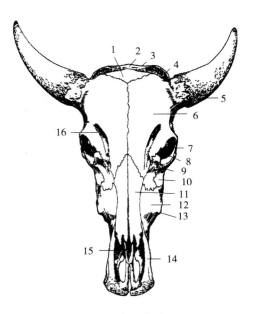

图2-27 水牛头骨正面
1. 顶骨 2. 顶间骨及枕骨 3. 枕嵴 4. 颞骨
5. 角突 6. 额骨 7. 眶窝 8. 泪泡 9. 泪骨
10. 颧骨 11. 鼻骨 12. 上颌骨 13. 面结节
14. 切齿骨 15. 犁骨 16. 眶上孔

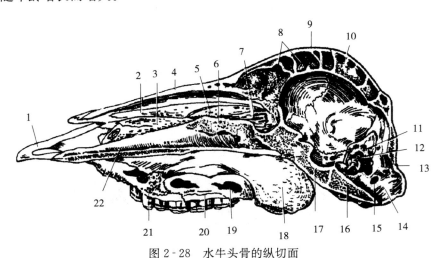

图2-28 水牛头骨的纵切面
1. 切齿骨 2. 背鼻甲骨 3. 腹鼻甲骨 4. 鼻骨 5. 筛鼻甲 6. 筛骨垂直板
7. 筛骨迷路 8. 额窦 9. 额骨 10. 顶骨 11. 岩颞骨 12. 内耳道 13. 枕骨
14. 枕骨大孔 15. 舌下神经孔 16. 枕骨基部 17. 蝶骨体 18. 犁骨 19. 腭窦
20. 腭骨 21. 上颌骨 22. 犁骨沟

③猪的头骨：原始品种猪的头骨相当长，额部外形平直，为长头型。有些改良品种猪的头骨显著变短，额向上倾斜，鼻部短，鼻面凹，为短头型。

猪的头骨近似楔形（图2-30）。项面宽大，枕骨高，背缘形成发达的枕外嵴，颈静脉突长，垂向下方。额骨较长，颧上突短，不与颧弓相连，因此眶缘不完整。颞窝完全位于侧面，长轴近于垂直。颧弓强大，两侧扁。面嵴短，前方有眶下孔。犬齿槽大，外面有嵴状隆起。

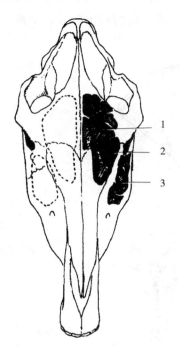

图 2-29 马的额窦和上颌窦
1. 额窦 2. 卵圆孔 3. 上颌窦

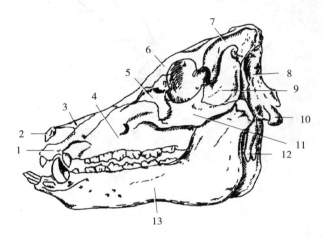

图 2-30 猪头骨侧面
1. 切齿骨 2. 吻骨 3. 鼻骨 4. 上颌骨 5. 泪骨
6. 额骨 7. 顶骨 8. 枕骨 9. 颞骨 10. 枕骨髁
11. 颧骨 12. 颈静脉突 13. 下颌骨

④骆驼的头骨：外形与马的头骨相似，枕骨的枕嵴非常显著，颈静脉突短而宽厚，颞窝宽大，下颌骨的冠状突特别发达，可在颞窝内摸到，切齿骨前面没有切齿槽，但每侧切齿骨有犬齿槽1个，公驼有狼齿槽1个，下颌骨除有下切齿槽和下臼齿槽外，还有犬齿槽。

⑤犬的头骨：形状和大小因品种不同差异很大，一般为卵圆形，眶上突短，眶窝后部直接与颞骨相连，无明显界线。下颌骨体不完全愈合，下颌骨支后角形成角突。

2. 头骨的连接 头骨大部分为不动连接，主要形成缝隙连接；有的形成软骨连接，如枕骨和蝶骨的连接。只有颞下颌关节具有活动性。颞下颌关节（Art. temporomandibularis）（图 2-31）由颞骨的关节结节与下颌骨的髁状突构成。两关节面间夹有椭圆形的关节盘，将关节腔分为互不相通的两部分。关节囊的外侧有外侧韧带，牛无后韧带。在马还有由弹性纤维构成的后韧带。1对颞下颌关节是联动的，可进行开口、闭口和侧运动。此外，舌骨也具有一定的活动性。

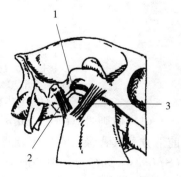

图 2-31 马的下颌关节
1. 关节盘 2. 后韧带 3. 侧韧带

(三) 前肢骨及其连接

1. 前肢骨 家畜的前肢骨（图 2-32、图 2-33）包括肩带骨、肱骨、前臂骨和前脚骨。完整的肩带由 3 块骨组成，即肩胛骨、乌喙骨和锁骨，有蹄动物因四肢运动单纯化，乌喙骨和锁骨都已退化，仅保留一块肩胛骨。前臂骨由尺骨和桡骨组成。前脚骨由腕骨、掌骨、指骨和籽骨组成。

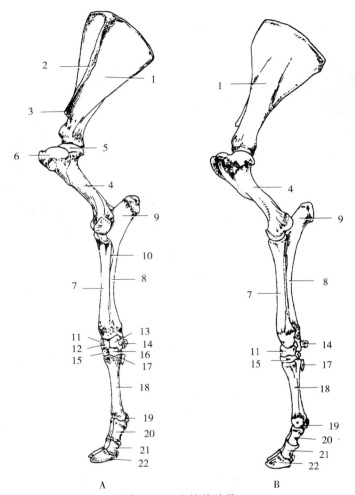

图 2-32 牛的前肢骨
A. 外侧面（左） B. 内侧面（右）
1. 肩胛骨 2. 肩胛冈 3. 肩峰 4. 肱骨 5. 肱骨头 6. 外侧结节
7. 桡骨 8. 尺骨 9. 鹰嘴 10. 前臂骨间隙 11. 桡腕骨 12. 中间腕骨
13. 尺腕骨 14. 副腕骨 15. 第 2、3 腕骨 16. 第 4 腕骨 17. 第 5 掌骨
18. 大掌骨 19. 近籽骨 20. 系骨 21. 冠骨 22. 蹄骨

（1）肩胛骨（*Os scapula*）：是三角形扁骨，斜位于胸廓两侧的前上部，由后上方斜向前下方。其背缘附有肩胛软骨（*Cartilago scapulae*）。外侧面有一条纵行的隆起，称肩胛冈（*Spina scapulae*）。冈的前上方为冈上窝（*Fossa supraspinata*），后下方为冈下窝（*Fossa infraspinata*）。肩胛骨的远端较粗大，有一浅关节窝，称关节盂，与肱骨头成关节。关节盂前方有突出的盂上结节（*Turberculum supraglenoidale*）。

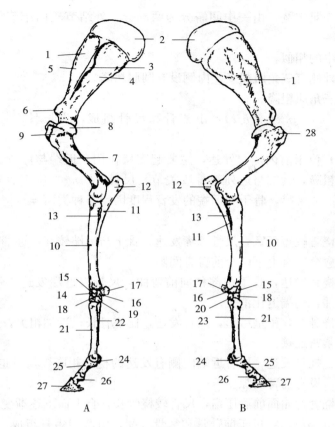

图 2-33 马的前肢骨（左）
A. 外侧面 B. 内侧面
1. 肩胛骨 2. 肩胛软骨 3. 肩胛冈 4. 冈下窝 5. 冈上窝 6. 盂上结节 7. 肱骨 8. 肱骨头
9. 外侧结节 10. 桡骨 11. 尺骨 12. 鹰嘴 13. 前臂骨间隙 14. 桡腕骨 15. 中间腕骨
16. 尺腕骨 17. 副腕骨 18. 第3腕骨 19. 第4腕骨 20. 第2腕骨 21. 第3掌骨
22. 第4掌骨 23. 第2掌骨 24. 近籽骨 25. 系骨 26. 冠骨 27. 蹄骨 28. 内侧结节

牛的肩胛骨：较长，上端较宽，下端较窄。肩胛冈显著，较偏前方。冈的下端向下方伸出一突起，称肩峰。

马的肩胛骨：呈长三角形。肩胛冈平直，游离缘粗厚，中央稍上方粗大，称冈结节。肩胛软骨呈半圆形。

猪的肩胛骨：很宽，前缘凸。肩胛冈为三角形，冈的中部弯向后方，有大的冈结节。

犬的肩胛骨：由肩胛骨和锁骨组成，乌喙骨退化，肩胛骨呈长椭圆形，肩胛冈发达，下部肩峰呈沟状，锁骨退化为三角形薄片不与其他骨连接。

（2）肱骨（Os humerus）：为长骨。斜位于胸部两侧的前下部，由前上方斜向后下方。分骨干和两个端。近端的前方有肱二头肌沟，后方为肱骨头，与肩胛骨的关节盂成关节；两侧有内、外结节，外结节又称大结节。骨干呈扭曲的圆柱状，外侧有三角肌粗隆，内侧有圆肌粗隆。远端有髁状关节面，与桡骨成关节。髁的后面有一深的鹰嘴窝。

牛的肱骨：近端粗大，大结节很发达，前部弯向内方，二头肌沟偏于内侧，无中间嵴。三角肌粗隆较小。

马的肱骨：二头肌沟宽，由一中间嵴分为两部分。外结节较内结节稍大。三角肌粗隆较大。

猪的肱骨：与牛的相似。

骆驼的肱骨：外侧有三角肌粗隆，内侧没有圆肌粗隆。

犬的肱骨：无三角肌粗隆。

(3) 前臂骨（Ossa antebrachii）：由桡骨和尺骨组成，为长骨，其位置几乎与地面垂直。

桡骨（Radius）位于前内侧，发达，主要起支持作用，近端与肱骨成关节，近端的背内侧有粗糙的桡骨粗隆，远端与近列腕骨成关节。尺骨（Ulna）位于后外侧，近端特别发达，向后上方突出形成鹰嘴，骨干和远端的发育程度因家畜种类而异。桡骨和尺骨之间的间隙称前臂骨间隙。

牛的前臂骨：桡骨较短而宽，尺骨鹰嘴发达，骨干与远端较细，远端较桡骨稍长。成年牛尺骨骨干与桡骨愈合，有上下两个前臂骨间隙。

马的前臂骨：桡骨发达，骨干中部稍向前弯曲，尺骨仅近端发达，骨干上部与桡骨愈合，下部与桡骨合并，远端退化消失。

猪的前臂骨：桡骨短，稍呈弓形，尺骨发达，比桡骨长，近端粗大，鹰嘴特别长。桡骨和尺骨以骨间韧带紧密连接。

骆驼的前臂骨：桡骨发达，桡骨近端内侧有发达的桡骨粗隆，尺骨退化，仅保留鹰嘴，并与桡骨完全愈合，没有前臂间隙。

犬的前臂骨：桡骨弯曲而前后压扁，尺骨较桡骨长，自上而下逐渐变细。

(4) 腕骨（Ossa carpi）：位于前臂骨和掌骨之间，由两列短骨组成。近列腕骨有4块，由内向外依次为：桡腕骨、中间腕骨、尺腕骨和副腕骨。远列腕骨一般为4块，由内向外依次为第1、2、3、4腕骨。近列腕骨的近侧面为凸凹不平的关节面，与桡骨远端成关节。近、远列腕骨与各腕骨之间均有关节面，彼此成关节。远列腕骨的远侧面与掌骨成关节。整个腕骨的背侧面较隆突，掌侧面凸凹不平，副腕骨向后方突出。

牛的腕骨（图2-32、图2-34）：由6块组成，近列4块，远列2块。内侧1块较大，由第2和第3腕骨愈合而成，外侧为第4腕骨，第1腕骨退化。

马的腕骨（图2-33）：由7块组成，近列4块，远列3块。由内侧向外侧为：第2、3、4腕骨。第1腕骨小，不常有。

猪的腕骨（图2-35）：由8块组成，近列和远列均有4块。第1腕骨很小。

骆驼的腕骨：由7块组成。近列为桡、中、尺、副腕骨，远列为第1、2腕骨，第3、4腕骨愈合为一块。

犬的腕骨：由7块组成，排成两列。近列3块，从内向外依次为：桡腕骨与中间腕骨愈合为1块，尺腕骨和副腕骨；远列4块，即第1、2、3、4腕骨。

(5) 掌骨（Ossa metacarpalia）：为长骨，近端接腕骨，远端接指骨。有蹄动物的掌骨有不同程度的退化。

牛的掌骨：（图2-34）：有3块。第3、4掌骨发达，近端和骨干愈合在一起，称大掌骨。骨干短而宽。近端有关节面，与远列腕骨成关节。远端较宽，形成两个滑车关节面，分别与第3、4指的系骨和近籽骨成关节。第5掌骨为一圆锥形小骨，附于第4掌骨的近端外侧。

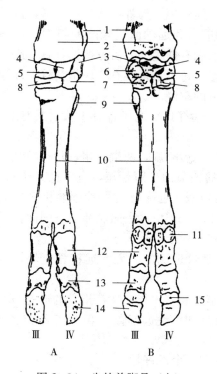

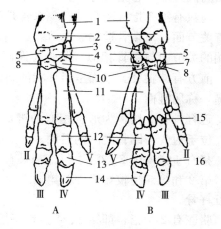

图 2-34 牛的前脚骨（左）
A. 背侧 B. 掌侧
1. 尺骨 2. 桡骨 3. 尺腕骨 4. 中央腕骨
5. 桡腕骨 6. 副腕骨 7. 第 4 腕骨
8. 第 2、3 腕骨 9. 第 5 掌骨 10. 大掌骨
11. 近籽骨 12. 系骨 13. 冠骨 14. 蹄骨
15. 远籽骨 Ⅲ. 第 3 指 Ⅳ. 第 4 指

图 2-35 猪的前脚骨（左）
A. 背侧 B. 掌侧
1. 尺骨 2. 桡骨 3. 尺腕骨 4. 中间腕骨
5. 桡腕骨 6. 副腕骨 7. 第 1 腕骨 8. 第 2 腕骨
9. 第 4 腕骨 10. 第 3 腕骨 11. 掌骨 12. 系骨
13. 冠骨 14. 蹄骨 15. 近籽骨 16. 远籽骨
Ⅱ. 第 2 指 Ⅲ. 第 3 指 Ⅳ. 第 4 指 Ⅴ. 第 5 指

马的掌骨（图 2-33）：有 3 块。第 3 掌骨发达，又称大掌骨，其方向与地面垂直，呈半圆柱状。近端稍粗大，有与远列腕骨成关节的关节面。远端稍宽，形成滑车关节面，与系骨近端和两个近籽骨成关节。第 2 和第 4 掌骨是远端退化的小掌骨，近端较粗大，有关节面与远列腕骨成关节；向下逐渐变细，由韧带连接于第 3 掌骨的内、外侧。

猪的掌骨（图 2-35）：有 4 块。由内侧向外侧为第 2、3、4、5 掌骨。第 3、第 4 掌骨发达，第 2 和第 5 掌骨较小。近端与远列腕骨相连，远端各连指骨。

骆驼的掌骨：有 2 块，即第 3、4 掌骨愈合，但下端向两侧分开。

犬的掌骨：由 5 块组成，即第 1、2、3、4、5 掌骨，其中第 3、4 掌骨为大掌骨，其他为小掌骨。

（6）指骨（Ossa digitorum）和籽骨（Ossa sesamoidea）：各种家畜指的数目不同，一般每一指都具有 3 节：第 1 指节骨称近指节骨（系骨），第 2 指节骨称中指节骨（冠骨），第 3 指节骨称远指节骨（蹄骨）。此外，每一指还有 2 块近籽骨和一块远籽骨，它们是肌肉的辅助器官。

牛有 4 个指，即第 2、3、4、5 指。其中，第 3 和第 4 指发达，称主指。每指有 3 节，即系骨、冠骨和蹄骨。系骨呈圆柱状，两端较粗，骨干较细，近端与掌骨远端成关节；远端与冠骨相对的关节面成关节。冠骨与系骨的形状相似，但较短，蹄骨近似三棱锥形，位于蹄匣内，外形与蹄相似，蹄尖向前并弯向轴面。壁面的前面和远轴面是隆凸的斜面，轴面稍凹，称指间面。近端有关节窝，与冠骨远端成关节。前缘有伸腱突，后方接远籽骨。底面的后端粗厚，为屈肌腱附着处。第2和第5指，又称悬指，每个悬指仅有2块指节骨，即冠骨和蹄骨，不与掌骨成关节，仅以结缔组织相连于系关节的掌侧。

近籽骨每主指各有2块，共有4块，呈三角锥状。远籽骨每主指各有1块，共有2块，呈横向四边形。悬指无籽骨。

马只有第3指（图2-33）。系骨是一较短的长骨，前后略扁，两端较粗，骨干较细。近端有关节面，与掌骨远端成关节。远端有与冠骨相对的关节面。冠骨短，宽度稍大于长度，两端的关节面与系骨相似。蹄骨位蹄匣内，外形与蹄相似。近端有与冠骨远端相接的关节面，前方有伸腱突。壁面呈半环状的斜面，与地面呈45°～50°角。底面前部是一凹面；后部粗糙，称屈键面。

近籽骨有2块，为形状相似的锥形短骨，位于大掌骨远侧的后面。远籽骨1块，呈舟状，位于冠骨与蹄骨之间的后面。

猪有4指（图2-35），每指都具有3个指节骨。第3和第4指发达，指骨的形态与牛相似。第2和第5指较短而细。第3、4指各有1对近籽骨和1块远籽骨，第2、5指仅各有1对近籽骨。

骆驼有2个指，即第3、4指，每指有3个指节骨和2个近籽骨。

犬有5个指，除第1指仅有2节指节骨外，其他指均有3节指节骨。籽骨有掌侧籽骨9个，背侧籽骨4～5个。

2. 前肢的关节 前肢的肩胛骨与躯干骨间不形成关节，以肩带肌连接。其余各骨间均形成关节，由上向下依次为肩关节、肘关节、腕关节和指关节；指关节又分系关节、冠关节和蹄关节（图2-36）。肩关节为多轴关节，其余均为单轴关节，主要进行屈、伸运动。

（1）肩关节（Art. Humeri）：由肩胛骨远端的关节盂和肱骨头构成，关节角顶向前，站立时关节角度为120°～130°（牛为100°）。关节囊宽松，没有侧副韧带。肩关节虽为多轴关节，但由于两侧肌肉的限制，主要进行屈、伸运动。

（2）肘关节（Art. cubiti）：由肱骨远端和前臂骨近端的关节面构成，关节角顶向后，关节角度为150°左右。在关节囊的两侧有内、外侧副韧带，只能作屈伸运动。

（3）腕关节（Art. carpi）：为复关节，由桡骨远端、腕骨和掌骨近端构成，包括桡腕关节、腕间关节和腕掌关节。根据运动来看，关节角顶向前，关节角度几乎成180°。关节囊的纤维层背侧面较薄且宽松，掌侧面特别厚而紧。关节囊的滑膜层形成3个囊，桡腕关节的最宽松，关节腔最大，活动性也最大；腕间关节次之；腕掌关节的关节腔最小，活动性也最小。腕间囊在第3、第4腕骨之间，与腕掌囊相通。腕关节有1对长的内、外侧副韧带，还有一些短的骨间韧带。在牛腕关节的背侧面有两条斜向的背侧韧带，腕骨间的韧带数目较少。由于关节面的形状，骨间韧带和掌侧关节囊的限制，腕关节只能向掌侧屈曲。

（4）指关节：家畜的指关节在正常站立时呈背屈状态或过度伸展状态，包括系关节、冠关节和蹄关节。

①系关节（Art. phalangis primae）：又称球节，是由掌骨远端、系骨近端和一对近籽骨构成的单轴关节。关节角大于180°，约220°。关节囊背侧壁强厚，掌侧壁较薄，侧韧带

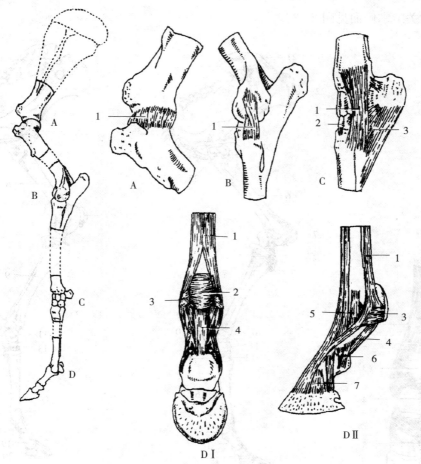

图 2-36 马的前肢关节
A. 肩关节 1. 关节囊
B. 肘关节 1. 外侧副韧带
C. 腕关节 1. 外侧副韧带 2. 骨间韧带 3. 副腕骨下韧带
D. 指关节（DⅠ. 掌侧面 DⅡ. 侧面） 1. 悬韧带 2. 籽骨间韧带
3. 籽骨韧带 4. 籽下韧带 5. 系关节侧副韧带 6. 冠关节侧副韧带 7. 蹄关节侧副韧带

与关节囊紧密相连。系关节掌侧除有强大的屈肌腱外，还有悬韧带和籽骨下韧带等，它们都是前肢的弹力装置，当踏地时，可以缓冲由地面来的震动，同时可以固定系关节，防止过度背屈。

悬韧带：是由骨间中肌腱质化而形成的，位于掌骨的掌侧，起于大掌骨的近端，下端分为两支，大部分止于近籽骨，并有分支转向背侧，并入指伸肌腱。

籽骨下韧带：是系骨掌侧的强厚韧带，起于近籽骨，止于系骨的远端和冠骨近端。

②冠关节（Art. interphalangeae proximale）：由系骨的远端和冠骨近端的关节面组成，关节囊和侧副韧带紧密相连，仅能作小范围的屈伸运动。

③蹄关节（Art. interphalangeae distale）：由冠骨的远端、蹄骨的近端和远籽骨组成。关节囊的背侧和两侧强厚，掌侧较薄，侧副韧带短而强，位于蹄软骨下，只能进行屈、伸运动。

牛的指关节掌侧面见图2-37。

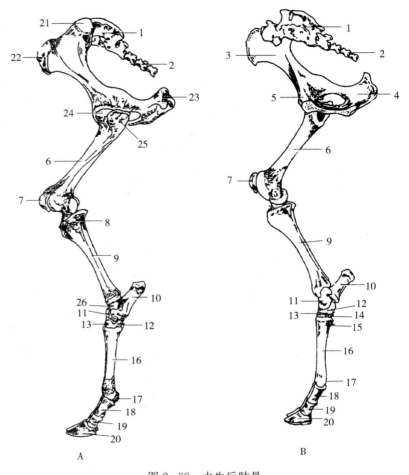

图2-37 牛的指关节掌侧面
1. 悬韧带中间支
2. 悬韧带内侧支
3. 籽骨间韧带
4. 指间近韧带
5. 指间远韧带

图2-38 水牛后肢骨
A. 外侧（左） B. 内侧（右）
1. 荐骨 2. 尾椎 3. 髂骨 4. 坐骨 5. 耻骨 6. 股骨 7. 髌骨
8. 腓骨 9. 胫骨 10. 跟骨 11. 距骨 12. 中央、第4跗骨
13. 第2、3跗骨 14. 第1跗骨 15. 第2跖骨 16. 大跖骨 17. 近籽骨
18. 系骨 19. 冠骨 20. 蹄骨 21. 荐结节 22. 髋结节
23. 坐骨结节 24. 股骨头 25. 大转子 26. 踝骨

（四）后肢骨及其连接

1. 后肢骨 家畜的后肢骨（图2-38、图2-39）包括盆带（髋骨）、股骨、髌骨（膝盖骨）、小腿骨和后脚骨。髋骨由髂骨、坐骨和耻骨组成。小腿骨由胫骨和腓骨组成。后脚骨包括跗骨、跖骨、趾骨和籽骨。

（1）髋骨（*Os coxae*）（图2-40、图2-41）：为不规则骨。由背侧的髂骨、腹侧的坐骨和耻骨愈合而成。三骨愈合处形成深的杯状关节窝，称髋臼，与股骨头成关节。髋臼上方为坐骨棘。

髂骨（*Os ilium*）：位于前上方。后部窄，略呈三边棱柱状，称髂骨体。前部宽而扁，呈三角形，称髂骨翼。髂骨翼的外侧角粗大，称髋结节；内侧角，称荐结节。翼的外侧面称

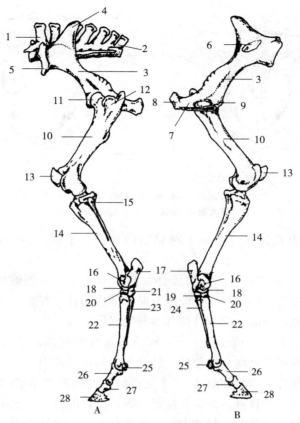

图 2-39　马的后肢骨（左）

A. 外侧　B. 内侧

1. 腰椎　2. 荐骨　3. 髂骨　4. 荐结节　5. 髋结节　6. 耳状关节面　7. 坐骨　8. 坐骨结节　9. 耻骨　10. 股骨　11. 股骨头　12. 大转子　13. 髌骨　14. 胫骨　15. 腓骨　16. 距骨　17. 跟骨　18. 中央跗骨　19. 第1、第2跗骨　20. 第3跗骨　21. 第4跗骨　22. 第3跖骨　23. 第4跖骨　24. 第2跖骨　25. 近籽骨　26. 系骨　27. 冠骨　28. 蹄骨

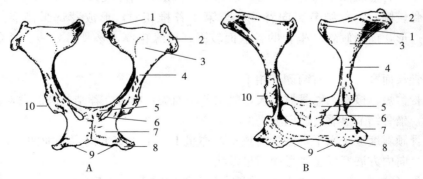

图 2-40　髋骨的背侧面

A. 马的髋骨　B. 牛的髋骨

1. 荐结节　2. 髋结节　3. 髂骨翼　4. 髂骨体　5. 耻骨　6. 闭孔　7. 坐骨　8. 坐骨结节　9. 坐骨弓　10. 髋臼

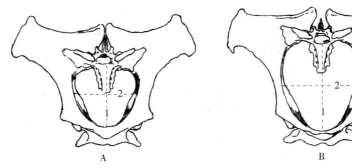

图 2-41 公、母马骨盆的比较（前面观）
A. 公马的骨盆 B. 母马的骨盆
1. 骨盆前口的纵径 2. 骨盆前口的横径

臀肌面，内侧面称骨盆面。在骨盆面上有粗糙的耳状关节面，与荐骨翼的耳状关节面成关节。

坐骨（Os ischii）：位于后下方。构成骨盆底壁的后部。后外侧角粗大，称坐骨结节。两侧坐骨的后缘形成弓状，称坐骨弓。前缘与耻骨围成闭孔，背侧缘有坐骨嵴。内侧缘与对侧坐骨相接，形成骨盆联合的后部。外侧部参与髋臼的形成。

耻骨（Os pubis）：较小，位于前下方，构成骨盆底的前部，并构成闭孔的前缘。内侧部与对侧耻骨相接，形成骨盆联合的前部。外侧部参与形成髋臼。

骨盆是由左、右髋骨、荐骨和前 3~4 个尾椎以及两侧的荐结节阔韧带构成，为一前宽后窄的圆锥形腔。前口以荐骨岬、髂骨及耻骨为界；后口的背侧为尾椎；腹侧为坐骨；两侧为荐结节阔韧带的后缘。骨盆的形状和大小，因性别而异。总的来说，母畜的骨盆比公畜的大而宽敞，荐骨与耻骨的距离（骨盆纵径）较公畜大；髂骨两侧对应点的距离较公畜远，即骨盆的横径也较大；骨盆底的耻骨部较凹，坐骨部宽而平，骨盆后口也较大。

牛的左、右侧髂骨接近平行。髂骨与水平面的角度比马小，背面稍凹，荐结节位置较低，髋结节大而突出，前缘接近水平。坐骨大，骨盆面深凹，坐骨弓较窄而深；坐骨结节发达，呈三角形。骨盆腹侧中部有嵴，骨盆前口呈椭圆形，斜度较大。

马的髂骨较倾斜。荐结节突向背侧，与第 1 荐椎相对，形成荐部最高点。髋结节粗厚，近似四边形，前缘倾斜。坐骨的骨盆面较平；后缘粗厚，坐骨弓较浅。骨盆前口接近圆形。

猪的髂骨长而窄，左、右两侧互相平行。

骆驼的骨盆短，极斜，髂骨翼宽大，髋结节小而尖，向下，荐结节圆而大，骨盆联合下面有一腹嵴，坐骨结节显著，髋臼较马的深。

犬的髂骨倾斜度近于水平，髂骨翼狭小，亦呈上、下垂直方向，外面凹下，前缘隆凸，坐骨宽而扁，向内方展开，坐骨弓深凹呈弧状。

（2）股骨（Os femoris）：为长骨，由后上方斜向前下方。近端粗大，内侧有球形的股骨头，头的中央有一凹陷称头窝，供圆韧带附着，与髋臼成关节；外侧有粗大的突起，称大转子。骨干呈圆柱形。远端粗大，前方为滑车关节面，与髌骨成关节；后方有两个股骨髁，与胫骨成关节。

牛的股骨（图 2-38），近端股骨头较小，关节面有一部分向外伸延，大转子向外突出，内侧缘的上部有粗糙的小转子，没有第 3 转子。骨干较细，呈圆柱形。远端前方滑车关节面的内嵴较外嵴宽而突出。

马的股骨（图 2-39），近端大转子发达，由一切迹分为前、后两部。骨干的背面圆而光滑，后面较平坦，外侧有发达的第 3 转子，内侧缘上部有粗厚的小转子。远端前方的滑车关节面的内嵴高而向前上方突出。

猪的股骨基本与牛相似，但较短。大转子的高度不超过股骨头。上部内侧有小转子，没有第三转子。

骆驼的股骨有小转子，大转子不发达，无第 3 转子。

犬的股骨大转子低矮，无第 3 转子。

(3) 髌骨（Patella）：是一大籽骨，位于股骨远端的前方，与滑车关节面成关节。髌骨的前面粗糙，供肌腱、韧带附着，后面为关节面；内侧附着有纤维软骨，其弯曲面与滑车内嵴相适应。

牛的髌骨近似圆锥形。马的呈四边形。猪的髌骨窄而厚，呈尖端向下的长三面锥体。驼的髌骨呈向前突出的上下长椭圆形。犬的髌骨狭长。

(4) 小腿骨（Ossa cruris）：包括胫骨和腓骨。胫骨（Tibia）是一个发达的长骨，由前上方斜向后下方，呈三面棱柱状。近端粗大，有内、外髁，与股骨的髁成关节；髁的前方为粗厚的胫骨隆起，向下延续为胫骨嵴。骨干为三面体。远端有滑车关节面，与胫跗骨成关节。腓骨（Fibula）位于胫骨外侧，与胫骨间形成小腿间隙，发育程度因家畜不同而异。

牛的胫骨（图 2-38），发达，形态同上述。腓骨近端与胫骨愈合为一向下的小突起，骨体消失。远端形成一块小的踝骨（Os malleolare），与胫骨远端外侧成关节。

马的小腿骨（图 2-39），胫骨发达，近端外侧有一小关节面与腓骨头连接。腓骨为一退化的小骨。近端扁圆，称腓骨头，与胫骨近端外侧成关节。骨体逐渐变尖细。

猪的小腿骨，胫骨骨干稍弯向内侧，胫骨外髁的后面，有与腓骨相连接的关节面。腓骨较发达，与胫骨等长，其近端与远端都与胫骨相连接，远端还形成外侧踝。

骆驼的胫骨细长，腓骨骨体退化，但远端形成一块小的踝骨。

犬的胫骨呈"S"状弯曲，腓骨细长，近端和远端都膨大。

(5) 跗骨（Ossa tarsi）：由数块短骨构成，位于小腿骨与跖骨之间。各种家畜数目不同，一般分为 3 列。近列有 2 块，内侧的为胫跗骨，又称距骨（Talus）；外侧的为腓跗骨，又称跟骨（Calcaneus）。距骨有滑车状关节面，与胫骨远端成关节。跟骨有向后上方突出的跟结节，中列只有 1 块中央跗骨。远列由内侧向外侧为第 1、2、3、4 跗骨。

牛的跗骨（图 2-42），有 5 块，近列为距骨和跟骨。中央跗骨与第 4 跗骨愈合为 1 块。第 1 跗骨很小，位于后内侧。第 2 与第 3 跗骨愈合。

马的跗骨，有 6 块，近列同牛。中列为扁平的中央跗骨。远列内后方为第 1 和第 2 跗骨愈合成的不规则小骨，中间为扁平的第 3 跗骨，外侧为较高的第 4 跗骨。

猪有 7 块跗骨（图 2-43），近列同马、牛。中列有中央跗骨。远列有 4 块，为第 1、2、3、4 跗骨。

骆驼的跗骨有 6 块。为近列的距骨和跟骨，中央跗骨，第 1 和第 2 跗骨，愈合为一块的第 3 和第 4 跗骨。

犬的跗骨有7块，排成3列，近列为距骨和跟骨，中央为中央跗骨，远列为第1、2、3、4跗骨。

（6）跖骨（Ossa metatarsalia）、趾骨和籽骨（图2-42、图2-43）：分别与前肢相应的掌骨、指骨和籽骨相似，但较细长。牛的大跖骨（第3、第4跖骨）比前肢大掌骨细长；第2跖骨为一退化的小跖骨，呈小盘状，附着于大跖骨的后内侧。马的跖骨较前肢掌骨细而长。马的蹄骨较前肢的小，底面凹入较深，壁面与地面的角度比前肢的略大。

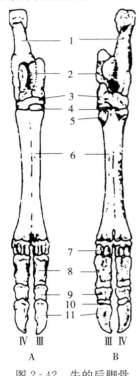

图2-42 牛的后脚骨
A. 背侧面 B. 跖侧面
1. 跟骨 2. 距骨 3. 中央第4跗骨
4. 第3、4跗骨 5. 第2跖骨 6. 第3、4跖骨
7. 近籽骨 8. 系骨 9. 冠骨 10. 远籽骨
11. 蹄骨 Ⅲ. 第3趾 Ⅳ. 第4趾

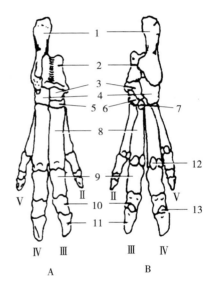

图2-43 猪的后脚骨
A. 背侧面 B. 跖侧面
1. 跟骨 2. 距骨 3. 中央跗骨 4. 第4跗骨
5. 第3跗骨 6. 第2跗骨 7. 第1跗骨 8. 跖骨
9. 系骨 10. 冠骨 11. 蹄骨 12. 近籽骨
13. 远籽骨 Ⅱ. 第2趾 Ⅲ. 第3趾
Ⅳ. 第4趾 Ⅴ. 第5趾

2. 后肢关节 家畜的后肢在推动身体前进方面起主要作用。因为髋骨与荐骨由荐髂关节牢固连接起来，以便把后肢肌肉收缩时产生的推动力沿脊柱传至前肢。后肢游离部的关节有髋关节、膝关节、跗关节和趾关节，趾关节也包括系关节、冠关节和蹄关节。后肢各关节与前肢各关节相对应，除趾关节外，各关节角的方向相反，这种结构适应支持，当家畜站立时保持姿势的稳定。后肢各关节除髋关节外，均有侧副韧带。

（1）荐髂关节（Art. sacroiliaca）：由荐骨翼与髂骨的耳状关节面构成，关节面不平整，周围有短而强的关节囊，并有一层短的韧带加固。因此，荐髂关节几乎完全不能活动，连接后肢和躯干。

在荐骨和髂骨之间还有一些强固的韧带——荐髂背侧韧带、荐髂外侧韧带和荐结节阔韧带（图 2-44）。其中荐结节阔韧带最大，为一四边形的宽广韧带，构成骨盆的侧壁，背侧附着于荐骨侧缘和第 1、2 尾椎的横突，腹侧附着于坐骨棘和坐骨结节；其前缘与髂骨间形成坐骨大孔，下缘与坐骨之间形成坐骨小孔，供血管、神经通过。

（2）髋关节（Art. coxae）（图 2-45）：由髋臼和股骨构成。为多轴关节，关节角顶向后，在家畜站立时关节角约为 115°，关节囊宽松。在股骨头与髋臼之间，有一条短而强的圆韧带连接。马、骡、驴还有一条副韧带，来自腹直肌的耻前腱，沿耻骨腹面向两侧连于股骨头。髋关节能进行多方面运动，但主要是屈、伸运动；在关节屈曲时常伴有外展和旋外，在伸展时伴有内收和旋内。

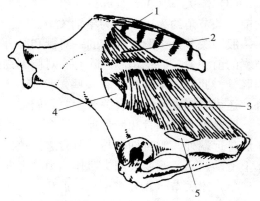

图 2-44 马的骨盆韧带
1. 荐髂背侧韧带　2. 荐髂外侧韧带
3. 荐结节阔韧带　4. 坐骨大孔
5. 坐骨小孔

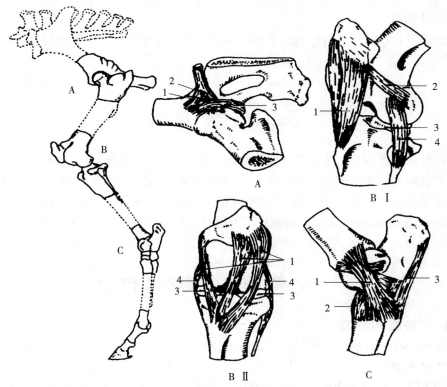

图 2-45 马的后肢关节
A. 髋关节　1. 圆韧带　2. 副韧带　3. 横韧带
B. 膝关节（BⅠ. 侧面　BⅡ. 前面）　1. 髌直韧带　2. 股髌外侧韧带
3. 半月板　4. 股胫外侧副韧带
C. 跗关节　1. 侧副韧带　2. 背侧韧带　3. 跖侧韧带

(3) 膝关节（Art. genus）（图 2-45）：为复关节，包括股胫关节和股膝关节。关节角顶向前，关节角约为 150°，为单轴关节。

股胫关节是由股骨远端的一对髁和胫骨近端以及插入其间的两个半月板构成的复节。关节囊的前壁薄，后壁稍厚。除有一对侧副韧带外，关节中央还有交叉的十字韧带，连接股骨与胫骨。此外，半月板还有一些短韧带，与股骨和胫骨相连。半月板除可使关节面相吻合外，还可减轻震动。股胫关节主要是屈伸运动，在屈曲时可作小范围的旋转运动。

股膝关节由膝骨和股骨远端滑车关节面构成。关节囊宽松。膝骨除以股膝内外侧韧带连于股骨远端外，膝直韧带与关节囊之间填充着脂肪。股膝关节的运动，主要是膝骨在股骨滑车上滑动，通过改变股四头肌作用力的方向而伸展膝关节。

(4) 跗关节（Art. tarsi）（图 2-45）：又称飞节，是由小腿骨远端、跗骨和跖骨近端构成的复关节。关节角顶向后，关节角约 153°，为单轴关节，仅能作屈伸运动。跗关节包括胫跗关节、跗间关节和跗跖关节。关节囊前壁宽松，后壁紧而强厚，紧密附着于跗骨，滑膜形成 4 个囊，即胫跗囊、近跗间囊、远跗间囊和跗跖囊，其中以胫跗囊最大，并向内侧突出。在跗关节内、外侧有侧副韧带，在背侧和跖侧也各有韧带，限制跗关节的活动并加固连接。牛的跗关节除胫跗关节有相当大的运动外，距骨与中央跗骨之间也有一定的活动性，马的跗关节仅胫跗关节能作屈、伸运动，其余三个关节连接紧密，活动范围极小，只起缓冲作用。

(5) 趾关节：包括系关节、冠关节和蹄关节。其构造与前肢指关节相同。

（额尔敦木图）

第二节 骨 骼 肌

家畜的骨骼肌组织起源于胚胎中胚层细胞。这些中胚层细胞经过多次有丝分裂，大量增殖而形成单核梭形的成肌细胞（myoblast），并彼此融合为多核的肌管细胞（myotube），失去进一步分裂的能力，然后细胞核从细胞中心向细胞膜迁移，最终分化为肌纤维（muscle fiber）（即肌细胞，muscle cell）。大量成束的肌纤维组成骨骼肌（skeletal muscle），成为运动器官的一部分。

一、骨骼肌的形态和结构

（一）骨骼肌的形态

家畜体内约有 300 块以上的骨骼肌，由于位置和机能的不同，而具有不同的形态，通常主要分为四种类型。

1. 纺锤形肌 肌纤维束的排列多与肌的长轴平行，呈纺锤形。中间膨大部分为肌纤维构成的肌腹，两端多为腱质（起端为肌头，止端为肌尾，有些肌肉有数个肌头或肌尾）。纺锤形肌主要分布于四肢，收缩时使肌肉显著缩短，从而引起大幅度的运动。

2. 板状肌 多呈薄板状，主要分布于腹部和肩带部。不同部位的板状肌，具体形状和大小不一，如背阔肌呈扇形，腹侧锯肌呈锯齿状，臂头肌呈带状等。板状肌两端的腱质可延续形成腱膜，以增加肌肉的附着面和坚固性。

3. 环形肌 呈环形，分布于自然孔的周围。肌纤维绕孔排列，形成括约肌，收缩时可缩小甚至关闭裂孔，如肛门括约肌、口轮匝肌等。

4. 多裂肌 由许多短肌束组成，具有明显的分节性。多裂肌主要分布于脊柱两侧或脊柱的椎骨之间，如背腰最长肌、髂肋肌等。各肌束独立存在，或互相结合成一大块肌肉，收缩幅度不大，只能产生小幅度运动，但收缩力较大而持久。

（二）骨骼肌的基本结构

骨骼肌由可收缩的肌腹和不可收缩的肌腱两部分组成（图2-46）。

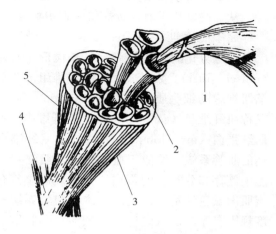

图2-46 骨骼肌的基本结构
1. 肌内膜 2. 肌束膜 3. 肌外膜
4. 肌腱 5. 肌腹

1. 肌腹（venter musculi） 肌腹位于肌器官中间，是肌器官的主要部分，由大量骨骼肌纤维（实质）借结缔组织（间质）结合而成，具有收缩能力。每一条肌纤维外贴一层结缔组织，称为肌内膜（endomysium）；若干（20～300个）肌纤维组成肌束（muscle fasciculus），外包结缔组织，称为肌束膜（perimysium）；若干肌束集合成一块肌肉，外包结缔组织，称为肌外膜（epimysium）。作为肌肉的支持组织，肌膜使肌肉保持一定的形状。在肌器官的肌膜部位，分布许多血管、神经和淋巴管，以维持肌肉的正常代谢和机能调节。营养良好的家畜肌膜内还蓄有脂肪组织，使肌肉横断面上呈现大理石状花纹，肌束膜和肌外膜分别是肌内脂肪（intramuscular fat）和肌间脂肪（intermuscular fat）蓄积的部位。

肌束大小与肌肉品质有关。通常负责大的肢体运动的力量型肌肉，肌束较大，肌纤维较粗但数量少，肌肉纹理较粗；而负责小的精细动作的肌肉，肌束较小，肌纤维较细但数量多，肌肉纹理较细。

2. 肌腱（tendo musculi） 肌腱主要位于肌腹的两端，由致密结缔组织构成，借肌内膜直接连接肌纤维的端部或贯穿于肌腹中。肌腱没有收缩能力，但具有很强的韧性和张力，其纤维伸入骨膜和骨质中，使肌肉牢固地附着于骨上。肌腱在四肢多呈索状，又称腱索（chordae tendineae）；在躯干多呈薄板状，又称腱膜（aponeurosis）。

鉴于肌纤维的可收缩性和腱纤维的不可收缩性，根据肌腹中肌纤维和腱纤维的含量以及肌纤维的排列方向，将肌肉分为动力肌、静力肌和动静力肌三种。动力肌（kinetic muscle）的肌腹主要由与肌腹长轴平行的肌纤维组成，收缩幅度较大，迅速有力，是推动身体前进的主要动力，但能量消耗大，易于疲劳；静力肌（static muscle）的肌腹中，肌纤维很少，甚至消失，而由腱纤维所代替，失去了收缩能力，主要起连接和维持家畜身体姿势等机械作用；动静力肌（kinetic-static muscle）的肌腹中含有或多或少的腱质，构造复杂，根据肌腹中腱的分布和肌纤维的方向，又可分为半羽状肌、羽状肌和复羽状肌（图2-47）。动静力肌由于肌腹中有腱索，肌纤维短而多，故收缩幅度小，但收缩力强，且不易疲劳，在维持身体姿势和推进运动中均起重要作用。

（三）骨骼肌的显微结构和超微结构

从显微结构来看，骨骼肌区别于平滑肌，和心肌一样属于横纹肌（striated muscle）。骨骼肌细胞是一种特殊分化的多核细胞，呈长梭形，又称肌纤维（muscle fiber）。大量成束的肌纤维组成骨骼肌。骨骼肌细胞的细胞质又称肌质（sarcoplasm），细胞膜又称肌纤维膜（sarcolemma）。肌纤维内含有丰富的肌红蛋白（myoglobin）、大量的肌原纤维和高度发达的肌管系统。类似于血红蛋白，肌红蛋白是肌细胞中储存和分配氧的蛋白质，携氧后呈红色，是决定肌肉颜色的物质。肌原纤维和肌管系统的排列高度规则有序，是肌肉进行机械活动和收缩做功的结构基础。

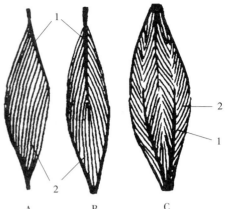

图2-47　动静力肌的内部构造
A. 半羽状肌　B. 羽状肌　C. 复羽状肌
1. 腱索　2. 肌纤维

骨骼肌的显微结构和超微结构，见第一章畜体基本结构"肌组织"。

（四）骨骼肌肌丝的蛋白分子结构

1. 粗肌丝　每条粗肌丝主要由200～300个肌球蛋白（myosin，MS，又称为肌凝蛋白）分子相互穿插，平行排列而成（图2-48A）。肌球蛋白分子的杆状部朝向M线聚合成束，形成粗肌丝的主干，而膨大球状部则有规则地垂直排列在M线两侧的粗肌丝主干表面，形成横桥（cross bridge）。横桥的两个主要特性是：①横桥在一定条件下可与细肌丝上的肌动蛋白分子呈可逆性结合。②横桥具有ATP酶活性，当横桥与肌动蛋白结合时被激活，分解ATP而获得能量，从而推动横桥牵拉着细肌丝向M线方向扭动（称为肌丝滑行）。每个横桥都能与环绕它们的6条细肌丝相对，有利于它们之间的相互作用。

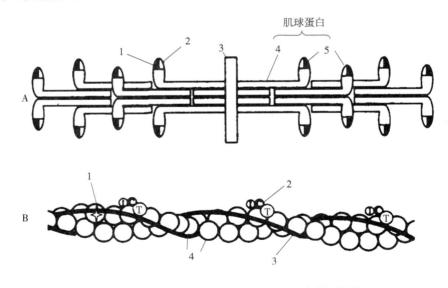

图2-48　骨骼肌粗肌丝和细肌丝的蛋白分子结构
A. 骨骼肌粗肌丝　1. 肌动蛋白结合位点　2. ATP酶　3. M线　4. 主干　5. 横桥
B. 骨骼肌细肌丝　1. 横桥结合位点（安静时被原肌球蛋白覆盖）　2. 肌钙蛋白　3. 原肌球蛋白　4. 肌动蛋白

2. 细肌丝　细肌丝主要由肌动蛋白、原肌球蛋白和肌钙蛋白三种蛋白质组成，其中肌动蛋白约占 60%（图 2-48B）。

（1）肌动蛋白（actin，AT）：又称肌纤蛋白，其分子单体呈球状。两列由球形肌动蛋白分子单体聚合而成的串珠状结构，相互扭缠成双螺旋体，构成细肌丝的主干。肌动蛋白上存在与肌球蛋白横桥结合的位点，但在肌肉安静时，被原肌球蛋白掩盖。由于肌动蛋白和肌球蛋白的结合是导致骨骼肌收缩的直接原因，所以将它们称为收缩蛋白（contractile protein）。

（2）原肌球蛋白（tropomyosin，TM）：又称原肌凝蛋白，其单体聚合而形成双螺旋结构，与肌动蛋白的双螺旋结构平行排列。

（3）肌钙蛋白（troponin，Tn）：又称肌宁蛋白或原宁蛋白，为三个亚单位组成的球形复合体。这三个亚单位即钙结合蛋白亚基（TnC，C）、原肌球蛋白结合亚基（TnT，T）及抑制亚基（TnI，I），分别与 Ca^{2+}、原肌球蛋白和肌动蛋白结合。当肌钙蛋白与 Ca^{2+} 结合时，可以引起原肌球蛋白分子发生构象改变，解除了原肌球蛋白对肌动蛋白和横桥结合的阻碍作用。可见，原肌球蛋白和肌钙蛋白虽不直接参与粗细肌丝的结合，但能控制收缩蛋白之间的相互作用，故将它们称为调节蛋白（regulatory protein）。

二、骨骼肌的辅助器官

骨骼肌的辅助器官包括筋膜、黏液囊、腱鞘、滑车和籽骨，主要起到保护和辅助肌肉工作的作用。

（一）筋膜

骨骼肌表面被覆的结缔组织膜，称为筋膜（fascia），分为浅筋膜和深筋膜。

1. 浅筋膜（fascia superficialis）　由疏松结缔组织构成，覆盖于整个肌肉表面，位于皮下，又称皮下筋膜。各部位的浅筋膜厚薄不一。有些部位如头及躯干等处的浅筋膜中分布有皮肌。营养良好的家畜浅筋膜内蓄有大量脂肪，形成皮下脂肪层。浅筋膜的作用主要为连接皮肤与深部组织，保护组织，贮存脂肪和维持体温等。

2. 深筋膜（fascia profunda）　位于浅筋膜之下，由致密结缔组织构成，包围在肌群表面，并伸入肌肉之间，附着于骨上，形成肌肉间隔。深筋膜在前臂、小腿等某些部位形成包围肌群的总的筋膜鞘；在关节附近形成环韧带以固定腱的位置；深筋膜还在多处与骨、腱或韧带相连，作为肌肉的附着点。深筋膜的作用主要是支持和固定肌肉位置，并保证肌肉或肌群的单独收缩。在病理情况下，深筋膜能限制炎症的扩散，但在有些部位肌肉间深筋膜形成的筋膜间隙，又成为病变蔓延的途径。

（二）黏液囊和腱鞘

1. 黏液囊（bursa mucosa）　黏液囊为含有黏液的密闭结缔组织囊，囊壁很薄，内侧衬有滑膜（图 2-49A）。黏液囊多位于肌、腱、皮肤及韧带等结构与骨的突起之间，分别称为肌下、腱下、皮下及韧带下黏液囊，起减少摩擦的作用。关节附近的黏液囊多与关节腔相通，称为滑膜囊（bursa synovialis）。多数黏液囊在家畜出生时就存在，但也有在出生后由于摩擦而形成的黏液囊。在病理情况下，黏液囊可因黏液增多而发生肿胀。

2. 腱鞘（vagina synovialis tendinis）　腱鞘由包裹于腱外的黏液囊形成，呈管状，多位于活动范围较大的关节处（图 2-49B）。鞘壁分内外两层，外层（壁层）以其纤维膜附着于腱所通过的管壁上的纤维层，内层（腱层）紧贴于腱的表面。内外两层滑膜在腱鞘系膜（mesotendineum）处连续，两层之间含有少量滑液，用以减少腱活动时的摩擦。在病理情况下，腱鞘常因发炎而肿大，称为腱鞘炎。

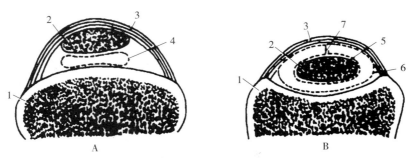

图 2-49　黏液囊（A）和腱鞘（B）结构
1. 骨　2. 肌腱　3. 纤维膜　4. 滑膜　5. 滑膜腱层　6. 滑膜壁层　7. 腱系膜

（三）滑车和籽骨

1. 滑车（trochlea）　位于骨的突出部，为骨的滑车状突起，上有供腱通过的沟，表面覆有软骨。滑车与腱之间常垫有黏液囊，以减少二者之间的摩擦。

2. 籽骨（sesamoid bone）　是位于关节角部位的小骨，通过其关节面与相邻骨形成关节。籽骨还能使通过此处的腱附着于其上。

滑车和籽骨的作用主要是改变骨骼肌作用力的方向，并减少腱与骨之间或关节之间的摩擦。

三、骨骼肌的分布概况

（一）皮肌

皮肌（m. cutaneus）属薄板状肌，分布于浅筋膜内，大部分紧贴皮肤深面，极少部分附着于骨。皮肌只分布于面部、颈部、肩臂部和胸腹部，分别称为面皮肌、颈皮肌、肩臂皮肌和躯干皮肌。皮肌收缩时，可使皮肤抖动，以驱赶蚊蝇和抖掉皮肤上的灰尘及水滴等（图 2-50）。

1. 面皮肌（m. cutaneus faciei）　薄而不完整，覆盖于腮腺、下颌间隙和咬肌表面，起于腮筋膜，有分支向前伸达口角，称为唇皮肌（m. cutaneus labiorum），另有分支伸向颊部、面结节、眶前下缘和颧弓处。牛还有薄而宽大的额皮肌（m. cutaneus frontalis），覆盖于额部，有使额部皮肤起皱和提举眼睑的作用。

2. 颈皮肌（m. cutaneus colli）　牛、羊没有，马和猪的比较发达，起自胸骨柄和颈正中缝，向颈的腹侧延伸，由厚逐渐变薄，与面皮肌相连。

3. 肩臂皮肌（m. cutaneus omobrachialis）　覆盖于肩臂部，与躯干皮肌相连。牛的肩臂皮肌薄而较窄。

4. 躯干皮肌（m. cutaneus trunci）　又称胸腹皮肌，覆盖于胸腹壁侧壁的大部分，上

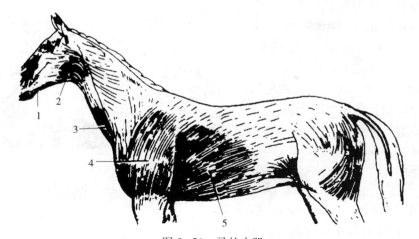

图 2-50 马的皮肌
1. 唇皮肌 2. 面皮肌 3. 颈皮肌 4. 肩臂皮肌 5. 躯干皮肌

部与背阔肌融合,下部与胸深后肌融合,前部连接肩臂皮肌,后部伸入膝褶。牛的躯干皮肌较厚,而猪的较薄。

(二) 头部肌肉

头部肌肉主要包括面部肌和咀嚼肌,另外还有舌骨肌(图 2-51、图 2-52)。

1. 面部肌 面部肌位于口腔和鼻孔周围,主要分为开张自然孔的开肌(张肌)和关闭自然孔的括约肌。

(1) 开肌(张肌):

鼻唇提肌(m. levator nasolabialis):呈薄板状,起于鼻骨和额骨交界处,分浅、深两层,止于鼻孔外侧和上唇,后上方与额皮肌相连。主要作用为开张鼻孔,提举上唇。

鼻孔开肌(m. dilator naris lateralis):又称犬齿肌(m. caninus),起于面嵴前方,穿行于鼻唇提肌的深浅两层之间,止于外侧鼻翼的中间肌束。作用为开张鼻孔。牛的鼻孔开肌与

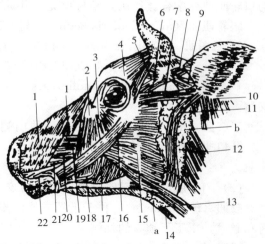

图 2-51 牛头部浅层肌
1. 鼻唇提肌 2. 颊提肌 3. 下眼睑降肌 4. 额皮肌
5~9、11. 耳肌 10、12. 臂头肌(锁枕肌和锁乳突肌)
13. 胸头肌 14. 胸骨舌骨肌 15. 咬肌 16. 颧肌
17. 颊肌 18. 下唇降肌 19. 上唇固有提肌
20. 犬齿肌 21. 上唇降肌 22. 口轮匝肌
a. 颌下腺 b. 腮腺

其上唇提肌及上唇降肌(m. depressor labii superioris)的分界不明显。马的呈三角形。

上唇提肌(m. levator labii superioris):马的发达,起于泪骨,于鼻唇提肌下面前行,止于上唇。牛的较小,起于面结节,穿行于鼻唇提肌的深浅两层之间,止于鼻唇镜。作用为上提上唇。

下唇降肌(m. depressor labii inferioris):位于下颌外侧,颊肌下缘,起于下颌骨,向前伸延,止于下唇。作用为降下唇。

颧肌(m. zygomaticus):呈扁平带状,位于颊部皮下。起于颧弓,止于口角后上方,与

口轮匝肌相融合。作用为牵引口角向后。

颧骨肌（m. malaris）：宽而薄，位于眼的前下方，可分为前部的颊提肌（m. malaris）和后部的下眼睑降肌（m. depressor palpebrae inferioris），分别起到提举颊部和降下眼睑开张眼裂的作用。

上眼睑提肌（m. levator palpebrae superioris）：位于眼眶内，有提举上眼睑，开张眼裂的作用。

(2) 括约肌：

口轮匝肌（m. orbicularis oris）：呈环状，构成上、下唇的基础。牛的不发达，在上唇正中不衔接，呈不完整的环行。作用为关闭口裂。

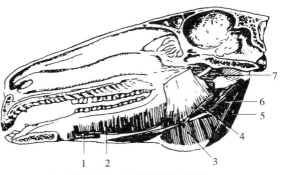

图 2-52　马的下颌内侧肌
1. 颌舌肌　2. 颌舌骨肌　3. 翼内肌
4. 茎舌骨肌　5. 枕颌肌　6. 二腹肌　7. 翼外肌

颊肌（m. buccinator）：位于颊部，构成口腔侧壁。起于上下颌骨的齿槽缘，止于口角，与口轮匝肌相融合。作用为参与吸吮、咀嚼等动作。

眼轮匝肌（m. orbicularis oculi）：呈薄环状，环绕于上、下眼睑内。作用为关闭眼裂。

2. 咀嚼肌　咀嚼肌分为闭口肌和开口肌。草食动物的咀嚼肌很发达。

(1) 开口肌：包括枕下颌肌和二腹肌。

枕下颌肌（m. occipitomandibularis）：位于下颌背后缘，起于枕骨颈突，止于下颌骨支后。

二腹肌（m. digastricus）：位于翼肌内侧，有两个肌腹，起于颈突，止于下颌骨下缘。

开口肌的作用是向下牵引下颌骨而开口。牛的开口肌不发达，没有枕下颌肌，只有二腹肌。

(2) 闭口肌：发达且富有腱质，包括咬肌、翼肌和颞肌，是磨碎食物的动力来源。

咬肌（m. masseter）：位于下颌支的外侧，分为浅、中、深三部，分别起于面结节、面嵴和颧弓，止于下颌支的外侧。

翼肌（m. pterygoideus）：位于下颌骨的内侧，起于蝶骨翼突和翼骨，可分为较大的翼内侧肌（m. pterygoideus medialis）和较小的翼外侧肌（m. pterygoideus lateralis），分别止于下颌骨内面和下颌骨冠状突下部及下颌头前缘。

颞肌（m. temporalis）：位于颞窝内，起于颞窝，止于下颌骨冠状突。

闭口肌的作用是牵引下颌向前后及左右移动，实现闭口和咀嚼运动。

3. 舌骨肌　附着于舌骨，头部的舌骨肌包括下颌舌骨肌（m. mylohyoideus）和茎舌骨肌（m. stylohyoideus）等，参与舌的运动及吞咽动作。

(三) 躯干肌肉

躯干肌肉包括颈腹侧肌、胸壁肌、腹壁肌和脊柱肌（图 2-53～图 2-57）。

1. 颈腹侧肌　位于颈部腹侧，包围在颈部气管、食管及大血管的腹面及两侧。

(1) 胸头肌（m. sternocephalicus）：位于颈下部外侧，呈长带状，起自胸骨柄，止于下颌骨后缘，有屈头颈作用。它与臂头肌之间形成颈静脉沟。牛的止端分深、浅两部，分别称为胸乳突肌（m. sternomastoideus）和胸下颌肌（m. sternomandibularis）。

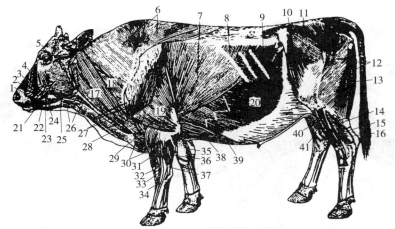

图 2-53 牛的浅层肌

1. 上唇降肌 2. 犬齿肌 3. 上唇固有提肌 4. 鼻唇提肌 5. 额皮肌 6. 斜方肌 7. 背阔肌 8. 后背侧锯肌
9. 腹内斜肌 10. 阔筋膜张肌 11. 臀中肌 12. 臀股二头肌 13. 半腱肌 14. 趾外侧伸肌 15. 趾深屈肌
16. 跟腱 17. 臂头肌 18. 肩胛横突肌 19. 臂三头肌 20. 腹外斜肌 21. 口轮匝肌 22. 下唇降肌 23. 颧肌
24. 颊肌 25. 咬肌 26. 胸头肌 27. 三角肌 28. 颈外静脉 29. 臂肌 30. 胸浅肌 31. 腕桡侧伸肌
32. 腕斜伸肌 33. 指内侧伸肌 34. 指总伸肌 35. 腕尺侧屈肌 36. 腕尺侧伸肌（腕外屈肌）
37. 指外侧伸肌 38. 升胸肌 39. 胸腹侧锯肌 40. 第3腓骨肌 41. 腓骨长肌

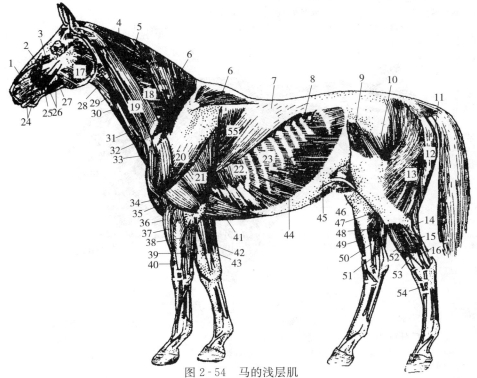

图 2-54 马的浅层肌

1. 犬齿肌 2. 鼻唇提肌 3. 上唇固有提肌 4. 颈菱形肌 5. 夹肌 6. 斜方肌 7. 腰背筋膜 8. 后背侧锯肌
9. 阔筋膜张肌 10. 臀浅肌 11. 半膜肌 12. 半腱肌 13. 臀股二头肌 14. 腓肠肌 15. 比目鱼肌 16. 拇长屈肌
17. 咬肌 18. 颈腹侧锯肌 19. 臂头肌 20. 三角肌 21. 臂三头肌 22. 胸侧锯肌 23. 肋间外肌 24. 口轮匝肌
25. 颧肌 26. 颊肌 27. 下唇降肌 28. 肩胛舌骨肌 29. 颈静脉 30. 胸头肌 31. 胸前深肌 32. 冈上肌 33. 颈皮肌
34. 降胸肌 35. 臂肌 36. 腕桡侧伸肌 37. 指总伸肌 38. 腕尺侧伸肌（腕外屈肌） 39. 指外侧伸肌 40. 腕斜伸肌
41. 升胸肌 42. 腕桡侧屈肌 43. 腕尺侧屈肌 44. 腹外斜肌 45. 腹外斜肌腱膜 46. 阔筋膜 47. 腘肌 48. 腓肠肌
49. 趾长伸肌 50. 趾长屈肌 51. 拇长屈肌 52. 趾伸肌 53. 趾外侧伸肌 54. 趾短伸肌 55. 背阔肌

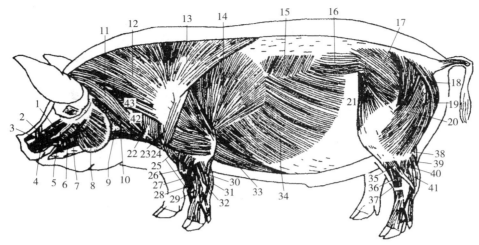

图 2-55 猪的浅层肌

1. 上唇固有提肌 2. 犬齿肌 3. 鼻唇提肌 4. 口轮匝肌 5. 吻降肌 6. 颧肌 7. 下唇降肌 8. 咬肌 9. 胸骨舌骨肌 10. 胸头肌 11. 臂头肌 12. 颈斜方肌 13. 胸斜方肌 14. 背阔肌 15. 后背侧锯肌 16. 髂肋肌 17. 臀中肌 18. 半膜肌 19. 半腱肌 20. 臀股二头肌 21. 阔筋膜张肌 22. 冈上肌 23. 三角肌 24. 臂三头肌 25. 臂肌 26、27. 腕桡侧伸肌 28. 腕斜伸肌 29. 指总伸肌 30. 腕尺侧伸肌(腕外屈肌) 31. 指浅屈肌 32. 第5指伸肌 33. 升胸肌 34. 腹外斜肌 35. 腓骨长肌 36. 第3腓骨肌 37. 趾长伸肌 38. 腓肠肌 39. 比目鱼肌 40. 第5趾伸肌 41. 第4趾伸肌 42. 胸前深肌 43. 肩胛横突肌

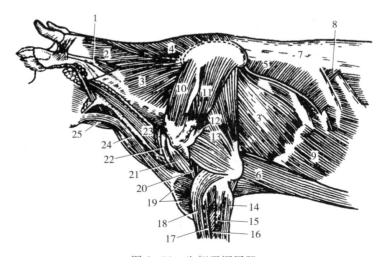

图 2-56 牛躯干深层肌

1. 头最长肌 2. 夹肌 3. 腹侧锯肌 4. 菱形肌 5. 背阔肌 6. 胸升肌 7. 背腰筋膜 8. 后背侧锯肌 9. 腹外斜肌 10. 冈上肌 11. 冈下肌 12. 小圆肌 13. 臂三头肌 14. 腕尺侧伸肌 15. 指外侧伸肌 16. 指总伸肌 17. 指内侧伸肌 18. 腕桡侧伸肌 19. 胸降肌 20. 臂肌 21. 臂二头肌 22. 锁骨下肌 23. 臂头肌 24. 胸头肌 25. 胸骨舌骨肌

(2) 胸骨甲状舌骨肌（m. sternothyrohyoideus）：位于气管腹侧，呈扁平带状，作用为向后牵引舌和喉，以助吞咽。起自胸骨柄，向前分为两支，分别为止于甲状软骨的胸骨甲状肌（m. sternothyroideus）和止于舌骨的胸骨舌骨肌（m. sternohyoideus）。

(3) 肩胛舌骨肌（m. omohyoideus）：呈薄带状，作用同胸骨甲状舌骨肌。起于肩胛下

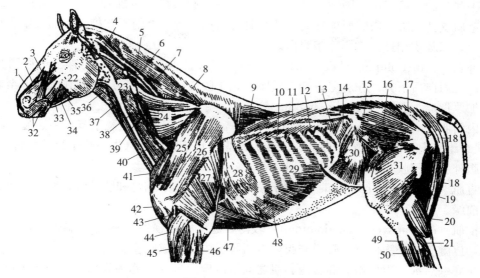

图 2-57 马的深层肌

1. 犬齿肌 2. 上唇固有提肌 3. 鼻唇提肌 4. 头后斜肌 5. 头半棘肌 6. 寰最长肌 7. 头最长肌 8. 菱形肌 9. 背颈棘肌和半棘肌 10. 髂肋肌 11. 背腰最长肌 12. 后背侧锯肌 13. 肋缩肌 14. 腹横肌 15. 髂肌 16. 臀中肌 17. 荐结节阔韧带 18. 半腱肌 19. 半膜肌 20. 腓肠肌 21. 比目鱼肌 22. 咬肌 23. 头长肌 24. 颈腹侧锯肌 25. 冈上肌 26. 冈下肌 27. 臂三头肌 28. 胸腹侧锯肌 29. 肋间外肌 30. 腹内斜肌 31. 股外侧肌 32. 口轮匝肌 33. 颧肌 34. 颊肌 35. 下唇降肌 36. 肩胛舌骨肌 37. 胸头肌 38. 肩胛舌骨肌 39. 颈横突间肌 40. 颈静脉 41. 胸前深肌 42. 臂二头肌 43. 臂肌 44. 腕桡侧伸肌 45. 指总伸肌 46. 腕尺侧伸肌（腕外屈肌） 47. 升胸肌 48. 腹外斜肌 49. 趾长伸肌 50. 趾外侧伸肌

筋膜，止于舌骨体。它位于臂头肌的深面，形成颈静脉沟的沟底。

2. 胸壁肌 胸壁肌位于胸腔的侧壁和后壁，主要参与呼吸运动，又称为呼吸肌，分为吸气肌和呼气肌。

（1）吸气肌：包括肋间外肌、膈肌和前背侧锯肌。

肋间外肌（m. intercostales externi）：位于相邻肋骨间隙，起于肋骨后缘，止于后一肋骨前缘。通过向前外方牵引肋骨扩大胸腔而引起吸气。

膈肌（diaphragma）：位于胸腹腔之间，为板状肌，又称横膈膜，由中央的腱膜（中心腱）和周围的肌纤维（肉质缘）构成。通过收缩向下扩大胸腔纵径而引起吸气。膈肌上还有主动脉裂孔（hiatus aorticus）、食管裂孔（hiatus esophageus）和腔静脉孔（foramen venae cavae）。

前背侧锯肌（m. serratus dorsalis anterior）：位于胸壁前上部，背最长肌表面。起于胸腰筋膜，止于第6～9（牛）或5～11（马）肋骨近端外侧面。通过向前牵引肋骨扩大胸腔而引起吸气。

（2）呼气肌：包括肋间内肌和后背侧锯肌。

肋间内肌（m. intercostales interni）：位于肋间外肌深面，起于肋骨前缘，止于前一肋骨后缘。通过向后牵引肋骨使胸廓变小而协助呼气。

后背侧锯肌（m. serratus dorsalis posterior）：位于胸壁后下部，背腰最长肌表面。起自腰背筋膜，止于后3个（牛）或后7～8个（马）肋骨的后缘。作用与肋间内肌相似。

3. 腹壁肌 腹壁肌由四层纤维走向不同，且彼此重叠的板状肌构成，表面覆盖有腹壁筋膜。牛和马的深筋膜富含弹性纤维，呈黄色，称为腹黄膜，可加强腹壁的弹性和强韧性，协助腹壁肌支持内脏。腹壁肌前连肋（软）骨，后连髋骨，上附于腰椎，下面腹壁肌在腹底正中线上，以腱质相连，形成一条腹白线。

腹外斜肌（m. obliquus abdominis externus）：以肌质起始于第5肋骨至最后肋骨的外面，肌纤维斜向后下方，在肋弓下变为腱膜，止于腹白线。腹外斜肌腱膜在髋结节至耻骨前缘处，加厚形成腹股沟韧带（lig. inguinale）。

腹内斜肌（m. obliquus abdominis internus）：肌质较厚，起于髋结节（牛还起于腰椎横突），肌纤维呈扇形向前下方扩展，逐渐变为腱膜，止于腹白线（牛还止于最后肋骨），腱膜外层与腹外斜肌腱膜交织，形成腹直肌外鞘。

腹直肌（m. rectus abdominis）：位于腹白线两侧，起于胸骨和肋软骨，肌纤维纵行，止于耻骨前缘。

腹横肌（m. transversus abdominis）：较薄，起于腰椎横突与弓肋下端内面，肌纤维垂直向下，以腱膜止于腹白线，腱膜与腹内斜肌腱膜内层构成腹直肌内鞘。

在腹底壁后部，腹外斜肌和腹内斜肌之间形成楔形裂隙，称为腹股沟管（canalis inguinalis）。管的内口通腹腔，为腹内斜肌与腹股沟韧带之间的裂隙，称腹环；外口通皮下，为腹外斜肌腱膜上的裂隙，称为皮下环。公畜的腹股沟管比较明显，为胎儿时期睾丸从腹腔下降到阴囊的通道，内有精索、总鞘膜、提睾肌、血管和神经通过；母畜的腹股沟管仅供血管和神经通过。

腹壁肌与腹黄膜共同形成了柔韧的腹腔侧壁和底壁，对腹腔内器官起着支持和保护作用。腹壁肌收缩时，可以增大腹压，有利于呼气、排便和分娩等活动。

4. 脊柱肌 脊柱肌是支配脊柱活动的肌肉，根据其部位分为背侧肌群和腹侧肌群。背侧肌群很发达，位于脊柱的背外侧；腹侧肌群不发达，仅位于颈部和腰部脊柱的腹侧，有向腹侧弯曲脊柱的作用。

（1）脊柱背侧肌群：包括背腰最长肌、髂肋肌、夹肌、头半棘肌颈多裂肌等。

背腰最长肌（m. longissimus thoracis et lumborum）：位于胸椎和腰椎的棘突、横突和肋骨椎骨端所形成的三棱形夹角内，为全身最长的肌肉。自髂骨、荐骨向前，伸延至颈部，止于腰椎、胸椎、后4个颈椎的棘突和最后颈椎的横突及肋骨的外面。有伸背腰、侧偏脊柱、伸颈和帮助呼吸的作用。

髂肋肌（m. iliocostalis）：位于背最长肌的腹外侧，狭长而分节，起于腰椎横突末端和后10（牛）或15（马）个肋的前缘，向前止于所有肋骨后缘（牛）、前12或13肋的后缘及第7颈椎横突（马），有向后牵引肋骨协助呼吸的作用。

夹肌（m. splenius）：位于颈侧部，呈三角形，其后部被颈斜方肌和颈腹侧锯肌所覆盖。起自棘横筋膜和项韧带索状部，止于枕骨、颞骨及前2（牛）或4、5（马）颈椎，有抬头颈和偏头颈的作用。

头半棘肌（m. semispinalis capitis）：位于夹肌和项韧带板状部之间的三角形肌。起自棘横筋膜,前6、7个（马）或8、9个（牛）胸椎横突和颈椎关节突，止于枕骨。作用同夹肌。

颈多裂肌（m. multifidus cervicis）：位于后6个颈椎椎弓背侧，被头半棘肌覆盖。起于第1胸椎横突和后4～5个颈椎关节突，止于后6个颈椎的棘突和关节突，有伸、偏头颈的作用。

（2）脊柱腹侧肌群：包括颈部和腰部相应的肌群。

①颈部：

头长肌（m. longus capitis）：位于前部颈椎的腹外侧，起于第 3 颈椎横突，止于枕骨基底部，有屈头的作用。

颈长肌（m. longus colli）：位于颈椎和前 6 或 7 个胸椎的腹侧，由许多分节性的短肌束组成，分为颈、胸两部分，有屈颈作用。

②腰部：

腰大肌（m. psoas major）：位于腰小肌的外侧，宽扁而长，是腰椎腹侧肌中最大的肌肉，起于最后 1~2 肋骨椎骨端和腰椎椎体及横突的腹侧，与髂肌合成髂腰肌，止于股骨小转子，有屈曲髋关节的作用。

腰小肌（m. psoas minor）：狭而长，位于腰椎腹侧面的两侧，起于腰椎及后 3 个（马）或最后（牛）胸椎椎体腹侧面，止于髂骨腰小肌结节，有屈腰和下降骨盆的作用。

腰方肌（m. quadratus lumborum）：较薄，位于腰椎横突的腹侧，多在腰大肌的深面，起于第 10~13 胸椎椎体腹外侧及相应肋骨的椎骨端和腰椎横突腹侧，止于腰椎横突前缘和髂骨翼的腹侧面，有固定腰椎和屈腰的作用。

（四）前肢肌肉

前肢肌肉可分为：肩带肌、肩部肌、臂部肌和前臂部肌四部分（图 2-58、图 2-59）。

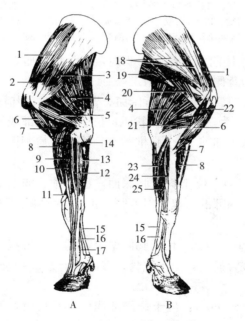

图 2-58 牛的前肢肌
A. 外侧 B. 内侧
1. 冈上肌 2. 冈下肌 3. 三角肌 4. 臂三头肌长头 5. 臂三头肌外侧头
6. 臂二头肌 7. 臂肌 8. 腕桡侧伸肌 9. 指内侧伸肌 10. 指总伸肌
11. 腕斜伸肌 12. 指外侧伸肌 13. 腕外侧屈肌 14. 指深屈肌 15. 指浅屈肌腱
16. 指深屈肌腱 17. 悬韧带 18. 肩胛下肌 19. 背阔肌 20. 大圆肌
21. 臂三头肌内侧头 22. 喙臂肌 23. 腕尺侧屈肌 24. 腕桡侧屈肌 25. 指浅屈肌

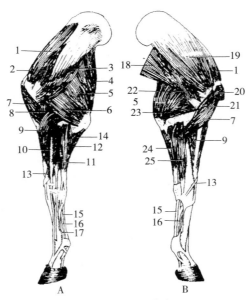

图 2-59 马的前肢肌
A. 外侧　B. 内侧

1. 冈上肌　2. 冈下肌　3. 三角肌　4. 前臂筋膜张肌　5. 臂三头肌长头　6. 臂三头肌外侧头　7. 臂二头肌　8. 臂肌　9. 腕桡侧伸肌　10. 指总伸肌　11. 指外侧伸肌　12. 腕外侧屈肌　13. 腕斜伸肌　14. 指深屈肌尺骨头　15. 指浅屈肌腱　16. 指深屈肌腱　17. 悬韧带　18. 背阔肌　19. 肩胛下肌　20. 胸深后肌　21. 喙臂肌　22. 大圆肌　23. 臂三头肌内侧头　24. 腕尺侧屈肌　25. 腕桡侧屈肌

1. 肩带肌　肩带肌是连接前肢与躯干的肌肉，多为板状肌。多数起于躯干，止于肩部和臂部。根据位置，可分为背侧和腹侧两组。

（1）背侧组：包括斜方肌、菱形肌、背阔肌、臂头肌和肩胛横突肌。

斜方肌（m. trapezius）：为三角形薄板状肌，位于肩颈上部浅层，分为颈斜方肌和胸斜方肌，分别起于项韧带索状部和前10个胸椎棘突，均止于肩胛冈。有提举、摆动和固定肩胛骨的作用。

菱形肌（m. rhomboideus）：位于斜方肌深面，也分颈、胸二部。颈菱形肌狭长，呈三菱形，胸菱形肌呈四边形。两部的起点同斜方肌，止点为肩胛软骨内侧。有向前上方提举肩胛骨的作用。

背阔肌（m. latissimus dorsi）：为位于胸侧壁上部的三角形板状肌，部分被臂三头肌和躯干皮肌覆盖。主要起于腰背筋膜，止于肱骨。有向后上方牵引肱骨，屈肩关节，牵引躯干向前的作用。

臂头肌（m. brachiocephalicus）：位于颈侧部浅层，呈长而宽的带状，是颈静脉沟的上界。有牵引前肢向前，伸肩关节，提举和侧偏头颈的作用。牛的臂头肌前宽后窄，分为上面的锁枕肌（m. cleidooccipitalis）和下面的锁乳突肌（m. cleidomastoideus），起于枕骨、颞骨和下颌骨，止于肱骨嵴。马的臂头肌全长宽度一致，起于枕骨、颞骨、环椎翼和2~4颈椎横突，止于肱骨外侧的三角肌粗隆和肱骨嵴。

肩胛横突肌（m. omotransversarius）：前部位于臂头肌深面，后部位于颈斜方肌与臂头肌之间。起于环椎翼，止于肩峰部的筋膜。马无此肌。有牵引前肢向前，侧偏头颈的作用。

(2) 腹侧组：包括胸浅肌、胸深肌和腹侧锯肌。

胸浅肌（m. pectoralis superficialis）：位于前臂与胸骨之间的皮下，又分为胸前浅肌和胸后浅肌两部。马的两部界限明显，而牛的不明显。有内收前肢的作用。

胸深肌（m. pectoralis profundus）：位于胸浅肌深层，大多被胸浅肌覆盖，有内收前肢、牵引躯干向前的作用。牛的呈三角形，起于腹黄膜、剑状软骨和胸骨侧面，止于肱骨内外结节。马的明显分为胸前深肌和胸后深肌两部，前部呈三棱形，起于胸骨侧面前半部，止于冈上肌上端的筋膜；后部形状、起止点与牛的相似。

腹侧锯肌（m. serratus ventralis）：位于颈、胸部的外侧面，为宽大扇形肌，下缘呈锯齿状，可分颈、胸两部。起于后4个颈椎的横突及前8～9个肋骨外面（马），或后5～6个颈椎的横突和前3个肋骨及4～9肋骨的外面（牛），止于肩胛骨锯肌面和肩胛软骨内面。有举颈、提举、悬吊躯干和协助呼吸的作用。

2. 肩部肌 肩部肌分布于肩胛骨的内侧及外侧面，分为内侧组和外侧组，起自肩胛骨，跨越肩关节，止于肱骨。

(1) 内侧组：由肩胛下肌、大圆肌、喙臂肌、冈上肌、冈下肌和三角肌组成。

肩胛下肌（m. subscapularis）：位于肩胛骨内侧面，起于肩胛下窝，止于肱骨的内侧结节。牛的明显分为三个肌束。有内收和固定肩关节的作用。

大圆肌（m. teres major）：位于肩胛下肌后方，起于肩胛骨后角，止于肱骨内面。有屈肩关节的作用。

喙臂肌（m. coracobrachialis）：位于肩关节和肱骨的内侧上部，起于肩胛骨喙突，止于肱骨内侧面。有内收和屈曲肩关节的作用。

(2) 外侧组：

冈上肌（m. supraspinatus）：位于冈上窝内，起于冈上窝和肩胛软骨，止于臂骨内、外侧结节的前部。牛的全为肌质，马的有强韧的腱膜。有伸肩关节和固定肩关节的作用。

冈下肌（m. infraspinatus）：位于冈下窝内，起于冈下窝及肩胛软骨，止于肱骨外侧结节。有外展及固定肩关节的作用。

三角肌（m. deltoideus）：位于冈下肌外面，起于肩胛冈和肩胛骨后角（牛的还起于肩峰），止于肱骨外的三角肌粗隆。有屈肩关节的作用。

小圆肌（m. teres minor）：位于三角肌肩胛部深面，呈较小的短索状或楔状。

3. 臂部肌 臂部肌位于肱骨周围，分伸、屈两组，分别位于肱骨后方和前方。起于肩胛骨和肱骨，跨越肩关节及肘关节，止于肱骨。

(1) 伸肌组：包括臂三头肌和前臂筋膜张肌。

臂三头肌（m. triceps brachii）：位于肩胛骨和肱骨形成的夹角内，分三个头，分别起于肩胛骨后缘、臂骨外侧面和肱骨内侧面，止于肘突，是前肢最大的一块肌肉。有伸肘关节和屈肩关节的作用。

前臂筋膜张肌（m. tensor fasciae antebrachii）：位于臂三头肌的后缘及内侧面，起于背阔肌止端和肩胛骨的后缘，止于肘突及前臂筋膜。有伸肘关节的作用。

(2) 屈肌组：包括臂二头肌和臂肌。

臂二头肌（m. biceps brachii）：位于肱骨前面，为多腱质的纺锤形肌。起于肩胛骨盂上结节，止于桡骨粗隆。有屈肘关节和伸肩关节的作用。

臂肌（m. brachialis）：位于肱骨臂肌沟内，起自肱骨后上部，向下经臂二头肌与腕桡侧伸肌之间，转到前臂近端内侧，止于桡骨近端内侧。有屈肘关节的作用。

4. 前臂及前脚肌　前臂及前脚肌根据其分布分为背外侧肌群和掌内侧肌群，多为纺锤形肌，作用于腕关节和指关节，均起于肱骨远端和前臂骨近端。作用于腕关节的肌肉止于腕骨及掌骨；作用于指关节的肌肉止于指骨。

（1）背外侧肌群：包括腕桡侧伸肌、腕斜伸肌、指总伸肌、指外侧伸肌和指内侧伸肌。

腕桡侧伸肌（m. extensor carpi radialis）：位于桡骨的背侧面，起于肱骨远端外侧，经腕关节背侧面向下，止于第3掌骨近端。有伸腕和固定肩、肘、腕三个关节的作用。

腕斜伸肌（m. extensor carpi obliquus）：呈扁三角形，又称拇长外展肌（m. abductor pollicis longus），被指伸肌覆盖，起于桡骨外侧下半部，止于第2（马）或第3（牛）掌骨近端。有伸和外旋腕关节的作用。

指总伸肌（m. extensor digitalis communis）：牛的较小，位于指外侧伸肌和指内侧伸肌之间，起于肱骨远端外面及尺骨外面，经腕关节和掌骨的背面向下伸延，分两支，止于蹄骨伸腱突。而马的位于腕桡侧伸肌的后方，起于肱骨远端前面，桡骨近端外侧和尺骨外侧，经腕关节背外侧面、掌骨和系骨的背侧面向下伸延，止于蹄骨的伸腱突。有伸指、伸腕和屈肘作用。

指外侧伸肌（m. extensor digitalis lateralis）：又称第4指固有伸肌（m. extensor digiti quarti proprius），位于前臂外侧面，指总伸肌后方，牛的发达，马的很小。起于桡骨近端外侧、桡骨和尺骨的外侧面，经腕关节外侧向下延伸至掌部，止于第4指的冠骨及蹄骨（牛）和系骨近端（马），有伸指、腕和外展第4指的作用。

指内侧伸肌（m. extensor digitalis medialis）：又称第3指固有伸肌（m. extensor digiti tertii proprius），紧贴指总伸肌，起点同指总伸肌，止于第3指的冠骨近端背侧缘及蹄骨。有伸展第3指的作用。马无此肌。

（2）掌内侧肌群：可分浅层肌群和深层肌群。

①浅层肌群：包括腕外侧屈肌、腕尺侧屈肌、腕桡侧屈肌。

腕外侧屈肌（m. flexor carpi lateralis）：位于前臂外侧后部，指外侧伸肌后方，起于肱骨远端外侧后部，止于第4掌骨近端和副腕骨。起屈腕伸肘作用。

腕尺侧屈肌（m. flexor carpi ulnaris）：位于前臂部内侧后部，起于肱骨远端内侧后部和鹰嘴内侧面，止于副腕骨。起屈腕伸肘作用。

腕桡侧屈肌（m. flexor carpi radialis）：位于腕尺侧屈肌前方，桡骨之后。起于肱骨远端内侧，止于第2（马）和3（牛）掌骨近端内侧。起屈腕伸肘作用。

②深层肌群：包括指浅屈肌和指深屈肌。

指浅屈肌（m. flexor digitalis superficialis）：位于前臂后方被屈腕肌包围（牛），或腕尺侧屈肌与指深屈肌之间（马）。牛的起于肱骨远端内侧，分浅、深两部，分别止于第3、第4指冠骨近端的两侧。马的起于肱骨远端内侧（肱骨头）和桡骨后面下半部（桡骨头），二者合并，最后分两支止于系骨和冠骨的两侧。起屈指和腕关节的作用。

指深屈肌（m. flexor digitalis profundus）：位于前臂骨后面，被其他屈肌包围。以三个头分别起于肱骨远端内侧、肘突和桡骨近端后面，然后合成一总腱，经腕管向下伸延至掌部，最后止于蹄骨的屈腱面。牛的指深屈肌腱分支，分别止于第3、第4指蹄骨的屈腱面。

起屈指和腕关节的作用。

（五）后肢肌肉

比起前肢肌肉，后肢肌肉较为发达，是推动身体前进的主要动力，包括臀部肌、股部肌、小腿和后脚部肌（图 2-60、图 2-61）。

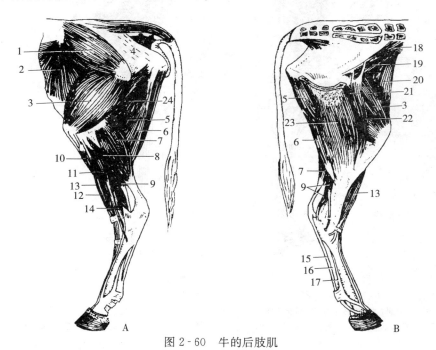

图 2-60　牛的后肢肌
A. 外侧　B. 内侧

1. 臀中肌　2. 腹内斜肌　3. 股四头肌　4. 荐结节阔韧带　5. 半膜肌　6. 半腱肌　7. 腓肠肌
8. 比目鱼肌　9. 趾深屈肌　10. 胫骨前肌　11. 腓骨长肌　12. 趾长伸肌及趾内侧伸肌
13. 第三腓骨肌　14. 趾外侧伸肌　15. 趾浅屈肌腱　16. 趾深屈肌腱　17. 悬韧带
18. 腰小肌　19. 髂腰肌　20. 阔筋膜张肌　21. 耻骨肌　22. 缝匠肌　23. 股薄肌　24. 内收肌

1. 臀部肌（髋部肌）　分布于臀部，跨越髋关节，止于股骨，有伸、屈髋关节及内、外旋后肢的作用。

（1）臀浅肌（m. gluteus superficialis）：牛、羊无此肌。马的起于髋结节和荐结节，止于股骨第三转子。有外展后肢和屈髋关节的作用。

（2）臀中肌（m. gluteus medius）：是臀部的主要肌肉，大而厚。起于髂骨翼和荐结节阔韧带，止于股骨大转子。有伸髋关节及外展后肢的作用。由于与背最长肌结合，还参与竖立和推动躯干前进等。

（3）臀深肌（m. gluteus profundus）：起于坐骨棘（牛的还起于荐结节阔韧带），止于大转子前部。有内旋后肢和外展髋关节的作用。

（4）髂肌（m. iliacus）：起于髂骨腹侧面，止于小转子。有外旋后肢及屈髋关节的作用。因其与腰大肌的止部紧密结合，故常合称为髂腰肌（m. iliopsoas）。

2. 股部肌　分为股前肌群、股后肌群和股内侧肌群。

（1）股前肌群：包括阔筋膜张肌和股四头肌。

阔筋膜张肌（m. tensor fascia lata）：位于股前外侧浅层，起于髋结节，向下连于阔筋

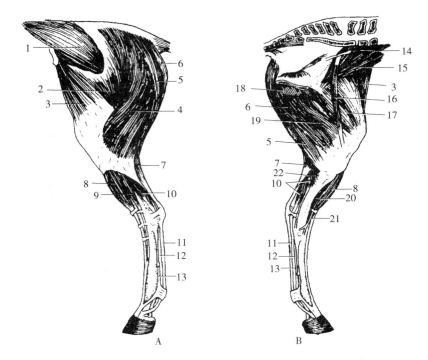

图 2-61 马的后肢肌
A. 外侧 B. 内侧
1. 臀中肌 2. 臀浅肌 3. 阔筋膜张肌 4. 臀股二头肌 5. 半腱肌 6. 半膜肌 7. 腓肠肌
8. 趾长伸肌 9. 趾外侧伸肌 10. 趾深屈肌 11. 趾浅屈肌腱 12. 趾深屈肌腱 13. 悬韧带
14. 腰小肌 15. 髂腰肌 16. 缝匠肌 17. 股四头肌 18. 股薄肌 19. 内收肌
20. 胫骨前肌 21. 第三腓骨肌 22. 腘肌

膜,止于膝盖骨和胫骨前缘。有紧张阔筋膜、屈髋关节和伸膝关节的作用。

股四头肌(m. quadriceps femoris):位于股骨前面及两侧,大而厚,被阔筋膜张肌覆盖,包括股直肌、股内侧肌、股中间肌和股外侧肌4个肌头,起于股骨(股直肌起于髂骨体),止于膝盖骨。有伸膝关节的作用。

(2) 股后肌群:包括臀股二头肌、半腱肌和半膜肌。

臀股二头肌(m. gluteobiceps):位于股后外侧,长而宽大,起于荐骨(椎骨头)和坐骨结节(坐骨头),止于膝盖骨侧缘、胫骨嵴和跟结节。有伸髋关节、膝关节和跗关节及提举后肢时屈膝关节的作用。

半腱肌(m. semitendinosus):位于臀股二头肌后方,大而长,起于前两个尾椎和荐结节阔韧带(椎骨头,马)以及坐骨结节(坐骨头,马、牛),止于胫骨嵴、小腿筋膜和跟结节。作用同臀股二头肌。

半膜肌(m. semimembranosus):位于半腱肌后内侧,呈三棱形,起于荐结节阔韧带后缘(椎骨头,马)和坐骨结节(坐骨头,马、牛),止于股骨远端内侧(马、牛)和胫骨近端内侧(牛)。有伸髋关节和内收后肢的作用。

(3) 股内侧肌群:包括股薄肌、耻骨肌、内收肌和缝匠肌。

股薄肌(m. gracilis):呈薄而宽的四边形,位于股内侧皮下,缝匠肌后方,将耻骨肌和内收肌覆盖于其下。起自骨盆联合及耻前腱，止于膝内直韧带和胫骨近端内侧面。有内收后肢的作用。

耻骨肌（m. pectineus）：位于耻骨前下方，起于耻骨前缘和耻前腱，止于股骨中部的内侧缘。有内收后肢和屈髋关节的作用。

内收肌（m. adductor）：位于半膜肌前面，耻骨肌后面和股薄肌深面，呈三棱形，起于耻骨和坐骨的腹侧面，止于股骨。有内收后肢和伸髋关节的作用。

缝匠肌（m. sartorius）：位于股内侧前部，呈狭长带状，起于骨盆盆面髂筋膜和腰小肌腱，止于胫骨近端，有内收后肢的作用。

3. 小腿及后脚肌 多为纺锤形，肌腹位于小腿周围，在跗关节处变为腱。可分为小腿背外侧肌群和跖侧肌群，作用于跗、趾关节，分别起伸趾屈跗和伸跗屈趾的作用。马和牛的小腿部肌肉差异较大。

（1）小腿背外侧肌群：主要有趾长伸肌、趾内侧伸肌、趾外侧伸肌、第3腓骨肌胫骨前肌和腓骨长肌。

趾长伸肌（m. extensor digitalis longus）：马的位于浅层，覆盖第3腓骨肌和胫骨前肌，而牛、猪的被第3腓骨肌覆盖。起自股骨远端，止于蹄骨伸腱突。牛、猪的分两肌腹，分别止于第3、4趾。有伸趾关节和屈跗关节的作用。

趾内侧伸肌（m. extensor digitalis medialis）：牛的位于第3腓骨肌深面及趾长伸肌前面，起自股骨远端，止于第3趾的冠骨，有伸第3趾的作用，又称第3趾固有伸肌。马无此肌。

趾外侧伸肌（m. extensor digitalis lateralis）：位于腓骨长肌的后方（牛、猪）或趾长伸肌的后方（马）。起于胫骨近端外侧及腓骨，止于第4趾冠骨（牛、猪）。牛的有伸第4趾的作用，又称为第4趾固有伸肌。马的作用同趾长伸肌。

第3腓骨肌（m. peroneus tertius）：起自股骨远端，分两支止于大跖骨近端和跗骨，有连接膝关节和跗关节及屈跗关节的作用。马的位于胫骨前肌与趾长伸肌之间，无肌质，为一强腱，而牛、猪的比马发达，呈纺锤形，位于小腿背侧面的浅层和趾长伸肌的表面。

胫骨前肌（m. tibialis anterior）：贴胫骨前外侧，被趾长伸肌（马）或第3腓骨肌（牛）覆盖。起自胫骨近端外侧，止于大跖骨近端和第1、2跗骨（马）或第2、3跗骨（牛）。有屈跗关节的作用。

腓骨长肌（m. peroneus longus）：位于趾长伸肌和趾外侧伸肌之间。起于胫骨外侧髁和腓骨，止于第1跗骨和跖骨近端，有屈跗关节和内旋后脚的作用。马无此肌。

（2）小腿跖侧肌群：主要有腓肠肌、趾浅屈肌、趾深屈肌和腘肌。

腓肠肌（m. gastrocnemius）：位于小腿后部，股二头肌与半腱肌之间，有内外两头，起自股骨髁上窝两侧，止于跟结节，有伸跗关节的作用。其肌腱与趾浅屈肌腱、股二头肌腱和半腱肌腱合成一粗而坚硬的腱索，称为跟总腱（tendo calcaneus communis）。

趾浅屈肌（m. flexor digitalis superficialis）：位于腓肠肌的两个头之间，肌腹较小，几乎全为腱质。起于股骨髁上窝，止于冠骨两侧（马），或分两支止于第3、4趾的冠骨（牛），有屈趾关节和连接膝关节与跗关节的作用。

趾深屈肌（m. flexor digitalis profundus）：肌腹位于胫骨后部，有外侧浅头（胫骨后肌，m. tibialis posterior）、外侧深头（拇长屈肌，m. flexor hallucis longus）和内侧头（趾长屈肌，m. flexor digitalis longus）三个头，均起于胫骨后面，合并后止于蹄骨的屈腱面

（马）或分两支止于第3、4趾的蹄骨（牛）。有伸趾关节和屈趾关节的作用。

腘肌（m. popliteus）：位于膝关节后部。起于股骨远端，肌腹呈三角形，止于胫骨近端后面。有屈股胫关节的作用。

四、骨骼肌的收缩

家畜骨骼肌的收缩，依赖于神经系统的支配。如果脊髓损伤或切去运动神经时，所支配的肌肉将自动去极化发生颤动，然后开始萎缩（atrophy），最终失去运动能力。每个运动神经元的轴突可以分出许多分支，当其兴奋时，同时支配许多条骨骼肌纤维收缩。一个运动神经元及其所支配的全部肌纤维组成的功能单位，称为运动单位（motor unit）。

从运动神经元的兴奋到肌肉的收缩包括三个过程：首先，中枢神经系统发出的指令以神经冲动（动作电位）的形式，沿躯体运动神经传导，并传递给肌细胞，这个过程称为神经-肌肉间的兴奋传递；其次，肌细胞膜表面的动作电位通过肌细胞的三联体结构传到肌细胞内部，触发信息物质 Ca^{2+} 从肌质网释放到肌浆，并将信息传递给肌质内调节蛋白，这一过程称为兴奋-收缩耦联（excitation-contraction coupling）；最后，肌浆中高浓度 Ca^{2+} 通过肌质内调节蛋白，触发收缩蛋白的结合，并使肌肉收缩。

（一）神经-肌肉间的兴奋传递

1. 神经-肌肉接头 神经-肌肉接头（neuromuscular junction）又称运动终板（motor endplate），由运动神经纤维末梢在到达骨骼肌时，失去髓鞘，以裸露的轴突末梢嵌入肌细胞膜凹陷中而形成。运动神经纤维轴突末梢的膜称为接头前膜（prejunctional membrane），相应的肌细胞膜称为接头后膜（postjunctional membrane）或终板膜（endplate membrane），二者之间是充满了细胞外液的宽约 50nm 的接头间隙（junctional cleft）。在轴突末梢的轴浆中，含有大量线粒体和内含乙酰胆碱（Ach）的突触小泡。终板膜上存在能与 Ach 特异性结合的 N_2 型乙酰胆碱受体阳离子通道（N_2-Ach receptor cation channel）和大量能分解 Ach 的乙酰胆碱酯酶（acetylcholinesterase）（图 2-62）。

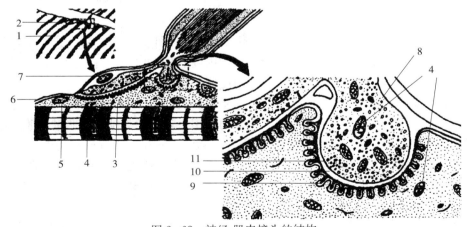

图 2-62 神经-肌肉接头的结构

1. 骨骼肌纤维　2. 爪状分支的神经末梢　3. 肌浆　4. 线粒体　5. 肌细胞核
6. 肌膜　7. 雪旺细胞核　8. 突触小泡　9. 接头后膜　10. 接头间隙　11. 接头前膜

2. 神经-肌肉接头间的兴奋传递　在静息状态时，神经末梢通常只有少数突触小泡释放 Ach，不足以引起肌细胞的兴奋。当运动神经元兴奋时，类似于经典的神经元之间的突触传递过程，通过电-化学-电的传递过程引起所支配骨骼肌的兴奋。具体过程为：①当神经冲动到达神经末梢时，接头前膜去极化，引起此处的电压门控式 Ca^{2+} 通道开放，使细胞外 Ca^{2+} 进入神经末梢内，促使大量突触小泡向前膜位移并融合，然后将其中的 Ach 释放到接头间隙。②当 Ach 扩散至终板膜时，与膜上的 N_2 型 Ach 受体阳离子通道结合，使之激活开放，导致大量的 Na^+ 内流和少量的 K^+ 外流，终板膜去极化而产生终板电位（endplate potential，EPP）。终板电位是一种局部电位，没有"全"或"无"特性，其大小与前膜释放的 Ach 量呈正相关，且可以总和。③终板电位以电紧张形式进行扩布，影响其邻近的肌细胞膜，使之去极化达到阈电位水平时，便爆发动作电位，引起整个肌细胞兴奋（图 2-63）。

运动神经纤维每兴奋一次，由 Ach 释放所形成的终板电位总和一般为引起肌细胞兴奋所需阈电位的 3~4 倍，足以引起所支配肌细胞也发生一次兴奋，即神经-肌肉接头间的兴奋传递呈 1:1 的关系。Ach 在发挥作用后 1~2ms 内即被胆碱酯酶分解而失效，以免持续作用于 Ach 受体，影响下次神经冲动到来时的效应。许多因素均可作用于不同环节而影响神经-肌肉接头之间的正常兴奋传递。如有机磷农药能够抑制胆碱酯酶的活性，使 Ach 堆积，进而引起肌肉过度收缩而痉挛；肉毒梭菌毒素能够阻滞神经末梢释放 Ach，引起肌肉收缩障碍；黑寡妇蜘蛛毒能够促进神经末梢释放 Ach，导致 Ach 耗竭，最终引起接头传递阻滞；α-银环蛇毒和美洲箭毒能够与 Ach 竞争 Ach 受体，从而阻断接头传递，引起肌肉松弛。

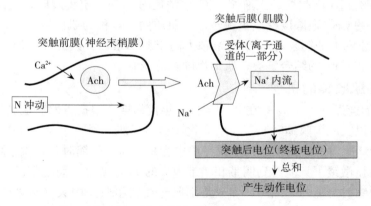

图 2-63　神经-肌肉接头间的兴奋传递

（二）骨骼肌的兴奋-收缩耦联

骨骼肌的兴奋-收缩耦联（excitation-contraction coupling）是指由骨骼肌细胞兴奋触发骨骼肌纤维收缩的中介生理过程，包括以下三个主要步骤。

1. 动作电位在肌细胞膜上的传导　当神经-肌肉接头处的肌细胞膜兴奋时，兴奋（动作电位信号）通过横小管系统传向肌细胞深处，到达每个肌节的三联体结构处。

2. 三联体结构处的信息传递　在骨骼肌静息时，横小管膜上的 L 型 Ca^{2+} 通道（L-type Ca^{2+} channel）对终末池膜上的 Ca^{2+} 通道起到堵塞作用。当电信号到达三联体结构处的横小管（T管）时，横小管膜上的 L 型钙通道发生变构，导致与其相对的终末池上的 Ca^{2+} 通道不再被堵塞而打开。肌质网中的大量 Ca^{2+} 进入胞质（图 2-64）。

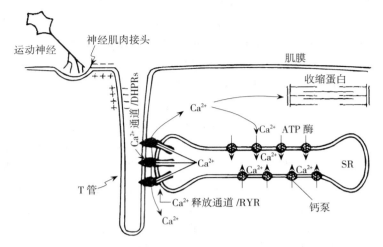

图 2-64 骨骼肌肌质网 Ca^{2+} 的释放和再积聚机制
(引自姚泰，2001)

3. 肌质网中 Ca^{2+} 的释放和再积聚以及肌丝滑行过程 当纵管系统终末池上的 Ca^{2+} 通道被打开后，肌质网中的 Ca^{2+} 顺浓度梯度迅速释放到肌浆中，使肌浆中的 Ca^{2+} 提高了 100 倍（$0.1\mu mol/L \to 10\mu mol/L$），与肌钙蛋白上的钙结合蛋白亚基（TnC）结合并达到饱和，从而触发肌丝滑行，引起肌肉收缩。当肌浆中 Ca^{2+} 浓度升高到一定程度时，便激活肌质网上的钙泵，将肌浆中的 Ca^{2+} 逆浓度梯度重新转运回肌质网中，称为肌质网中 Ca^{2+} 的再积聚（图 2-64）。由于肌质网上的钙泵对 Ca^{2+} 的亲和力高于肌钙蛋白，因此随着肌浆中 Ca^{2+} 浓度的下降，肌钙蛋白和 Ca^{2+} 的结合解离，肌肉也随之舒张。

（三）骨骼肌收缩的机理

1. 肌丝滑行学说 Huxley 等在 20 世纪 50 年代初期，根据骨骼肌显微结构和超微结构的形态学特点，以及肌肉收缩时肌节长度变化，提出了肌丝滑行学说（sliding filament theory），以解释骨骼肌收缩的机理。该学说主要内容是：肌肉收缩时，外观上可见整个肌肉或肌纤维缩短，但显微镜下只能看到明带和暗带中央的 H 带变窄，而暗带长度不变。说明粗、细肌丝在肌肉收缩时可能并未缩短，而只是细肌丝在向粗肌丝中央（暗带中央 M 线）滑行时，增加了与粗肌丝重叠的区域，从而导致相邻 Z 线互相靠近，肌节长度变短，整个肌纤维缩短。

2. 肌丝滑行机制 目前，引起细肌丝滑行的机制已从组成肌丝的蛋白质分子结构水平得到证实：①当肌浆中增加的 Ca^{2+} 与肌钙蛋白上的钙结合蛋白亚基（TnC）结合后，肌钙蛋白的构型发生改变，三个亚基间的连接由松散状态变得紧密，使抑制亚基（TnI）与肌动蛋白分离，同时使原肌球蛋白发生移位。这样，肌动蛋白分子上能与肌球蛋白横桥结合的位点暴露（图 2-65）。②横桥与肌动蛋白结合后，ATP 酶被激活，使 ATP 水解，释放出能量，引起横桥向 M 线方向呈 45°扭动，从而牵引细肌丝向 M 线方向滑行（图 2-66）。③一旦肌质中的 Ca^{2+} 被肌质网上的钙泵逆浓度梯度重新转运回肌质网时，肌质中的 Ca^{2+} 浓度降低。当肌质中的 Ca^{2+} 浓度下降到临界阈值以下时，Ca^{2+} 与肌钙蛋白解离，肌钙蛋白的抑制亚基（TnI）重新与肌动蛋白结合，原肌球蛋白也恢复到静息时的位置，重新阻碍了横桥与肌动蛋白的结合。在肌肉弹性的被动牵引下，细肌丝复位，肌肉舒张。ATP分解后，原来的横桥复位，并迅速与细肌丝上的肌动蛋白分离。在肌浆中Ca^{2+}浓度较高，横桥ATP不断补充的情况下，可出现横桥同细肌丝上新位点的再结合、再扭动、再滑行，如此反复进行，称为横桥循环或横桥周期（cross-bridge cycling）。横桥循环在一个肌节以及整个肌肉中都是非同步的，这样有助于肌肉产生恒定的张力和连续缩短。参与活动和循环的横桥数目以及横桥循环的速率，是决定肌肉收缩程度、速度和收缩所产生张力的关键因素。

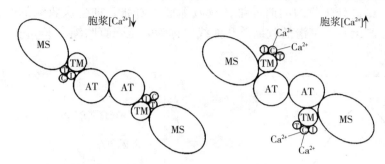

图2-65 Ca^{2+}与肌钙蛋白的结合使原肌球蛋白移位
（引自杨秀平，2002）

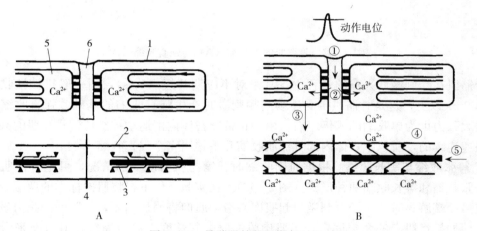

图2-66 骨骼肌的肌丝滑行过程
（引自杨秀平，2002）
A. 静息时　1. 肌膜　2. 肌动蛋白　3. 肌球蛋白　4. Z线　5. 侧囊　6. 横管开口
B. 收缩时

（四）骨骼肌收缩的机械变化

1. 单收缩与强直收缩　在实验条件下，如果给予骨骼肌一次单电震刺激，可发生一次动作电位，引起肌肉一次收缩，且迅速而短暂，称为单收缩（single twitch）。单收缩的整个过程可分为潜伏期（latency）、收缩期（contraction period）和舒张期（relaxation period）三个时相（图2-67A）。

如果给予骨骼肌连续刺激，肌肉会因刺激频率不同而出现不同的收缩形式。当频率较低，即两次刺激的间隔大于或等于该肌肉单收缩的三个时相所占时间时，每个新刺激都落在前个刺激引起的收缩过程（包括三个时相）结束之后，此时肌质中的Ca^{2+}浓度已恢复到静息水平，肌节已完全舒张而返回静息长度，所以只能引起一连串各自分开的单收缩。当刺激频率增加到一定程度时，骨骼肌会出现若干单收缩的复合，称为强直收缩（tetanus）。如果后一个刺激落在前一个刺激引起收缩的舒张期内，此时前一次兴奋释放到肌质中的 Ca^{2+} 尚未完全回收到肌质网，第二次 Ca^{2+} 释放已开始，则未完全舒张的肌纤维将在此基础上进一步收缩，产生一条锯齿状收缩曲线，称为不完全强直收缩（incomplete tetanus）。而如果刺激频率继续增加，使后一个刺激落在前一个刺激引起收缩的收缩期内，此时肌质网中的 Ca^{2+} 持续释放，则尚处于收缩的肌纤维持续收缩而不舒张，即各次收缩的张力变化和长度缩短完全叠加，产生一条平滑的收缩总和曲线，称为完全强直收缩（complete tetanus）（图2-67B）。

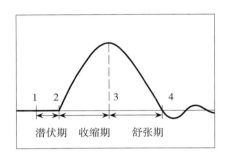
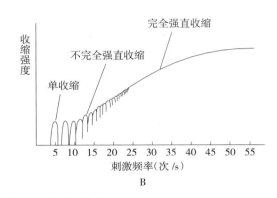

图 2-67 骨骼肌的单收缩（A）与强直收缩（B）

骨骼肌在受刺激而兴奋的过程中，其绝对不应期甚短（1ms），而一般机械性收缩过程长达100ms以上，这是骨骼肌接受连续高频刺激时产生强直收缩的基础。强直收缩所能产生的最大张力可为单收缩的4倍左右。由于正常家畜体内由运动神经传到骨骼肌的兴奋冲动都是快速连续的，所以家畜体内的骨骼肌收缩几乎均属完全强直收缩。

2. 等张收缩与等长收缩 根据肌肉收缩时长度与张力改变的情况，可把骨骼肌的收缩分为等张收缩和等长收缩两种形式（图2-68）。在实验条件下，将肌肉标本的两端游离或一端固定另一端游离时，给予电刺激引起肌肉兴奋，肌肉将明显缩短，但肌肉的张力没有发生变化；而如果将肌肉的两端固定，当肌肉收缩时，其长度不可能缩短，但肌肉张力明显增大。将这种张力不变，而长度明显缩短的收缩形式称为等张收缩（isotonic contraction）；长度不变，而张力明显增大的收缩形式称为等长收缩（isometric contraction）。等张收缩所消耗的能量主要转变为缩短肌肉及移位而完成的物理功；而等长收缩所消耗的能量主要转变为增加张力，并无移位和做功。在家畜机体内，骨骼肌的收缩多表现为既有长度缩短又有张力增加的混合收缩形式，但由于不同部位肌肉的附着或功能特点不同，其收缩形式也有所侧重。如肩背部的肌肉主要以张力变化为主，所以适合于负重；而四肢的肌肉主要以长度变化为主，适合于各种活动。事实上，即使是同一部位的骨骼肌，在不同的情况下，其收缩形式的侧重点也会发生改变。例如，家畜静止站立时，四肢的伸肌和屈肌因对抗重力而收缩，以增加张力为主，近似于等长收缩；而奔跑时，四肢伸肌和屈肌的收缩，不仅用以对抗重力，更主要的是发生运动，因此以长度变化为主，近似于不同程度的等张收缩。又如，在人类用上肢提起一重物的过程中，未提起时，上肢肌肉以等长收缩为主，而提起后则以等张收缩为主。

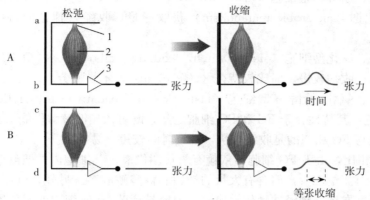

图 2-68 骨骼肌的等长（A）和等张（B）收缩
a、b、d. 固定　c. 可滑动
1. 肌腱　2. 肌肉　3. 张力传感器

3. 收缩的机械功　类似于机器或马达的效率，骨骼肌的机械效率也是用输入能量转化为机械功的百分比来表示。骨骼肌机械效率通常只有25%，即只有25%的能量转化为机械功，其余都转化为热能。适宜的收缩速度，是使骨骼肌获得最高机械效率，做最大机械功的关键。如果肌肉收缩过快，会使较多的能量消耗在克服肌肉内部分子之间的摩擦上；而收缩过慢，则消耗在维持肌肉的持续缩短状态上。总之，肌肉的收缩过快或过慢都会降低骨骼肌的功效。一般来说，当骨骼肌的收缩速度维持在最大收缩速度的30%时，骨骼肌的收缩效率最高。

（五）骨骼肌收缩的代谢

1. 骨骼肌收缩的能量代谢　骨骼肌收缩所需的能量全部来源于ATP分解所产生的能量。ATP分解所产生的能量大部分用于横桥扭动和肌丝滑行，小部分用于维持钙泵（肌肉收缩后将Ca^{2+}从肌质逆浓度泵回肌质网）和钠钾泵（保证细胞动作电位的正常传播）的功能。骨骼肌细胞中的ATP含量大约为4mmol，只能维持肌细胞收缩1~2s，所以ATP分解产生的ADP能在不到1s的时间内迅速磷酸化重新生成ATP，以为肌肉的持续收缩提供能量。ADP再磷酸化所需要的能量可来源于以下三条途径：

（1）磷酸肌酸途径：当物质氧化释放的能量过多时，ATP将一部分高能磷酸键转移给肌酸，生成磷酸肌酸（creatine phosphate，CP）而将能量贮存起来；当ATP被消耗减少时，CP又将所存的能量再转给ADP而生成ATP。CP在肌肉组织中大量储存，但肌肉组织中所有CP和ATP的能量也只能维持肌肉收缩5~8s。

（2）糖酵解途径：骨骼肌重新合成ATP和CP的另一个重要能量来源是储存在肌细胞内的糖原。糖原能够很快酵解并释放能量，用来使ADP磷酸化为ATP。ATP可以直接用于肌肉收缩或以CP的形式将能量储存起来。糖酵解产生的能量能使肌肉收缩最多维持1min。另外，糖酵解可以保证机体在缺氧条件下肌肉收缩的维持。

（3）营养物质的氧化分解途径：肌肉长期收缩所需的能量ATP，95%来源于肌细胞内营养物质（糖、脂肪和蛋白质）的氧化分解。其中主要来源于糖类，其次是脂肪。

2. 骨骼肌的类型　根据骨骼肌的收缩速度和代谢特性，可将家畜的骨骼肌细胞分为三种类型：

(1) 快收缩、糖酵解型细胞（fast-twitch, glycolytic cells, FG）：FG 细胞呈白色，几乎全部从厌氧代谢（anaerobic metabolism）获取能量，收缩快速，但持续时间短（5～40ms），易疲劳。

(2) 慢收缩、氧化型细胞（slow-twitch, oxidative cells, SO）：SO 细胞呈红色，从有氧代谢获取能量，收缩较慢，但比较持久（50～100ms），不易疲劳。

(3) 快收缩、氧化-糖酵解型细胞（fast-twitch, oxidative-glycolytic cells, FOG）：FOG 细胞呈红色，其特性介于 FG 和 SO 细胞之间，既可依赖糖酵解供能，也可依赖糖的有氧分解供能，但与 FG 相似的是收缩较快，持续时间较短，易疲劳。

与 SO 细胞相比，由于 FG 细胞不依赖有氧代谢供氧，其细胞内的肌红蛋白、线粒体和脂肪含量较少，血流量也少，但含有大量的糖原和糖酵解酶系。另外，FG 细胞纤维直径较大，肌管系统高度发达，神经冲动传导快速，但容易疲劳；FG 细胞的肌质网能够较快地释放和再聚积 Ca^{2+}，其肌钙蛋白与 Ca^{2+} 结合的速度也较快；FG 细胞肌球蛋白上的 ATP 酶活性一般是 SO 细胞的 2～3 倍，所有这些都是导致 FG 细胞比 SO 细胞收缩速度快的因素。

同一个运动单位的肌纤维属于同一种代谢类型。对于家畜的整块肌肉来说，在同一块肌肉中含有不同的运动单位，因而也就含有不同代谢类型的肌纤维。这样有利于机体对骨骼肌收缩程度和速度的精确整合和调控。

有研究表明，肌纤维的类型由支配它的运动神经元决定，其中的机制尚不清楚。脊髓腹角小 α 运动神经元支配的肌纤维为 SO 型肌纤维，而由脊髓腹角大 α 运动神经元支配的肌纤维为 FG 纤维。通过实验使这种支配关系互换（即小 α 运动神经元支配 FG 纤维，而大 α 运动神经元支配 SO 型纤维）几个月后，这两种纤维的类型也发生相应的改变，原来的 FG 纤维变成了 SO 型纤维，而原来的 SO 型纤维变成了 FG 纤维。

（六）影响肌肉收缩的因素

在体或实验条件下，可能有两种负荷会影响肌肉的收缩：一种是在肌肉收缩前就加到肌肉上的负荷，称为前负荷（preload），即肌肉收缩前就处于某种拉长状态，使它具有一定的长度（初长度，initial length）；另一种是肌肉开始收缩时才遇到的负荷或阻力，称为后负荷（afterload），后负荷不增加肌肉的初长度，但能阻碍肌肉的收缩。另外，肌肉本身收缩能力（contractility）的改变也是影响肌肉收缩的因素。

(1) 前负荷对肌肉收缩的影响：若将离体肌肉的后负荷固定，观察在不同前负荷（即不同的初长度）的情况下刺激肌肉引起等长收缩的张力变化，会发现在一定的初长度范围内，随着肌肉初长度的增加，肌肉的收缩力也增加。肌肉的收缩有一个最适前负荷和最适初长度，小于或超过最适初长度，肌肉的收缩力都会下降。这是由于在最适初长度时，粗、细肌丝既不会过分重叠，也不容易相互脱离，从而保证了横桥和细肌丝间的作用达到最大限度。

(2) 后负荷对肌肉收缩的影响：如果将离体肌肉的前负荷（即初长度）固定，可以观察到肌肉在克服所施后负荷的阻力（使肌肉伸展的力）时才收缩。后负荷增加，肌肉收缩时产生的张力增大，但收缩的速度和缩短的程度减小；后负荷减小，收缩的速度和缩短的程度增大，但肌肉收缩时产生的张力减小。因此，只有在中等程度后负荷情况下，肌肉收缩时所做的功才能达到最大。

(3) 肌肉收缩能力对肌肉收缩的影响：前负荷和后负荷是影响肌肉收缩的外部因素，其影响结果是在肌肉内部功能状态相对稳定的条件下所产生的。事实上，肌肉本身内部功能状态（肌肉收缩能力）的改变，也可以影响肌肉的收缩效果。如缺氧、酸中毒、能源物质的减少、支配肌肉的神经受损、肌肉蛋白质或横桥功能特性改变，都有可能降低肌肉的收缩效果；而 Ca^{2+}、肾上腺素、咖啡因等则可能提高肌肉的收缩效果。

在整体情况下，对肌肉收缩时某一力学指标的改变，通常难以简单地区别这一改变是由于肌肉收缩能力变化所引起，还是由于负荷条件变化所引起。

（杜　荣）

第三章 皮肤及其衍生物

被皮系统包括皮肤和皮肤的衍生物。皮肤的衍生物是由皮肤演化而来的特殊器官，如家畜的枕、角、毛、皮肤腺、蹄以及禽类的羽毛等。

第一节 皮　　肤

皮肤被覆于动物的体表，直接与外界接触，具有保护内部器官，防止异物侵害和机械损伤的作用。皮肤中还含有感受各种刺激的感受器以及毛、毛囊和皮肤腺等各种皮肤衍生物。

一、皮肤的构造

皮肤被覆在家畜体表，对于保护深层的组织，调节体温，分泌、排泄废物及感受外界刺激起着重要作用。家畜的皮肤除个别部位无毛外，大部分为有毛皮肤。皮肤的构造包括表皮、真皮和皮下组织三层结构（图3-1）。

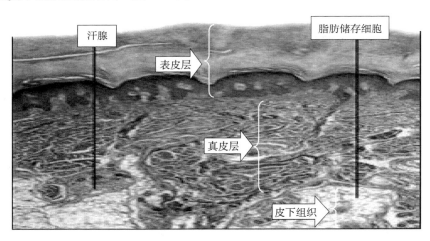

图3-1　皮肤的结构

（一）表皮

表皮（epidermis）位于皮肤的浅层，由复层扁平上皮构成。表皮的厚度因部位不同而不同，长期受摩擦的部位，表皮较厚，角化也较明显。皮肤的表皮由外向内分为角质层、颗粒层、棘细胞层和生发层。

1. 角质层（stratum corneum）　位于表皮的最浅层，由几层到几十层扁平无核角质细胞组成，细胞质内充满嗜酸性的角蛋白，对酸、碱、摩擦等因素有较强的抵抗力。

2. 颗粒层（stratum granulosum） 位于棘层的浅面，由 2～3 层梭形细胞组成。胞质中有大小不等的透明角质颗粒。普通染色呈强嗜碱性，胞核较小，染色较淡。细胞内已充满着含角质素的颗粒。随着角质素的增加，细胞会逐渐地角质化而死亡。

3. 棘细胞层（stratum spinosum） 位于基底层外面，是表皮中最厚的一层，由 4～8 层不规则的多角形、有棘突的细胞组成。棘细胞自里向外由多角形渐趋扁平，与颗粒细胞相连。各细胞间有一定空隙，除棘突外，还含有细胞液，以辅助细胞的新陈代谢。

4. 生发层（stratum germinativum） 是表皮的最底层，借基膜与深层的真皮相连。基底层细胞皆附在基底膜上，它是表皮中唯一可以分裂复制的细胞，并可以直接摄取微血管内的养分，以补充细胞分裂复制之所需。基底层是一层矮柱状上皮细胞。细胞较小、排列整齐，核呈卵圆形，胞质中常含有黑色素颗粒。

5. 表皮的色素细胞和色素 表皮内，黑色素细胞的胞体呈圆形，并伸出许多长而不规则的突起在表皮细胞分支，行走在基底层、棘层细胞间，突起的末端终止于所达细胞的凹陷内。皮肤的颜色及其深浅，取决于四方面因素：①皮肤内黑色素含量；②皮肤内胡萝卜素的含量；③真皮内血液供应情况；④表皮的厚度。黑色素在表皮细胞中呈现为黑色或棕色颗粒，使皮肤呈现黑色或褐色；胡萝卜素存在于表皮角质层和皮下组织中，使皮肤呈现出黄色。决定皮肤颜色及其深浅的最主要的因素是表皮细胞中黑色素颗粒的多少，因为黑色素多产生于表皮。

（二）真皮

真皮（dermis）位于表皮深层，是皮肤最厚也是最主要的一层，由致密结缔组织构成，坚韧且富有弹性。皮革就是由真皮鞣制而成的。真皮由浅入深可分成乳头层和网状层，其中含有丰富的血管、淋巴管和神经，能营养皮肤并感受外界刺激。此外，真皮内还有汗腺、皮脂腺、毛囊等结构。临床作皮内注射，便是把药物注入真皮内。

1. 乳头层（papillary layer） 此层与表皮紧密相连，纤维排列成束，构成疏松的细网，向表皮伸出乳头状突起。此层细胞较多，并有丰富的毛细血管和触觉小体。

2. 网状层（reticular layer） 与乳头层无明显界限，含有较粗大的胶原纤维束和弹性纤维束，网状纤维较少。其间有较大的血管、淋巴管、汗腺、皮脂腺等，深层有神经及神经末梢。

3. 真皮内的细胞及色素 真皮内的细胞数量少，散在于纤维之间。网状层内的细胞少于乳头层，其中成纤维细胞最多。真皮内与色素有关的细胞有两种，一是黑色素细胞，一是载色素细胞。前者能制造黑色素，后者不能制造黑色素，但含有黑色素颗粒，这些黑色素是其吞噬来的。真皮靠黑色素细胞制造黑色素，由载色素细胞吞噬、着色。虽然真皮和表皮中的黑色素细胞都是从神经嵴发育而来的，但它们在迁移过程中却停留在真皮中而未达到表皮。

（三）皮下组织

位于皮肤的最深层，主要由疏松结缔组织构成，内含大量脂肪组织。它是连接皮肤和肌肉的组织，对体温的维持和缓冲外来压力具有一定的作用。皮下组织中脂肪组织的多少是动物营养状况的标志。营养良好的动物，皮下组织含有大量的脂肪细胞，形成脂肪组织，皮下组织所含脂肪多少可因品种、年龄、性别和身体部位而有不同。

(四) 皮肤中的血管、淋巴管和神经

1. 血管 身体各部分的血管分布情况有很大差异。一般情况下，较大的动脉分支先在真皮网状层内相互吻合，形成真皮下血管丛，其分支分布于皮下组织和某些深位皮肤附属器。此外，还分出毛细血管袢，在真皮乳头层形成乳头下血管丛，其分支分布于浅位的皮肤附属器，并分支入真皮乳头，以供应表皮。以后，真皮乳头层的毛细血管汇集成静脉血管丛，行向真皮深部，在网状层内形成静脉血管丛，再伴随动脉离开皮肤加入较大的静脉。

2. 淋巴管 在真皮乳头层内先形成网状的毛细淋巴管丛，然后深入皮下组织，汇集附近皮肤附属器的毛细淋巴管，形成较大的淋巴管，并在皮下组织内伴随静脉而行。

3. 神经 皮肤内分布有极为丰富的神经纤维。其中一部分是来自脑神经和脊神经的感觉纤维，大多数为有髓神经纤维，形成游离神经末梢和有被囊的神经末梢，广泛分布于皮肤中。

二、皮肤的机能

皮肤的生理作用主要是参与维持整个机体的平衡及与外界环境的统一，使体内各种组织和器官免受外界机械性、物理性、化学性及生物性的侵袭或刺激。

(一) 保护作用

皮肤被覆在身体表面，能防止有害物质侵入体内。在皮肤表面有由汗腺、皮脂腺和脱落的角化上皮形成的一层弱酸性（pH5.5左右）的防护膜，防止皮肤干燥，防止细菌、霉菌和病毒的生长繁殖，防止感染。此外，皮肤还能防止体内物质（水分、有机质和无机质）散失到体外，参与体内水、盐代谢。

1. 皮肤是身体的外壳 由于表皮坚韧，真皮中存在胶原纤维和弹力纤维，使皮肤能抗牵拉及有较好的弹性，加上皮下脂肪这一软垫作用，因而使得皮肤能缓冲外来压力、摩擦等机械性刺激，保护深部组织和器官不受损伤。

2. 皮肤对紫外线有防护作用 皮肤角质层有反射光线和吸收波长较短的紫外线（180～280nm）的作用。棘细胞层、基底层细胞和黑素细胞可吸收波长较长的紫外线（320～400nm）。

3. 角质层细胞有抵抗弱酸、弱碱的能力 角质层细胞排列紧密，对水分及一些化学物质有屏障作用，因而在一定程度上可以阻止体内液体的外渗和体外化学物质的内渗。

4. 对致病微生物发挥重要的防御作用 皮肤表面是由从皮脂腺分泌出来的皮脂包覆着的，这层薄薄的皮脂呈弱酸性，pH4.5～6.5，不利于病菌的繁殖。同时，表皮上角质的不断脱落，汗液的分泌可以把黏附在皮肤上的细菌消除掉。

(二) 参与调节体温

皮肤内有丰富的毛细血管和汗腺，对调节体温有重要的作用。当气温增高时，皮肤血管扩张，血流增加，促进热量的散失，汗腺分泌增强，促进皮肤表面的水分蒸发，降低体温。当气温降低时，皮肤血管收缩，血流减少，汗腺分泌减少，减少热量散失。另外，皮下组织里含有大量脂肪，是良好的隔热层，可保存热量，维持体温。

(三) 排泄作用

皮肤的排泄功能主要表现为分泌汗液，汗液与尿液在成分比例上有所不同，汗腺通过分

泌汗液能够有选择地排除多种溶解物，汗液溶解物中浓度较高的为氯化钠，此外还有钾、钙、镁和其他一些无机盐，也有乳酸、尿素、尿酸和肌酸等。汗腺的功能与肾相似。

（四）渗透和吸收作用

皮肤不是绝对严密的无通透性的屏障，某些物质可以通过表皮而被真皮吸收影响全身。能否吸收取决于皮肤的状态、物质性状以及混合有该物质的溶剂。吸收量取决于物质量、接触时间、部位和涂敷面积等。

皮肤吸收一般有以下三条途径：

（1）使角质层软化，透过角质层细胞膜，进入角质层细胞，再通过表皮其他各层。

（2）大分子及不易渗透的水溶性物质只有少量可以通过毛囊、皮脂腺和汗腺导管而被吸收。

（3）少量物质通过角质层细胞间隙而渗透进入。

（五）感觉作用

皮肤里分布着各种感受器，能感受触觉、压觉、温觉、痛觉的刺激，并把这些刺激转变为神经冲动传到中枢，产生各种感觉。

（六）分泌功能

哺乳动物皮肤的腺体发达，皮脂腺、乳腺、气味腺等有很强的分泌功能。皮脂腺分泌的皮脂，能润泽皮肤和被毛；乳腺分泌的乳汁，能哺乳幼仔；气味腺分泌的通讯物质有的用于吸引同类，有的则用于驱避天敌。

（七）其他功能

除一些动物以翼膜飞翔或滑翔外，有的动物还在皮下组织蓄积脂肪用于御寒和储存能量。

第二节 皮肤的衍生物

哺乳动物皮肤的衍生物是构成体被的重要组成部分，对机体的调节（水分、体温）、保护、运动、捕食和防卫起着积极作用。哺乳动物的皮肤衍生物包括毛、鳞、角、皮肤腺及趾（指）端保护物——爪、蹄、指甲5大类。

一、毛

毛（hair）是角质化的表皮结构，坚韧而有弹性，是温度的不良导体，具有保温作用。家畜的毛具有重要的经济价值。

（一）毛与毛囊的结构

毛可分为毛干（hair shaft）和毛根（hair root）两部。毛干是露出皮肤以外的部分；毛根是埋藏在皮肤内的部分，由毛囊包裹（图3-2）。

1. 毛干 毛干是毛发中突出体表的部分。

2. 毛囊 毛囊（hair follicle）是皮肤中毛发生长的部位，由内向外，可分为内根鞘（internal root sheath）和外根鞘（external root sheath）两层。毛囊下端膨大成球形，称为毛球（hair bulb）。毛球底部凹陷，含有结缔组织、毛细血管及神经，称为毛乳头（hair papilla）。毛球是一群增殖和分化能力很强的细胞，毛球中的细胞分裂产生新生毛发，推动毛干沿着毛囊向上生长，直至伸出皮肤表面。毛乳头对毛球具营养作用，如果毛乳头破坏或退化，毛发即停止生长并逐渐脱落。

（1）初级毛囊：初级毛囊是最早发生的粗而长的毛囊，并伴有皮脂腺、竖毛肌和汗腺。

（2）次级毛囊：次级毛囊在初级毛囊之后发生，较初级毛囊细小，在真皮内分布较浅，靠近表皮，伴有皮脂腺，缺乏汗腺和竖毛肌。

由初级毛囊内长出的毛成为毛被的上毛，即粗长的毛；由次级毛囊内长出的毛组成了毛被的下层，即细绒毛。由多个单毛囊汇集成一个毛囊群。马、牛的被毛均匀分布，多为初级毛囊（单毛

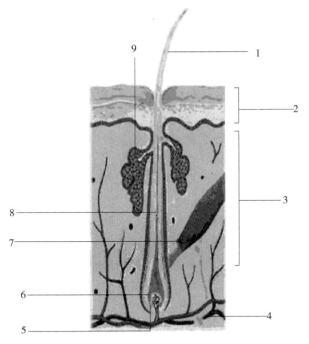

图 3-2 毛和毛囊的结构
1. 毛干 2. 表皮 3. 真皮 4. 血管 5. 毛球
6. 毛囊 7. 立毛肌 8. 毛根 9. 皮脂腺

囊）；猪也是单毛囊，但往往由 2~4 个单毛囊汇集成毛囊群，并外包有致密结缔组织；绵羊体表大部分细毛为复合毛囊，由 2~3 个初级毛囊和多个次级毛囊组成；食肉动物的毛囊群常以复合毛囊的形式存在。

3. 毛根 毛根位于皮肤中毛囊的小凹孔内。毛根由三层组成：坚硬的外层，称为角质层；中间的皮质；以及内部的髓质。毛发在有外鞘包被的毛囊中长出后，毛发细胞会死亡，产生大量的角蛋白。

（二）毛的基本发生过程

当胚胎时期的表皮出现有增殖能力的生发层时，在生发层范围内先出现细胞集中、加厚、形成结节，此称为毛囊原始体，又称毛芽。继而这个加厚的结节陷入真皮并向真皮生长，形成一实心细胞柱，称为毛囊原基，又称毛栓。毛囊原基的基部细胞增多，分化成毛球，毛球下部凹陷，真皮的结缔组织填入，形成毛乳头。进入毛乳头的血管营养毛球上的表皮生发层细胞，后者分生出毛根圆锥体，即毛圆锥。毛球细胞不断增殖，毛根圆锥体生长并不断角化，把原来实心的毛囊冲开而长出皮肤，形成毛。在形成毛的同时，毛囊的内根鞘也随之形成。在这个过程中，实心毛囊的同一外侧又突出两个囊状结构，接近表皮的一个发育成皮脂腺，另一个位于表皮远侧特化为竖毛肌。动物毛的发生不是各个部位、各种类型的毛同时出现，不仅有发生部位的先后，而且毛囊类型出现也有先后。

（三）毛的生长与脱换

1. 毛的生长 毛发不同于指甲，其生长不是连续的，而是周期性的，即生长期和静止期交替进行着。毛的生长依赖于毛球细胞的有丝分裂，而毛球细胞的有丝分裂需要靠毛乳头

输送营养物质并受相关调节。毛的生长状况与毛乳头的血液供应状况相关。在整个毛的生长周期中，毛乳头的血液供应状况相应变化使毛的生长由一个时期进入另一个时期，直到完成一个生长周期。动物毛发的生长周期不一。例如，人毛发的生长期为2～4年，静止期为3～4个月。由生长期转入静止期，即是换毛的开始。其表现为毛球细胞停止增生，发生角化和萎缩，向表皮推移，并与毛乳头分离，同时所遗留的毛乳头也逐渐趋于退化和消失。

2. 换毛及其方式 正常换毛包括定期集中脱换和经常陆续脱换两种形式。动物被毛的季节性脱换和脱胎毛长新毛为定期脱换，即在一定时间内完成全身脱旧毛、长新毛的过程。而经常性陆续换毛如人类毛发及动物的触毛等，随时既有脱落又长出的，终年都在进行，没有典型的脱换期和静止期的交替。

换毛过程大致如下：在旧毛脱落之前，原来毛乳头处的外根鞘细胞仍留原处，重新增殖形成细胞索，以后即从该细胞索增殖形成新毛球和毛根。在新生的毛球底部，亦有新生的毛乳头形成，最后新生毛发逐渐向表皮生长，将旧毛顶落而伸出皮肤表面。

3. 换毛种类 可分年龄性换毛、季节性换毛和病理性脱毛。

（1）年龄性换毛：年龄性换毛是动物出生一定时期后，脱去先天形成的胎毛而长出新被毛的换毛方式。

（2）季节性换毛：某些哺乳动物因光周期和环境温度改变，为适应明显的季节变化所引起的脱旧毛、长新毛的集中脱换过程称为季节性换毛。不同动物由于各自生活的环境不同和存在个体差异，其被毛脱换的过程也有区别，主要表现在脱换次数和脱换速度上。

（3）病理性脱毛：这类脱毛往往是由于机体或皮肤出现了障碍而发生的。引起病理性脱毛的因素十分复杂，范围很广，除了单纯的皮肤病外，全身各器官系统的病变、激素平衡失调等都可能导致病理性毛发脱落现象。服用某些药物或接受有关治疗有时也会成为脱毛的直接原因。

（四）毛的色素

毛发的颜色取决于毛发细胞内黑色素的数量和性质。黑色素存在于毛球内，先合成黑色素小体，进而黑色素小体输入毛发细胞。毛形成时，黑色素细胞利用酪氨酸合成多巴，进而再合成黑色素。黑色素颗粒转移到新形成的毛干细胞内并沉积下来形成毛的颜色。毛髓质中所含空气的多少会影响毛的色泽，因为空气影响折光率，对白色或浅色毛影响尤其大。

动物毛被的色调和斑纹是由一根根毛纤维的色泽所构成的。根据毛纤维的色泽，大致可将各种毛分为三类：

1. 单色毛 整根毛自毛尖到毛根为同一种深浅一致的颜色。

2. 环节毛 毛干上有明显的不同颜色或不同深浅的环带。如獴、獾、貂等的针毛。

3. 色泽不均匀毛 整根毛自毛尖到毛根虽为同一种颜色，但呈逐渐变浅的变化，毛头及毛尖色深，毛干部分则色浅。

二、皮 肤 腺

（一）皮脂腺

皮脂腺（sebaceous gland）是分泌油或蜡质的泡状腺，属全浆分泌腺，为哺乳动物所特有。出现在皮肤的大部分，经常开口于毛囊内，使毛发润泽和避免水湿。有些皮脂腺出现于无毛囊的部位，足垫、掌等无毛部位没有皮脂腺。皮脂腺在构造上都相似，但在分布、性质和皮脂的组成上，有物种间的差异。马的皮脂腺最发达，牛、羊次之，猪的皮脂腺不发达。

皮脂腺分泌皮脂（sebum），有滋润皮肤和被毛的作用，使皮肤和被毛保持柔韧而光亮，防止干燥和水分的渗入。绵羊的皮脂与汗液混合形成脂汗，对羊毛的质量影响很大，可影响羊毛弹性及坚固性。

（二）汗腺

汗腺（sweat gland）属于管状腺，为哺乳动物特有的局部分泌腺。汗腺位于真皮和皮下组织内。排泄管一般开口于毛囊，无毛的皮肤其汗腺穿过表皮，直接开口于皮肤的表面。汗腺分泌汗液，有排泄废物和调节体温的作用。牛表皮的汗腺最发达，绵羊和马的汗腺比较发达，猪趾间的汗腺发达。

（三）乳腺

乳腺（mammary gland）作为哺乳动物特有的腺体，属于顶浆分泌型的腺体。腺的主体位于皮下组织，腺管直接或间接开口到皮肤表面。雌雄均有乳腺，但只有雌性动物能充分发育，形成发达的乳房，分娩后具有分泌乳汁的功能。各种家畜乳房的数目、位置形态均不同，分述如下。

1. 牛的乳房

（1）形态和位置：母牛的乳房有各种不同的形态，但均由 4 个乳腺结合成一整体，位于两股之间的耻骨区，整个乳房呈倒置圆锥状，乳房腹侧面中央有一前后纵行的乳房间沟，将乳房分成左、右两半，每半又由横沟分为前、后两部，每部有一乳头，每个乳头有一个乳头管。乳头的大小与形态，决定适合用机器挤奶或手工挤奶，具有实际意义。

（2）构造：乳房由皮肤、筋膜和腺实质构成。乳房的皮肤薄而柔软，毛稀而细。皮肤深层为浅筋膜（乳头部无浅筋膜）和深筋膜。浅筋膜为腹浅筋膜的延续，使乳房皮肤具有活动性；深筋膜富含弹性纤维，左右两侧乳腺的深筋膜在中线合并成乳房间隔（悬韧带），乳腺的最小单位是乳腺泡，由分泌上皮细胞构成，其中心是空的，称乳腺泡腔。众多的乳腺泡由末梢导管连接起来形成类似葡萄穗状的乳腺小叶。许多乳腺小叶由小叶导管连起来构成乳腺叶。在乳腺泡、乳腺小叶、乳腺叶之间分布着血管、神经和结缔组织。乳腺泡分泌的乳汁经末梢导管汇集到小叶导管，再经小叶导管汇集到乳导管，最后流入乳池。乳池是储存乳汁的地方，分为乳腺乳池和乳头乳池两个部分。乳头开口处有环形括约肌，有犊牛吮吸或其他刺激时，乳便可通过乳头排出体外。

2. 马的乳房 呈扁圆形，位于两股之间，被纵沟分为左右两部分，有一对左右扁平的乳头。乳头乳池小，隔成前后两部分，每个乳头上有两个乳头管开口。

3. 羊的乳房 呈圆锥形，有一对圆锥形乳头。乳头基部有较大乳池。每个乳头上有一个乳头管的开口。

4. 猪的乳房 猪的乳房位于胸部和腹正中部的两侧。乳房数目依品种而异，一般 5～8 对，有的 10 对。乳池小，每个乳上有 2～3 个乳头管开口。

5. 骆驼的乳房 骆驼的乳房位于耻骨区，有 4 个乳头，每个乳头基部有 2 个乳池，每个乳上有 2 个乳头管的开口。前 2 个乳头间距较宽，后 2 个乳头间距较窄。

三、蹄

(一) 牛(羊)蹄结构

牛(羊)为偶蹄动物,每指(趾)端有4个蹄(Ungula),从内向外分别称Ⅱ、Ⅲ、Ⅳ、Ⅴ指蹄。Ⅲ、Ⅳ指端蹄发达,直接与地面接触,称主蹄。Ⅱ、Ⅴ指(趾)端蹄很小,不能着地,附着于系关节掌(跖)侧面,称悬蹄。主蹄呈锥状,分蹄匣和肉蹄两部分(图3-3)。

1. 蹄匣(*Capsula ungulae*)　蹄匣由表皮衍生而成,分为角质壁、角质底和角质球。

(1) 角质壁(*Paries corneus ungulae*):分轴面、远轴面。角质壁近端有一条颜色稍淡环状带,称蹄冠。蹄冠与皮肤连接部分形成一条柔软的窄带,称蹄缘。蹄缘柔软而有弹性,可减少蹄匣对皮肤的压力。

角质壁背侧的远轴面可分为三部分,前方为蹄尖壁,后方为蹄踵壁,两者之间为蹄侧壁。

(2) 角质底(*Soleae cornea*):表面稍凹,与地面接触,前面呈三角形,与蹄壁下缘之间有蹄白线分开,白线是由蹄壁角小叶层向蹄底伸延而成。

(3) 角质球(*Torus corneus*):呈球状隆起,由较柔软的角质构成。

2. 肉蹄(*Corium ungulae*)　肉蹄由真皮衍生而成,分为肉壁、肉底和肉球三部分。

(1) 肉壁(*Corium parietis*):与蹄骨的骨膜紧密结合,分为肉缘、肉冠和肉叶(图3-3中3、4、5)。

(2) 肉底(*Corium soleae*):与角质底相适应(图3-3中10)。

(3) 肉球(*Corium tori*):皮下组织发达,含有丰富的弹性纤维,构成指(趾)端的弹力结构(图3-3中11)。

悬蹄为第Ⅱ、Ⅴ指(趾)不着地的小蹄,结构和主蹄相似(图3-3中6)。

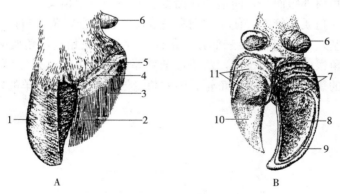

图3-3　牛蹄的结构
A. 背面　B. 底面
1. 蹄的远轴面　2. 蹄壁的轴面　3. 肉壁　4. 肉冠　5. 肉缘
6. 悬蹄　7. 蹄球　8. 蹄底　9. 白线　10. 肉底　11. 肉球

(二) 马蹄的结构特征

马仅以第3指(趾)的节骨着地。它的蹄可分4个部分:蹄缘、蹄冠、蹄壁、蹄底。

1. 蹄缘　为一宽约 0.5cm 的狭带，蹄的最上缘，表皮有角质层、颗粒层和生发层。蹄缘的真皮又称肉缘。

2. 蹄冠　蹄冠表皮由三层构成，其中角质层很厚，具有管状构造。沿蹄角质层的内表面有一凹沟，称为蹄冠沟。蹄的真皮又称肉冠，肉冠上有大量血管和神经分支，一方面保证蹄冠表皮的生长，另一方面作为蹄部重要的触觉器官。

3. 蹄壁　构成蹄匣的背侧壁和两侧壁。蹄壁的角质层由釉层、冠状层、小叶层三层组成。蹄壁的真皮部分又称肉壁，肉壁的乳头已互相连合形成纵行的肉小叶。蹄壁无皮下层，故肉壁紧密与蹄骨的骨膜相连接。

4. 蹄底　是蹄的支持面，直接与蹄骨底面相接，蹄底的真皮具有较长的乳头。

(三) 猪蹄的特征

猪也属于偶蹄动物，肢端有两个主蹄和两个悬蹄，其结构与牛的蹄相似。指（趾）枕很发达，蹄底较小，各蹄内均有数目完整的指（趾）节骨。

四、角

角（*Cornua*）是哺乳动物中某些有蹄类具有的，是头部表皮和真皮部分特化的产物，是角斗和防卫器官，由角表皮和角真皮构成（图 3-4）。

1. 角表皮　高度角质化，形成坚硬的角质鞘。角质鞘由角质小管和管间角质构成。牛的角质小管排列非常紧密，角真皮乳头伸入此小管中，管间角质很少，羊角则相反。

2. 角真皮　角的真皮直接与角突骨膜相连，其表面有许多发达的乳头。乳头在角根部短而密，向角尖逐渐变长而稀，至角顶又变密。这些乳头伸入角质小管中，使角质鞘和角真皮紧密结合，角鞘与角突结合牢固。

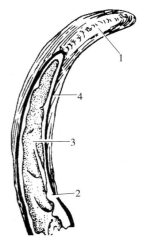

图 3-4　牛角断面
1. 角尖　2. 额骨的角突
3. 角腔　4. 角的真皮

角可分角根（基）、角体和角尖三部分。角根与额部皮肤相连，角质薄而软，并出现环状的角轮；角体是角根向角尖的延续，角质逐渐变厚；角尖由角体延续而来，角质层最厚，甚至成为实体。角的表面常有环状的角轮。牛的角轮仅见于角根部；羊的较明显，几乎遍及全角。

（高爱琴）

第四章 血 液

血液（blood）是由血浆和血细胞组成的流体组织，是体液的重要组成部分。在心脏的推动下，在血管系统内循环流动时，实现运输营养物质、维持稳态、保护机体、传递信息以及参与调节等生理功能。

第一节 概 述

一、血液的组成和血量

（一）血液的组成

血液由血浆和悬浮于血浆中的血细胞组成。一定量的血液与适量的抗凝剂于比容管中混匀，经下沉并被压紧，可见血液分为三层：上层为微黄色或无色的液体部分，即血浆；底层为暗红色的红细胞（erythrocyte）；在红细胞层表面上有一薄层灰白色物质，就是白细胞（leucocyte）和血小板（thrombocyte）。

压紧的血细胞在全血中所占的容积百分比，称为血细胞比容（hematocrit）（图4-1）。在血细胞中，由于白细胞和血小板所占容积微小，常被忽略不计，因而通常就把血细胞比容称为红细胞比容，或称红细胞压积（PCV）（表4-1）。血液比容可反应血浆容积、红细胞数量或体积的变化，大多数家畜的红细胞比容在34%~45%之间，而且通常在极小的范围内波动，因此，在临床中测定红细胞比容有助于了解血液浓缩和稀释的情况，也有助于诊断脱水、贫血和红细胞增多等症状。

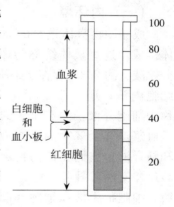

图4-1 血细胞比容示意图

表4-1 各种家畜血细胞的比容（%）

动物	血细胞比容	动物	血细胞比容
马	35（24~44）	猪	42（32~50）
牛	35（24~46）	犬	45（37~55）
绵羊	38（24~50）	猫	37（24~45）
山羊	28（19~38）		

（二）血量

机体内的血液总量，简称血量，是血浆量和血细胞量的总和。在循环系统中不断流动的部分，称为循环血量；另一部分存在于肝、脾、肺及皮下的血窦、毛细血管网和静脉内，流动很慢，称为储备血量。循环血和储备血之间保持着频繁的交换，当机体在剧烈运动和失血等情况下，储备血液即可投入循环血流，以适应机体的需要。

一般说来，动物的血量为体重的6%～8%，但可因畜种、年龄、性别、营养状况、生理状态和所处的外界环境不同而有差异。马的血量为体重的8%～9%；牛、羊和猫的为6%～7%；猪和犬的为5%～6%。幼年动物的血量可达体重的10%以上。

机体血量是相对稳定的，这对于维持正常血压和保证各器官的血液供应十分重要。血量不足就不能保证各组织细胞在单位时间内对氧和营养物质的需求，代谢产物也不能及时排出。然而血量过多，则有可能增加心脏负荷，甚至导致心力衰竭。

失血是引起血量减少的主要原因。失血对机体的危害程度，通常与失血速度和失血量有关。快速失血对机体危害较大，缓慢失血危害较小。一次失血不超过血量的10%，一般不会影响健康，因为这种失血所损失的水分和无机盐，在1～2h内就可从组织液中得到补充；所损失的血浆蛋白质，可由肝脏加速合成而在1～2d内得到恢复；所损失的血细胞可由储备血液的释放而得到暂时补充，并由造血器官生成血细胞来逐渐恢复。若是一次急性失血达血量的20%，生命活动将受到明显影响。倘若一次急性失血超过血量的30%，则会危及生命。

二、内环境与稳态

（一）内环境

成年动物身体重量的60%是由液体构成，这些液体统称为体液。大部分体液（约2/3）存在于细胞内，称为细胞内液；还有1/3存在于细胞外，称为细胞外液，约有1/4的细胞外液是血浆，其余3/4为组织液、淋巴液和脑脊液。它们在体内稳定而迅速地转运并交换（图4-2）。由于体内几乎所有细胞都生活在细胞外液这样一个稳定而特殊的环境中，故法国生理学家伯尔纳将细胞外液称为机体的内环境，以区别于整个机体所处的外环境。

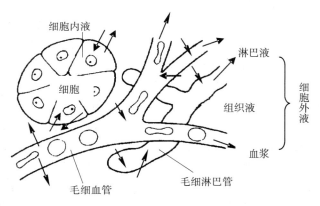

图4-2 体液的分布

（二）稳态

1. 稳态的概念 研究发现，内环境理化性质不是绝对静止不变的，也不是始终处于大幅度的变化之中，而是各种物质随着新陈代谢的进行在不断转换中达到相对平衡状态，即动态平衡状态。美国生理学家坎农继承和发展了伯尔纳的研究，把动物有机体内环境化学成分和生理特性保持相对恒定的生理现象称为稳态。随着科学的发展，"稳态"的概念已不只局限于血液、组织液等内环境的相对稳定，而且已经扩展至机体众多生理过程中，如能量稳态等。目前，科学家认为稳态是正常生理学的核心概念，它确保生理系统的活动处于正常范围内。

2. 稳态的生理意义 由于细胞不断地进行着新陈代谢，而新陈代谢本身不断地扰乱内环境的稳定，所以，稳态的维持具有重要的生理意义：①稳态是新陈代谢的必要保证：如果细胞外液的温度或 pH 等发生变化将改变有关酶的活性，从而影响体内各种酶促反应过程。②细胞正常兴奋性的维持需要膜内外离子浓度的相对稳定。③在外界环境剧烈变化（如温度）时，内环境保持相对稳定是机体具有适应能力的前提。

三、血液的主要机能

（一）与机体的新陈代谢有关

有机体要维持正常的生命活动，就必须不断地进行新陈代谢。有机体进行新陈代谢所需的氧气和各种营养物质，如水分、蛋白质、葡萄糖、脂肪、无机盐和维生素等，有赖于血液运输；各种代谢产物，如二氧化碳、尿素、尿酸等的排出，必须借助于血液运行。可见，血液是沟通内外环境，进行物质交换的媒介，是机体进行正常新陈代谢的保证。

（二）与组织的兴奋性有关

兴奋性是有机体所共有的一种基本特性，有机体正常兴奋性的维持，与血液所含各种无机盐的离子浓度和适当比例有着十分密切的关系。当这些化学物质的浓度和比例过高或过低时，将会导致集体的兴奋性发生异常变化。如血钾浓度过高，心肌将处于抑制状态；如血钾浓度过低，神经肌肉兴奋性增高，甚至出现肌肉抽搐症状。

（三）与机体的缓冲、调节机能有关

血浆和红细胞中有许多缓冲对，可维持体液酸碱平衡。体内各内分泌腺分泌的激素，由血液运送，作用于相应的靶细胞，改变其活动。所以，血液与机体的体液调节功能密切相关。

（四）与机体的免疫、防御机能有关

血液中的白细胞对外来细菌和异物及体内坏死组织等，具有吞噬、分解作用；淋巴细胞和血浆中的各种免疫物质（免疫球蛋白、补体和溶血素等）都能对抗或消灭毒素或细菌；血浆内的各种凝血因子、抗凝物质、纤溶系统物质，参与凝血-纤溶生理性止血过程等，这些都表明血液对机体具有防御和保护作用。

第二节 血液的化学成分和理化特性

一、血液的化学成分

（一）无机盐

血浆中无机盐约占 0.9%，多以离子状态存在，少数以分子状态或与蛋白质结合的形式存在。主要的阳离子有 Na^+、K^+、Ca^{2+}、Mg^{2+}，主要的阴离子有 Cl^-、HCO_3^-、HPO_4^{2-} 和 SO_4^{2-}。主要的微量元素有铜、锌、铁、碘、锰、钴等，它们主要存在于有机化合物分子中，对于维持血浆渗透压、神经和肌肉组织的兴奋性、心肌细胞的活动、体液的酸碱平衡和渗透压等起着重要作用。

（二）有机物

1. 血浆蛋白 血浆蛋白占血浆的 6.2%～7.9%，是血浆中多种蛋白质的总称。根据分子质量不同，血浆蛋白又可分为白蛋白（又称清蛋白）、球蛋白、纤维蛋白原等。其中，白蛋白最多，是组织生长修补的原材料和形成渗透压的主体；球蛋白次之，主要参与动物的免疫；纤维蛋白原最少，主要参与止血和凝血。

2. 血浆中非蛋白质含氮化合物 不是蛋白质但含有氮元素，主要是蛋白质代谢的中间产物或终末产物，包括尿素、尿酸、肌酸、肌酐、氨基酸、胆红素和氨等。一般都通过肾排泄。

3. 血浆中不含氮有机物 主要是脂类和葡萄糖，包括葡萄糖、甘油三酯、磷脂、胆固醇和游离脂肪酸等，与糖代谢和脂类代谢有关。血浆中的葡萄糖称为血糖，它的浓度是相对恒定的，血糖直接氧化供给机体代谢活动所需能量，是非反刍动物体内最主要的供能物质。反刍动物血浆中含有一定数量的挥发性低级脂肪酸，是这类动物体内的重要能源物质。

4. 血浆中微量的活性物质 主要包括酶类、激素和维生素，临床测定这些活性物质的含量可反映相应组织器官的机能状态，有一定的诊断价值。

二、血液的理化特性

（一）颜色与气味

血液为不透明的红色液体，其红色与红细胞内血红蛋白的含氧量有关。动脉血中，血红蛋白氧结合量高，呈鲜红色；静脉血中，血红蛋白氧结合量低，呈暗红色。

血液中由于存在挥发性脂肪酸，故带有特殊的血臭，即血腥气。又由于血液中含有氯化钠而稍带咸味。

（二）血液的质量密度（比重）

畜禽全血的相对密度一般在 1.040～1.075 的范围内变动。其大小主要取决于红细胞和血浆容积之比，比值高，全血相对密度就大；反之，就小。

红细胞的相对密度一般为 1.070～1.090，其大小取决于红细胞中所含的血红蛋白的浓度，血红蛋白浓度越高，相对密度就越大。血浆的相对密度为 1.024～1.031，其大小主要取决于血浆蛋白的浓度。

（三）血液的黏滞性

液体流动时，由于内部分子间摩擦而产生阻力，以致流动缓慢并表现出黏着的特性，称为黏滞性（viscosity）。全血的黏滞性比水高 4～5 倍。血浆的黏滞性比水高 1.5～2.5 倍。血液黏滞性的大小，主要取决于红细胞数目的多少和血浆蛋白质的浓度。红细胞数目越多，血浆蛋白质浓度越高，血液黏滞性就越大。

（四）血浆渗透压

促使纯水或低浓度溶液中的水分子通过半透膜向高浓度溶液中渗透的力量，称为渗透压（osmotic pressure）。血浆渗透压包括晶体渗透压和胶体渗透压两部分，其值约为 771.0kPa（约 7.6 个大气压）。晶体渗透压是由血浆中的晶体物质，特别是各种电解质构成（主要是钠离子和钾离子），约占血浆总渗透压的 99.5%，其作用主要是保持细胞内外水平衡或维持红细胞的正常形态和功能;胶体渗透压是由各种血浆蛋白质(主要是白蛋白)构成,约占血浆总渗透压的0.5%,其作用主要是维持血管内外的水平衡。

有机体细胞的渗透压与血浆的渗透压相等,也与机体各部位体液的渗透压基本相等。所以,将与细胞和血浆渗透压相等的溶液就称为等渗溶液,例如0.9%的氯化钠溶液(生理盐水)和5%的葡萄糖溶液。将那些高于或低于血浆渗透压的溶液分别称为高渗溶液或低渗溶液。

(五) 血浆酸碱度

血液呈弱碱性,pH稳定于7.35~7.45之间。如果超过这个限度,将会引起机体酸中毒或碱中毒。机体生命活动所能耐受的血液pH最大范围为6.9~7.8,超过此极限将会影响机体的正常生命活动(损害细胞的兴奋性和酶的活性),严重的会导致死亡。可见,血液pH保持相对恒定是维持组织细胞进行正常生命活动的重要条件。

在正常情况下,机体在代谢过程中总是不断地有一些酸性物质和碱性物质进入血液,但血液pH却始终保持相对恒定,除了通过肺和肾排出过多酸性或碱性物质外,主要依赖于血液中的缓冲对。其中,血浆缓冲对包括:$NaHCO_3/H_2CO_3$,蛋白质钠盐/蛋白质,Na_2HPO_4/NaH_2PO_4 等;红细胞缓冲对包括:KHb/HHb,$KHbO_2/HHbO_2$ 等。$NaHCO_3/H_2CO_3$ 是最主要的缓冲对,生理学中常把血浆中 $NaHCO_3$ 的含量称为血液的碱储(alkali reserve)。

第三节 血细胞生理

血液的有形成分包括红细胞、白细胞和血小板三种。

一、红 细 胞

(一) 红细胞的形态和数量

红细胞是血液中数量最多的一种血细胞。不同种类的动物红细胞数量不同,同种动物的红细胞数目常随品种、年龄、性别、生活条件等的不同而有差异。

哺乳动物的红细胞为无核(鸡为有核)、双凹圆盘形(骆驼和鹿的呈椭圆形)。这种形态可使红细胞表面积与体积的比值增大,并具有很强的变形性和可塑性,较易通过直径比它小的毛细血管、血窦间隙。此外,这种形态使细胞膜到细胞内的距离缩短,有利于氧和二氧化碳的扩散、营养物质和代谢产物的运输。

(二) 红细胞的生理特性和功能

1. 红细胞的生理特性

(1) 膜的选择性通透:红细胞膜的通透性有严格的选择性,水、氧气、二氧化碳及尿素可以自由通过,葡萄糖、氨基酸、负离子(Cl^-、HCO_3^-)较易通过,而正离子(Ca^{2+})却很难通过。红细胞通过糖酵解和磷酸戊糖旁路从血浆中摄取葡萄糖,产生的能量主要供应膜上 Na^+ 泵的活动,另外也用于保持膜的完整性及细胞的双凹圆盘形。

(2) 渗透脆性与溶血:将红细胞放在高渗溶液中,细胞内的水分外移,致使细胞皱缩,正常的形态和功能不能保持；而将红细胞放入低渗溶液中，水分就会渗入细胞内，致使细胞膨胀，最终导致细胞膜破裂，并释放出血红蛋白，这种现象称为溶血（hemolysis）。

红细胞在渗透压有所降低的溶液中并不一定发生溶血，说明红细胞对低渗溶液有一定的抵抗力。红细胞对低渗溶液的这种抵抗力，称为红细胞渗透脆性（erythrocyte osmotic fragility）或简称脆性。脆性与抵抗力呈反比关系。

衰老红细胞的抵抗力较弱，脆性较大；网织红细胞和初成熟的红细胞抵抗力较强，脆性较小。某些化学物质（如氯仿、苯、胆盐）及某些疾病和细菌等，能使红细胞渗透脆性有所增大，不同程度地引起溶血。

（3）悬浮稳定性与沉降率：将红细胞能均匀地悬浮于血浆中不易下沉的特性，称为红细胞的悬浮稳定性（suspension stability）。常以红细胞沉降率（血沉）来表示。将抗凝血放入血沉管中垂直静置，红细胞因比重较大而下沉，在一定时间内（常为1h）下沉的距离就称为红细胞的沉降率，简称为血沉（erythrocyte sedimentation rate，ESR）。动物患病时血沉值也会发生改变，具有一定的诊断价值。

2. 红细胞的生理功能 红细胞的主要功能是运输O_2和CO_2，这项功能是由红细胞所含的血红蛋白来完成的。红细胞含有大量血红蛋白（haemoglobin，Hb），占红细胞成分的30%～35%。

血红蛋白的相对分子质量约为64 460，是由珠蛋白与亚铁血红素组成的结合蛋白质。在氧分压高时，血红蛋白容易与氧疏松结合成氧合血红蛋白；在氧分压低时，氧又容易解离而释放出来。此外，血红蛋白也能与二氧化碳结合成氨基甲酸血红蛋白（又称碳酸血红蛋白），在CO_2分压低的环境中，CO_2又解离释放出来。

各种动物血液中血红蛋白含量不同。健康动物血红蛋白含量，可因年龄、性别、营养状况等的不同而有变动。在正常情况下，单位容积内红细胞数目与血红蛋白含量的高低是基本一致的。如果红细胞数目和血红蛋白含量都减少，或其中之一明显减少，都可视为贫血。血红蛋白含量以每升血液中含有的克数表示。在正常情况下，每克血红蛋白最多能与1.34mL的氧结合，若以每100mL血液中含血红蛋白15g计算，则100mL血液约可携带20mL的氧。

血红蛋白在亚硝酸盐、磺胺、乙酰苯胺等以及各种氧化剂作用下，其亚铁离子被氧化成三价的高铁血红蛋白；血红蛋白与CO的亲和力比对O_2的亲和力大200余倍，并结合成稳定的一氧化碳血红蛋白；血红蛋白可与硫化氢结合成硫血红蛋白，这些变性血红蛋白的产生超过一定限度，都将引起机体严重缺氧，甚至造成死亡。

（三）红细胞的生成与破坏及其影响因素

1. 红细胞的生成与破坏 红细胞是由红骨髓的髓系多功能干细胞分化增殖而成。某些放射性物质或药物会抑制骨髓的造血功能，造成再生障碍性贫血。造血过程除了需要骨髓造血机能正常外，还需要供应充足的蛋白质、铁、叶酸、维生素B_{12}等造血原料和促进红细胞成熟物质。

红细胞存活时间因畜种的不同而有很大差异，平均寿命120d。衰老的红细胞变形减退或脆性增高，容易撞破或滞留于脾脏中被巨噬细胞吞噬。红细胞被破坏后，释放出的血红蛋白很快被分解为珠蛋白、胆绿素和铁三部分。珠蛋白和铁可重新参与体内代谢，胆绿素立即被还原成胆红素，经肝脏随胆汁排入十二指肠。

2. 影响红细胞生成的因素

（1）红细胞生成所需的原料：造血过程中除需骨髓造血机能必须处于正常以外，还要供应充足的造血原料和促进红细胞成熟的物质。蛋白质和铁是红细胞生成的主要原料，若供应或摄取不足，造血将发生障碍，出现营养性贫血。促进红细胞发育和成熟的物质，主要是维生素 B_{12}、叶酸和铜离子。前二者在核酸（尤其是 DNA）合成中起辅酶作用，可促进骨髓原红细胞分裂增殖；铜离子是合成血红蛋白的激动剂。叶酸缺乏会引起与维生素 B_{12} 缺乏时相似的巨幼细胞性贫血。维生素 B_{12} 是一种含钴的化合物，一旦吸收不足就可引起贫血。

此外，红细胞生成还需要氨基酸、维生素 B_6、维生素 B_2、维生素 C、维生素 E 和微量元素锰、钴、锌等。

（2）红细胞生成的调节：红细胞数量的自稳态主要受促红细胞生成素（erythropoietin，EPO）的调节，雄激素也起一定作用。

促红细胞生成素主要在肾脏产生，正常时在血浆中维持一定浓度，使红细胞数量相对稳定。该物质可促进骨髓内造血细胞的分化、成熟和血红蛋白的合成，并促进成熟的红细胞释放进入血液。在机体贫血、组织中氧分压降低时，血浆中的促红细胞生成素的浓度增加。当促红细胞生成素增加到一定水平时，反而会抑制促红细胞生成素的合成与释放。这种反馈调节，可使红细胞数量维持相对恒定，以适应机体的需要（图 4-3）。促红细胞生成素是一种糖蛋白，相对分子质量为 34 000，除肾脏外，肝脏也有少量生成。

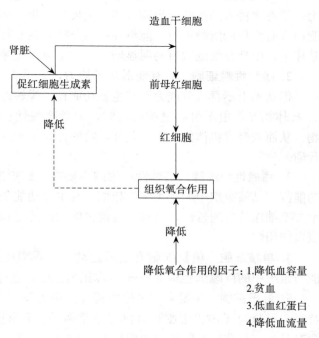

图 4-3 促红细胞生成素的作用机理

雄激素可以直接刺激骨髓造血组织，促使红细胞和血红蛋白的生成，也可作用于肾脏或肾外组织产生促红细胞生成素，从而间接促使红细胞增生。这也可能是雄性动物的红细胞和血红蛋白量高于雌性动物的原因之一。

二、白 细 胞

（一）白细胞的分类和数量

白细胞为无色有核的血细胞，根据白细胞胞浆中有无粗大的颗粒可分为颗粒细胞和无颗粒细胞两类。颗粒细胞按其颗粒染色特点又可分为中性粒细胞、嗜酸性粒细胞和嗜碱性粒细胞三类；无颗粒细胞包括单核细胞和淋巴细胞。

白细胞在血液中多为球形，在组织中由于能做变形运动，因而形态多变，数量随动物生理状态而发生较大变化，如下午高于早晨，初生仔畜高于成年动物，剧烈运动、进食和疼痛时增多，也存在个体差异。虽然其数量变化较大，但各类白细胞之间的百分比是相对恒定的。

（二）白细胞的生理特性和功能

白细胞具有渗出、趋化性和吞噬作用。除淋巴细胞外，所有的白细胞都能伸出伪足做变形运动，凭着这种运动白细胞得以穿过血管壁，这一过程称为血细胞渗出。白细胞具有趋向某些化学物质游走的特性，称为趋化性。具有趋化作用的物质包括：细菌及细菌毒素、细菌或细胞的降解产物，以及抗原-抗体复合物等。白细胞可按着这些物质的浓度梯度游走到其周围，将异物包围起来并吞入胞浆内，此过程称为吞噬作用。

1. 中性粒细胞 中性粒细胞具有活跃的变形能力、高度的趋化性和很强的吞噬消化能力，能吞噬侵入的细菌或异物、体内免疫复合物、坏死组织、衰老或受损红细胞。中性粒细胞内含有大量的溶酶体酶，能将吞噬物分解，在非特异性免疫系统中有十分重要的作用。在临床上，中性粒细胞数目的明显增多，常是急性化脓性感染的反映。

2. 嗜酸性粒细胞 具有变形运动能力，它虽含有溶酶体，但缺乏溶菌酶，所以虽能吞噬，但基本上不具杀菌能力。其主要功能在于缓解过敏反应和限制炎症过程，当机体发生抗原-抗体相互作用而引起过敏反应时，大量嗜酸性粒细胞趋向局部，并吞噬抗原-抗体复合物，从而减轻对机体的伤害。此外，嗜酸性粒细胞还可参与对蠕虫的免疫反应和体内的脂肪代谢。

3. 嗜碱性粒细胞 嗜碱性粒细胞主要在组织中发挥作用，但缺乏吞噬能力，其结构与功能都与结缔组织中的肥大细胞相似。其主要功能是对局部炎症区域的小血管有舒张作用，增加毛细血管的通透性，有利于其他白细胞的游走和吞噬活动。释放的肝素在炎症局部起抗凝血作用。

4. 单核细胞 单核细胞有变形运动，但吞噬能力很弱，可渗出血管转变成巨噬细胞。能与组织中的巨噬细胞构成单核-巨噬细胞系统，在体内发挥防御作用。

5. 淋巴细胞 主要参与机体的特异性免疫反应。根据淋巴细胞的发生、形态和功能等特点，可分为T淋巴细胞和B淋巴细胞两种。T淋巴细胞主要参与机体的细胞免疫，它与含有某种特异抗原性物质或细胞相互接触时，发挥免疫功能，以对抗病毒、细菌和癌细胞的侵入。另有一些T细胞受到抗原刺激后能合成一些免疫活性物质如淋巴因子、干扰素等，参与体液免疫。被特异性抗原激活后分化为特异性免疫效应细胞（致敏淋巴细胞），通过直接作用而破坏异体组织和入侵抗原。B淋巴细胞主要参与机体的体液免疫。它存在于淋巴结、脾和肠道淋巴组织内，由免疫细胞产生，在抗原刺激下转化为浆细胞，后者产生和分泌多种特异抗体，释放入血阻止细胞外液相应抗原、异物侵害；由免疫细胞产生和分泌的特异性抗体引起的免疫反应，称为体液免疫。

（三）白细胞的生成与破坏

1. 白细胞的生成 各类白细胞来源不同，颗粒白细胞由红骨髓的原始粒细胞分化而来；单核细胞大部分来源于红骨髓，一部分来源于单核-巨噬细胞系统；淋巴细胞生成于脾、淋巴结、胸腺、骨髓、扁桃体及肠黏膜下的集合淋巴结内。白细胞的分化和增殖主要受到一组造血生长因子的调节。

2. 白细胞的破坏 白细胞寿命相差很大，较难准确判断。粒细胞和单核细胞在血液中只停留几小时或2~4d即进入组织中发挥作用，一般生存时间都比较短。淋巴细胞一般存活时间也比较短，只有几天或几周，但其中记忆 B 细胞和记忆 T 细胞的寿命则可长达数年。

白细胞的破坏，可因衰老死亡和执行防御功能被消耗而致。遭破坏的白细胞，有的与被破坏的组织残片和细菌一起形成脓液，有的被网状内皮系统吞噬，有的则通过消化、呼吸、泌尿道排出体外。

三、血 小 板

（一）血小板的形态和数量

血小板是从骨髓成熟的巨核细胞胞浆裂解脱落下来的活细胞。无色，无核，为扁平不规则的圆形小体，不同动物血小板的数目不一样。

（二）血小板的生理特性和功能

血小板的生理特点主要有黏附、聚集、释放、吸附和收缩等。这些特性与血小板的止血功能和加速凝血的功能密切相关。

1. 生理特性

（1）黏附与聚集：黏附系指血小板易于附着在异物表面。当血管内皮损伤，暴露出内皮下的胶原纤维时，使血小板激活并黏附其上。所谓聚集，是指血小板与血小板相互黏着在一起聚集成团的现象。聚集分为两个时相，第一时相是可逆的，发生迅速，容易解聚，主要由损伤组织释放 ADP 引起；第二时相发生缓慢，是不可逆的，即不能解聚，主要由血小板本身释放内源性 ADP 引起。可见，ADP 是使血小板聚集的重要物质，但必须在一定浓度的 Ca^{2+} 和纤维蛋白原存在的情况下才能实现。黏附、聚集的血小板形成止血栓封闭创口，有利于止血。

（2）吸附与释放：血小板能吸附血浆中的凝血因子，使血小板聚集的局部凝血因子的浓度增高，促进凝血反应，血小板还能从血浆中主动吸收 5-羟色胺（5-HT）、儿茶酚胺等，储存于致密颗粒中。

血小板激活后，可将贮存颗粒中的 ADP、5-HT 和儿茶酚胺等活性物质释放出来。内源性的 ADP 又进一步使血小板聚集，5-HT 和儿茶酚胺可使小动脉收缩，均有利于止血。

（3）收缩：血小板内含有血小板收缩蛋白，使血小板具有收缩性，可促使凝血块紧缩、止血栓硬化，加强止血效果。

2. 生理功能

（1）生理性止血：小血管受损伤出血，正常动物仅在数分钟后出血就会自行停止，这种情况称为生理止血。小血管损伤后，暴露出内皮下的胶原纤维，立即引起血小板的黏附与聚集，同时释放 5-HT、儿茶酚胺和 ADP 等活性物质，引起局部缩血管反应和继发性的黏附和聚集，形成较大的血小板止血栓。同时，血浆中凝血系统激活，发生凝血反应，形成血块，随后由于血小板收缩蛋白的收缩使血块紧缩，形成坚实的止血栓，更有效地实现生理止血（图 4-4）。机体对大血管出血一般不能有效控制，如果小血管出血，主要依靠血管收缩和形成纤维蛋白凝块而止血；如果毛细血管出血，主要依靠血小板的修复而止血。

（2）参与凝血：血小板破裂后，对凝血过程有极强的促进作用。血小板内含有多种凝血因子，其中以血小板第三因子（PF_3）最为重要。由 PF_3 直接提供的磷脂表面是凝血因子进

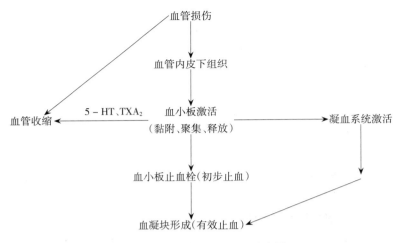

图 4-4 生理性止血过程示意图
5-HT.5 羟色胺　TXA$_2$. 血栓烷 A$_2$

行凝血反应的重要场所，并可加速凝血反应的速度。血小板内含的凝血因子 2（PF$_2$）还可促进纤维蛋白原转变为纤维蛋白单体。PF$_4$ 则有抗肝素作用，有利于凝血酶的形成并加速凝血。

（3）对纤维蛋白的溶解作用：血小板对纤维蛋白溶解起抑制和促进两方面的作用。在血栓形成的早期，血小板释放抗纤溶酶因子（PF$_3$），抑制纤溶酶的作用，使纤维蛋白不发生溶解，促进止血。在血栓形成的晚期，随着血小板解体和释放反应增加，一方面释放纤溶酶原激活物，促进纤维蛋白的溶解；另一方面，释放 5-HT、组胺、儿茶酚胺等物质，刺激血管壁释放纤溶酶原激活物，间接促进纤维蛋白溶解，使血栓溶解，保证循环血流的畅通。

（4）维持血管内皮细胞的完整性：血小板可以融合并进入毛细血管内皮细胞，因而可能对维持血管内皮细胞的完整或对内皮细胞的修复有重要作用。如内皮细胞脱落，能迅速由血小板填补修复，修复过程发端于血小板在血管壁上黏附，随即插入内皮细胞之间，最后逐渐融合于内皮细胞的细胞浆中。当血小板减少时，血管脆性增加，易造成出血。

（三）血小板的生成破坏

1. 生成　骨髓造血干细胞分化生成巨核系祖细胞，再分化为形态上可识别的巨核细胞。血小板由成熟的巨核细胞裂解而成。

促血小板生成素（TPO）是造血干细胞的调节因子，它能刺激造血干细胞向巨核系祖细胞分化，特异性地促进巨核系祖细胞增殖、分化为成熟的巨核细胞，进而释放出血小板。

2. 破坏　血小板进入血液后，平均寿命为 10d 左右，但只有在最初的 2~3d 具有正常的生理功能。衰老的血小板可在脾、肝和肺组织中被吞噬。血小板也会在发挥生理功能时被消耗。

四、造血过程的调节

正常情况下造血功能（即血细胞生成）和血细胞破坏的功能都很活跃，这两个过程是保持动态平衡的。如果这一平衡被破坏就会引起疾病。

（一）造血各个阶段

在胚胎发育早期，最初是在卵黄囊造血，以后由肝脾造血。胚胎发育到 5 个月以后，肝脾造血活动逐渐减少，骨髓开始造血，并且造血活动逐渐增强。到出生时，几乎完全依靠骨髓造血。但如果幼龄动物急速生长发育，对造血的需要量过多时，肝脾可再次参与造血以进行代偿。成年动物完全依靠骨髓造血而不再需要骨髓外代偿性造血。

骨髓内造血过程包括三个阶段。第一阶段是造血干细胞的复制和分化，造血干细胞也称多能干细胞；第二阶段是定向祖细胞继续分化增殖，定向祖细胞也称定向干细胞；第三阶段是各系母细胞发育，分别生成具备细胞功能的各类成熟血细胞。

（二）造血功能的调节

目前认为对造血功能起调节作用的主要是造血生长因子，此外，造血微环境也有一定的作用。

造血细胞生长因子主要包括红细胞生成素（EPO）、集落刺激因子（CSF），以及某些白介素（IL）等。每一种造血生长因子刺激造血功能具有一定的特异性。例如，EPO 刺激红系造血细胞的增殖分化和成熟；CSF 刺激粒系造血细胞的增殖分化和成熟。但是造血生长因子之间也有互相辅助的作用。此外，这些造血生长因子不仅调节造血功能，也增加成熟血细胞的功能，目前发现的这类因子已有十几种之多，其中有些因子的基因已经克隆成功并有了重组基因的生产，有些因子已应用于临床治疗某种原因导致的造血功能障碍。

造血微环境是指造血细胞所在的局部环境（包括离体培养的环境）。其主要构成有各种基质、成纤维细胞、上皮样细胞、巨噬细胞和脂肪细胞，还包括在体的末梢血管和神经纤维。微环境的作用有三方面：一是支撑造血细胞形成造血岛（如上皮样细胞）；二是有利于细胞间的相互作用；三是释放短距离的调节因子，如肾上腺素能物质、乙酰胆碱、组胺等，促进或抑制造血细胞的定向分化。

骨髓内造血的三个阶段都受到上述调节因素的作用。

1. 对多能干细胞的调节　多能干细胞的分化趋向受到造血生长因子的调节，例如 EPO 促进干细胞向红系祖细胞分化；Meg - CSF 促进干细胞向巨核系祖细胞分化；刺激粒系细胞生长的造血生长因子促进干细胞向粒系祖细胞分化等。造血干细胞的分化趋向也受到造血微环境的诱导作用。

2. 对定向祖细胞的调节　定向祖细胞主要受造血生长因子的调节。体外实验证明，定向祖细胞的存活、增殖和分化都有赖于这些因子的存在。例如，红系祖细胞在 EPO 的作用下生长成红系祖细胞集落并分化为红母细胞，巨核系祖细胞在 Meg - CSF 的作用下，集落的生成和细胞数增加，同样，各种粒系 CSF 能刺激相应祖细胞的增殖。除了 HGFs 的调节之外，还有一些抑制因子也参与对祖细胞的调节。

3. 对母细胞发育成熟过程的调节

（1）巨核母细胞生成血小板：巨核母细胞的胞质已开始分化，核内 DNA 合成也增加（但细胞不分裂）。当巨核母细胞的胞质被分隔成许多小区时，每个小区完全隔开即成为血小板。巨核母细胞的"成熟"过程受到血小板生成素（TPO）的调节。TPO 是一种糖蛋白，由肾脏产生。它刺激巨核母细胞 DNA 的合成。

（2）粒-单系细胞的成熟：粒-单系细胞的成熟受到 G - CSF、M - CSF 和 GM - CSF 的促进作用，又受到某些粒-单系细胞抑制物的抑制作用。例如，从粒细胞提取物中发现有一种粒细胞抑素，有抑制幼粒细胞合成DNA的作用，因此延长细胞周期，延缓细胞分裂。

（3）原红母细胞发育分化为成熟红细胞：从原红母细胞开始，已经能够合成血红蛋白，在发育为成熟红细胞之前，原红母细胞还要经过数次分裂和分化。在母细胞分裂及合成血红蛋白的过程中，除了需要如一般细胞生长所需的氨基酸、脂肪、碳水化合物之外，还对叶酸、维生素B_{12}和铁有特殊的需要，并且受到一种重要的激素——EPO的调节。

第四节　血液凝固

血液凝固是指血液由液体溶胶状态转变为半固体凝胶状态的过程，简称血凝。实际上是由一系列凝血因子参与的、复杂的酶促反应，有许多因素参与其中，最后使血浆中呈溶胶状态的纤维蛋白原转变为凝胶状态的纤维蛋白。后者呈丝状态交错重叠，将血细胞网罗其中，成为胶冻样血凝块。动物因受伤出血，血液凝固现象可避免机体失血过多，因此血凝是机体的一种保护功能。

血液凝固后1~2h，血块发生回缩，同时析出淡黄色的液体，称为血清。血清和血浆的区别是血清去除了纤维蛋白原和少量参与凝血的血浆蛋白，增加了血小板释放的物质。

一、凝血因子

血浆与组织中直接参与血液凝固的物质，统称为凝血因子。国际上依照发现顺序用罗马数字命名的因子有12种（表4-2），即凝血因子Ⅰ~ⅩⅢ，其中因子Ⅵ又名血清加速球蛋白，是活化的因子Ⅴ，故未列入表中。此外，还有前激肽释放酶、高分子激肽原以及来自血小板的磷脂等，都直接参与凝血过程。除因子Ⅳ（钙离子）与磷脂外，其余的凝血因子都是蛋白质。因子Ⅱ、Ⅸ、Ⅹ、Ⅺ、Ⅻ以及前激肽释放酶都是蛋白酶，而且均为内切酶，每种酶只能水解某两种氨基酸所形成的肽键，因而只能将某一条肽链进行有限的水解。在血液中，因子Ⅱ、Ⅸ、Ⅹ、Ⅺ、Ⅻ通常以酶原的形式存在，只有通过有限水解，在其肽链上暴露或形成活性中心后，这些因子才能有活性，这个过程称为激活。被激活的酶，称为这些因子的"活性型"，习惯上以该因子代号的右下角加"a"来表示，如Ⅱa表示有活性的凝血酶。有少数几种因子不具有酶的作用，但在凝血过程中是必须的辅助因子。因子Ⅱ、Ⅶ、Ⅸ、Ⅹ都在肝脏中合成，且合成时需要维生素K的存在，故肝脏功能异常或维生素K缺乏时血凝机能异常。

表4-2　凝血因子

因子	同义名	合成部位	合成时是否需要维生素K	化学本质	凝血过程中的作用	血清中是否存在
Ⅰ	纤维蛋白原	肝	不	糖蛋白	变为纤维蛋白	无
Ⅱ	凝血酶原	肝	需	糖蛋白	变为有活性的凝血酶	几乎没有
Ⅲ	组织因子	各种组织细胞	不	糖蛋白	启动外源性凝血	无
Ⅳ	钙离子				参与凝血的多步过程	存在
Ⅴ	前加速素	肝	不	糖蛋白	调节蛋白	无
Ⅶ	前转变素	肝	需	糖蛋白	参与外源性凝血	存在

(续)

因子	同义名	合成部位	合成时是否需要维生素 K	化学本质	凝血过程中的作用	血清中是否存在
Ⅷ	抗血友病因子	肝为主	不	糖蛋白	调节蛋白	无
Ⅸ	血浆凝血激酶	肝	需	糖蛋白	变为有活性的Ⅸa	存在
Ⅹ	Stuart-Prower因子	肝	需	糖蛋白	变为有活性的Ⅹa	存在
Ⅺ	血浆凝血激酶前质	肝	不	糖蛋白	变为有活性的Ⅺa	存在
Ⅻ	接触因子	不明	不	糖蛋白	参与内源性凝血	存在
ⅩⅢ	纤维蛋白稳定因子	血小板	不	糖蛋白	不溶性纤维蛋白的形成	几乎没有

二、血液凝固的过程

Macfarlane、Davies 和 Ratnoff 于 1964 年分别提出并逐步完善了凝血过程的瀑布学说。他们认为凝血是一系列凝血因子相继酶解激活的过程，最终形成了凝血酶和纤维蛋白凝块，每步酶解反应均有放大效应。

凝血过程大体上经历三个主要阶段：第一阶段为凝血酶原激活物的形成，将凝血因子Ⅹ激活成Ⅹa，并形成凝血酶原激活物；第二阶段为凝血酶原激活物催化凝血酶原（FⅡ）转变为凝血酶（FⅡa）；第三阶段为凝血酶催化纤维蛋白原（FⅠ）转变为纤维蛋白（FⅠa），最终形成血凝块（图4-5）。

凝血第一阶段：第一阶段中形成的凝血酶原激活物是由活化的 FⅩ（Ⅹa）和其他凝血因子共同组成的复合物，因子Ⅹ活化可以通过内源性和外源性两条途径实现。

1. 内源性凝血途径 内源性凝血途径指凝血酶原激活物完全是靠血液中存在的各种凝血物质作用而形成的凝血途径。当血液与带负电荷的异物表面（如白陶土、玻璃、血管内皮受损时暴露的胶原纤维等）接触时，首先是FⅫ结合到异物表面上，并立即被激活为FⅫa。FⅫa可裂解前激肽释放酶（PK），使之成为激肽释放酶（KK）；该酶又反过来激活FⅫ，形成更多的FⅫa。在FⅫa的作用下，FⅪ转变为FⅪa。从FⅫ结合于异物表面到FⅪa形成的全过程称为表面激活。在 Ca^{2+} 存在的条件下，表面激活形成的FⅪa可再使FⅨ激活成为FⅨa，生成的FⅨa与FⅧa、Ca^{2+}在血小板磷脂膜上结合成为复合物，并激活FⅩ为FⅩa。只有当FⅨa和FⅩ分别通过 Ca^{2+} 而同时连接在磷脂膜的表面，FⅨa才可激活FⅩ，故这一

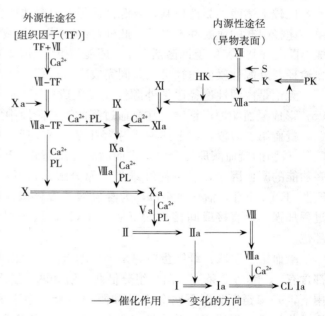

图4-5 凝血过程示意图
PL. 磷脂　S. 血管内皮下组织　PK. 前激肽释放酶
HK. 高分子激肽原　Ⅰa. 纤维蛋白单位　CLⅠa. 纤维蛋白交联成网

过程十分缓慢。FⅧ本身不是蛋白酶，不能激活FX，但只要它存在，可使上述反应速度提高20万倍，因此FⅧ是一种重要的辅助因子。遗传性缺乏FⅧ将发生甲型血友病，导致凝血过程非常慢，甚至微小的创伤也出血不止。先天性缺乏FⅨa或FⅪa时，内源性途径激活FX的反应受阻，血液也不易凝固，这种凝血缺陷称为乙型或丙型血友病。FXa生成后的凝血过程，是进入内源性和外源性两条途径的共同通路。

2. 外源性凝血途径 外源性凝血途径指启动凝血的组织因子不是来自血液，而是来自组织，又称为凝血的组织因子途径。组织因子FⅢ（TF）是一种跨膜糖蛋白，存在于大多数的组织细胞中，生理条件下血细胞和血管内皮细胞不表达。当血管损伤或血管内皮细胞、单核细胞受到细菌内毒素、免疫复合物等物质刺激时组织因子才得以暴露或表达。在Ca^{2+}存在下，TF与FⅦ/FⅦa结合，形成TF-Ca^{2+}-FⅦ/FⅦa复合物，迅速使FⅨ激活为FⅨa，FX激活为FXa。生成的FXa又能激活FⅧ成FⅧa，因此能生成更多的FX，这是外源性凝血途径的正反馈效应。此外，TF-Ca^{2+}-FⅦ/FⅦa复合物还可激活FⅨ成为FⅨa，FⅨa又反过来激活FⅧ，并与FⅧa结合形成复合物，激活FX，从而使内源性凝血途径和外源性凝血途径汇合，共同完成凝血过程。

比较上述两种凝血机制，外源性途径的血凝速度比内源性途径要快。但通常情况下，由单一途径引起的血凝并不多见。此外，FⅦa与FⅢ复合物在Ca^{2+}参与下，还能将FⅨ激活成FⅨa。FⅨa又能返回激活FⅦ，还能与FⅧa形成复合物激活FX。由此可见，内源性凝血途径与外源性凝血途径可以共同完成凝血过程。

无论是内源性途径还是外源性途径生成的FXa，在PF_3提供的磷脂表面上与FVa和Ca^{2+}形成凝血酶原激活物，在凝血过程的第二阶段中发挥作用。

凝血第二阶段：在上述两个途径生成FXa后，在血小板磷脂膜上形成FXa-FVa-Ca^{2+}-磷脂的凝血酶原复合物，进而激活凝血酶原（FⅡ）为凝血酶（FⅡa）。凝血酶是一个多功能的凝血因子，它可使纤维蛋白原分解形成纤维蛋白单体，可激活FV、FⅦ、FⅧ、FⅪ、FⅫ、FⅩⅢ，活化血小板，为凝血因子提供磷脂膜表面，产生更多的凝血酶，使凝血过程加强，可直接或间接灭活FVa、FⅧa，从而制约凝血过程，使凝血过程局限于损伤部位。

凝血第三阶段：纤维蛋白原是一种糖蛋白，是由两个相同组分组成的二聚体。每个组分都含有α、β、γ3条链。两个组分借两γ链和两α链形成的3个二硫键连接。在凝血酶的作用下，α、β链断裂脱下两个A肽和两个B肽，余下的部分即为纤维蛋白单体。在FⅩⅢa和Ca^{2+}作用下，纤维蛋白单体相互聚合，形成不溶于水的交联纤维蛋白多聚体凝块，从而导致血液凝固。

戴维（Davies）与布洛热（Broze）等在20世纪90年代先后对经典"瀑布学说"进行了修正，提出了目前较为公认的凝血过程两阶段学说。修正后的瀑布学说认为：体内凝血过程几乎都是由外源性途径启动的，故1993年国际血栓与止血学会标准化委员会决定将外源性途径更名为组织因子途径。在体内多数情况下，由于组织因子途径抑制物（TFPI）存在，通过组织因子途径生成的凝血酶极少，因此凝血过程由外源性途径启动后，微量的凝血酶一方面要通过激活血小板和FV、FⅧ、FⅨ、FⅪ，继续促进凝血；另一方面，又通过FⅦa-TF复合物直接激活FⅨ，进一步加强内源性凝血途径，生成足量凝血酶，维持和巩固凝血过程。

三、抗凝系统与纤维蛋白溶解

血液在心血管系统内循环，因为血管内壁光滑无异物，凝血因子不易被表面激活而发生凝血反应，血小板也不会发生黏附和聚集。即使血浆中少量凝血因子被激活，也会被血流稀释，由肝脏清除或被吞噬细胞吞噬，因此凝血反应不会延续发生。正常时血液能保持液态除上述原因外，更重要的是由于体内存在着抗凝和纤维蛋白溶解机制。

（一）生理性抗凝物质

1. 丝氨酸蛋白酶抑制物 血液中含有多种这类抑制物，如抗凝血酶Ⅲ、α_1 抗胰蛋白酶、α_2 巨球蛋白等，其中最重要的是抗凝血酶Ⅲ。抗凝血酶Ⅲ是一种脂蛋白，由肝细胞和血管内皮细胞分泌，它能通过与FⅦa、FⅨa、FⅩa、FⅪa、FⅫa和凝血酶的活性中心——丝氨酸残基结合，封闭这些酶的活性位点而使凝血因子失活，达到抗凝作用，是一种抗丝氨酸蛋白酶。在正常情况下，抗凝血酶Ⅲ的直接抗凝作用缓慢而微弱，不能有效地抑制凝血，但与肝素结合后抗凝活性增加约2 000倍。

2. 蛋白质C系统 蛋白质C是由肝脏合成的维生素K依赖性蛋白。凝血酶与血管内皮细胞上的凝血酶调制素结合后，可激活蛋白质C并使其有如下作用：①在磷脂和Ca^{2+}存在时使FⅤa和FⅧa失活。②阻碍FⅩa与血小板上的磷脂膜结合，削弱FⅩa对凝血酶原的激活作用。③刺激纤溶酶原激活物的释放，增强纤溶酶活性，促进纤维蛋白降解。血浆中蛋白质S可大大增强蛋白质C的作用。

3. 组织因子途径抑制物 组织因子途径抑制物（TFPI）主要来自小血管内皮细胞，是体内主要的生理性抗凝物质。TFPI的抗凝作用分两步进行：第一步是K_2与FⅩa结合，直接抑制FⅩa的催化活性，并使TFPI变构；第二步是在Ca^{2+}存在条件下，变构的TFPI与FⅦa-TF结合，形成FⅩa-TFPI-FⅦa-TF四聚体，灭活FⅦa-TF复合物，发挥负反馈性抑制外源性凝血途径的作用。

4. 肝素 肝素是一种酸性黏多糖，主要由肥大细胞产生，血中嗜碱性粒细胞也产生一部分。肝素有多方面的抗凝作用：增强抗凝血酶的作用；抑制血小板黏附、聚集和释放反应；使血管内皮细胞释放凝血抑制物和纤溶酶原激活物。此外，肝素是脂蛋白酶的辅基，有利于血浆乳糜微粒的清除和防止与血脂有关的血栓形成。

（二）纤维蛋白溶解

血液凝固过程中形成的纤维蛋白被分解、液化发生溶解的过程，称为纤维蛋白溶解，简称纤溶。参与纤溶的物质有：纤维蛋白溶解酶原（纤溶酶原）、纤维蛋白溶解酶（纤溶酶）、纤溶酶原激活物和纤溶酶原抑制物，总称纤维蛋白溶解系统，简称纤溶系统。纤溶的基本过程可分两个阶段，即纤溶酶原的激活与纤维蛋白及纤维蛋白原的降解（图4-6）。

1. 纤溶酶原的激活 纤溶酶原主要在肝脏、骨髓、肾脏和嗜酸性粒细胞等处合成。在激活物的作用下，纤溶酶原脱下一段肽链，成为纤溶酶。纤溶酶原激活物主要有三类：①血管激活物，在小血管内皮细胞中合成，随后释放于血中。②组织激活物，存在于很多组织中。由血管内皮细胞和各种组织合成的组织型纤溶酶原激活物，活性很强。③内源性凝血系统的有关凝血因子，如凝血因子FⅪa、激肽释放酶。由前两类激活物使纤溶酶原转变为纤

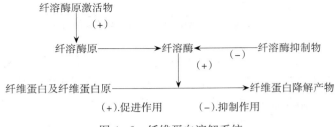

图 4-6 纤维蛋白溶解系统

溶酶的途径称为外源性激活途径，而凝血相关因子激活纤溶酶原为纤溶酶的途径称为内源性激活途径。

2. 纤维蛋白与纤维蛋白原的降解 纤溶酶是血浆中活性最强的蛋白酶，但特异性较小，除能水解纤维蛋白原或纤维蛋白外，还能水解凝血酶、因子V、因子Ⅷ、因子Ⅻa；促使血小板聚集和释放 5-HT、ADP 等；激活血浆中的补体系统。纤溶酶和凝血酶对纤维蛋白原的作用不同，凝血酶只是使纤维蛋白原从其中两对肽链的 N-端各脱下一个小肽，使纤维蛋白原转变为纤维蛋白。纤溶酶却是水解肽链上的赖氨酸-精氨酸键，使整个纤维蛋白原或纤维蛋白分割成很多可溶的小肽，总称为纤维蛋白降解产物。纤维蛋白降解产物一般不能再发生凝固，相反，其中一部分还有抗血凝的作用。

正常情况下，血管表面经常有低水平的纤溶活动和凝血过程，凝血与纤溶是对立统一的两个系统，当它们之间的平衡遭到破坏，将会导致纤维蛋白形成过多或不足，而引起血栓形成或出血性疾病。

3. 纤溶抑制物 机体内存在许多能够抑制纤溶系统活性的物质。主要的纤溶抑制物有纤溶酶原激活物的抑制剂-1、补体 C_1 抑制物、α_2-抗纤溶酶、α_2-巨球蛋白和抗凝血酶Ⅲ等，它们通过抑制纤维蛋白酶原激活物、纤溶酶、尿激酶等途径来抑制纤溶。有的抑制物，如 α_2-巨球蛋白，既可通过抑制纤溶酶的作用抑制纤溶，又能通过抑制凝血酶、激肽释放酶的作用抑制凝血，对于凝血和纤溶只发生于创伤局部起着重要的作用。

在正常生理情况下，血液在体内循环流动，机体既无出血现象，又无血栓形成，而这正是由于凝血、抗凝血和纤溶处于动态平衡的结果，也是正常的生命活动所必需的。

四、促凝与抗凝措施

在实际工作中，往往需要加速或延缓血液凝固。根据对血液凝固机理的认识，可以采取一些措施以加速或延缓血液凝固。

（一）抗凝或延缓凝血的常用方法

1. 移钙法 由于在凝血过程的三个主要阶段中均有 Ca^{2+} 参与，因此，除去血浆中的 Ca^{2+} 可以达到抗凝的目的。常用的移钙法，也是制备抗凝血的常用方法：血液中加入适量柠檬酸钠，可与 Ca^{2+} 结合成络合物——柠檬酸钠钙；加入适量草酸盐如草酸钾、草酸铵，可与 Ca^{2+} 结合成不溶性草酸钙；用 EDTA（乙二胺四乙酸）螯合钙等。

2. 肝素 在有抗凝血酶Ⅲ存在时，肝素对凝血过程各阶段都有抑制作用，无论在体内还是体外它都是很强的抗凝剂，具有用量少、对血液影响小、易保存的优点。

3. 脱纤法 将采集于容器内的血液迅速用小木条搅拌或在容器内放置玻璃珠加以摇晃，由于血小板解体等原因加速了纤维蛋白原转变为纤维蛋白，并使纤维蛋白丝缠绕于木条或玻璃珠上。但此法不能保全血细胞。

4. 低温 较低的温度可使凝血过程中酶促反应减慢，使凝血延缓。

5. 增加异物表面光滑度 接触光滑面，可因凝血因子Ⅻ活化延迟等原因而延缓血凝。

6. 双香豆素 血液中注入双香豆素可延缓血凝，因双香豆素能阻碍肝组织内凝血因子Ⅱ、Ⅶ、Ⅸ、Ⅹ的合成。青贮的草木樨或苜蓿干草发生腐败霉变时，所含香豆素转变成双香豆素，若牛、羊过多食入此种饲料，可发生双香豆素中毒，引起"少凝血酶原血症"，常可导致皮下和肌肉中广泛血肿，以及胸、腹腔内的出血。双香豆素可作为抗凝剂在临床中防止血栓形成。过量应用双香豆素后，可口服水溶性维生素K来解毒。

（二）促凝常用的方法

1. 压迫止血 临床上常用棉花球、明胶海绵、温热生理盐水浸渍的纱布压迫伤口，使血液与粗糙面接触，这样既可促进凝血因子Ⅶ的激活，又可促进血小板聚集、解体并释放凝血因子，加速凝血反应的进程，可收到良好的止血效果。

2. 加温 适当加温，可提高凝血酶活性，加速凝血反应。

3. 补充维生素K 维生素K在肝脏内参与凝血酶原和凝血因子Ⅶ、Ⅸ、Ⅹ等的合成过程，有加速凝血和止血的间接作用。

第五节 血 型

一、红细胞凝集与血型

（一）红细胞凝集

在正常情况下，红细胞是均匀分布在血液中的，如果将血型不相容的两个个体的血滴放在玻片上混合，其中的红细胞即聚集成团，这种现象称为凝集（agglutination），是一种免疫现象。在补体作用下，红细胞的凝集伴有溶血。红细胞凝集的本质是抗原-抗体反应。凝集原的特异性取决于镶嵌在红细胞膜上的特异性糖蛋白或糖脂，它们在凝集反应中起抗原作用，因而称为凝集原（agglutinogen）。将能与红细胞膜上的凝集原起反应的特异抗体称为凝集素（agglutinin）。凝集素是溶解在血浆中的γ-球蛋白，在其结构中有2～10个能与抗原反应的部位，抗体可将许多具有相应抗原的红细胞聚集成团。

（二）血型的定义

血型的定义，有狭义与广义之分。

狭义的血型是指红细胞膜上特异性抗原的类型。例如人类的ABO型、MN型和Rh型；牛A、B、C系；马的pf、U系；猪的A、B、C系等血型。此种血型可用抗体进行检测。在人类，凡是红细胞膜上只含有A抗原者为A型；只含有B抗原者为B型；含有A与B两种抗原者为AB型；A、B两种抗原都不存在者为O型。对于家畜，主要用同种免疫血清的溶血反应来检查红细胞抗原。家畜的正常血清中，红细胞血型抗体免疫效价很低，很少发生像人类ABO血型系统的红细胞凝集反应。所以，同种家畜个体首次输血，一般不会引起严重后果，但再次输血时，必须做交叉配血实试验。

广义的血型是根据蛋白质（同功酶）的多态性，将血细胞、血清、脏器以及分泌液中的血型物质所区分的不同类型。例如，可把血清或血浆中的某些蛋白质划分为 Pa 型（前清蛋白型）、Alb 型（清蛋白型）、Tf 型（铁传递蛋白型）和 Cp 型（血浆铜蓝蛋白型）等。事实上，前已叙及的 A、B 等抗原不仅存在于红细胞膜上，也广泛存在于淋巴细胞、血小板以及大多数上皮细胞和内皮细胞的细胞膜上。组织细胞还能分泌可溶性 A、B 等抗原进入唾液、泪液、尿液、胃液、胆汁、血浆等多种体液中。通过测定体液或分泌物中的血型物质也可帮助确定血型。

二、家畜的血型

家畜的血型十分复杂。红细胞血型主要采用同种免疫血清的溶血反应进行分型；其血清蛋白型多采用电泳法分类。蛋白质型指同种不同个体中，具有相同功能的蛋白质所存在的多态性。

（一）家畜的红细胞血型

家畜主要用同种免疫血清的溶血反应，来检查红细胞抗原。马、牛、猪、绵羊、山羊、犬等动物红细胞的抗原型都已有大量研究，并被国际公认。

目前，已确定的部分家畜的红细胞血型系统，如表 4-3 所示。

表 4-3　家畜的血型系统简表

动　物	血　型　系　统	数目（种）
马	A、C、D、K、P、Q、T、U	8
牛	A、B、C、F-V、J、L、M、N、S、Z、R'-S'、T	12
绵羊	A、B、C、D、M、R-O、X-Z、I	8
猪	A、B、C、D、E、F、G、H、I、J、K、L、M、N、O	15
犬	A_1、A_2、B、C、D、E、F、G	8

（二）家畜的蛋白质型和酶型血型

目前已报道的家畜蛋白质型和酶型血型有：白蛋白型（Alb 型）、前白蛋白型（Pr 型）、后白蛋白型（Pa 型）、运铁蛋白型（Tf 型）、血浆铜蓝蛋白型（Cp 型）、血液结合素型（HP 型）、血浆脂蛋白型（Lpp 型）、血红蛋白型（Hb 型）、碳酸酐酶型（AC 型）、淀粉酶型（Am 型）、碱性磷酸酶型（AKP 型）、脂酶型（ES 型）、6-磷酸葡萄糖脱氢酶型（6-PGD 型）、乳酸脱氢酶型（LDH 型）等。

（韩克光）

第五章 循环系统

心血管系统由心脏、血管和血液组成。前一章学习过血液具有运输、缓冲、维持稳态、防御保护等机能，血液的这些机能通过循环流动得以正常发挥。血液在心脏和血管组成的闭锁系统中沿一定方向周而复始地流动，称为血液循环（blood circulation）。心脏是推动血液流动的动力器官，血管是血液流动的管道，包括动脉、静脉和毛细血管三个部分（图5-1）。血液循环是循环系统的主体，此外，还包括淋巴循环、脑-脊液循环等作为补充。

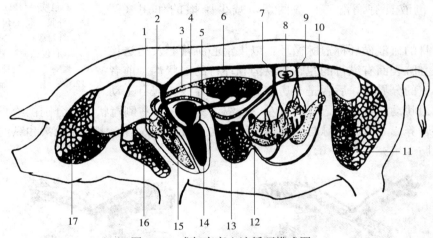

图5-1 成年家畜血液循环模式图

1. 前腔静脉 2. 臂头动脉总干 3. 肺动脉 4. 后腔静脉 5. 肺静脉 6. 胸主动脉
7. 腹腔动脉 8. 肾动脉 9. 肠系膜前动脉 10. 肠系膜后动脉 11. 后肢毛细血管
12. 门静脉 13. 肝毛细血管 14. 左心室 15. 右心室 16. 前肢毛细血管 17. 头部毛细血管

哺乳动物的体循环与肺循环互相连接，构成一个完整的血液循环体系。循环机能发生障碍，新陈代谢将不能正常进行，代谢一旦停止，生命即告结束。可见，循环系统在机体的生命活动中处于极重要的地位。

第一节 心 脏

一、心脏的形态结构

心脏是中空的肌性器官，为心血管系统的枢纽，在正常状态下，它有节律地搏动，推动血液循环，起着类似水泵的作用，称为心脏的"泵血"机能。

（一）心脏的解剖位置

心脏位于胸腔中纵隔内，其外裹以心包，略偏向左侧，夹在两肺之间。呈圆锥状，锥底朝上，称心基，有动脉、静脉出入，借大血管附着在脊柱下方；锥尖向下，称心尖。

牛的心脏位于第 3～6 肋间，5/7 位于正中矢面的左侧。心基与第一肋骨的中部高度相等。心尖正对第 6 肋软骨，离胸壁约 2cm。

猪的心脏位于第 2～5 肋间，3/5 位于正中矢面的左侧。心尖几乎位于正中，同第 7 肋软骨与胸骨的连接处相对。

（二）心脏的构造

1. 心外结构及冠脉循环 心脏外面包有心包，是包在心脏及其大血管根部的一个圆锥形囊，对心脏有保护作用。浆膜性心包分为壁层和脏层（即心外膜），脏层在心基的大血管根部反折延续为壁层。心包与心脏之间有一间隙，称心包腔，腔内有少量心包液。心包液具有润滑脏、壁两层，减少摩擦的作用（图 5-2）。

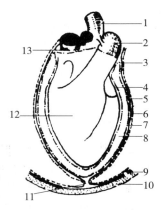

图 5-2 心包结构模式图
1. 主动脉 2. 肺动脉
3. 心包壁层与脏层转折处
4. 心外膜 5. 心包浆膜壁层
6. 纤维膜 7. 心包胸膜
8. 心包腔 9. 肋胸膜
10. 胸壁 11. 胸骨心包韧带
12. 右心室 13. 前腔静脉

心脏本身的血液循环称冠脉循环，以供给心肌营养及运送代谢产物。在心脏表面有纵行的左、右纵沟和环行的冠状沟。前者是左、右心室的分界线，后者是心房、心室的分界线。起自主动脉弓根部的冠状动脉行走于冠状沟及左、右纵沟中。左、右侧冠状动脉分别供给心脏右半部和左半部的营养。心脏的静脉与动脉伴行而反向，最后汇入右心房。冠状沟和纵沟都有心壁的血管和脂肪等填充（图 5-3）。

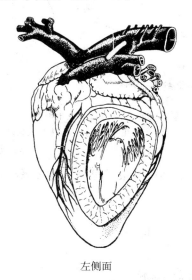
左侧面

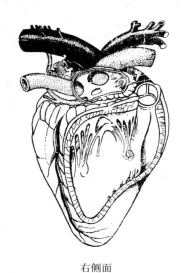
右侧面

图 5-3 牛心脏的剖面

2. 心壁的构造 心房、心室壁都由三层组成。外层为心外膜，中层为心肌层，内层为心内膜。

（1）心外膜：此层为心包膜的脏层，其构造为浆膜，由间皮和富有脂肪的结缔组织构成。心包膜的壁层也是浆膜，与心外膜相延续。

(2) 心肌层：为心壁最厚的一层，主要由心肌纤维构成，内有血管、淋巴管和神经等。心肌纤维呈螺旋状排列，大致可分内纵、中环和外斜三层。心房的肌层薄，心室的肌层厚（左心室比右心室肌层厚3～4倍）。心房和心室之间由房室口周围的纤维环隔开，彼此互不连续，故心房和心室可分别收缩和舒张。

(3) 心内膜：是衬在心腔壁内面的一层光滑的薄膜。表面为内皮，与通入心脏的血管内皮相连，并在房室口和动脉口处分别折叠（皱襞中夹有致密结缔组织）成房室瓣和半月瓣。内皮下面是内皮下层，结缔组织中含有血管、神经、浦肯野纤维等。内皮下层的下面是心内膜下层，由结缔组织组成，将心内膜和心肌连接起来。

3. 房中隔和室中隔 心脏内有纵行的心中隔，将心脏分为左、右互不相通的两半。而每半又被横位的房室孔分为上方的心房和下方的心室两部分。因此，心脏实际分为4个腔，分别称右心房、右心室、左心房和左心室。心中隔在左右心房间的部分称房中隔或房间隔，在左、右心室间的部分称室中隔或室间隔。

右心房构成心基的右前部，由静脉窦和右心耳两部分构成。静脉窦的前上方有前腔静脉的入口，后方有后腔静脉的入口，二者间有奇静脉的入口。奇静脉口是汇集胸壁肋间静脉流入心房的入口。在后腔静脉入口附近的房中隔上有卵圆窝，是胎儿时期卵圆孔的遗迹。成年的牛、羊、猪约有20%的卵圆孔闭锁不全。右心室位于心脏的右前部，室壁较薄，下端不达心尖，肺动脉开口于右心室的前上方。

左心房构成心基的左后部，其向左前方突出的盲囊称左心耳，左心房的后上壁有4～8支肺静脉入口。左心室位于心脏的左后部，室壁较厚，下端达心尖，主动脉开口于左心室。

在左右心室内，室中隔上有横过室腔走向室侧壁的心横肌，也称隔缘肉柱，有防止心室过度扩张的作用。

4. 心瓣膜 心瓣膜是内膜突入腔内的薄片。在右房室孔处有三尖瓣，左房室孔处有二尖瓣。三尖瓣和二尖瓣底边附着在房室孔处纤维环上，尖端下垂，并通过腱索与心室壁上的乳头肌相连，使瓣膜只能向心室单方向开放。当心室收缩时，心室内压上升，使瓣膜关闭，防止血液倒流入心房。

在主动脉孔和肺动脉孔处，各有三片半月形瓣膜，称半月瓣，也分别叫主动脉瓣和肺动脉瓣。瓣膜周围附在动脉壁纤维环上，边缘游离，形同口袋。当心室舒张时，由于动脉压力较高，瓣膜受到血液的冲击而封闭动脉口，防止动脉血液倒流回心室（图5-4）。

5. 心脏的特殊传导系统 心脏的特殊传导系统包括窦房结、房室结、房室束和浦肯野纤维，是由特殊分化的心肌细胞所构成。

(1) 窦房结：位于右心房上部，靠近右心房与前腔静脉交界处的心外膜下。以前认为有"结间束"连接窦房结和房室结，现在倾向于认为不存在专门的结构，而由心肌细胞特殊排列引起冲动传导速度加快，称为"优势传导路径（preferential pathway）"。

(2) 房室结：位于房中隔下部，右心房侧心内

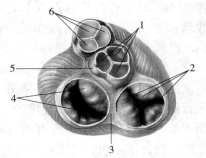

图5-4 心脏瓣膜示意图（除去心房的俯视图）

（引自Sylvia S. Mader, 2002）

1. 主动脉瓣 2. 三尖瓣 3. 纤维结缔组织
4. 二尖瓣 5. 冠状动脉开口处 6. 肺动脉瓣

膜下、冠状窦的前面。

（3）房室束及其分支：房室束又称"希氏束"，由房室结发出，行于室中隔内，在室中隔的膜部分为左右束支。较粗的左束支（左脚）分布于左室前壁、侧壁及左室隔面；右束支（右脚）分布于整个右心室。

（4）浦肯野纤维：是左右束支的最后分支，密布于左、右心室的心内膜下，并垂直向心外膜延伸，与普通心室肌细胞相连接。

平时窦房结每分钟发放数十次兴奋波，兴奋波传到心房肌，引起心房收缩；同时通过优势传导路径传到房室结，再通过房室束及束支、浦肯野纤维传到心室，引起心室收缩（图5-5）。

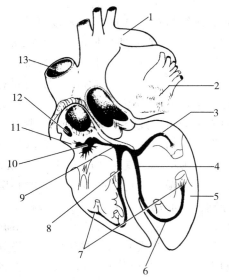

图5-5 心脏的传导系统
1.主动脉 2.心房肌 3.左前肌束 4.左束支
5.心室肌 6.左后肌束 7.浦肯野纤维网
8.右束支 9.希氏束 10.房室结
11.结间通路 12.窦房结 13.前腔静脉

二、心脏生理

心脏的基本功能是泵血，近年来经研究发现心肌细胞还具有分泌心房肽等内分泌功能。

（一）心脏的泵血机能

1. 心动周期与心率 心脏一次收缩和舒张，构成一个机械活动周期，称为心动周期（cardiac cycle）。正常心脏的活动由一连串的心动周期组合而成，因此，心动周期可以作为分析心脏机械活动的基本单元。根据不同的需要，可以把心动周期分为2、3、5、7等多种时期讨论。较常见的是分作心房收缩期、心室收缩期和共同舒张期3个时期。由于心室在心脏泵血中起主要作用，所以有时也依据心室活动将心动周期分为心缩期（systole）和心舒期（diastole）。描述心动周期一般从心房收缩开始，从第一次心房收缩开始至再次心房开始收缩所经历的时间，就是一个心动周期。心脏每分钟搏动（或跳动）的次数，称心搏频率；简称心率（heart rate，HR）。猪安静状态下的心率平均为75次/min，则每个心动周期的时间约占0.8s，其中心房收缩占0.1s，心房舒张占0.7s；心室收缩占0.3s，心室舒张占0.5s。而马心动周期一般为1.6s，但其心房、心室活动的顺序和时间比例与猪相同。心房、心室活动时间上的相互关系如图5-6所示。

从图5-6可以看出，当心室开始收缩时，心房已经舒张；而在心室舒张末期，心房就开始收缩了。一个心动周期中，心房、心室收缩所占的时间分别为1/8和3/8。舒张期长保证了心肌在每次收缩后都能得到充分的休息和血液回心。因此，心脏能不停地跳动而不疲劳。如果心率增大，则心动周期所占时间相应缩短，其中收缩期、舒张期都缩短，但主要是舒张期缩短。因此，心率增快时，心肌工作时间相对延长，休息的时间相对缩短。

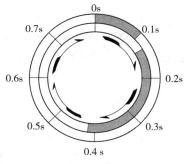

图5-6 心动周期中心房、心室活动的顺序和时间关系

外圈:心房　▨ 收缩期
内圈:心室　□ 舒张期

心率是一个相对稳定的重要生理值,生产和临床上常作为判断生命体征的指标之一。动物的心率因种类、性别、年龄及生理状态不同而异。一般来说,个体小的动物心率较快,个体大的心率较慢。安静状态下,大象的心率为28次/min,而小鼠的心率可达400次/min。同种动物,雄性的心率大于雌性,幼年的大于老龄。各种动物心率的生理范围见表5-1。

表 5-1 不同动物心率的生理值

动 物	心率（次/min）	动 物	心率（次/min）	动 物	心率（次/min）
马	30~45	猪	60~80	鸡	250~300
驴	60~80	山羊	60~80	鸭	240
骆驼	30~50	绵羊	70~110	鸽	141~244
黄牛	40~70	犬	70~120	豚鼠	260~400
乳牛	60~80	猫	110~130	大鼠	216~600
牦牛	35~70	家兔	120~150	小鼠	260~400
人	60~100	猴	227	蛙	36~70

2. 心脏泵血过程 每一心动周期中,心脏之所以能不断将静脉回心的血液射入动脉,主要是心房、心室肌肉有次序地舒缩,心内压力、容积发生相应变化和心内瓣膜有规律地启闭的结果。为便于描述心脏受血、射血过程的阶段性变化,把心动周期分为心房收缩期、心室等容收缩期、射血期、心室等容舒张期和心室充盈期5个时期。其具体过程用图5-7说明。

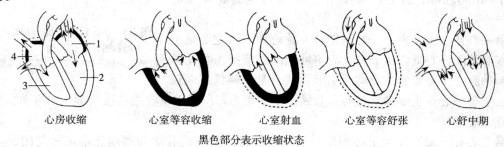

心房收缩　　心室等容收缩　　心室射血　　心室等容舒张　　心舒中期

黑色部分表示收缩状态

图 5-7 心动周期中心房、心室收缩变化的图解
(仿 William F. Ganong, 2001)
1. 左心房　2. 左心室　3. 右心室　4. 右心房

休息状态时,心房心室内压接近于大气压(被看做是生理零值),即它本身的压力几乎等于零。此时,由于静脉中的压强高于心房和心室,血液便可自由流入心房,同时因房室瓣处于开启状态,故血液可直接流入心室。此时心室内压仍比动脉压低,故半月瓣始终处于关闭状态,心室腔与动脉管互不相通。

心房收缩从与腔静脉连接处的静脉窦附近开始,可将静脉血液回流暂时阻断,同时挤压心房内的血液通过房室孔流向处于舒张状态的心室,使心室进一步得到充盈(此期充盈量占心室舒张末期容积的30%左右),即为心房收缩期。心房随后进入舒张期。

随即心室开始收缩,心室内压上升,当心室内压高于心房内压时,血液推动房室瓣向上使房室孔关闭,防止血流倒流入心房。当两类瓣膜都处于关闭状态时为心室等容收缩期。心室肌继续收缩,心室内压继续迅速上升,并超过主动脉压和肺动脉压,血液冲开主动脉瓣和肺动脉瓣,射入主动脉和肺动脉,此为射血期。

心室收缩完毕，开始舒张，此时心室内压下降，当室内压低于主动脉压和肺动脉压时，血液推动主动脉瓣和肺动脉瓣即刻关闭，防止血液从动脉流回心室。当两类瓣膜都处于关闭状态时为心室等容舒张期。心室继续舒张，室内压逐渐下降，当室内压低于房内压时，二尖瓣和三尖瓣开放，血液通过房室孔流进左、右心室，进入心室充盈期。很快开始了下一心动周期的心房收缩期，心脏又重复上述射血过程。

由此可见，心脏射血和受血的过程中，心肌细胞收缩和舒张所产生的压力变化是血液进出心脏的动力，心瓣膜的启闭是血液单方向流动的保证。因此，当心肌和瓣膜发生病变时，都会影响心脏射血和受血的正常进行。

3. 心音 心音（heart sound）是由心脏瓣膜关闭和心肌收缩引起的震动等而产生的。心音可在胸壁的一定部位用听诊器听取（图5-8）。每一心动周期内，一般可以听到"通-嗒"两个声音，即心音，分别称为第一心音和第二心音。第一心音与第二心音之间的相隔时间短，而第二心音与下一心动周期的第一心音之间的相隔时间长，即发生于短间隔之后的是第二心音，发生于长间隔之后的是第一心音。但当心率过快时，两者间隔时间几乎相等，较难区别。若用换能器将这些机械振动转换为电信号记录下来，便得到心音图（phonocardiogram，PCG）。心音图上一般可观察到4个心音波。

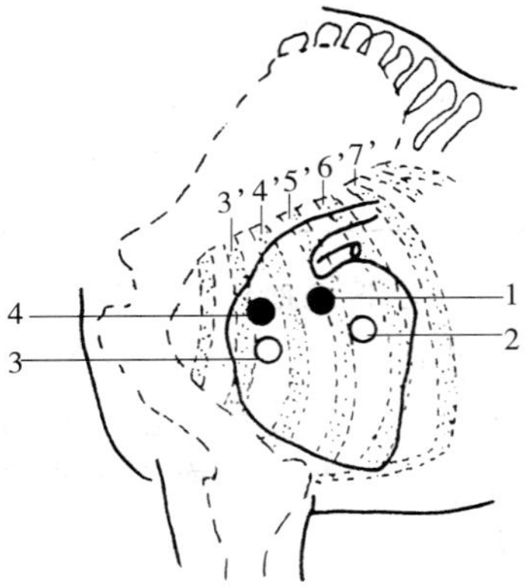

图5-8 马心音最佳听诊部位
1. 主动脉瓣 2. 二尖瓣 3. 三尖瓣
4. 肺动脉瓣 3'～7'. 第3～7肋骨

第一心音（S1）发生于心缩期，又称心缩音。主要是由于房室瓣关闭，心室内压上升，心室冲出的血流撞击主动脉壁、肺动脉壁及心肌收缩震动所引起，特点是音调低沉而较长。由于第一心音主要来源于心室收缩产生的张力，所以心室收缩较强烈时（如运动加强），第一心音增强。

第二心音（S2）发生于心舒期，又称心舒音。是主动脉瓣和肺动脉瓣迅速关闭，血液冲击主动脉壁和肺动脉壁及心室内震动而发生的强音，特点是音调短促而高昂。第二心音可反映半月瓣的功能状态，而音的强弱可反映主动脉压和肺动脉压的高低。如二尖瓣狭窄使肺动脉压升高或高血压使主动脉压升高，都将使第二心音增强。

第三心音（S3）出现在快速充盈期末，频率低、振幅低，持续时间短暂，是因血流速度发生变化产生的涡流震动心室壁和瓣膜造成的。

第四心音（S4）很弱，仅能于心音图上见到，是心房收缩推动血液挤进心室冲击心室壁引起震动造成的，故又称心房音。在心房压升高、心室强烈收缩或者心室肥大等情况下可以听到。

除了以上四种心音外，听诊中有时还能听到杂音（murmur）。杂音在临床上具有诊断价值，如在心室收缩期听到"隆隆"回水声表明房室瓣闭锁不全，"呼呼"的高啸声则提示动脉口狭窄；舒张期房室瓣闭锁不全、房室瓣狭窄也会产生杂音，并且一般易于通过听诊等方法确认。

心音是心脏活动的客观标志，在一定程度上能反映心脏的机能状态。因此，听诊心音是临床诊断的重要手段之一。家畜站立时，多在左肘突内侧听取心音。

4. 心输出量与心力储备 心输出量（cardiac output，CO），即每分输出量（minute volume），指每分钟由单侧心室射入动脉的血量。每分输出量的大小，等于每搏输出量与心率的乘积。每搏输出量，即心脏每舒缩一次单侧心室所射出的血量，简称搏出量（stroke volume，SV）。血液依次流经体循环和肺循环，因此左、右心室输出的血量是基本相等的。

心输出量是血液循环系统机能的重要指标。在正常生理情况下，心输出量同机体的新陈代谢相适应。静息时，代谢率低，心输出量少；运动时，代谢率高，心输出量相应增加。

影响心输出量最基本的因素，一是静脉回流量，二是心肌收缩力，三是心率。心肌具有很大的潜力，能射出由静脉流回心脏的全部血液。如静脉回流量增多，心输出量也增多；如静脉回流量减少，心输出量也减少。从而保持心室舒张末期容积基本稳定。静脉回流量增加之所以能引起心输出量增加，是由于回流量增加时，心容积逐渐扩大，心肌纤维拉得更长。当收缩前肌纤维的"初长"适当增加时，收缩力将随之增大，故心输出量增多，以上规律称心肌异长自身调节，又称弗兰克-斯塔林定律（Frank-Starling law）或 Starling 机制，也称"心的定律"。但这种规律只适用于一定范围，主要在离体心脏起作用，如"初长"超出一定范围，心缩力量不仅不会增加，反而还会减弱。

相应地，交感神经兴奋或儿茶酚胺类物质作用于心肌细胞，可通过活化横桥增大心肌收缩力，增强克服主动脉压的能力，增加射血量。相反，血中碳酸过多、组织缺氧以及受到奎尼丁、普鲁卡因胺和巴比妥盐类等药物作用都会降低心肌收缩性。这种变化与心肌细胞收缩前的初长度无关，而是通过改变心肌细胞收缩能力实现的，故称为心肌等长调节。

一定范围内，心输出量与心率呈正相关。但若心率过高，达到安静状态的 1.5～2.0 倍时，由于牺牲了充盈和休息时间，每搏输出量将下降为正常时的 1/2，心输出量也将下降；而当心率过低时心输出量也会下降。

以上诸因素以及动脉血压等因素互相制约，综合影响心输出量和动脉血压（图 5-9）。

除心输出量外，射血分数、心指数、心做功量和心力储备也是衡量心脏泵血功能的指标。心输出量随机体代谢需要而增加的能力，称为泵血功能储备或心力储备（cardiac reserve）。体重为 500kg 的马，静息时心率为 30 次/min，心输出量为 40L/min；使役时，心率可以增加到 212～240 次/min，心输出量最多可增加 4 倍（134～200L/min）。当然，心力储备也不是无限的，当最大限度地动员仍不能满足机体需要时，就发生

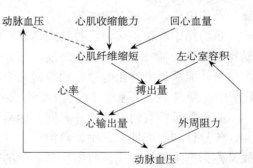

图 5-9 影响心输出量和动脉血压
因素之间的相互关系
实线表示增加，虚线表示降低

心力衰竭，即长期负担过重，使心脏收缩力和心输出量都逐渐减小。而适当的长期训练或调教，能明显增大心肌的收缩力量，可以较大幅度地增加心力储备，这在骑乘马和役用家畜尤其明显。

（二）心肌细胞的生物电现象与生理特性

功能是以结构为基础的，高级的、整体的功能又是基本功能的综合体现。心脏之所以能有节律地收缩、舒张并完成泵血功能，在于心脏的特殊结构和心肌细胞所具有的生理特性。而这些生理特性又是与心肌细胞生物电现象密切相关的。

1. 心肌细胞生物电现象和兴奋性

（1）心肌细胞生物电现象：心肌细胞与神经细胞、骨骼肌细胞等可兴奋细胞一样，生物电现象也有静息电位（或舒张电位）和动作电位两种基本的表现形式。非自律细胞的静息电位也是由 K^+ 外流所产生的 K^+ 跨膜平衡电位。心房肌细胞、浦肯野纤维和窦房结 P 细胞的生物电现象如图 5-10 所示。

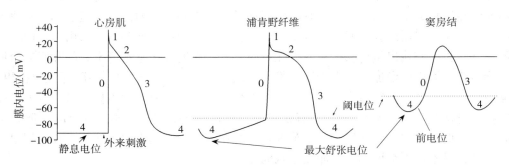

图 5-10　心房肌、浦肯野纤维和窦房结的跨膜电位

由图 5-10 可知，心房肌细胞静息期电位稳定，遇到外来有效刺激时迅速暴发动作电位，在复极化过程中包含一个相当长的平台期（2 期）。心室肌细胞生物电现象与心房肌细胞类似，平台期历时更长，可达 100～150ms。

浦肯野纤维动作电位的 0、1、2、3 四个时期与心房肌相同，其 0 期除极的成因也是 Na^+ 再生性内流。只是 4 期并不稳定，这是由于此时细胞膜有 K^+ 递减性外流，同时存在 Na^+ 持续内流，形成 4 期自动去极化（称为前电位或起搏器电位），达到阈电位时可以暴发新的动作电位，属于自律细胞。

窦房结中心很小区域内被认为是真起搏细胞（pacemaker cell，P 细胞）。窦房结 P 细胞动作电位只包括 0、3、4 三个时期（图 5-10）。4 期不稳定，内流的 Ca^{2+} 超过 K^+ 外流移动电荷量，能从最大舒张电位自动缓慢去极化。而且 P 细胞 0 期去极化也是 Ca^{2+} 内流引起的。P 细胞 4 期自动除极速度比浦肯野纤维要快，是心脏的正常起搏点。

心肌除具特有的自律性外，同其他两类肌肉组织（骨骼肌、平滑肌）一样，亦具有兴奋性、传导性和收缩性。其中，自律性、兴奋性和传导性都是以肌膜的生物电活动为基础的，故又称为电生理特性；而收缩性是心肌的一种机械特性。

（2）兴奋性：兴奋性（excitability）是活的组织细胞对刺激能发生动作电位等兴奋反应的特性。阈刺激则是衡量组织兴奋性的指标。在一定时间条件下，凡刚能引起组织产生兴奋反应的最小刺激，便称阈刺激。刺激强度大于阈刺激的称为阈上刺激，小于阈刺激的称为阈下刺激。阈刺激小，说明容易引起兴奋，即兴奋性高；阈刺激大，即兴奋性低。组织的兴奋性不是固定不变的，当受到某种刺激后，其兴奋性将发生周期性的变化。心肌兴奋性周期性的变化可分为有效不应期（effective refractory period，ERP，包括绝对不应期和局部反应期）、相对不应期和超常期，最后兴奋性恢复正常，重又处于静息期。在有效不应期中，心肌对任何强度的刺激都不能再次发生兴奋；而在相对不应期中，虽然阈刺激尚不能引起兴奋，但阈上刺激则可使之产生兴奋。

心肌兴奋性最显著的特性，是有效不应期特别长，大致与心肌整个收缩期和舒张初期相当（图5-11）。当心肌处于收缩状态时，它对任何强度的刺激都不能产生另一次收缩反应。正因为心肌的有效不应期比骨骼肌长，因此当其受到过频的、连续的刺激时，才不会像骨骼肌那样产生持续性的强直收缩。也是由于这样，心肌才可能始终保持舒缩交替的规律活动。心肌的这一生理特性，对于保证心脏在整个生命活动期间永不止息地工作具有十分重要的生理意义。

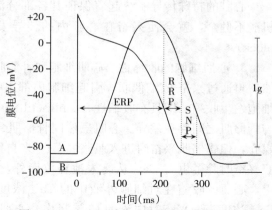

图5-11 心室肌动作电位期间兴奋性的变化及其与机械收缩的关系
A. 动作电位　B. 机械收缩
ERP. 有效不应期　RRP. 相对不应期　SNP. 超常期

2. 心脏节律性兴奋的产生和传导

（1）自律性：心脏有两类不同的心肌细胞：一种是自律细胞，另一种是非自律细胞。自律细胞能够在没有外来刺激的影响下，通过本身内部的变化而自动地发生节律性的兴奋，这种特性称为自动节律性（autorhythmicity，automaticity），简称自律性。如将蛙心离体，只要保存在适当的环境下，仍能自动地、有节律地跳动一段时间。心脏中的自律细胞集中分布在窦房结、房室结、房室束和浦肯野纤维等特殊传导组织中，这些含有自律细胞的组织，统称为自律组织。自律组织以窦房结自律性最高，房室结等次之，而以浦肯野纤维最低。正常情况下，窦房结是心脏正常搏动的起源地，故称正常起搏点，由它所形成的心脏节律称窦性节律。除窦房结外，其他自律组织如房室结、房室束等虽有自律性，但由于受窦房结控制，并不自动发生兴奋，故称潜在起搏点或异位起搏点。但在某些特殊情况下，潜在起搏点也可以自动兴奋引起部分或全部心脏活动，这种由潜在起搏点所产生的心脏节律，称异位节律。

窦房结虽然领导着全心的舒缩活动，但在完整的机体内，它又受到神经和体液因素的调节。因此，在不同的机能状态下，节律性可以随之改变，以配合整个机体的活动。

（2）传导性：传导性（conductivity）是指心肌细胞兴奋产生的动作电位能够沿着细胞膜向外传播的特性。心肌细胞兴奋后产生的动作电位，不但能沿着同一个细胞的膜传播，而且可以从一个心肌细胞传播到另一个细胞。正常时，由窦房结P细胞发出的动作电位可以按一定途径传播到心脏各部，顺序地引起整个心脏的全部心肌细胞进入兴奋状态。这是心肌细胞传导兴奋时不同于神经细胞和骨骼肌细胞的重要特点。

心脏内的兴奋传导除可由心肌纤维完成外，还可由特殊的传导组织窦房结、房室结和房室束等完成。心脏的兴奋首先由窦房结开始，然后向左、右心房肌纤维传导，并引起左、右心房同步收缩；与此同时，通过"优势传导通路"向房室结传导。兴奋在房室结经过短暂的"房室延搁"（atrio-ventricular delay），再沿房室束及其左、右分支和浦肯野纤维传至心室肌细胞，引起左、右心室几乎同时收缩。房室结是心房内的兴奋传向心室的唯一通道，兴奋通过这里所发生的传导速度显著减慢的变化，可以保证心室肌的兴奋与心房肌的兴奋之间有一定的时间间隔，使心房收缩完毕后，心室再开始收缩，从而使心室有充分的充盈时间。心室灌血充分，则射血完全，因此房室延搁这种传导特点对心输出量有一定意义。

心脏的特殊传导系统起着保证其各部分活动协调的作用。若传导系统的任何一部分的机能不健全，就会使兴奋在心脏内的传导发生障碍，即出现"传导阻滞"（conduction block）。

3. 心肌细胞的收缩性 心肌细胞和骨骼肌一样，在受刺激时都是先在膜上产生电兴奋，然后再通过兴奋-收缩偶联，引起细胞内部由收缩蛋白构成的粗细肌丝相互滑行，致使整个细胞发生收缩，即具有收缩性（contractility）。但在兴奋-收缩偶联的某些具体环节上，心肌与骨骼肌之间存在差异。心肌虽然同骨骼肌一样，也是以 Ca^{2+} 作为连接兴奋与收缩过程的媒介，但骨骼肌兴奋时进入肌浆的 Ca^{2+} 来自细胞内的 Ca^{2+} 贮库——肌质网的终末池；而心肌兴奋时除了也有 Ca^{2+} 从终末池释放而外，还有 Ca^{2+} 直接由细胞外液进入肌浆。在机能上，心肌的收缩性对细胞外液中的 Ca^{2+} 浓度有明显的依赖性。在一定范围内细胞外液中 Ca^{2+} 浓度高，兴奋时内流的 Ca^{2+} 量多，心肌收缩力就强；相反，细胞外液中 Ca^{2+} 浓度降低，甚至缺钙时，心肌虽仍能兴奋，但却不能引起收缩。

从整块肌肉的活动看，心肌和骨骼肌之间亦有明显的不同。骨骼肌只有在支配它们的神经纤维有冲动到来时，才出现兴奋和收缩，各细胞之间并无机能上的联系，其收缩强度可因参与收缩的肌肉细胞数目多少而不同。而心肌或整个心脏可以不依赖于外来神经而自动地产生兴奋，由一处起搏点产生的兴奋可以通过特殊的传导系统迅速传遍整个心脏，即产生于某一处的兴奋，可经闰盘在细胞间迅速扩布，从而引起组成心房或心室的所有心肌细胞都在近于同步的情况下进行一次收缩。在其他条件恒定的情况下，心脏的收缩一经引起，其收缩强度近于相等，而与引起收缩的刺激强度无关，此即心脏收缩的"全或无"特性（all or none law）。心脏收缩的这一特性，对于使心肌收缩协调一致，提高其泵血效能很有意义。

期前收缩与代偿性间歇：正常心脏按窦房结的节律进行活动时，窦房结产生的每次兴奋都在前一次兴奋的不应期过了之后才传到心房和心室，因此心脏的舒缩能按窦房结的节律交替出现。但在实验条件或病理情况下，心室有可能在窦房结之外，再受到人为的或病理的"异位起搏点"的刺激。如果这些刺激恰好是在窦房结自动性兴奋的有效不应期以后，则心室可以由这种额外刺激引起一次兴奋或收缩。因其发生在下次窦房结的兴奋到达之前，故称"期前兴奋"或"期前收缩"（premature systole）。期前收缩也有自己的不应期，当紧接期前收缩之后，窦房结传来兴奋时，正好是在它的有效不应期中，因而不能引起兴奋，必须等到下一次窦房结的兴奋传来时才发生反应。这样就在一次期前收缩之后往往有一段较长的心脏舒张期，称为"代偿性间歇"（compensatory pause）（图 5-12）。

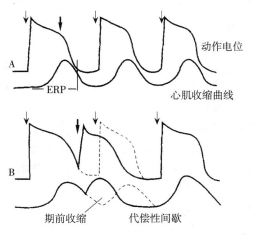

图 5-12 期前收缩与代偿性间歇
细箭头表示窦房结传来的冲动
粗箭头表示额外的刺激

4. 心电图 心脏内兴奋从窦房结顺序地传到心房、心室各部分时，产生心脏动作电位的复杂图像。心脏的电变化可通过身体这一容积导体而投射到身体表面。将测量电极置于体表一定部位记录出来的心脏电变化曲线，称为心电图（electrocardiogram，ECG）。心电图反映心脏兴奋的产生、传导和恢复过程中的生物电变化，而与心脏的机械收缩过程无直接关系。

测量心电图时，安置电极的方法称为导联。常用的有标准导联、加压单极肢体导联和胸导联。导联方法不同，描记的心电图波形也各不相同。分析心电图时，主要是看各波波幅高低、历时长短以及波形的变化和方向。按照惯例，当记录电极相对于无关电极为正时，曲线向上偏转；相对于无关电极为负时，曲线向下偏转。以常见的标准Ⅱ导联心电图为例，主要包括了由 Einthoven 命名的 P 波、QRS 波、T 波（图 5-13）。此外，分析心电图的各种间期也能说明重要的生理意义。

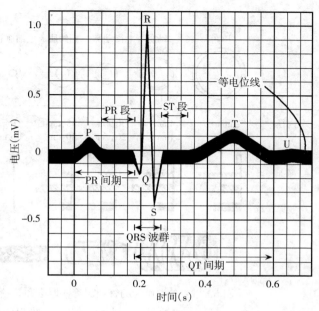

图 5-13 心电图波形

第二节 血 管

血管是一个密闭的管道系统，根据其结构和机能的不同，血管可分为动脉、静脉和毛细血管三种。

一、血管的结构

动脉和静脉在构造上有共同之处，即管壁都由内膜、中膜和外膜构成的。内膜作为三层中最薄的一层，又是由单层扁平上皮的内皮层、薄层结缔组织的内皮下层和弹性纤维的内弹性膜构成。中膜主要由平滑肌和弹性纤维构成，使血管具有弹性和收缩性。外膜主要由结缔组织构成，与周围邻近的结缔组织相连。外膜中一般含有营养血管壁的小血管、淋巴管和神经等。

图 5-14 示意了各类血管的管径、管壁厚度和管壁中内皮细胞、弹性纤维、平滑肌和胶原纤维 4 种基本组织的比例关系。

1. 动脉 动脉（arteria）是把血液从心脏输送到全身毛细血管的管道。管径随其分支由大逐渐变小，一般分为大、中、小三种。动脉管壁较厚，大动脉（是接近心脏的动脉，如主动脉、肺动脉、臂头动脉等）的中膜厚，有 50～60 层，以弹性纤维为主，弹性大；中动脉（除大动脉外，肉眼能分辨、管径在 2mm 以上的动脉血管，如颈动脉、股动脉、腹腔动脉、肾动脉及其分支等）的管壁主要由平滑肌组成，收缩性强（图 5-15）；小动脉（管径在 2mm 以下的动脉血管）的中膜只有平滑肌。动脉愈分支，其管壁越薄，口径越小，弹性纤维逐渐减少而平滑肌成分相对增多。

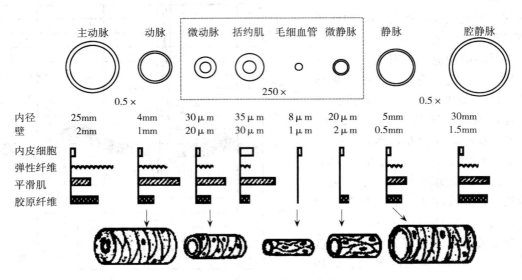

图 5-14 各类血管的管径、管壁厚度和管壁 4 种基本组织的比例示意图
(改自 Cunningham J G, 2002)

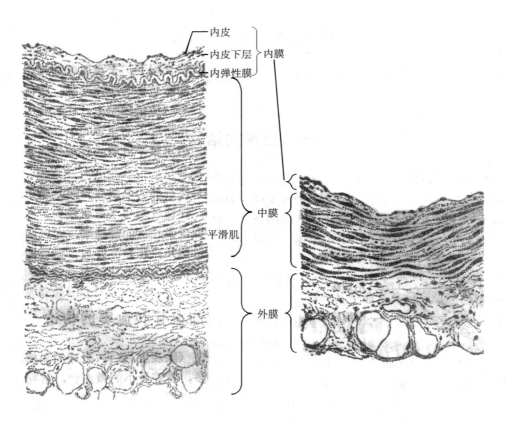

图 5-15 中等动脉（左）、中等静脉（右）管壁结构对比

2. 静脉 静脉（venae）是输送血液返回心脏的管道。静脉较动脉壁薄而口径大，也可分大、中、小三种静脉，管壁也由外膜、中膜和内膜三层构成。但中膜弹性纤维及平滑肌均少，故弹性与收缩性较小。一般中、小静脉常具有由内膜皱折成半月状的静脉瓣（venous valves，见图5-23），尤以四肢的静脉和颈静脉为多。瓣膜顺血流开放，逆血流关闭，有防止血液倒流的作用。

3. 毛细血管 毛细血管（vas capillare）是体内分布最广、管壁最薄、口径最小的血管，平均直径为$7\sim9\mu m$，一般可容1～2个红细胞通过，是动脉和静脉之间的微细分支，常吻合成网，称毛细血管网，肉眼不易看见。毛细血管管壁仅由一层内皮细胞和基底膜构成（图5-16），因此具有较大的通透性，是血液和组织液进行物质交换的地方。在肝、脾、骨髓等处的毛细血管管腔较大，不规则，一部分内皮细胞具有吞噬能力，能清除血液中的异物，起防御作用，这种毛细血管称血窦。同时毛细血管内的血流缓慢，保证其生理功能充分进行。

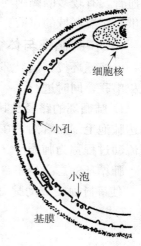

图5-16 毛细血管壁亚显微结构示意图

二、血管的分布

（一）血管分布的一般规律

血管的分布比较复杂，但它与机体的结构和机能是相统一的。

（1）从整个躯体血管分布来看，除了最大的主干（如主动脉、前后腔静脉）外，一般中、小型血管的分布都是左右对称的。

（2）各部位相同级的动、静脉分布，绝大多数都是相伴行的，且多数同名。动脉干与其相伴行的静脉，常常又和该处的神经、淋巴管由筋膜鞘包裹在一起，形成血管神经束，位于肌肉或器官的间隙中。

（3）主干的分布常取最短的路径伸延，以便加速血流，使营养物质很快地供给各器官。动脉干多位于深部和关节的屈面、比较安全的地方；静脉多位于不受周围器官压迫的浅层。

（4）静脉有深静脉与浅静脉之分。深静脉互相连通，深静脉常与同名动脉伴行。浅静脉位于皮下，多单独行走，不与动脉伴行，但随处可汇入深静脉。如颈静脉、耳静脉，是注射、输液或取血的常用部位。浅静脉与深静脉之间常有较多的交通支相连通，当深静脉由于某些原因受阻时，血液回流可经交通支的浅静脉中来完成。

（5）主干常分出侧支到附近的器官，这些侧支的大小和数量的多少，与器官的大小及其机能相适应。此外，身体的突出部分至少有两条以上动脉分布，利于保证远离心脏的部位代谢活动正常进行。分布到距主干较远器官去的侧支，如四肢部，常以血流速度较大的锐角形式自主干分出；而分布较近器官的侧支，多以直角分出，如分布于腹腔器官的动脉。

侧副支是较大的动脉在延伸过程中分出的细支，该细支与本干并行行进，其末端仍汇合于本干，形成侧副循环。畜体活动性愈大的部位，侧副循环愈发达，如四肢和内脏器官的动脉血管，有较多的侧副支吻合，当主干的血流发生障碍时，侧副支能增大，以代偿主干的功能供给相应区域的血液。

（二）肺循环与体循环

血液循环按其流经部位及所完成的生理机能的不同，分为肺循环和体循环两部分。它们互相串联，同时进行。

1. 肺循环的路径及其意义　随着心室收缩，静脉血自右心室驱出至肺动脉，经其分支到达肺泡毛细血管网，在此与肺泡进行气体交换，然后汇集成肺静脉返回到左心房，这段血液流动过程称为肺循环（pulmonary circulation），又称小循环。

肺循环的意义是将含 CO_2 多的静脉血运送到肺进行气体交换，即释放 CO_2、结合新鲜 O_2，使静脉血变成动脉血，随血液循环输送到身体各部器官，以利于代谢活动的进行（图5-17）。

$$右心室 \to 肺动脉及其分支 \to 肺泡毛细血管 \to 肺静脉 \to 左心房$$
$$O_2 \| CO_2$$
$$肺泡$$

图5-17　肺循环的意义

2. 体循环的路径及其意义　当心室收缩时，含 O_2 多的动脉血从左心室驱出，经主动脉及其分支，到达全身各部器官的毛细血管，在此与组织间进行物质（包括气体）交换，动脉血变成静脉血，然后汇集成静脉，最后经前、后腔静脉返回右心房，这段血液流动过程称为体循环（systemic circulation），又称大循环。

在体循环中，由胃、肠、脾、胰回来的静脉血，汇合成一根较大的静脉干由肝门入肝脏，称为肝门静脉（V. portae）。门静脉在肝内形成许多毛细血管，最后又汇合成肝静脉，直接开口于后腔静脉。血液的这一循环途径又称门脉循环。门脉循环是吸收肠道的养料通过门静脉到肝脏，经过加工和贮藏，由肝静脉流入后腔静脉，回到心脏，再通过动脉分布到全身，这一循环具有很重要的机能意义。

体循环的意义在于将动脉血中所含有的 O_2 和营养物质输送到身体各部器官组织，以供给各组织器官代谢活动的需要，同时又把各组织器官代谢的产物（包括 CO_2）带走，以利于有机体代谢活动的正常进行（图5-18）。

$$左心室 \to 主动脉及其分支 \to 全身各器官毛细血管 \to 小、中静脉 \to 前、后腔静脉 \to 右心房$$
$$O_2 和营养物质 \| CO_2 和代谢产物$$
$$细胞$$

图5-18　体循环的意义

家畜体循环路径，尤其是动脉的主要分支见图5-19、图5-20。

三、血管生理

血管系统的机能与心脏活动是密切配合的，共同完成血液循环的任务。血管不仅是血液

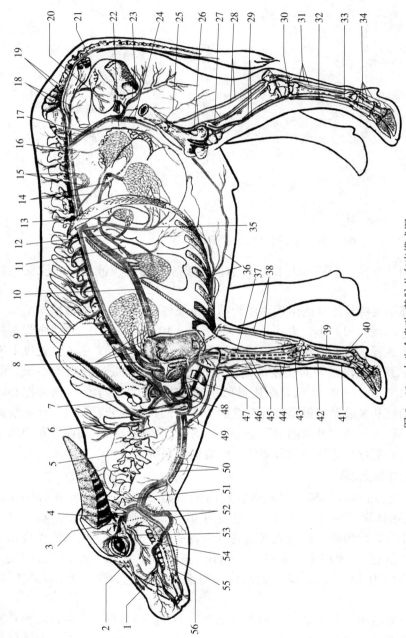

图 5-19 水牛全身动静脉分布半模式图

a.动脉　v.静脉

1.眶下 av　2.下眼睑 av　3.颞浅 av　4.颌内 a　5.椎 a　6.颈深 av　7.颈横 av　8.肺 av　9.胸主 a　10.后腔 v　11.门 v　12.肝 a　13.脾 av
14.肠系膜前 av　15.肾 av　16.肠系膜后 av　17.髂外 av　18.髂内 av　19.荐中 av　20.阴部内 av　21.尾中 av　22.旋髂深 a　23.股深 av
24.股 av　25.股前 a　26.腘 av　27.胫后 av　28.隐 av　29.胫前 av　30.跗前 av　31.跗底 av　32.跗背侧 av　33.跖背侧 av　34.趾固有 a　35.胃左 a
36.胸内 av　37.胃同总 a　38.尺 av　39.掌心外侧 av　40.第4指固有 a　41.第3指固有 a　42.掌心内侧 a　43.腕背 av　44.正中桡 av
45.正中 av　46.桡 av　47.腋 av　48.前腔 v　49.臂皮下 v　50.颈 av　51.枕 av　52.颌外 av　53.面横 a　54.面 av　55.下颌齿槽 av　56.舌 a

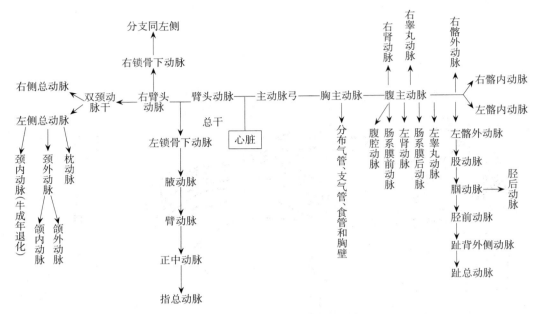

图 5-20 体循环动脉的主要分支

运行的管道，而且还有调节血压、改变循环血量和血流速度以及与组织液进行物质交换的机能。

三类血管在血液循环中发挥着不同的生理作用。动脉系统将心脏射出的血液输送给全身各处，称为分布系统，它总截面积最小，血压最高，流速快（40～50cm/s）；毛细血管是物质交换的场所，称为交换血管，总截面积相当于动脉的 800 倍，血压中等，血流线速度最慢（0.05～0.08cm/s）；静脉系统将经过物质交换的血液送回心脏，因此被称为引流系统，静脉的总截面积相当于同水平动脉的 2～4 倍，血压最低，流速中等。生理学中，通常把心脏及其附近的主动脉、大动脉和腔静脉看做是循环系统的中心，把其余部分看做是循环系统的外周，因此有了"中心静脉压"和"外周阻力"等说法。有时把体循环的毛细血管和静脉阶段、肺循环和除左心室的心脏部分称为动脉外系统，归为低压系统。

（一）动脉血压与动脉脉搏

1. 血压的形成 血管内血液对于单位面积血管壁的侧压力，称血压（blood pressure，BP）。一般所说的血压是指体循环的动脉血压，它决定了其他部位血管的血压。测定血压时，以血压与大气压作比较，而用血压高过大气压的数值表示血压的高度，以国际单位帕斯卡（Pa，N/m^2）为单位，以前习惯用毫米汞柱（mmHg）为单位，换算关系为 1mmHg=0.133kPa。例如，动脉血压为 13.3kPa，就是指动脉内血液对血管壁的侧压力比大气压高 13.3kPa。

血压的形成，需血液充盈血管、心脏射血和外周阻力三个方面的条件。第一，心血管系统有血液充盈。可用循环系统平均充盈压（mean circulatory filling pressure）来表示，反映循环血量与循环系统血容量（不只是解剖结构决定的容积，还包含可扩张性的因素）的相对关系。第二，心脏射血为血液流动提供原始动力，其中扩张主动脉转化为压强能暂时贮存的占 2/3，推动血液向前流动的动能占 1/3（使血流加快）。第三，阻力是血压形成的必要条件。在充盈的基础上，向前流动的血液遇到阻力时对血管壁形成侧压力，即血压。

左心室的射血是间断性的。不同时期留存在血管内的血液越多，对血管壁的侧压力越大。在心缩期内，射血量的 2/3 会暂时留存在主动脉中（使得收缩压可以达到 15.96kPa），约 1/3 流至外周，这个比例取决于外周阻力的大小。主动脉发挥弹性贮器血管（windkessel vessel）作用，既能在心脏射血时缓冲高压，又能在心舒期释放出弹性势能，使主动脉压仍能维持在 10.64kPa 左右的较高水平（此时左心室内压已接近 0），从而使左心室的间断射血变为动脉内的连续血流，称为辅助血泵作用（图 5-21）。

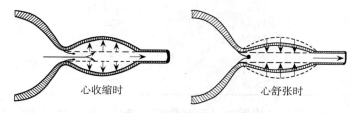

图 5-21 主动脉弹性管壁维持血压与血流的作用

2. 动脉血压及其影响因素 血压的大小随各段血管而不同，血流过程中由于能量的消耗，动脉血压血呈顺序性递减（图 5-22）。由图 5-22 可见，血压下降并不均匀，在小动脉和毛细血管之间的微动脉段下降最多。血压下降幅度与不同部位血流受到阻力的大小成正比；血流线速度则与某一水平的血管总截面积成反比。

在一个心动周期中，动脉血压的最高值称为收缩压（systolic pressure，俗称高压），主要反映心缩力量的大小，健康成年人的生理范围是 13.3~15.96kPa；其最低值称为舒张压（diastolic pressure，俗称低压），主要反映外周阻力的大小，生理范围是 7.98~10.64kPa；二者的差值称为脉压（pulse pressure），可以反映主动脉管壁的弹性，一般为 3.99~5.32kPa，动脉硬化时增大。

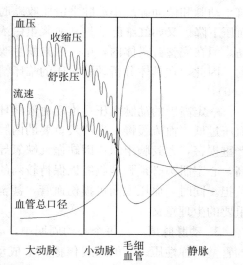

图 5-22 血管系统各段的血压、流速和血管口径总面积的关系示意图

在正常情况下，动脉血压保持相对的稳定。多种成年动物典型的动脉血压值见表 5-2。血压正常值会受到动物种类、性别、年龄以及生理状态的影响。夜间会降低，雌性低于雄性。从出生经青壮年到衰老，动脉收缩压递增。

表 5-2 各种成年动物典型的动脉血压

（引自 Swenson M J, Dukes' Physiology of Domestic Animals, 1984）

动物种类	收缩压（kPa）	舒张压（kPa）	平均动脉压（kPa）
长颈鹿	34.58	21.28	29.127
马	17.29	12.635	15.295
牛	18.62	12.635	15.96

(续)

动物种类	收缩压（kPa）	舒张压（kPa）	平均动脉压（kPa）
猪	18.62	10.64	14.63
绵羊	18.62	11.97	15.162
人	15.96	9.31	13.3
犬	15.96	9.31	13.3
山羊	18.62	11.97	14.63
家兔	15.96	10.64	13.3
豚鼠	13.3	7.98	10.64
大鼠	14.63	9.31	11.97
小鼠	14.763	10.64	13.3
火鸡	33.25	22.61	25.27
鸡	23.275	19.285	21.28
金丝雀	29.26	19.95	24.605

血压的高低受心输出量、外周阻力、动脉管壁的弹性、循环血量和血液的黏滞性等多种因素的影响。其中，心输出量和外周阻力是影响动脉血压最主要的因素。如外周阻力主要来自小动脉和微动脉。小动脉平滑肌收缩时，口径变小，阻力大幅度增加，血压上升；反之，血压下降。又如红细胞数量和血浆蛋白浓度的增加，都会增大血液的黏滞性，从而使血压升高。但在完整有机体内，单一因素发生改变而不伴随其他因素相应改变的情况是不可能存在的。因此，在具体分析动脉血压的临床情况时，必须考虑到各种因素的相互影响和作用（图5-9）。

一定高度的动脉血压是推动血液循环和保持各器官组织足够血流量的必要条件之一。若血压过低，血流缓慢，一些较重要的内脏器官如肝、肾等将因血量供应不足造成器官功能的严重损害，尤其脑组织可因缺血、缺氧导致昏厥。但动脉血压也不能太高。如果动脉血压太高，心室肌肉必须强烈收缩以保持较高的压力，才能射出一定量的血液，因而增加了心脏的负担。同时，血压太高可损伤血管，甚至引起小血管破裂。可见，动脉血压的相对稳定具有重要的生理意义。

3. 动脉脉搏　在每个心动周期中，心脏收缩和舒张产生的主动脉壁震动沿着动脉系统的管壁以弹性压力波的形式传播，形成动脉脉搏（arterial pulse），简称脉搏。脉搏实际是脉压的一种表现形式，凡是能够影响脉压的各种因素，如心输出量、外周阻力、动脉管壁的弹性、血管系统的血容量、血液的黏滞性等都会影响动脉脉搏。

脉搏不但能够直接反映心动周期的节律，而且能够直接、间接地反映整个循环系统乃至其他系统的功能状态。所以，通过分析脉搏的频率、速度、幅度和硬度，有助于某些疾病的诊断。中医诊断"四诊"中的"切（qiè）"即指切脉象。应用脉搏描记仪可以记录到浅表动脉脉搏的波形，称为脉搏图（sphygmogram）。脉搏图对于临床诊断主动脉瓣狭窄、关闭不全、动脉扩张性等心血管疾病有重要作用。

检查脉搏一般选择接近体表的动脉。人在桡动脉或踝动脉，牛在尾中动脉、颌外动脉、腋动脉或隐动脉，马在颌外动脉、尾中动脉、指总动脉或面横动脉，羊和小家畜在股动脉，猫和犬在股动脉或胫前动脉，猪在桡动脉。猪因皮下脂肪较厚，一般不易触诊。

（二）静脉血压与静脉回流

静脉不仅作为血液流动的通道，而且容量大，管壁薄易被扩张，又有一定的平滑肌可以收缩，因此作为动力性血液贮存库，可以调节回心血量。静脉瓣（图5-23）通常存在于分支静脉入口的远心一侧，开口朝向近心端，以阻止静脉血液倒流。非常小的静脉、大静脉、来自脑和肠道的静脉都没有静脉瓣。

1. 静脉血压 当体循环血液经过动脉和毛细血管到达微静脉时，血压下降至约1.995kPa。右心房作为体循环的终点，血压最低，接近于生理零值。通常将右心房和胸腔内大静脉的血压称为中心静脉压（central venous pressure, CVP）。中心静脉压的高低取决于心脏射血能力和静脉回流量之间的相互关系，临床上可用于指导输液。右心房在心动周期中的血压波动可逆向传递到大静脉，形成静脉脉搏（venous pulse）。

2. 静脉回流 单位时间内的静脉回心血量取决于外周静脉压和中心静脉压的差值大小，以及静脉对血流的阻力。静脉血流阻力小，只占体循环总阻力的1/10左右，引流畅通，这也是与其贮血库功能相适应的。影响静脉回流因素有体循环平均充盈压、心脏收缩后舒张时的抽吸力、体位（即重力的影响）、骨骼肌的挤压作用（"肌肉泵"或"静脉泵"）以及呼吸运动的抽吸作用。

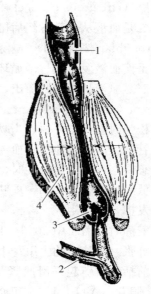

图5-23 肌肉收缩与静脉血流
1. 开放的静脉瓣 2. 侧支
3. 关闭的静脉瓣 4. 肌肉收缩

静脉回流受阻时易引发静脉曲张和静脉炎。静脉曲张是浅表静脉出现畸形和无规律的扩张，多发于小腿；发生在肛门附近的称痔疮。静脉炎是一种更严重的疾病。当血液在大的、未破损的静脉中凝结时，血栓就会发生。

（三）微循环

1. 微循环的组成与路径 微动脉与微静脉之间的血液循环称为微循环（microcirculation）。微循环由肉眼无法看到的、口径小于100μm的血管构成。它对机体的物质交换、循环血量的调节和正常血压的维持等都有十分重要的作用。

微循环的结构布局因器官、组织而有所不同。典型的微循环由微动脉、后微动脉、毛细血管前括约肌、真毛细血管网、通血毛细血管、动-静脉吻合支和微静脉7个部分组成（图5-24）。微循环的血液由微动脉流向微静脉可以通过以下三条途径。

一是从微动脉经后微动脉、毛细血管前括约肌、真毛细血管网到微静脉。这一通路血流缓慢，流经大量毛细血管网，是物质交换的理想场所，故称营养通路或迂

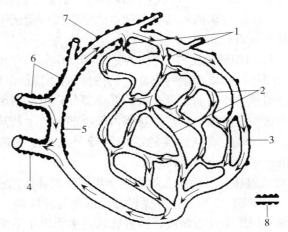

图5-24 循环模式图
1. 毛细血管前括约肌 2. 真毛细血管网 3. 通血毛细血管
4. 微静脉 5. 动静脉吻合支 6. 微动脉
7. 后微动脉 8. 血管平滑肌

回通路（circuitous channel）。

二是血液从微动脉经后微动脉，通过直接延伸的通血毛细血管回到微静脉，称直接通路（thoroughfare channel）。这条通路经常开放，血液流速较快，故交换功能有限。它的主要作用是使血液及时通过微循环，不至于因过久滞留而影响回心血量。

三是血液从微动脉流出，只经动-静脉吻合支便直接回到微静脉，称动-静脉短路（arteriovenous shunt，preferential channel）。吻合支血管壁有平滑肌，平滑肌收缩时吻合支关闭，松弛时吻合支开放。当吻合支开放时，一部分动脉血可由此直接流入静脉而不经过真毛细血管网，故可加速器官血流量，但不能和组织液进行物质交换。平时这条通路经常处于关闭状态，当环境温度升高时，动-静脉吻合支开放，皮肤血流量增加，有利于散热；环境温度降低时，吻合支关闭，皮肤血流量减少，有利于保存热量。故皮肤血管吻合支在体温调节上能发挥一定作用。

安静时骨骼肌中20%~35%的真毛细血管开放，并以5~10次/min的速率交替性地收缩和舒张。血液中的去甲肾上腺素、血管升压素、5-羟色胺较恒定地刺激后微动脉和毛细血管前括约肌引起平滑肌紧张，导致毛细血管关闭；而血流暂停造成细胞代谢产物 CO_2、H^+、腺苷、ATP、K^+ 和组胺等堆积，引起血管平滑肌舒张，恢复灌注。

微循环各组成部分中，仅微动脉分布有少量神经，主要是通过这种局部体液性的调节来实现微循环血流量与组织的代谢活动水平相适应。总体看血流量是稳定的，在显微镜下可以观察到开通、关闭的变化。

2. 毛细血管血压与物质交换　　毛细血管靠近动脉端口径为 $5\mu m$，血压为 3.99~5.32kPa；中段约 3.325kPa；靠近静脉端口径为 $9\mu m$，血压为 1.33~1.995kPa。毛细血管血压的高低取决于毛细血管前阻力和毛细血管后阻力的比值。二者为 5:1 时，毛细血管平均血压为 2.66kPa。毛细血管血压的显著特点是：搏动消失；各器官、组织间差异较大，如在肾脏毛细血管血压高达 7.98~9.31kPa，肺部只有 0.798~0.931kPa。

毛细血管数量多、分布广，管壁薄、通透性强，压力低、血流速度慢，是物质交换的理想场所。以组织液为中介，血液可以为细胞带来营养物质和氧气，带走代谢产物和多余水分。组织液和血液则通过毛细血管壁进行物质交换。物质交换主要通过扩散、滤过和重吸收以及吞饮方式实现。

3. 组织液的生成　　组织液（tissue fluid）存在于组织、细胞的间隙中，是血液与组织细胞之间进行物质交换的媒介，约占体重的15%。绝大部分呈胶冻状，不能自由流动，因此不会因重力作用而流至全身的低垂部分，也不能用注射器抽出。组织液凝胶的基质是胶原纤维和透明质酸细丝，它不妨碍占较小部分的水及其溶质的自由流动。

组织液生成与回流的结构基础是毛细血管的通透性（图 5-16），动力是有效滤过压（effective filtration pressure）。

有效滤过压＝（毛细血管血压＋组织液胶体渗透压）－（血浆胶体渗透压＋组织液静水压）

如图 5-25 所示，在微循环毛细血管动脉端，有效滤过压为正值，液体从毛细血管动脉端滤出物质生成组织液；到静脉端，主要由于毛细血管血压下降的原因，有效滤过压变为负值，导致动脉端产生的组织液约90%重吸收回血管，其余10%进入毛细淋巴管，通过淋巴循环最终回收入血。从组织液在毛细血管动脉端生成到静脉端组织液回流之间，有效滤过压是一个渐变的过程。

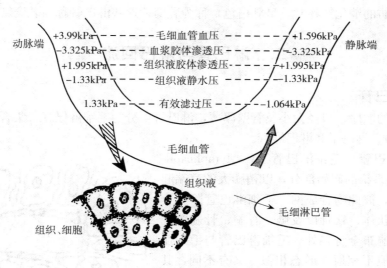

图 5-25　组织液生成与回流示意图
＋代表使液体滤出毛细血管的力量　－代表使液体重吸收到毛细血管的力量

正常情况下，组织液生成和重吸收保持着动态平衡，使循环血量和组织液量能维持相对稳定。一旦与有效滤过压有关的因素改变和毛细血管通透性发生变化，将直接影响组织液的生成与回流。例如，当心衰竭时静脉淤血，引起毛细血管血压升高，可引起组织液生成增多、回流减少，组织液蓄积过多而引起水肿；又如，当血浆蛋白含量过少时，血浆胶体渗透压下降，也能造成水肿。淋巴循环发生障碍，也可使水分积留在组织中，导致水肿。相反，当剧烈腹泻时，血液水分减少，血浆胶体渗透压相对升高，引起组织脱水。

第三节　淋巴循环

淋巴系统是循环系统的一个组成部分，包括淋巴管以及在其中流动着的淋巴液、淋巴组织和淋巴器官。其可看作静脉回流的辅助装置，此外还有制造淋巴细胞、吞噬侵入体内的微生物、产生抗体等重要功能。关于淋巴组织和淋巴器官的结构和功能将在本书第十三章免疫系统中专门讲解。

一、淋 巴 液

1. 淋巴液的生成　血液在毛细血管动脉端滤出形成组织液，大部分经毛细血管静脉端被吸入静脉，少部分液体（主要是水和大分子物质，如蛋白质）进入毛细淋巴管而成为淋巴液（lymph fluid）。

在正常情况下组织液的生成与淋巴流动的速度相适应，如生成量超过淋巴流量，将形成水肿或腹水等病理现象。

2. 淋巴液的组成　淋巴液是一种淡黄色或无色的水样透明液体，一般简称淋巴。其成分与血浆相似，但所含蛋白质比血浆少，有形成分中含有少量淋巴细胞。不同的组织或同一组织在不同的情况下生成的淋巴，在成分上也有很大的差异，如由小肠引出的淋巴管中的淋巴，当含有脂肪的消化产物时，呈乳白色，称为乳糜，这些淋巴管称为乳糜管。

二、淋巴管与淋巴回流

（一）淋巴管

根据汇集的顺序、口径大小及管壁厚薄，淋巴管可分为毛细淋巴管、集合淋巴管（即通常说的淋巴管）、淋巴干和淋巴导管。

1. 毛细淋巴管 毛细淋巴管（vas lymphcapillaries）为淋巴系统的起始部分，以稍膨大的盲端起始于组织间隙，彼此吻合成网。毛细淋巴管除在上皮、角膜、晶状体、软骨以及脑、脊髓、骨髓等处没有分布外，遍布全身各处。毛细淋巴管与毛细血管彼此紧邻，但不相通，形态相似，又有不同，其主要结构特点：一是管腔粗细不一，一般较毛细血管略粗；二是管壁仅由一层内皮细胞组成，而且细胞之间不相连接，形成大约 0.5μm 以上的间隙（图 5-26），故管壁通透性比毛细血管大，可使组织液和一些不易通过毛细血管的大分子物质，如蛋白质、细菌、异物、癌细胞等进入毛细淋巴管。

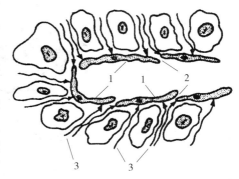

图 5-26 毛细淋巴管盲端结构示意图
1. 内皮细胞 2. 空隙 3. 附着于结缔组织

2. 淋巴管和淋巴干

淋巴管（vas lymphatica）：由毛细淋巴管汇集而成，其管壁的结构与静脉相似，但壁更薄，管腔大而不规则，瓣膜更多，借以保证淋巴的单向流动。

全身淋巴管的分布与静脉相似，分为浅、深两种，但其数目都大大超过静脉。浅淋巴管多呈辐射状，分布于淋巴结的四周，收集皮肤和皮下组织的淋巴；深淋巴管常与深部的血管神经伴行，收集深筋膜深面、内脏器官等处的淋巴。淋巴管在向心行程中，通常有一个或多个淋巴结与之相通，进入淋巴结的管称输入淋巴管（一个淋巴结通常有许多条），离开淋巴结的管称输出淋巴管，一个淋巴结的输出管，可成为另一个淋巴结的输入管。

淋巴干（truncus lymphaticus）：由淋巴管陆续汇合而成，在身体的每一个大部位，一般都有一条或一对淋巴干，如腰淋巴干、肠淋巴干、支气管淋巴干等，这些淋巴干最后汇集成两条最大的淋巴干——右淋巴导管和胸导管。

3. 胸导管和右淋巴导管

右淋巴导管（ductus lymphaticus dexter）：很短，有无不定。收集右前肢和右侧头颈部及胸部的淋巴，在第一肋骨附近注入前腔静脉。缺此导管时，则由各部来的淋巴干直接注入前腔静脉。

胸导管（ductus thoracicus）：是全身最大的淋巴集合导管，起至腰椎腹侧的乳糜池（cisterna chyli），穿过膈肌入胸腔，沿脊柱与主动脉右上方向前伸延，然后在第 6 胸椎处走至食管和气管的左侧面转向向下，于胸前口汇入前腔静脉。乳糜池是胸导管起始端的膨大部分，由肠淋巴干和左、右腰淋巴干汇合而成，同时接受左颈干、左前肢、左纵隔干的淋巴，收集全身淋巴的总量达 3/4。

(二) 淋巴回流

这里主要从循环系统的角度介绍淋巴回流（lymphatic return）的路径、影响因素及其生理意义。

1. 路径　淋巴液生成后，经毛细淋巴管流入集合淋巴管，途中经过多个淋巴结，最后经胸导管或右淋巴导管入前腔静脉。这个过程通常称为淋巴循环。淋巴循环是向心的单向循环，其动力与静脉血回流相似。集合淋巴管的组织结构类似于静脉，管壁有平滑肌，管内有瓣膜。淋巴液的回流也类似于静脉回流，肌肉收缩、吸气时胸膜腔内压下降能促进淋巴回流。另外，淋巴汇入静脉入口处高速血流的抽吸作用也能促进淋巴回流。

2. 生理意义　淋巴系统是组织液向血液回流的一个重要辅助系统。淋巴液回流具有重要的生理功能：①回收组织液中的蛋白质分子（胞吐出来的），能消除组织液中不能被毛细血管重吸收的较大分子以及组织中的红细胞和细菌等。②对营养物质特别是脂肪的吸收起重要作用，肠道吸收脂肪的80%～90%是通过小肠绒毛的毛细淋巴管输送入血液的。③维持循环血量，调节血浆与组织液之间的液体平衡。④发挥淋巴结的防御、屏障作用等。

第四节　心血管活动的调节

机体在不同生理条件下，各器官组织的代谢水平不同，对血流量的需求也不同。机体的神经和体液机制可对心脏和各部分血管的活动进行调节，以适应各器官组织，特别是心脏和脑的需要，协调全身血流分配。体内外各种刺激引起心、血管活动的改变，主要是通过神经反射来实现的。

一、神经调节

神经调节的靶器官是心脏和血管。心脏受到心交感和心迷走神经的双重支配。交感神经兴奋，其节后纤维末梢释放去甲肾上腺素（noradrenaline，NA；norepinephrine，NE），与心肌细胞膜上的 β_1 受体结合，引起心率加快、兴奋传导加快、心肌收缩力量增强。迷走神经兴奋，其节后纤维末梢释放乙酰胆碱（acetylcholine，ACh），与心肌细胞膜上的 M 受体结合，引起与交感兴奋相反的效应，心脏活动受抑制。平常条件下二者均对心脏有作用，而以迷走神经支配占优势。迷走神经对心脏产生经常而持久的作用，使心脏活动的速度和强度限制在一定水平之内的情况，称为迷走紧张（vagal tone）。长期锻炼可使迷走神经紧张性提高，心率减慢。迷走紧张可理解为心力储备的中枢机制。此外，心脏中存在多种肽类神经纤维，与交感、副交感一同对心脏活动起到调节作用。

除真毛细血管外，血管壁都有平滑肌分布。有些血管平滑肌有自发的肌源性活动，另一些很少有自发性活动。绝大多数血管平滑肌都受自主神经支配（毛细血管前括约肌除外）。通常把血管平滑肌的舒缩活动，称为血管运动（vasomotor）。支配它们的神经则被称为血管运动神经纤维。按功能可将其分为缩血管神经纤维（vasoconstrictor nerve）、舒血管神经纤维（vasodilator nerve）两大类。缩血管神经纤维都是交感神经纤维，交感神经节后纤维末梢释放 NE，它与血管平滑肌的 α 受体结合引起血管收缩；与 β 受体结合则引起舒张。NE 与血管平滑肌的 α 受体结合力更强，因此表现缩血管效应。多数血管可以由单一神经纤维支配实现收缩和舒张。安静状态下，交感缩血管纤维持续发放 1~3 次/s 的低频冲动，维持血管处于一定的收缩状态，称为交感缩血管紧张（vasomotor tone）。在此基础上，通过增加或降低冲动频率可以调节血管在紧张基础上的收缩和舒张。体内有少数血管除接受缩血管纤维支配外，还接受舒血管神经纤维的支配。舒血管神经纤维主要有交感舒血管神经纤维、副交感舒血管神经纤维、脊髓背根舒血管纤维以及血管活性肠肽神经元等。舒血管神经不仅分布范围较小，如唾液腺、外生殖器官和内脏、骨骼肌等，其作用也较弱。

心血管反射一般都能很快完成，其生理意义在于使循环功能适应机体状态和环境变化。其中最重要的是颈动脉窦和主动脉弓压力感受性反射。

1. 颈动脉窦和主动脉弓压力感受性反射

（1）反射弧组成和反射过程：动脉血压突然升高（管壁受牵张增强），刺激位于颈动脉窦和主动脉弓的压力感受器（图 5-27），进而发放冲动，通过窦神经、舌咽神经和主动脉神经（又称降压神经）、迷走神经传入冲动增多，作用于延髓弧束核，进而兴奋心抑制区，抑制缩血管区，引起血管紧张性下降、外周阻力降低以及心脏活动减弱，使得血压在升高的水平上回落。当动脉血压突然降低时，通过相似的反射过程可以引起血压回升。

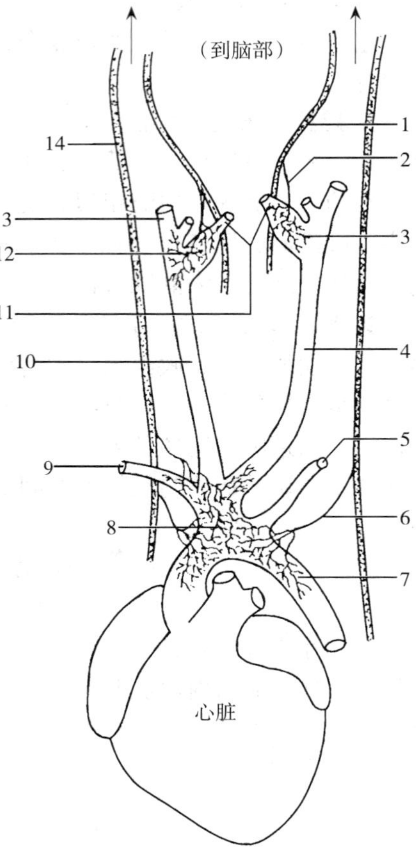

（2）压力感受性反射的特点和生理意义：颈动脉窦和主动脉弓压力感受性反射属于负反馈机制，能经常地、自动地纠正血压的偏差，避免动脉血压发生过分的波动。有人通过试验观察到，犬正常情况下 24h 内平均动脉压为 13.3kPa，上下波动为 1.33~1.995kPa；切除双侧传入神经后，24h 内平均动脉压不变，仍为 13.3kPa，但是波动幅度增大到 6.65kPa。因此，将窦神经和主动脉神经称为缓冲神经（buffer nerve）。

图 5-27 颈动脉窦和主动脉弓压力感受性反射弧示意图
（引自 Cunningham JG，Textbook of Veterinary Physiology，1992）
1. 舌咽神经（Ⅸ） 2. 窦神经
3. 颈动脉窦压力感受器 4. 左颈总动脉
5. 左锁骨下动脉 6. 主动脉神经
7. 主动脉弓 8. 主动脉弓压力感受器
9. 右锁骨下动脉 10. 右颈总动脉
11. 颈内动脉 12. 颈动脉窦
13. 颈外动脉 14. 迷走神经（Ⅹ）

压力感受性反射的感受器为牵张感受器，并且只感受迅速变化，对波动性压力敏感，而对缓慢变化容易发生适应。感受器灵敏范围为 7.98~23.94kPa，当动脉血压超出此范围时，机体只能通过其他方式调节血压，如化学感受性反射。

2. 心肺感受器引起的心血管反射 心房、心室和肺循环大血管壁存在机械牵张感受器，称为低压力感受器（low-pressure receptor）或容量感受器（volume receptor）；同时这些部位细胞也对前列腺素、缓激肽等化学活性物质和藜芦碱等药物敏感。当它们受到有效刺激时，产生相应反射效应：交感紧张降低，心迷走紧张加强，血压降低；肾交感紧张明显降低，肾血流量增加，排水、排 Na^+ 增多；还能抑制血管升压素的释放，使肾脏排水增多。这些作用共同维持血液和体液的成分和量的稳定。1915年班布里奇最先描述了输液或输血引起的心率反射性变化，因此容量感受器反射又称为班布里奇反射（Bainbridge reflex）。

3. 颈动脉体和主动脉体化学感受性反射 外周化学感受器指颈动脉体和主动脉体，位于颈总动脉分叉处和主动脉弓区域。它们周围包绕以毛细血管窦，血液供应十分丰富。颈动脉体Ⅰ型细胞（球细胞）含乙酰胆碱、儿茶酚胺等囊泡；Ⅱ型细胞（鞘细胞）作用类似于神经胶质细胞，窦神经的传入纤维末梢穿插于其间，与Ⅰ型细胞形成特定的接触（单向突触、交互突触、缝隙连接等），能反馈调节化学感受器的敏感性。感受器还有传出神经支配，借调节血流以改变化学感受器的活动。在延髓腹外侧部浅表区域，有左右对称的中枢化学感受器，可分为头、中、尾三个区，只能被脑脊液中 H^+ 浓度升高所兴奋。

当血液的某些化学成分发生变化时，如缺氧、CO_2 分压过高、pH 降低等，可以刺激这些外周化学感受细胞，其感受信号分别由窦神经和迷走神经传入延髓孤束核，然后使延髓内呼吸神经元和心血管中枢神经元的活动发生改变。

正常情况下，化学感受性反射（chemoreceptor reflex，chemoreflex）对呼吸中枢反射更重要，会引起呼吸加深加快，间接地引起心率加快，心输出量增加，外周血管阻力增大，血压升高。但平时化学感受性反射对心血管活动并不起明显的调节作用，只有在严重缺氧、窒息、动脉血压过低和酸中毒等情况下才引起血压升高。

4. 其他反射
（1）躯体感受器引起的心血管反射：用中等及以下强度的低频电脉冲刺激骨骼肌传入神经，常可引起降血压效应；而用高强度高频率电刺激皮肤传入神经，则常引起升血压效应。
（2）其他内脏感受器引起的心血管反射：扩张肺、胃、肠、膀胱等空腔脏器，挤压睾丸等，常可引起心率减慢和外周血管扩张等效应。
（3）脑缺血反应（cerebral ischemic response）：当脑血流量减少时，心血管中枢的神经元发生反应，可引起交感缩血管紧张效应显著加强，外周血管强烈收缩，动脉血压升高，称为脑缺血反应。

二、体液调节

影响心血管活动的化学物质，有些是通过血液携带的，可广泛作用于心血管系统；有些则在组织液中形成，主要作用于局部的血管，对局部组织的血流起调节作用。

（一）肾素-血管紧张素-醛固酮系统

肾素-血管紧张素-醛固酮系统（renin-angiotensin-aldosterone system，RAAS）是调节心血管活动重要的全身性体液因素。肾素是由肾球旁细胞合成和分泌的一种酸性蛋白酶，经肾静脉进入血液循环，在外周血中经过 1h 会被水解灭活。肝脏合成的血管紧张素原（angiotensinogen）在肾素的作用下水解成十肽的血管紧张素Ⅰ。在血浆和组织中，特别是在肺循环血管内皮表面存在有血管紧张素转换酶，它可以把血管紧张素Ⅰ水解为八肽的血管紧张素Ⅱ。血管紧张素Ⅱ在血浆和组织中的血管紧张素酶 A 的作用下，成为七肽血管紧张素Ⅲ。上述过程可归纳为图 5-28，肾素是这一系列化学反应的限速酶。

血管紧张素原 $\xrightarrow{\text{肾素}}$ 血管紧张素 Ⅰ $\xrightarrow{\text{血管紧张素转换酶}}$ 血管紧张素 Ⅱ $\xrightarrow{\text{血管紧张素酶 A}}$ 血管紧张素 Ⅲ

图 5-28 肾素-血管紧张素系统
$\longrightarrow$ 表示物质转化

当各种原因引起肾脏血流量减少时,肾素分泌就会增强。血浆中 Na^+ 浓度降低时,肾素分泌量也会增加。另外,肾素分泌还受神经和体液机制的调节,详见第九章泌尿系统。

对体内多数组织、细胞来说,血管紧张素 Ⅰ 不具有活性。血管紧张素中最重要的是血管紧张素 Ⅱ。血管平滑肌、肾上腺皮质球状带细胞以及脑、肾等器官的细胞上存在血管紧张素受体。血管紧张素与血管紧张素受体结合,引起相应的生理效应。血管紧张素 Ⅱ 作用于血管平滑肌,可使全身微动脉收缩,动脉血压升高。血管紧张素 Ⅱ 是已知最强的缩血管活性物质之一。血管紧张素 Ⅱ 作用于脑内的一些室周器,可使交感缩血管紧张活动加强,并可增强渴觉,导致饮水行为;还可使血管升压素和促肾上腺皮质激素(ACTH)释放增加。血管紧张素 Ⅱ 可抑制压力感受性反射,故血压升高所引起的心率减慢效应明显减弱。此外,血管紧张素 Ⅱ 作用于交感神经末梢的血管紧张素受体,使交感神经末梢释放递质——NE 增多。可见,血管紧张素 Ⅱ 对神经系统的这些作用,最终都是使外周血管阻力增加,血压升高。

血管紧张素 Ⅱ 还可强烈刺激肾上腺皮质球状带细胞合成和释放醛固酮,后者可促进肾小管对 Na^+ 的重吸收,并使细胞外液量增加。血管紧张素 Ⅲ 的缩血管效应仅为血管紧张素 Ⅱ 的 10%~20%,但刺激肾上腺皮质合成和释放醛固酮的作用较强。在正常生理情况下,循环血中低浓度的血管紧张素 Ⅱ 可能与交感缩血管紧张的维持有一定关系。在某些情况下,如失血、失水时,肾素-血管紧张素-醛固酮系统的活动加强,并对在这些状态下循环功能的调节起重要作用。有些高血压的形成与肾素-血管紧张素-醛固酮系统的异常有关,该系统可能在血压的缓慢而长期的调节中起重要作用。

(二)肾上腺素和去甲肾上腺素

从化学结构上看,肾上腺素(adrenaline,epinephrine)和去甲肾上腺素(NE)都属于儿茶酚胺。肾上腺髓质的分泌是肾上腺素和 NE 的主要来源,通常肾上腺素占 80% 左右。NE 的另一个来源是交感神经节后纤维末梢释放的神经递质。

1. 肾上腺素 肾上腺素与 α、β 受体的结合能力几乎相同。在心肌细胞只有 $β_1$ 受体,肾上腺素与之结合产生正性变时、正性变传导和正性变力作用,心输出量增加。对于血管上 α 受体分布占优势的皮肤、肾、胃肠等器官,肾上腺素引起血管收缩;而对于 $β_2$ 受体占优势的骨骼肌、肝等器官和冠状血管,小剂量的肾上腺素引起其舒张;大剂量时肾上腺素也能结合 α 受体,引起血管收缩的总效应。临床上将肾上腺素作为强心急救药,入血后维持几分钟消失。激动和焦虑时机体肾上腺素释放会增加。

2. 去甲肾上腺素 NE 主要与血管 α 受体和心 $β_1$ 结合,与血管 $β_2$ 结合力较弱。NE 对心脏的直接作用是兴奋,但同时能使全身血管广泛收缩,升高动脉血压,使压力感受性反射活动增强,反射性地使心率减慢。其对心血管系统的总效果是使血压升高,临床上 NE 被用作升压药。激动但不焦虑时释放 NE 增加。

(三)血管升压素

血管升压素(vasopressin),又称抗利尿激素(antidiuretic hormone,ADH),是下丘脑视上核和室旁核的一部分神经元内合成的、含有两个半胱氨酸的九肽物质。由神经元胞体合成，通过轴浆运输到达神经垂体并释放入血，此过程被称为神经分泌。正常情况下，血浆中血管升压素升高首先出现抗利尿效应；只有当其浓度明显高于正常时，才引起血压升高。血管升压素是体外最强的缩血管物质之一，它能提高压力感受性反射的敏感性，使该反射纠正偏离正常水平的血压能力增强。在禁水、失水、失血等情况下，血管升压素释放增强，对保留体内液体量、维持动脉血压都起重要作用。

（四）局部性体液调节

1. 内皮细胞释放的活性物质 血管内皮细胞数量庞大，血液流动的切向力等物理因素会激活至少 15 种基因的表达，释放前列环素（prostacyclin）（也称前列腺素 I_2，PGI_2）、一氧化氮（nitric oxide，NO）等舒血管物质和内皮素（endothelin，ET）等缩血管物质。因此，内皮细胞应被看做是一个大的、重要的内分泌器官。

最重要的舒血管物质是于 1980 年命名的内皮舒张因子（endothelium-derived relaxing factor，EDRF），其化学结构尚不完全清楚，目前推测主要是 NO。NO 是在一氧化氮合成酶催化下由精氨酸生成的。乙酰胆碱、缓激肽和血流切向力增加了内皮细胞中的 Ca^{2+} 浓度，促进 NO 的合成与释放。NO 扩散入邻近的平滑肌细胞，激活鸟苷酸环化酶，cGMP 浓度升高，游离 Ca^{2+} 浓度下降，故血管平滑肌舒张。血红蛋白是内皮舒张因子最强的抑制因子，能与内皮舒张因子结合并将其破坏。

血管内皮细胞还能释放一些缩血管物质，称为内皮缩血管因子（endothelium-derived vasoconstrictor factor，EDCF），其中 1988 年发现的内皮素是已知最强的缩血管物质之一。内皮素包括 3 种 21 肽，由不同的基因编码。在组织和血管损伤时，内皮素的释放量明显增加，能有效地减少血液流失。

2. 激肽释放酶-激肽系统 激肽释放酶是体内的一类蛋白酶，可分为存在于血浆中无活性的血浆激肽释放酶原和存在于器官组织内的腺体激肽释放酶（或称组织激肽释放酶）。激肽原是存在于血浆中的一些蛋白质，分为高分子激肽原和低分子激肽原。在血浆中，活化的接触因子（FⅫa）激活血浆激肽释放酶，后者可水解高分子激肽原产生九肽的缓激肽（bradykinin）。在肾、唾液腺、胰腺、汗腺以及胃肠黏膜等组织内，腺体激肽释放酶水解血浆中的低分子激肽原产生十肽的赖氨酰缓激肽（lysylbradykinin），也称胰激肽或血管舒张素（kallidin）。后者在氨基肽酶作用下失去赖氨酸成为缓激肽。缓激肽在激肽酶的作用下水解失活。缓激肽和血管舒张素被认为是已知的最强的舒血管物质。这两种激肽（kinin）类物质可使器官局部血管舒张，毛细血管通透性增加，血流量增加；少量进入循环血液中的激肽类物质也参与对动脉血压的调节。

3. 心房钠尿肽 心房钠尿肽（atrial natriuretic peptide，ANP），又称心钠素（cardionatrin）、心房肽。心房钠尿肽可使血管舒张，外周阻力降低；也可使每搏输出量减少，心率减小，故心输出量减少。心房钠尿肽还能分别抑制肾素、血管紧张素Ⅱ、醛固酮和血管升压素的合成和释放，参与机体水盐平衡调节。

4. 组胺 组胺（histamine）是由组胺酸在脱羧酶的作用下产生的。许多组织，特别是皮肤、肺、肠黏膜的肥大细胞中含有大量的组胺。当组织受到损伤或发生炎症和过敏反应时，都可释放组胺。组胺有强烈的舒血管作用，并且能引起局部毛细血管和微静脉管壁的通透性增大而造成局部组织水肿。

5. 前列腺素 前列腺素（prostaglandin，PG）是一族二十碳不饱和脂肪酸，分子中有一个环戊烷。按分子结构的差别，前列腺素可分为多种类型。其中，$PGF_{2\alpha}$能引起静脉收缩；PGE_2具有强烈的舒血管效应。前列环素（PGI_2）是在血管组织中合成的，有强烈的舒血管效应，可对抗血管紧张素Ⅱ和儿茶酚胺的升压作用。

6. 阿片肽　体内的阿片肽（opioid peptide）有多种。垂体释放的β-内啡肽（β-endorphin）可能主要作用于脑内某些核团，使交感神经活动受到抑制，心迷走活动加强。阿片肽也可作用于外周血管壁的阿片受体，引起血管舒张，血压下降。

（五）血液中K^+、Na^+、Ca^{2+}的浓度

心肌与其他组织细胞一样，需要一个适宜的内环境。它除了需要足够的营养物质和氧气的供应外，还要求内环境理化因素如温度、酸碱度、渗透压等相对恒定，尤其要求有适当浓度的K^+、Na^+、Ca^{2+}。

K^+能抑制心脏的节律性和传导性，使心肌收缩力减弱。因此，血K^+浓度过高时可发生心动过慢、传导阻滞和收缩力减弱，严重时心脏可停止于舒张状态。

Ca^{2+}对心肌的作用与K^+相反，它可显著增加心肌的收缩能力。当血Ca^{2+}浓度过高时，心脏可停止于收缩状态。

Na^+除了维持渗透压外，还是维持心肌的兴奋性所必需的成分，但同K^+和Ca^{2+}相比，Na^+浓度的改变对心肌的影响小一些。

由此可见，K^+、Na^+、Ca^{2+}三者必须保持适当的比例才能维持正常的心脏活动。

由于心肌对K^+与Ca^{2+}的作用敏感，因此临床上应用钾盐或钙盐治疗疾病时应考虑二者对心脏的作用。例如，由静脉注射钙剂时，注射速度要慢，以免血Ca^{2+}突然升高而造成心律紊乱。

三、自身调节——局部血流调节

实验证明，将调节血管活动的外部神经和体液因素都去除，血压在一定的范围内变动时，器官、组织的血流量仍能通过局部的机制保持相对恒定。组织调节自身血流量的能力属于自身调节（autoregulation），一般认为包括代谢性自身调节和肌源性自身调节两类。

（一）代谢性自身调节机制

微循环中迂回通路交替开放的机理正是代谢性自身调节（metabolic autoregulation）的过程。组织细胞代谢不断消耗O_2，并产生各种代谢产物。如果局部微循环处于关闭状态，将引起氧分压下降，CO_2、H^+、腺苷、ATP、K^+等的积聚，这些化学物质作用于微动脉和毛细血管前括约肌，引起血管的舒张。畅通的血流带走代谢产物，补充氧气以后，微动脉和毛细血管前括约肌的紧张性增强，局部微循环路径又趋于关闭。如此反复，实现了交替开放。当组织代谢活动显著增强时，将产生大量的代谢产物，温度升高，引起更多毛细血管更长时间的开放，器官血流量显著增加，以适应于代谢的需要。

（二）肌源性自身调节机制

在本章第一节讨论影响心输出量因素时，已经分析了回心血量增加引起心肌收缩力增大的机制，即"心肌异长自身调节"。该机制被认为是典型的肌源性自身调节（myogenic autoregulation），安静状态下心肌细胞并未达到最适初长度，一定范围内增加的回心血量，扩

张心室腔,被拉长了的心肌纤维更接近最适初长度,因此产生更大的心缩力,从而维持收缩末期留在心腔的血液不增多。类似地,在肾、脑、心、肝、肠系膜、骨骼肌等器官的毛细血管前阻力血管,血管平滑肌也具有这种扩张-回缩反应。灌注压升高时,管壁平滑肌紧张型增强,动脉血管口径缩小;灌注压下降时,动脉口径扩大,从而维持器官血流量相当稳定。

(马恒东)

第六章 呼吸系统

呼吸（respiration）是指机体与外界环境之间进行气体交换的过程，主要是机体从外界吸入氧气并呼出二氧化碳的过程。机体活动所需的能量和维持体温所需的热量，都来自体内营养物质的氧化。氧化过程所需要的氧必须从外界摄取，而机体产生的二氧化碳必须及时向外界排出。由于氧和二氧化碳都不能在体内大量贮藏，因此，氧的摄取和二氧化碳的排出必须在生命过程中始终不断地进行，这样才能保证体内新陈代谢的正常进行和内环境的相对恒定。呼吸是生命活动的重要特征之一。

高等动物呼吸的全过程包括三个相互紧密衔接并且同时进行的环节（图6-1）。

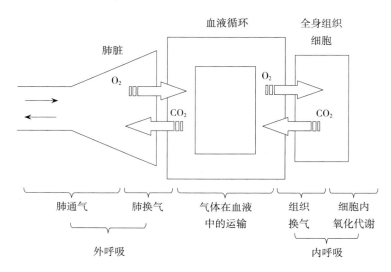

图6-1 呼吸全过程示意图

1. 外呼吸（external respiration） 又称肺呼吸，包括肺泡气与外界空气之间气体流动的肺通气和肺泡气与肺毛细血管之间气体交换的肺换气两部分。

2. 气体在血液中的运输 通过肺泡毛细血管和组织毛细血管之间的血液循环，将从肺泡摄取的氧运送到组织细胞，同时把组织细胞产生的二氧化碳运送到肺。

3. 内呼吸（internal respiration） 又称组织呼吸，指细胞通过组织液与毛细血管血液之间的气体交换过程，即组织细胞代谢中产生的二氧化碳先释放入组织液，再进入毛细血管血液中，而毛细血管血液中的氧也是先进入组织液后再被组织细胞摄取。有时也将细胞内的氧化过程包括在广义的组织呼吸之内。

可见，呼吸过程不仅依靠呼吸系统来完成，还需要血液循环系统的配合，这种协调配合，以及它们与机体代谢水平的相适应，又都受到神经和体液因素的调节。

第六章 呼吸系统

第一节 呼吸器官

呼吸系统是动物体与外界进行气体交换的器官，包括鼻、咽、喉、气管、支气管和肺。鼻、咽、喉、气管、支气管是气体进出肺的通道，称为呼吸道。肺是进行气体交换的场所。

一、呼吸道

临床上通常把呼吸道分为上呼吸道（鼻、咽、喉）和下呼吸道（气管、支气管、细支气管、终末细支气管）。呼吸道虽然只是气体进出肺的通道，不具有气体交换的功能，但呼吸道黏膜和管壁平滑肌具有保护、净化和温湿化吸入气、调节呼吸道阻力从而调节肺通气量等作用。

（一）鼻

鼻（nasus）位于面部中央，既是气体出入的通道，又是嗅觉器官，可分为外鼻、鼻腔和鼻旁窦三部分（图6-2）。

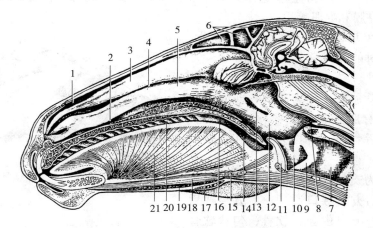

图6-2 马头正中切面
1.上鼻道 2.下鼻道 3.上鼻甲 4.中鼻道 5.下鼻甲 6.额窦
7.气管 8.食管口 9.声带褶 10.喉前庭 11.会厌 12.咽
13.咽鼓管咽口 14.咽峡 15.舌骨 16.软腭 17.下颌淋巴结
18.颏舌骨肌 19.颌舌骨肌 20.腭褶 21.舌

1. 外鼻 通常将外鼻后部称为鼻根，前端为鼻尖，鼻尖的两侧有一对鼻孔。鼻孔（nares）为鼻腔的入口，是由内侧鼻翼和外侧鼻翼围成的皮肤褶。鼻翼（alae nasi）由鼻翼软骨、肌肉和皮肤组成，有一定的弹性和活动性。

马的鼻孔大，鼻翼灵活；牛和猪的鼻孔小，鼻翼不灵活。

2. 鼻腔 鼻腔（cavum nasi）为呼吸道的起始部，由鼻骨和鼻软骨围成圆筒状，外覆皮肤，内面衬有黏膜。鼻黏膜内有丰富的腺体，对吸入的空气起加温、湿润和清洁作用。

鼻腔以鼻中隔分为左右互不相通的两个腔，每侧鼻腔前经鼻孔与外界相通，后经鼻后孔与咽相通（黄牛鼻腔后1/3相通），鼻腔可分为鼻前庭和固有鼻腔两部分。

(1) 鼻前庭：鼻前庭（vestibulum nasi）位于鼻孔和固有鼻腔之间，为衬有皮肤的部分，相当于鼻翼围成的空间。

(2) 固有鼻腔：固有鼻腔（cavum nasi proprium）位于鼻前庭之后，由骨性鼻腔覆以黏膜构成。每侧鼻腔的外侧壁上有一上鼻甲和一下鼻甲，将鼻道分为上、中、下3个鼻道和上下鼻甲与鼻中隔之间的总鼻道。上鼻道较窄，其后部主要为嗅区；中鼻道通鼻旁窦；下鼻道直接经鼻后孔通咽。鼻黏膜被覆于固有鼻腔内表面及鼻甲表面，因结构和功能不同，可分为前面大部分的呼吸区和后面的嗅区两部分。

3. 鼻旁窦 鼻旁窦（sinus paranasles）又称副鼻窦，为鼻腔周围头骨内的含气腔隙，其黏膜为鼻腔黏膜的延续。鼻旁窦直接或间接与鼻腔相通。鼻黏膜发炎时，可波及鼻旁窦，引起炎症。家畜的鼻旁窦包括上颌窦、额窦、蝶腭窦（马）等。窦具有减轻头骨重量、温暖和湿润吸入气体及对发声起共鸣的作用。

（二）咽

详见消化系统。

（三）喉

喉（larynx）是呼吸的重要通道，又是发音器官。其前端与咽相通，后端与气管相接。由喉软骨、喉黏膜和喉肌等构成。

喉软骨由单块的会厌软骨、甲状软骨、环状软骨和成对的勺状软骨围成（图6-3）。犬还有楔状软骨。

喉肌属于骨骼肌，分为两类，即固有肌和外来肌。固有肌为起止于喉软骨的肌肉；外来肌有甲状舌骨肌、舌骨会厌肌和胸骨甲状肌等。

以喉软骨为支架，借肌肉、韧带连接围成喉腔。喉腔前方借喉口通咽，后方经喉后室与气管相通。喉口由会厌软骨、勺状软骨以及勺状会厌褶共同围成。会厌软骨表面被

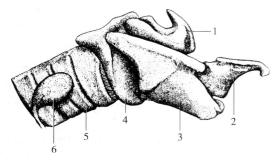

图6-3 马喉软骨
1. 勺状软骨 2. 会厌软骨 3. 甲状软骨
4. 环状软骨 5. 气管软骨环 6. 甲状腺

覆黏膜，称为会厌。会厌在吞咽时可关闭喉口，防止食物误入气管。在喉腔中部的侧壁上，有一对黏膜褶，称声带褶，内有声韧带和声带肌，共同构成声带。两声带之间的裂隙，称为声门裂。声带褶和声门裂共同构成声门（glottis）。喉腔在声门裂之前的部分称为喉前庭，声门裂以后的部分称为喉后室。

喉黏膜由上皮和固有层组成。上皮有两种，被覆于喉前庭和声带的上皮为复层扁平上皮，喉后室的上皮为假复层纤毛柱状上皮。固有层由结缔组织构成。

（四）气管和支气管

气管（trachea）是透明软骨借助结缔组织连接构成的软骨环作支架的圆筒状长管。位于颈部腹侧正中，前端与喉相接，后端经胸前口进入胸腔，然后经心前纵隔到达心底的背侧，约在第3肋间隙相对处分出右上支气管进入右肺尖叶（牛、羊和猪）。在相当于第4～6肋间隙处分为左、右主支气管，与肺血管等一起经肺门入肺。

气管壁由内向外分为黏膜、黏膜下层和外膜。黏膜上皮为假复层纤毛柱状上皮。黏膜下组织为疏松结缔组织,含有大量的气管腺,能分泌黏液,黏着吸入的尘粒和细菌,然后借纤毛运动向喉的方向移动而咳出。外膜由气管软骨和结缔组织构成,为气管的支架。软骨环50~60个,呈"C"形。环的缺口朝向背侧,游离的两端在牛重叠并向背侧隆起,形成一嵴。而马平坦无嵴,在缺口的两端之间,以一片薄肌肉(气管横肌)相连,使气管的口径能根据需要而变化。猪的气管呈圆筒状,环缺口游离的两端重叠或互相接触。

支气管(bronchus)是肺门与气管之间的分叉管道,结构与气管基本相同。

二、肺

(一)肺的位置和外部形态

肺(pulmones)位于胸腔内,在纵隔两侧,左、右各一,一般右肺略大于左肺。健康家畜的肺呈粉红色,质轻而软,富有弹性。

左、右肺均略似锥体形,都具有3个面和2个缘。肋面凸,与胸腔侧壁接触;膈面凹,与膈接触;内侧为纵隔面。在纵隔面中部有一个支气管、神经、血管、淋巴管等进出的区域,称为肺门(hilus)。这些结构被结缔组织包成一束,称为肺根(radices pulmonis)。除肺根外,肺的大部分都游离于胸腔内,便于呼吸时扩大和缩小。肺的背侧缘钝而圆,位于肋椎沟中;腹侧缘薄而锐,位于胸外侧壁和胸纵隔间的沟内。腹缘上有心切迹(incisura cardiaca),左肺心切迹较大。心和心包在此处与胸壁直接接触,是心脏听诊的适宜部位。

反刍动物肺分叶明显,左肺分尖叶、心叶和膈叶,右肺分前、后尖叶,心叶,膈叶和副叶。猪肺的分叶与反刍动物相似。马肺分叶不明显,左肺分尖叶(又称前叶)、心膈叶(又称后叶);右肺分为尖叶、心膈叶和副叶(图6-4)。犬肺分叶与猪的相同。

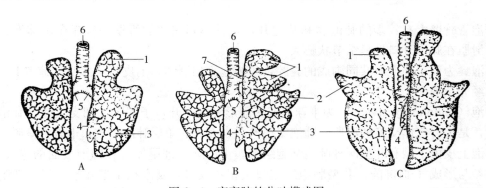

图6-4 家畜肺的分叶模式图
A.马肺 B.牛(羊)肺 C.猪肺
1.尖叶 2.心叶 3.膈叶 4.副叶 5.支气管 6.气管 7.右尖叶支气管

(二)肺的组织结构

肺表面被覆一层浆膜,称肺胸膜。肺分实质和间质两部分,实质为肺内导管部和呼吸部;间质为结缔组织、血管、神经和淋巴管等。

1.肺的导管部 肺内导管部为支气管进入肺后的反复分支所组成,形成支气管树,包括肺叶支气管、肺段支气管、小支气管、细支气管和终末细支气管,是气体在肺内进出的管道（图6-5）。

肺叶支气管至小支气管：管壁由黏膜、黏膜下层和外膜组成。上皮为假复层纤毛柱状上皮。固有层很薄，其外面的平滑肌逐渐增多。黏膜下层内的腺体逐渐减少。外膜内的软骨片不断减少。

细支气管：黏膜常见皱襞，上皮由假复层柱状上皮逐渐过渡为单层纤毛柱状上皮，杯状细胞、软骨片和腺体基本消失，平滑肌增多。

终末细支气管：管径为0.3～0.5mm，其黏膜皱襞逐渐消失，上皮为单层纤毛柱状上皮。杯状细胞、腺体和软骨片均完全消失，平滑肌形成完整的一层。因此，当平滑肌收缩时，管径容易缩小，对空气流量有调节作用。

2. 肺的呼吸部 肺的呼吸部由终末细支气管的逐级分支所组成，包括呼吸性细支气管、肺泡管、肺泡囊和肺泡。其主要功能是与血液进行气体交换。每个终末细支气管及其所属的分支和肺泡，构成一个肺小叶。肺小叶是肺的结构功能单位，呈锥体形或不规则多面形。

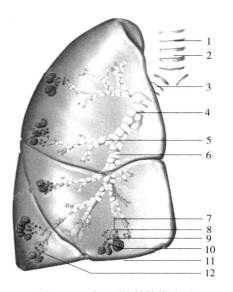

图6-5 呼吸系统结构模式图
（从气管到肺泡）
1. 气管 2. 软骨环 3. 肺外支气管
4. 肺内支气管 5. 小支气管
6. 软骨片 7. 细支气管
8. 终末细支气管 9. 呼吸性细支气管
10. 肺泡管 11. 肺泡囊 12. 肺泡

呼吸性细支气管为终末细支气管的进一步分支，管壁上有肺泡的开口，具有气体交换功能。其管壁的始端为单层纤毛柱状上皮，逐渐过渡为单层柱状、单层立方上皮，邻近肺泡处为单层扁平上皮。上皮下方的结缔组织内有散在的平滑肌。

肺泡管管壁上有较多的肺泡囊和肺泡开口，看不到完整的管壁，只存在于肺泡开口之间。平滑肌在肺泡开口处呈结节状膨大。

肺泡囊为几个肺泡所共同围成的囊腔，与肺泡管相延续。上皮已全部变为肺泡上皮，平滑肌已经完全消失。

肺泡（pulmonary alveoli）为半球形或多面形囊泡，开口于呼吸性细支气管、肺泡管和肺泡囊，是进行气体交换的场所。肺泡壁很薄，表面衬有单层肺泡上皮，下方为基膜。

肺泡上皮由Ⅰ型和Ⅱ型两种肺泡细胞组成。Ⅰ型肺泡细胞覆盖在肺泡表面的绝大部分，该细胞参与形成气-血屏障；Ⅱ型肺泡细胞数量相对较多，镶嵌在Ⅰ型肺泡之间，细胞可分泌表面活性物质［pulmonary surfactant，其主要成分是二棕榈酰卵磷脂（dipalmitoyl ecithin，DPL；或dipalmitoyl phosphatidyl choline，DPPC）］，具有降低肺泡表面张力，防止肺泡塌陷或过度扩张，从而起到稳定肺泡直径的作用。

肺泡之间含有丰富的毛细血管网、弹性纤维和尘细胞等。弹性纤维呈网状包绕肺泡壁，使肺具有良好的弹性，吸气时扩张，呼气时回缩。尘细胞进入肺泡腔，吞噬肺泡内的尘粒，对肺起着净化作用。

3. 肺的血管 肺部的血液供应有肺动脉和支气管动脉两个来源。

肺动脉（含静脉血）经肺门入肺后，随支气管分支进入肺小叶，至呼吸性细支气管后，在肺泡间形成毛细血管网,在此进行气体交换后,汇成小静脉(含动脉血),最后形成肺静脉,流入左心房。

支气管动脉经胸主动脉发出,由肺门入肺,沿支气管分支形成毛细血管,营养支气管和肺组织,最后汇成支气管静脉。

三、胸膜与胸膜腔

(一)胸膜

胸膜(pleura)为覆盖在肺表面和衬贴在胸腔壁内面、纵隔侧面以及膈前面的一层浆膜,由间皮和间皮下结缔组织组成。胸膜被覆于肺表面的部分称肺胸膜,或称胸膜脏层;被覆在胸腔壁内面、纵隔侧面及膈前面的部分称壁胸膜,或称胸膜壁层(图6-6)。

(二)胸膜腔

肺胸膜和壁胸膜在肺根处互相返折延续,在两肺周围分别形成两个互不相通的腔隙,称胸膜腔(pleural cavity)。腔内负压,使两层胸膜紧贴,并对肺有牵张作用,确保肺处于扩张状态,有利于进行呼吸运动。胸膜腔内有胸膜分泌的少量浆液,有润滑胸膜、减少两层胸膜之间摩擦的作用。

第二节 肺通气

肺通气(pulmonary ventilation)是指肺与外界环境之间的气体流通过程,即外界环境中的 O_2 进入肺中和肺中的 CO_2 排出体外的过程。实现肺通气必须借助呼吸道、肺泡和胸廓等的存在和正常生理活动。呼吸道是外界环境与肺泡之间的气体通道,肺泡是肺换气的主要场所,而胸廓和膈的生理活动则是肺通气的动力。

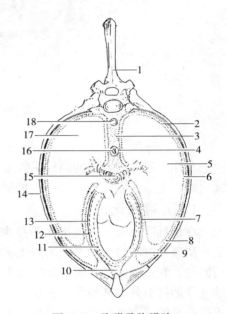

图6-6 胸膜及胸膜腔
1.胸椎 2.肋胸膜 3.纵隔 4.纵隔胸膜
5.左肺 6.肺胸膜 7.心包胸膜
8.胸膜腔 9.心包腔 10.胸骨心包韧带
11.心包浆膜脏层 12.心包浆膜壁层
13.心包纤维膜 14.肋骨 15.气管
16.食管 17.右肺 18.主动脉

一、呼吸运动

呼吸运动指胸廓节律性的扩大和缩小,以及膈的前后移位。呼吸运动可分为平静呼吸和用力呼吸,安静状态下平衡均匀的呼吸称为平静呼吸(eupnea),而家畜运动时用力而加深的呼吸称为用力呼吸(forced breathing)。呼吸运动包括吸气运动和呼气运动。

(一)吸气运动

在平静呼吸时,吸气运动主要表现为膈向腹腔方向的移位,于是胸腔前后径增大,引起其中肺的被动性扩张和肺内压降低。在膈移位的同时,还发生肋间外肌收缩,使肋骨向前、外方移位，于是胸腔左右、上下径增大，亦引起其中肺的被动性扩张和肺内压降低。当以上两种移位运动使肺内压降低至低于大气压时，则外界环境中的空气即进入肺内，表现为吸气（inspiration）（图6-7A）。

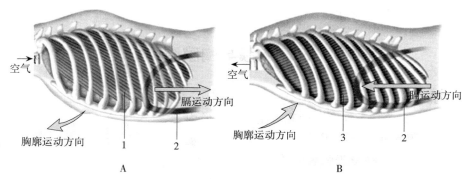

图6-7 呼气与吸气运动的比较
A. 吸气　B. 呼气
1. 肋间外肌　2. 横膈膜　3. 肋间内肌

在用力吸气时，除肋间外肌收缩外，还有其他的吸气肌（如斜方肌、胸锁乳突肌等）参加收缩，克服各种阻力，进一步扩张胸腔，使肺内压更为降低，空气吸入量也就相应增多。

（二）呼气运动

在平静呼吸时，呼气运动不是由呼气肌收缩引起的，而是由于吸气肌（膈肌和肋间外肌）从吸气时的收缩状态转为舒张状态，于是膈被腹腔器官推回原位，胸廓也因重力和弹性而回位。它们的回位共同使胸腔缩小，肺内压升高。当肺内压升高至高于大气压时，则肺内的气体即排至外界环境中，表现为呼气（expiration）（图6-7B）。由此可见，平静呼气运动不是主动的，而是被动的。但是，在用力呼气时，由于肋间内肌等呼气肌参加了收缩，故此时的呼气运动是主动的。

（三）呼吸类型

由于正常的呼吸运动都是由膈和胸廓的移位活动造成的，所以从体外观察，每呼吸一次，即每一呼吸周期都同时出现一次腹部和胸部的起伏变化：吸气时胸腹鼓起，呼气时胸腹回缩。此种呼吸呈胸式和腹式混合式呼吸，健康家畜的呼吸多属于这一类型。

当家畜患有胸膜炎、肋骨骨折等胸部疾患，则在呼吸时，因胸部疼痛而使胸廓移位变弱，改为以膈移位为主，于是主要表现腹部的起伏变化，称为腹式呼吸（abdominal breathing）。当家畜患有腹膜炎、胃扩张等腹部疾患或母畜妊娠后期，则在呼吸时，因腹部疼痛或受限而使膈移位变弱，改为以胸廓移位为主，于是主要表现胸部的起伏变化，称为胸式呼吸（thoracic breathing）。所以，在临床上了解呼吸类型的特征对疾病的诊断有一定的意义。

（四）呼吸频率

每分钟的呼吸次数，称呼吸率。各种家畜平和呼吸率为：猪8～18次/min，牛10～30次/min，水牛10～20次/min，羊10～20次/min，马8～16次/min。

呼吸率可因家畜的品种、性别、年龄、生产性能、生理状态（如妊娠等），一天的早、中、晚，外界温度、使役等而发生变化，故检查时应加以考虑。

二、肺内压与胸膜腔内压

（一）肺内压

肺内压（intrapulmonary pressure）指肺或肺泡内的压强。肺通过口、鼻与外界环境通常是相通的，所以在肺的容积不变时，肺内压和大气压是大体相等的。

吸气运动时，由于肺的被动性扩张，使肺内压逐渐下降，当降至低于大气压时，外界空气便通过呼吸道进入肺泡；空气的进入，使肺内压又逐渐上升，当升至等于大气压时，吸气停止。在呼气运动时，由于肺的回缩，使肺内压逐渐上升，当升至高于大气压时，肺中气体便通过呼吸道排出体外；气体的排出，使肺内压又逐渐下降，当降至等于大气压时，呼气停止。

总之，呼吸运动先引起胸腔的扩大和缩小，使肺内压发生改变；肺内压的改变再引起肺通气。肺内压变化的程度，取决于呼吸的缓急、深浅和呼吸道阻力，决定着肺通气量的多少。

（二）胸内压

1. 胸内压的概念 胸内压（intrapleural pressure）又称胸膜腔内压，是指胸膜腔内的压强。如前所述，胸膜腔只不过是一个潜在的腔，胸膜壁层又附在有坚强骨骼支撑的胸壁上，所以胸内压实际上是由作用于胸膜脏层的压力间接形成的。

2. 胸内负压的形成 动物在胎儿时期，其胸廓因受母体羊水的压力，胸腔容量很小，肺亦不张。当胎儿出生后，其胸廓不再受羊水的压力，并由于自身的弹性而发生扩张，于是胸腔容量迅速增大，引起肺的扩张，空气随之入肺，但肺却始终存在回缩塌陷的趋势。此后，胸廓和肺就永远处于一定程度的扩张状态。在此情况下，胸膜腔壁层的表面受到胸廓组织（骨骼和肌肉）的保护，故不受大气压的影响，而胸膜腔脏层一直承受两种方向相反的力：一种是从肺泡向外的肺内压；另一种是扩张着的肺始终存在的向内的回缩力。那么，能够透过胸膜脏层而在胸膜腔中表现的力，即为：

$$胸内压 = 肺内压 - 肺回缩力$$

若以大气压为体内生理零位标准，肺内压通常近似为大气压，而肺回缩力又持久存在，所以胸内压也就通常低于生理零值，是负值。简称为胸内负压。

胸内压的具体大小，可用连有检压计的针头刺入胸膜腔中测得。吸气时胸廓扩大，肺被动性扩张，肺的回缩力增大，故此时胸内压变得更低。呼气时胸廓缩小，肺也缩小，肺的回缩力减小，故此时胸内压的负值减小（图6-8）。

3. 胸内压负压的生理意义与气胸 胸内负压的作用一是使肺和小气道维持扩张状态，从而维持肺的通气。二是有助于处于胸膜腔中的腔静脉、胸导管和食管趋向扩张，可降低中心静脉压，以利于静脉血液和淋巴向心脏方向的回流。尤其是在做深吸气时，胸内压更低，进一步抽吸血液回心。作用于食管，有利于呕吐反射。在牛、羊等反刍动物，对食团逆呕入口腔进行再咀嚼也有促进作用。

如果发生胸壁贯通伤，造成空气进入胸膜腔；或发生肺穿孔，造成肺泡气进入胸膜腔，都会形成气胸（pneumothorax），胸内负压消失，两层胸膜彼此分开，肺将因其本身的回缩力而塌陷，呼吸功能被破坏。此时，尽管呼吸运动仍在进行，肺却失去了随胸廓运动而运动

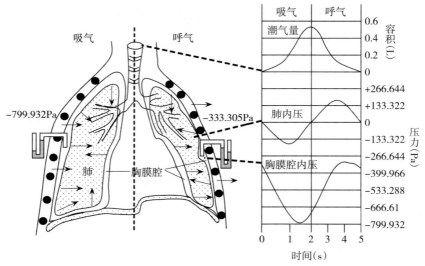

图6-8 吸气和呼气时肺内压、胸膜腔内压及呼吸气容积的变化过程（右），胸膜腔内压直接测量示意图（左）

的能力，其程度视气胸的程度和类型而异。气胸时肺的通气功能受到阻碍，胸腔大静脉和淋巴回流也将受阻，甚至因呼吸、循环功能严重障碍而危及生命。

三、肺容量和肺通气量

了解肺通气量的简单方法是用肺量计纪录进出肺的气量。图6-9为呼吸时肺容量变化的曲线。

（一）肺容量

图6-9左侧示肺互不重叠的四种基本肺容积（pulmonary volume），全部相加等于肺的最大容量。肺容量（pulmonary capacity）是指基本肺容积中两项或两项以上的联合气量。

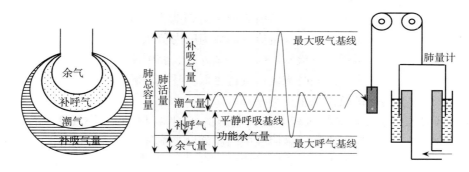

图6-9 肺容量变化示意图

1. 潮气量（tidal volume，TV） 是指平静呼吸时每次吸入或呼出的气体量。各种家畜的潮气量约为：马6 000mL；奶牛躺卧时3 100mL，站立时3 800mL；山羊310mL；绵羊260mL；猪300~500mL。劳役、运动时，潮气量将有所增大。

2. 补吸气量（inspiratory reserve volume，IRV） 指平静吸气末，再尽力吸气所能吸入的气量。马约为 12L。潮气量加补吸气量，合称深吸气量。

3. 补呼气量（expiratory reserve volume，ERV） 是指平静呼气末，再尽力呼气所能呼出的气量。马的补呼气量约为 12L。潮气量加补呼气量，合称深呼气量。

4. 余气量（residual volume，RV） 指最大呼气末存留于肺中不能再呼出的气量，又称残气量。余气量无论如何用力也无法将其呼出，只能用间接方法测定。马的余气量约为 12L。

5. 功能余气量（functional residual capacity，FRC） 平静呼气末肺内存留的气量为功能余气量，是余气量和补呼气量之和。功能余气量的生理意义是缓冲呼吸过程中肺泡气氧和二氧化碳分压（P_{O_2} 和 P_{CO_2}）的急剧变化。由于功能余气量的缓冲作用，肺泡气和动脉血液的 P_{O_2} 和 P_{CO_2} 就不会随呼吸而发生大幅度的波动，以利于气体交换。生理条件下，功能余气量约为潮气量的 4 倍，家畜每千克体重的功能余气量为 8~10mL。功能余气量可在一些病理情况下发生改变：如患肺气肿时，由于呼出气量减少，功能余气量增多；又如患肺纤维化时，由于吸入气量减少，则功能余气量亦减少；患支气管哮喘时，由于呼气尚未完成，而吸气却已开始，则功能余气量也就增多。

6. 肺活量（vital capacity，VC） 最大吸气后，用力呼气所能呼出的最大气量称为肺活量，它是潮气量、补吸气量和补呼气量之和。肺活量的大小是判定肺通气限度的一个指标。肺活量有较大的个体差异，与体躯的大小、性别、年龄、体征、呼吸肌强弱等因素有关。马的肺活量约 30L。

7. 肺总量（total lung capacity，TLC） 肺所能容纳的最大气量为肺总量，是肺活量和余气量之和。其值因性别、年龄、运动情况和体位不同而异。

（二）肺通气量

1. 每分通气量 每分通气量（minute ventilation volume）是指每分钟吸入或呼出肺的气体总量，等于潮气量与呼吸频率的乘积。它较肺总量能更好地反映肺的通气功能。

2. 无效腔和肺泡通气量 因上呼吸道至呼吸性细支气管之间的气体不参与气体交换过程，故将这部分结构称为解剖无效腔（anatomical dead space）。每次吸入气体的一部分将留在解剖无效腔内，也称死腔。进入肺泡内的气体，也可因血流在肺内分布不均而未能全部参与与血液进行的气体交换。进入肺泡而未能发生气体交换的这一部分肺泡容量称为肺泡无效腔（alveolar dead space）。解剖无效腔与肺泡无效腔一起合称生理无效腔（physiological dead space）。健康动物的肺泡无效腔很小，可忽略不计，因此正常情况下生理无效腔与解剖无效腔容量大致相等。

由于存在无效腔，故每次吸入的潮气量不能都到达肺泡进行气体交换。每次呼出的潮气量也总有部分留在无效腔内。这是因为每次吸气首先吸入的是留在呼吸道（无效腔）内的气体。这是上次呼气时留下的肺泡气，此后才是新鲜气。同样，每次呼气，首先呼出的不是肺泡气，而是前一次吸气末时留在无效腔内的新鲜空气，随后才呼出肺泡气。所以，每次呼吸真正进入肺泡进行气体交换的气体量不是潮气量，而是潮气量减去无效腔容量。

肺泡通气量（alveolar ventilation）是每分钟吸入肺泡内的新鲜空气量，等于潮气量减去无效腔气量再乘以呼吸频率。如潮气量是 500mL，无效腔气量是 150mL，则每次吸入肺泡的新鲜空气是350mL，若功能余气量为2 500mL，则每次呼吸仅使肺泡内气体更新1/7左右。潮气量减少、无效腔气体增大（如支气管扩张）或功能余气量增加（如肺气肿），均使肺泡气体更新率降低，不利于气体交换。潮气量和呼吸频率的变化，对肺通气和肺泡通气影响不同。如表6-1所示，在潮气量减半和呼吸频率加倍，或潮气量加倍而呼吸频率减半时，肺通气量保持不变，但是肺泡通气量却发生明显的变化。所以，在一定范围内，深而慢的呼吸可使肺泡通气量增大，肺泡气更新率加大，有利于气体交换。

表6-1　不同呼吸频率和潮气量时的肺通气量和肺泡通气量

呼吸特点	呼吸频率（次/min）	潮气量（mL）	肺通气量（mL/min）	肺泡通气量（mL/min）
平静呼吸	16	500	8 000	5 600
深慢呼吸	8	1 000	8 000	6 800
浅快呼吸	32	250	8 000	3 200

通气/血流比值（ventilation/perfusion ration，VA/Q）是指每分钟肺泡通气量（VA）和血流量（Q）之间的比值。正常情况下，VA/Q的值约为4.2/5＝0.84，表示气泵和血泵协调工作，使流经肺部的混合静脉血能充分地进行气体交换全部变成动脉血。

第三节　呼吸气体的交换与运输

肺通气使肺泡气不断更新，维持了肺泡气P_{O_2}、P_{CO_2}的相对稳定，从而使气体交换得以顺利进行。呼吸气体的交换包括肺换气和组织换气，即肺泡与其周围毛细血管之间和血液与组织之间的气体交换。气体分压差是交换的动力。而血液循环通过对气体的运输将肺泡气体交换和组织气体交换联系起来。

一、呼吸气体的交换

（一）气体交换的动力

1. 气体分压　气体分压是指在混合气体中，某一种气体分子运动所产生的压强，它不受其他气体及其分压存在的影响。在温度恒定时，某一气体的分压只取决于其自身的浓度，即该气体在总混合气体中所占的容积百分比。混合气的总压强等于各气体分压之和。当大气压力已知时，根据这些气体在空气中的容积百分比就能计算出各种气体的分压。例如，在海平面，大气压平均为101.325kPa，氧的浓度（容积,%）为20.71%，所以氧的分压（P_{O_2}）为20.98kPa。其他气体分压也可按同法计算。

2. 体液中溶解气体的分压　呼吸气体的交换还涉及体液中的溶解气体。某一气体溶解于某种溶液中的量，与这种气体的分压成正比。当气体分压一定时，它在液体中的溶解度取决于不同气体和液体的理化性质。

气体分压差是气体分子扩散运动的动力。在能够透过气体分子的薄膜两侧，气体分子可从分压高的一侧向低的一侧扩散，直至两侧分压相等，双向性分子运动达到动态平衡为止。薄膜两侧分压差大，则扩散快；分压差小，则扩散慢。气体扩散速率遵从拉普拉斯公式：

$$D \propto \Delta P \cdot T \cdot A \cdot S / (d \cdot \sqrt{MW})$$

即气体分子扩散速率（D）与分压差（ΔP）、绝对温度（T）、扩散面积（A）以及溶解度（S）成正比，与扩散距离（d）、相对分子质量（MW）的平方根成反比。CO_2 在血浆中的溶解度约为 O_2 的 24 倍，二者分子质量的平方根之比为 1.14：1。因此，在分压差相等时，CO_2 的扩散速率约为 O_2 的 20 倍。肺泡与静脉血液间的氧分压差约为 CO_2 分压差的 10 倍，故 CO_2 的扩散速率约是 O_2 的 2 倍。CO_2 在血浆中的溶解度大，是其在体内易于扩散的主要原因，也是临床多见缺氧而罕见 CO_2 潴留的原因之一。

（二）气体交换过程

细胞膜、毛细血管壁等是气体分子可以透过的薄膜，当膜两侧各种气体存在分压差时，气体分子即可按扩散规律运动，实现气体交换。肺泡气、组织细胞和血液中的 P_{O_2} 和 P_{CO_2} 见表 6-2。

表 6-2 肺泡气、血液和组织内的 P_{O_2} 和 P_{CO_2}（kPa）

分压	空气	肺泡气	动脉血	静脉血	组织液
P_{O_2}	20.98	13.6	13.3	5.33	3.99
P_{CO_2}	0.04	5.33	5.33	6.13	6.66

1. 血液与肺泡间的气体交换　肺泡气体与肺毛细血管之间进行气体交换所通过的组织结构，称为呼吸膜（respiratory membrane）。在电子显微镜下，呼吸膜由 6 层结构组成（图 6-10）：含肺表面活性物质的液体分子层、肺泡上皮细胞、上皮基膜、间质（弹力纤维和胶原纤维）、毛细血管基膜、毛细血管内皮细胞。6 层结构的总厚度仅为 0.2～1μm，通透性大，气体容易扩散通过。

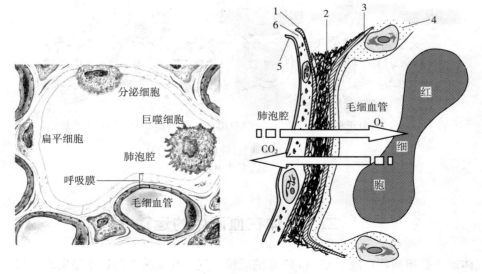

图 6-10　呼吸膜组织结构（左）及结构示意图（右）
1. 上皮基膜　2. 间质　3. 毛细血管基膜
4. 毛细血管内皮　5. 含表面活性物质　6. 肺泡上皮

肺通气不断进行,新鲜空气不断进入肺内,肺泡内的P_{O_2}总量高于肺泡毛细血管血液(含混合静脉血)的P_{O_2},而肺泡内的P_{CO_2}则总是低于混合静脉血的P_{CO_2}(图6-11)。

因此,O_2由肺泡内扩散入静脉血,CO_2则由静脉血向肺泡内扩散,从而使静脉血变为动脉血。O_2和CO_2的扩散都很快,一般只需0.3s就已基本完成气体交换过程,而血液流经肺毛细血管的时间约为0.9s,所以当血液流经毛细血管全长约1/3时,静脉血就变成了动脉血,可见肺换气潜力很大(图6-12)。

2. 血液与组织之间的气体交换 组织在代谢过程中不断消耗O_2,产生CO_2,使组织中的P_{O_2}低于动脉血,而P_{CO_2}则高于动脉血。于是流经组织的动脉血因失去O_2和得到CO_2又变成了静脉血。CO_2的分压差虽然不如氧分压差大,但它的扩散速度比O_2快,故仍能迅速完成气体交换。

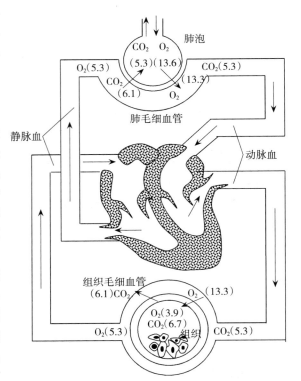

图6-11 气体交换示意图
(图中数字代表气体分压,单位kPa)

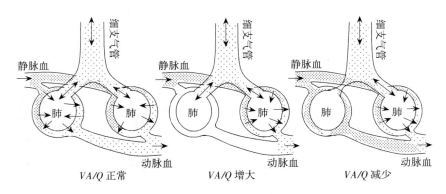

图6-12 肺通气/肺血流(VA/Q)
比值变化示意图

二、气体在血液中的运输

气体运输是指循环血液对O_2和CO_2的运输,气体在血液中的运输是实现气体交换的一个重要环节。血液运输气体有物理溶解和化学结合两种方式。以物理溶解方式运输O_2和CO_2的量虽然很小(表6-3),但却很重要。这是因为物理溶解方式不仅是化学结合方式运输的中间阶段,也是最终实现气体交换的必经步骤。物理溶解和化学结合两者之间处于动态平衡。

(一) 氧的运输

1. 物理溶解形式的运输 气体在液体中的物理溶解量与该气体分压大小成正比。动脉血 P_{O_2} 为 13.3kPa,其物理溶解的氧气仅 0.3mL/100mL,约占血液运输氧总量的 1.5%。

表 6-3 100mL 血液中 O_2 和 CO_2 气体的量(mL)

气体	动 脉			静 脉(混合血)		
	化学结合	物理溶解	合 计	化学结合	物理溶解	合 计
O_2	20.0	0.30	20.30	15.2	0.12	15.32
CO_2	46.4	2.62	49.02	50.0	3.00	53.00

2. 化学结合形式的运输 血液运输氧主要是与血红蛋白(hemoglobin,Hb)结合,以氧合血红蛋白(HbO_2)的形式存在于红细胞内。每 100mL 血液中血红蛋白结合氧气的最大量,称为氧容量(oxygen capacity)。氧容量大小受 Hb 浓度的影响。若健康成年动物每 100mL 血液中血红蛋白含量为 15g,每克血红蛋白可结合 1.34mL 氧,则血氧容量为 15×1.34=20.1mL。在一定氧分压下,血红蛋白实际结合氧气的量,称为氧含量(oxygen content)。氧含量与氧容量的百分比称为"氧饱和度"(oxygen saturation)。正常情况下,动脉血的氧饱和度为 97.4%,此时氧含量约为 19.4mL/100mL;静脉血的氧饱和度为 75%,氧含量约为 14.4mL/100mL。即每 100mL 动脉血转变为静脉血时,可释放出 5mL 氧。

1 个血红蛋白分子可通过 4 个血红素的亚铁离子(Fe^{2+})(图 6-13)结合 4 个 O_2。结合后,铁仍然是 Fe^{2+},没有电子的转移,因此不是氧化反应,是一种疏松的结合,称为"氧合"。这种结合非常迅速(<0.01s),既易结合又易分离,不需要酶的催化,主要受 P_{O_2} 的影响。

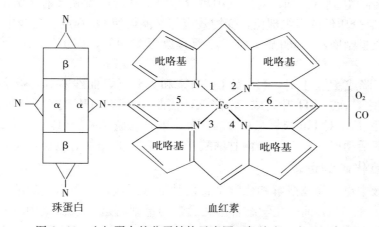

图 6-13 血红蛋白的分子结构示意图(仅绘出一个血红素)

当血液流经肺毛细血管与肺泡交换气体后,血液中 P_{O_2} 升高,Hb 与氧结合,生成氧合血红蛋白(HbO_2);当 HbO_2 经由血液运送到组织毛细血管时,由于组织代谢耗氧,组织内 P_{O_2} 低,于是 HbO_2 便解离为脱氧(还原)血红蛋白(HHb),释放出的氧供组织代谢利

用。这一过程可用下式表示:

$$Hb+O_2 \xrightleftharpoons[P_{O_2}低时(组织)]{P_{O_2}高时(肺)} HbO_2$$

HbO_2 呈鲜红色,多含于动脉血中;没有结合氧的血红蛋白称为"还原"血红蛋白（HHb）,呈暗红色,静脉血中含量大。因此,动脉血较静脉血鲜红。当皮肤或黏膜表层毛细血管中 HHb 含量增加到较高水平时皮肤或黏膜会出现青紫色,称为紫绀,是缺氧的表现。另外,一氧化碳（CO）也能与 Hb 结合成 HbCO,使 Hb 失去运输 O_2 的能力,而且 CO 的结合力比 O_2 大 210 倍。但由于 HbCO 呈樱桃红色,所以动物虽缺氧却不出现紫绀。

3. 氧结合解离曲线 血红蛋白氧饱和度和氧分压之间有密切关系,以氧分压作横坐标,氧饱和度为纵坐标,即可绘制出氧分压对血红蛋白结合氧量的函数曲线,这一曲线习惯上简称为"氧离曲线"（oxygen dissociation curve）（图 6-14）。从曲线可以看出, Hb 结合氧的能力随 P_{O_2} 的上升而增加,血氧饱和度也随之增大（即 Hb 氧解离度减少）。但两者之间并非线性相关,而是呈"S"形曲线。氧离曲线呈"S"形与 Hb 的变构效应有关,即 1 个亚单位与 O_2 结合后,由于变构效应,其他亚单位更易与 O_2 结合。

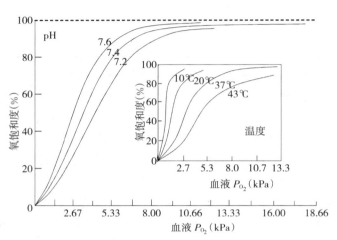

图 6-14 氧离曲线及其影响因素

这种变构效应,对结合或释放 O_2 都具有重要意义。在氧分压高的肺部由于变构效应, Hb 迅速与 O_2 结合达到氧饱和,对空气中氧含量降低或呼吸型缺氧有很大的耐受能力（曲线上段）;而在氧分压低的组织部位,变构效应却又能促使 O_2 释放（曲线中段）;当组织活动加强时,耗氧量剧增, P_{O_2} 明显下降,血液释放更多的氧,满足组织增加的需要（曲线下段）。

血液 pH 下降或 P_{CO_2} 上升, Hb 对 O_2 的亲和力降低,曲线右移,有利于 Hb 释放氧（图 6-14）;反之,血液 pH 升高或 P_{O_2} 降低,使曲线左移, Hb 对 O_2 亲和力增加,有利于 O_2 的结合。pH 和 P_{CO_2} 对 Hb 与氧亲和力的这种影响称为波尔效应（Bohr effect）。温度升高、因缺氧无氧酵解活动产生 2,3-二磷酸甘油酸（2,3-DPG）增加时也会引起氧离曲线右移。

（二）二氧化碳的运输

CO_2 在血液中也以物理溶解和化学结合两种形式运输,其中以物理溶解形式运输的量仅占血液中 CO_2 的 5%,而以化学结合形式运输的量则高达 95%（其中以碳酸氢盐形式运输的占 88%,以氨基甲酸血红蛋白形式运输的占 7%）。

血浆中溶解的 CO_2 绝大部分扩散进入红细胞内,红细胞内溶解的 CO_2 极微,可忽略不计,主要是形成碳酸氢盐和氨基甲酸血红蛋白（carbaminohemoglobin）。

大部分进入红细胞内的 CO_2,在碳酸酐酶的催化下,很快与水反应生成碳酸,碳酸进一步解离生成碳酸氢根和氢离子。

$$CO_2 + H_2O \xrightarrow{\text{碳酸酐酶}} H_2CO_3 \rightarrow HCO_3^- + H^+$$

生成的 HCO_3^- 量超过血浆中的 HCO_3^- 含量时，可透过红细胞膜顺浓度差扩散入血浆。这时有等量的 Cl^- 由血浆扩散进入红细胞，以维持细胞内外正、负离子平衡，这一现象称为**氯转移**（chloride shift）。这样，HCO_3^- 不会在红细胞内积聚，使反应不断往右方进行，有利于组织产生的 CO_2 不断进入血液。所生成的 HCO_3^- 在红细胞内与 K^+ 结合，在血浆内则与 Na^+ 结合，分别以 $KHCO_3$ 和 $NaHCO_3$ 形式存在。所生成的 H^+ 大部分与 Hb 结合成为 HHb。而血浆中的 $NaHCO_3/H_2CO_3$ 是重要的缓冲对，因此 Hb 和 HCO_3^- 在运输 CO_2 过程中，对机体的酸碱平衡起重要的缓冲作用。在肺内由于肺泡气中 P_{CO_2} 低于静脉血，上述反应向左方逆向进行，CO_2 不断由血液进入肺泡排出体外。

一部分进入红细胞的 CO_2，与 Hb 的 $-NH_2$ 结合，形成氨基甲酸血红蛋白（Hb-NH-COOH），这一反应迅速、可逆，无需酶参与，主要调节因素是氧合作用。O_2 与 Hb 结合将促使 CO_2 释放，这一效应称为**何尔登效应**（Haldane effect）。

HHb 结合 CO_2 的能力大于 HbO_2。由于在组织细胞部位血红蛋白释放 O_2，生成较多的 HHb，结合 CO_2 的量增加，促使生成更多的 Hb-NHCOOH；在肺部，Hb 与 O_2 结合生成 HbO_2，因而可促使 CO_2 释放进入肺泡而排出体外。这种形式运输 CO_2 的效率很高。虽然以氨基甲酸血红蛋白形式运输的 CO_2 仅占总运输量的 7% 左右，但在肺泡排出的 CO_2 总量中，却有 17.5% 左右由氨基甲酸血红蛋白所释放。

血液运输氧和二氧化碳的全部过程可综合如图 6-15。由图 6-15 可知，O_2 和 CO_2 的运输不是孤立进行的，而是相互影响的。CO_2 通过波尔效应影响 O_2 的结合和释放，O_2 又通过何尔登效应影响 CO_2 的结合和释放，两者都与 Hb 的理化特性有关。

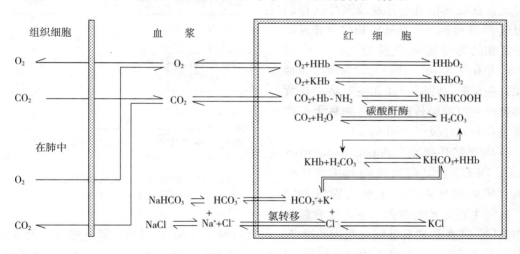

图 6-15 血液运输氧和二氧化碳的全过程

第四节 呼吸运动的调节

呼吸运动分为随意运动和自主运动。前者是在清醒状态下，由大脑皮层控制的随意性呼吸，后者是指在低位脑干控制下的、自发的节律性呼吸，不受大脑皮层的随意控制。正常节律性呼吸运动起源于中枢神经系统。机体内、外环境理化性质的变化，可通过神经反射调节呼吸运动的频率和深度，保持血液中 O_2 和 CO_2 含量的相对稳定。有机体的体液因素对呼吸运动的调节也起重要作用。

一、呼吸中枢与呼吸节律

（一）呼吸中枢

中枢神经系统内产生和调节呼吸运动的神经细胞群，称为呼吸中枢（respiratory center）。它们分布在大脑皮层、间脑、脑桥、延髓和脊髓等部位。脑的各级部位在呼吸节律产生和调节中所起的作用不同。正常呼吸运动是在各级呼吸中枢的相互配合下进行的。

1. 脊髓 脊髓是呼吸运动的初级中枢，脊髓颈、胸段含有支配膈肌、肋间肌和腹肌等呼吸肌的运动神经元。在延髓和脊髓间横断脊髓，呼吸就停止。所以，节律性呼吸运动不是脊髓产生的。脊髓只是联系上位呼吸中枢和呼吸肌的中继站，整合某些呼吸反射的初级中枢。

2. 延髓 实验证明基本呼吸节律产生于延髓。应用微电极技术记录神经元的电活动表明，在低位脑干内有的神经元呈节律性放电，并与呼吸周期有关，称为呼吸相关神经元或呼吸神经元。在吸气相放电的是吸气神经元，在呼气相放电的为呼气神经元，在吸气相放电并延续至呼气相的为吸气-呼气神经元，在呼气相放电并延续至吸气相的为呼气-吸气神经元。吸气-呼气神经元和呼气-吸气神经元均为跨时相神经元。在延髓，呼吸神经元主要集中在背侧和腹侧两组神经核团内，分别称为背侧呼吸组和腹侧呼吸组（图6-16）。

（1）背侧呼吸组（dorsal respiratory group，DRG）：其呼吸神经元主要集中在孤束核的腹外侧部，主要为吸气神经元，轴突主要交叉到对侧，下行至脊髓颈

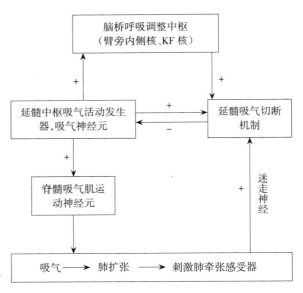

图6-16 呼吸节律形成机制简化模式图
+表示兴奋 —表示抑制

段和胸段，支配膈肌和肋间外肌运动神经元，兴奋时产生吸气。DRG某些吸气神经元轴突投射到腹侧呼吸组或脑桥、边缘系统等，DRG还接受来自肺支气管、窦神经、腹侧呼吸组、脑桥、大脑皮层等的传入信号。

（2）腹侧呼吸组（ventral respiratory group，VRG）：其呼吸神经元主要集中在疑核、后疑核和面神经后核附近的Bötzinger复合体（Bötzinger complex，Böt C）。后疑核内主要是呼吸神经元，其轴突绝大部分交叉到对侧下行，支配脊髓肋间内肌和腹肌的运动神经元，兴奋时主要产生呼气。疑核呼吸神经元的轴突由同侧舌咽神经和迷走神经传出，支配咽喉部呼吸辅助肌，少部分纤维也发出侧支支配膈肌的运动神经元。Böt C主要含呼气神经元，其轴

突主要与背侧呼吸组的吸气神经元形成抑制性联系,此外也有轴突支配脊髓的膈运动神经元。

近来有实验证明,在疑核和外侧网状核之间的 Böt C 有起步样放电活动,认为它可能起呼吸节律发生器的作用,是呼吸节律的起源部位。

3. 脑桥 在脑桥前部,呼吸神经元相对集中于臂旁内侧核和相邻的 Kölliker - Fuse (KF) 核,合称 PBKF 核群。其中含有一些跨时相神经元,其表现为吸气和呼气相转换期间发放冲动增多。PBKF 和延髓的呼吸神经核团之间有双向联系,形成调控呼吸的神经元回路。将猫麻醉后,切断双侧迷走神经,损毁 PBKF 核群,可出现长吸式呼吸,提示脑桥前部抑制吸气的中枢结构主要位于 PBKF 核群,其作用为限制吸气,促使吸气向呼气转换,防止吸气过长过深。

4. 大脑 呼吸还受脑桥以上部位,如大脑皮层、边缘系统、下丘脑等的影响。低位脑干对呼吸的调节是不随意的自主呼吸调节系统。而高位脑,如大脑皮层在一定范围内可以随意屏气或加强呼吸,更灵活而精确地适应环境的变化。经过训练形成条件反射的马,一进入跑道呼吸活动就开始加强,做好准备。犬在高温环境中伸舌喘息,以增加机体散热,是下丘脑参与调节的结果。动物情绪激动时,呼吸增强,则是边缘系统中某些部位兴奋的结果。

高位中枢对呼吸的调节有两条途径:一条是经皮质脊髓束和皮质-红核-脊髓束,直接调节呼吸肌运动神经元的活动;另一条则是通过控制脑桥和延髓的基本呼吸中枢的活动,进而调节呼吸节律。

(二) 呼吸节律形成的假说

呼吸节律形成的机制尚未完全阐明,迄今已提出多种学说,目前有起步细胞学说和神经元网络学说。起步学说认为,延髓内有与窦房结起搏细胞类似的具有起步样活动的呼吸神经元,起呼吸节律发生器的作用,产生呼吸节律。有实验证据显示,Bötzinger 前复合体中就存在着这类神经元。神经元网络学说认为,延髓内呼吸神经元通过相互兴奋和抑制而形成复杂的神经元网络,在此基础上产生呼吸节律。

平静呼吸时,由于吸气是主动的,故有人提出吸气活动发生器和吸气切断机制模型 (inspiratory off - switch mechanism)。在中枢吸气活动发生器作用下,吸气神经元兴奋,其兴奋传至3个方向:①脊髓吸气肌运动神经元,引起吸气,肺扩张。②脑桥臂旁内侧核,加强其活动。③吸气切断机制相关神经元,使之兴奋。吸气切断机制接受来自吸气神经元,脑桥臂旁内侧核和肺牵张感受器三方面的冲动。随着吸气相的进行,冲动均逐渐增加,在吸气切断机制总和达到阈值时,吸气切断机制兴奋,发出冲动到中枢吸气活动发生器或吸气神经元,以反馈形式抑制、终止其活动,吸气停止,转为呼气(图 6-16)。切断迷走神经或毁损脑桥臂旁内侧核或两者,吸气切断机制达到阈值所需时间延长,吸气因而延长,呼气变慢。因此,凡可影响中枢吸气活动发生器、吸气切断机制阈值或达到阈值所需时间的因素,都可影响呼吸过程和节律。

二、呼吸运动的反射性调节

呼吸节律虽然产生于中枢神经系统,但其活动可受来自呼吸器官本身和骨骼肌以及其他器官系统感受器传入冲动的反射性调节,使呼吸运动的频率、深度和形式等发生相应变化。以下介绍其中的一些重要反射。

（一）肺牵张反射

由肺扩张或肺缩小引起的吸气抑制或兴奋的反射称为肺牵张反射（pulmonary stretch reflex），也称黑-伯反射（Hering-Breuer reflex），包括肺扩张反射和肺缩小反射。

1. 肺扩张反射 是肺充气或扩张时抑制吸气的反射。感受器位于从气管到细支气管的平滑肌中，是牵张感受器，阈值低，属于慢适应感受器。当肺扩张牵拉呼吸道使之扩张时，感受器兴奋，冲动经迷走神经粗纤维传入延髓。通过一定的神经联系使吸气切断机制兴奋，切断吸气，转入呼气。肺扩张反射可加速吸气和呼气的交替，使呼吸频率增加。当切断迷走神经后，吸气延长、加深，呼吸变得深而慢。

2. 肺缩小反射 是肺缩小时引起吸气的反射，感受器位于细支气管和肺泡内，阈值高，肺缩程度较大时才引起这一反射的出现。冲动沿迷走神经传入，兴奋吸气神经元。肺缩小反射在平静呼吸调节中意义不大，但对阻止呼气过深和肺不张等可能起一定作用。

（二）呼吸肌本体感受性反射

呼吸肌是骨骼肌，其本体感受器主要是肌梭。当肌肉受到牵张刺激而兴奋时，冲动经背根传入脊髓中枢，反射性地引起受刺激肌梭所在肌肉收缩，称为呼吸肌的本体感受性反射。该反射在维持正常呼吸运动中起一定作用，尤其在运动状态或气道阻力加大时，吸气肌因增大收缩程度而使肌梭受到牵拉刺激，从而反射性地引起呼吸肌收缩加强，以克服气道阻力。

（三）化学感受性呼吸反射

1. 化学感受器

（1）外周化学感受器：颈动脉体和主动脉体是调节呼吸和循环的重要外周化学感受器。在动脉血 P_{O_2} 降低、P_{CO_2} 或 H^+ 浓度（[H^+]）升高时受到刺激，冲动经窦神经（混入舌咽神经）和主动脉神经（混入迷走神经）传入延髓，反射性地引起呼吸加深、加快和血液循环的变化。

（2）中枢化学感受器：中枢化学感受器位于延髓腹外侧浅表部位，左右对称，可以分为头、中、尾三个区（图6-17A）。头端区和尾端区都具有化学感受性，中间区不具有化学感受性，但可将头端区和尾端区的传入冲动投射到呼吸中枢。

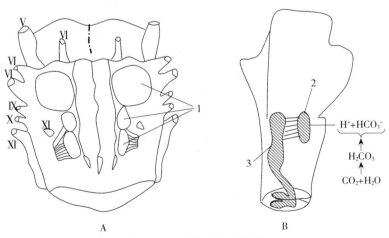

图6-17 中枢化学感受器

A. 延髓腹外侧的三个化学敏感区 B. 血液或脑脊液 P_{CO_2} 升高时，刺激呼吸的中枢机制

1. 影响呼吸的化学敏感区 2. 化学敏感区 3. 呼吸有关核团

中枢化学感受器的生理刺激是脑脊液和局部细胞外液的 H^+。血液中的 CO_2 能迅速通过血-脑屏障，扩散进入脑脊液和脑组织内，在碳酸酐酶作用下，与 H_2O 形成 H_2CO_3，然后解离出 H^+ 和 HCO_3^-，使化学感受器周围液体中的 $[H^+]$ 升高，从而刺激中枢化学感受器，引起呼吸中枢的兴奋（图 6-17B）。可是，脑脊液中碳酸酐酶含量很少，CO_2 与 H_2O 的水合反应很慢，所以对 CO_2 的反应有一定的时间延迟。血液中的 H^+ 不易通过血-脑屏障，故血液 pH 的变化对中枢化学感受器的直接作用不大，也较缓慢。

2. P_{CO_2}、H^+ 和 P_{O_2} 对呼吸的影响

（1）P_{CO_2} 对呼吸的调节：P_{CO_2} 是调节呼吸运动的最重要体液因素，一定水平的 P_{CO_2} 对维持呼吸和呼吸中枢的兴奋性是必需的。动脉血中 P_{CO_2} 下降，减弱了对化学感受器的刺激，可使呼吸中枢的兴奋减弱，会出现呼吸运动减弱或暂停。当吸入气体中 CO_2 浓度增加时（由 0.04% 增至 4%），随着 CO_2 的增加，呼吸加深、加快，促进 CO_2 排出，使动脉血维持正常水平的 P_{CO_2}。当吸入的 CO_2 过量（含量超过 7%），导致 P_{CO_2} 剧升，CO_2 蓄积，则使呼吸中枢受到抑制，出现呼吸困难、昏迷等中枢征候。

总之，在一定范围内动脉血 P_{CO_2} 的升高，可以加强对呼吸的刺激作用，但超过一定限度则有抑制和麻醉效应。

CO_2 刺激呼吸是通过两条途径实现的：一是通过刺激中枢化学感受器而兴奋呼吸中枢；二是刺激外周化学感受器，冲动沿窦神经和迷走神经传入延髓呼吸有关核团，反射性地引起呼吸加深、加快，增加肺通气。在以上两条途径中前者是主要的，因为去掉外周化学感受器的作用之后，CO_2 的通气反应仅下降约 20%，可见中枢化学感受器在 CO_2 通气反应中起主要作用。动脉血 P_{CO_2} 只需升高 0.266 kPa（2 mmHg）就可刺激中枢化学感受器，出现通气加强反应。如刺激外周化学感受器，则需升高 1.33 kPa（10 mmHg）。不过，在下述情况下，外周化学感受器的作用可能是很重要的：当动脉血 P_{CO_2} 突然大增时，因为中枢化学感受器的反应慢，此时外周化学感受器在引起快速呼吸反应中可起重要作用；当中枢化学感受器受到抑制，对 CO_2 的反应降低时，外周化学感受器就起重要作用。

（2）H^+ 的影响：动脉血中 $[H^+]$ 降低，呼吸受到抑制；$[H^+]$ 增加，呼吸加深、加快，肺通气增加。H^+ 也是通过外周化学感受器和中枢化学感受两条途经实现对呼吸的调节。中枢化学感受器对 H^+ 的敏感性较外周的高，约为外周的 25 倍。但 H^+ 通过血-脑屏障的速度慢，限制了其对中枢化学感受器的作用。所以，H^+ 对呼吸的调节作用主要是通过外周化学感受器，特别是颈动脉体而实现的。

（3）P_{O_2} 的影响：吸入气 P_{O_2} 降低时，肺泡气、动脉血 P_{O_2} 都随之降低，呼吸加深、加快，肺通气增加。动脉血 P_{O_2} 对正常呼吸的调节作用不大，仅在特殊情况下低氧刺激才有重要意义。

低氧对呼吸的刺激作用完全是通过外周化学感受器实现的。切断动物外周化学感受器的传入神经，急性低氧的作用完全消失。低氧对中枢的直接作用是抑制。但是低氧可以刺激外周化学感受器，从而兴奋呼吸中枢，在一定程度上可以抵消低氧对中枢的直接抑制作用。不过在严重低氧时，当外周化学感受性反射的作用不足以克服低氧对中枢的抑制作用时，终将导致呼吸障碍。在低氧时如吸入纯氧，由于解除了对外周化学感受器的低氧刺激，会引起呼吸暂停，临床上给氧治疗时应予以注意。

(四) 防御性呼吸反射

呼吸道黏膜受刺激时所引起的一系列保护性呼吸反射称为防御性反射，其中主要有咳嗽反射和喷嚏反射。

咳嗽反射是常见的重要防御反射。喉、气管和支气管的黏膜感受器受到机械、化学性刺激时，冲动经迷走神经传入延髓，触发一系列协调的反射活动，引起咳嗽反射。咳嗽时，先是深吸气，接着紧闭声门，呼气肌强烈收缩，肺内压和胸膜腔内压急速上升，然后声门突然打开，肺内外气压差极大，气体以极高的速度从肺内冲出，将呼吸道内异物或分泌物排出。剧烈咳嗽时，胸膜腔内压显著升高，可阻碍静脉回流，导致静脉压和脑脊液压升高。

喷嚏反射是和咳嗽类似的反射，不同之处是其感受器在鼻黏膜，传入神经是三叉神经。发生反射时，引起轻微的吸气动作，同时腭垂下降，舌压向软腭，并产生暴发性呼气，使高压气体由鼻腔急速射出，以便清除鼻腔中的刺激物。

（贾　斌）

第七章 消化系统

消化器官由消化管及消化腺组成。消化管为一肌性管道，起自口腔，经咽、食道、胃、小肠（十二指肠、空肠、回肠）和大肠（盲肠、结肠、直肠），最后终止于肛门。消化腺包括唾液腺、肝、胰大消化腺以及分布于消化道管壁内的胃腺、肠腺等小消化腺。

消化器官的主要功能是对食物进行消化和吸收，因而是为机体代谢提供必需物质和能量来源的重要器官。此外，消化器官还能合成和分泌多种胃肠激素，参与机体对消化器官活动及全身多种功能活动的调节。

消化（digestion）是指食物在消化道内被分解的过程。消化的方式主要有三种：物理性消化（physical digestion）、化学性消化（chemical digestion）和微生物消化（microbial digestion）。物理性消化又称机械性消化（mechanical digestion），是指经过咀嚼和胃肠运动，磨碎、混合和转运食物的过程。化学性消化是指通过消化液所含的各种消化酶或植物性饲料所含有的相应酶类对饲料进行分解的过程。微生物消化是指通过微生物产生的酶类，对饲料养分进行分解的过程。

吸收（absorption）是指消化道内的营养成分透过消化管壁上皮细胞进入血液或淋巴循环的过程。消化和吸收是两个相辅相成、紧密联系的过程。消化或吸收功能发生障碍，可引起消化不良和代谢紊乱。

第一节 概 述

一、消化道平滑肌的生理特性

在整个消化道中，除口腔、咽、食管上段和肛门外括约肌为骨骼肌外，其余部分的肌肉都是由平滑肌组成。平滑肌与其他肌肉组织一样，也具有兴奋性、传导性和收缩性，不少平滑肌还有自律性。但与骨骼肌、心肌相比，消化道平滑肌又有其自身的特性。

（一）一般生理特性

1. 兴奋性低，收缩缓慢 与骨骼肌相比，消化道平滑肌兴奋性低，收缩缓慢（表7-1），因而耗能少，处于持续收缩状态而不易疲劳。

2. 伸展性较大 消化道平滑肌因无肌小节、Z线限制，故可将其拉长2~3倍而张力不发生变化，可适应消化道内食物容量的变化。

表7-1 骨骼肌与平滑肌兴奋性比较

种类	潜伏期	收缩全过程
骨骼肌	0.01s	0.1s
平滑肌	几秒	20s或更长

3. 具有紧张性收缩 消化道平滑肌最显著的特点是经常维持微弱的收缩状态，即具有紧张性收缩（tonic contraction）的特性，这对于维持胃肠腔内的基础压力，保持消化管各部位一定的形状、位置具有重要意义。

4. 具有自动节律性 消化道平滑肌在没有神经支配或在离体培养的条件下，能自动产生节律性兴奋和收缩，但其节律性远不如心肌规则。

5. 对化学、温度、机械牵张刺激敏感 消化道平滑肌对电刺激不敏感，用几伏的单个感应电流刺激，往往不能引起其收缩。而将乙酰胆碱稀释一亿倍，能使兔的离体小肠收缩加强；用千万分之一浓度的肾上腺素就能降低其紧张性。当台氏液的温度由 38℃ 降至 36℃ 时，兔离体小肠收缩减弱。

（二）电生理特性

1. 静息电位 平滑肌细胞在安静状态下的跨膜电位，称为静息电位（resting potential）。平滑肌静息电位与骨骼肌相比有两个特点：一是膜内外电位差较小，幅值为 $-60 \sim -50mV$；二是电位不稳定，在一定范围内有波动，容易发生自动去极化。其静息电位产生的机制与骨骼肌类似，主要是 K^+ 由膜内向膜外扩散的结果（详见第五章循环系统）。此外，Na^+-K^+ 泵的生电作用（钠泵每分解一分子ATP，可泵出 3 个 Na^+，泵入 2 个 K^+，净泵出 1 个正电荷，形成一个外向电流，称为泵电流，使细胞内电位变负）也是平滑肌静息电位的重要成因之一。安静时平滑肌膜对 Na^+ 和 Cl^- 的通透性都较高，少量 Na^+ 内向扩散和 Cl^- 外向扩散，对平滑肌静息电位也有一定影响。

2. 慢波或基本电节律 胃肠平滑肌细胞的静息电位不稳定，可在此基础上产生自动去极化和复极化，并形成节律性的电位波动，因其频率较慢，故称为慢波（slow wave），也称基本电节律（basic electrical rhythm）。基本电节律持续时间长，可达数秒至数十秒。消化道不同部位的慢波频率差异较大，例如，犬胃的慢波频率为 5 次/min，十二指肠为 18 次/min，空肠为 13 次/min。慢波波幅为 5~15mV。慢波并不引起肌肉收缩，但它可使静息电位接近阈电位水平。当慢波去极化达到阈电位水平时，就暴发动作电位，继而引起平滑肌收缩。

慢波由存在于纵行肌与环行肌之间的 Cajal 间质细胞（interstitial cell）产生，这些细胞具有成纤维细胞和平滑肌细胞的特性，并与纵、环两层平滑肌细胞形成缝隙连接（gap junctions），可将慢波快速传播到平滑肌。慢波产生的机制目前尚未完全阐明。它可能与 Na^+-K^+ 泵的周期性活动变化有关。即当钠泵活动暂时受到抑制时，Na^+ 泵出减少，膜呈去极化状态；当钠泵活动恢复时，膜的极化加强，膜电位又回到原静息电位水平。但新近的资料认为，慢波的产生主要与 Ca^{2+} 有关。当平滑肌膜上 Ca^{2+} 通道开放时，Ca^{2+} 进入膜内，产生慢波的去极化相；随后，细胞内 Ca^{2+} 增加激活了 K^+ 通道，引起 K^+ 外流增加，形成慢波的复极化相。

3. 动作电位 平滑肌的收缩活动是由平滑肌细胞的电活动引发的。当慢波去极化达阈电位水平（约 $-40mV$）时，就可产生动作电位（action potential）。平滑肌动作电位是一种叠加于慢波之上的、持续时间较短的尖锋形电位变化，也称锋电位（spike potential）。锋电位可以单个或成簇出现。消化道平滑肌动作电位的时程较骨骼肌长，每一动作电位持续 10~20ms，去极化的幅度变动在 50~70mV。动作电位的去极相是由于慢钙通道开放，Ca^{2+} 以及少量 Na^+ 内流形成的；复极相则是由于慢钙通道关闭、K^+ 通道开放，K^+ 外流所引起。Ca^{2+}内流可引起平滑肌收缩，因此，较大频率的动作电位引起较强的平滑肌收缩（图7-1）。

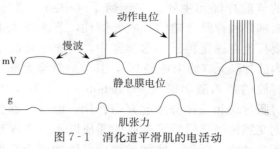

图7-1 消化道平滑肌的电活动与肌肉收缩的关系

二、消化道的神经支配

消化道除口腔、咽、食道上段肌肉及肛门外括约肌受躯体运动神经支配外，其余部分的平滑肌均受自主神经系统（autonomic system）支配，即交感和副交感神经的双重支配。自主神经也称消化道的外来神经（extrinsic nerve），包括交感神经、副交感神经，它们与消化道的内在神经（肠神经系统）相互协调，共同调节胃肠功能。

（一）内在神经（肠神经系统）

消化道的内在神经是指消化道管壁的壁内神经丛（intramural plexus）（图7-2），包括位于纵行肌与环行肌之间的肌间神经丛（myenteric plexus，Auerbach's plexus）和位于黏膜层与环行肌之间的黏膜下神经丛（submucosal plexus，Meissner's plexus）。这些神经丛含有运动神经元（支配平滑肌）、感觉神经元（感受消化道内的机械、化学和温度等刺激）以及中间神经元。每一神经丛内部以及两种神经丛之间都有神经纤维互相联系，共同组成一个独立于中枢神经系统之外完整的反射系统，称为肠神经系统（enteric nervous system），也称消化道的内在神经（intrinsic nerve）。肠神经系统释放的递质和调质种类繁多，包括乙酰胆碱、去甲肾上腺素、5-羟色胺、γ-氨基丁酸、一氧化氮以及众多的肽类物质，如脑啡肽（enkephalin）、血管活性肠肽（vasoactive intestinal peptide，VIP）、P物质（substance P，SP）等。

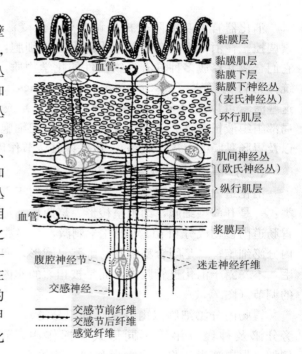

图7-2 胃肠壁内神经丛

虽然肠神经系统能独立行使其功能，但仍接受外来神经（即交感和副交感神经）的支配，刺激外来神经可进一步加强或减弱其活动。

（二）外来神经

胃肠道的外来神经包括交感神经和副交感神经（图7-3）。交感神经（sympathetic nerve）的节前神经元存在于脊髓胸腰段的灰质外侧柱，其节前纤维在椎下神经节（腹腔神经节和肠系膜神经节）更换神经元后发出节后纤维，其末梢释放去甲肾上腺素（noradrenalin，NA），通常对胃肠运动和腺体分泌起抑制性作用。副交感神经（parasympathetic nerve）

的节前神经元主要存在于脑干（中脑、脑桥、延脑）和荐段脊髓的灰质外侧柱，节前纤维主要行走在迷走神经和盆神经中，终止于胃肠壁内的神经元（终末神经节），其节后纤维大部分释放的是乙酰胆碱（acetylcholine，ACh），对胃肠运动和腺体分泌起兴奋作用。但有一部分副交感神经节后纤维释放的递质既不是 NA 也不是 Ach，而是一些肽类物质（例如血管活性肠肽等），它们对胃肠活动的作用因肽类不同而异。

三、消化道的内分泌功能

消化器官的功能除受神经调节外，还受激素调控。在消化道内存在着数十种内分泌细胞，它们合成并释放多种具有生物活性的化学物质，统称为胃肠激素（gastrointestinal hormones）。这些激素可以通过全身血液循环（内分泌）或局部组织液扩散（旁分泌）方式，作用于靶细胞（消化腺的分泌细胞、消化道的平滑肌细胞以及胃肠黏膜的上皮细胞等），以发挥其调节作用。

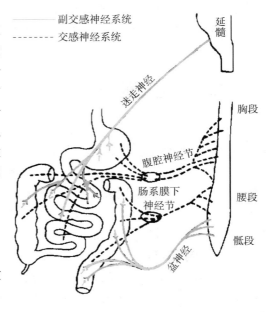

图 7-3 胃肠的外来神经支配

（一）胃肠内分泌细胞的特点

消化道内分泌细胞单个、不均匀地分布于胃肠黏膜上皮细胞之间，按其细胞形态可分两类：一是开放型细胞，细胞呈梭形、烧瓶形，细胞顶端的微绒毛伸入胃肠腔，可以直接感受胃肠道内食物成分和 pH 等的化学刺激，大多数胃肠内分泌细胞属于开放型，又称为感受器内分泌细胞；二是闭合型细胞，细胞呈圆形、卵圆形或锥形，位于基膜上，细胞顶端无微绒毛，不暴露于消化道管腔内，而是被相邻的非内分泌细胞覆盖，它们的分泌受局部环境变化的调节（图 7-4）。

胃肠内分泌细胞以内分泌（远距分泌）、旁分泌及神经分泌等不同形式发挥作用。例如，促胃液素、胆囊收缩素和抑胃肽等主要是通过血液循环运至靶细胞而发挥作用；胃幽门部和胰岛内的 D 细胞释放的生长抑素则主要是以旁分泌的形式对临近的胃泌素细胞或胰岛 B 细胞产生抑制性调节作用；而 VIP 和蛙皮素等则可能是一种神经分泌激素。

（二）胃肠激素及其作用

严格地说，胃肠激素应指胃肠内分泌细胞分泌的循环激素。所有的胃肠激素几乎都

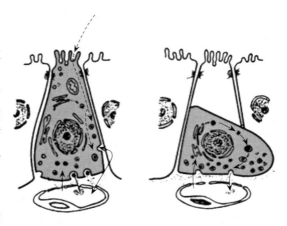

图 7-4 消化道内分泌细胞形态示意图

是肽类，故又称为胃肠肽（gastrointestinal peptides），迄今已发现和鉴定的胃肠肽多达 20 余种，其中被认为是起生理性调节和循环激素作用的有 5 种，它们是促胃液素（gastrin）、胆囊收缩素（cholecystokinin，CCK）、促胰液素（secretin）、抑胃肽（gastric inhibitory peptide，GIP）及促胃动素（motilin）。另外一些尚不能肯定是真正的激素，称为后备激素（candidate hormone），还有一些是旁分泌激素和神经分泌激素。胃肠激素的主要作用是调节消化器官的功能，但对体内其他器官的功能也可能产生广泛的影响。胃肠激素对消化器官的主要作用有：

1. 调节消化腺的分泌和消化道的运动　不同的胃肠激素对不同的消化腺、平滑肌和括约肌的作用如表 7-2 所示。从表 7-2 可见，胃肠激素对消化腺的分泌和消化道的运动具有重要的调节作用。胃肠激素分泌紊乱常可引起胃肠功能性疾病，因此测定血液中胃肠激素水平，以促进或阻断相应胃肠激素的作用，具有重要的临床意义。

表 7-2　三种胃肠激素对消化腺分泌和消化管运动的作用

	胃酸	胰HCO_3^-	胰酶	肝胆汁	小肠液	食管-胃括约肌	胃平滑肌	小肠平滑肌	胆囊平滑肌
促胃液素	++	+	++	+	+	+	+	+	+
促胰液素	−	++	+	+	+	−	+	+	+
胆囊收缩素	+	+	++	+	+	−	+−	+	++

注：+，兴奋；++，强兴奋；−，抑制；+−，依部位不同既有兴奋又有抑制。

2. 调节其他激素的释放　已经证明，从胃肠道释放的抑胃肽（gastric inhibitory polypeptide，GIP）除有抑制胃运动的作用外，还有很强的刺激胰岛 B 细胞分泌胰岛素（insulin）的作用。正因如此，口服葡萄糖比静脉注射同剂量的葡萄糖能引起更多的胰岛素分泌。进食时，不仅由于葡萄糖吸收入血直接作用于胰岛 B 细胞，促进胰岛素分泌；而且还可通过胃肠激素（例如抑胃肽）及早地将信息传递到胰岛，引起胰岛素较早地分泌，使血糖不至于升得过高，以避免葡萄糖因超过肾糖阈而从尿中丢失。这对于有效地保持机体所获得的能源具有重要的生理意义。

调节其他激素释放的胃肠激素还有生长抑素（somatostatin，SS）、胰多肽（pancreatic polypeptide）、血管活性肠肽（vasoactive intestinal peptide，VIP）等。例如，由胃幽门部和胰岛 D 细胞分泌的生长抑素，有抑制促胃液素和胰岛素等多种激素释放的作用。

3. 营养作用　一些胃肠激素具有促进消化道组织代谢和生长的作用，称为营养作用（trophic action）。例如，胃泌素能刺激胃泌酸部位黏膜和十二指肠黏膜的 DNA、RNA 和蛋白质的合成。给动物长期注射五肽胃泌素可引起壁细胞增生。此外，小肠黏膜 I 细胞释放的胆囊收缩素也被证明具有促进胰腺外分泌组织生长的作用。

（三）脑-肠肽的概念

不少研究资料表明，一些最初在胃肠道发现的肽类，如 P 物质、促胃液素等，不仅存在于胃肠道，也存在于中枢神经系统内；而原来认为只存在于中枢神经系统中的神经肽，如生长抑素、神经肽 Y（neuropeptide Y，NPY），随后也在消化道中发现。这些双重分布的肽被统称为脑-肠肽（brain-gut peptides）。目前已知的脑-肠肽有 20 余种，例如促胃液素、胆囊收缩素、P物质、生长抑素、神经肽Y等。它们由APUD（amine precursor uptake decarboxylation）细胞所分泌，这类细胞来源于胚胎外胚层的神经内分泌程序细胞，都具有摄取胺前体进行脱羧而产生肽类或活性胺的能力。

第二节　消化管与腹腔

一、消化管的一般构造

消化管壁的组织结构，除口腔外，一般均可分为四层。从腔面向外，依次为黏膜、黏膜下层、肌层和外膜（图7-5）。

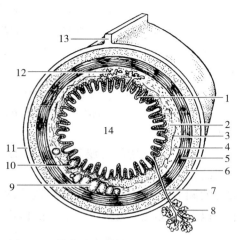

图7-5　管状器官结构模式图（十二指肠）
1. 上皮　2. 固有膜　3. 黏膜肌层　4. 黏膜下层
5. 内环行肌　6. 外纵行肌　7. 腺管　8. 壁外腺
 9. 淋巴集结　10. 淋巴孤结　11. 浆膜
 12. 十二指肠腺　13. 肠系膜　14. 肠腔

（一）黏膜

黏膜是消化管进行消化和吸收的重要部分，可分三层。

1. 上皮　是消化管壁的最内层。上皮的类型因其所在部位与功能而不同。口腔、食管、肛门的上皮为复层鳞状上皮，具有保护作用；而胃、小肠、大肠的上皮则为单层柱状上皮，具有保护、消化和吸收作用。

黏膜上皮在发生过程中下陷形成两种腺体：一种分布在消化管管壁内部，称壁内腺，如胃腺、肠腺等；另一种凸出在消化管壁外面，称壁外腺，如肝、胰、唾液腺等。此外，消化管上皮内还有几种散在的内分泌细胞存在。

2. 固有膜　由结缔组织组成，含丰富的淋巴组织，并有小消化腺、血管、淋巴、神经和少量分散的平滑肌。

3. 黏膜肌层　由一薄层平滑肌构成，一般排列为两层，内层为环行，外层为纵行。此层肌肉收缩，可以改变黏膜的形状，利于物质的吸收、血液的运行和腺体的分泌。

（二）黏膜下层

黏膜下层由疏松结缔组织组成，含有比较大的血管、淋巴管和黏膜下神经丛。食管与十二指肠部分分别有食管腺与十二指肠腺。此层有联系黏膜与肌层的作用。

（三）肌层

肌层除口腔、咽、食管上段和肛门为骨骼肌外，其余部分均由平滑肌组成。一般为内环外纵两层，两层之间有肌间神经丛。在肠管的某些部位，环行肌特别发达，形成了括约肌；纵行肌集中，则形成纵带。

（四）外膜

外膜（浆膜）是管壁的最外层，为一薄层疏松结缔组织。而位于体腔内的管状器官由于外膜表面覆盖一层间皮细胞，故称浆膜。浆膜表面光滑，能分泌浆液，有润滑作用，可以减少消化器官运动时的摩擦。

二、腹 腔

(一) 腹腔

腹腔是畜体中最大的体腔，前壁以膈与胸腔为界，后端与骨盆腔相通，背面是腰椎，两侧与下面是腹壁。消化器官大部分位于其中。

(二) 腹膜

腹膜为衬在腹腔、骨盆腔壁内面和覆盖在腹腔、骨盆腔内脏器表面的一层浆膜，可分为腹膜壁层和腹膜脏层。衬在腹腔壁、骨盆腔壁内面的称腹膜壁层，覆盖在脏器表面的称腹膜脏层。腹膜壁层和脏层之间的间隙称腹膜腔，内有少量透明的浆液。

腹膜从腹腔、骨盆腔壁移行到脏器，或从某一脏器移行到另一脏器，这些移行部的腹膜形成多种皱褶：由壁腹膜在脊柱附近转为脏腹膜的地方称系膜；器官间相连的称韧带；胃的浆膜形成游离的皱褶，称网膜（图 7-6）。

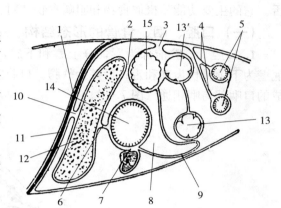

图 7-6 腹腔腹膜与器官之关系
（自季培元，1979）
1. 膈 2. 网膜孔 3. 前肠系膜基部 4. 肠系膜
5. 小肠 6. 小网膜 7. 胃脾韧带 8. 网膜囊
9. 大网膜 10. 冠状韧带 11. 胸腔 12. 肝脏
13、13′. 结肠 14. 胃 15. 胰脏

(三) 腹腔的分区

为了便于描述腹内脏器的位置，常把腹腔分为若干区域，其划分方法如下：通过两侧最后肋骨后缘突出部作一横断面和通过髋结节前方作一横断面，将腹腔分为三大部分，即腹前部、腹中部和腹后部。

1. 腹前部 分为三部分。以左右肋弓为界，在肋弓上方的称季肋部，在肋弓下方的称剑状软骨部。再以正中矢状面为界，把季肋部分为左季肋部和右季肋部。

2. 腹中部 可分为四部分。从腰椎两侧横突的顶点作两个侧矢面，把腹中部先分为中间部和左、右髂部；然后再通过第一肋骨的中部作额面，把中间部分为背侧的腰部和腹侧的脐部。

3. 腹后部 又分为三部分。由腹中部的两个侧矢面向后延伸，把腹后部分为左、右腹股沟部和中间的耻骨部（图 7-7）。

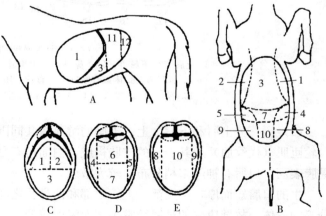

图 7-7 腹腔各部划分
A. 侧面 B. 腹面 C. 腹前区横断面 D. 腹中区横断面
E. 腹后区横断面
1、2、3. 腹前区（1. 左季肋区
2. 右季肋区 3. 剑突区） 4. 左腹外侧区 5. 右腹外侧区
6. 肋骣区 7. 脐区 8. 左腹股沟区 9. 右腹股沟区
10. 耻骨区 11. 腹中区 12. 腹后区

第三节 消化器官的结构和功能

一、口　腔

口腔是消化道的起始部,其前部为唇,两侧为颊,顶部为硬腭和软腭,底部为口腔底和舌。它的主要功能是摄取食物和咀嚼食物,对食物(饲料)进行机械性消化作用。

(一)口腔、咽、食管的形态结构

1. 口腔　口腔前部为唇,分上唇和下唇,由口轮匝肌组成;两侧为颊;顶壁为硬腭;底壁为下颌骨切齿部和舌;后壁为软腭。口腔前端以口裂与外界相通;后端借软腭与舌根构成的口咽部与咽相通(图 7-8)。

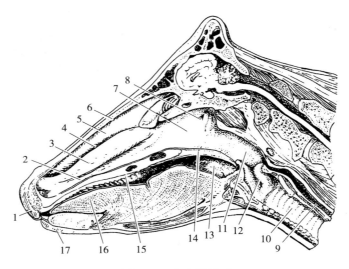

图 7-8　牛头纵剖面
1. 上唇　2. 下鼻道　3. 下鼻甲　4. 中鼻道　5. 上鼻甲　6. 上鼻道
7. 鼻咽部　8. 咽鼓管咽口　9. 食管　10. 气管　11. 喉咽部
12. 喉　13. 口咽部　14. 软腭　15. 硬腭　16. 舌　17. 下唇

(1)唇:分上唇和下唇。上、下唇的游离缘共同围成口裂,口裂两端会合成口角。唇由口轮匝肌(横纹肌)及其表层的皮肤构成,内面衬有黏膜。黏膜深处有唇腺,直接开口于唇黏膜表面。口唇有神经末梢分布,较为敏感。

牛的口唇短而厚,不灵活。上唇中部和两鼻孔之间的无毛区,称为鼻唇镜,内有鼻唇腺分泌的液体。故健康牛的鼻唇镜常湿润而温度较低。

羊口唇薄而灵活,上唇正中有明显的上唇裂(山羊则无),在鼻孔间形成无毛的鼻镜而无鼻唇镜。山羊下唇有长须,两唇活动性较牛更大。

猪上唇较厚,与鼻端形成吻突,是掘食的工具;下唇尖,较上唇稍短。唇腺不发达。其硬腭狭长,正中有清楚的腭缝(图 7-9)。

(2)颊:颊构成口腔之侧壁,由皮肤、肌肉和黏膜三层构成。在颊肌的上下缘有颊腺,其导管直接开口于颊黏膜表面。此外，在第5上臼齿（牛）或第3上臼齿（马）相对的颊黏膜上还有腮腺导管的开口。

（3）硬腭：构成固有口腔的顶壁，向后延续为软腭（图7-8）。软腭正中有一条腭缝，腭缝两侧有多条（牛约20，羊约14，马16~18，猪20~22）横行的腭褶（图7-9）。硬腭上皮高度角质化，黏膜下组织有丰富的静脉丛。

牛、羊的硬腭前端无切齿，由该处黏膜形成厚而致密的角质层，称为齿垫。

（4）口腔底和舌：口腔底位于舌的腹侧，大部分被舌所占据。其前部由下颌骨切齿部构成，表面覆有黏膜，舌尖下面有一对乳头，称舌下肉阜，为颌下腺导管（马）和舌下腺导管（牛）的开口处。猪舌下肉阜很小，位于舌系带处。

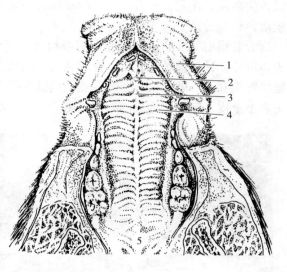

图7-9 猪硬腭
1.上唇 2.切齿乳头 3.腭缝 4.腭褶 5.软腭

舌位于固有口腔内，由舌骨、舌肌和黏膜组成。分舌根、舌体、舌尖三部（图7-10），

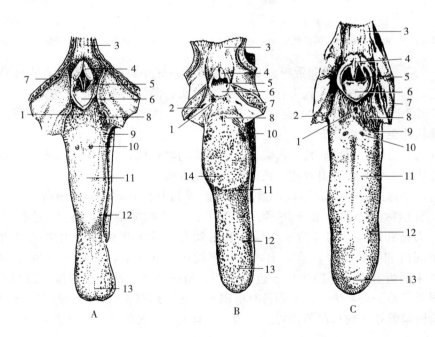

图7-10 舌
A. 马 B. 牛 C. 猪
1.舌扁桃体 2.腭扁桃体及窦（牛） 3.食管 4.勺状软骨 5.喉口 6.会厌
7.软腭 8.舌根 9.叶状乳头（马、猪） 10.轮廓乳头 11.舌体
12.菌状乳头 13.舌尖 14.舌圆枕（牛）

仅舌尖游离，在舌尖与舌体交界的腹侧有一条（马）或两条（猪、牛）与口腔底相连接的黏膜褶，称为舌系带。

舌黏膜由复层鳞状上皮和固有膜组成。舌背表面的黏膜形成许多乳头状隆起，称舌乳头，可分5种，即丝状乳头、锥状乳头、菌状乳头、轮廓乳头和叶状乳头（图7-11）。其中丝状乳头和锥状乳头仅起一般感觉及机械保护作用，而后3种乳头的上皮中有味蕾。味蕾是由多个上皮细胞分化形成的结构（图7-12），有感受味觉的功能。

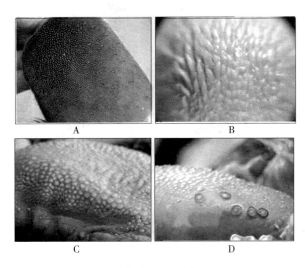 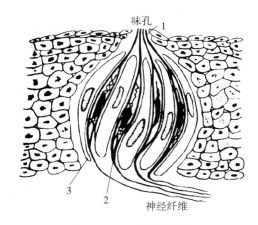

图7-11 舌乳头
A. 丝状乳头　B. 锥状乳头　C. 菌状乳头　D. 轮廓乳头

图7-12 味蕾的结构
1. 味毛　2. 味觉细胞　3. 支持细胞

牛舌（图7-10B）：舌体和舌根宽厚，舌尖灵活，是采食的主要器官。舌体背后部有一椭圆形隆起，称为舌圆枕。舌乳头有3种：锥状乳头、菌状乳头和轮廓乳头。

马舌（图7-10A）：较长，舌尖扁平，舌体较大，无舌圆枕。舌乳头有4种，分别是丝状乳头、菌状乳头、轮廓乳头和叶状乳头。

猪舌（图7-10C）：窄而长，舌尖薄。舌乳头与马相似，除有丝状乳头、菌状乳头、轮廓乳头和叶状乳头外，在舌根处还有长而软的锥状乳头。

（5）齿：是体内最坚硬的器官，镶嵌于切齿骨和上、下颌骨的齿槽内。上、下颌齿呈弓状排列，分别称为上齿弓和下齿弓。齿是采食和咀嚼的器官，按其不同形态和功能，可分切齿、犬齿和臼齿。切齿位于前颌骨和下颌骨前缘的齿槽中，由中央向两侧分别称为门齿、中间齿和隅齿。牛、羊无上切齿，下切齿有4对，由内向外分别称为门齿、内中间齿、外中间齿和隅齿。臼齿位于齿弓后部，与颊相对，故又称颊齿。臼齿分前臼齿和后臼齿（图7-13）。马和牛上、下颌各有前臼齿3对，猪有4对，后臼齿均为3对。犬齿尖锐，位于齿槽间隙处，约与口角相对。猪和公马有上、下犬齿各1对（图7-14）。牛、羊无犬齿。

各种家畜齿的数目不完全相同，齿的数目与排列位置通常以齿式表示（表7-3）。根据上、下颌齿弓各种齿的数目，可写成如下齿式：

$$2\left[\frac{\text{切齿（I）犬齿（C）前臼齿（P）后臼齿（M）}}{\text{切齿（I）犬齿（C）前臼齿（P）后臼齿（M）}}\right]$$

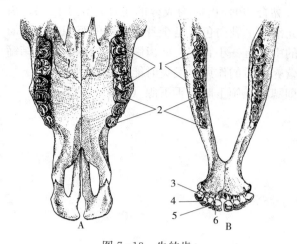

图 7-13 牛的齿
A. 上腭 B. 下腭
1. 后臼齿 2. 前臼齿 3. 隅齿
4. 外中间齿 5. 内中间齿 6. 门齿

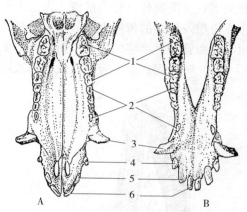

图 7-14 猪的齿
A. 上腭 B. 下腭
1. 后臼齿 2. 前臼齿 3. 犬齿
4. 隅齿 5. 中间齿 6. 门齿

以公马永久齿为例，齿式的书写形式为：

后臼齿	前臼齿	犬齿	隅齿	中间齿	门齿	门齿	中间齿	隅齿	犬齿	前臼齿	后臼齿	
3	3	1	1	1	1	1	1	1	1	3	3	=40 全齿数
3	3	1	1	1	1	1	1	1	1	3	3	

将以上书写形式简化为马的恒齿式，即：$2\left(\dfrac{3}{3}\ \dfrac{1}{1}\ \dfrac{3}{3}\ \dfrac{3}{3}\right)=40$

表 7-3 猪、反刍动物、马的齿式

畜别	乳齿	永久齿
猪	$2\left(\dfrac{3}{3}\ \dfrac{1}{1}\ \dfrac{3}{3}\right)=28$	$2\left(\dfrac{3}{3}\ \dfrac{1}{1}\ \dfrac{4}{4}\ \dfrac{3}{3}\right)=44$
反刍动物	$2\left(\dfrac{0}{4}\ \dfrac{0}{0}\ \dfrac{3}{3}\right)=20$	$2\left(\dfrac{0}{4}\ \dfrac{0}{0}\ \dfrac{3}{3}\ \dfrac{3}{3}\right)=32$
公马	$2\left(\dfrac{3}{3}\ \dfrac{1}{1}\ \dfrac{3}{3}\right)=28$	$2\left(\dfrac{3}{3}\ \dfrac{1}{1}\ \dfrac{3}{3}\ \dfrac{3}{3}\right)=40$
母马	$2\left(\dfrac{3}{3}\ \dfrac{0}{0}\ \dfrac{3}{3}\right)=24$	$2\left(\dfrac{3}{3}\ \dfrac{0}{0}\ \dfrac{3}{3}\ \dfrac{3}{3}\right)=36$

齿可分为三部分，露在齿龈以外的部分称齿冠，镶嵌在齿槽内的称齿根，介于两者之间被齿龈覆盖的部分称齿颈。包裹在齿颈周围和邻近骨上的黏膜形成齿龈，齿龈随齿伸入齿槽内，移行为骨周膜或齿槽骨膜（图 7-15）。齿上下接触的面称咀嚼面，咀嚼面凹陷的部分称齿坎。齿的咀嚼面上有黑窝，随年龄的增长逐渐磨损，最后消失留下齿坎痕。在坎痕的前方，露出由齿质填充的齿髓腔，呈黑色或黄褐色斑纹，称齿星。一般根据切齿的更换和齿星出现等情况，判断牛、马等家畜的年龄。

齿的组织结构分为齿质、釉质和齿骨质（黏合质）。齿质构成牙的主体，位于内层、齿腔周围，呈淡黄色；釉质被覆于齿冠表面，光滑而呈乳白色，是全身最坚硬的组织；齿骨质包在齿根及齿颈的齿质表面，略呈黄色。齿的中轴有一小管腔，称齿髓腔，腔内有富含结缔组织、血管和神经等的齿髓。齿髓有增生和营养齿质的作用，发炎时能引起剧烈的疼痛。

（6）唾液腺：家畜有三对大的唾液腺，即腮腺、颌下腺和舌下腺（图7-16）。

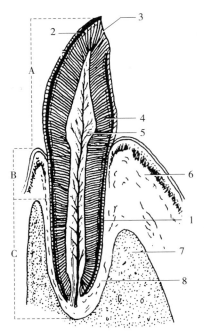

图7-15　牛切齿的构造
A.齿冠　B.齿颈　C.齿根
1.齿骨质　2.釉质　3.咀嚼面
4.齿质　5.齿腔　6.齿龈
7.下颌骨　8.齿周膜

图7-16　牛唾液腺模式图
1.腮腺　2.颌下腺　3.腮腺管
4.下颌腺管　5.舌下腺

①腮腺：牛的腮腺位于下颌骨后方，略呈狭长的三角形，呈棕红色，由浆液细胞组成，分泌稀薄水样唾液，其导管开口于与第5上白齿相对的颊黏膜上；羊的腮腺导管在第3、第4白齿相对的颊黏膜上开口。马的腮腺位于耳根腹侧，在下颌骨后沿与寰椎翼之间，呈长四边形，为灰黄色，导管开口于第3上白齿相对的唾液乳头上。猪的腮腺很发达，呈三角形，棕红色，埋于耳根腹侧、下颌骨后缘的脂肪内，腮腺导管的行程与牛相似，经下颌骨下缘转至面部，开口于与第4、第5上白齿相对的颊黏膜上。

②颌下腺：牛颌下腺位于腮腺深面，寰椎翼和下颌间隙之间，呈淡黄色，其导管开口于舌下肉阜。马颌下腺位于腮腺和下颌骨的内侧，为茶褐色，其导管开口于舌下肉阜。猪颌下腺位于腮腺深面，下颌骨内侧，呈淡红色，是由浆液细胞和黏液细胞组成的混合腺，分泌含大量黏蛋白的唾液，其导管开口于口腔底舌系带附近。

③舌下腺：牛舌下腺位于舌体和下颌骨之间的黏膜下，以黏液细胞为主，属混合腺，可分上、下两部。上部为短管舌下腺或多管舌下腺，有许多小管开口于口腔底部的黏膜下。下部为长管舌下腺或单管舌下腺，有一条总导管与颌下腺导管伴行，开口于舌下肉阜。马舌下

腺属于多管舌下腺，位于舌体和下颌骨之间的黏膜下，导管开口于舌两侧的口腔底黏膜上。猪舌下腺与牛相似，也分多管舌下腺和单管舌下腺，分别开口于口腔底和颌下腺管开口处附近。

2. 咽 位于口腔和鼻腔的后方，是消化道与呼吸道的共同通道。可分为鼻咽部、口咽部和喉咽部三部分。

（1）鼻咽部：位于鼻腔后方，软腭背侧，为鼻腔向后的直接延续。向前以鼻后孔通鼻腔；两侧壁各有一个咽鼓管咽口，经鼓管咽与中耳相通。

（2）口咽部：也称咽峡，位于软腭和舌根之间。前方与口腔相通，后方伸至会厌与喉咽部相接。

（3）喉咽部：为喉的后部，位于喉口的背侧，上有食管口通食管，下有喉口通喉腔。

3. 食管 是连接咽和胃的一条肌性长管，可分颈部、胸部和腹部三段。颈段食管开始位于喉和气管背侧，向后行至颈下 1/3 处转到气管左侧，再往下经胸前口入胸腔。胸段食管在胸纵膈内，又重新转至气管背侧并继续向后延伸，然后穿过膈肌食管裂孔进入腹腔。腹段食管很短，与胃的贲门相接。

（二）口腔内的消化

口腔内的消化包括采食、饮水、咀嚼、唾液分泌和吞咽几个过程。主要对饲料起物理的，即机械性的消化作用。

1. 咀嚼的意义 各种家畜咀嚼的情况不同。肉食动物（犬）咀嚼很不充分；杂食动物（猪）和草食动物咀嚼比较细致，马吃干草、藁杆时，半分钟咀嚼 30~50 次；反刍动物（牛、羊）未经充分咀嚼就匆匆吞咽，只有反刍时再将食物逆呕到口腔仔细咀嚼。

咀嚼是消化过程的开始，对饲料的进一步消化具有重要意义。咀嚼可以磨碎大块食物，增加其受消化液作用的表面积；能破坏植物细胞的纤维素壁，使其中的内容物暴露出来，进一步被消化液所消化；同时，咀嚼动作可以刺激口腔内的各种感受器，反射性地引起唾液、胃液、胰液和胆汁等的分泌，并使胃肠运动加强，从而为饲料的进一步消化创造有利条件。

2. 唾液及其作用 唾液是腮腺、颌下腺、舌下腺及口腔黏膜中许多小腺体所分泌的混合液。混合唾液是无色无味，略带碱性的液体。唾液含大量水分（约 99%）、少量有机物和无机物。有机物中主要为黏蛋白，其次还有少量的球蛋白、氨基酸、尿素、尿酸和唾液淀粉酶等。无机物包括钠、钾、钙、镁等，其中以氯化钠和碳酸氢钠含量最多。唾液的成分主要取决于刺激的性质和强度，它可能是黏稠的，也可能是稀薄的或水样的，这与其中有机物特别是黏蛋白的含量有较大关系。

（1）唾液的作用：唾液含大量水分，能浸润饲料，使之便于咀嚼；唾液中的黏蛋白富有黏性，有助于将饲料黏和成团易于吞咽；某些家畜（例如猪）唾液内含少量淀粉酶，能分解淀粉为麦芽糖；反刍动物（牛、羊）唾液中含大量碳酸氢盐，可中和瘤胃微生物发酵所产生的有机酸，使瘤胃维持一定的酸碱度；此外，唾液中含溶菌素，具有一定的杀菌作用，大量唾液亦能冲淡、中和或洗去口腔中的有害物质；某些家畜（如水牛）在高温情况下分泌大量稀薄唾液，将有助于散热。

（2）家畜唾液分泌的特点：各种家畜唾液分泌的情况不尽相同。例如，猪平时只分泌少量唾液保护和湿润口腔黏膜，采食时分泌量才显著增加。同时，颌下腺未进食时也分泌唾液，而腮腺只在进食时才分泌。反刍动物则恰恰相反，平时腮腺连续性地大量分泌唾液，颌下腺和舌下腺只在进食时才开始分泌。反刍动物腮腺大量分泌碱性唾液，对于维持瘤胃 pH

的中性环境、保证其正常消化代谢有着重要的作用。当腮腺唾液大量流失时，会造成机体缺钠，细胞外液钾浓度迅速上升，甚至会出现高血钾等症状。

(3) 唾液分泌的调节：唾液分泌的调节是纯反射性的，包括条件反射和非条件反射。在进食之前，食物的形状、颜色、气味和与进食有关的环境刺激所引起的唾液分泌，都是条件反射性分泌。进食过程中，食物对口腔黏膜的机械、温度和化学刺激所引起的唾液分泌为非条件反射性分泌。条件反射的传入神经纤维在第Ⅰ、Ⅱ、Ⅷ对脑神经中，非条件反射的传入纤维则在第Ⅴ、Ⅶ、Ⅸ、Ⅹ对脑神经。唾液分泌的初级中枢是延髓的涎核，其高级中枢位于下丘脑及大脑皮层的味觉与嗅觉感受区。支配唾液分泌的传出神经为副交感神经纤维（第Ⅶ、Ⅸ对脑神经）和交感神经纤维，但以副交感神经为主。舌咽神经的副交感纤维支配腮腺，面神经的鼓索支支配颌下腺和舌下腺。支配唾液腺的交感神经从胸部脊髓（1～3 胸椎水平）发出，在颈上神经节交换神经元后，其节后纤维支配唾液腺的腺泡及血管。刺激副交感神经和交感神经均能引起唾液分泌增加，前者引起分泌量多但含黏蛋白较少的稀薄唾液的分泌；后者则引起分泌量少、黏蛋白含量较高的黏稠唾液的分泌。

3. 吞咽 吞咽是一复杂的反射动作，其过程如下：食物经咀嚼形成食团后，由舌压迫食团向后移送。食团到达咽部时，刺激咽部的感受器，引起一系列肌肉的反射性收缩。这时软腭上举并关闭鼻咽孔，阻断口腔与鼻腔的通路。同时舌根后移，挤压会厌，使会厌软骨翻转，封闭气管的入口，呼吸暂停（图 7-17）。接着食管舒张，咽肌收缩，迅速将食团挤入食管，进而通过食管蠕动，推进食团向后移行。当食管壁受到食团局部刺激后，又产生第二次蠕动，蠕动波将食团推送至贲门，引起贲门括约肌舒张，食团被送入胃内。

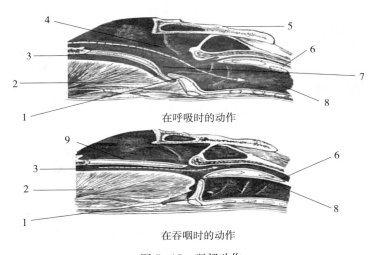

图 7-17 咽部动作
1. 会厌 2. 舌 3. 口腔 4. 咽的鼻部
5. 颅底 6. 食管 7. 喉 8. 气管 9. 软腭

二、胃

（一）单室胃

马、猪、犬、猫和兔等的胃属单室胃。

1. 猪胃（图7-18） 横位于腹前部正中偏左，大致在9～14肋横断面之间。饱食时，胃大弯可伸达剑状软骨与脐之间的腹腔底壁。胃与食道连接处称贲门，与十二指肠相连处称幽门，中间为胃体。贲门与幽门之间的凹缘称胃小弯，凸缘称胃大弯。胃的左端大而圆，近贲门处有一盲突，称为胃憩室。在幽门处有自小弯一侧向内突出的纵长鞍形隆起，称为幽门圆枕，与其对侧的唇状隆起相对，有关闭幽门的作用（图7-18）。猪胃黏膜无腺部很小，仅位于贲门周围，呈苍白色；有腺部分为贲门腺区、胃底腺区和幽门腺区。贲门腺区很大，约占整个胃的左半部，从胃的左端达胃的中部，黏膜呈淡灰色；胃底腺区较小，位于贲门腺区右侧，沿胃大弯分布，黏膜呈棕红色；幽门腺区位于幽门部，黏膜呈灰色，且有不规则的皱褶。

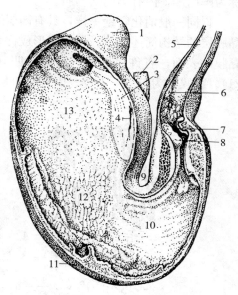

图7-18 猪 胃
1. 胃憩室 2. 食管 3. 无腺区 4. 贲门
5. 十二指肠 6. 十二指肠憩室 7. 幽门
8. 幽门圆枕 9. 胃小弯 10. 幽门腺区
11. 胃大弯 12. 胃底腺区 13. 贲门腺区

2. 马胃 大部位于左季肋部，小部位于右季肋部，在膈和肝之后，上大结肠的背侧。马胃呈扁平弯曲的囊状，其黏膜被一明显的褶缘分为两部（图7-19）。褶缘以上部分厚而苍白，黏膜无腺体，称为无腺部；褶缘以下和右侧的黏膜内含有腺体，称为腺部。腺部又分三区：贲门腺区（呈灰黄色）、胃底腺区（呈棕红色）和幽门腺区（呈灰红或灰黄色）。幽门处的黏膜形成一环行褶

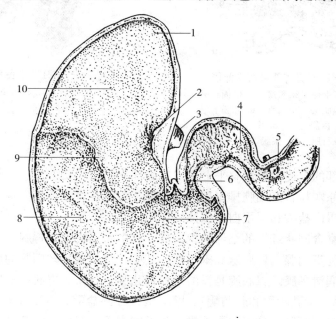

图7-19 马 胃
1. 胃盲囊 2. 贲门 3. 食管 4. 十二指肠 5. 十二指肠憩室 6. 幽门
7. 幽门腺区 8. 胃底腺区 9. 褶缘 10. 食管部（无腺部）

称为幽门瓣，内有幽门括约肌。

胃同一般消化管壁一样，具有四层结构，包括黏膜、黏膜下层、肌层和浆膜。现主要将黏膜层的结构简述如下：胃黏膜形成许多皱褶，当食物充满时，皱褶变低或消失。在有腺部黏膜的表面，有许多凹陷，称胃小凹（gastric pits），是胃腺的开口处（图7-20、图7-21）。黏膜分为三层：上皮、固有层和黏膜肌层。

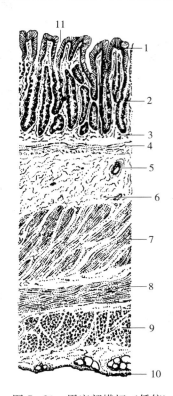

图7-20 胃底部横切（低倍）
1. 黏膜上皮 2. 胃底腺 3. 固有层
4. 黏膜肌层 5. 血管 6. 黏膜下层
7. 内斜行肌 8. 中环行肌
9. 外纵行肌 10. 浆膜 11. 胃小凹

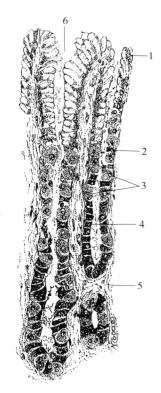

图7-21 胃底腺（高倍）
1. 胃上皮 2. 颈黏液细胞 3. 壁细胞
4. 主细胞 5. 固有层 6. 胃小凹

上皮：无腺部的上皮为覆层扁平上皮，有腺部为单层柱状上皮。柱状细胞顶部的胞质内含有许多黏蛋白原颗粒，经细胞排出后形成黏液，覆盖在胃黏膜表面构成一层保护屏障，有保护胃黏膜免受胃内盐酸和胃蛋白酶侵蚀的作用。

固有层：由富含网状纤维的结缔组织构成，其中布满密集的胃腺。根据分布部位和结构的不同，胃腺分为贲门腺、胃底腺和幽门腺。其中，贲门腺和幽门腺的腺细胞主要分泌碱性黏液，以保护和润滑黏膜。胃底腺是胃的主要消化腺，分布于胃底部的胃底腺区，由主细胞（分泌胃蛋白酶原、凝乳酶原和脂肪酶）、壁细胞（分泌盐酸、内因子）、颈黏液细胞（分泌酸性黏液）和内分泌细胞（分泌促胃液素、生长抑素等）组成（图7-21）。

黏膜肌层：由内环、外纵两层平滑肌构成。有紧缩黏膜和帮助排出胃腺分泌物的作用。

(二) 多室胃

牛、羊胃属多室胃（复胃），分瘤胃、网胃、瓣胃和皱胃。前三个胃（瘤胃、网胃和瓣胃）的黏膜内无腺体，总称为前胃；皱胃的黏膜内有消化腺，能分泌胃液，故又称真胃。

1. 瘤胃　瘤胃很大，呈前后稍长、左右略扁的椭圆形，几乎占据整个腹腔左半部，其下半部还伸达右侧腹底。瘤胃的前方与网胃相通，后端达骨盆前口，左侧面贴腹壁称为壁面，右侧面与其他内脏相邻称为脏面。

瘤胃中部有一圈向内收缩的部分，形成瘤胃表面的沟和内面的肉柱。其前沟、后沟和左、右纵沟将瘤胃分为背囊和腹囊。背囊的前部有一条不太明显的沟，称前背冠状沟，沟以前又称前背盲囊。背囊和腹囊的后部也有一条上下方向的沟，即背冠状沟、腹冠状沟，沟以后分别称后背盲囊和后腹盲囊（图7-22）。

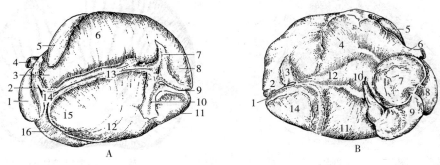

图 7-22　牛　胃
A. 左侧面　1. 网胃　2. 瘤网胃沟　3. 前背盲囊　4. 食管　5. 脾　6. 瘤胃背囊
7. 后背冠状沟　8. 后背盲囊　9. 后沟　10. 后腹冠状沟　11. 后腹盲囊　12. 瘤胃腹囊
13. 左纵沟　14. 前沟　15. 前腹盲囊　16. 皱胃
B. 右侧面　1. 后沟　2. 后背盲囊　3. 后背冠状沟　4. 瘤胃背囊　5. 脾　6. 食管
7. 瓣胃　8. 网胃　9. 皱胃　10. 十二指肠　11. 瘤胃腹囊　12. 右纵沟
13. 后腹冠状沟　14. 后腹盲囊

瘤胃的前端有通网胃的瘤网口，瘤网口大，并再度发生肌组织内陷，形成瘤网褶。瘤胃的入口为贲门，在贲门附近，瘤胃和网胃无明显分界，形成一个穹隆，称为瘤胃前庭。

2. 网胃　网胃是牛胃中最小的胃（羊的网胃比瓣胃大），略呈梨形，胃黏膜形成许多网状褶，形如蜂巢（图7-23），故又称蜂巢胃。网胃位于瘤胃的前下方，大部分在体正中矢面上，与第6～8肋骨相对。壁面（前面）凸，与膈和肝接触；脏面（后面）平，与瘤胃背囊相连；下缘与膈的胸骨部接触。网胃一方面经瘤网孔与瘤胃前庭相通，另一方面又以网瓣孔与瓣胃相连。

由于网胃位置较低，因此牛误食铁钉、铁丝等尖锐异物时易留存于网胃。由于胃的蠕动，胃壁肌肉的强力收缩，常刺穿胃壁，引起创伤性网胃炎。牛网胃前面紧贴着膈，而膈距心包很近（约1.5cm），饱食后膈与心包几乎相接，所以严重时金属等异物可穿过膈刺入心包，继发创伤性心包炎。因此，必须加强饲养管理，防止铁钉、铁丝等尖锐异物混入饲料。

3. 瓣胃　呈两侧稍扁的椭圆形，很坚实，位于右季肋部，在瘤胃与网胃交界处的右侧，与第7～11肋骨相对。瓣胃脏面（或左面）与瘤胃、网胃和皱胃相接，壁面（或右面）主要与肝、膈接触。

瓣胃黏膜形成百余片大小相间的瓣叶，瓣叶呈新月形，附着于胃壁的大弯。瓣叶按宽窄可分大、中、小和最小四级，有规律地相间排列（图7-24），故又称百叶胃或千层肚。在小弯的上、下端，有网瓣口和瓣皱口，分别通网胃和皱胃。两口之间为瓣胃底，其小弯部缺瓣叶，伸延呈沟状，称瓣胃沟。瓣皱胃口两侧的黏膜，形成一对皱褶，称为瓣胃帆，可防止皱胃内容物倒流。

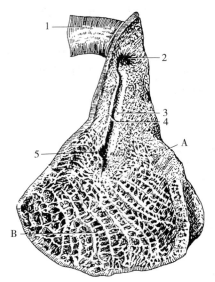

图7-23 牛网胃
A. 瘤胃褶 B. 网胃
1. 食管 2. 贲门 3. 网胃沟右唇
4. 网胃沟左唇 5. 网瓣口

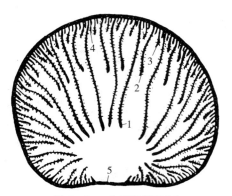

图7-24 牛瓣胃横切面
1. 大瓣叶 2. 中瓣叶 3. 小瓣叶
4. 最小瓣叶 5. 瓣胃沟

4. 皱胃 又称真胃。牛的皱胃呈一端粗一端细的梨形长囊状，位于右季肋部和剑状软骨部，在网胃和瘤胃腹囊的右侧，以及瓣胃的腹侧和后方，大部分与腹腔底壁紧贴，与第8～12肋骨相对。皱胃起始部粗大，为底部，借瓣皱口与瓣胃相通；其后方变细，并弯向后背侧，为幽门部，以幽门与十二指肠相接。

皱胃黏膜表面光滑、柔软，呈淡红色，黏膜内含有腺体，可分贲门腺区、幽门腺区和胃底腺区。能分泌胃液，故亦称腺胃。

初生期，乳汁是犊牛唯一的食物，此期皱胃特别发达，其容积约为其他3个胃容积总和的2倍。第8周时，瘤胃和网胃的总容积约等于皱胃的容积（图7-25）。至第10～12周，由于瘤胃逐渐发育，皱胃仅为其容积的一半。4个月后，随着采食、消化植物性饲料，前3个胃迅速增大，瘤胃和网胃的总容积约达皱胃的4倍。到一岁半时，瓣胃和皱胃的容积几乎相等，这时4个胃的容积已达到成年时的比例。

5. 食管沟 是一条连接食管和瓣胃的浅沟，起自食管的贲门口，沿瘤胃前庭和网胃右侧壁向下延伸到网瓣口。

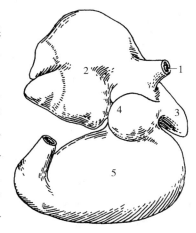

图7-25 犊牛胃（右侧）
1. 食管 2. 瘤胃 3. 网胃
4. 瓣胃 5. 皱胃

沟两侧隆起的黏膜褶，称为食管沟唇（图7-26）。幼龄反刍动物的食管沟发达，能闭合成管状，乳汁可从食管经食管沟直达瓣胃沟并进入皱胃。随着家畜年龄增大，食管沟不能完全闭合，饮水时大部分漏入瘤胃。

（三）胃内的消化

胃内消化是口腔消化的继续。饲料从口腔咽下后，沿食管经贲门入胃，在胃的运动及胃液（或微生物）的作用下进行消化。现将单胃和复胃的消化分述如下。

图 7-26 食管沟
↑：食管沟唇

1. 单胃内的消化 胃有储存和消化食物两方面的功能。食物在胃内经过机械性和化学性消化形成食糜，然后被逐渐排送入十二指肠。

（1）胃液的作用：胃液是胃黏膜各腺体所分泌的混合液，是一种无色透明、呈酸性反应的液体。分泌旺盛期纯净胃液的pH为1或略低于1，主要成分包括无机物（如盐酸、氯化钠、氯化钾）及有机物（如黏蛋白、消化酶等）。

①盐酸：就是通常所说的胃酸（因胃液中其他酸如酸性磷酸盐、乳酸等含量很少，故可略而不计）。盐酸由壁细胞分泌，在胃液中有两种形式：一种呈解离状态，称为游离酸，另一种与黏液中的蛋白质结合成盐酸蛋白盐，称为结合酸。二者在胃液中的总浓度称为胃液的总酸度。胃液中的盐酸含量通常以单位时间内分泌的毫摩尔（mmol）数表示，称为盐酸排出量。临床上常用中和100mL胃液所需0.1mmol/L NaOH的毫升数表示胃液的酸度，称为胃液酸度的临床单位。

盐酸由壁细胞分泌。壁细胞与细胞间隙接触的质膜称为基底侧膜，膜上镶嵌有Na^+-K^+泵；细胞膜面向胃腺腔的部分称为顶端膜。细胞内有从顶端膜内陷形成的分泌小管（secretory canaliculus），小管膜上镶嵌有H^+泵（即H^+-K^+-ATP酶，又称为质子泵）和Cl^-通道。壁细胞的代谢产物H_2O和CO_2在其内碳酸酐酶（CA）的催化下形成H_2CO_3，并迅速解离为H^+和HCO_3^-。H^+泵逆浓度梯度将细胞内的H^+泵入分泌小管，进而分泌入壁细胞腺胞腔内；而HCO_3^-则在基底侧膜上通过Cl^--HCO_3^-转运体与Cl^-交换，壁细胞内的HCO_3^-经细胞间隙进入血液，细胞外液中的Cl^-则进入细胞，Cl^-再通过分泌小管的Cl^-通道进入壁细胞腺胞腔，并与其中的H^+形成HCl（图7-27）。当壁

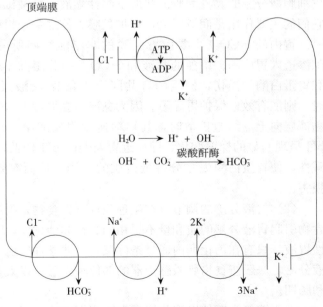

图 7-27 壁细胞分泌盐酸的细胞内过程
（自姚泰，2005）

细胞受到刺激时，细胞顶端膜上 K^+ 通道开放，大量 K^+ 由细胞内进入分泌小管腔，K^+ 激活质子泵，质子泵每分解 1 分子 ATP 所释放的能量，可驱使一个 H^+ 进入分泌小管腔，同时驱动一个 K^+ 从分泌小管腔进入胞浆。细胞内 K^+ 的存在是质子泵分泌 H^+ 所必需的。壁细胞基底侧膜上的 Na^+-K^+ 泵可使细胞外的 K^+ 通过与细胞内的 Na^+ 进行交换而进入细胞内，以补充由细胞顶端膜丢失的部分 K^+。

盐酸的主要作用是：激活胃蛋白酶原，使之转化为具有活性的胃蛋白酶，并为该酶提供所需的酸性环境；盐酸进入小肠后可促进胰液、胆汁的分泌及胆囊的收缩；有助于小肠对铁、钙等物质的吸收；并有杀死随食物进入胃内的细菌等作用。由于胃酸作用很多，故若分泌过少或缺乏胃酸，有可能导致胃炎和消化不良等症状。

②消化酶：胃液中的消化酶有胃蛋白酶、凝乳酶、胃脂肪酶等。

胃蛋白酶：由胃腺中的主细胞产生，最初分泌出来时为不具有活性的胃蛋白酶原，在盐酸或已被激活的胃蛋白酶的作用下，转变为具有活性的胃蛋白酶。胃蛋白酶是胃液的几种消化酶中最重要的一种，因此常用其在胃液中的含量来代表胃液的消化力。胃蛋白酶的主要作用是在较强的酸性环境下（pH 2 左右），将蛋白质水解为胨和胨。随着 pH 的升高，其活性逐渐降低，当 pH 上升到 6 以上时，此酶便失去活性。

凝乳酶：主要存在于幼年家畜（如羔羊、犊牛等）的胃液中，成年动物一般不含此酶。刚分泌出来的凝乳酶处于不具活性的酶原状态，在酸性条件下被激活为凝乳酶。凝乳酶先将乳中的酪蛋白原转变成酪蛋白，然后与钙离子结合成不溶性的酪蛋白钙，促使乳汁凝固，延长乳汁在胃内停留的时间，增加胃液对乳汁的消化作用。

胃脂肪酶：肉食动物幼畜的胃液中含少量胃脂肪酶。其主要作用是将乳脂中的丁酸甘油酯分解为甘油和脂肪酸，因而对乳内脂肪有一定的消化作用。

③黏液和碳酸氢盐：胃黏膜层的表面上皮细胞及胃腺中的黏液细胞能分泌黏液。表面上皮细胞所分泌的黏液为胶冻状的不溶性黏液；黏液细胞所分泌的为含黏蛋白的可溶性黏液。它们的主要作用是润滑胃壁，保护黏膜，使之免受粗糙食物的损伤。

胃内的 HCO_3^- 主要由胃黏膜的非泌酸细胞所分泌，仅有少量的 HCO_3^- 是从组织间隙渗透入胃内的。单独的黏液和 HCO_3^- 的分泌并不能有效地保护胃黏膜不受胃腔内 HCl 和胃蛋白酶的损伤，但当两者共同形成黏液-碳酸氢盐屏障（mucus-bicarbonate barrier）时，则能有效地保护胃黏膜。因为黏液的黏稠度为水的 30~260 倍，故当胃腔内的 H^+ 通过黏液层向上皮细胞扩散时，其移动速度明显减慢，并不断地被 HCO_3^- 所中和，使黏液层 pH 呈现明显的梯度变化，即靠近胃腔侧的 pH 较低，而靠近上皮细胞侧的 pH 为中性或弱碱性，使胃蛋白酶失去分解蛋白质的作用，从而有效地防止 HCl 和胃蛋白酶对胃黏膜的损害。

（2）胃液分泌的调节：在生理条件下，食物是引起胃液分泌的自然刺激物，不同性质的食物引起胃液分泌的质和量不尽相同。在非消化期，除猪、马以外，其他家畜一般不分泌酸性胃液。只有在消化期内通过条件反射与非条件反射才引起酸性胃液大量分泌。消化期的胃液分泌，一般按食物刺激感受器的部位和先后可以人为地将其分为三个时期，即头期、胃期和肠期。

①头期：头期的胃液分泌通常以假饲（sham feeding）方法进行研究。即事先将动物的食管切断，并在胃部安装瘘管，食物从口腔进入食管后，随即从食管切口处流出体外，未进

入胃内,故称为假饲(图7-28)。此期胃液分泌包括条件反射和非条件反射两种机制。非条件反射是指食物刺激口、咽、喉等黏膜的感受器,经第Ⅴ、Ⅶ、Ⅸ、Ⅹ对脑神经传入而反射性地引起的胃液分泌,反射中枢位于延脑、下丘脑、大脑边缘系统及大脑皮层,传出神经为迷走神经。迷走神经一是直接刺激壁细胞分泌胃酸;二是刺激胃G细胞及ECL细胞,分别释放促胃液素和组胺,间接促进胃液分泌。

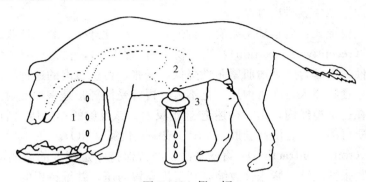

图7-28 假 饲
1. 食物从食管切口流出 2. 胃
3. 从胃瘘收集胃液

头期胃液分泌的特点是潜伏期长(5~6min)、分泌持续时间长(2~4h)、酸度高、分泌量较多(约占分泌总量30%)、消化力强(富含胃蛋白酶)。

②胃期:食物入胃后,通过以下几种途径继续刺激胃液分泌:食物机械性扩张刺激胃底、胃体和幽门部的感受器,经壁内神经丛短反射和迷走-迷走神经长反射(传入和传出神经都是迷走神经)引起胃酸分泌;食物扩张刺激胃幽门部,通过壁内神经丛作用于G细胞,引起促胃液素(G_{17})释放;蛋白质的分解产物直接作用于G细胞,引起促胃液素(G_{17})释放,后者再刺激壁细胞分泌胃酸。

胃期胃液分泌的特点是酸度高、分泌量多(约占分泌总量60%)、消化力比头期弱。

③肠期:肠期胃液分泌主要是通过体液调节机制实现的。胃内酸性食糜进入小肠后,刺激十二指肠黏膜G细胞释放促胃液素(G_{34})和小肠黏膜释放肠泌酸素(entero-oxyntin),引起胃液分泌轻度增加。

肠期胃液分泌的特点是酸度低、分泌量少(约占分泌总量10%)、消化力弱。

食糜进入小肠后对胃液分泌的刺激作用是短暂和间隙的,随着十二指肠食糜量增加,又引起胃液分泌的抑制。抑制胃液分泌的因素除动物的情绪等外,主要是由进入十二指肠和前段空肠的盐酸、脂肪和高渗溶液引起的。

a. 盐酸:当胃幽门部pH降低到1.5左右时,盐酸直接抑制胃幽门部G细胞减少促胃液素的分泌,并刺激胃幽门部D细胞释放生长抑素,后者间接抑制促胃液素的释放和胃酸的分泌;当十二指肠内的pH下降到2.5以下时,酸性食糜刺激小肠黏膜S细胞释放促胰液素,以及十二指肠球部黏膜释放球抑胃素(bulbo-gastrone),前者可抑制促胃液素的释放,后者可直接抑制壁细胞分泌胃酸。

b. 脂肪:脂肪进入小肠后,可刺激小肠后段黏膜的K细胞释放抑胃肽(GIP),它和小肠黏膜存在的神经降压素等多种激素都有抑制胃酸分泌的作用。

c. 高渗溶液:十二指肠内的高渗溶液可以激活小肠内渗透压感受器,通过肠-胃反射

(entero-gastric reflex) 抑制胃液分泌，以及通过刺激小肠黏膜释放多种胃肠激素（例如抑胃肽、神经降压素等）而抑制胃液分泌。随着消化产物被吸收，以及盐酸、高渗溶液等被胰液、胆汁中和与稀释，肠内抑制胃液分泌的因素逐渐被消除，从而使引起和抑制胃液分泌的因素重新达到新的平衡。

(3) 胃的运动及排空：胃的运动主要完成三个方面的功能：容纳摄入的食物；对食物进行机械性消化；向十二指肠排出食糜。

①胃运动的主要形式：胃运动主要有三种形式：容受性舒张、紧张性收缩和蠕动。

容受性舒张（receptive relaxation）：当动物咀嚼和吞咽时，食物对咽、食道等处感受器的刺激，可反射性地引起胃壁平滑肌紧张性降低和舒张，胃壁肌肉的这种活动称为容受性舒张。它适应于大量食物涌入，而胃内压变化不大。胃容受性舒张是一种反射活动，其传入和传出纤维都行走在迷走神经内，是一种迷走-迷走反射。该反射的迷走传出通路是抑制性的，其末梢释放的递质可能是血管活性肠肽（VIP）或一氧化氮（NO）。

紧张性收缩（tonic contraction）：胃壁平滑肌经常保持一定程度的微弱而持续的收缩状态，称之为胃的紧张性收缩。紧张性收缩有利于提高胃内压，并维持胃的一定形态和位置。

蠕动（peristalsis）：纵肌、环肌协调收缩，而以环肌节律性交替舒缩为主的一种运动形式（图7-29）。蠕动起始于胃的中上部，向幽门方向扩布，蠕动波起始时收缩较弱，当接近幽门时收缩力加强，扩布速度加快，可将一部分食糜排入十二指肠，故有幽门泵之称。蠕动一方面使食物与胃液充分混合，以利胃液发挥消化作用；另一方面则可搅拌和粉碎食物，并推进胃内容物通过幽门向十二指肠移行。迷走神经兴奋、促胃液素和胃动素的释放，均可使胃的蠕动频率和强度增加；交感神经兴奋、促胰液素和抑胃肽的作用则相反，使胃运动减弱。

图7-29 胃的蠕动

②胃的排空：食物由胃排入十二指肠的过程称为胃的排空。一般在食物入胃后几分钟即有部分食糜进入十二指肠。

胃排空的速度受多种因素影响。不同食物的排空速度不同，这与食物的物理和化学组成都有关系。一般说来，流体食物比固体食物排空快；颗粒小的食物比大块的食物排空快；等渗溶液比非等渗液体排空快。在三大主要营养物中，糖类的排空较快，蛋白质次之，脂肪类排空最慢。

此外，不同家畜或同一家畜处于不同状态其排空速度也不相同。一般肉食动物胃排空速度较快，混合饲料4~6h即可排空；猪和马排空速度较慢，通常饲喂后24h胃内还留有食物残渣。正常情况下，动物安静或运动时胃排空较快；惊恐、疲劳时胃排空则受到抑制。

胃排空主要取决于幽门两侧，即胃和十二指肠腔之间的压力差。当胃内压大于十二指肠内压，并足以克服通过幽门的阻力时才发生排空。胃与十二指肠间压力梯度的大小直接随胃内压而变化，而胃的运动是产生胃内压的根源，因而也是促进胃排空的原动力。凡能刺激胃运动的因素均可加速胃排空，而十二指肠内容物，如盐酸、脂肪、高渗溶液和食糜对肠壁的扩张刺激，均可通过肠-胃反射及肠抑胃素等神经、体液调节机制抑制胃的运动和排空。可见，十二指肠内容物是影响胃排空的决定因素。但十二指肠内抑制胃运动的各种因素并不是经常存在的。随着盐酸在肠内被中和，脂肪等消化产物被吸收，它们对胃的抑制性影响便逐渐消失，胃运动又增强起来，并推送另一部分食糜进入十二指肠。此外，幽门括约肌对胃的排空可能也有一定作用，主要表现在通过它的节律收缩，在一定程度上限制食物的排出量及防止十二指肠内容物倒流入胃。

2. 复胃内的消化 反刍动物的复胃消化（digestion in complex stomach）同其他动物单胃消化的区别，主要表现在反刍动物具有其独特的反刍、食管沟反射、前胃运动以及微生物特殊的消化作用。

（1）反刍：反刍动物摄取饲料后未经充分咀嚼就匆匆吞咽。饲料进入瘤胃后，被胃内的水分和唾液浸润软化，休息时又返回到口腔仔细咀嚼，然后再吞入胃内。这个过程称反刍。反刍动作可分四个阶段，即逆呕、再咀嚼、再混合唾液和再吞咽。

逆呕是复杂的反射动作，由饲料的粗糙部分刺激网胃、瘤胃前庭及食管沟黏膜的机械感受器，引起迷走神经兴奋，并经该神经的传入纤维传向延髓等脑干的逆呕中枢。兴奋再由中枢沿传出神经（主要是迷走神经）传到与逆呕有关的肌肉，引起逆呕。逆呕首先由网胃发生附加收缩，使胃内一部分稀的内容物上升到贲门口，然后动物关闭声门作吸气动作，使胸内压急剧下降，胸部食管扩张，于是内容物经舒张的贲门口进入食管，并借食管的逆蠕动将内容物送到口腔。逆呕的食团达到口腔后，刺激再咀嚼并引起腮腺反射性分泌。经过再咀嚼形成的食团被重新吞咽入瘤胃前庭，并与其中的内容物混合。

经过反刍后变细的食物，一方面对网胃、瘤胃前庭及食管沟的机械刺激减弱；另一方面细碎的内容物又转入瓣胃和皱胃，使该处压力感受器受到刺激，从而反射性地抑制了网胃和食管沟的收缩，致使逆呕停止而进入反刍间隙期。在此期内瓣胃和皱胃内容物入肠，对瓣胃、皱胃刺激减弱；同时进入网胃的粗糙饲料又再次刺激网胃、食管沟及瘤胃前庭的机械感受器，于是又再次引起反刍动作。如此，反刍动作与间隙期交替出现，便构成一个个反刍周期。

反刍是周期性进行的，一般于采食后 30～60min 开始反刍，每次反刍持续 40～50min，然后间隙一段时间再开始第二次反刍。这样一昼夜平均进行 6～8 次（幼畜可达 16 次），每天用于反刍的时间为 6～8h。反刍是反刍动物重要的生理机能，反刍一旦停止，食糜滞留于胃，发酵和腐败所产生的气体不能排出，常导致消化不良，并易发生严重气胀病。反刍一般在休息、静卧时最易发生，因此对耕牛应合理使役，加强饲养管理，以保证反刍正常进行。此外，日粮组成（特别是粗饲料的含量）对反刍亦有很大影响。绵羊从饲喂较长的或切短的干草转变为干草粉时，反刍时间从每天 9h 减至 5h。改喂精料时，反刍时间仅 2.5h。

（2）食管沟反射：食管沟起自贲门，止于网瓣胃孔。犊牛和羔羊在吮吸乳汁时，能反射性地引起食管沟的唇状肌卷缩，使之闭合成管状，因此乳汁或饮料不在前胃停留，而由食管经食管沟和瓣胃沟直接进入皱胃。

食管沟反射的感受器分布在唇、舌、口腔和咽喉的黏膜中。幼畜吮乳时，刺激上述感受器，兴奋通过传入神经（舌神经、舌下神经和三叉神经的咽支）传向延脑，并与吮吸中枢紧密联系，然后通过迷走神经到达食管沟有关肌肉，反射性地引起食管沟闭合。如果切断迷走神经，则食管沟反射消失。

食管沟反射对幼畜乳汁的消化有重要意义。据研究，犊牛自乳头吮乳时，食管沟闭合完全，咽下的乳汁直接进入皱胃。用桶喂乳时，由于缺乏吮吸刺激，食管沟闭合不完全，往往一部分乳汁溢入网胃、瘤胃，在瘤胃中滞留发酵而引起腹泻。

（3）前胃运动：前胃包括瘤胃、网胃和瓣胃。反刍动物前胃的运动有其自身的特点，首先是网胃发生收缩，紧接着才是瘤胃。

网胃收缩有两个时相：第一个时相中，其容积约减少一半，然后稍稍舒张，紧接着又进行第二个时相的收缩；在第二次收缩时，网胃则进行完全收缩。此外，反刍时，网胃在第一次收缩（第一个时相）前，还要增加一次收缩，称为附加收缩，使胃中的食物逆呕到口腔。

瘤胃收缩发生于网胃第二个时相收缩之后，有两种收缩方式。第一种方式，首先是瘤胃前庭收缩，先沿背囊由前向后，继而从腹囊由后向前发生收缩，最后终止于瘤胃前庭（图7-30）。这种起源于网胃两相收缩的瘤胃运动，称为瘤胃的原发性收缩，这时所描记的收缩波形称为A波。这次收缩之后，瘤胃有时还可能发生一次单独的附加收缩，称为瘤胃的继发性收缩（或称B波），收缩波通常开始于腹囊或同时开始于腹囊和背囊，行进到后背囊及前囊，最后达到主腹囊。它主要与嗳气有关，而与网胃的收缩没有直接联系。瘤胃收缩可用触摸（或听诊）的方法在牛左侧肷部感觉到（或听到）。正常情况下，瘤胃蠕动每分钟约3次（山羊2～4次/2min，绵羊3～6次/2min），每次持续时间为15～20s。瘤胃运动的强弱和次数是判断瘤胃功能的重要标志，临床上有重要意义。当发生瘤胃弛缓、积食、臌气、膈肌炎等时，瘤胃蠕动音（似吹风声或"沙沙"音）将会减弱或消失。

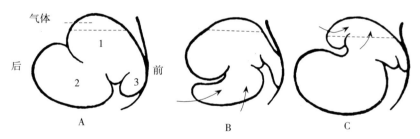

图7-30 瘤胃运动简图
A. 全部舒张，休息　B. 背囊舒张，腹囊收缩　C. 背囊收缩，腹囊舒张，网胃收缩
1. 背囊　2. 腹囊　3. 网胃

瓣胃运动起着水泵样作用，当网胃第二个时相收缩达到顶点时，网瓣口开放，瓣胃管舒张，迫使食糜进入瓣胃体叶片之间。瓣胃活动可分两期：第一期是瓣胃管收缩，食糜在叶片之间被挤压，瓣胃管收缩通常与瘤胃背囊收缩同时发生；第二期是瓣胃体收缩，食糜从瓣胃进入皱胃。瓣胃接受来自网胃的食糜，这类食糜含有许多微生物、细碎饲料和微生物发酵产物，当这些食糜通过瓣胃叶片时，大量水分被移去，因此瓣胃起着滤器作用。羁留于瓣胃叶片之间的较大食糜颗粒，被叶片的粗糙表面研磨，使之变得更为细碎。经过瓣胃的机械性消化，直径超过3mm的颗粒不到1%，而小于1mm的约占68%。

前胃运动受反射性调节。刺激口腔以及前胃的机械和压力感受器能引起前胃运动加强。

前胃各部的运动还受其后段活动的抑制。例如，当皱胃充满时，瓣胃的运动减慢；瓣胃充满时，瘤胃和网胃收缩减弱等。控制前胃运动的基本中枢在延脑，高级中枢在大脑皮层。支配前胃运动的神经为交感神经和迷走神经，前者兴奋时抑制前胃运动，后者则加强前胃运动。临床上常见的迷走神经性消化不良，其主要发病原因是支配前胃和皱胃的迷走神经受到损伤，胃的运动功能发生紊乱。

（4）瘤胃微生物的作用：反刍动物的饲料大部分是纤维素。纤维素一般不能为哺乳动物的酶类所消化，加之反刍动物的前胃无消化腺，因而瘤胃内饲料的分解消化，主要依赖于大量微生物的活动。瘤胃微生物种类繁多，主要包括细菌、原虫（主要是纤毛虫和鞭毛虫）和真菌三大类，它们生长在严格的厌氧条件下。瘤胃中微生物数量很大，在一般条件下，1mL瘤胃内容物纤毛虫数量可达 10^6 个，细菌为 10^{10} 个。有关资料表明，在显微镜下观察到的细菌，约有 33 个不同类型，纤毛虫达 80 多种。其中主要是厌氧性的细菌和纤毛虫，就体积而言，它们在瘤胃中约各占一半，其主要作用是：

①分解和利用糖类：进入瘤胃中的糖类及大量纤维素，在细菌、纤毛虫的作用下（纤毛虫含多种酶，如 α-淀粉酶、蔗糖酶、纤维素酶、半纤维素酶等）发酵分解为大量挥发性脂肪酸（VFA，如乙酸、丙酸、丁酸等）、二氧化碳和甲烷等。牛的瘤胃一昼夜发酵糖产生 25 000～50 000kJ 热能，占机体代谢所需热能的 60%～70%。瘤胃中各种酸在机体内的代谢途和生理功能不尽相同。乙酸在体内可以转变成乙酰辅酶 A 直接进入三羧酸循环，1 分子乙酸净生成 10 分子 ATP 为机体提供能量；乙酸也可以合成脂肪作为乳脂的重要原料，乳牛瘤胃吸收的乙酸约有 40% 为乳腺所利用。丙酸是反刍动物体内葡萄糖的主要来源，反刍动物体内 50% 的葡萄糖都是来自于丙酸；1 分子丙酸可产生 17 分子 ATP，为机体供能。丁酸是以酮体的形式被机体吸收，然后转变为乙酰辅酶 A 参与机体代谢，每 1 分子丁酸可净生成 25 分子 ATP；丁酸亦是构成乳脂的主要原料之一。瘤胃中各种酸的比例变化不但影响能量利用效率，而且与生产性能相关。例如，丙酸比例下降，不仅影响葡萄糖代谢，而且会使能量利用率降低。因此，人们将瘤胃中 C_2/C_3 或 C_2+C_4/C_3 称为发酵类型，其变化主要受日粮组成的影响（表 7-4）。此外，瘤胃中的微生物还能够利用饲料分解所产生的单糖和双糖合成微生物体内的糖原，待微生物随食糜进入小肠后，其中的糖原被消化分解为葡萄糖而为反刍动物所利用。

表 7-4　乳牛瘤胃内挥发性脂肪酸的含量

	乙酸（%）	丙酸（%）	丁酸（%）
精料	59.60	16.60	23.80
多汁料	58.90	24.85	16.25
干料	66.55	28.00	5.45

②分解和合成蛋白质：反刍动物瘤胃中含氮物的消化代谢比较复杂，大致包括含氮物的降解、微生物蛋白质的合成和尿素再循环等过程。

含氮物的降解：瘤胃中含氮物的种类很多，大体可分为蛋白质含氮物（蛋白氮）和非蛋白质含氮物（非蛋白氮）两大类。进入瘤胃的饲料蛋白质（蛋白氮），一般 30%～50% 未被分解（因瘤胃内无消化腺）而排入后段消化道，其余 50%～70% 被瘤胃微生物的蛋白酶分解为肽、氨基酸。氨基酸在细菌脱氨基酶的作用下，脱去氨基而生成氨、二氧化碳和有机酸。因此，瘤胃液中游离的氨基酸很少。饲料中的非蛋白质含氮物（非蛋白氮），如尿素、铵盐、酰胺等，被微生物分解后也产生氨。氨除一部分被瘤胃壁吸收、代谢外，大部分被微生物用来合成蛋白质，其余则进入瓣胃进一步被吸收。近年的研究发现，瘤胃中存在大量肽类，它们主要来源于唾液和饲料蛋白质的中间代谢产物。瘤胃内肽以小肽为主，反刍动物对小肽的吸收可分为肠系膜系统和非肠系膜系统途径。由空肠、回肠、结肠、盲肠吸收的小肽进入肠系膜系统，而由瘤胃、网胃、瓣胃、皱胃以及十二指肠吸收的小肽则进入非肠系膜系统。反刍动物吸收小肽的主要部位是瓣胃，其次是瘤胃等其他非肠系膜组织和肠系膜组织。

微生物蛋白质的合成：瘤胃微生物能直接利用氨基酸合成蛋白质或先利用氨合成氨基酸，然后再将其转变为微生物蛋白质。纤毛虫可将植物性饲料中的蛋白质分解为氨基酸，并可吞噬细菌，直接利用细菌的氨基酸合成纤毛虫蛋白质。细菌则能利用非蛋白质含氮物（例如尿素、胺盐等）分解产生的氨合成氨基酸，然后再将其合成细菌蛋白质。据测定，纤毛虫蛋白质的生物价为68%，消化率为86.2%；细菌蛋白质的生物价为66%，消化率为55%。可见，纤毛虫蛋白质的消化利用率优于细菌蛋白质。但纤毛虫不能直接利用非蛋白氮合成蛋白质，细菌则能。瘤胃微生物合成蛋白质时，需要碳链和能量。糖、VFA和CO_2都是碳链的来源，而糖还是能量的主要供给者。由于瘤胃微生物可以利用氨合成蛋白质，所以反刍动物日粮中约30%的蛋白质可以用尿素代替。值得注意的是，尿素进入瘤胃会很快被其中的脲酶降解为氨和二氧化碳，导致瘤胃内氨浓度急剧上升，不仅会因瘤胃微生物来不及利用这些氨而造成氮源的浪费，而且还会引起氨中毒。这是尿素利用的主要缺点。为了提高尿素的利用率，目前除了通过抑制脲酶活性、制成胶凝淀粉尿素或尿素的衍生物外，日粮中供给易消化的糖类为微生物提供碳源和能量，使之能更多地利用氨合成蛋白质也是一种必要的手段。

尿素再循环：瘤胃内的氨，除了被瘤胃微生物用来合成蛋白质外，还有相当一部分经瘤胃壁和后段胃肠道吸收。被吸收的氨经门静脉进入肝脏，在肝内经鸟氨酸循环转变为尿素。肝脏内形成的尿素，一部分经血液分泌入唾液腺，并随唾液重新进入瘤胃（羊一昼夜经唾液进入瘤胃的尿素可达6~20g），另一部分则通过瘤胃壁扩散到瘤胃内，其余则随尿排出。进入瘤胃的尿素，经微生物脲酶作用，被降解成氨，再次被微生物利用，这一过程称为尿素再循环（urea recycle）。尿素再循环的强度与日粮中含氮物水平有关，日粮氮水平低，进入瘤胃的尿素较多。因此，在低蛋白质日粮情况下，反刍动物可通过尿素再循环保证微生物有充足的氮源，以利于细菌利用氨合成蛋白质。

③维生素合成：瘤胃微生物能合成某些B族维生素（硫胺素、核黄素、尼克酸、泛酸、吡哆酸、生物素）及维生素K。所以在一般情况下，即使日粮中缺乏这种维生素，也不影响反刍动物的健康。但是，瘤胃微生物不能合成维生素A、维生素D和维生素E，故必须由日粮补充。

（5）气体的产生与嗳气：在瘤胃发酵过程中不断产生大量气体（主要是二氧化碳和甲烷），如牛一昼夜可产生600~1 300L。这些气体一部分被吸收入血经肺排出；另一部分为瘤胃微生物所利用；其余的部分则经口腔靠嗳气排出。

嗳气（eructation）是反刍动物特有的生理现象，指瘤胃微生物发酵产生的气体经食道、口腔向外排出的过程。嗳气是一种反射动作，反射中枢位于延脑，由瘤胃气体增多压迫瘤胃感受器所引起。嗳气时瘤胃后背囊开始收缩（附加收缩，B波），由后向前推进、压迫气体移向瘤胃前庭。与此同时，网瘤胃褶收缩，以阻挡食物前涌，而网胃松弛，贲门部液面下降，贲门也随之舒张，于是气体被驱入食管。这时由于鼻咽括约肌闭合，一部分嗳气经过张开的声门进入呼吸系统，并通过肺毛细血管吸收入血；另一部分嗳气则经口腔逸出。牛平均每小时嗳气17～20次。若嗳气停止，则会发生瘤胃臌胀。牛、羊初春放牧，常因啃食大量幼嫩青草而发生瘤胃臌气。这主要是由于瘤胃内饲料急剧发酵产生大量气体，不能及时排除所致。

三、小肠、肝和胰

小肠是消化道最长的部分。前接幽门，后通盲肠，从前至后依次分为十二指肠、空肠和回肠。食物经胃消化后，再由胃逐渐进入小肠，开始小肠内的消化。食糜在小肠内受到胰液、胆汁和小肠液的化学消化作用和小肠运动的机械消化作用，最后被分解成可被吸收和利用的状态。

（一）小肠、肝、胰的形态结构位置

1. 小肠 小肠肠管较细而长，包括十二指肠、空肠和回肠（图7-31）。

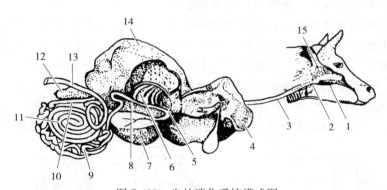

图7-31 牛的消化系统模式图
1. 口腔 2. 咽 3. 食管 4. 肝 5. 网胃 6. 瓣胃 7. 皱胃 8. 十二指肠
9. 空肠 10. 回肠 11. 结肠 12. 盲肠 13. 直肠 14. 瘤胃 15. 腮腺

（1）形态位置：十二指肠是肠管的起始部，以十二指肠系膜（或韧带）固定于右季肋部，胰的周围，其形状、位置和行程在各种家畜十分相似。一般分为三部：前部接胃的幽门，在肝的后方形成一"乙"状弯曲（此处有胆管和胰管的开口）；降部沿右季肋部向上向后伸延至右肾后方；升部在右肾后方或髂骨翼附近转而向左形成一后曲，再向前伸延，在未到达肝以前移行为空肠。升部末端有与结肠相连的十二指肠结肠韧带，在大体解剖时，常以此韧带作为与空肠分界的标志。

空肠是小肠中最长的一段，管壁较薄，盘曲甚多，并以宽的空肠系膜悬挂于腹腔顶壁，活动范围较大。

回肠是小肠的后段，较短，与空肠无明显分界，只是肠管较直、管壁较厚、盘曲较少。回肠末端开口于盲肠或盲肠与结肠的交界处。在回肠与盲肠体之间有回盲韧带，常作为回肠与空肠的分界标志。

猪小肠：十二指肠较短，其形状、位置和行程与牛的相似。猪的空肠形成很多肠袢，大

部分位于腹腔的右半部,结肠与盲肠的背侧;小部分在骨盆腔前口和腹腔的后底壁上。由小肠系膜固定在腰下。猪的回肠较短,末端开口于盲肠和结肠的交接处的腹侧。其肠壁固有膜和黏膜下组织的淋巴集结特别明显,呈长袋状。

牛、羊小肠:牛、羊小肠较细,全部位于体正中矢面右侧。十二指肠几次折转方向,基本与上述共性相同。不同之处是牛的十二指肠折转都是在腹腔右侧进行,并且向后伸延至髋结节处才向左转折,并形成一后曲(髂曲)。牛的空肠大部分位于腹腔右侧,由短的系膜固定在结肠旋襻周围,卷成无数肠圈,形似花环状(图7-31)。回肠较短,从空肠最后肠襻起,直向前上方延伸到盲肠腹侧,开口于回盲口,此处黏膜形成一回盲结瓣。

(2)结构特点:小肠肠壁与一般消化道一样,也分黏膜、黏膜下层、肌层和浆膜四层。

①黏膜:分上皮、固有层和黏膜肌层三层。

上皮:被覆于黏膜和肠绒毛表面,由柱状细胞以及夹在其中的杯状细胞和内分泌细胞组成。柱状细胞又称吸收细胞,细胞顶端有明显的纹状缘,在电镜下由细胞的微小突起(即微绒毛)密集排列所形成。杯状细胞散在于柱状细胞之间,分泌黏液,有润滑和保护作用。

固有层:由富含网状纤维的结缔组织构成,其内除有大量肠腺外,还有血管、淋巴管、神经和丰富的淋巴细胞、嗜酸性粒细胞、浆细胞和肥大细胞。

黏膜肌层:一般由内环、外纵两层平滑肌组成。

小肠黏膜形成许多环行皱褶,皱褶上微小的指状突起称为绒毛。每一条绒毛外面覆以单层柱状上皮,上皮游离面有许多细长的微绒毛(图7-32)。由于小肠具有许多环状皱襞,并拥有大量指状突起的绒毛,故使吸收面积增大约数十倍。小肠绒毛内部有平滑肌纤维、神经丛、毛细血管、毛细淋巴管等组织。淋巴管纵贯于绒毛的中央,称中央乳糜管,当它通到黏膜下层时,就同这里的淋巴管丛汇合。绒毛的平滑肌纤维与黏膜肌层相连,故绒毛运动与肠的运动相配合。当平滑肌纤维收缩和舒张时,绒毛便相应缩短和伸长,将营养物质吸收入肠

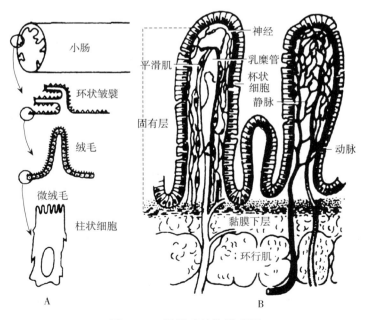

图7-32 肠绒毛结构模式图
A. 增加小肠表面面积的绒毛结构　B. 小肠横切面及小肠绒毛内结构

壁内。

②黏膜下层：由疏松结缔组织构成。内有较大的血管、淋巴管、神经丛和淋巴小结。在十二指肠的黏膜下层内还有十二指肠腺。

③肌层：由内环、外纵两层平滑肌组成。

④浆膜：与胃的浆膜相同。

2. 肝 肝是体内最大的腺体，又是重要的代谢器官。肝具有消化腺的外分泌功能，肝细胞分泌的胆汁，经胆管转入十二指肠，有助于脂肪的消化、吸收。但肝的功能十分复杂，其意义远远超过消化腺范围，因该项不属本章重点讨论内容，故在叙及肝的形态结构和位置后，只能将其有关功能概括于此。

（1）形态结构位置：家畜的肝都位于腹前部，在膈之后，偏右侧。肝的位置在不同动物稍有差别。猪肝分叶明显，位于季肋部和剑状软骨部，略偏右侧。壁面凸，与膈及腹腔侧壁接触，并有后腔静脉通过；脏面凹，与胃及十二指肠等接触。

牛、羊肝分叶不明显，略成长方形，位于右季肋部。前达第6～7肋骨下端，与膈紧贴；后缘与右肾相连，达第2～3腰椎腹侧。

肝呈扁平状，质地柔软，表面光滑，一般为红褐色，其色亦因动物种类、年龄及含血量不同而异。可分两面、两缘和三叶。壁面（前面）凸，与膈紧贴；脏面（后面）凹，与胃、肠等接触，并有这些器官的压迹。脏面中央为门静脉、肝动脉、肝神经、淋巴管和肝管等出入的部位，称为肝门。除马和骆驼外，在多数家畜肝的脏面还有胆囊。肝的背缘钝，其左侧有一食管切迹，食管由此通过；腹（侧）缘薄，上有两个叶间切迹将肝分为左、中、右三叶。左侧叶间切迹称脐切迹，为肝圆韧带通过处；右侧叶间切迹，为胆囊所在处；中叶又被肝门分为背侧的尾叶和腹侧的方叶（图7-33）。肝各叶间的小叶间胆管（图7-34）合并成肝管出肝。有胆囊的动物，胆囊管和肝管分别汇合成胆管（猪）或短的输胆管（牛、羊；羊的输胆管与胰管合成一胆总管），一起开口于十二指肠。

肝的表面有一层由浆膜和结缔组织构成的被膜。结缔组织伸入肝脏，将肝分成无数肝小叶。肝小叶呈多面棱柱体，每个肝小叶都有一条静脉穿过其长轴中心，称中央静脉（central vein）。肝细胞以中央静脉为轴心呈放射状排列（图7-34），切片上呈索状，称为肝细胞索（liver cell cords），而实际上是一些肝细胞成行排列构成的板状结构，又称

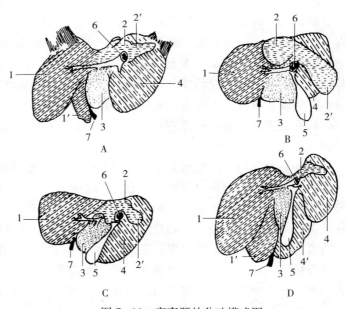

图7-33 家畜肝的分叶模式图
（自马仲华，2004）
A. 马 B. 牛 C. 羊 D. 猪
1. 左叶 1′. 左内叶 2. 尾叶 2′. 尾状突 3. 方叶
4. 右叶 4′. 右内叶 5. 胆囊 6. 门静脉 7. 肝圆韧带

215

肝板（liver plate）。肝板互相吻合成网，网眼内的空隙，称窦状隙（sinusoid），其内衬以内皮细胞和枯否氏细胞（图 7-35）。内皮细胞上有许多大小不一的孔，孔上无隔膜覆盖，通透性很强，有利于肝细胞与血浆间的物质交换。枯否氏细胞为窦腔内散在的一种体积较大、形状不规则的巨噬细胞，能吞噬和清除进入肝内的细菌、病毒和异物；吞噬衰老的红细胞和血小板；处理和传递抗原等。胆小管是相邻两个肝细胞间局部胞膜凹陷成槽并相互对接形成的微细管道，肝细胞分泌的胆汁即排入胆小管内。

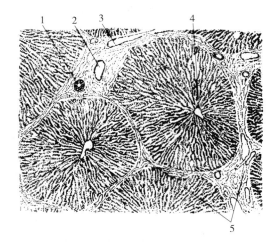

图 7-34 猪的肝小叶（低倍）
1. 小叶间胆管 2. 小叶间动脉 3. 小叶间静脉
4. 中央静脉 5. 小叶间结缔组织

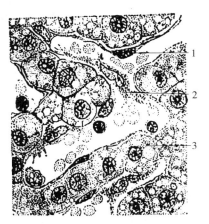

图 7-35 窦状腺和枯否细胞
1. 内皮细胞 2. 枯否细胞 3. 肝细胞

肝脏接受门静脉（富含营养物质）和肝动脉（富含氧气）的双重供血。门静脉主要汇集由胃、脾、胰、小肠和大肠（除直肠后段）等处来的静脉血，经肝门入肝，在肝小叶间分支为小叶间静脉，并进一步分支至窦状隙，然后血液流向中央静脉，再汇集成数条肝静脉注入后腔静脉。肝动脉由腹腔动脉分支而来，经肝门入肝，在肝小叶间分支形成小叶间动脉，并伴随小叶间静脉分支，进入窦状隙与门静脉血混合。

（2）肝的主要功能：肝脏的功能极为复杂，有的已在其他学科详细讨论，这里仅作简要概述。

①胆汁分泌作用：肝细胞能不断生成胆汁酸和分泌胆汁，胆汁在消化过程中可促进脂肪在小肠的消化吸收。如果没有胆汁，食入的脂肪将有 40% 从粪便中丢失，而且还伴有脂溶性维生素吸收不良。肝细胞合成胆汁酸是一个连续的被调节的过程，合成的量取决于胆汁酸在肠肝循环中返回肝脏的量。如果绝大部分的分泌量又返回肝脏，则肝细胞只需合成少量的胆汁酸以补充其在粪便中的损失；反之，如返回的量少，则合成量将增加。

②合成、贮存作用：从消化道吸收的营养物质经门静脉输入肝内，经肝细胞处理，合成机体的多种重要物质，如血浆蛋白、脂蛋白、糖原等。糖原贮存于肝细胞内，其他物质则释放入血。肝也参与维生素的代谢，如贮存维生素 A、维生素 D、维生素 K 及 B 族维生素等。此外，还有合成胆固醇、胆盐等物质及贮存铁的作用。

③解毒作用：肝脏是动物体内主要的解毒器官。内源性或外源性的有毒物质，大多经肝细胞作用，使其毒性消失，减弱或结合转化为可溶性物质，随胆汁或尿液排出体外。如体内

氨基酸脱氨，以及肠道内细菌分解含氮物质时产生的大量有毒的氨，经线粒体、内质网上有关酶的作用，在肝内合成尿素，随尿排出体外。

④防御作用：肝血窦的枯否细胞是机体单核细胞吞噬系统的重要组成部分。经肠道吸收的微生物、异物等有害物质，多被枯否细胞吞噬消化而清除。

⑤造血作用：肝在胚胎时期曾一度有造血功能，出生后造血作用停止。但在某些病理情况下，肝又有可能恢复部分造血功能。

3. 胰 胰腺是仅次于肝的大腺体，由上皮分化形成的外分泌部和内分泌部组成。胰腺的外分泌部占腺体的大部分，属消化腺，分泌胰液，内含多种消化酶，对蛋白质、脂肪和糖类的消化有重要作用。胰腺的内分泌部——胰岛，分泌胰岛素、胰高血糖素和生长抑素（详见第十二章内分泌系统）。胰腺通常呈淡红色，或带黄色，质柔软，外有薄层结缔组织包裹，具有明显的小叶结构。各种家畜胰的形状、大小差异很大，但都位于十二指肠袢内，通常有1～2条导管，直接开口于十二指肠内。

牛、羊的胰呈非正四边形（图7-36），灰黄稍带粉红色，位于右季肋部和腰下部，从第12肋骨到第2～4腰椎处，肝门的正后方，紧贴十二指肠。可分胰头和左、右两叶。

猪胰呈三角形，灰黄色，位于最后两个胸椎和前两个腰椎的腹侧。也分胰头和左、右两叶。胰头稍偏右，位于门静脉和后腔静脉的腹侧；左叶从胰头向左伸达左肾下方；右叶沿十二指肠向后，其末端达右肾内侧。

（二）小肠内的消化

食物经胃消化后，变成流体或半流体的酸性食糜，逐渐进入小肠，并开始在小肠的碱性环境中继续消化吸收。食糜在小肠内受到胰液、胆汁和肠液的化学性消化作用和小肠运动的机械性消化作用，大部分营养物质的分解基本完成，并在这里被吸收，只有不能消化和未经消化的食糜（如纤维素等）才从小肠进入大肠。

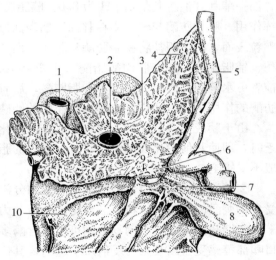

图7-36 牛胰（腹侧面）
1. 后腔静脉 2. 门静脉 3. 胰 4. 胰管
5. 十二指肠 6. 胆管 7. 胆囊管
8. 胆囊 9. 肝管 10. 肝

1. 小肠消化液的作用 小肠消化液有胰液、胆汁和小肠液三种。现分叙如下：

（1）胰液（pancreatic juice）：是由胰腺外分泌部所分泌的无色透明的碱性液体，pH7.8～8.4，渗透压与血浆相等。

①胰液的成分和作用：胰液从胰腺泡细胞分泌后，经胰导管流入十二指肠，其主要成分为水分、电解质和消化酶。电解质由小导管的上皮细胞分泌，有Na^+、K^+、Cl^-和HCO_3^-等离子，其中以碳酸氢钠最多，能中和由胃进入十二指肠的胃酸，使小肠内容物呈弱碱性反应，以利于各种消化酶的活动。胰液中的有机物主要是消化酶，其种类繁多，包含有分解三大营养物质的各种酶类，如蛋白质水解酶、淀粉酶和脂肪酶等。

胰蛋白水解酶：主要包括胰蛋白酶（trypsin）、糜蛋白酶（chymotrypsin）、弹性蛋白酶（elastase）和羧基肽酶（carboxypeptidase）等。这些酶从胰腺刚分泌出来都是酶原状态，胰蛋白酶原（trypsinogen）在肠液中的肠激酶（enterokinase，enteropeptidase）的作用下，转变为有活性的胰蛋白酶。此外，胃酸、组织液以及胰蛋白酶本身也能使胰蛋白酶原激活，后者称为自身激活。胰蛋白酶还能激活糜蛋白酶原、弹性蛋白酶原和羧基肽酶原，使它们分别转化为相应的酶。胰蛋白酶和糜蛋白酶的作用很相似，都能分解蛋白质为胨和䏡。当两者共同作用于蛋白质时，则可分解蛋白质为小分子多肽和氨基酸。而羧基肽酶则能分解多肽为氨基酸。正常情况下，胰腺泡细胞在分泌蛋白水解酶时，还分泌少量胰蛋白酶抑制物（trypsin inhibitor）。胰蛋白酶抑制物是一种多肽，可和胰蛋白酶结合形成无活性的化合物，从而防止胰蛋白酶原在胰腺内被激活而发生自身消化。

胰淀粉酶（pancreatic amylase）：从胰腺分泌出来时（在 Cl^- 及其他无机离子存在的条件下）就具有活性。是一种 α-淀粉酶，能将淀粉分解为糊精、麦芽糖及麦芽寡糖。但不能水解纤维素。其最适 pH 为 6.7～7.0。

胰脂肪酶（pancreatic lipase）：是胃肠道消化脂肪的主要酶，可分解甘油三酯为脂肪酸、甘油一酯和甘油。其最适 pH 为 8.0。胰脂肪酶需在辅脂酶（colipase）的存在下才能充分发挥作用。胰脂肪酶与辅脂酶在甘油三酯表面形成一种高亲和度的复合物，牢固地附着在脂肪颗粒表面，防止胆盐将胰脂肪酶从脂肪表面洗脱下来。胰液中与脂类水解有关的酶除胰脂肪酶、辅脂酶外，还有胆固醇脂酶（cholesterol esterase）和磷脂酶 A_2（phospholipase A_2）。前者可水解胆固醇脂为胆固醇和脂肪酸；后者以无活性的前磷脂酶 A_2 形式被分泌，在胰脂肪酶的作用下被激活后可水解细胞膜中的卵磷脂，生成溶血性卵磷脂而破坏细胞膜。

由于胰液中含有 3 种主要营养成分的消化酶，故胰液是最重要的一种消化液。当胰液缺乏时，即使其他消化液分泌正常，食物中的脂肪和蛋白质仍不能完全被消化，而糖的消化一般不受影响。

②胰液分泌的调节：胰液在消化期间分泌量很少，进食可引起其大量分泌。按进食后感受食物刺激的部位，可将胰液分泌的调节分为头期、胃期和肠期。

头期胰液分泌：给动物假饲可引起含酶多但液体量少的胰液分泌。这是由食物直接刺激口咽部等感受器以及条件反射所引起的，其传出神经为迷走神经，递质为 Ach。迷走神经兴奋引起胰液分泌增加的机制包括：迷走神经直接作用于胰液腺泡细胞，引起含酶丰富而含水和 HCO_3^- 较少的胰液分泌；迷走神经刺激胃幽门部黏膜 G 细胞释放促胃液素，后者通过血液循环作用于胰腺，间接引起胰液分泌；迷走神经兴奋引起胃酸分泌增加，胃酸进入小肠刺激小肠黏膜 S 细胞释放促胰液素和 I 细胞释放胆囊收缩素，继而促使胰液分泌。有资料表明，在头期胰液分泌的机制中，迷走神经的间接作用比直接作用更重要。头期胰液分泌的量不多（约占消化期胰液分泌量的 20%），但酶的含量较丰富。

胃期胰液分泌：食物入胃后扩张刺激胃壁，通过迷走-迷走反射（传入、传出神经都是迷走神经）引起含酶多但液体量少的胰液分泌。食物中蛋白质分解产物刺激胃幽门部黏膜 G 细胞释放促胃液素，可进一步引起胰腺腺泡细胞的分泌增加。胃期胰液分泌量少，只占消化期胰液分泌的 5%～10%。

肠期胰液分泌：这是胰液分泌中最重要的环节，绝大部分的胰液分泌发生在此期。肠期胰液分泌主要受小肠黏膜释放的促胰液素和胆囊收缩素的调节。食糜进入十二指肠和前段空肠后，食糜中的 HCl 可刺激小肠黏膜的 S 细胞分泌促胰液素，它是引起促胰液素分泌的最强刺激物。此外，高浓度的长链脂肪酸也能引起促胰液素的释放。食糜中的蛋白质消化产物

（肽、氨基酸）以及脂肪分解产物（脂肪酸、甘油一酯）可刺激十二指肠和前段小肠黏膜的 I 细胞释放胆囊收缩素，后者通过血液循环作用于胰腺的腺泡细胞，使胰腺分泌含酶较多的胰液，此作用比迷走神经的作用更强。肠期胰腺分泌的胰液，不仅分泌量多（占整个消化期胰液分泌量的 70%），而且 HCO_3^- 量和酶含量均很高。

进食可引起胰液分泌，而胰液分泌同时存在反馈性调节。进食后，肠腔内的蛋白质水解产物可刺激小肠黏膜释放一种肽类物质——胆囊收缩素释放肽（cholecystokinin - releasing peptide，CCK - RP），它可使胆囊收缩素和胰酶分泌增加；而分泌的胰酶又可使 CCK - RP 失活（CCK - RP 是一种对胰蛋白酶敏感的物质，胰蛋白酶可使其失活），从而反馈性地抑制胆囊收缩素和胰酶的分泌。胰酶分泌反馈性调节的生理意义主要在于防止胰酶过度分泌。

(2) 胆汁：胆汁由肝细胞分泌，是重要的消化液。由于解剖结构的差异，各种动物胆汁进入十二指肠的途径不尽相同。大部分动物有胆囊，胆汁生成后由胆小管流出，后者汇入较大的胆管，最后由肝管出肝，经总胆管而至十二指肠（肝胆汁），或由肝管转入胆囊管而贮存于胆囊（胆囊胆汁）。平时不断生成的胆汁贮存于胆囊之内，仅消化期间才从胆囊反射性地排入十二指肠。有的动物（如马、骆驼等）没有胆囊，贮存胆汁的功能则由粗大的胆管完成。猪和牛的胆管与胰导管相距很远；绵羊和山羊的胰导管则直接与总胆管连接，因此进入十二指肠的是胰液和胆汁的混合物。

胆汁的颜色因畜种不同和其所含的胆色素种类不同而异。草食动物的胆汁呈暗绿色，肉食动物的胆汁呈红褐色，猪的胆汁呈橙黄色。胆汁主要由胆色素、胆汁酸、胆酸盐等组成。胆色素包括胆红素及其氧化产物胆绿素，它们都是血红素的分解产物，不参与消化过程。胆汁在消化过程中起主要作用的是胆盐，其具体作用如下：胆盐是胰脂肪酶的辅酶，能增强脂肪酶的活性；可降低脂肪的表面张力，将脂肪乳化成脂肪微滴，增加脂肪与胰脂肪酶的接触面积，有利于脂肪酶的消化作用；胆盐形成的混合微胶粒（mixed micelles）可使不溶于水的脂肪酸、甘油一酯及脂溶性维生素等处于溶解状态，使其通过肠上皮表面静水层到达小肠黏膜刷状缘而被吸收。

胆汁的分泌受神经、体液因素调节。进食动作或食物对胃、小肠的刺激也可反射性地引起肝胆汁分泌。传出神经为迷走神经。体液因素中，引起肝细胞分泌胆汁的主要刺激物是通过肠肝循环进入肝脏的胆盐。胆盐进入小肠后，90% 以上被回肠黏膜吸收，经门静脉重新回到肝脏，再组成胆汁分泌入肠，这一过程称为肠肝循环。除胆盐外，促胃液素、促胰液素和胆囊收缩素均可使肝胆管分泌富含水、HCO_3^- 的胆汁。

(3) 小肠液：小肠内有两种腺体：十二指肠腺（Brunner gland）和小肠腺（Lieberkuhn crypt）。十二指肠腺分泌碱性黏液，内含黏蛋白，其主要功能是保护十二指肠的上皮不被胃酸侵蚀。小肠腺分布于整个小肠的黏膜层内，它和十二指肠腺的分泌物共同构成小肠液。小肠液的有机成分主要为黏蛋白、IgA 和肠激酶。

纯净的小肠液是无色或灰褐色的混浊液，pH8.2～8.7，呈碱性反应。从小肠腺分泌入肠腔内的消化酶，可能只有肠激酶。小肠液中的肠激酶能激活胰蛋白酶原，因而有利于蛋白质的消化。在小肠液中也可检测到寡肽酶、二肽酶、麦芽糖酶、异麦芽糖酶和乳糖酶等消化酶，但一般认为这些酶都不是由肠腺分泌，而是由脱落入肠腔的肠黏膜上皮细胞释放的，它们在小肠消化中不起作用。但当营养物质被吸收入小肠细胞内时，这些存在于上皮细胞纹状缘内的消化酶可对营养物质作进一步的胞内消化，以避免没有完全分解的消化产物进入血液。

小肠液的分泌是经常性的,但在不同条件下其分泌速率变化很大。食糜对小肠黏膜的机械性刺激和化学性刺激通过壁内神经丛的局部反射,可以引起小肠液的分泌。这是小肠分泌调节的主要机制。参与调节的神经递质包括ACh、去甲肾上腺素、多种肽类及NO等。一般而言,外来神经对小肠液分泌的作用并不明显。许多体液因素,如胃泌素、促胰液素、胆囊收缩素和血管活性肠肽等,都有刺激小肠液分泌的作用。

2. 小肠的运动 小肠的运动机能是通过肠壁的两层平滑肌实现的。肠壁内层由环行肌组成,它收缩时使肠管缩小;肠壁外层由纵行肌组成,它收缩时使肠管缩短。通过这两种肌肉的复合收缩,便产生各种不同形式的运动。

(1) 分节运动 (segmentation contraction):是一种以环行肌的舒缩为主的运动。当食糜进入肠管的某一段后,肠壁上许多点同时出现环行肌的收缩,将食糜分成许多节段,随后原来收缩处舒张,舒张处收缩,将每个节段又分为两半,重新形成若干新的节段(图7-37)。这种运动常在一段小肠进行几十分钟,很少将食糜向前推进。以后,当蠕动波把食糜推进到另一段小肠时,又在一个新的肠段进行上述同样的运动。分节运动的作用是使食糜与消化液充分混合,有利于食物更好地消化,同时也使食糜与肠黏膜紧密接触,为吸收营养物质创造良好条件。

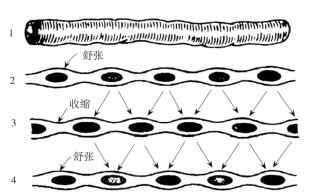

图7-37 小肠的节律性分节运动对食糜的影响
1. 小肠未运动时的形状,食糜成为一小段
2. 分节运动时,小肠内的食糜被分成若干小节
3. 几秒钟后,环行肌各点舒缩交替,每一小节被分成两半,邻近的两半又合成一个新节
4. 再过数秒钟,食糜的分节又重复"3"的状态

在饥饿时或小肠内容物大部分被吸收后,分节运动停止,而出现周期性的移行性复合运动(MMC)。小肠的MMC起源于胃的下部,向肛门方向缓慢移行,经60~90min可到达回肠末端,当一个波群到达回肠末端时,另一波群又在胃部发生。每一周期持续80~100min。MMC的主要作用是清除肠道的残留物(包括细菌、前次进食后遗留的食物残渣和脱落的肠上皮细胞等),并阻止结肠内的细菌进入终末回肠。

(2) 钟摆运动:是以纵行肌节律性的收缩和舒张为主的一种运动形式。当食糜进入小肠后,这一肠段的纵行肌一侧发生节律性的舒张和收缩,对侧亦发生相应的收缩和舒张,使肠段时而向左,时而向右,肠内食糜随之来回摆动。钟摆运动主要使食糜充分混合,很少将其向前推进,这种运动的意义与分节运动相同。在草食动物中,钟摆运动表现得较为明显。

(3) 蠕动 (peristalsis):是肠壁环行肌和纵行肌协调收缩、舒张,以环行肌舒缩为主的一种运动形式。当小肠某些部位的环行肌收缩时,相邻部位的环行肌舒张,接着原来舒张的环行肌又收缩。如此连续进行,有节律的波浪式地将食糜由十二指肠向大肠方向缓慢推进,是一种把食糜向着大肠方向推送的运动。

一般情况下,小肠蠕动速度很慢,1min约推进数厘米。有时推进速度很快(5~25 cm/s),这种快速的蠕动称蠕动冲。逆蠕动是向口腔方向的蠕动。与蠕动相比,除方向相反外,收缩力量较弱，传播范围较小。逆蠕动与蠕动相互配合，使食糜在肠管内来回移动，其意义在于延长食糜在小肠中的停留时间，保证食糜与消化液充分混合，以便有足够的时间进行消化和吸收。

小肠运动受神经、体液因素的调节。一般情况下，副交感神经兴奋加强小肠的运动，交感神经兴奋则抑制小肠的运动，但上述效应还依肠肌当时所处的状态而定。如肠肌的紧张性较高，则无论副交感神经或交感神经兴奋都使之抑制；相反，如紧张性较低，则两种神经兴奋都有增强其活动的作用。外来神经的作用一般是通过壁内神经丛实现的。应用免疫细胞化学技术证实，小肠平滑肌的肌间神经丛中主要有两类神经元：一类神经元含 VIP、腺苷酸环化酶激活肽、一氧化氮合酶等，它们可以是中间神经元或抑制性运动神经元；另一类神经元含 ACh、速激肽、P 物质等，它们可以是中间神经元或兴奋性运动神经元。这些神经元通过末梢释放的递质调节小肠平滑肌的运动。小肠壁内神经丛和平滑肌对各种化学物质具有广泛的敏感性，除上述几种神经递质外，还有一些胃肠肽类激素也可以直接作用于平滑肌上的受体或通过神经介导而调节小肠平滑肌的运动。如促胃液素、胆囊收缩素可增强小肠运动，促胰液素和胰高血糖素则抑制小肠运动。

四、大　　肠

(一) 大肠的形态位置

大肠包括盲肠、结肠和直肠三部，前接回肠后通肛门。

1. 盲肠　为大肠的第一段，呈盲囊状，其大小因家畜种类而异，草食动物盲肠较发达，尤其是马的盲肠更为发达。家畜的盲肠多数位于腹腔的右侧，靠近右髂部；猪的则在左侧。除马外，盲肠的盲端一般朝向骨盆腔口。盲肠一般有两个开口：一为回盲口，是回肠通入盲肠的开口；另一为盲结口，与结肠相通。

2. 结肠　家畜的结肠形态和构造差异很大，位置也不一样，但都可分为升结肠、横结肠和降结肠三部。

3. 直肠　为大肠的最后一段，位于骨盆腔内，在脊柱和尿生殖褶、膀胱（公畜）或子宫、阴道（母畜）之间，前连结肠，后通肛门。直肠后端无浆膜被覆，以疏松结缔组织和相邻器官相连。

猪的大肠：猪盲肠位于左髂部，盲端指向腹腔底壁，介于骨盆腔前口与脐部之间。肠壁有两条纵肌带和三列肠袋。升结肠盘曲形成结肠圆锥（或结肠旋襻），锥底向上，锥顶向下，与腹底壁相触，主要位于体正中矢面的左侧，胃的后方。结肠圆锥以顺时针方向向下盘旋三圈，称向心回。接着以逆时针方向向上盘旋三圈，称离心回。离心回从锥顶起，以逆时针方向向上旋转到圆锥底部转为结肠终襻（图 7-38）。横结肠位于腰下部，向前伸达胃的后方，然后向左绕过肠系膜前动脉，再向后伸到两肾之间转为降结肠。降结肠向后延伸至骨盆前口，移行为直肠。直肠在肛门前方形成不明显的直肠壶腹，周围有大量脂肪。

牛、羊大肠：牛、羊盲肠呈圆筒状盲囊，位于右髂部，盲端伸达骨盆腔前口（羊则伸入骨盆腔内）。其结肠较长，无纵肌带与肠袋，盘曲成圆盘状，位于腹腔右侧。升结肠最长，可分初襻、旋襻和终襻。旋襻又分向心回和离心回（图 7-39）。横结肠很短，向后延续为降结肠。降结肠沿肠系膜根的左侧面，向后延伸达骨盆前口处形成"乙状弯曲"，然后转为直肠。

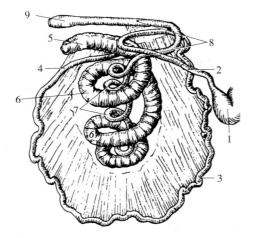

图 7-38 猪肠模式图
1. 胃 2. 十二指肠 3. 空肠 4. 回肠
5. 盲肠 6. 结肠圆锥向心回 7. 结肠
圆锥离心回 8. 结肠终袢 9. 直肠

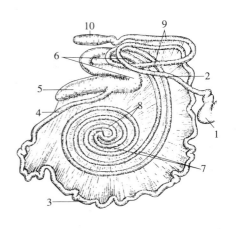

图 7-39 牛肠袢模式图
1. 皱胃 2. 十二指肠 3. 空肠 4. 回肠
5. 盲肠 6. 结肠初袢 7. 结肠旋袢向心回
8. 结肠旋袢离心回 9. 结肠终袢 10. 直肠

（二）大肠消化的特征

食糜经小肠消化、吸收后，残余部分逐渐经回盲口进入大肠。由于饲料的性质和家畜种类不同，大肠在整个消化过程的重要性各异。

肉食动物结肠较短，盲肠亦不发达，整个大肠约占肠道总长度的15%。肉食动物（如犬）的消化吸收过程在小肠内已基本完成，大肠消化能力相对较弱，其主要功能是吸收水分、电解质和形成粪便。草食动物的大肠消化较为重要，尤其是马属和兔等单胃动物，大肠的容积庞大（马的大肠约占肠道总长度的25%，兔占39%），具有类似反刍动物瘤胃的作用。其大肠内容物中，还有许多未被消化的营养物质，如纤维素、蛋白质和糖类等，它们在微生物及小肠消化酶（随食糜进入大肠）的作用下被继续分解消化。反刍动物虽有瘤胃存在，但大肠仍然是重要的微生物消化部位，牛、羊的大肠占肠道总长度的19%～20%，被称为消化道的第二发酵区。猪的大肠约占肠道总长度的22%。杂食动物的大肠在消化吸收过程中亦起着一定的作用。如猪饲料中的粗纤维，几乎完全靠大肠内的纤维素分解菌消化。同时，猪大肠内的细菌能分解蛋白质、多种氨基酸及尿素，产生氨、胺类及有机酸，并能合成B族维生素供畜体吸收利用。

由于大肠黏膜无绒毛，腺体的分泌物含消化酶甚少，所以大肠内的消化主要借助随食糜带入的小肠消化酶和微生物（细菌、纤毛虫等）的作用。

1. 微生物的作用 大肠中常见的微生物有大肠杆菌、乳酸菌等发酵菌和腐败杆菌等腐败菌。发酵菌能使糖类及纤维素发酵分解，产生大量低级脂肪酸、二氧化碳和甲烷等。低级脂肪酸，如甲酸、乙酸、乳酸、丁酸等可被机体吸收利用；二氧化碳、甲烷等气体，一部分经肛门直接排出，另一部分由肠黏膜吸收入血，再经肺呼出。草食动物，尤其是马和兔等单胃动物，大肠容积庞大，微生物繁多，具有反刍动物瘤胃相似的作用。例如，在马的盲肠和结肠内，食糜滞留达12h，在大量微生物的作用下，其中的纤维素被消化40%～50%，蛋白质39%，糖24%。反刍动物的盲肠和结肠也进行类似的发酵作用，可消化饲料中15%～

20%的纤维素。

大肠中的腐败菌能使食糜内的蛋白质分解生成吲哚、粪毒素（甲基吲哚）、酚、甲酚等有毒物质，这些物质一部分由肠黏膜吸收入血，在肝脏内经解毒作用而随尿排泄；大部分则随粪便排出。若小肠消化、吸收障碍，致使大量未消化的蛋白质进入大肠，则在腐败菌活动频繁的条件下，有可能引起急性肠炎或慢性自体中毒。

大肠微生物能分解蛋白质、氨基酸和尿素产生大量氨，氨被吸收后在体内生成尿素，再从血液扩散到肠内。氨和尿素可被大肠微生物用来合成蛋白质，但单胃动物能否像反刍动物一样充分利用微生物蛋白目前尚无定论。

大肠微生物中，除发酵菌和腐败菌外，另外一些细菌如丁酸梭菌，能合成 B 族维生素，供畜体吸收利用。

由于大肠蠕动缓慢、食糜停留时间较长，加之其中水分充足，温度、酸碱度适宜，因此使微生物得以大量繁殖。如微生物类别、数量恰当，则将为大肠内消化提供极为有利的条件。

2. 大肠的运动　大肠的运动与小肠大致相似，但速度较慢，强度较弱，其分节运动和钟摆运动不像小肠那样明显，而盲肠、结肠则有明显的蠕动和逆蠕动。盲肠的蠕动把食糜推入结肠，结肠的逆蠕动又把食糜送回盲肠。如此来回推送，使食糜在肠内停留时间增长，既有利于消化吸收，又为微生物的活动创造了良好条件。家畜的结肠运动主要有三种形式：

①袋状往返运动（haustral shuttling）：由环行肌不规则的收缩引起，这种运动使结肠袋的内容物不断混合，但并不向前推进。

②蠕动（peristalsis）：是以环行肌交替收缩、舒张为主的一种运动形式，速度较慢，但推动食物前进。

③集团运动（mass movements）：是一种进行很快、推进很远的强烈蠕动。

（三）粪便的形成和排粪

食物残渣一般在大肠内约停留 10h 以上，其中大部分水分被吸收，其余则经细菌发酵和腐败作用形成粪便。

粪便成分复杂，除食物残渣外，还包括脱落的肠上皮细胞、机体代谢的废物、肠壁排泄的矿物质及大量细菌、微生物等（大部分已死亡）。

排粪是一种反射动作。当粪便充满直肠后，直肠壁内的感受器受到刺激，冲动经盆神经和腹下神经的传入纤维传至脊髓腰荐段的初级排便中枢，同时上传至大脑皮质，从而引起便意和排粪反射。从神经中枢发出的冲动经盆神经的传出纤维传到大肠后段，引起该段肠壁肌肉收缩和肛门内括约肌舒张。与此同时，阴部神经冲动减少，肛门外括约肌舒张，使粪便排出体外。此外，由于支配腹肌和膈肌的神经兴奋，使该部分肌肉发生收缩，腹内压增加，促进粪便的排出。排粪受大脑皮质影响，可建立条件反射，畜牧业生产中可利用此特点，训练家畜养成定时定地排粪的习惯。

第四节　吸　　收

各种营养物质的分解产物以及水、无机盐和维生素等，通过消化管黏膜的上皮细胞进入血液或淋巴的过程，称为吸收（absorption）。自然界的食物除水、无机盐和维生素外，均需经过水解变为小分子物质后才能被肠壁吸收，因此，消化是吸收的重要前提。

一、吸收的部位

在消化道的不同部位，食物吸收的情况各不相同。在口腔和食管内食物实际上不被吸收。胃的吸收也非常有限，因为胃黏膜无绒毛，且上皮细胞间连接紧密，仅吸收少量水分和高脂溶性物质如乙醇，以及某些药物如阿司匹林等（反刍动物的前胃则能吸收大量低级脂肪酸）。小肠是各种营养物质吸收的主要部位。小肠内含有多种消化酶，食糜在此停留时间较长，糖类、蛋白质和脂肪等已消化为可吸收的物质；小肠黏膜形成许多环行皱襞，皱襞上拥有大量绒毛，绒毛柱状上皮细胞顶端的突起构成微绒毛，极大地增加了小肠的吸收面积；小肠绒毛内有毛细血管、毛细淋巴管（乳糜管）、平滑肌纤维和神经纤维网等结构，消化期间小肠绒毛的节律性伸缩与摆动，可促进绒毛内的血液和淋巴流动，从而有利于营养物质的吸收。至于大肠，主要是吸收水分和盐类，但草食动物和杂食动物的盲肠和结肠，仍继续进行强烈的消化作用，并在该部位吸收所消化的营养物质。

二、吸收的机理

（一）吸收途径

小肠内的吸收主要通过跨细胞和细胞旁两种途径（图7-40）。

1. 跨细胞途径 肠腔内的物质通过小肠绒毛上皮细胞的顶端膜进入细胞内，再通过基底侧膜进入细胞间隙，最后进入血液或淋巴，称为跨细胞途径（transcellular pathway）。

2. 细胞旁途径 肠腔内的物质通过小肠上皮细胞间的"紧密连接"进入细胞间隙，再进入血液，称为细胞旁途径（paracellular pathway）。

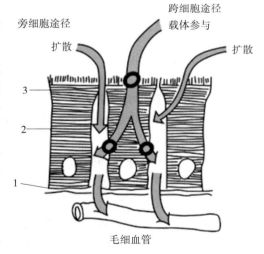

图7-40 小肠黏膜吸收水和小的溶质的两条途径
1. 基膜 2. 上皮细胞 3. 紧密连接

（二）吸收机理

小肠吸收包括被动转运和主动转运两种机制。主动转运是指肠上皮细胞通过耗能过程，逆浓度梯度或电位梯度将肠腔内容物转运入肠上皮细胞内的过程，包括原发性主动转运和继发性主动转运。被动转运包括单纯扩散、易化扩散和溶剂拖曳（solvent drag）三种转运方式。

1. 被动转运（passive transport） 被动转运主要包括滤过、扩散和渗透等作用。滤过作用取决于细胞膜两边的流体压力差，当肠腔内压超过毛细血管或淋巴管内压时，水及某些溶于水中的小颗粒物质，便可通过滤过作用而滤入血液或淋巴。扩散作用与溶液浓度和溶质性质有关，如薄膜两边溶质浓度和性质不同，溶质分子便可从浓度高的一边扩散到浓度低的一边。渗透作用可看作是特殊情况下的扩散。由于肠黏膜上皮细胞具有选择性的通透性，有的物质容易通过，有的物质难于通过，于是肠腔两边出现渗透压不相等的情况，渗透压高的一边将从另一边吸收部分水分，使渗透压达到平衡。如肠腔渗透压低于血浆渗透压时，水分就渗入血液中；当肠腔渗透压高于血浆渗透压时，水分便由血液渗入肠腔。

扩散包括单纯扩散和易化扩散。

(1) 单纯扩散（simple diffusion）：是一种简单的物理扩散，没有生物学机制的参与。指某些脂溶性物质，例如 O_2、N_2、CO_2、乙醇、尿素等由膜的高浓度一侧向低浓度一侧移动的过程。其特点是：沿浓度梯度（或电化学梯度）扩散；不需要细胞提供能量；没有膜蛋白的协助。扩散的方向和速度取决于物质在膜两侧的浓度差和膜对该物质的通透性，最终结果是该物质在膜两侧的浓度差消失。

细胞膜以脂质双层为基架，对各种物质的通透性取决于它们的脂溶性、分子大小和带电状况。一般来说，脂溶性高（疏水性或非极性程度高）而分子质量小的物质容易穿越脂质双层。脂溶性越高通透性越大，水溶性越高通透性越小；非极性分子比极性分子容易透过，小分子比大分子容易透过。非极性的小分子如 O_2、CO_2、N_2 可以很快透过脂双层，不带电荷的极性小分子，如水、尿素、甘油等也可以透过人工脂质双层，但速度较慢。分子质量略大一点的葡萄糖、蔗糖则很难透过，而膜对带电荷的物质，例如 H^+、Na^+、K^+、Cl^-、HCO_3^- 等是高度不通透的。

水分子虽然是极性分子，但它的分子极小，又不带电荷，所以膜对它仍是高度通透的。据测定，纯脂质双层对水的通透能力约为 Na^+、K^+ 等离子物质的 10^9 倍。水分子除了以单纯扩散透过细胞膜外，还可通过水通道（water channel）发生跨膜转运。

(2) 易化扩散（facilitated diffusion）：指非脂溶性或水溶性小分子物质（例如葡萄糖、氨基酸、核苷酸等营养物质；Na^+、K^+、Ca^{2+}、Cl^- 等带电离子），在细胞膜某些特殊蛋白质的帮助下，由膜的高浓度（高电位）一侧向低浓度（低电位）一侧移动的过程。近年来，对各种易化扩散现象及与其有关的蛋白质特性进行了研究，一般认为，易化扩散可区分为两种类型：一种是以蛋白质"载体"（carrier）为中介的易化扩散；另一种是以蛋白质"通道"（ion channel）为中介的易化扩散。

①以载体为中介的易化扩散：许多重要的营养物质，例如葡萄糖、氨基酸、核苷酸等极性分子，依据其在脂质和水中的相对溶解度、分子大小和带电状况等物理特性，是很难通过细胞膜的，但实际观察发现，它们也能较容易地由高浓度一侧通过质膜向低浓度一侧移动。这种物质转运是在膜结构中一些特殊蛋白质分子的"帮助"下完成的，其跨膜转运的速率比单纯扩散快得多，因而被称为易化扩散。例如，葡萄糖分子以单纯扩散方式穿过细胞膜的通透系数为 10^{-7} cm/s，而以易化扩散方式穿过红细胞膜的通透系数为 10^{-2} cm/s，通透系数增加了 10^5 倍。所以，易化扩散的速率远高于单纯扩散。介导这一过程的膜蛋白称为载体蛋白或载体。载体都是一些贯穿脂质双层的整合蛋白，它们不可能通过在脂质双层中来回移动或翻转以转运物质分子，关于其对物质进行跨膜转运的细节，至今仍不完全清楚。一般认为，载体与待运物质的结合位点随构象的改变而交替暴露于膜的两侧，当其在溶质浓度较高的一侧与溶质结合后，即发生构象改变，并在浓度低的一侧解离并释放出溶质。这种跨膜转运的特征是：始终顺浓度梯度方向转运，其转运速率比单纯扩散要快得多；载体与溶质的结合具有化学结构特异性；由于膜上载体的数量及结合位点有限，转运速率会出现饱和现象；化学

结构相似的物质由同一载体转运时会出现竞争性抑制（competitive inhibition）。

②以通道为中介的易化扩散：是指溶液中的 Na^+、K^+、Ca^{2+}、Cl^- 等带电离子，借助于通道蛋白的介导，顺浓度梯度或电位梯度的跨膜扩散过程。介导这一过程的膜蛋白称为离子通道。离子通道是一类贯穿脂质双层的、中央带有亲水性孔道的膜蛋白。当孔道开放时，离子可以经过孔道跨膜流动而不与脂质双层接触，从而使通透性很低的带电离子能以极快的速度跨越质膜。据测定，经过离子通道易化扩散的跨膜转运速率可达每秒 $10^6 \sim 10^8$ 个离子，远大于载体的每秒 $10^3 \sim 10^5$ 个离子或分子的转运速率，这是通道与载体之间最重要的区别。通道对离子的导通，表现为开放和关闭两种状态。有些膜蛋白形成的通道通常处于开放状态，如钾泄漏通道，允许钾离子不断外流。有些通道蛋白平时处于关闭状态，仅在特定刺激下才开放，而且是瞬时开放或关闭，在几毫秒的时间里，一些离子、代谢物或其他溶质顺着浓度梯度跨膜扩散。由于这类通道蛋白的功能状态与其分子内部的"闸门"（gate）样结构的运动有关，因而将这一过程称为"门控"（gating），而将这类通道称为门控通道（gated channel）。门控通道的功能状态受膜电位、化学信息和机械刺激等因素调控，根据引起门控过程的因素和机制的不同，离子通道又可分为电位门控通道（voltage - gated ion channel）、化学门控通道（chemically - gated ion channel）和机械门控通道（mechanically gated ion channel）等。

（3）溶剂拖曳（solvent drag）：是指当水被吸收时，有些溶质随水一起被转运的方式。

2. 主动转运（active transport） 营养物质的吸收过程，仅依靠上述物理、化学现象是不可能得到全面、正确解释的。例如己糖分子虽比戊糖分子大，但是它的吸收速度反而比戊糖快；又如分子质量相同的各种己糖，吸收速度也不相同，葡萄糖吸收很快，而果糖则吸收很慢。这些都是单纯的物理现象解释不了的。再如，切下相同的两段小肠，将其黏膜面（具吸收作用）向外翻转，分别结扎肠段两端，并置于人工溶液之中。一段小肠供给氧气，另一段不供给氧气，然后把相同浓度的葡萄糖分别放入肠腔内外。经过一段时间后，有氧者几乎全部将管外葡萄糖吸收，肠腔内外糖的浓度差很大；无氧者则不吸收管外葡萄糖，肠腔内外糖的浓度相等。由此可见，上述的吸收过程与上皮细胞的代谢活动有关（耗氧），是一种需要消耗能量的主动吸收过程。

主动转运是指细胞通过本身的耗能过程将某种物质的分子或离子由膜的低浓度（低电位）一侧移向高浓度（高电位）一侧的过程。主动转运是相对于被动转运而言的。被动转运时，物质移动所需的能量来自高浓度溶液本身所含的势能而不需要另外供能；在膜的主动转运中，能量则只能由膜或膜所属的细胞来供给。主动转运可分为原发性主动转运和继发性主动转运。

（1）原发性主动转运（primary active transport）：原发性主动转运是指细胞直接利用代谢产生的能量将物质逆浓度梯度或电位梯度进行跨膜转运的过程。介导这一过程的膜蛋白称为离子泵（ion pump）。在细胞膜的主动转运中研究得最充分的离子泵就是钠-钾泵（sodium - potassium pump），简称钠泵（sodium pump）。钠泵是镶嵌在膜的脂质双分子层中的一种特殊蛋白质，也称 Na^+-K^+-ATP 酶。现已获得纯化的 Na^+-K^+-ATP 酶，它由一个大的跨膜催化亚单位（α-亚单位，相对分子质量约 100 000）和一个小的糖蛋白（β-亚单位，相对分子质量为 45 000）组成。α-亚基也称催化亚基，具有钠泵活动的各种功能位点，可反复进行磷酸化和去磷酸化；β-亚单位的功能目前还不清楚。根据两构象模型，钠泵在转运周期中

存在 E_1 和 E_2 两种构象,构象 E_1 的离子结合位点在胞质侧,有 Na^+ 和 ATP 结合部位,对 Na^+ 和 ATP 亲和力很高;构象 E_2 的离子结合位点在胞外侧,有 K^+ 和乌本苷结合部位,对 K^+ 有高亲和力,但对 ATP 的亲和力低。钠泵(Na^+-K^+-ATP 酶)通过磷酸化和去磷酸化过程发生构象的改变,导致与 Na^+、K^+ 的亲和力发生变化,其在转运周期中的主要步骤如图 7-41 所示。在膜内侧 Na^+ 与酶结合,激活 ATP 酶活性,使 ATP 分解,酶被磷酸化(即 Na^+ 促进磷酸化),酶构象发生变化(E_1 转变为 E_2),于是与 Na^+ 结合的部位转向膜外侧;已磷酸化的酶对 Na^+ 的亲和力低,对 K^+ 的亲和力高,因而在膜外侧释放 Na^+,而与 K^+ 结合(K^+ 促进去磷酸化)。K^+ 与磷酸化酶结合后促使酶去磷酸化,酶的构象恢复原状(E_2 转变为 E_1),于是与 K^+ 结合的部位转向膜内侧,K^+ 与酶的亲和力降低,使 K^+ 在膜内被释放,而又与 Na^+ 结合。钠泵每分解 1 分子 ATP 可将 3 个 Na^+ 移出胞外,同时将 2 个 K^+ 移入胞内。由于钠泵的活动,导致细胞内 K^+ 的浓度为细胞外液中的 30 倍左右,而细胞外液中 Na^+ 的浓度为胞质中的 10 倍左右,当细胞内 Na^+ 浓度升高或细胞外 K^+ 浓度升高时,都可激活钠泵。

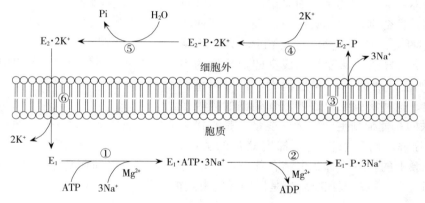

图 7-41 钠泵转运的双构象机制
(自姚泰,2005)

①E_1 与胞内的 ATP 和 Na^+ 结合,形成复合物 $E_1·ATP·3Na^+$;
②Na^+ 促进了钠泵的磷酸化,生成高势能的磷酸化中间体 E_1-$P·3Na^+$;
③随着高能磷酸键能量的释放,E_1 变成 E_2,E_2 将结合的 $3Na^+$ 暴露于胞外,
由于 E_2 对 Na^+ 的亲和力很低,则释放于胞外,形成低势能的磷酸化形式 E_2-P;
④E_2-P 与胞外 K^+ 结合,形成复合物 E_2-$P·2K^+$;
⑤结合的 K^+ 促进了酶的去磷酸化,生成 E_2 的去磷酸化形式 $E_2·2K^+$;
⑥E_1 对 ATP 的亲和力远高于 E_2,这成为 E_2 向 E_1 转变的驱动力,促使 E_2 转变为 E_1,
它结合的 K^+ 与之解离并暴露于 E_1 的胞质侧。

除钠泵外,目前了解较多的还有钙泵(Ca^{2+}-Mg^{2+}-依赖式 ATP 酶)、H^+-K^+ 泵(H^+-K^+ 依赖式 ATP 酶)等。这些泵蛋白在分子结构上与钠泵类似,都以直接分解 ATP 为能量来源,对有关离子进行逆浓度梯度转运。

(2) 继发性主动转运 (secondary active transport):研究发现,许多物质在进行逆浓度梯度或电位梯度转运时,所需的能量并不直接来自 ATP 的分解,而是来自 Na^+ 在膜两侧的浓度势能差,该势能差是利用钠泵分解 ATP 释放的能量建立的,所以把这种间接利用 ATP 释放能量的主动转运过程称为继发性主动转运。继发性主动转运通常是由一种称为转运体

(transporter) 的膜蛋白利用细胞膜两侧的 Na^+ 浓度梯度完成的跨膜转运。葡萄糖在小肠黏膜的重吸收就是通过 Na^+-葡萄糖同向转运体（Na^+-glucose symporter）完成的（图7-42）。

在完整的肠黏膜细胞，由于在细胞的基底侧膜上有钠泵存在，因而造成细胞内 Na^+ 浓度经常低于肠腔液中 Na^+ 浓度的情况（Na^+ 被泵出），从而在膜内、外形成 Na^+ 浓度差。小肠黏膜上的同向转运体则利用细胞膜外 Na^+ 的高势能，将肠腔中的 Na^+ 和葡萄糖分子一起转运至上皮细胞内。体外试验发现，当黏膜面有 Na^+ 存在时，可以大大促进葡萄糖的主动吸收，而且葡萄糖与 Na^+ 是按同一方向吸收的。用乌本苷（ouabain）抑制 Na^+-K^+-ATP 酶以阻断细胞内 Na^+ 从细胞的浆膜面泵出，则 Na^+ 吸收受阻的同时，葡萄糖的主动吸收也就停止。即使实验性地使代谢失活或消耗组织的 ATP，只要维持 Na^+ 梯度，仍可导致糖梯度的形成（即葡萄糖的主动吸收）。如使外加的 Na^+ 梯度消失，则可阻止糖梯度的形成。这些实验结果表明：葡萄糖的吸收是与 Na^+ 耦联的；葡萄糖主动转运的能量不是直接来自 ATP 的分解，而是来自 Na^+ 梯度储备的势能；

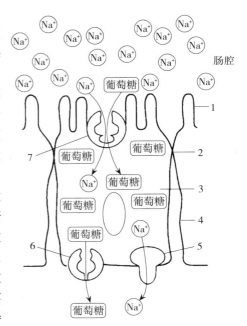

图7-42 葡萄糖继发性主动
转运模式图
（自姚泰，2005）

1. 顶膜微绒毛 2. 紧密连接 3. 肠上皮细胞
4. 基底侧膜 5. 钠泵 6. 葡萄糖载体
7. 钠-葡萄糖同向转运体

位于微绒毛膜上的转运体有2个结合部位，可以同时结合 Na^+ 和葡萄糖，结合后将它们一起转运入细胞内。氨基酸在小肠也是以同样的模式被吸收。

三、小肠内主要营养物质的吸收

（一）糖类的吸收

糖类在家畜体内经酶的作用形成单糖，或经细菌的作用形成低级脂肪酸而被吸收。这些物质直接进入小肠（或前胃）黏膜的毛细血管，经门静脉进入肝脏或全身。

各种单糖的吸收速率有很大差别，己糖吸收很快，戊糖吸收很慢。在己糖中，又以葡萄糖、半乳糖吸收最快，果糖次之，甘露糖最慢。

单糖的吸收，主要是通过载体的主动转运而实现的。它可逆着浓度梯度进行，能量来自钠泵，属继发性主动转运。但葡萄糖吸收的载体学说，其实验根据主要来自体外试验。体内情况比较复杂。在体内，消化吸收期间肠腔内葡萄糖的浓度比血液中高几十倍，此时葡萄糖不是逆浓度梯度，而是顺浓度梯度吸收的。因此，葡萄糖在体内的吸收除了逆浓度梯度主动转运外，有一部分可能是以易化扩散方式被吸收。

果糖可能是通过另一种载体而被吸收的，因为果糖的吸收与葡萄糖或半乳糖不表现竞争性抑制。目前尚无证据表明果糖可以逆浓度梯度吸收，因此它可能是通过载体以易化扩散方式被转运。果糖在肠上皮细胞内可以转变为葡萄糖和乳糖，使细胞内果糖浓度维持于低水平,从而有利于果糖的吸收。

(二) 蛋白质的吸收

蛋白质经酶的作用分解成氨基酸后,几乎全部被小肠上皮细胞所吸收,并经门静脉而进入肝脏。

氨基酸吸收的机理与葡萄糖相似,是一种继发性主动转运过程。由于氨基酸侧链结构差异很大,主动转运的运载蛋白也不尽相同,分别存在转运中性、酸性、碱性氨基酸和亚氨基酸 4 种运载蛋白。4 种运载蛋白以中性氨基酸运载蛋白的转运速率最快,碱性氨基酸运载蛋白的转运速率较慢,仅是前者的 10%。根据运载蛋白与各种氨基酸亲和力的差别,其吸收率以蛋氨酸＞异亮氨酸＞缬氨酸＞苯丙氨酸＞色氨酸＞苏氨酸。

以往曾认为蛋白质只有被水解为氨基酸后才能被吸收,但人们已先后通过实验发现二肽和三肽可被完整地吸收。现已证明,小肠刷状缘上存在二肽、三肽转运系统,而且二肽、三肽的吸收效率比氨基酸更高。小肽的吸收机制与游离氨基酸完全不同。以 pH 依赖性的 H^+/Na^+ 交换转运体系为例,小肽转运的动力不是来自 ATP,而是来自质子的电化学梯度。质子向细胞内转运的动力,产生于刷状缘顶端膜 Na^+-H^+ 交换体(Na^+-H^+ exchange carrier)的活动。Na^+-H^+ 交换体的活动受细胞内 pH 调节,当小肽以易化扩散方式进入细胞时,引起细胞内 pH 下降,Na^+-H^+ 交换体被激活,Na^+ 经 Na^+/H^+ 通道进入细胞内,H^+ 被释放出细胞外,细胞内 pH 恢复到初始水平,形成细胞外高内低的 H^+ 浓度梯度。当缺少 H^+ 梯度时,小肽的转运仅依靠膜外底物浓度以易化扩散方式进行;当存在细胞外高内低的 H^+ 梯度时,来自细胞外 H^+ 的高势能则推动 H^+ 顺浓度梯度向细胞内转运,同时逆浓度梯度将二肽、三肽转运入细胞。这与葡萄糖、氨基酸等的吸收一样,也是一种继发性主动转运过程。

二肽、三肽可以被刷状缘上存在的二肽和三肽运载蛋白转运入细胞内,也可被刷状缘肽酶水解成自由氨基酸,这主要取决于它们与刷状缘肽酶亲和力的大小。亲和力大者被水解成自由氨基酸进而被吸收,亲和力小者则以完整小肽的形式被转运吸收。至于四肽,尚未见完整吸收的证据。在某些情况下,小量的完整蛋白也可以通过小肠上皮细胞(入胞作用)进入血液。它们一般没有营养学意义,相反,因可作为抗原而引起变态反应。

(三) 脂肪的吸收

食糜中的脂肪在脂肪酶的作用下,分解为甘油、游离脂肪酸和甘油一酯(亦包括少量的甘油二酯和未经消化的甘油三酯),它们在胆盐的作用下形成水溶性复合物,并聚合为混合微胶粒。由于胆盐有亲水性,能携带它们通过扩散方式穿过覆盖在小肠表面的不流动水层,达到微绒毛。在小肠微绒毛表面,混合微胶粒中的甘油一酯、脂肪酸和胆固醇等逐渐释出,并透过微绒毛的脂蛋白膜而进入黏膜细胞,胆盐则遗留在肠腔内。

长链脂肪酸及甘油一酯等被吸收后,在肠上皮细胞的内质网再发生酯化形成甘油三酯、胆固醇酯及卵磷脂,并与肠上皮细胞合成的脱辅基蛋白结合形成乳糜微粒(chylomicron)。乳糜微粒在高尔基复合体包装成分泌颗粒,然后迁移至基底侧膜,便与细胞膜融合,并释放出胞外,进入细胞间隙,再扩散入淋巴(图 7-43)。

脂肪的吸收可经淋巴和血液两条途径。短链、中链甘油三酯产生的脂肪酸和一酰甘油是水溶性的,可以直接进入门静脉血液,而不进入淋巴系统;中性脂肪及多数长链脂肪酸则由淋巴途径间接进入血液。

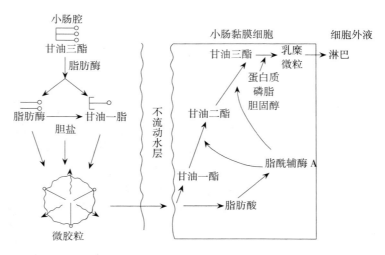

图 7-43 脂肪的吸收

（四）挥发性脂肪酸的吸收

反刍动物饲料中的糖类和纤维素，大部分在瘤胃内被微生物发酵产生挥发性脂肪酸（VFA），主要是乙酸、丙酸和丁酸等短链脂肪酸。瘤胃内 VFA 以分子状态和离子状态两种形式存在，其比例取决于瘤胃 pH 条件。当 pH5.5～6.5 时，分子状态的比例较大；而 pH7.0～7.5 时，离子状态的比例较大。VFA 的吸收速度与其存在的形式和分子质量有关。分子状态的 VFA 脂溶性大，比离子状态的 VFA 更易吸收，而且随着碳链的增长其吸收速度加快，即丁酸＞丙酸＞乙酸。

非反刍动物（马、猪、兔等）的盲肠和结肠内，也含有大量挥发性脂肪酸，其浓度大约与瘤胃相等，可被机体吸收利用。

（五）水的吸收

水的吸收是被动的，各种溶质被主动吸收后产生的渗透压梯度是水被动吸收的动力。在十二指肠和空肠前段，水的吸收量很大，但净吸收量较小（因该段消化液分泌量很大），而在回肠净吸收的水分较多。此外，结肠净吸收水的能力也很强。

（六）无机盐的吸收

不同盐类吸收的难易不同，其中最易吸收的是氯化钠，最难吸收的是硫酸盐和磷酸盐。凡与钙结合而形成的盐则难以吸收，如硫酸盐、磷酸盐、草酸盐等。肠内容物的渗透压对水、盐的吸收有很大影响，一般与血液等渗的溶液吸收最快，低渗溶液吸收较慢，高渗溶液则更慢。服用大量难于吸收的盐类，如硫酸镁，不但不易吸收，还由于渗透压的关系，导致血液中的水分渗入肠腔内，因此临床上常用这些盐类作泻剂。

1. 钠的吸收 Na^+ 在小肠内主要经过上皮细胞顶端膜进入细胞内，有以下 4 种方式：①Na^+ 可顺电化学梯度以易化扩散方式转运入细胞内。②Na^+ 与有机溶质如葡萄糖、氨基酸、二肽、三肽和一些水溶性维生素同向转运入细胞内。③Na^+ 与 Cl^- 同向转运入细胞内。④Na^+ 与 H^+ 反向转运，即 Na^+ 进入细胞内，H^+ 被转运出细胞外。

2. Cl^- 的吸收 Cl^- 可通过跨细胞和细胞旁路两种方式吸收：①在细胞的顶端膜 Na^+ 与

Cl^- 同向转运入细胞。②由于 Na^+ 主动吸收,造成肠腔内带负电位,而肠上皮细胞内带正电位,于是 Cl^- 顺电位差经细胞旁途径进入细胞间隙,再吸收入血液。

3. 铁的吸收 铁主要来源于食物中的三价铁（Fe^{3+}）和血红蛋白破坏释放出的血红素铁。由于 Fe^{3+} 容易与小肠分泌液中的负离子形成不溶性盐（如氢氧化物、磷酸盐、碳酸氢盐等），以及与饲料中的植酸、草酸、鞣酸形成不溶性复合物,因此不易被吸收。不溶性铁（Fe^{3+}）在酸性环境中易溶解,所以胃酸可以促进铁的吸收,而胃酸分泌缺乏时铁的吸收减少,易发生缺铁性贫血。维生素 C 可使 Fe^{3+} 还原为 Fe^{2+},因此可以促进铁的吸收。

铁主要在十二指肠和空肠被吸收。肠上皮细胞释放的转铁蛋白（transferrin,Tf）进入肠腔与铁结合形成复合物,再通过受体介导的入胞过程进入上皮细胞内。进入细胞内的 Fe^{2+},一部分从细胞基底侧膜以主动转运形式进入血液,其余则与细胞内的脱铁蛋白（apo-ferritin）结合,形成铁蛋白（ferritin）储存在细胞内。肠上皮细胞内铁蛋白的水平与体内的铁量相适应,铁缺乏将导致铁蛋白含量减少,而铁过多时铁蛋白的含量增加。

4. 钙的吸收 肠腔中的 Ca^{2+} 一是来自食物,二是由胃肠道分泌入肠腔。Ca^{2+} 的吸收主要通过主动转运完成,部分通过扩散方式进行。肠黏膜上皮细胞的微绒毛上有一种与 Ca^{2+} 有高度亲和力的钙结合蛋白（calcium - binding protein）,Ca^{2+} 与钙结合蛋白结合通过刷状缘膜上的钙通道进入细胞内,再由基底侧膜上的 Ca^{2+} 泵及 Na^+-Ca^{2+} 交换体释放到细胞间隙。小部分 Ca^{2+} 在基底膜通过 Ca^{2+}/Na^+ 交换机制进入血液中。

影响钙吸收的因素很多。钙盐的溶解度、食物中钙和磷的比例、肠内的酸度、脂肪、乳糖和氨基酸（如赖氨酸、色氨酸及组氨酸等）的存在,都有利于钙的吸收。饲料中的植酸（如 6-磷酸肌醇等）和草酸与钙结合成不溶解的化合物,使钙不能被吸收。但决定钙吸收的主要因素是机体对钙的需要及维生素 D_3。此外,甲状旁腺激素和降钙素能分别促进和抑制 1,25-$(OH)_2D_3$ 的合成,因此能间接影响钙的吸收。

（七）维生素的吸收

1. 脂溶性维生素 脂溶性维生素有维生素 A、维生素 D、维生素 E 和维生素 K 4 种,它们的吸收与脂肪的吸收密切相关。一般认为,维生素 A 是通过载体主动吸收,而维生素 D、维生素 E 和维生素 K 则可通过被动扩散吸收。

2. 水溶性维生素 水溶性维生素包括维生素 C 和 B 族维生素。一般认为,维生素 C、维生素 B_2（硫胺素、核黄素）、尼克酸、生物素等吸收是依赖于载体、耗能的主动转运过程。维生素 B_6（吡哆醇）的吸收则是一种单纯扩散过程。维生素 B_{12} 的吸收比较特殊,需要与胃酸中的内因子结合为复合物在空肠和回肠前段吸收。

第五节 家禽消化的特点

一、家禽的消化器官

家禽的消化器官由喙（beck）、口、咽、食管、嗉囊、腺胃、肌胃、小肠、大肠、泄殖腔等消化管,以及唾液腺、胃腺、小肠腺、肝、胰等消化腺所组成。

（一）消化管

1. 口腔、咽、食管和嗉囊

(1) 口腔：禽类没有软腭、唇和齿，颊不明显，上下颌形成喙。喙是禽类的采食器官，喙的形态因禽的种类而有所不同。鸡和鸽的喙为尖锥形，被覆坚硬的角质；鸭和鹅的喙长而扁，除上喙边缘外，大部分被覆角质层较柔软的蜡膜，边缘形成许多横褶，在水中采食时能将水滤出。禽类舌的形状与下喙相一致，舌无固有肌，主要由舌骨和结缔组织、脂肪组织构成；表面被覆黏膜，缺味觉乳头，主要在舌根和咽部分布有数量较少、结构简单的味蕾。因此，味觉对禽类的采食作用不大。

(2) 咽：禽类的口咽与哺乳动物差异较大，因未形成软腭，故口腔与咽腔无明显分界，常合称为口咽（图7-44）。

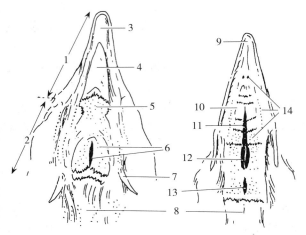

图7-44　鸡的口咽腔
1.口腔　2.咽　3.下喙　4.舌尖　5.舌根
6.喉及喉口　7.舌骨支　8.食管　9.上喙
10.硬腭　11、12.腭裂（鼻后孔裂）的狭部和宽部
13.咽鼓漏斗　14.唾液腺导管开口

其顶壁前部的正中线上有鼻后孔，后部正中有咽鼓管咽口。咽底壁为喉，向后通食管。禽的唾液腺比较发达，在口咽腔的黏膜内几乎连续成一片。口腔顶壁有上颌腺、腭腺和蝶腭腺；底壁有下颌腺、口角腺、舌腺和环勺腺。导管多，开口于黏膜表面。

(3) 食管和嗉囊：禽食管较宽，易扩张，可分颈段和胸段。颈段长，开始位于气管背侧，然后与气管一同偏至颈部右侧，位于皮下。鸡和鸽的食管在胸前口的前方形成袋状的嗉囊（ingluvies）；鸭、鹅无真正的嗉囊，其食管颈段可扩大成长纺锤形以贮存饲料，后端有括约肌与食管胸段为界。胸段伴随气管进入胸腔，在相当于第3～4肋间隙处略偏左侧与腺胃相接。鸡的嗉囊略呈球形，鸽的分为对称的两叶。鸽在育雏期，雌、雄鸽嗉囊的黏膜上皮细胞增生、发生脂肪变性而脱落，与分泌的黏液形成嗉囊乳，又称为鸽乳，和嗉囊内容物一起用以哺育幼鸽。

2. 胃　禽胃分为明显的两部分：腺胃和肌胃（图7-45）。

(1) 腺胃（glandular stomach）：又称前胃（Proventriculus），位于腹腔左侧（鸵鸟在右侧），左右两肝叶之间。腺胃容积小，呈短纺锤形，前以贲门与食管相通，向后以狭部与肌胃相接。腺胃壁厚，但内腔不大，饲料通过的时间很短。前胃黏膜含有两层腺体，前胃浅腺为单管状腺，分布于黏膜固有层内，分泌黏液；前胃深腺为复管腺，集合成腺小叶分布在黏膜肌层的两层之间，

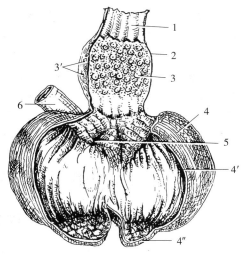

图7-45　鸡的胃（纵剖开）
（自马仲华，2004）
1.食管　2.腺胃　3.乳头及前胃深腺开口
3'.深腺小叶　4.肌胃的厚肌　4'.胃角质层
4".肌胃厚囊的薄肌　5.幽门　6.十二指肠

小叶中央为集合窦，集合窦以导管开口于黏膜表面的乳头上。前胃深腺相当于哺乳动物的胃底腺，但不同的是，HCl 和胃蛋白酶原都是由一种细胞所分泌。

（2）肌胃：家禽以谷粒为食，具有发达的肌胃，肌胃内经常含有吞食的沙砾，故又称沙囊，俗称肫（gizzard）。位于腹腔左侧，前部腹侧为肝，后方大部接腹底壁。肌胃呈扁圆形或椭圆形的双凸透镜状，经前背侧的腺肌胃口接腺胃，由右侧幽门通十二指肠。肌胃可分为很厚的背侧部和腹侧部（主要由背、腹两块厚肌构成），以及较薄的前囊和后囊（主要由前、后两块薄肌构成）。肌胃的肌膜非常发达，由环行的平滑肌纤维构成，因富含肌红蛋白而呈暗红色。肌膜以薄的黏膜下组织与黏膜相连接，无黏膜肌层。黏膜固有层里排列有单管状的肌胃腺，单个或一小群开口于黏膜表面的隐窝。腺体及黏膜上皮的分泌物与脱落的上皮细胞一起，在酸性环境中硬化，形成一层厚而坚韧的类角质膜，紧贴于黏膜上，称胃角质层，俗称肫皮。鸡的为黄白色，易剥离，中药名为鸡内金。肌胃内的沙砾及粗糙而坚韧的角质膜，在肌胃强而有力的收缩下，对食物起机械性磨碎作用。长期食肉和以浆果为食的鸟类，以及以粉料饲养的家禽，肌胃不发达，机械性磨碎作用较弱。

3. 肠和泄殖腔　禽的肠一般较短，可分为小肠和大肠。其泄殖腔是消化、泌尿和生殖系统后端的共同通道，向后以泄殖孔开口于外，通常也将其称为肛门。

（1）小肠：小肠包括十二指肠、空肠和回肠（图 7-46）。十二指肠位于腹腔右侧，形成较直的肠袢，分为降支和升支。肠袢升支、降支之间夹有胰腺。空回肠形成许多肠袢（鸡 10~11 圈；鸭、鹅 6~8 圈），以肠系膜悬挂于腹腔的右侧。空回肠的中部有一小突起，称为卵黄囊憩室，是胚胎期卵黄囊柄的遗迹，常以此作为空肠与回肠的分界。回肠短而直，以回盲韧带与盲肠相连。小肠的组织结构与哺乳动物基本相似，其特点是有小肠腺，但无十二指肠腺；绒毛发达，但无中央乳糜管，脂肪的消化产物直接吸收入血液。

（2）大肠：禽类大肠包括一对盲肠和一短的直肠，而无结肠。盲肠一般长 14~23cm，分为盲肠基、盲肠体和盲肠尖三部分。在盲肠基的壁内分布有丰富的淋巴组织，称为盲肠扁桃体，是禽病诊断的主要观察部位，以鸡的最明显。鸽盲肠很不发达，如芽状。肉食禽类盲肠很短，仅 1~2cm。禽类直肠短，没有明显的结肠，有时也将其称为结-直肠。

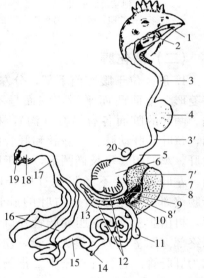

图 7-46　鸡消化器官
1. 口腔　2. 咽　3、3'. 食管颈段和胸段
4. 嗉囊　5. 腺胃　6. 肌胃
7、7'. 肝右叶和左叶　8、8'. 胆囊管和肝管
9. 胆囊　10. 胰管　11. 空肠
12. 十二指肠　13. 胰腺　14. 卵黄囊憩室
15. 回肠　16. 盲肠　17. 直肠　18. 泄殖腔
19. 肛门　20. 脾

（3）泄殖腔：泄殖腔是消化、泌尿和生殖三个系统的共同通道，略呈椭圆形。泄殖腔内有两个由黏膜形成的不完整的环形襞，把泄殖腔分成粪道、泄殖道和肛道三部分（图 7-47）。前部为粪道，与直肠直接连接，较宽大。中部为泄殖道，最短，向前以环形褶与粪道为界，向后以半月褶与后部的肛道为界。输尿管、输精管、输卵管开口于泄殖道（图 7-48）。

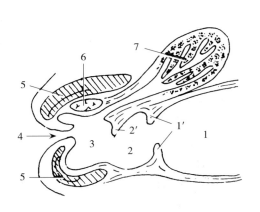

图7-47 幼禽泄殖腔示意图
1. 粪道 1′. 粪道泄殖道褶 2. 泄殖道
2′. 泄殖道肛道褶 3. 肛道 4. 肛门
5. 括约肌 6. 肛道背侧腺 7. 腔上囊

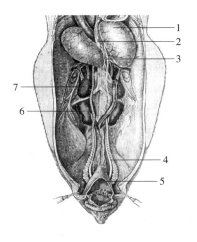

图7-48 公禽泌尿生殖系统
1. 睾丸 2. 附睾 3. 输精管
4. 输尿管 5. 泄殖腔
6. 肾后叶 7. 肾中叶

（二）消化腺

1. 肝 位于腹腔前下部，分左、右两叶，以峡相连，右叶较大，呈心形，左叶较小，呈菱形。壁面凸而平滑，脏面呈不规则凹陷。两叶的脏面各有横窝（沟），相当于肝门，每叶的肝动脉、门静脉和肝管由此进出入肝。鸡的胆囊呈长椭圆形，位于肝右叶脏面。左叶的肝管不经胆囊直接开口于十二指肠终部，称肝肠管；右叶的肝管注入胆囊，再由胆囊发出的胆囊肠管开口于十二指肠终部（图7-49）。鸽无胆囊，左、右两支均为肝肠管，右管开口于十二指肠升支，左管开口于十二指肠降支。禽的肝小叶不明显。

2. 胰 位于十二指肠袢内（图7-49），呈淡黄色或淡红色，长条形，通常分为背叶、腹叶和较小的胰叶。鸡、鸽的胰管一般有2～3条；鸭、鹅有两条。其中1～2条来自腹叶，1条来自背叶。所有胰管均与胆管一起开口于十二指肠终部。

胰的外分泌部与家畜相似，为复管泡状腺。内分泌部即胰岛，可分两类：一类主要由甲细胞构成，称甲胰岛或暗胰岛；另一类主要由乙细胞构成，称乙胰岛或明胰岛。

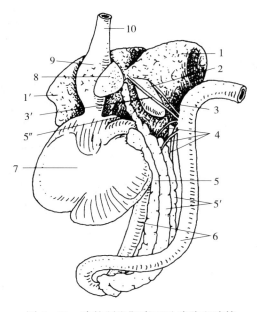

图7-49 鸡的肝和胆囊以及胰腺和胰管
（自马仲华，2004）
1. 肝右叶和左叶 2. 胆囊
3、3′. 胆囊肠管和肝肠管 4. 胰管
5、5′、5″. 胰腺背叶、腹叶和脾叶
6. 十二指肠袢 7. 肌胃 8. 脾
9. 腺胃 10. 食管

二、家禽消化的特点

(一) 口腔内消化

家禽由于嗅觉和味觉不发达，故主要依靠视觉和触觉寻找食物，用喙采食。鸡喙为锥体形，便于啄食谷粒；鸭、鹅的喙扁长，边缘呈锯齿状互相嵌合，适于水中采食。家禽采食后，未经咀嚼，即借助舌的运动迅速咽下。其口腔壁和咽壁分布有丰富的唾液腺，导管直接开口于口腔黏膜，主要分泌黏液，有润滑食物、便于吞咽的作用。鸭、鹅多食鲜湿饲料，唾液腺不发达，仅分泌少量唾液；鸡常采食干料，唾液腺较发达，可分泌较多的唾液。家禽的唾液呈弱酸性反应，平均 pH 为 6.75，主食谷物的禽类，唾液中含有少量淀粉酶。

家禽的食管相对较长，吞咽食物和饮水主要靠抬头伸颈，借助食物重力和反射活动，使食管扩大，并经食管蠕动将食物推送入嗉囊或食管扩大部。

(二) 嗉囊内消化

嗉囊壁的结构与食管相似，由外纵肌层和内环肌层组成。黏膜内含有丰富的黏液腺，所分泌的黏液与唾液的混合物构成嗉囊液，pH6.0～7.0，呈中性至弱酸性反应。嗉囊的功能主要是贮存、润湿和软化食物。嗉囊中的化学性消化全靠饲料酶和十二指肠逆蠕动时返回的消化酶。虽然有的学者曾报道嗉囊内存在酶类，并认为在其中发生大量的淀粉消化。然而外科手术切除嗉囊后，并未见明显影响鸡的饲料消耗和生长。这提示嗉囊内已经发现的某些酶类可能是外源性的，它们可能来自十二指肠和腺胃。

嗉囊内的环境条件适于微生物生长繁殖，成年鸡嗉囊内细菌不但数量大，而且种类很多，并形成一定的微生物区系。成年鸡嗉囊的微生物区系中乳酸菌占优势，其数量高达每克内容物 10^9 个；其次是肠球菌和产气大肠杆菌，数量均在每克内容物 10^5 个左右；此外，还有少量小球菌、链球菌和酵母菌等。它们能对饲料中的糖类进行初步发酵并产生有机酸，其中主要是乳酸和少量的挥发性脂肪酸（如乙酸、丙酸、丁酸等），这些有机酸小部分可经嗉囊壁吸收，大部分则随食物下行至消化道后段再被吸收。

家禽进食时，咽下的食物有一部分经过嗉囊时并不停留而直接进入腺胃，另一部分则停留在嗉囊内。这一过程取决于胃的充盈程度和收缩状态。食物在嗉囊内停留的时间与食物的性质、数量以及饥饿程度有关，一般约 2h，最长可达 16h 左右。

嗉囊的运动有两种形式：一种为蠕动，起自食管扩展至嗉囊，再达腺胃和肌胃，常成群出现，每群间隔 1～40min；另一种为排空，这种运动 1～1.5min 一次，每次均伴有嗉囊壁紧张度增高，将食糜间断性地排送入胃内。嗉囊运动受迷走神经和交感神经支配，刺激迷走神经使嗉囊强烈收缩，食物排放加快；刺激交感神经对嗉囊和食管的影响不明显。

(三) 胃内消化

哺乳动物胃内的消化完全在单胃内进行，而禽类胃内的消化需要在腺胃和肌胃内完成。

1. 腺胃内的消化 禽类腺胃的机能相当于哺乳动物的胃底腺，能分泌含盐酸和胃蛋白酶的胃液。但禽类胃腺没有壁细胞，盐酸和胃蛋白酶都由主细胞所分泌。禽类胃液呈酸性，pH 一般为 3.0～4.5，比胃蛋白酶的适宜 pH（最适 pH 为 2，不同动物稍有差异）高得多，所以食物蛋白在腺胃内很少进行消化。

禽类的胃液呈连续性分泌，鸡每千克体重分泌胃液约8.8mL/h，比人、猴、犬和大鼠高得多。同样，胃液的酸度也较高，但每单位容积的胃蛋白酶含量（约为247IU/mL）比大多数哺乳动物低。不过按每千克体重每小时计的胃蛋白酶分泌量却比哺乳动物高。

腺胃虽分泌胃液，但因腺胃体积小，食物不在腺胃停留或停留时间很短，所以腺胃分泌的胃液主要在肌胃和十二指肠内发挥消化作用。

胃液分泌受神经反射和体液因素调节，假饲能引起鸡、鹅胃液分泌增加。饲料对嗉囊和胃壁的机械刺激能反射性地引起较多的胃液分泌。迷走神经是主要的分泌神经，刺激迷走神经可引起胃液分泌量和胃蛋白酶含量增加，而交感神经只能引起少量的胃液分泌。

许多体液因素影响禽类的胃液分泌，禽类胃幽门区的G细胞可分泌促胃液素，它主要促进胃液分泌。在禽类，胃幽门区G细胞数量少，但促胰酶素有较强的刺激胃酸分泌的作用，故可弥补促胃液素分泌的不足，使胃分泌活动维持于适当水平。

2. 肌胃内的消化 肌胃（gizzard）不分泌具有消化酶的胃液，其主要机能是对食物进行机械性磨碎作用。肌胃内常保持一定数量的沙砾，有助于肌胃收缩时磨碎坚硬的食物。肌胃内容物比较干燥，含水量平均为44.4%，pH 2～3.5，适宜于由腺胃进入肌胃的消化液中的胃蛋白酶发挥消化作用。但也有证据表明，不论胃蛋白酶还是其他酶类，在肌胃内都很少（或没有）发挥消化作用。

肌胃具有周期性运动，无论在饲喂或饥饿状态下都在进行，平均每隔20～30s收缩一次，饲喂时及饲喂后半小时内收缩频率增加。肌胃收缩时内压很高，据测定鸡为13～20kPa，鸭为24kPa，鹅为35～37kPa。

肌胃的收缩受迷走神经和交感神经支配，刺激迷走神经使肌胃收缩增加，刺激交感神经使肌胃收缩减弱。

（四）小肠内消化

家禽的小肠前接肌胃，后连盲肠。小肠消化与哺乳动物基本相似。

1. 胰液的分泌 禽类胰腺分泌的胰液经2条（鸭、鹅）至3条（鸡）胰导管输入十二指肠。纯净胰液的性状、组成以及消化酶种类与哺乳动物相似，例外的是鸡没有乳糖酶。这可能是鸡消化道内乳糖吸收不良和不被水解的原因。

鸡的胰液呈连续性低水平分泌，饲喂后急剧升高，持续9～10h，然后逐渐下降至最初水平。促胰液素促进含水丰富的胰液分泌，而血管活性肠肽（VIP）的作用更强。促胰酶素则使含酶较多的胰液持续分泌。迷走神经是否参与家禽胰液分泌调节，因缺乏直接证据尚无定论。

2. 胆汁的分泌 禽类的肝脏持续不断地分泌胆汁。非进食期间，肝左叶分泌的胆汁量少，直接经肝管进入小肠；肝右叶分泌的胆汁量大，经胆囊管输入胆囊，在胆囊中贮存和浓缩。进食时，胆囊胆汁和肝胆汁输入小肠的分泌量显著增加，可持续3～4h。迷走神经参与家禽胆汁分泌的反射性调节。此外，胆囊收缩素（CCK）、血管活性肠肽（VIP）等也刺激胆汁分泌。

禽类的胆汁呈酸性，pH5.0～6.8（鸡平均5.88、鸭为6.14），含有淀粉酶。禽类胆汁中所含胆汁酸主要是鹅胆酸、胆酸和别胆酸，而缺乏哺乳动物胆汁中普遍存在的脱氧胆酸。胆色素主要是胆绿素，胆红素很少（约6%）。胆色素随粪便排出，而胆盐大部分被重吸收，通过肠肝循环促进胆汁分泌。

3. 肠液的分泌 禽类的小肠黏膜分布有肠腺，但没有哺乳动物的十二指肠腺。肠腺分泌弱酸性至弱碱性肠液，其中含有蛋白酶、脂肪酶、淀粉酶、多种二糖酶和肠激酶。禽类肠液呈连续分泌，据测定，体重 2.5~3.5kg 的成年鸡，肠腺的基本分泌率为 1.1mL/h。机械刺激和促胰酶素能引起肠液分泌显著增加。刺激迷走神经和注射毛果芸香碱可使肠液变稠，但对分泌率影响很小。

4. 小肠运动 禽类的小肠有典型的蠕动和分节运动。分节运动使食糜与消化液充分混合，但无推送食糜的作用。蠕动是由肠壁纵肌与环肌交替收缩与舒张引起的，其作用主要是推送食糜向后移动。禽类逆蠕动比较明显，因此食糜常在肠内前后移动，甚至会使食糜由小肠返回肌胃，延长食糜在胃肠道内的停留时间。由于受胃液流入的影响，十二指肠内容物常呈弱酸性反应，并继续胃液的消化作用。

(五) 大肠内消化

禽类的大肠有两条盲肠和一条短的直肠。饲料经小肠消化后，一部分可进入盲肠，其他则进入直肠继续消化。

1. 盲肠内消化 禽类大肠消化主要是在盲肠内进行。经消化后的小肠内容物先进入直肠，然后借助直肠逆蠕动将食糜推入盲肠，再借盲肠本身的蠕动将内容物从盲肠颈部推送到盲肠顶部。盲肠内容物可在盲肠内停留 6~8h。由于直肠逆蠕动时回盲括约肌紧闭，所以直肠内容物不会逆返回小肠。

禽类盲肠发达，容积很大，其内环境（pH6.5~7.5，严格厌氧）很适宜于厌氧微生物的生长繁殖。据测定，1g 盲肠内容物含细菌约 10 亿个，其中主要是严格厌氧的革兰氏阴性菌。饲料中的粗纤维在盲肠内经细菌发酵分解，其终产物为较简单的挥发性脂肪酸。其中，乙酸比例最高（约 61%），丙酸次之（27%），丁酸最少（1%），并有少量较高级的脂肪酸。

鸡对饲料中粗纤维的消化，几乎全部是在盲肠内进行。据报道，盲肠完整时，鸡粗纤维的消化率为 18%，盲肠切除后则下降为零。对于草食家禽（鹅），盲肠消化尤为重要，其对粗纤维的利用率比鸡更高。

2. 直肠消化 禽类的直肠很短，食糜在其中停留的时间不长，其主要功能是吸收食糜中的水分和盐类，形成粪便后排入泄殖腔，与尿混合后排出体外。

(六) 营养物质的吸收

家禽对营养成分的吸收与哺乳动物相似，主要通过小肠绒毛进行。禽类的小肠黏膜形成"乙"字形横皱襞，因而扩大了食糜与肠壁的接触面，延长食糜通过的时间，使营养物被充分吸收。

糖类主要以单糖形式被吸收，其主动转运机制与哺乳动物类似，也有 Na^+ 依赖性转运系统。禽类的代谢率和体温高，故吸收速率快。据报道，鸡进食 15min 内门静脉中葡萄糖和氨基酸的浓度就显著升高。

蛋白质以氨基酸形式在小肠内吸收入血液。大多数氨基酸都是以主动转运方式被吸收。氨基酸吸收的速度由极性或非极性侧链所决定，具有非极性侧链的氨基酸被吸收的速度比有极性侧链的快。

脂肪一般需分解为脂肪酸、甘油或甘油一酯、甘油二酯被吸收。由于禽类肠道的淋巴系统不发达，肠绒毛中没有中央乳糜管，因此脂肪的吸收不通过淋巴途径，而是直接进入血液。

家禽的嗉囊和盲肠仅能吸收少量水分、无机盐和有机酸。腺胃和肌胃以及直肠和泄殖腔吸收水和无机盐的能力也较弱。禽类主要在小肠和结肠吸收水分和无机盐。

（周定刚）

第八章 能量代谢与体温调节

第一节 能量代谢

新陈代谢（metabolism）是生命最基本的特征之一。在新陈代谢过程中，一方面机体从外界摄取营养物质以合成机体新的物质，并贮存能量（合成代谢）；另一方面也不断分解体内物质，释放出能量满足各种生命活动的需要（分解代谢）。机体内的物质合成与分解总是伴随着能量的转移过程。生物体内物质代谢过程中所伴随着能量的贮存、释放、利用和转移，称为能量代谢（energy metabolism）。

一、能量的来源与利用

（一）饲料中主要营养物质能量的转化

能量可定义为做功的能力。动物的所有活动，如呼吸、心跳、血液循环、肌肉活动、神经活动、生长、繁殖和使役等都需要能量。动物所需要的能量主要来自饲料三大养分中的化学能。在自然界中，太阳能是所有生物最根本的能量来源。具有叶绿素的生物通过光合作用将光能转化成化学能，动物由摄食活动从植物中获取能量物质，并通过消化和吸收过程对饲料中的能量进行转化，同时将贮存在能源物质分子结构中的碳氢键中的能量释放出来用于完成自身的各种生命活动。饲料中的能量主要来源于糖、脂肪和蛋白质三大营养物质中所蕴藏的化学能。糖、脂肪和蛋白质在体内氧化供能的途径不同，但有相同的规律。其氧化释放的能量约有50%以上迅速转化为热量，其余不足50%转移到体内贮存。

1. 糖 糖（carbohydrate）的主要功能是供给动物生命活动所需要的能量。动物体内的糖代谢实际上是以葡萄糖为中心进行的。随着供能情况的不同，糖分解的途径也不同。在机体供氧充分的情况下，1mol 葡萄糖进行有氧氧化释放出的能量可供合成 38mol 的三磷酸腺苷（adenosine triphosphate，ATP）；而在氧气供应不足时，1mol 葡萄糖进行无氧酵解释放出的能量仅能合成 2mol 的 ATP。

在一般情况下，绝大多数组织细胞有足够量的氧气供应，能通过糖的有氧氧化获得能量。糖酵解过程释放出的能量虽少，但却是机体唯一不需氧的供能途径，有其自身重要的意义。例如：剧烈运动时，骨骼肌的氧耗量剧增，而呼吸和循环系统等功能活动只能逐渐加强，不能满足机体对氧的需求，骨骼肌因而处于相对缺氧的状态，机体只能动用储备的高能磷酸键和进行无氧酵解来供能。此外，某些细胞（如成熟的红细胞）由于缺乏有氧氧化的酶系，也主要依靠糖酵解来供能。值得注意的是，脑组织所消耗的能量主要来源于糖的有氧氧化，因而对缺氧非常敏感，对血糖的依赖很大，如果血糖水平低于正常值的 1/3 或 1/2，即可出现脑的功能障碍，如发生低血糖休克等。

2. 脂肪 脂类是含能量最高的营养素，生理条件下脂类含能是蛋白质和碳水化合物的 2.5 倍左右。脂肪（fat）在体内的主要功能是贮存和供给能量。体内脂肪的贮存量要比糖多得多。当机体需要时，贮存的脂肪首先在酶的催化下分解为脂肪酸和甘油。甘油在肝脏经过磷酸化和脱氢处理后进入糖的氧化分解途径来供能或转化为葡萄糖。脂肪酸的氧化在肝及肝以外的许多组织细胞中进行，长链脂肪酸经过活化和 β-氧化，逐步分解为许多乙酰辅酶 A 而进入糖的氧化供能途径，彻底分解，同时释放能量。

3. 蛋白质 蛋白质（protein）的基本组成单位是氨基酸。无论是由肠道吸收的氨基酸，还是由机体组织蛋白分解所产生的氨基酸，都主要用于组织细胞的自我更新、修复，或用于合成酶、激素等生物活性物质。而只有在某些特殊情况下，如长期不能摄食或体力极度消耗时，机体才会依靠由组织蛋白分解所产生的氨基酸供能，以维持必要的生理功能。

（二）饲料中能量在体内的利用与转化

动物摄入的饲料能量伴随着养分的消化代谢过程，发生一系列转化（图 8-1）根据能量守恒和转化定律可将饲料能量相应地划分为若干部分。

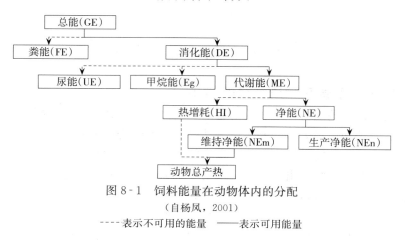

图 8-1 饲料能量在动物体内的分配
（自杨凤，2001）
---- 表示不可用的能量 —— 表示可用能量

1. 总能（gross energy，GE） 总能是指饲料中有机物质完全氧化燃烧生成二氧化碳、水和其他氧化物时释放的全部能量，主要为碳水化合物、粗蛋白质和粗脂肪能量的总和。饲料的总能取决于其碳水化合物、脂肪和蛋白质相对含量。对上述三大有机物而言，氧化释放的能量主要取决于碳和氢与外来氧的结合，分子中碳、氢含量愈高，氧含量愈低，则能量愈高，碳氢比愈小，氧化释放的能量愈多。因此，三大有机物的能值以碳水化合物最低，蛋白质次之，脂肪最高。同时，动物摄入的饲料不可能完全被动物机体消化吸收利用，细分起来，总能又由消化能和粪能组成。

2. 消化能（digestible energy，DE） 消化能是指饲料可消化养分所含的能量，即动物摄入饲料的总能与粪能之差。粪能（energy in feces，FE）为粪中养分所含的能量。正常情况下，粪能主要由未被消化吸收的饲料养分的能量，消化道微生物及其代谢产物、消化道分泌物和经过消化道排泄的产物以及消化道脱落细胞所含的能量组成。在实际生产中，凡是影响饲料消化的因素均能影响消化能值。

3. 代谢能（metabolizable energy，DE） 代谢能是指饲料的消化能扣除尿能以及消化道可燃气体能量后剩余的能量。其中尿能（energy in urine，UE）是尿中有机物所含有的能量，主要来自蛋白质代谢产物，如尿素、尿酸、肌酐等。此外，饲料在消化道消化过程中，消化道微生物发酵产生的气体也会造成部分能量损失，即为消化道可燃气体能量（energy in gaseous products of digestion，Eg），是不能被动物机体利用的部分。实际上在代谢能中能被机体利用的能量是扣除热增耗以后的净能。

4. 净能（net energy，NE）　净能指的是饲料中动物用于维持生命和生产产品的能量，即饲料的代谢能减去热增耗（heat increment，HI）。热增耗又称为特殊动力作用，是指绝食动物在采食饲料后，短时间内体内产热高于绝食代谢产热的那部分以热的形式散失的能量。主要包括消化过程产热，营养物质代谢做功产热，与营养物质代谢相关的器官肌肉活动所产生的热量，肾脏排泄做功产热以及饲料在胃肠道发酵产热等部分。在实际生产中只有净能才是被用于维持家畜本身的基础代谢活动，随意运动，调节体温和从事生长、泌乳、繁殖、产毛等各种生产活动的能量。此外，在冷应激环境中，热增耗对体温的维持是有益的；相反，在炎热的环境中，热增耗将成为动物机体的负担，机体需要消耗能量将其散去以防体温升高。

二、能量代谢的测定原理与方法

机体与周围环境的能量交换，以及机体内部各种能量形式的互相转化，都服从于热力学的能量守恒定律。机体在一定时间内（例如每天）能量的输入和输出是相等的，这种关系称为能量平衡（energy balance）。输入的能量最终来源于被吸收食物中的化学能，由下丘脑的摄食中枢和饱中枢调节；能量输出表现为功能、热能和贮存化学能的总和，其中主要部分为热能，其次是功能。它们的输出速率都取决于机体活动的强度。化学能既可能因贮存而增多，也可能因消耗而减少。当能量输入大于热能和功能输出总和时，体内的贮存化学能为正值，体重增加；反之，体重减少。能量代谢测定是指定量测定机体单位时间所消耗的能量，即能量代谢率（energy metabolic rate）。根据上述机体内能量的来源和去路，可以从理论上找到多种不同的方法来测定能量代谢率。这些方法可分为两类：直接测热法和间接测热法。

（一）直接测热法

直接测热法（direct calorimetry）是指通过收集机体在一定时间内散发的总能量求得能量代谢率的方法。直接测热所依据的原理就是能量守恒定律，即单位时间内释放的能量等于单位时间内消耗的能量，包括热能、机械能和化学贮备能。如果在测定期间化学贮备能极少，可以忽略不计，且骨骼肌处于静息状态，没有做机械外功，则能量代谢率等于单位时间内散发的热量。若在测定能量代谢率时肌肉做机械外功，则可将其折算为热量。

直接测热法是利用一种特殊测量装置（呼吸热量计）直接测量整个机体在单位时间内向外界环境散发的总热量。此热量就是能量代谢率。被测者所散发的热量借助于对流经热量计的水温度的变化来测定的。该方法容易理解、精确，但是所用装置较复杂、操作繁琐，应用中受到许多限制，故一般采用间接测热法。

（二）间接测热法

1. 间接测热的原理　间接测热法（Indirect calorimetry）所依据的基本原理是物质化学反应的"定比定律"，即在化学反应中，反应物的量与产物的量之间呈一定的比例关系。同一种化学反应中，不管中间过程及条件有多大差异，这种定比关系不变。根据定比定律，只要测出一定时间内机体中氧化分解的糖、脂肪和蛋白质各有多少，就可以测算出机体在该段时间内所释放的总热量。此外，要完成间接测热还必须知道每种营养物质在氧化分解时产生的能量为多少。

①食物的热价（caloric value）：1g食物在体内氧化或在体外燃烧时所释放出来的能量称为食物的热价。食物的热价可分为物理热价和生物热价。前者指食物在体外燃烧时所释放的热量，后者系指食物在体内经过生物氧化所产生的热量。实验证明，糖和脂肪在体外燃烧与在体内氧化分解所产生的热量是相等的，因此糖和脂肪的物理热价和生物热价是相等的。蛋白质在体内不能够彻底氧化分解，有一部分热量主要以尿素的形式从尿中排泄，因此其物理热价大于生物热价。根据食物的热价以及体内被分解氧化的食物各种成分的量，即可计算出这些食物氧化时释放出的总热量，计算出能量的代谢率。

②食物的氧热价（thermal equivalent of oxygen）：食物的氧热价是指将某种营养物质氧化时，消耗1L氧气所产生的热量。食物的氧热价可从量上表示某种物质氧化时的氧耗量与产热量之间的关系。根据上述概念，就可以测定机体在一定时间内的氧耗量，推算出能量代谢率。

③呼吸熵（respiratory quotient，RQ）：机体从外界摄取氧气以供各种营养物质氧化需要，同时将代谢产生的二氧化碳排出体外。一定时间内，机体的二氧化碳产生量和氧气消耗量的比值称为呼吸熵，通常用气体的摩尔数表示。通常在同一温度和气压条件下，每摩尔任何气体的容积都是相等的，因此在实际的计算过程中也常用气体容积数代替摩尔数。即：

$$RQ = \frac{产生的二氧化碳摩尔数}{消耗的氧气摩尔数} = \frac{产生的二氧化碳容积}{消耗的氧气容积}$$

各种养分无论在体内或体外氧化，其氧气耗量和二氧化碳产生的量都取决于该物质的化学组成。根据营养物质氧化的化学反应式计算可知，糖、脂肪、蛋白质氧化时消耗的氧气和产生的二氧化碳量各不相同，它们具有不同的呼吸熵。糖氧化时产生二氧化碳分子数与消耗氧气的分子数相同，在同一温度下，具有相同分子数的气体的体积是相同的，因此糖的呼吸熵等于1。脂肪氧化时耗氧量较多，其呼吸熵仅为0.71左右。由于蛋白质在体内氧化不完全，而且氧化分解的细节尚不够明了，所以测算蛋白质的呼吸熵比较困难，只能通过蛋白质分子的碳和氢被氧化时需要氧气量和产生的二氧化碳量，间接算出蛋白质的呼吸熵为0.8。通常情况下，动物日粮是糖、脂肪、蛋白质的混合物，日粮在体内氧化分解时整体的呼吸熵在0.71~1.00之间变动。但在正常情况下，家畜机体内能量主要来源于糖和脂肪的氧化供能，蛋白质的作用可以忽略不计，因此，计算出来的呼吸熵被称为非蛋白呼吸熵（non-protein respiratory quotient，NPRQ）。

2. 间接测热的方法和步骤 间接测热的过程包括测定一定时间内氧气的消耗量、二氧化碳的产生量以及尿氮的排出，根据尿氮的量计算出参与氧化的蛋白质量，同时扣除由蛋白质氧化产生的二氧化碳和消耗的氧气量，得到非蛋白呼吸熵，进而计算出非蛋白质食物的产热量和总产热量。因此，整个间接测热过程包括以下几个步骤。

（1）测定机体在一定时间内氧气耗量和二氧化碳的产量。测定氧气耗量及二氧化碳产量的方法有两种：闭和式测热法和开放式测热法。

①闭和式测热法：将受试动物置于一个密闭的能够收集热量的装置中。通过气泵不断将

定量的氧气送入装置中，根据装置中氧气的减少量计算出单位时间内动物的耗氧量。动物呼吸作用产生的二氧化碳则被装置中的气体吸收剂吸收，实验前后二氧化碳吸收剂的重量差即为动物释放的二氧化碳的量。通过上述过程就可求出氧气耗量和二氧化碳产量。

②开放式测热法：是在机体呼吸空气的条件下测定耗氧量和二氧化碳产量的方法。其原理是将受试动物一定时间内呼出的气体收集于气袋中，测定呼出气体的量和气体中氧气与二氧化碳的容积百分比。根据吸入气体和呼出气中氧气和二氧化碳的容积百分比的差数，计算出该时间内机体的氧气耗量和二氧化碳排出量。

（2）测定一定时间内从尿中排出的氮量，根据尿氮计算氧化分解的蛋白质，进而计算出由蛋白质分解产生的热量和消耗的氧气与产生的二氧化碳的量。

（3）从测定的总耗氧量和二氧化碳排出量中，减去蛋白质氧化分解的耗氧量和二氧化碳生成量，得到氧化分解的糖和脂肪的耗氧量和二氧化碳生成量，计算出非蛋白呼吸熵，得出对应的氧热价，计算出非蛋白物质氧化产生的热量。

（4）计算出总的产热量和能量代谢率，总的产热量等于蛋白质代谢产热量与非蛋白食物产热量之和。

尽管上述间接测热法需要测定的数据较多，计算步骤复杂，但在一般情况下测定的结果是比较准确的，所要求的条件比直接测定法简单，而且也便于测定劳役或运动情况下的能量代谢率。但对于普通的临床实践，上述操作和计算均较繁琐，通常采用更简便的方法。

三、基础代谢与静止能量代谢

（一）基础代谢

基础代谢（basal metabolism）是指人体在基础条件下的能量代谢。单位时间内的基础代谢称为基础代谢率（basal metabolism rate，BMR）。所谓基础状态是指室温在 20~25℃、清晨、空腹、清醒而又极其安静的状态。在这种状态下排除了肌肉活动、环境温度、食物特殊动力效应和精神紧张等因素的影响，各种生理活动都比较稳定，体内的能量消耗主要用于维持基本的生命活动，代谢率比较稳定。因此，临床上规定测定基础代谢时，必须在以下条件下进行：①清晨空腹，餐后 12h 以上，用以排除特殊动力效应的影响。②室温在 20~25℃之间。③测定前应避免剧烈活动。④避免受试者情绪变化很大，排除精神紧张带来的干扰。⑤受试者体温在正常范围。这种在基础条件下测得的代谢率比安静时的代谢率低。

基础代谢率有两种表示方法：一种是绝对数值，通常以千焦/（平方米·小时）[$kJ/(m^2 \cdot h)$] 表示；另一种是相对数值，用超出或低于正常值的百分数来表示。一般临床上多采用后一种方法表示。

（二）静止能量代谢

基础能量代谢的概念是用于描述人体在基础状态下的能量代谢情况的，对于畜体而言，让动物保持与人体相似的状态有很大困难，因此，衡量动物体的基础能量代谢只能采用静止能量代谢（resting energy metabolism）的概念来描述。静止能量代谢是指动物在一般的畜舍或实验条件下，早晨饲喂前休息时的能量代谢水平。这时，许多家畜的消化道并不处于排空后的状态,动物所处的环境温度也不一定适中。静止能量还包括一定量的特殊动力作用产生的能量,以及用于生产和体温调节的能量。

1. 影响畜体静止能量代谢的因素 影响畜体静止能量代谢的因素大致可以分为两类:一类是机体本身的因素,另一类是环境因素。

(1) 机体本身的因素:

①品种、年龄、性别:不同品种、年龄和性别的动物,其静止代谢率是不相同的。生长快速的品种比生长缓慢的品种代谢率高;而瘦肉型品种比肥胖型品种高。幼年动物的代谢水平高,因而其静止能量代谢率较高,成年以后静止能量代谢率随着代谢水平的下降而下降。这种年龄性的变化与生长有密切关联。性成熟以后,在同样的情况下,公畜的静止能量代谢率高于母畜。

②个体大小:家畜个体的大小影响着动物机体的产热量,但是产热量并不与机体的重量直接成正比关系。研究证明:大型动物的产热量高于小型动物,但小动物每千克体重的产热量比大动物多。但以单位体表面积的产热量进行比较,则不同大小的动物24h内每平方米体表面积的产热量几乎相等。

③生理状态和营养状态:处于不同生理状态和营养状态的动物,其静止能量代谢率有所不同。各种母畜在发情期间,静止能量代谢率均会升高,妊娠后期的代谢增强尤其明显。产奶对代谢也有强烈影响,产奶力越高,静止能量代谢率也越高。

(2) 环境因素:环境因素的影响主要包括季节和气候的影响。在一年的不同季节里,环境温度、光照条件、牧草等环境因素的变化,使家畜的静止能量代谢率产生十分复杂的季节变化。此外,气候对家畜的静止能量代谢的影响也比较明显。热带地区家畜的静止能量代谢率一般都比温带和寒带地区的低。除了上述因素影响动物机体的静止能量代谢率外,动物在正常生活条件下,还有许多因素会导致畜体能量代谢的改变。

2. 影响畜体能量代谢的因素 主要有以下几方面。

(1) 劳役和运动:肌肉活动对能量代谢的影响最为明显。任何轻微的活动改变都可改变机体的能量代谢率。动物在运动或劳役时,能量代谢和氧气的耗量都会增加,最多可达安静时的10~20倍。

(2) 精神活动:脑组织是机体代谢水平较高的组织。在安静状态下,脑组织的耗氧量是相同重量肌肉组织的20倍。在动物处于激动、紧张、恐惧和焦虑等状态下,能量代谢率会显著增加,精神紧张可引起骨骼肌紧张性升高,产热量增加,同时也可以引起甲状腺、肾上腺髓质等分泌激素增多,促进细胞代谢活动,从而增加产热量。

(3) 热增耗:热增耗也称为食物的特殊动力作用(food specific dynamic effect),是摄食后机体产生"额外"能量消耗的现象。蛋白质的食物特殊动力效应在摄食1~2h开始,持续时间可达8h左右,糖类仅持续2~3h。由于摄食活动会产生热增耗,因此动物的摄食量必须满足基础代谢和机体各种生理活动的需要以及食物特殊动力效应的需要量,才能达到机体能量收支平衡。目前尚不清楚产生食物特殊效应的内在机制,推测其主要与肝脏对营养的处理吸收有关,特别是氨基酸在肝脏内进行的氧化脱氨基作用有关。

(4) 环境温度:环境温度与动物的能量代谢有着极为密切的关系。环境温度过高或者过低都会导致动物散热或产热的改变,从而导致能量代谢的变化。哺乳动物安静时,其能量代谢在20~30℃的环境最稳定。不同种类的动物,其最适温度也不相同。

第二节 体温及其调节

体温一般是指机体内部温度而言,它是机体在代谢过程中不断产生热能的结果。鸟类和哺乳类动物的体内已建立了一套复杂的体温调节机构,可以精确地调节产热和散热过程,保持体温相对稳定,维持体温的相对恒定,属于恒温动物。相对恒定的体温是代谢产热的结果,反过来,机体的正常新陈代谢又要求在一定的温度条件下进行。正常的体温对于生命活动具有重要意义,也是机体健康状况的重要指标。

一、畜体的体温

(一)畜体的体表温度和体核温度

机体各部分的温度并不相同。正常情况下,机体内产生的热量主要通过体表散失到周围环境中。根据物理学原理,接近机体表面部分的温度比机体中心部位的温度低。接近体表部分的温度被称为体表温度(shell temperature),指的是体表及体表下结构(如皮肤和皮下组织)的温度。表层温度不稳定,易受环境温度等因素变化的影响而产生变动。机体深部(内脏)的温度称为体核温度(core temperature)。体核温度比体表温度高,且稳定。生理学中将体温(body temperature)定义为身体深部的平均温度。机体各部分温度不完全相同,身体表面由于散热较快,其温度比深部组织和内脏器官的温度低。心、肝、肾温度较高,但由于血液不断循环,可将热量从较高部位带到全身,故机体各部温度差别不大。直肠温度接近机体深部温度,且比较稳定,可以代表机体体温的平均值。在生理学和畜牧兽医实践中,多以直肠温度代表体温。健康家畜的直肠温度见表8-1。

表8-1 健康动物的体温(直肠内测定)(℃)

动物	体温	动物	体温
马	37.5~38.6	绵羊	38.5~40.5
骡	38.0~39.0	山羊	37.6~40.0
驴	37.0~38.0	猪	38.0~40.0
黄牛	37.5~39.0	犬	37.0~39.0
水牛	37.5~39.5	兔	38.5~39.5
乳牛	38.0~39.3	猫	38.0~39.5
肉牛	36.7~39.1	豚鼠	37.8~39.5
犊牛	38.5~39.5	大鼠	38.5~39.5
牦牛	37.0~39.7	小鼠	37.0~39.0

(二)畜体体温的波动范围

在生理情况下,体温可在一定范围内变动。昼夜、性别、年龄、肌肉活动、机体代谢情况的不同,都可使体温产生一定差异。

1. 体温的昼夜波动 体温常在一昼夜间很有规律地周期性波动。昼行性动物的体温下午最高,以后逐渐降低,黎明前最低,黎明后逐渐升高。一天内温差可达1℃左右。夜行性动物正好相反。这种波动实际上与动物的睡眠和觉醒有关,也是自然界光线、温度等因素周期性变化对机体代谢影响的结果。体温昼夜波动的幅度有一定的畜种差异，也与环境温度、季节、饮水、放牧条件有关。

2. 年龄 新生幼畜代谢旺盛，体温都比成畜高，体温调节能力还比较弱，不能有效地使体温恒定。幼畜在出生后的一段时间内容易受外界环境温度变化的影响，而使体温发生波动，因此对幼畜要加强护理和保温。

3. 性别 性别差异在性成熟时开始出现。在相同条件下，雄性的静止能量代谢比雌性高。但是雌性发情期间代谢增强，体温升高，排卵时体温下降。雌性动物的体温随性周期变动的现象可能与性激素的周期性分泌有关，其中孕激素或其代谢产物可能是导致体温上升的因素。

4. 肌肉活动 肌肉活动时，代谢增强，产热量增加，从而导致体温上升。例如，马在奔驰时体温可升高到40~41℃；当马不处于奔跑状态时，肌肉活动减弱后，体温逐步恢复到正常水平。

此外，地理气候、神经激动、采食等情况对体温也可产生影响。在测定体温时，对以上所述的因素应予以注意。

二、机体的产热与散热

恒温动物所以能维持相对恒定的体温，是因为机体存在体温调节机构。在体温调节机构的控制下，新陈代谢过程产生的热量用于维持体温，同时，体内热量又由血液带到体表，通过辐射、传导和对流以及水分蒸发等方式不断地向外界放散，使产热量和散热量取得平衡，维持体温的恒定。如果机体的产热量高于或低于散热量，将导致体温升高或降低。

（一）产热过程

1. 机体的主要产热器官 机体所有组织器官均处在各种物质的合成和分解代谢过程中，因而都能产生热量。但它们的产热量有所不同，安静时以内脏产生热量最多，其中以肝脏代谢最为旺盛，产热较多。安静时骨骼肌产热量可占全身总产热量的20%；运动或使役时，其产热量可高达总产热量的2/3以上，成为产热的主要器官。草食家畜消化道中饲料由于微生物的发酵分解作用产生大量热能，是这类动物体热的重要来源。

产热多少还受环境温度的影响。低温时，通过神经、体液调节使代谢加强、产热增多，以抵御寒冷，此时消耗饲料增加；如果环境温度过低，超过机体调节能力，体温就会下降，甚至冻死。如果环境温度较高，体内代谢率可以有所下降，但绝不会明显减弱；如温度过高，机体代谢反而有可能上升，再加上散热不良，动物就可能发生中暑。

2. 主要产热方式 正常情况下动物通过新陈代谢过程产生的热量来维持体温。但在寒冷环境中，散热量的增加会导致体温下降，为了维持体温的恒定，动物通过战栗产热（shivering thermogenesis）和非战栗产热（non-shivering thermogenesis）的方式来增加产热量，维持体温的恒定。战栗产热指的是骨骼肌发生随意的节律性收缩过程。特点是骨骼肌的收缩不对外做功，但产热量很高。非战栗产热又称代谢产热，指机体处于寒冷环境时代谢产热量广泛增加的现象。其中，以褐色脂肪组织产热量增加为主。

3. 等热范围与代谢稳定区 机体的代谢强度常随环境温度变化而改变，环境温度低，代谢加强；外界温度高，代谢率可以适当下降。因此，适当的环境温度，能使动物的代谢强度和产热量保持在生理的最低水平,且体温仍能维持恒定,这种环境温度称为动物的等热范围或代谢稳定区。从畜牧业生产来看,环境温度在等热范围内饲养家畜最为适宜,在经济上也最为有利。因为过低的气温,动物产热增加,消耗饲料也将增加;过高的气温,则会降低动物的生产性能。各种动物的等热范围如表8-2所示。

表8-2 各种动物的等热范围(℃)

动物种类	等热范围	动物种类	等热范围
牛	10~15	豚鼠	25
猪	20~23	大鼠	29~31
羊	10~20	兔	15~25
犬	15~25	鸡	16~26

等热范围的温度比体温低,并因动物种别、品种、年龄和饲养管理条件而不同。等热范围的低限温度称临界温度。耐寒家畜(如牛、羊),临界温度较低。动物密集的被毛和厚实的皮下脂肪都能降低临界温度。从年龄来看,幼畜的临界温度高于成年家畜,这不仅是由于幼畜的皮肤较薄,体重与体表面积的比例较大,散热较易,还由于幼畜以食乳为主,产热较少的缘故。

在等热范围内,动物不需要增强产热或散热过程,即能维持正常体温。当环境温度低于等热范围时,动物将增强代谢,产热增加,以维持体温;反之,环境温度高于等热范围时,动物将增强散热,如体表血管舒张、汗腺分泌,以防体温上升。

(二)散热过程

机体的主要散热器官是皮肤,一部分热量也可以通过呼吸、排粪和排尿散失。当外界环境温度低于体表温度时,可通过皮肤以辐射、传导、对流等方式进行散热;当环境温度接近或高于皮肤温度时,则只能以蒸发方式散热。所以,皮肤是机体热量散失的重要途径,可占全部热量的75%~85%。散热过多或散热困难都将严重影响体温恒定。

1. 辐射、对流和传导散热

(1)辐射(radiation)散热:温度较高的物体发射红外线,由温度较低的物体接收,体热以红外线的形式传给外界温度较低物体。辐射散热量取决于皮肤和环境之间的温差以及机体辐射面积等因素。当皮温与环境间的温差增大或有效辐射面积增加时,辐射散热增多。环境温度较低时,通过皮肤辐射放散的热量可占总散热的70%。如环境温度高于体表温度时,机体不但不能通过辐射散热,而且还要接收辐射热。寒冷天气受到阳光照射或靠近红外线灯及其他热源,均有利于畜体保温,而炎热季节的烈日照射,可能使体温升高,发生热应激。

(2)对流(convection)散热:机体通过与体表接触的气体或液体流动来交换和散发热量的方式,称为对流散热。动物体周围有一层同体表接触的空气层,当空气层温度较体温低时,则体热可传给这一层空气。热空气趋于向上流,温度较低的空气就流来填补,这样,体热即可向外界放散。对流散热多少受体表和空气之间温差的影响,即空气越冷,对流越强,带走的热量就越多。此外,对流还受风速的影响。因此,在实际工作中,冬季应减少畜舍空气的对流,夏日则应加强通风。

(3)传导(conduction)散热:是指机体的热量直接传给同它接触的较冷物体的一种散

热方式。机体深部的热量主要由血液流动带到皮肤，再由皮肤直接传给和它相接触的物体。由于动物平时躺卧在冷凉地面上的时间不多，所以传导不是热量丢失的主要形式。但在某些情况下，可因传导而散失大量热能而使体温降低。如动物长时间躺卧在湿冷的地板上；将麻醉动物保定在金属手术台上；新生仔猪卧在水泥地面上等都会散失大量热能。

2. 蒸发（evaporation）**散热** 水分蒸发是吸热过程，蒸发 1g 水可带走 2.43kJ（0.58kcal）热，所以体表水分蒸发是一种很有效的散热途径。在通常的温度和湿度条件下，安静的哺乳动物约有 25% 的热量是由皮肤和呼吸道通过水分蒸发而散失。此时，机体的水分可透过皮肤角质层以及呼吸道黏膜不断蒸发带走热量，这种形式散热和体温调节关系不大，即不管环境温度高低，体表总是要蒸发水分的。呼出气中水蒸气可达饱和状态，说明呼吸也可散失大量体热。在气温接近或超过体温时，汗腺分泌加强，此时，体表蒸发的水分主要来自汗液，蒸发散热成为唯一有效的散热方式，因为这种情况下，辐射、传导和对流方式的热交换已基本停止。

出汗对调节散热的重要性有明显的畜种差异，马属动物大量出汗，其汗腺受交感肾上腺素能纤维支配；牛有中等程度的出汗能力；绵羊可以发汗，但热喘呼吸是主要的散热方式；犬几乎全部依靠热喘呼吸散热；而啮齿动物既不热喘呼吸也不发汗，它们向毛上涂抹唾液或水来蒸发散热。

热喘呼吸是指呼吸频率升高到 200～400 次/min 的张口呼吸，是炎热条件下增加蒸发散热的一种形式，犬尤其突出，此时呼吸深度减小，因而潮气量减少，气体在无效腔中快速流动，唾液分泌明显增加，所以热喘呼吸时，不会发生通气过度和呼吸性碱中毒。

三、体温的调节

恒温动物能够在环境温度变化的情况下保持相对恒定，这是因为机体内存在有调节体温的自动控制系统，其主要部分是下丘脑的体温调节中枢，它可调节机体的产热过程和散热过程，从而维持体温于一定水平。

（一）神经调节

1. 温度感受器 包括外周温度感受器和中枢温度感受器。

（1）外周温度感受器：对温度敏感的感受器称为温度感受器。机体的许多部位存在有温度感受器，全身皮肤、某些黏膜及腹腔内脏等处均有温度感受器分布，它们能够感受体表和机体深部的温度变化，产生神经信息，向中枢传输信号。根据功能不同，可分为热感受器和冷感受器两种。在动物（犬、猫、猴）实验中看到，冷感受器在皮肤温度低于 30℃ 时开始发放冲动，27℃ 时，发放冲动频率最高。热感受器在超过 30℃ 时开始发放冲动，皮温为 47℃ 时频率最高，但是当皮肤温度偏离这两种温度值时，两种感受器发放冲动的频率均相应下降。

（2）中枢温度感受器：动物实验还发现，在脊髓、延髓、脑干网状结构以及下丘脑等部位存在有对温度变化敏感的神经元，统称为中枢性温度感受器。其中能对温度上升敏感表现为发放冲动频率增加的，称为热敏感神经元（warm-sensitive neuron）；而对温度下降敏感表现为发放冲动频率增加的，称为冷敏感神经元（cold-sensitive neuron）。两种神经元在视前区-下丘脑前部（preoptic anterior hypothalamus，PO/AH）区域数量最多，其中 20%～

40%是热敏感神经元，5%～20%是冷敏感神经元。在脊髓、延脑、脑干网状结构以及皮肤、内脏中的温度变化的传入信息主要向PO/AH传送。

2. 体温调节中枢 对恒温动物脑的分段切除的实验证明，调节体温的基本中枢在下丘脑。如切除大脑皮层及部分皮层下结构后，只要保持丘脑及其以下的神经结构完整，动物的体温就能够在冷环境中保持恒定，即仍具有维持体温恒定的能力。如进一步破坏下丘脑，直肠温度就迅速下降，以上实验说明，调节体温的基本中枢在下丘脑。

下丘脑体温调节中枢的确切位置尚不完全清楚。目前的倾向认为，下丘脑的PO/AH是体温调节的中心部位，体内其他部位的温度监测装置，如外周温度感受器或脊髓、延脑中温度敏感神经元的信息均汇聚于PO/AH，并在这里进行信息的综合处理，然后，通过多种传出途径将中枢的指令性信息下达到产热和散热器官，调节产热和散热比例，使体温保持相对稳定。

3. 体温调定点学说 所谓调定点通常是指工程上或仪器中的恒温调节控制点，把这个装置上的控制旋钮定在某一温度，如37℃，则可使该系统中的温度稳定在37℃。生理学中，温度调定点学说认为，体温的调节类似恒温器的调节。PO/AH中的热敏感神经元可能在体温调节中起着调定点的作用，它们类似于仪器的恒温调节装置，可控制体温于一定水平。热敏感神经元对温度的感受有一定的阈值，这个阈值就是体温的稳定点。当体内温度超过阈值时（≥37℃），热敏感神经元兴奋，发放冲动的频率增加、促使散热活动加强。当体内温度低于阈值时，发生与上述相反的变化，于是产热增加，如骨骼肌紧张性增加、皮肤血管收缩，结果体温回升。

（二）体液调节

由于机体的代谢强度和产热量受到体内一些激素的影响，所以一些内分泌腺分泌的激素和体温调节有密切关系。

1. 甲状腺激素 由甲状腺分泌的甲状腺激素能加速细胞内的氧化过程，促进分解代谢，产热量增加。当动物长时间处在寒冷环境中，散热增加，需要缓慢而持久地加强产热，这时，通过神经体液调节，甲状腺激素分泌增加，于是代谢率提高，以适应低温环境。

2. 肾上腺素 是肾上腺髓质分泌的胺类激素，其主要作用为促进糖和脂肪的分解代谢，促使产热增加。动物突然进入冷环境时由于寒冷刺激，通过交感神经，促使肾上腺髓质分泌释放肾上腺素，进而使细胞产热增加。这种反应迅速，但作用持续时间短，主要是使动物应付环境温度的急剧变化，保持体温恒定。

（三）散热和产热的调节反应

机体体温能维持相对恒定状态，这是内环境保持稳定的一种表现。当体内外温度发生变化时，有可能使体温升降，这时，机体通过体内温度调节系统，发出控制信息调节产热和散热过程，以维持体温的相对恒定。

1. 循环系统的调节反应 机体通过物理散热机制散失热量的多少，取决于皮肤和环境之间的温度差，而皮肤的温度则受皮肤的血流量控制。血液循环是体温调节的重要效应系统之一。无论在静止状态或应激状态，血液循环都能使热量在全身各部迅速地合理分布，并在皮肤和肢体为实现逆流交换创造条件，控制机体与环境之间的热量交换量。家畜皮肤中有极丰富的血管，其中的动脉丛与静脉丛总是互相平行排列，而且较大的皮肤动脉常有两条平行静脉，深部动脉与静脉贴近，血液流动方向相反，形成了逆流交换系统。当环境温度降低时，皮肤浅表静脉和毛细血管收缩，动静脉吻合支开放，使浅表血液循环形成短路，同时深部的动静脉进行逆流热交换从动脉散失到静脉的热量又重新带回到体内，减少热量的散失。相反，当机体需要散热时，皮肤浅表静脉和毛细血管大量舒张，大部分动静脉吻合支关闭，动脉血中的热量通过逆流交换传递到皮肤表面散失，达到散热的目的。

2. 汗腺分泌 当环境温度高于动物的体温时，物理散热过程（辐射、对流、传导散热过程）减少，动物机体主要依靠汗腺分泌的汗液蒸发进行散热。皮肤有两种类型的汗腺：一种为局部分泌型汗腺（eccrine sweet gland），在马属动物中很发达；另一种为顶浆分泌型汗腺（apocrine sweet gland）。

3. 行为性体温调节（behavioral thermoregulation） 动物还存在行为性体温调节，即动物处在炎热或寒冷环境中，常通过行为的变化（behavioral change）来调节产热和散热过程。例如，有些动物寒冷时采取蜷缩姿势或集堆以减少散热面积，而炎热时伸展，借以调节热交换的体表面积。许多动物夏季寻找阴凉场所，减少吸收太阳辐射热。在炎热和潮湿环境中，动物常伸展肢体，伏卧不动尽量减少肌肉运动和降低代谢率。若长期处于寒冷环境中，则被毛生长加厚，皮下脂肪蓄积，从而增加体表的绝热作用。

四、家畜对高温和低温的耐受能力与适应

（一）家畜的耐热与抗寒

（1）家畜对高热环境的适应能力是很有限的，不同畜种对炎热的适应能力不同。

骆驼的耐热能力最强，在供给充足的饮水情况下，可长期耐受炎热而干燥的环境，它对高温的主要调节方式是加强体表的蒸发散热。

绵羊有较好的耐热能力。对高温的体温调节方式主要是喘息，出汗也有一定的作用。气温在32℃时，其直肠温度开始升高，当达到41℃时，出现喘息。外界温度高达43℃而相对湿度不超过65%时，绵羊一般可耐受几个小时。

荷兰乳牛在气温为21℃时，直肠温度开始升高。气温继续上升时，进食量减少，甲状腺活动减弱，产奶量下降。气温达40℃时，直肠温度可升高到42℃，此时食欲废绝，产奶停止。

猪对高温的耐受能力也较差。气温为30～32℃时，成年猪直肠温度开始升高，在相对湿度超过65%的35℃环境中，猪就不能长时间耐受。直肠温度升高到41℃是猪的致死临界点，容易发生虚脱。由于猪耐热能力弱，尤其仔猪耐热能力更弱，故夏季应注意采取降温措施，人工协助猪体散热，此外还要避免长途驱赶。

马汗腺发达，皮肤较薄，耐热能力较强。气温在30～32℃时，呼吸次数增加，但不出现喘息，调节方式主要是出汗。

（2）家畜的抗寒能力比耐热能力大得多。例如，气温接近体温时（35～40℃），大多数家畜都不能长时间耐受，但气温比体温低20～30℃，甚至更低时，一般都能维持体温于正常水平。

牛、马和绵羊在气温降到-18℃时，都能有效地调节体温。在-15℃环境中，荷兰乳牛仍能维持正常产奶量。猪的抗寒能力比其他家畜弱得多，成年猪在0℃环境中一般不能持久地维持体温，1日龄猪在1℃环境中停留2h就将陷入昏睡状态。

（二）家畜对高温与低温的适应

家畜较长期地处于寒冷或炎热环境中，或一年中季节性温差变化，或由寒带（或热带）地区迁入热带（或寒带）地区时，初期可通过各种体温调节机制保持体温恒定，随后则发生不同程度的适应现象。适应可分为三类。

1. 习服（acclimation）　动物短期（通常数月）生活在超常环境温度（寒冷或炎热）中所发生的适应性反应。主要表现为酶活性和代谢率的变化，使产热过程适应已变化的温度环境。其他表现则由于环境温度因素的重复刺激使生理反应逐渐减弱，从而使习惯的动物能在此温度环境中保持正常体温。

2. 风土驯化（acclimatization）　随着季节性变化，机体发生的对环境温度的适应。表现为被毛厚度和血管收缩性发生变化等，以增强机体对外界温度的适应能力。如在夏季到冬季的过程中，动物的新陈代谢并没有增高，有的反而降低，但被毛增厚，皮肤血管的收缩性改善，增强了机体的保温性能，所以在冬季仍能保持体温的恒定。

3. 气温适应（climatic adaptation）　经过几代自然选择和人工选择，动物的遗传性发生了变化，不仅本身对当地的温度环境表现了良好的适应，而且能传给后代，成为该品种的特点。如寒带品种的动物有较厚的被毛和皮下脂肪层，保温效率高，在较冷的条件下无需代谢增高，体温也能保持正常水平并很好地生存。

（朱晓彤）

第九章 泌尿系统

机体将物质代谢的终产物和机体不需要或过剩的物质，经血液循环由某些器官排出体外的过程，称为排泄。它不包括大肠排出的饲料消化后的残渣（粪便）。机体的排泄途径有：呼吸器官排泄 CO_2 和少量水分；大肠排泄胆色素、一些无机盐；皮肤汗腺排泄 H_2O、少量 NaCl、尿素；而肾为主要排泄器官，排出量大，种类多，以尿形式排出体外。

第一节　泌尿系统的结构

泌尿系统包括生成尿液的肾脏、使尿液排出的输尿管、膀胱和尿道等器官。

一、肾

（一）肾的解剖位置及结构

肾脏是实质器官，椭圆形、红褐色，左右各一个位于腹腔上部、腰椎腹侧。表面覆盖一层薄而坚韧的纤维膜构成的纤维囊，纤维囊外被覆一层脂肪囊。肾的内侧缘上有一凹陷，称为肾门。肾门内为肾窦，内有肾动脉、肾静脉、输尿管、神经和淋巴管出入。有的动物为多叶肾，有的为单叶肾。每叶肾由外及里可分为皮质和髓质两部分。皮质部因血管丰富，呈棕红色；髓质部颜色浅，呈锥形，称为肾锥体。肾锥体尖端指向肾窦，形似乳头，称肾乳头，上有乳头管开口。乳头管排出的是终尿。肾锥体的纵切面上肾小管呈辐射状伸入皮质，称辐射部（图 9-1）。

（二）肾单位的结构特点

1. 肾单位和肾小管　肾单位（nephron）是肾脏最基本的结构单位和机能单位，与集合管共同完成泌尿机能。肾单位由肾小体（renal corpuscle）和与之相连的肾小管（renal tubule）组成（图 9-2）。肾小体则由肾小球（glomerulus）和肾小囊（Bowman's capsule）构成。肾小球是由入球小动脉反复分支形成的一团毛细血管网，再汇合形成出球小动脉。肾小球外包裹着肾小囊，肾小囊是肾小管盲端膨大凹陷形成的，其内层（脏层）紧贴在肾小球毛细血管团上，与外

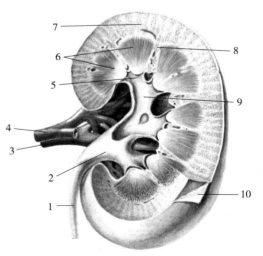

图 9-1　肾模式图
1. 输尿管　2. 肾盂　3. 肾静脉　4. 肾动脉
5. 肾小盏　6. 肾锥体　7. 肾皮质　8. 肾柱
9. 肾大盏　10. 被膜

层（壁层）之间的腔隙称为囊腔，与肾小管管腔相通。

$$\text{肾单位}\begin{cases}\text{肾小体}\begin{cases}\text{肾小球（核心是毛细血管网，有入、出球小动脉）}\\\text{肾小囊（内层、外层、囊腔）}\end{cases}\\\text{肾小管}\begin{cases}\text{近端小管（近曲小管、髓袢降支粗段）}\\\text{髓袢（降支、升支）}\\\text{远端小管（远曲小管、髓袢升支粗段）}\end{cases}\end{cases}$$

图9-2 肾单位组成

肾小管由近端小管、髓袢和远端小管组成。近端小管包括近曲小管和髓袢降支粗段。髓袢包括髓袢降支和髓袢升支，髓袢降支又包括髓袢降支粗段（近端小管的组成部分）和细段，髓袢升支包括髓袢升支细段和粗段（远球小管的组成部分）。远端小管包括髓袢升支粗段和远曲小管。远曲小管与集合管相连（图9-3）。

集合管不包括在肾单位内，但功能上与肾小管的远端小管有许多相同之处，在尿液的浓缩过程中起着重要作用。多条远曲小管汇合成一条集合管，许多集合管又汇入乳头管开口于乳头。尿液经肾乳头、肾盏、肾盂、输尿管进入膀胱。

2. 皮质肾单位和近髓肾单位 肾单位按其在肾脏中的位置不同，可分为皮质肾单位（cortical nephron）和近髓肾单位（juxtamedullary nephron）。肾小体位于外皮质和中皮质的肾单位称为皮质肾单位，其肾小球

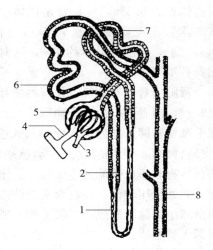

图9-3 肾单位示意图
1. 髓袢细段 2. 髓袢粗段 3. 出球小动脉
4. 入球小动脉 5. 肾小球 6. 远曲小管
7. 近曲小管 8. 集合管

体积小，髓袢短，最深只达外髓质层；入球小动脉比出球小动脉粗，二者口径的比值约2：1，其出球小动脉再分成多条毛细血管后几乎全部分布到肾小管周围，利于肾小管重吸收。近髓肾单位的肾小体位于靠近髓质的内皮质层，其肾小球体积大，髓袢长，可深入到内髓质层，有的甚至到达肾乳头部。不同动物肾脏的皮质肾单位和髓质肾单位的数目不同，与其水代谢强度有关。

3. 近球小体 近球小体又称为球旁器（juxtaglomerular apparatus），由颗粒细胞（又称球旁细胞）、系膜（间质）细胞和致密斑构成，主要分布于皮质肾单位。颗粒细胞是入球小动脉和出球小动脉中一些特殊分化了的平滑肌细胞，细胞内含分泌颗粒，可分泌肾素。系膜细胞是入球小动脉和出球小动脉之间的一群细胞，具有吞噬和收缩等功能。致密斑是指位于远曲小管起始部（髓袢升支粗段处）邻近入球小动脉一侧的肾小管上皮细胞变为高柱状，核密集，色浓染，呈现斑状隆起。致密斑位于入球小动脉和出球小动脉的夹角间，与颗粒细胞和系膜细胞相接触。它可感受小管液中NaCl含量的变化，并将信息传递给颗粒细胞，调节肾素的分泌（图9-4）。

（三）肾脏血液循环特点

肾脏的血液供应来自腹主动脉直接分支出来的肾动脉，肾动脉进入肾门后在肾脏内依次分支成为叶间动脉、弓形动脉、小叶间动脉、入球小动脉。入球小动脉分支形成肾小球毛细

血管网，每个肾小球毛细血管网的远端又汇合成为出球小动脉。出球小动脉分支形成肾小管周围的毛细血管网或U形直小血管，然后汇入小叶间静脉至弓形静脉，再至叶间静脉，最后汇入肾静脉，从肾门出肾，汇入后腔静脉。

肾动脉由腹主动脉直接分出，管短径粗，血流量大，两肾血流量占心输出量的1/5～1/4，而肾仅占体重的0.5%，可见肾是机体血液供应最丰富的器官。皮质部因血管丰富而占肾血流量的94%以上，内髓部最少约1%，这对尿的生成和浓缩具有重要作用。

肾脏血管分布的特点是有两级相互串联的毛细血管网，两者间以出球小动脉连接。第一级是肾小球毛细血管网，此处与入球小动脉连接，血压较高（皮质肾单位更明显），为主动脉平均压的40%～

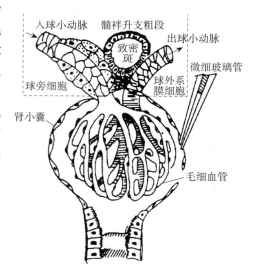

图9-4 近球小体示意图

60%，有利于血浆滤过生成原尿。出球小动脉再次分支缠绕在肾小管周围形成第二级毛细血管，此处血压较低，并且血浆胶体渗透压也高，有利于小管液内物质的重吸收。近髓肾单位的出球小动脉除形成第二级毛细血管外，还形成细长的U形直小血管，与髓袢和集合管伴行深入到髓质。

肾血流量的调节包括以下两个方面：

1. 肾血流量的自身调节 安静时，当肾动脉灌注压在一定范围内（80～180mmHg或10.7～24kPa）波动时，肾血流量能保持相对恒定。这种肾血流量在动脉血压一定的变动范围内，没有外来神经支配而能保持恒定的现象，称为肾血流量的自身调节。其机制有以下两种学说。一是肌源性机制，认为肾小球入球小动脉平滑肌因血压改变而产生牵张刺激的改变，使平滑肌紧张性改变，引起阻力改变。当血压升高时，牵张刺激加大，平滑肌紧张性加强，阻力增大，血流量不增加；相反，血压降低时，肾小球入球小动脉牵张刺激降低，血管舒张，血流不减。二是管-球反馈：肾血流量和肾小球滤过率增加或减少时，到达远曲小管致密斑的小管液的流量随之增减，致密斑能感受小管液中NaCl含量的改变，发出信息，使肾血流量和肾小球滤过率恢复正常。这种小管液流量变化影响肾血流量和滤过率的现象称为管-球反馈。这主要与肾脏局部的肾素-血管紧张素等系统有关。

2. 神经体液调节 肾交感神经节后纤维支配肾动脉（尤其是入、出球小动脉平滑肌）、肾小管和球旁细胞，末梢分泌去甲肾上腺素，调节肾血流量、肾小球滤过率、肾小管的重吸收和肾素释放。交感神经兴奋引起肾血管收缩，血流量减少。肾上腺素、去甲肾上腺素、血管紧张素、抗利尿素均能引起肾血管收缩，血流减少；前列腺素使肾血管舒张。

（四）肾脏的功能

1. 排泄 肾脏是机体主要排泄器官，排出量大，种类多，以尿形式排出体外。

2. 维持内环境相对恒定 通过尿的生成维持水平衡、渗透压恒定、酸碱平衡、各种离子含量及比例恒定。将分别在其他章节中谈到。

3. 内分泌 球旁细胞分泌肾素，肾素激活血管紧张素系统。肾系膜细胞分泌的促红细胞生成素，促进骨髓产生、释放红细胞。维生素 D_3 调节 Ca^{2+}、P 代谢。肾所分泌的前列腺素（PG）是 PGA，有很强的舒血管作用，主要使肾脏局部血管舒张、肾血流量上升。

二、输尿管

输尿管是将肾脏中形成的尿输送到膀胱的左右两条细长的管道，起始于肾盂，经肾门出来后，沿腹腔的背侧面向后，横穿髂内外动脉进入盆腔，在尿-生殖皱褶（公畜）或子宫的阔韧带背侧缘（母畜）内向后，斜插入膀胱背侧壁，斜走 3~5cm，在膀胱开口。这种构造可防止膀胱的尿液返流。

三、膀胱与尿道

（一）解剖位置及组织结构

膀胱是暂时储存尿液的器官，有膨大的膀胱顶和体及较细的膀胱颈，后者连着尿道。膀胱的位置因储尿量的不同而异，但多在骨盆腔前部，尿满时伸到腹腔。膀胱壁由黏膜、肌层和浆膜层构成。黏膜上皮是变移上皮层。肌织膜由内、外纵和中间环三层平滑肌构成，环行肌较厚，延续到膀胱颈时成为膀胱内括约肌。尿道见第十四章生殖系统。

（二）神经支配及其中枢

膀胱平滑肌又称为逼尿肌，与尿道交界处有内、外括约肌。膀胱平滑肌和内括约肌受副交感和交感神经双重支配。副交感神经的支配（盆神经）：起始于荐部脊髓，兴奋时膀胱壁收缩、膀胱内括约肌舒张，促进排尿。交感神经（来自腹下神经）：起于腰部脊髓，兴奋时，膀胱壁舒张、内括约肌收缩，抑制排尿，利于储尿。躯体神经（阴部神经）：受大脑皮质主动控制，兴奋时，使外括约肌收缩。以上三者都含传入神经纤维，前两者传导膀胱的膨胀感觉和痛觉，阴部神经传导尿道的感觉冲动。

排尿中枢位于腰荐部脊髓，接受延髓以上各级中枢的控制。

第二节　泌尿生理

一、尿的化学成分和理化特性

尿来源于血浆，是肾脏生理活动的产物，其组成和理化性质反映了机体的代谢活动和肾脏生理状态。在畜牧兽医工作中，通过尿液成分的分析检验，可了解饲料或药物在体内的代谢转化或有助于诊断疾病。正常情况下，各种动物尿液的性质和组成相对稳定。

（一）尿的化学成分

尿的化学成分常随动物饲料的变化而改变，但一般包括以下几类成分：水分和固体物，后者包括无机物（钾、钠、钙、铵、氯、硫酸盐、磷酸盐、碳酸盐等）和有机物（尿素、尿酸、肌酸、肌酸酐、马尿酸、草酸、尿胆素、葡萄糖醛酸酯、某些激素和酶等）。

（二）尿的理化性质

健康动物的尿的性质相对稳定，常随动物的生理状况、饲料和饮水的质量、环境气候因素等变化而在一定范围内波动（表9-1）。健康哺乳动物的尿液多呈淡黄色或黄色透明状，马属动物的尿液因含大量碳酸钙和黏液而呈黏性混浊液。尿液的比重常与其中的固体物含量成正比，也与尿量有关。尿液一般为不同程度的高渗液，但动物饮用大量清水后的短时间内，可能会排出低渗尿。通常，肉食动物因食物中的蛋白质含量高，在体内代谢产生的硫酸盐、磷酸盐多，尿液呈酸性；而草食动物以植物饲料为主，植物中含有大量有机酸的钾盐，在体内代谢生成碳酸氢钾随尿排出而显碱性；杂食动物尿液的酸碱性取决于饲料的性质。

表9-1 几种动物尿液的理化性质
（自柳巨雄，王纯洁，薛瑞辰，2002）

动物	尿量 [mL/（kg·d）]	比重	渗透压（mosm）	pH	颜色	透明度
马	3.0~8.0	1.020~1.050	800~2 000	7.80~8.30	黄白色	混浊有黏性
牛	17.0~45.0	1.025~1.045	1 000~1 800	7.60~8.40	草黄色	稀薄透明
山羊	7.0~40.0	1.015~1.062	600~2 480	7.50~8.80	草黄色	稀薄透明
绵羊	10.0~40.0	1.015~1.045	600~1 800	7.50~8.80	草黄色	稀薄透明
猪	5.0~30.0	1.010~1.050	400~2 000	6.25~7.55	淡黄色	稀薄透明
犬	20.0~100.0	1.015~1.050	600~2 000	6.00~7.00	黄色	稀薄透明

二、尿的生成

尿的生成包括肾小球的滤过作用、肾小管及集合管的重吸收和分泌作用。

（一）肾小球的滤过功能

当血液流过肾小球时，血浆中的水分及小分子物质滤入肾小囊腔的过程，称为肾小球的滤过作用。其滤过液称为原尿（initial urine）或超滤液。原尿中除不含血细胞和大分子蛋白质外，其他成分与血液基本相同。两肾在单位时间内生成的原尿量，称肾小球滤过率（glomerular filtration rate，GFR）；单位时间内两肾的血浆流量，称肾血浆流量（renal plasma flow）；滤过率与肾血浆流量的比值称为滤过分数（filtration fraction）。据测定，50kg猪的肾小球滤过率为100mL/min，肾血浆流量为420mL/min。因此，该猪的肾小球滤过分数约24%，这说明流经肾脏的血浆量有近1/4被肾小球滤到肾小球囊腔中。血浆中成分能进入肾小囊腔，有一定的结构基础（肾小球滤过膜通透性）和动力因素（有效滤过压）。

1. 滤过膜及其通透性 肾小球滤过膜包括肾小球毛细血管的内皮细胞、基膜和肾小囊脏层上皮细胞三层，都有大小不同的窗孔、裂隙。如肾小球毛细血管内皮细胞，上有微孔，孔径50~100nm，阻止有形成分滤过；基膜是由水合凝胶构成的微纤维网，其网孔孔径4~8nm，可能决定着滤过物分子大小；肾小囊脏层上皮细胞（足细胞），上有很多足状突起，之间裂孔上有一层滤过裂隙膜，膜上有4~14nm孔径的孔。三层总厚度一般不超过1μm，既有良好的通透性，又有一定的屏蔽性（图9-5）。

（1）机械屏障：阻止血细胞和分子有效半径大于

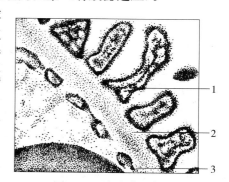

图9-5 滤过膜示意图
1. 肾小囊脏层 2. 基膜
3. 毛细血管内皮

4.2nm 的物质滤过。内皮细胞具有窗孔样结构，不能阻止血浆蛋白滤过，只能阻止有形成分。而基膜只允许水分及部分溶质通过其微纤维网孔。孔隙大小，可能决定着滤过物分子的大小，在滤过膜中起主要作用。

（2）电学屏障：阻止带负电物质通过。滤过膜覆盖有带负电的唾液蛋白，主要是糖蛋白，阻止带负电的物质通过，起电学屏障作用。如白蛋白（相对分子质量 96 000）虽然有效半径为 3.6nm，但带负电明显，因此不能通过。肾病变时，尿蛋白是因为唾液蛋白减少而白蛋白滤过之故。

总之，滤过膜只允许水分、电解质、小分子物质通过，而血细胞、大分子蛋白、带负电物质不通过，滤过膜通透性比一般毛细血管大 25 倍，并非孔大，而是因孔多。

可见，血浆中的溶质通过滤过膜的能力既与其分子大小（有效半径）有关，又与其所带的电荷及多少有关。带正电的小分子较易通过，而带负电的大分子（如大分子血浆蛋白）不易通过。

2. 有效滤过压 有效滤过压是存在于滤过膜两侧的压力差，是滤过的动力，是滤过和阻止滤过两种力作用的结果。肾小球毛细血管一侧，血压促进滤过，血浆胶体渗透压阻止滤过；肾小球囊腔一侧，滤过液静压（肾球囊内压）阻止滤过，滤过液（原尿）胶体渗透压促进滤过（图 9-6）。由于滤过液中蛋白质含量很少，故可忽略不计。所以，有效滤过压＝肾小球毛细血管血压－（血浆胶体渗透压＋囊内压）。血浆成分在入球小动脉端滤出多，越接近出球小动脉端滤出逐渐减少至零，是因为血浆胶体渗透压由于水滤出而升高。在肾小球滤过膜的通透性基础上，经有效滤过压推动，原尿就不断生成。慕尼黑大鼠肾小球毛细血管的入球端到出球端，血压几乎相等，约 6.00kPa；

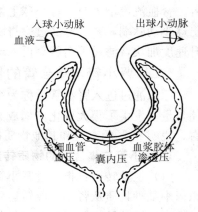

图 9-6 有效滤过压示意图

而入球端血浆胶体渗透压为 2.67kPa，囊内压为 1.33kPa，所以，入球端有效滤过压＝6.00－（2.67＋1.33）＝2kPa。血液流经肾小球毛细血管时，由于水和晶体物质不断滤出，血浆胶体渗透压随之升高，有效滤过压逐渐下降。当滤过阻力等于滤过动力时，有效滤过压降到零，便达到滤过平衡（filtration equilibrium），滤过停止。在肾小球内只有从入球小动脉端到开始出现滤过平衡的这一段毛细血管才有滤过作用。滤过平衡越靠近入球小动脉端，具有有效滤过作用的毛细血管长度就越短，肾小球滤过率就越低；相反，滤过平衡越靠近出球小动脉端，有效滤过的毛细血管长度就越长，肾小球滤过率就越高。

3. 影响肾小球滤过的因素

（1）滤过膜的通透性及滤过面积：正常情况下，滤过膜不允许血细胞和蛋白质滤过，其通透性和滤过面积相对稳定，对滤过影响不大。但当发生急性肾小球性肾炎时，系膜细胞大量增生，肾小球毛细血管管腔变窄或阻塞，滤过面积减少，滤过率降低，出现少尿或无尿；中毒或缺氧等时，滤过膜微孔变大，通透性增大，血细胞和蛋白质滤出。

（2）肾小球毛细血管血压：①肾血流量的自身调节：动脉血压在 80～180mmHg 范围内变动时，肾血流量保持不变，这是由于血压降低时入球小动脉舒张，血压升高时入球小动脉收缩，肾血流量变化不大，肾小球毛细血管血压保持稳定。②当动脉血压降低时，如大失血,动脉血压<80mmHg,肾血流量减少,肾小球毛细血管血压将相应下降,于是有效滤过压降低,原尿量减少。当动脉血压降至40~50mmHg以下时,肾小球将降到零,因而无尿。③当动脉血压>180mmHg时,肾小球毛细血管血压及滤过率则因影响因素不同而异。如大剂量注射肾上腺素时,动脉血压>200mmHg,但因为入、出球小动脉均收缩,并以入球小动脉收缩为主,以致肾血流量减少,有效滤过压降低,原尿量减少。

(3) 肾小球囊内压:正常情况下囊内压较稳定。肾盂或输尿管结石或肿瘤压迫引起输尿管阻塞时,都可导致肾盂内压显著升高。此时囊内压也将升高,致使有效滤过压降低,肾小球滤过率因此而减少。此外,某些药物在肾小管中析出,以及溶血过多、血红蛋白堵塞肾小管等,都会导致囊内压升高。

(4) 血浆胶体渗透压的改变:如静脉大量快速注射38℃ 0.9% NaCl,导致血浆胶体渗透压降低,有效滤过压升高,原尿量增加。

(5) 肾血流量的改变:肾血浆流量对肾小球滤过率有很大影响,主要影响滤过平衡的位置。肾血流量增大时,肾小球毛细血管内血浆胶体渗透压的上升速度减慢,滤过平衡就靠近出球小动脉端,肾小球滤过率将随之增加;反之,肾血浆流量减少时,血浆胶体渗透压的上升速度加快,滤过平衡就靠近入球小动脉端,肾小球滤过率将减少。

(二) 肾小管与集合管的物质转运功能

原尿滤过进入肾小管后称为小管液。小管液流经肾小管和集合管的过程中,无论是成分还是量都发生了很大变化。如成人1昼夜平均有180L原尿滤出,而每天的尿量只1.5L左右,说明99%的水分和其他物质被肾小管和集合管的上皮细胞所转运。

1. 肾小管与集合管的物质转运方式 有两种,即主动转运和被动转运。

(1) 主动转运:指通过肾小管和集合管上皮细胞,逆浓度梯度和电位梯度,消耗能量把原尿中某种物质从肾小管腔转运到周围组织间液和血液中的过程。

(2) 被动转运:以扩散(易化扩散)、渗透和静电吸引等方式而实现的转运,如水、尿素、Cl^-等。而当水分子通过渗透被重吸收时,有些溶质随水分子一同被转运,这一转运方式称为溶剂拖拽(solvent drag)。

2. 肾小管与集合管的重吸收(reabsorption)**和分泌**(secretion)

(1) 肾小管和集合管的重吸收:是指肾小球滤过所形成的原尿,其中的大量水分和有用物质,被肾小管上皮细胞重吸收回到血液中的过程。

①Na^+的主动重吸收:近端小管重吸收约70%的Na^+、Cl^-和水,前半段重吸收约2/3,后半段约1/3。

近端小管的不同段落对Na^+重吸收的方式或机制是不同的。在近端小管的前半段,Na^+的重吸收并非通过Na^+通道,而是通过Na^+-H^+逆向转运以及Na^+与葡萄糖、氨基酸、乳酸等有机分子的同向转运而进入细胞内(图9-7)。由于上皮细胞基底侧膜上Na^+泵的作用,细胞内Na^+浓度低,小管液中的Na^+和细胞内的H^+由管腔膜上的Na^+-H^+交换体进行逆向转运,

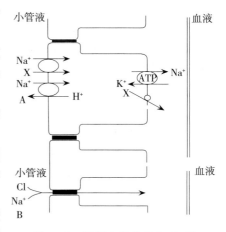

图9-7 近端小管重吸收NaCl
A. 近端小管前段 B. 近端小管后段
X为葡萄糖、氨基酸、氯离子和磷酸盐等

H^+ 被分泌到小管液，而小管液中的 Na^+ 则顺浓度梯度进入细胞内。小管液中的 Na^+ 还可由管腔膜上的 Na^+-葡萄糖同向转运体和 Na^+-氨基酸同向转运体等与葡萄糖、氨基酸等共同转运，Na^+ 顺电化学梯度通过管腔膜进入细胞内，同时将葡萄糖、氨基酸等亦转运入细胞。

在近端小管的后半段有 Na^+-H^+ 和 Cl^--HCO_3^- 两类相伴随的逆向转运机制。其转运结果是 Na^+ 和 Cl^- 进入细胞内（图 9-7），H^+ 和 HCO_3^- 进入小管液。

远端小管始段，上皮细胞对水仍不通透，小管液中 Na^+ 和 Cl^- 由 Na^+-Cl^- 同向转运机制进入细胞；钠泵将细胞内的 Na^+ 泵到组织间液，使细胞内钠浓度降低，管腔内的 Na^+ 顺电化学梯度进入细胞，同时将 $2Cl^-$ 和 K^+ 一起同向转运至细胞内。进入细胞内的 Na^+ 通过细胞基底侧膜的钠泵泵至组织间液；Cl^- 通过基底侧膜上的 Cl^- 通道进入细胞间隙；而 K^+ 则顺浓度梯度经管腔膜返回小管液中（图 9-8）。

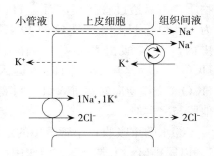

图 9-8　髓袢升支粗段 Na^+-K^+-$2Cl^-$ 同向协同转运

远端小管后段和集合管有两类不同的上皮细胞，即主细胞（principal cell）和闰细胞（intercalated cell）。主细胞基底侧膜上的钠泵将 Na^+ 泵出细胞，使细胞内 Na^+ 浓度降低，于是小管液中的 Na^+ 通过顶端膜上的 Na^+ 通道进入细胞（图 9-9）。闰细胞的顶端膜可分泌 H^+，其活动与尿液的酸化及体液的酸碱平衡有关。

②葡萄糖（glucose, G）的主动重吸收：近端小管上皮细胞重吸收葡萄糖的机制与小肠上皮重吸收葡萄糖的机制（见第七章消化系统）基本相同。在上皮细胞的顶端膜上存在钠依赖性葡萄糖转运体。它能将 1 个葡萄糖分子和 1 个 Na^+ 同时转运入细胞内。进入细胞内的 Na^+ 被基底侧膜上的钠泵泵出细胞，进入组织间隙；细胞内的葡萄糖由基底侧膜上的葡萄糖转运体以易化扩散方式转运出细胞，进入组织间隙。近端小管对葡萄糖的重吸收有一定限度，当血糖浓度超过 160～180mg/100mL 时，尿中可出现葡萄糖。把尿中刚出现葡萄糖时的血糖浓度值称为肾糖阈（renal threshold for glucose）。达此浓度之前，肾小管上皮将原尿中葡萄糖全重吸收；超过此浓度，则因不能全重吸收而尿中出现葡萄糖。

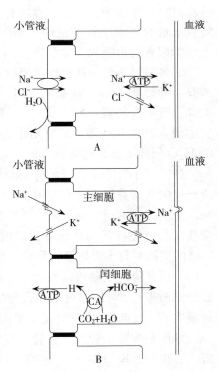

图 9-9　远端小管和集合管重吸收 NaCl 分泌 K^+、H^+ 示意图
A. 远端小管初段
B. 远端小管后段和集合管

③氨基酸的转运：大部分氨基酸的主动重吸收与葡萄糖一样，只是转运体不同。蛋白质常以胞饮形式吸收。

④K^+ 的转运：65%～70% 的 K^+ 被近端小管重吸收，25%～30% 在髓袢重吸收，该部位 K^+ 重吸收比例是比较固定的。远端小管和皮质集合管重吸收 K^+，也能分泌 K^+，并受多种因素的调节而改变其重吸收和分泌的速率。小管液中 K^+ 少于细胞内 K^+，所以认为 K^+ 逆浓度梯度重吸收。K^+ 分泌的机制是：远端小管和集合管基底侧膜上的 Na^+-

K^+-ATP 酶将细胞内的 Na^+ 泵出细胞,造成的管腔内负电位,吸引细胞外的 K^+,形成细胞内的高 K^+ 浓度,细胞内的 K^+ 顺电化学梯度通过顶端侧膜上的 K^+ 通道进入小管液,此即 K^+ 的分泌过程(图 9-9)。细胞外液 K^+ 浓度升高时,增高小管膜对小管的通透性,利于其分泌;细胞外液 K^+ 浓度升高刺激醛固酮的分泌,促进 K^+ 分泌。以下是被动转运。

⑤ HCO_3^- 的转运:近曲小管液中 HCO_3^- 为水溶性物质,不易透过管腔膜,而与 H^+-Na^+ 交换的 H^+ 结合为 H_2CO_3,$H_2CO_3 \rightarrow H_2O + CO_2$,以 CO_2 形式扩散入上皮内,在碳酸酐酶(CA)作用下,分解为 H^+ 和 HCO_3^-,后者与 Na^+ 同向转运入血,小部分经 Cl^--HCO_3^- 交换逆向转运进入组织间液入血(图 9-10)。其他段与之类似。

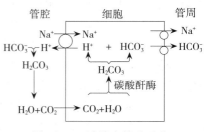

图 9-10 近端小管重吸收 HCO_3^- 机制

⑥ 水的重吸收:小管液中的水 99% 被重吸收,只有 1% 以尿排出。主要有三方面作用:一是渗透作用,因原尿中一些物质被重吸收后肾小管内液渗透压低于组织液,所以水被吸入组织液;二是出球小动脉形成的毛细血管围绕肾小管,通透性好,血压低,并且由于生成原尿,血浆胶体渗透压升高,吸水作用增强;三是在抗利尿激素作用下,在远曲小管和集合管重吸收水分,约占重吸收水量的 30%(调节机体水平衡)。

⑦ 尿素的重吸收:靠扩散作用。

⑧ 各段肾小管的选择性重吸收:原尿中绝大部分成分在近曲小管重吸收。如全部重吸收的有:葡萄糖(G)、氨基酸(aa)、蛋白质(Pr)、维生素(V)等(正常尿中不应含有);大部分重吸收的有:K^+、Ca^{2+}、无机磷、尿酸等,还有水、Na^+、Cl^-、尿素等。髓袢升支主动重吸收 Na^+ 强,降支对水、Na^+ 等都重吸收。远曲小管和集合管在水作用下继续吸收 H_2O 和维生素,还吸收 Na^+、Cl^-。

(2)肾小管和集合管的分泌与排泄:分泌是指肾小管和集合管上皮细胞通过新陈代谢将所产生的物质分泌到小管腔中的过程。如肾小管分泌 H^+、NH_3 等物质。H^+ 常经过 H^+-Na^+ 交换被分泌到小管腔内。H^+-Na^+ 交换,即小管液中 Na^+ 和细胞内的 H^+ 与细胞膜上的交换体结合进行逆向转运。Na^+ 顺浓度梯度进入细胞,细胞内 H^+ 分泌入小管腔。H^+ 与 Na^+ 的交换常与 K^+ 竞争。另外,细胞内的少部分 H^+ 可以由近端小管顶端膜上的质子泵(H^+-ATP 酶)主动转运入管腔。远曲小管和集合管代谢过程中不断产生 NH_3(由谷氨酰胺脱氨而来),NH_3 通过细胞膜向组织液和小管液中自由扩散。由于肾小管的泌氢作用,小管液中 pH 较低,H^+ 与分泌出来的 NH_3 结合形成 NH_4^+。

排泄是指肾小管和集合管上皮细胞把血液中某些物质排泄到小管腔中的过程,例如肌酐、有机酸、K^+ 和某些药物等。

由上可知,尿的生成是 3 个过程密切联系的结果,血浆滤过生成原尿,经重吸收、分泌、排泄作用形成终尿,并以终尿形式排出体外。

3. 影响肾小管与集合管重吸收及分泌的因素

(1)原尿中溶质的浓度——渗透性利尿:原尿中溶质所形成的渗透压,是对抗肾小管重吸收水分的力量。如果原尿中溶质浓度很高,渗透压就大,会妨碍肾小管对水的重吸收,而使尿量增加,此现象称为渗透利尿。如静脉注射甘露醇或高渗葡萄糖溶液时,原尿溶质浓度增加，尿量增加。

（2）球-管平衡：近球小管对溶质和水的重吸收量，随肾小球滤过率的变动而变化，滤过率增大，滤液中水、钠增多，重吸收随之增加；反之亦然。这种现象称球-管平衡（glomerulotubular balance）。实验表明，无论肾小球滤过率增加还是减少，近球小管总是按滤过率的 65%～70% 定比重吸收。其意义在于使尿中排出的水和 Na^+ 不因肾小球滤过率的增减而出现大幅度的变动。定比重吸收的机制与管周毛细血管的胶体渗透压变化有关。在肾血流量不变的前提下，肾小球滤过率增加（如出球小动脉收缩），即肾小球滤过分数增大时，小管周围毛细血管内血浆胶体渗透压升高更加明显，可进一步增加对小管内溶质和水的重吸收；反之亦然。

（3）抗利尿激素（ADH）：由下丘脑合成、分泌，在垂体释放入血。促进远曲小管和集合管对水的重吸收，使尿量减少。分泌原因：血浆晶体渗透压升高或循环血量减少。

①大量出汗或腹泻，机体失水，血浆晶体渗透压升高，刺激下丘脑渗透压感受器，促使抗利尿激素分泌，后者促进远曲小管和集合管对水的重吸收，使尿量减少，血浆晶体渗透压恢复。

②水利尿：大量饮水使尿量增多，此现象称为水利尿。

大量饮清水后，血液被稀释，血浆晶体渗透压降低，对渗透压感受器刺激减弱，引起 ADH 分泌减少，远曲小管和集合管对水的重吸收减少，导致尿量增加，血浆晶体渗透压恢复。

③循环血量增加（如静脉快速注射大量 0.9% NaCl），刺激左心房容量感受器，经迷走神经抑制下丘脑垂体释放 ADH，致使远曲小管和集合管对水的重吸收减少，从而使尿量增多。因而保证了体内水的平衡和血浆晶体渗透压稳定。

（4）其他激素和肽类：例如醛固酮、甲状旁腺素、降钙素和心房钠尿肽等。

①醛固酮：保钠排钾间接保水，即促进远曲小管和集合管对 Na^+ 的重吸收和 K^+ 排出，间接吸收水分。

②甲状旁腺素：抑制肾小管对磷的重吸收及促进其对 Ca^{2+} 的重吸收。

③降钙素：抑制肾小管对钙、磷的重吸收，促进其排泄。

④心房钠尿肽：由心房肌分泌的 28 肽激素，有明显促进 NaCl 和水排出的作用。

三、尿的浓缩与稀释

高于血浆渗透压的尿为浓缩尿，相反为稀释尿。尿的浓度可随体内水的盈亏而发生大幅变动。体内缺水时排出浓缩尿；水过剩时排出稀释尿。肾的浓缩和稀释功能在维持体液平衡和渗透压稳定中具有重要作用。肾皮质组织液的渗透压与血浆渗透压相同；肾髓质组织液则为高渗，并且由外髓向肾乳头渗透压逐渐升高，呈现出明显的渗透梯度。

（一）髓袢对小管液中水和溶质的重吸收

肾小球滤过的 NaCl 约 20%、水约 15% 在髓袢重吸收。髓袢降支粗、细段对水的通透性高，在髓质组织液高渗作用下水被重吸收；髓袢升支粗、细段对水不通透，但对 NaCl 通透，使 NaCl 易扩散进入组织液。髓袢升支粗段能主动重吸收 NaCl，是 NaCl 吸收的主要部位，系 Na^+-K^+-$2Cl^-$ 同向协同主动转运。

髓袢升支粗、细段对水不通透，所以 NaCl 的重吸收造成小管液低渗，组织液高渗。这种水和盐重吸收的分离有利于尿液的浓缩和稀释。髓袢升支粗段还重吸收 HCO_3^-、Ca^{2+} 等。速尿、利尿酸等利尿剂能作用于髓袢升支粗段，影响 Na^+-K^+-$2Cl^-$ 同向协同转运，干预尿液的浓缩而表现出利尿效应。

（二）肾髓质渗透浓度梯度的形成——逆流交换与逆流倍增

髓袢是形成髓质渗透梯度的重要结构，只有具有髓袢的肾才能形成浓缩尿。髓袢越长，浓缩尿的能力越大。肾小管各段对水和溶质的通透性不同是形成髓质渗透梯度的条件。目前，用逆流倍增学说来解释肾脏渗透梯度的形成。

液体在并列的两个管道中逆向而流就构成逆流现象。若管道一端相通，两管间的隔膜对溶质和热量有通透性或导热性，就构成了逆流交换系统。机体四肢等处的动静脉就存在着逆流交换（counter-current exchange）。

逆流倍增（counter-current multiplication）现象可用图 9-11 模型来解释。甲、乙管两管下端相通，向甲管中注入 NaCl 溶液，若 M_1 膜能主动将 Na^+ 由乙管泵入甲管而对水不通透，则溶液在甲管中流动时，Na^+ 的浓度自上而下逐渐增大，在乙管中自下而上逐渐减小，出现逆流倍增现象，形成渗透梯度。在丙管上端注入低渗溶液，若 M_2 膜能让水通过而对溶质不通透，水将因渗透作用进入乙管，使溶液浓缩，从丙管下端流出的将是高渗溶液。

髓袢、集合管的结构排列与此逆流倍增模型很相似（图 9-12）。

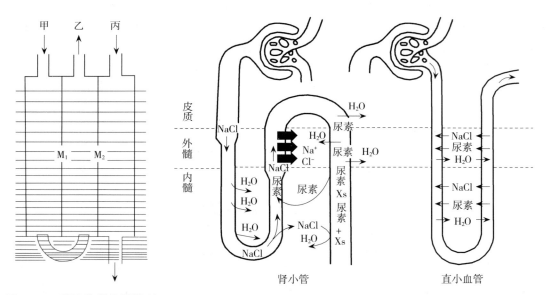

图 9-11 逆流倍增作用模型　　　　图 9-12 尿的浓缩机制示意图

髓部渗透梯度的形成：①髓袢升支粗段能主动重吸收 Na^+ 和 Cl^-，而对水不通透。因此，管内 NaCl 浓度逐渐降低，管外组织间液则变成高渗。②髓袢降支细段对 NaCl、尿素不通透，但对水通透。在渗透压作用下，此段小管液中的水向外扩散到内髓组织中，而小管液中 NaCl 的浓度越来越大，至髓袢转折处达最大。③升支细段对 NaCl 通透性大，对尿素有中等通透性，但对水不通透。小管液从髓袢转折处由内髓向外髓方向流动过程中，NaCl 顺浓度差扩散到内髓组织，虽有少量尿素由管外向管内扩散，但比由管内向管外扩散的 NaCl 少得多，故小管液的渗透压逐渐减小。至此，髓袢细段的逆流倍增作用使内髓组织形成高渗梯度。④尿素再循环：髓袢升支细段对尿素中等通透，而内髓部集合管高度通透尿素，尿素扩散到组织间液造成内髓组织高渗后，又部分扩散进入髓袢升支细段，并随小管液流经升支粗段、远曲小管、皮质部和外髓部集合管（以上部位对尿素均不通透），再到达内髓集合管，在此又扩散到组织间液进入髓袢细段，形成循环。

（三）肾髓质渗透浓度梯度的维持——直小血管的作用

由于 NaCl 和尿素积聚在髓部不被带走，故形成了髓部高渗环境。近髓肾单位的出球小动脉分支形成 U 形直小血管，与髓袢并行。直小血管对水和小分子溶质高度通透。血液沿直小血管降支由外髓向内髓方向流动过程中，在髓质高渗梯度作用下，水由血管内向外渗透；溶质由组织向血管内扩散，结果血液被逐渐浓缩，在血管转折处血液的浓度和渗透压达最大。血液沿直小血管升支由内髓向外髓方向流动过程中，出现相反的变化，水回到血液，血液又被逐渐稀释，溶质留在髓质，保持肾髓质高渗梯度不变。

（四）尿的浓缩与稀释过程

上述髓袢升支粗段能主动重吸收 Na^+ 和 Cl^- 而对水不通透，使小管液在此变为低渗液。此低渗液流经远曲小管和集合管时，Na^+ 和 Cl^- 持续被重吸收，而水的通透性则受抗利尿激素的调节。体内水过剩时，抗利尿激素分泌减少，远曲小管和集合管对水的通透性很低，水的重吸收很少，结果就排出低渗尿；机体缺水时，抗利尿激素分泌增多，远曲小管和集合管对水的通透性增高，由于管周髓质的渗透压很高，故在渗透压差作用下水被大量重吸收，从而形成高渗尿。

四、尿的排放

（一）膀胱与尿道的神经支配（见本章第一节）

（二）排尿反射

排尿是一种反射活动。当膀胱内尿量充盈到一定程度时，膀胱壁感受器受到刺激而产生兴奋。冲动沿盆神经传入，到达脊髓的初级排尿中枢；同时冲动也到达脑干和大脑皮层的排尿反射的高位中枢，并产生尿欲。排尿中枢兴奋，冲动沿盆神经传出，引起膀胱逼尿肌收缩，尿道内括约肌舒张，于是尿液进入尿道；尿液刺激尿道感受器，冲动沿阴部神经传入纤维传到脊髓排尿中枢，进一步加强其活动，使尿道外括约肌开放，于是尿液被强大的膀胱内压驱出。从以上可见，尿液对尿道的刺激可进一步反射性地加强排尿中枢活动，是一种正反馈过程，它使排尿反射不断加强，直至膀胱内的尿液排完为止。

（三）排尿异常

排尿是一种反射过程，反射弧的任何环节发生故障，都会导致排尿异常。大脑皮质既可兴奋排尿也可抑制排尿，若腰部以上脊髓受损，虽可排尿，但不能主动控制，排尿失禁。此外，剧烈腹痛抑制排尿。

排尿也能形成条件反射，可使家畜养成定时、定地排尿。

五、肾脏在维持稳态中的作用

前述尿生成过程中,肾脏排泄废物保留有用物,并据体内水分多少、血浆成分及pH变动而改变尿液的成分及数量,以维持机体内环境恒定。

(一)维持水盐代谢平衡

1. 维持水平衡 如大量饮水时,则排尿增加,使体内水不至于增加;若大量出汗、严重呕吐、腹泻,水分损伤较多,则与上述相反。

2. 维持电解质的平衡 通过上述的醛固酮、甲状旁腺素、降钙素、维生素D_3的作用,维持电解质的平衡,保证体内Na^+、K^+、Ca^{2+}、PO_4^{3-}等的浓度和比例正常。

(二)维持血浆的酸碱平衡

肾脏通过分泌H^+和重吸收$NaHCO_3$调节血浆的酸碱平衡。当H^+浓度上升时,因缓冲作用而致H_2CO_3产生增多,HCO_3^-/H_2CO_3比值下降,此时,肾小管排出H^+增多、重吸收HCO_3^-增多,使HCO_3^-及时得以补充。同时,因血中H^+、CO_2上升,呼吸加强加快,呼出CO_2使H_2CO_3下降,比值恢复。但固定酸产生过多,H^+浓度大于正常、HCO_3^-浓度低于正常时,即为代谢性酸中毒。此时,呼吸加强加快,呼出CO_2使H_2CO_3下降,肾小管H^+-Na^+交换加强,使HCO_3^-上升,HCO_3^-/H_2CO_3比值恢复。若碱性物质失去过多,也会如此,如腹泻,$NaHCO_3$下降。当血中固定酸大量丧失(呕吐、酸失去过多)或血中碱上升时,一方面因P_{CO_2}下降,呼吸减弱减慢,另一方面H^+-Na^+交换下降,有一部分HCO_3^-随尿排出。

1. 近曲小管对$NaHCO_3$的重吸收 近曲小管中HCO_3^-不易透过管腔膜,而与H^+-Na^+交换分泌的H^+结合为H_2CO_3,$H_2CO_3 \rightarrow H_2O + CO_2$,以$CO_2$形式扩散入上皮内,在碳酸酐酶(CA)作用下分解为$H^+$和$HCO_3^-$,后者与$Na^+$同向转运回血,$H^+$又分泌入管腔。

2. 远曲小管对$NaHCO_3$的重吸收和NH_3的分泌及NH_4^+的排出 近端小管、髓袢升支粗段和远端小管上皮细胞内的谷氨酰胺,在谷氨酰胺酶的作用下脱氨生成谷氨酸和NH_4^+(图9-13),谷氨酸又在谷氨酸脱氢酶的作用下生成NH_4^+和α-酮戊二酸。后者代谢耗费2个H^+又生成$2HCO_3^-$。HCO_3^-与Na^+一同经过上皮细胞的基底侧膜进入管周组织液或毛细血管。在细胞内NH_4^+与$NH_3 + H^+ \rightarrow NH_4^+$达到平衡状态。$NH_4^+$可以替代$H^+$由上皮细胞顶端膜上的$Na^+$-$H^+$逆向转运体转运入小管腔。$NH_3$是脂溶性分子,可以通过细胞膜自由扩散入小管腔,也可以通过基底侧膜进入细胞间隙。在小管液内NH_3与H^+生成NH_4^+。在上述过程中,每排出一个NH_4^+,就有一个新的HCO_3^-重吸收入血液。如果肾脏生成的NH_4^+未被排出而进入血液,则肝脏将利用NH_4^+合成尿素和H^+,H^+需要大量

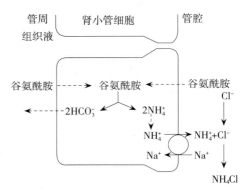

图9-13 近曲小管HCO_3^-的重吸收和NH_3的分泌

HCO_3^- 中和，机体就得不到 HCO_3^- 补充。可见，肾排出的 NH_4^+ 愈多，从小管液中重吸收入血液的 HCO_3^- 就愈多（图 9-14）。

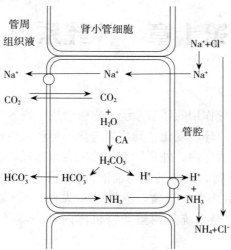

图 9-14 远曲小管 HCO_3^- 的重吸收和 NH_3 的分泌

肾脏的排 NH_4^+ 过程受酸碱物质的调节。在酸中毒的情况下，肾脏上皮细胞内谷氨酰胺酶的活性增强，使 NH_4^+ 生成增多；同时，碳酸苷酶的活性增强，使 H^+ 分泌增加，故 NH_4^+ 排出增多，从而可有较多的碱储（$NaHCO_3$）进入血液。反之，碱中毒时 NH_4^+ 生成减少，碱储则从尿中丢失。

（王纯洁）

第十章 神经系统

神经系统是机体内起主导作用的调节系统。它整合或协调各种输入信息，使机体各种机能活动有规律地进行，以适应环境变化。动物越进化，神经系统越发达，对各系统活动的控制和调节作用越精细灵活，适应内、外环境变化的能力也越强。

动物生活中，运动与平衡、内脏活动与血液的供应、代谢产物的排放等均受神经系统的控制和调节。一旦神经系统发生异常，立即平衡失调，或肌肉松弛或代谢障碍等，甚至危及动物生命。因此，神经系统是调整动物机体内外环境平衡，进行生命活动的重要系统。

第一节 神经系统的结构

一、神经系统的组成

神经系统由位于颅腔和椎管中的脑和脊髓，以及与脑和脊髓相连并分布于全身各处的周围神经组成。神经系统是一个不可分割的整体，为了学习的方便，按照其结构和机能可分为中枢神经系和周围神经系。

中枢神经系包括脑和脊髓。周围神经系是指脑和脊髓以外的神经成分，一端与脑或脊髓相连，另一端通过各种末梢装置与全身各器官、系统相联系。在周围神经系中，分布于骨、关节、骨骼肌、体浅层和感觉器官的神经称躯干神经，其中与脑相连的称脑神经，同脊髓相连的称脊神经；分布于内脏和血管平滑肌、心肌及腺体的神经称植物性神经，植物性神经又分为交感神经和副交感神经（图10-1）。

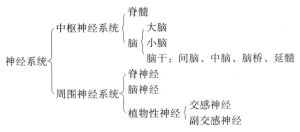

图 10-1 神经系统的组成

二、中枢神经系统

中枢神经系统包括位于颅腔内的脑和位于椎管内的脊髓。

(一) 脊髓

脊髓位于椎管内,自枕骨大孔后缘向后伸延至荐部。它发出一系列脊神经,广泛分布于躯干和四肢的肌肉和皮肤,使脊髓与各部直接联系而成为低级的反射中枢。同时,脊髓与脑的各部有广泛的传导路径,可把外周的信息通过脊髓传导到脑,也可将脑的神经冲动通过脊髓传至外周,引起各部的活动。

1. 脊髓的外形(图 10-2) 脊髓呈背腹向稍扁的圆柱状,向后端逐渐缩细形成圆柱状称为脊髓圆锥,最后形成一根来自软膜的细丝称为终丝。终丝外面包以硬膜附着于尾椎椎体的背侧,有固定脊髓的作用。脊髓在颈胸段之间和腰荐段之间有强大的神经干分布至四肢,其内部神经元的数量增加,在外形上形成两个膨大部,即颈膨大和腰膨大。颈膨大发出神经至前肢;腰膨大在脊髓圆锥的前方,发出神经至后肢。

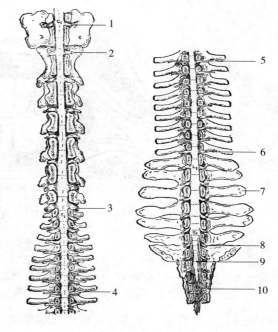

图 10-2 脊髓的外形
1. 第1颈神经 2. 第2颈神经 3. 第8颈神经
4. 第8胸神经 5. 第10胸神经 6. 第18胸神经
7. 第3腰椎横突 8. 第6腰神经 9. 脊髓圆锥 10. 马尾

脊髓的背侧正中有纵向的浅沟,称为背正中沟,其深部有隔称背正中隔。脊髓的腹侧正中有纵向的深裂,称为腹正中裂。在背正中沟的两侧分别有一背外侧沟,脊神经背侧根的根丝经此沟进入脊髓。在腹正中裂的两侧,分别有一腹外侧沟,是脊神经腹侧根的根丝发出的部位。

每一节段脊髓均接受来自脊神经的感觉神经纤维并发出运动神经纤维,分别形成背侧根和腹侧根。背侧根较长,是感觉性的,由脊神经节内感觉神经元的中枢突组成。它的根丝分散呈扇状进入脊髓的背外侧沟。背侧根的外侧有脊神经节,是感觉神经元胞体集结的部位。各段脊神经节的大小不完全相同。腹侧根是运动性的,由脊髓腹侧柱内运动神经元的轴突构成,其根丝也呈扇形出腹外侧沟。背侧根和腹侧根在椎间孔附近合并成脊神经,经椎间孔出椎管。

在腰段脊髓以前的脊神经根分别与该节段的椎间孔相对。在腰段后部与荐部,由于脊髓缩短,荐神经根和尾神经根斜向后外侧,在椎管内伸延一段距离才出其相应的椎间孔。因此,脊髓圆锥和终丝的周围被荐神经和尾神经包围,此结构总称马尾。

2. 脊髓的内部结构 脊髓中央为灰质,周围为白质,灰质中央有一纵贯脊髓的中央管,前通第4脑室,内含脑脊液(图 10-3)。

(1) 灰质:主要由神经元的胞体构成,横断面呈 H 形,其全长形成纵柱,有一对背侧柱(角)和一对腹侧柱(角)。柱的横断面呈角状,也可称为角。背侧角和腹侧角之间为灰质联合。在胸段和前部腰段脊髓腹侧柱基部的外侧,还有一个稍隆起的外侧柱(角)。脊髓灰柱是由神经元的胞体、少量的神经纤维以及神经胶质细胞构成的。在背侧柱中主要是中间神经元的胞体;腹侧柱内为运动神经元的胞体;胸、腰段脊髓外侧柱内为交感神经节前神经

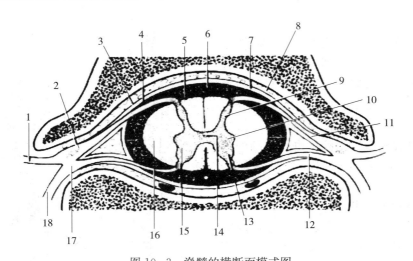

图 10-3 脊髓的横断面模式图
1. 背支 2. 脊神经节 3. 硬膜 4. 蛛网膜 5. 软膜 6. 蛛网膜内腔
7. 硬膜内腔 8. 硬膜外腔 9. 背角 10. 侧角 11. 背根 12. 腹根
13. 腹角 14. 中央管 15. 灰质 16. 白质 17. 脊神经 18. 腹支

元的胞体；荐段脊髓的中央外侧柱内为副交感神经节前神经元的胞体；在背侧灰质柱基部的外侧尚有网状结构。

（2）白质：位于灰质的周围，主要由纵行的神经纤维构成，为脊髓上、下传导冲动的传导路径。白质被灰质柱分为左右对称的三对索：背侧索为背正中沟至背外侧沟之间的白质；外侧索为背外侧沟和腹外侧沟之间的白质；腹侧索是腹外侧沟至腹正中裂之间的白质。靠近灰质柱的白质都是一些短程的纤维，联络各节段的脊髓，称为固有束。其他都是一些连接脑和脊髓之间的远程纤维。这些远程纤维聚集成束，形成脑和脊髓之间的传导径。背侧索内的神经束由各段脊髓神经节内感觉神经元的中枢突构成，向前伸向延髓，分为内侧的薄束和外侧的楔束，有传导本体感觉（proprioception）的作用。外侧索和腹侧索均由来自背侧角的中间神经元的触突（组成上行纤维）以及来自大脑和脑干的中间神经元的触突（构成下行纤维）所组成。

3. 脊膜 脊髓外面被覆有三层结缔组织膜，总称为脊膜。由内向外依次为脊软膜、脊蛛网膜和脊硬膜。

脊软膜薄，内含血管，紧贴在脊髓的表面。脊蛛网膜也很薄，细而透明，与软膜之间形成相当大的腔隙，称为蛛网膜下腔。该腔向前与脑蛛网膜下腔相通，内含脑脊液以营养脊髓。

脊硬膜是白色致密的结缔组织膜，与脊蛛网膜之间形成狭窄下腔，内含淋巴液，向前方与脑硬膜下腔相通。在脊硬膜与椎管之间有一较宽的腔隙，称为硬膜外腔，内含静脉和大量脂肪，有脊神经通过。在临床上作硬膜外麻醉时，即将麻醉剂注入硬膜外腔，起到阻滞脊神经传导的作用。

（二）脑

脑位于颅腔内，后端在枕骨大孔处与脊髓相连。脑分大脑、小脑和脑干三部分。大脑在前，脑干位于大脑和脊髓之间，小脑位于脑干的背侧。大脑和小脑之间由一大脑横裂分开（图 10-4、图 10-5）。

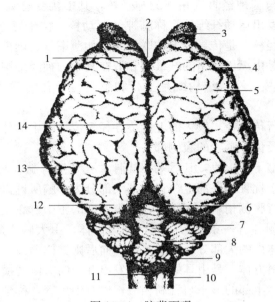

图 10-4 脑背面观
1. 额叶　2. 大脑纵裂　3. 嗅球　4. 脑沟　5. 脑回
6. 大脑横裂　7. 小脑半球　8. 小脑蚓部　9. 脉络层
10. 延髓　11. 背正中沟　12. 枕叶　13. 颞叶　14. 顶叶

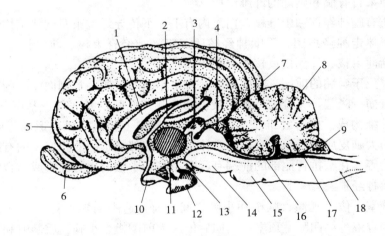

图 10-5 脑正中切面
1. 胼胝体　2. 穹隆　3. 松果体　4. 四叠体　5. 额极
6. 嗅球　7. 枕球　8. 小脑　9. 脉络丛　10. 视交叉
11. 丘脑中间块　12. 脑垂体　13. 乳头体　14. 大脑脚
15. 脑桥　16. 前髓帆　17. 后髓帆　18. 延髓

1. 脑干　脑干由后向前依次分为延髓、脑桥、中脑和间脑，是脊髓向前的直接延续。脑干从前向后依次发出第 3~12 对脑神经，大脑皮质、小脑和脊髓之间通过脑干进行联系。此外，脑干中还有许多重要的神经中枢。

脑干的结构与脊髓相似，也由灰质和白质构成，但灰质不像脊髓灰质那样形成连续的灰质柱，而是由功能相同的神经细胞集合成团状的神经核，分散存在于白质中。脑干内的神经核可分为两类。一类是与脑神经直接相连的神经核，其中接受感觉纤维的，称脑神经感觉核，位于脑干外侧部；发出运动纤维的，称脑神经运动核，位于感觉核内侧，靠近中线处。另一类为传导径上的神经核，是传导径上的联络站，如薄束核、楔束核、红核等。此外，脑干内还有网状结构，它是由纵横交错的纤维网和散在其中的神经细胞所构成，在一定程度上也集合成团，形成神经核。网状结构既是上行和下行传导径的联络站，又是某些反射的中枢。

脑干的白质为上下行传导径。较大的上行传导径多位于脑干的外侧部和延髓靠近中线的部分；较大的下行传导径位于脑干的腹侧部。

（1）延髓：延髓为脑干的末段，其后端在枕骨大孔处接脊髓，两者之间没有明显界限；前端连脑桥；腹侧部位于枕骨基底部上，背侧部大部分为小脑所遮盖。

延髓呈前宽后窄、背腹侧稍扁的四边形。在腹侧面的正中有腹正中裂，为脊髓腹正中裂的延续。腹正中裂的两侧各有一条纵行隆起，称为锥体，由大脑皮质发出的运动纤维束构成。在延髓的后端，锥体束的大部分纤维交叉，再向后则锥体消失。在延髓前端、锥体的两侧有窄的横向隆凸，称斜方体，是由耳蜗神经核发出并走向对侧的横行纤维构成。延髓背侧面分为前后二部，延髓后半部的形态与脊髓相似，也有中央管，称延髓的闭合部；当中央管延伸至延髓中部时，逐渐偏向背侧并最终开放，形成第四脑室底壁的后部，称延髓的开放部。在延髓背侧正中沟两侧的纤维束被一浅沟分外为内侧的薄束和外侧的楔束，分别含薄束核和楔束核。第四脑室后半部两侧走向小脑的隆起，称绳状体或小脑后脚，它是一个粗大的纤维束，主要由来自脊髓和延髓的纤维组成。

延髓内灰质有脑神经核和中继核，白质内有上、下传导纤维束及网状结构。脑神经核包括舌下神经核、迷走神经核团、舌咽神经核团、三叉神经脊束核、前庭神经核和耳蜗神经核。中继核包括薄束核、外侧楔束核和小橄核。

（2）脑桥：位于延髓的前端，在中脑的后方，小脑的腹侧。背侧面凹，为第四脑室底壁的前部；腹侧有横行隆起，又分为背侧的被盖和腹侧及两侧的基底部。基底部呈横行隆起，由纵行和横行纤维构成。横行纤维是主要的，自两侧向上伸入小脑，形成小脑中脚或脑桥臂。纵行纤维为大脑皮质至延髓和脊髓的锥体束。被盖部与延髓的相似，内有脑神经核、中继核和网状结构等。在脑桥背侧部的前端有联系小脑和中脑的小脑前脚或结合臂。脑桥的两侧有粗大的三叉神经根。

（3）第四脑室：位于延髓、脑桥和小脑之间，前方通中脑导水管，后方通脊髓的中央管，其内充满脑脊液。第四脑室顶壁由前向后依次为前髓帆、小脑、后髓帆和第四脑室脉络丛。前、后髓帆系白质薄板，附着于小脑前脚和后脚。第四脑室脉络丛在后髓帆和菱形窝后部之间，由富含血管丛的室管膜和脑软膜组成，伸入第四脑室内，它能产生脑脊液。该丛上有孔（一个正中孔和2个外侧孔），第四脑室经此孔与蛛网膜下腔相通。第4脑室底呈菱形，也称菱形窝，前部属脑桥，后部属延髓的开放部。菱形窝被正中沟分为左右两半。

（4）中脑：位于脑桥和间脑之间，其脑室是中脑（导）水管，前方通第三脑室，后方通第四脑室。中脑水管将中脑分为背侧的四叠体和腹侧的大脑脚。

四叠体：又称顶盖，由前后2对圆丘组成。前丘较大，是光反射的联络站，为灰质和白质相间的分层结构，接受视神经的纤维，发出纤维至外侧膝状体，再至大脑皮质。前丘也接受后丘的纤维，发出纤维组成顶盖脊髓束下行至脊髓，完成视觉和听觉所引起的反射活动。

后丘是声反射的联络站，其表面为白质、深部为灰质的后丘核，主要接受耳蜗神经核纤维，发出纤维至内侧膝状体，再至大脑皮质；并有纤维至前丘，再经顶盖脊髓束完成听觉的反射活动。

大脑脚：分背侧的被盖和腹侧的大脑脚底。大脑脚底为白质，主要由大脑皮质至脑桥、延髓和脊髓的运动束组成。被盖在中脑水管与脚底之间，相当于脑桥被盖的延续，内有脑神经核（如动眼神经核和滑车神经核）、中继核（如红核、黑质）、网状结构和一些上、下行纤维。

(5) 间脑：位于中脑的前方，前外侧接大脑半球的基底核，包括丘脑以及第三脑室周围各部，即上丘脑、下丘脑和底丘脑。

丘脑：占间脑的最大部分，为一对卵圆形的灰质团块，由白质髓板分隔为许多不同机能的核团。左右两丘脑的内侧相连，断面呈圆形，称丘脑间黏合，其周围的环状裂隙为第三脑室。丘脑是皮质下的主要感觉中枢，接受来自脊髓、脑干和小脑的纤维，由此发出纤维至大脑皮质。在丘脑后部的背外侧，有外侧膝状体和内侧膝状体。外侧膝状体较大，位于前方较外侧，接受视束来的纤维，发出纤维至大脑皮质，是视觉冲动传向大脑皮质的联络站。内侧膝状体较小，位于外侧膝状体的下方，接受耳蜗神经核的听觉纤维，发出纤维至大脑皮质，是听觉冲动传向大脑的联络站。丘脑还有一些与运动、记忆及其功能有关的核群。

上丘脑：位于丘脑和中脑的背侧，主要是缰或缰三角，内有缰核，左右缰间为缰连合。缰的背侧有一圆锥形松果体，为内分泌腺。

下丘脑：又称丘脑下部，位于间脑的下部，在第三脑室的底壁，是植物神经的重要中枢。从脑底面看，自前向后可将下丘脑分为视前部、视上部、灰结节部和乳头体部四部分。视前部在视束的前方；视上部在视束的背侧；灰结节部位于视束与乳头体之间，其正中腹侧有垂体柄与垂体连接（垂体是内分泌腺）；乳头体呈小球状，位于脚间窝中，在灰结节的后方。

下丘脑内贯穿着两对粗大的纤维束：一对是穹隆束，由穹隆伸向乳头体；另一对是乳丘束，由乳头体伸向丘脑和中脑，在两对束的内侧为下丘脑内侧核，其外侧为外侧核。在视束的背侧有一对扁平的核，称视上核；另一对在脑室的外侧壁，位于穹隆与乳丘之间，称为室旁核。视上核与室旁核均有细的神经纤维组成垂体束，伸向垂体的神经部，是下丘脑向垂体内进行神经分泌的重要途径。

底丘脑：位于下丘脑的两侧、大脑脚的背侧，有纤维联系大脑半球的基底核。

第三脑室：位于间脑内，呈环行围绕着丘脑间黏合部。第三脑室向后通中脑水管，前方以一对室间孔通2个大脑半球的侧脑室；腹侧形成一漏斗形凹陷；顶壁为第三脑室脉络丛，向前经室间孔与侧脑室脉络丛相接。

2. 小脑（图 10-6）　小脑略呈球形，位于大脑后方，在延髓和脑桥的背侧。小脑的表面有许多平的横沟，将小脑分成许多小叶，其中最深的一条称为原裂，将小脑分为前叶和后叶；而背

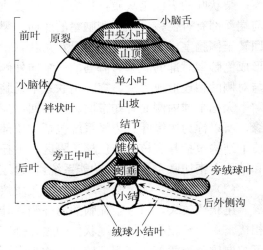

图 10-6　小脑结构示意图

侧两条近平行的纵沟,将小脑分为三部分:两侧的小脑半球和中央部分的蚓部。小脑的表面为灰质,称小脑皮质;深部为白质,称小脑髓质。髓质呈树枝状伸入小脑各叶,形成髓树或活树。髓质内有3对灰质核团,位于两侧小脑半球内的核团称为小脑外侧核,在中部外侧的核称为小脑中位核,内侧正中的为内侧核或顶核。小脑借助3对小脑脚(小脑后脚、小脑中脚及小脑前脚)分别与延髓、脑桥和中脑相连。

蚓部被原裂分为前、后叶,后叶的最后一部分称为小结,向两侧深入小脑半球腹侧,与小脑半球的绒球合称绒球小结叶,是小脑最古老的部分,与延髓的前庭核相联系,与维持身体的正常姿势和平衡有关。蚓部的前叶属旧小脑,有调节肌紧张的功能。蚓部的后叶与两侧小脑半球称为新小脑,与大脑半球密切联系,参与调节随意运动。

小脑皮质由灰质构成,被覆于小脑叶片的浅层。皮质下的髓质为白质,由出入小脑的纤维组成。小脑皮质的结构在各部位基本是一致的,由外向内依次分为三层:分子层、浦肯野氏细胞层和颗粒层。分子层位于小脑皮质的浅层,因含大量无髓神经纤维,又称丛状层。其神经元有星形细胞和筐状细胞。浦肯野氏细胞层位于小脑皮质的中层,由一层排列整齐的浦肯野氏细胞构成。颗粒层为小脑皮质的最深层,主要由密集的颗粒细胞组成。

3. 大脑 或称端脑,位于脑干前方,后端以大脑横裂与小脑分开,被大脑纵裂分为左、右大脑半球,纵裂的底是连接两半球的横行宽纤维板,即胼胝体。大脑半球包括大脑皮质、白质、嗅脑、基底核和侧脑室等结构。侧脑室借室间孔与第三脑室相通。

(1) 大脑半球的外形:大脑表层被覆一层灰质,称大脑皮质,其表面凹凸不平,凹陷处为沟,突起处为回,以增加大脑皮质的面积。每个大脑半球根据机能和位置不同,可分5个叶,即额叶、顶叶、颞叶、枕叶、边缘叶。禽类的大脑灰质薄,无沟回。

(2) 嗅脑:位于大脑半球的底部,包括嗅球、嗅束、嗅三角、梨状叶和海马以及透明隔等部分。

嗅球略呈卵圆形,位于每个大脑半球的最前端,接受来自鼻腔嗅区的嗅神经。嗅球的后面接嗅束。嗅束向后分为内侧嗅束和外侧嗅束。内侧嗅束伸向半球的内侧面到达隔区,外侧嗅束向后延续为梨状叶。内外侧嗅束之间的三角区称为嗅三角。

梨状叶的表面是灰质,称为梨状叶皮质。梨状叶内有腔,是侧脑室的后角。在梨状叶的前端深部有杏仁核,位于侧脑室的底面。梨状叶向背侧折转,为海马回(海马旁回),海马回转至侧脑室成为海马。海马呈双角状,也称海马角。左、右半球的前端于正中相相连接,形成侧脑室后部的底壁。海马的纤维向外侧集中形成海马伞。海马伞的纤维向前内侧伸延并与对侧的相连形成穹隆。穹隆由联系下丘脑的乳头体与海马之间的纤维组成。

大脑半球内侧面有扣带回、海马回、齿状回和海马等,因其位置在大脑和间脑交接的边缘,所以称为边缘叶。边缘系统包括皮质部及皮质下部。皮质部有扣带回及海马结构等。皮质下结构包括基底核、杏仁核、隔区、下丘脑、丘脑前核和中脑的被盖等部分。两者在功能和结构上密切联系,合成一功能系统,称边缘系统,其活动与情绪变化、记忆和内脏活动有关。

(3) 基底核:为大脑半球内部的灰质核团,位于半球基底部,主要包括尾状核和豆状核等。尾状核较大,斜位于丘脑的前外侧,其背内侧面构成侧脑室前部的底壁,腹外侧与内囊相接。豆状核较小,位于尾状核的腹外侧,豆状核和尾状核之间穿过的纤维为内囊。豆状核可被白质分为两部,外侧部较大,称为壳;内侧部较小,色浅,称苍白球。尾状核、豆状核和位于其间的内囊,外观上呈灰、白质相间的条纹状,故合称纹状体。纹状体接受丘脑和大脑皮质的纤维，发出纤维至红核和黑质，是锥体外系的主要联络站，有维持肌紧张和协调肌肉运动的作用。

（4）侧脑室：侧脑室分别位于左、右大脑半球内，经室间孔与第三脑室相通，侧脑室的内侧壁是透明隔，位于胼胝体与穹隆之间；顶壁为胼胝体；底壁的前部为尾状核，后部是海马。侧脑室内有脉络丛，在室间孔处与第三脑室脉络丛相连，可产生脑脊液。

（5）大脑的组织结构：高等脊椎动物的大脑新皮质分为6层，由外向内依次为：分子层、外颗粒层、外锥体细胞层、内颗粒层、内锥体细胞层和多形细胞层（图10-7）。分子层：细胞少，主要由水平细胞组成；外颗粒层：又称小锥体细胞层，以小锥体细胞和小星形细胞为主；外锥体细胞层：主要成分为中型锥体细胞，亦有少量小颗粒细胞和马丁诺提氏细胞；内颗粒层：主要由星形细胞组成；内锥体层：主要由大、中、小锥体细胞组成；多形细胞层：细胞形态多样，以梭形细胞为主，还有少量锥体细胞和星形细胞。

4. 脑膜和脑脊液　脑的外面包有3层膜：脑软膜、脑蛛网膜和脑硬膜。

（1）脑软膜：较薄，富含血管，紧贴于脑的表面并深入脑沟，脑软膜上的血管

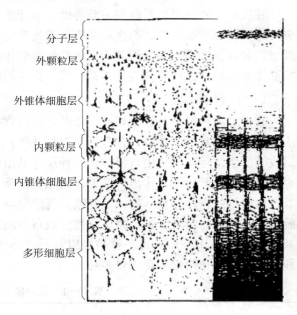

图10-7　大脑皮质分子层模式图

与脑室膜上皮共同进入脑室，形成脉络丛，脉络丛是产生脑脊液的部位。

（2）脑蛛网膜：也很薄，包于软膜的外面，并以纤维与软膜相连，但不深入脑沟内。位于蛛网膜与软膜之间的腔隙，称蛛网膜下腔，内含脑脊液。通过第四脑室脉络丛上的孔使脑室与蛛网膜下腔相通。

（3）脑硬膜：较厚，包围于蛛网膜之外。位于硬膜与蛛网膜之间的腔隙，称硬膜下腔，内含淋巴。脑硬膜紧贴于颅腔壁，其间无腔隙存在。脑硬膜伸入两半球间的大脑纵裂形成大脑镰；伸入大脑横裂形成小脑幕。在大脑镰和小脑幕的根部内含有脑硬膜静脉窦，接受来自脑的静脉血。

（4）脑脊液：是无色透明的液体，由侧脑室、第三脑室和第四脑室的脉络丛产生，充满于脑室和脊髓中央管，通过第四脑室脉络丛上的孔进入蛛网膜下腔。蛛网膜下腔内的脑脊液通过硬膜窦而归入静脉。脑脊液与位于硬膜下腔的淋巴，共同起保护与营养脑和脊髓的作用。

三、周围神经系统

周围神经系统联络于中枢神经和其他各系统器官之间，包括与脑相连的脑神经和与脊髓相连的脊神经。

周围神经的主要成分是神经纤维。将来自外界或体内的各种刺激转变为神经信号向中枢

内传递的纤维，称为传入神经纤维，由这类纤维所构成的神经称为传入神经或感觉神经；向周围的靶组织传递中枢冲动的神经纤维称为传出神经纤维，由这类神经纤维所构成的神经称为传出神经或运动神经。

周围神经系统，按其所支配的周围器官的性质可分为分布于体表和骨骼肌的躯体神经系和分布于内脏、心血管和腺体的内脏神经系。

在皮肤、骨骼肌、肌腱和关节等处，有能感受外部或内部刺激的传入中枢的纤维，称为躯体感觉纤维；在内脏、心血管及腺体等处有能将感觉冲动传至中枢的纤维，称为内脏感觉纤维。分布于骨骼肌并支配其运动的纤维称躯体运动纤维；而支配平滑肌、心肌运动以及调控腺体分泌的神经纤维称内脏运动纤维，由它们所组成的神经称植物性神经。

（一）脊神经

脊神经因神经根与脊髓相连而命名，是由背根（感觉神经）和腹根（运动神经）汇合而成。脊神经都是混合神经，含有以下四种纤维：将神经冲动由中枢传向效应器而引起骨骼肌收缩的躯体运动（传出）纤维；将神经冲动由中枢传向效应器引起腺体分泌、内脏运动及血管舒缩的内脏运动（传出）纤维；将感觉冲动由躯体（体表、骨骼、关节和骨骼肌）感受器传向中枢的躯体感觉（传入）纤维；将感觉冲动由腺体、内脏器官及心血管传向中枢的内脏感觉（传入）纤维。各种家畜脊神经数目不同，牛、羊一般为37对，马为42对，而猪为38～39对（表10-1）。每一脊神经以背根（感觉根）和腹根（运动根）与脊髓相连。背根和腹根在椎间孔附近汇合成脊神经。

表10-1 几种家畜脊神经的对数

名 称	马	牛、羊	猪
颈神经	8对	8对	8对
胸神经	18对	13对	14～15对
腰神经	6对	6对	7对
荐神经	5对	5对	4对
尾神经	5～6对	5对	5对
合 计	42～43对	37对	38～39对

（二）脑神经

脑神经是与脑相连的周围神经，共有12对，按其与脑相连的前后顺序及功能、分布和行程而命名。它们通过颅骨的一些孔出颅腔，其中有的是感觉神经，有的为运动神经，有的为含有感觉纤维和运动纤维的混合神经。现根据先后次序、出入脑的部位、神经纤维的成分以及分布情况简述如下。

1. 嗅神经 为感觉神经，传导嗅觉，起于鼻腔嗅区黏膜中的嗅细胞，止于嗅球。

2. 视神经 为感觉神经，传导视觉，由眼球视网膜节细胞的轴突构成，经视神经孔入颅腔，两侧视神经的部分纤维在脑底面互相交叉，形成视交叉，以视束止于间脑的外侧膝状体，将视觉冲动传至大脑皮质或对光反射中枢。

3. 动眼神经 为混合神经，含有运动神经纤维和植物性神经的副交感神经纤维。运动神经纤维起于中脑的动眼神经核，自大脑脚间窝外缘出脑，分布于眼球肌。副交感神经纤维支配瞳孔括约肌和睫状肌。

4. 滑车神经 为运动神经，起于中脑的滑车神经核，出颅腔后，分布于眼球上斜肌，调节眼球的运动。

5. 三叉神经 为混合神经，是最大的脑神经，由大的感觉根和较小的运动根组成，连于脑桥的外侧部。感觉根上有一大的半月形三叉神经节，其感觉神经元的中枢突组成感觉根入脑桥，终止于三叉神经感觉核；周围突组成眼神经、上颌神经和下颌神经。运动根起自脑桥三叉神经运动核，参与组成下颌神经。

6. 外展神经 为运动神经，与动眼神经一起经眶孔穿出颅腔，分布于眼肌。

7. 面神经 为混合神经。面神经大部分由运动纤维组成，主要支配颜面肌肉的运动。面神经在面神经管内分出鼓索神经，鼓索神经含副交感节前纤维和味觉纤维。前者的节后纤维支配下颌腺和舌下腺；味觉纤维随舌神经分布于味蕾。

8. 前庭耳蜗神经 为感觉神经，管听觉和平衡觉，也称位听神经，分为前庭神经和耳蜗神经。

前庭神经：传导平衡觉，感觉神经元的胞体位于内耳道底部的前庭神经节，其周围突分布于内耳前庭和半规管中的膜迷路的位置感受器，中枢突构成前庭神经，至延髓的前庭神经核。

耳蜗神经：传导听觉，感觉神经元位于内耳的螺旋神经节，周围突分布于内耳膜迷路听觉感觉器，其中枢突组成耳蜗神经，止于延髓的耳蜗神经核。

9. 舌咽神经 为混合神经，其根在延髓的外侧缘，在前庭耳蜗神经根后方与迷路神经根的前面。舌咽神经出颅腔后，在咽外侧沿舌骨大支向前下伸延，分为咽支和舌支。咽支分布于咽肌和咽黏膜软腭；舌支分布于软腭、咽峡和舌根。

10. 迷走神经 为混合神经，含有四种神经纤维成分，其中副交感纤维即内脏运动纤维是迷走神经的主要成分，主要分布于胸、腹腔内脏器官，支配心肌、平滑肌和腺体的活动；躯体运动纤维支配咽、喉部和食管的骨骼肌；内脏感觉纤维来自咽、喉、气管、食管以及胸、腹腔内脏；躯体感觉纤维来自外耳皮肤。迷走神经是脑神经中行程最远、分布区域最广的神经。

11. 副神经 为运动神经，由两根组成。颅根纤维起自延髓疑核，脊髓根纤维起自前 6 节颈段脊髓，经枕骨大孔入颅腔，与颅根纤维合并成副神经，分布于喉、咽肌、胸头肌、斜方肌和臂头肌。

12. 舌下神经 为运动神经，起自延髓的舌下神经核，自延髓腹面的后部出脑，分布于舌内肌和舌骨肌。

脑神经的次序、名称、连接脑的部位及分布范围见表 10-2。

表 10-2 脑神经分布简表

顺序	名称	纤维成分	起 点	终 点	分 布	机 能
Ⅰ	嗅神经	感觉	嗅细胞	嗅球	鼻腔嗅黏膜	嗅觉
Ⅱ	视神经	感觉	视网膜的节细胞	外侧膝状体	视网膜	视觉
Ⅲ	动眼神经	运动 内脏运动（副交感）	动眼神经副交感核（缩瞳核） 动眼神经核	睫状神经节	瞳孔括约肌、睫状肌，泪腺 大部分眼球肌	眼球运动
Ⅳ	滑车神经	运动	滑车神经核		眼球上斜肌	眼球运动

(续)

顺序	名称	纤维成分	起点	终点	分布	机能
V	三叉神经	眼神经→感觉 上颌神经→感觉 下颌神经→运动	三叉神经节 三叉神经运动核	三叉神经感觉核	头面部皮肤，口、鼻腔黏膜、齿、齿龈的一般感觉	头部皮肤，口、鼻腔、舌等感觉，咀嚼运动
			三叉神经运动核		咀嚼肌、腭帆张肌、鼓膜张肌	
VI	外展神经	运动	外展神经核		外侧直眼肌	眼球运动
VII	面神经	运动	面神经核		鼻翼、口唇、眼睑、外耳等部的肌肉，二腹肌后腹、枕舌骨肌	面部感觉、运动，唾液的分泌
		内脏运动（副交感）	面神经副交感核	翼腭神经节、下颌神经节	舌下腺、下颌腺、泪腺、鼻腔腺体	
		感觉	膝神经节	孤束核	舌前2/3味蕾	
VIII	位听神经	感觉	螺旋神经节	耳蜗神经核	内耳的螺旋器	听觉和平衡觉
		感觉	前庭神经节	前庭神经核	半规管、前庭的膜迷路	
IX	舌咽神经	运动	延髓的疑核		部分咽肌	咽肌运动、味觉、舌部感觉
		内脏运动（副交感）	舌咽神经副交感核	耳神经节	腮腺	
		感觉	近神经节	三叉神经感觉核	耳后皮肤	
		内脏感觉	岩神经节	孤束核	舌后1/3味蕾、咽软腭、颈动脉窦或体	
X	迷走神经	内脏运动（副交感）	迷走神经背核	壁内神经节	胸、腹腔、内脏平滑肌、腺体	咽、喉和内脏器官的感觉和运动
		躯体运动	疑核		咽、喉肌	
		内脏感觉	结状神经节	孤束核	胸膜腔内脏、咽、喉黏膜	
		躯体感觉	颈静脉神经节	三叉神经感觉核	硬膜、外耳及外耳道皮肤	
XI	副神经	运动	副神经核		斜方肌，胸头肌	头、颈、肩带部运动
XII	舌下神经	运动	舌下神经核		舌骨肌，舌内肌	舌的运动

第二节　神经组织的一般生理

一、神经元和神经胶质细胞

神经组织（nerve tissue）由神经细胞（神经元）和神经胶质细胞组成，是构成神经系统的主要成分。神经细胞和神经胶质细胞的形态、结构详见第一章畜体基本结构"神经组织"。

二、神经的兴奋与传导

（一）神经细胞的生物电现象

1. 兴奋与兴奋性 一般说来，细胞对刺激发生反应的过程，称为兴奋（excitation）；而在现代生理学中，兴奋被看做是动作电位（action potential）的同义词或动作电位的产生过程。观察表明：一切活组织、细胞受到外加的刺激时，都可以应答性地出现一些特殊的反应或暂时性的机能改变。例如，把蟾蜍的腓肠肌和支配它的神经由体内剥离出来，制成神经-肌肉标本，这时如果在神经游离端轻轻地触动神经，或通以适当的电流，则在经过一个极短的潜伏期后，可以看到肌肉出现一次快速的收缩和舒张；如把刺激直接施加于肌肉，也会引起类似的收缩反应；而且只要刺激不造成组织的损伤，上述反应可以重复出现。最初，就将这种活组织、细胞对外界刺激发生反应的能力，称为兴奋性（excitability），将上述细胞称为可兴奋细胞（excitable cell），而将相应出现的反应称为兴奋。大量事实表明，各种可兴奋细胞处于兴奋状态时，虽然可能有不同的外部表现，但它们都有一个共同的、最先出现的反应，就是在受刺激的细胞膜两侧产生了特殊的电变化，即动作电位。因而近代生理学术语中，将兴奋性定义为细胞受到刺激时产生动作电位的能力，而兴奋则被理解为细胞受刺激后产生动作电位的过程或动作电位本身。

（1）刺激与兴奋的关系：可兴奋细胞并不是对任何性质或强度的刺激都能表现兴奋或出现动作电位。例如，光线的变化并不能引起内耳柯蒂氏器的毛细胞（hair cell）产生兴奋。同样，声波频率的改变亦不能使视网膜上的视觉细胞（visual cell）产生动作电位。这与刺激性质是否适宜有关。即使是适宜刺激，要引起组织、细胞兴奋，其刺激强度（intensity）、刺激持续时间（duration）以及刺激强度对时间的变化率这三方面也必须达到某一最小数值。在实验中经常使用的电刺激，通常是将其强度对时间的变化率固定，以便分析刺激强度和刺激持续时间这两个因素的相互影响和关系。在实际测量时，常把两个参数中的一个固定，只用一个参数来衡量细胞的兴奋性。多数情况下是把刺激的持续时间固定，测量能使组织发生兴奋的最小刺激强度。刚引起组织、细胞产生兴奋的最小刺激强度，称为阈强度（threshold intensity）或简称阈值（threshold）。相当于阈强度的刺激称为阈刺激（threshold stimulus），大于阈强度的刺激称为阈上刺激，小于阈强度的刺激称为阈下刺激，阈刺激和阈上刺激都可引起组织兴奋。阈刺激或阈强度一般可作为衡量细胞兴奋性的指标。阈刺激增大表示兴奋性下降；反之，则表示兴奋性升高。

（2）组织兴奋性的变化：体内不同组织具有不同的兴奋性，同一组织在不同环境或同一环境不同的机能状态下，兴奋性都可能表现不同。但一个普遍存在于各种可兴奋细胞的现象是：在细胞接受一次刺激产生兴奋的当时和兴奋后最初的一段时间内，它们的兴奋性将发生一系列有次序变化，然后才恢复为正常水平，称为兴奋性的周期变化。以神经组织为例，这一周期包括四个时期：

绝对不应期：在组织兴奋后的当时和兴奋后最初的一段时间内，无论再受到多大的刺激，都不能再次引起兴奋，兴奋性暂时降低到零。这段时间称为绝对不应期（absolute refractory period),相当于动作电位的峰电位时期。这时由于 Na$^+$ 通道全部开放，或者全部失活，不能产生 Na$^+$ 内流而产生动作电位。

相对不应期：在绝对不应期之后，细胞的兴奋性逐渐恢复，给予组织大于原来阈强度的刺激，可使组织产生新的兴奋，这段时期称为相对不应期（relative refractory period）。其时程相当于负后电位的前半期，此时 Na$^+$ 通道已基本复活，但未完全复活。

超常期：相对不应期之后，细胞的兴奋性出现波动，轻度高于正常水平，用低于阈强度的刺激也能引起兴奋，这段时期称为超常期（supranormal period）。持续时间相当于负后电位的后半期，这时 Na$^+$ 通道虽未完全恢复，但是膜电位距离阈电位较近，容易引起兴奋。

低常期：超常期之后，细胞的兴奋性又低于正常，这段时期称为低常期（subnormal period）。持续时间相当于正后电位时期。这时 Na$^+$ 通道已经完全恢复，但是膜电位距离阈电位较远，不容易产生兴奋。

2. 细胞的静息电位　细胞未受刺激时存在于细胞膜内外两侧的电位差，称为静息电位或膜电位。通常呈膜外为正、膜内为负的极化状态；如规定膜外电位为零，则膜内电位大都在 $-100 \sim -10$ mV 之间。例如，枪乌贼的巨大神经轴突和蛙骨骼肌细胞的静息电位为 $-70 \sim -50$ mV，哺乳动物的肌肉和神经细胞为 $-90 \sim -70$ mV，人的红细胞为 -10 mV 等。

Bernstein 在 1902 年提出了静息电位产生机制的膜学说。根据这一学说，安静状态下的细胞膜只对 K$^+$ 有通透性，因此静息电位相当于 K$^+$ 的平衡电位。静息状态下，膜两侧存在着几十毫伏的电位差。但无论是在细胞内液还是在细胞外液中，正、负离子的总数是基本相等的，也不存在电位梯度，电位差仅存在于膜的内、外表面之间。形成这一状态的主要原因是离子的跨膜扩散。一是由于钠泵的活动造成了膜两侧的离子浓度差；二是膜对离子存在一定的通透性。膜内的 Na$^+$ 浓度通常仅为膜外的 1/10 左右，而 K$^+$ 浓度为膜外的 30 倍左右，这种浓度差形成了推动离子跨膜运动的化学驱动力。静息时膜对 K$^+$ 的通透性为 Na$^+$ 的 10～100 倍。K$^+$ 可在化学驱动力的作用下流向膜外，而膜对胞内的有机负离子（带负电荷的蛋白质、核苷酸等）几乎不通透，于是它们便在膜外表面和内表面分别构成正、负离子层，形成外正内负的极化状态，此即静息电位形成的基本原因。因此，静息电位基本上相当于 K$^+$ 外流产生的跨膜平衡电位。

3. 动作电位　可兴奋组织受到刺激而发生兴奋时，细胞膜原来的极化状态迅速消失，并继而发生膜电位的快速倒转和复原等一系列电位变化，称为动作电位。

（1）动作电位变化过程：神经细胞的动作电位可大体看作两部分：开始是一个短促而尖锐的脉冲，习惯称锋电位（spike potential）；在锋电位后出现膜电位的低幅、缓慢的电位波动，称为后电位（after-potential）。后电位包括两个成分，前一个成分的膜电位仍小于静息电位，称为副后电位（negative after-potential）；后一个成分大于静息电位，称为正后电位（positive after-potential）。锋电位包括从静息电位到零电位（局部膜瞬间内外电位相等）的去极化、从零电位再向上的反极化（也称超射）和复极化的下降支 3 个阶段。锋电位表示细胞处于兴奋状态，通常所说的神经冲动就是指一个个沿着神经纤维传导的动作电位或锋电位。

（2）动作电位产生的机制：是膜在受到刺激时 Na$^+$ 通透性的突然增大，以致超过 K$^+$ 通透性，使大量 Na$^+$ 涌入膜内的结果。

现在以神经细胞为例说明动作电位产生的完整过程。外来刺激先引起膜对 Na$^+$ 的通透性突然增大，Na^+ 大量内流，导致膜电位迅速去极化乃至反极化，构成动作电位的上升支，时间少于 1ms；在此过程中 Na^+ 通道很快关闭，而 K^+ 通道（不同于形成静息电位时的 K^+ 泄漏通道）大量开放，膜内 K^+ 大量外流使膜电位迅速恢复，构成动作电位下降支（图 10-8）。负后电位表示迅速涌出的 K^+ 蓄积在膜外侧附近，暂时阻碍了 K^+ 进一步外流所致复极化变慢；而正后电位是由于膜上钠钾泵启动，在恢复膜两侧离子分布状态过程中生电性作用（泵出 3 个 Na^+ 同时泵入 2 个 K^+，造成超极化）等原因引起，与兴奋后兴奋性的恢复有关。

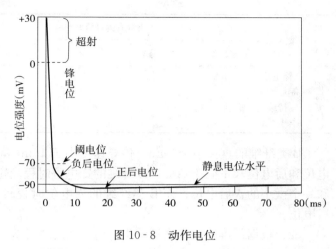

图 10-8 动作电位

（二）神经冲动的传导

1. 神经纤维的分类 根据神经纤维的传导速度和直径等可对其进行分类，通常有以下两种分类法。

（1）根据电生理学的特性分类：根据传导速度、锋电位的时程和后电位的差异，将哺乳动物外周神经的神经纤维分为 A、B、C 三类（表 10-3）。

A 类：包括有髓的躯体传入和传出纤维，依据其平均传导速度，又进一步分为 α、β、γ、δ 四类。

B 类：有髓的植物性神经的节前纤维。

C 类：包括无髓的躯体传入纤维（dγC）和植物性神经节后纤维（SC）。

表 10-3 神经纤维的分类（一）

纤维分类	A 类（有髓纤维）				B 类（有髓纤维）	C 类（无髓纤维）	
	Aα	Aβ	Aγ	Aδ		SC	dγC
来源	初级肌梭传入纤维和支配梭外肌的传出纤维	皮肤的触压觉传入纤维	支配梭内肌的传出纤维	皮肤痛温觉传入纤维	植物性神经节前纤维	植物性神经节后纤维	后根中传导痛觉的传入纤维
纤维直径（μm）	13～22	8～13	4～8	1～4	1～3	0.3～1.3	0.4～1.2
传导速度（m/s）	70～120	30～70	15～30	12～30	3～15	0.7～2.3	0.6～2.0
锋电位持续时间（ms）	0.4～0.5				1.2	2.0	
负后电位 锋电位高度（%）	3～5				无	3～5	无
负后电位 持续时间（ms）	12～20				—	50～80	—

（续）

纤维分类		A类（有髓纤维）				B类（有髓纤维）	C类（无髓纤维）	
		Aα	Aβ	Aγ	Aδ		SC	dγC
正后电位	锋电位高度（%）	0.2				1.5~40	1.5	
	持续时间（ms）	40~60				100~300	300~1 000	75~100

B类纤维的直径小于3μm，传导速度小于15m/s，这些都与Aδ纤维非常接近，但其锋电位和后电位却不同于Aδ。Aδ纤维的锋电位时程较短，并具有一个短暂而明显的负后电位和一个微小的正后电位；而B类纤维的锋电位时程较长，无负后电位，但有一个较大的正后电位。

（2）根据纤维直径和来源分类：将传入纤维分为Ⅰ、Ⅱ、Ⅲ、Ⅳ四类（表10-4）。其中Ⅰ、Ⅱ、Ⅲ分别相当于Aα、Aβ、Aδ，Ⅳ相当于C类纤维。

表10-4 神经纤维的分类（二）

纤维类别	来　　源	直径（μm）	传导速度（m/s）	电生理学上的分类
Ⅰ	肌梭及腱器官的传入纤维	12~22	70~120	Aα
Ⅱ	皮肤的机械感受器传入纤维（触、压、振动感受器传入纤维）	5~12	25~70	Aβ
Ⅲ	皮肤痛温觉传入纤维，肌肉的深部压觉传入纤维	2~5	10~25	Aδ
Ⅳ	无髓的痛觉纤维，温度、机械感受器传入纤维	0.1~1.3	1	C

上述两种分类法在实际使用时存在一些问题。例如，C类和Ⅳ类纤维都可用来表示无髓纤维，A类和Ⅰ类纤维又常用来表示传导速度最快的纤维，从而造成混乱。目前对传出纤维采用第一种分类法，对传入纤维则采用第二种分类法。

2. 神经纤维传导兴奋的机理　动作电位还有一个显著特点，即不衰减性传导。动作电位一旦产生，就会沿着细胞膜向周围传播，而且它的幅度不会因为传播距离的增加而减弱。例如，一条无髓神经纤维某点发生动作电位，膜出现反极化即外负内正的状态；而相邻部位仍处于内负外正的极化状态。于是，已兴奋的神经段与其相邻的未兴奋的神经段之间，由于存在电位差和导电性（细胞内液、外液）而有电荷移动，其方向是膜外的正电荷由未兴奋段移向已兴奋段，膜内的正电荷由已兴奋段移向未兴奋段，便产生局部电流（local current），局部电流"刺激"邻近未兴奋部位，从而使之产生动作电位。由于局部电流的强度超过了引起邻近膜兴奋所需的阈强度数倍以上，因而传导可以相当"安全"而无"阻滞"地继续下去。无髓神经纤维、骨骼肌细胞等传导兴奋基本上都是遵循这样的机制（图10-9）。

有髓神经纤维外面包裹着一层既不导电、离子又不能通过的髓鞘，动作电位只能在没有髓鞘的朗飞结处才能传导，因此动作电位是跃过每一段带髓鞘的神经纤维呈跳跃式传导，加之有髓神经纤维较粗，电阻较小，所以动作电位在有髓神经纤维上的传导速度要比在无髓神经纤维上快得多。虽然跳跃式传导本质上也是局部电流，但速度快得多。脊椎动物用跳跃传导的方式解决了高速传导神经冲动的问题，而不需要发展粗笨的巨大神经干。

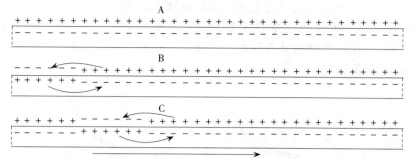

图 10-9　神经纤维传导机制的模式图
A. 静息时　B. 发生兴奋后　C. 传导过程中
弯箭头表示膜内外局部电流的流动方向　下方直箭头表示冲动传导方向

需要指出的是，兴奋的传导是电传导（速度为 $1\sim100m/s$），不是电子移动的电流传导（速度为 $3\times10^8 m/s$），也不是太慢的化学扩散。

3. 神经纤维传导兴奋的特征　神经纤维受到适宜刺激而兴奋时，立即产生可传播的动作电位。神经纤维传导兴奋（动作电位）具有以下特征：

（1）生理完整性：神经纤维必须保持结构上和功能上的完整才能传导冲动。神经纤维被切断后，破坏了结构上的完整性，冲动就不能传导。如果结扎或在麻醉药、低温等作用下，使神经纤维机能发生改变，破坏了生理功能的完整性，冲动传导也将发生阻滞。

（2）绝缘性：一条神经干内有许多神经纤维，其中包含传入和传出纤维，各条纤维上传导的兴奋基本上互不干扰，准确地实现各自的功能，这种特点称为绝缘性传导。

（3）双向性：刺激神经纤维上的任何一点，兴奋就从刺激的部位开始沿着纤维向两端传导，称之为传导的双向性。

（4）不衰减性：神经纤维在传导冲动时，不论传导距离多长，其冲动的大小、频率和速度始终不变，这一特点称为传导的不衰减性。这对于保证及时、迅速和准确地完成正常的神经调节功能十分重要。

（5）相对不疲劳性：在实验条件下，用每秒 $50\sim100$ 次的电刺激连续刺激蛙的神经 $9\sim12h$，冲动仍能传导，这说明神经纤维不容易发生疲劳。

三、神经元间的功能联系

神经系统内数以亿计的神经元并不是彼此孤立的，其调节功能不能单独完成，而是许多神经元联合活动的结果。一个神经元发出的冲动可以传递给很多神经元。同样，一个神经元也可以接受由许多神经元传来的冲动。但是，神经元之间在结构上并没有原生质联系，它们相接触的部位存在一定间隙。两个神经元相接触的部位称为突触（synapsin）。

根据突触接触部位分类，可分为轴-树突触（指一个神经元的轴突末梢与下一个神经元的树突发生接触）、轴-体突触（指一个神经元的轴突末梢与下一个神经元的胞体发生接触）和轴-轴突触（指一个神经元的轴突末梢与下一个神经元的轴丘（轴突始段）或轴突末梢发生接触）。

此外，在中枢神经系统中，还存在树-树、体-体、体-树及树-体等多种形式的突触联系。

近年来还发现,同一个神经元的突起之间还能形成轴-树或树-树型的自身突触。

按突触性质分类,可分为化学性突触(chemical synapse)和电突触(electrical synapse)(图 10-10)。化学性突触又可分为使突触后神经元产生兴奋的兴奋性突触和使突触后神经元产生抑制的抑制性突触。

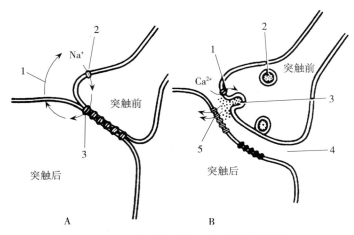

图 10-10 化学性突触和电突触模式图
A. 电突触 1. 局部回路电流 2. Na^+ 通道 3. 缝隙接头
B. 化学突触 1. Ca^{2+} 通道 2. 递质小泡
3. Ca^{2+} 引起的递质胞裂外排 4. 突触间隙 5. 递质敏感通道

(一) 突触结构及传递

1. 突触结构 神经元的轴突末梢首先分成许多小支,每个小支的末端膨大呈球状,称突触小体。突触小体与另一神经的胞体或树突形成突触联系。在电镜下观察到突触处两神经元的细胞膜并不融合,两者之间有一间隙,宽 20~50nm,称为突触间隙(synaptic cleft)。由突触小体构成突触间隙的膜称突触前膜,构成突触间隙的另一侧膜称突触后膜。故一个突触即由突触前膜、突触间隙和突触后膜三部分构成(图 10-11)。在突触小体内含有较多的线粒体和大量的小泡,此小泡称为突触小泡(synaptic vesicle)。小泡内含有兴奋性递质或抑制性递质。线粒体内含有合成递质的酶。突触后膜上有特殊的受体,能与专一的递质发生特异性结合。

图 10-11 突触的超微结构
1. 突触间隙 2. 复合小泡 3. 突触小泡
4. 突触前膜 5. 突触后膜

2. 突触传递 当神经冲动传至轴突末梢时,可使突触前膜去极化,当去极化达到一定水平时,引起突触前膜对 Ca^{2+} 的通透性加大, Ca^{2+} 进入突触前膜,一方面降低轴浆的黏度,有利于突触小泡的移动;另一方面是消除突触前膜内侧的负电位,促进突触小泡和突触前膜接触、融合和破裂,导致神经递质释放。递质释放后进入突触间隙,通过突触间隙扩散到突触后膜，与突触后膜上的相应的受体结合，改变突触后膜对离子的通透性，使突触后膜发生一定程度的去极化或超极化。这种突触后膜上的电位变化称为突触后电位（postsynaptic potential）。突触后电位主要有两种类型，即兴奋性突触后电位（excitatory postsynaptic potential，EPSP）和抑制性突触后电位（inhibitory postsynaptic potential，IPSP）。

（1）兴奋性突触后电位：当动作电位传至轴突末梢时，使突触前膜兴奋，并释放兴奋性化学递质，递质经突触间隙扩散到突触后膜，与突触后膜的受体结合，使突触后膜对 Na^+、K^+、Cl^-，尤其是对 Na^+ 的通透性升高，Na^+ 内流，使突触后膜出现局部去极化，这种局部电位变化称为兴奋性突触后电位。它能电紧张性扩布（electrotonic propagation），并能总和，当幅度增大到阈电位水平时，则引起突触后神经元轴突的始段（轴丘）产生扩布性的动作电位，并沿轴突传导，引起突触后神经元的兴奋。此过程称兴奋性突触传递。

（2）抑制性突触后电位：当抑制性中间神经元兴奋时，其末梢释放抑制性化学递质。递质扩散到突触后膜与突触后膜上的受体结合，使其对 K^+、Cl^-，尤其是对 Cl^- 的通透性升高，K^+ 外流和 Cl^- 内流，使突触后膜呈现超极化，产生抑制性突触后电位，使突触后神经元受到抑制。此过程称为抑制性突触传递。

（二）神经递质和受体

1. 神经递质　突触传递是通过突触前神经元末梢释放化学递质来完成的。神经递质（neurotransmitter）种类较多，根据其产生的部位可分为外周神经递质和中枢神经递质两大类。

（1）外周神经递质：包括乙酰胆碱、去甲肾上腺素以及嘌呤类或肽类递质。

乙酰胆碱（acetylcholine，Ach）：交感和副交感神经的节前纤维、大多数副交感神经节后纤维（少数释放肽类或嘌呤类递质）、部分交感神经节后纤维（支配汗腺和骨骼肌血管等神经节后纤维）和躯体运动神经末梢释放的都是乙酰胆碱（图10-12）。凡是释放乙酰胆碱作为递质的神经纤维，均称为胆碱能纤维（cholinergic fiber）。植物神经节前纤维和运动神经末梢所释放的乙酰胆碱，其作用与烟碱的药理作用相同，称为烟碱样作用（N样作用）；而副交感神经节后纤维所释放的乙酰胆碱，其作用与毒蕈碱的药理作用相同，称为毒蕈碱样作用（M样作用）。

去甲肾上腺素（norepinephrine，NE；或 noradrenaline，NA）：多数交感神经节后纤维

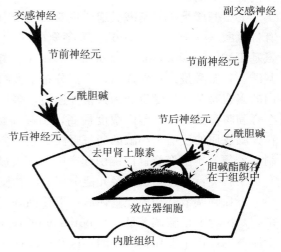

图10-12　植物性神经递质

（除支配汗腺和骨骼肌血管的交感胆碱能纤维外）释放的递质是去甲肾上腺素。以去甲肾上腺素作为递质的神经纤维，称为肾上腺素能纤维（adrenergic receptor）。

嘌呤类或肽类递质：近年来研究发现，在支配胃肠道壁内神经丛中的一些纤维，释放的递质是嘌呤类或肽类物质，如 ATP、血管活性肠肽和生长抑素等，是除胆碱能和肾上腺素能纤维外的第三类纤维。

(2) 中枢神经递质：中枢神经系统内的递质种类较多，主要有乙酰胆碱、单胺类、氨基酸类和肽类。

①乙酰胆碱：乙酰胆碱是中枢神经系统的重要递质。如脊髓腹角运动神经元、脑干网状结构的前行激动系统、纹状体（尤其是尾状核）等部位均有胆碱能神经元。乙酰胆碱在这些地方一般起兴奋性递质的作用。

②单胺类：单胺类包括多巴胺、去甲肾上腺素、5-羟色胺和组胺。

多巴胺（dopamine，DA）：主要由黑质制造，沿黑质-纹状体系统分布，在纹状体内贮存，是锥体外系统的重要递质，它与躯体运动协调机能有关，一般起抑制性递质作用。

去甲肾上腺素（noradrenaline，NA）：主要由中脑网状结构、脑桥的蓝斑核和延髓网状结构腹外侧的神经元产生。产生于蓝斑核而前行投射到大脑皮质的去甲肾上腺素能纤维，与维持醒觉有关；产生于延髓网状结构而投射到下丘脑和边缘系统的去甲肾上腺素能纤维，与情绪反应和下丘脑内分泌调节功能有关；从脑干后行到脊髓的去甲肾上腺素能纤维，与躯体运动和内脏活动调节有关。

5-羟色胺（5-hydroxytryptamine，5-HT）：主要由脑干背侧正中线附近的中缝核群产生。其纤维向前投射到纹状体、丘脑、下丘脑、边缘系统和大脑皮质，与睡眠、情绪反应、调节下丘脑的内分泌功能有关；后行纤维到达脊髓，与躯体运动和内脏活动的调节有关。

组胺（histamine）：下丘脑后部的结节乳头核内含组胺能神经元的胞体，其纤维几乎到达中枢的所有部位，包括大脑皮层和脊髓。中枢组胺系统可能参与觉醒、体温、性行为、垂体内分泌等活动。

③氨基酸类：氨基酸类递质主要存在于中枢神经系统，脑内具有递质功能的氨基酸主要有谷氨酸（glutamate，Glu）、天冬氨酸（aspartate，Asp）、甘氨酸（glycine，Gly）和γ-氨基丁酸（γ-aminobutyric acid，GABA）。前两种为兴奋性氨基酸，后两种则为抑制性氨基酸。谷氨酸是兴奋性递质，广泛分布于大脑皮质和脊髓内，与感觉冲动的传递及大脑皮质内的兴奋有关。天冬氨酸为兴奋性递质，多见于视皮层的锥体细胞和多棘星状细胞。甘氨酸在脊髓腹角的闰绍细胞内浓度最高，引起突触后膜超极化，产生突触后抑制。γ-氨基丁酸在大脑皮质的浅层和小脑的浦肯野氏细胞中含量较高，引起突触后膜超极化，产生突触后抑制。γ-氨基丁酸在脊髓内能引起突触前膜去极化，产生突触前抑制。

④肽类：早已知道神经元能分泌肽类物质，它们包括以下几种类型。

下丘脑调节肽和神经垂体肽：下丘脑调节腺垂体功能的肽类激素（详见第十二章内分泌系统）称为下丘脑调节肽（hypothalamic regulatory peptide），其中许多（或全部）激素和受体，也存在于下丘脑以外的脑区和周围神经系统，提示它们可能是神经递质。此外，视上核和室旁核神经元除分泌加压素（9肽）和催产素（9肽）外，有向脑干和脊髓投射的纤维，具有调节交感和副交感神经的作用（递质为催产素），并能抑制痛觉（其递质为加压素）。

阿片肽：脑内具有吗啡样活性的多肽，称为阿片肽（opioid peptide）。阿片肽包括β-内啡肽、脑啡肽和强啡肽三类。阿片肽的生理功能极为广泛，在调节痛觉、运动、内脏活动、免疫、内分泌和摄食等多方面都有重要作用。

脑-肠肽：脑-肠肽（brain-gut peptide）是指在胃肠道和脑内双重分布的肽类物质，例如P物质、神经降压素、血管紧张素Ⅱ、胆囊收缩素（CCK）、促胰液素、胃泌素、胃动素、血管活性肠肽、胰高血糖素等。

⑤气体分子：一氧化氮作为一种非经典的神经递质，是近年来神经科学领域中的一个重要发现。研究指出，一氧化氮具有许多神经递质的特征。某些神经元含有一氧化氮合成酶，该酶能使精氨酸生成一氧化氮。生成的一氧化氮从一个神经元弥散到另一神经元中，而后作用于鸟苷酸环化酶并提高其活力，从而发挥出生理作用。

2. 受体 受体（receptor）是指细胞膜或细胞内能与某些化学物质（如递质、调质、激素等）发生特异性结合并诱发生物效应的特殊生物分子。能与受体发生特异性结合并产生生物效应的化学物质，称为受体的激动剂（agonist）；只能与受体发生特异性结合，但不能产生生物效应的化学物质，称为受体的拮抗剂（antagonist）或受体的阻断剂（blocker）。激动剂和拮抗剂两者统称为配体（ligand）。一般认为受体与配体结合具有以下 4 个特性：①特异性：即特定的受体只能与特定的配体结合，激动剂与特定的受体结合后能产生特定的生物效应，拮抗剂与受体结合后递质很难再与受体结合，递质就不能发挥其作用。但特异性结合是相对的，而不是绝对的。②饱和性：由于分布在细胞膜上的受体数量是有限的，因此它只能与有限的配体结合。③可逆性：配体与受体结合是可逆的，既可以结合，也可以解离。④脱敏性：受体长期暴露于配体时，大多数受体会失去反应性，即产生脱敏（desensitization）现象。

受体大致包括如下几类：

（1）胆碱能受体：凡是能与乙酰胆碱结合的受体称为胆碱能受体。胆碱能受体又可分为两种：一种是毒蕈碱型受体（muscarinic receptor）或 M 受体，它与乙酰胆碱结合时产生与毒蕈碱相似的作用；另一种称烟碱型受体（nicotinic receptor）或 N 受体，它与乙酰胆碱结合时产生与烟碱相似的作用。

M 型受体存在于副交感神经节后纤维支配的效应细胞上，以及交感神经支配的小汗腺、骨骼肌血管壁上。当它与乙酰胆碱结合时，则产生毒蕈碱样作用，也就是使心脏活动受抑制、支气管平滑肌收缩、胃肠运动加强、膀胱壁收缩、瞳孔括约肌收缩、消化腺及小汗腺分泌增加等。阿托品可与 M 受体结合，阻断乙酰胆碱的毒蕈碱样作用，故阿托品是 M 受体的阻断剂。

N 受体又可分为神经肌肉接头和神经节两种亚型，它们分别存在于神经肌肉接头的后膜（终板膜）和交感神经、副交感神经节的突触后膜上，前者为 N_2，后者为 N_1 受体类型。当它们与乙酰胆碱结合时，则产生烟碱样作用，即可引起骨骼肌和节后神经元兴奋。箭毒可与神经肌肉接头处的 N_2 受体结合而起阻断剂的作用；六烃季胺可与交感、副交感神经节突触后膜上的 N_1 受体结合而起阻断剂的作用。

（2）肾上腺素能受体：凡是能与儿茶酚胺（catecholamine）（包括去甲肾上腺素、肾上腺素等）结合的受体称为肾上腺素能受体。其对效应器的作用，有兴奋效应也有抑制效应。肾上腺素能受体又可分为 α 和 β 两种。α 受体与儿茶酚胺结合后，主要是兴奋平滑肌，如血管收缩、子宫收缩和瞳孔开张肌收缩等；但也有抑制作用，如使小肠平滑肌舒张。β 受体又可分为 $β_1$ 和 $β_2$ 两个亚型，它与儿茶酚胺结合后，抑制平滑肌的活动，如血管舒张、子宫收缩减弱、小肠及支气管平滑肌舒张等，但对心肌却产生兴奋效应。一般说来，递质与 α 受体结合后引起效应器细胞膜的去极化，而与 β 受体结合后则引起超极化，因而出现不同的效应（表 10-5）。

表 10-5 肾上腺素能受体的分布与效应

效应器官		受体	效应
心（窦房结、房室传导系统、心肌）		β_1	心率加快、传导加速、收缩加强
血管	冠状血管	α_1、β_2	收缩、舒张（在体时，因间接作用主要表现为舒张）
	皮肤黏膜血管	α_1	收缩
	骨骼肌血管	α_1、β_2	收缩、舒张（以舒张为主）
	脑血管	β_2	舒张
	肺血管	α_1	收缩
	腹腔内脏血管	α_1、β_2	收缩、舒张（除肝血管外，均以收缩为主）
	唾液腺血管	α_1	收缩
支气管平滑肌		β_2	舒张
胃肠	胃平滑肌	β_2	舒张
	小肠平滑肌	α_2、β_2	舒张
	括约肌	α_1	收缩
膀胱	膀胱壁平滑肌	β	舒张
	膀胱括约肌	α_1	收缩
子宫平滑肌		α_1、β_2	收缩（有孕子宫），舒张（无孕子宫）
眼	瞳孔开张肌	α_1	收缩（扩瞳）
	睫状肌	β_2	舒张

从表 10-5 可知，有些组织器官只有 α 受体或 β 受体，有些既有 α 又有 β 受体。α 和 β 受体不仅对交感神经末梢释放的递质起反应，而且对血液中存在的儿茶酚胺也起反应。去甲肾上腺素对 α 受体的作用强，而对 β 受体的作用弱；肾上腺素对 α 和 β 受体都有作用；异丙肾上腺素主要对 β 受体起作用。在动物实验中，注射去甲肾上腺素使血压升高，从对血管的作用来看，这是 α 受体被作用而引起广泛血管收缩的结果；注射异丙肾上腺素使血压下降，是由于 β 受体被作用，引起血管广泛舒张所致；注射肾上腺素，则血压先升高后降低，这是 α 和 β 受体均被作用，致使血管先收缩后舒张的结果。酚妥拉明是 α 受体的阻断剂，可消除去甲肾上腺素和肾上腺素的升压效应；心得安是 β 受体的阻断剂，可消除肾上腺素和异丙肾上腺素的降压效应。

（3）中枢内递质的受体：中枢内递质种类繁多，相应的受体也较多。除胆碱能受体和肾上腺素能受体外，还有多巴胺受体（dopamine receptor）、5-羟色胺受体（5-hydroxytryptamine receptor）、γ-氨基酸受体（γ-aminobutyric acid receptor）、甘氨酸受体（glycine receptor）、阿片受体（opioid receptor）、组胺受体（histamine receptor）及腺苷受体等。

（三）神经中枢反射活动的规律

1. 中枢内神经元联系的方式 神经元依其在反射弧中所处地位的不同可分为传入神经元、中间神经元和传出神经元 3 种。人体中枢神经系统的传出神经元的数目总计为数十万；传入神经元较传出神经元多 1~3 倍；而中间神经元的数目最大，以大脑皮层为例，估计约有中间神经元 140 亿。这说明中间神经元具有重要的生理作用。

神经元的数量如此巨大，它们之间的联系也必然非常复杂。一个神经元的轴突可以通过分支与许多神经元建立突触联系，此称为辐射式联系（divergent connection）。这种联系有可能使一个神经元的兴奋引起许多神经元的同时兴奋或抑制（图10-13）。同一神经元的细胞体与树突可接受许多不同轴突来源的突触联系，此称为聚合式联系（convergent connection）。这种联系有可能使来源于不同神经元的兴奋或抑制在同一神经元上发生整合，导致后者发生兴奋或抑制。在脊髓，传入神经元纤维进入中枢后，除以分支与本节段脊髓的中间神经元及传出神经元发生突触联系外，又有上升与下降的分支，并以其侧支在各节段脊髓与中间神经元发生突触联系。因此，在传入神经元与其他神经元发生突触联系中主要表现为辐射式联系。传出神经元接受不同轴突来源的突触联系，主要表现为聚合式联系。至于中间神经元之间的联系则多种多样，有的形成链锁式联系（chain connection），有的呈环式联系（recurrent connection）(图10-14)。在这些联系形式中，辐散与聚合式联系都同时存在。神经冲动通过链锁式联系，在空间上可扩大作用范围；兴奋冲动通过环式联系，或因负反馈而使活动及时终止，或因正反馈而使活动增强和延续。在环式联系中，即使最初的刺激已经停止，传出通路上仍能在一段时间内继续发放神经冲动，这种现象称为后发放或后放电（after discharge）。

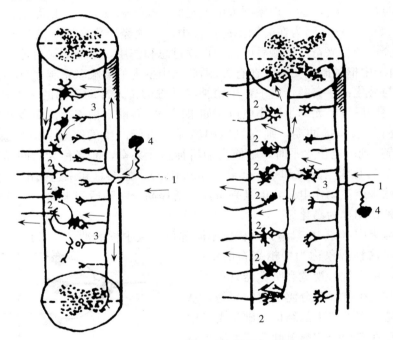

图10-13 神经元的联系方式
1.传入纤维 2.传出神经元 3.中间神经元 4.脊神经节细胞

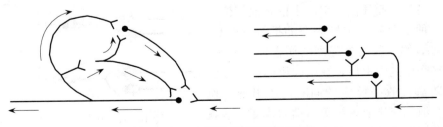

图10-14 中间神经元的联系形式
左.环状 右.链锁状

2. 中枢兴奋传播的特征　兴奋在中枢的传布完全不同于神经纤维上冲动的传导，其主要原因在于中枢部位除了受传入神经冲动的影响外，还受来自其他脑中枢的冲动以及在中枢神经内神经元之间错综复杂的联系的影响。中枢兴奋的传布有以下特征：

（1）单向传递：在中枢神经系统中，冲动只能沿着特定的方向和途径传播，即感受器兴奋产生的冲动向中枢传递，中枢的冲动则传向效应器，这种现象称为单向传递（one‐way transmission）。单向传布是由突触传递的极性所决定的。因为通常只有突触前末梢能释放化学递质引起后膜发生反应，突触后膜兴奋时产生的突触后电位不能越过突触间隙反过来引起突触前膜兴奋。虽然近年来发现突触后膜也能释放一些递质，而前膜也存在突触前受体，但其作用主要是调节递质的释放，与兴奋传递无直接关系。电突触传递则不同，由于其结构无极性，所以兴奋可以双向传播。

（2）中枢延搁：从刺激作用于感受器起，到效应器发生反射活动所经历的时间，称为反射时（reflex time），这是兴奋通过反射弧（reflex arc）各个环节所需的时间。其中，兴奋通过反射中枢时往往较慢，这一现象称为中枢延搁（central delay）。据测定，兴奋通过一个突触为 0.3~0.5ms。这是因为在突触传递过程中，必须经历化学递质的释放、扩散、与后膜上的受体结合，产生兴奋性突触后电位，再通过总和作用，才使突触后神经元兴奋，故延搁时间较长。由于中枢延搁和突触存在有关，因此在中枢内的突触联系越多，反射时就越长。

（3）总和与易化：在突触传递中，单根神经纤维的传入冲动引起的 EPSP 是局部电位，一般不能引起突触后神经元产生动作电位。如果同一突触前末梢连续传来多个冲动，或多个突触前末梢同时传来一排冲动，则突触后神经元可将所产生的突触后电位总和（summation）起来，待达到阈电位水平时，就使突触后神经元兴奋，前者称为时间总和（temporal summation），后者称为空间总和（spatial summation）。如果总和未达阈电位水平，此时突触后神经元虽然未产生动作电位，但其兴奋性有所提高，对随后到来的一个较弱刺激能发生兴奋反应，这种作用称为易化。

（4）扩散与集中（图10-15）：由机体不同部位传入中枢的冲动，常最后集中传递到中枢内某一部位，这种现象称为中枢兴奋的集中。例如，饲喂时，由嗅觉、视觉和听觉器官传入中枢的冲动，可共同引起唾液分泌中枢的兴奋，从而导致唾液分泌。兴奋集中的结构基础是由于中枢内的神经元存在着聚合式突触联系。上述兴奋的空间总和即兴奋集中的表现。

从机体某一部位传入中枢的冲动，常不限于中枢的某一局部，而往往可引起中枢其他部位发生兴奋，这种现象称为中枢兴奋的扩散（diffusion）。例如，当皮肤受到强烈的伤害性刺激时，所产生的兴奋传到中枢后，在引起机体的许多骨骼肌发生防御性收缩反应的同时，还出现心血管、呼吸、消化和排泄系统等活动的改变，这就是中枢兴奋扩散的结果。兴奋扩散的结构基础是由于中枢内的神经元存在着辐射式突触联系。如

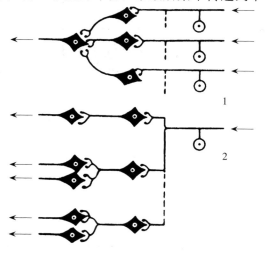

图10-15　中枢兴奋的扩散与集中
1. 聚合式　2. 辐射式
箭头表示兴奋传递的方向

果刺激适当，则不引起较大范围的活动，只引起局限的神经反应，称之为反射的局限化（localization）。

（5）兴奋节律的改变：在一个反射活动中，如果同时分别记录背根传入神经和腹根传出神经的冲动频率，可发现两者的频率并不相同。因为传出神经的兴奋除取决于传入冲动的节律外，还取决于传出神经元本身的功能状态。在多突触反射中则情况更复杂，冲动由传入神经进入中枢后，要经过中间神经元的传递，因此最后传出神经元发放的频率取决于各种影响因素的综合效应。

（6）后放：在一个反射活动中常可看到，当刺激停止后，传出神经仍可在一定时间内连续发放冲动，使反射能延续一段时间，这种现象称为后放（图10-16）。后放发生的原因很多，中枢内神经元存在着环式联系是后放产生的原因之一。此外，在效应器发生反应时，效应器内的感受器（骨骼肌的肌梭）受到刺激，不断发出传入冲动，将肌肉的活动信息传到中

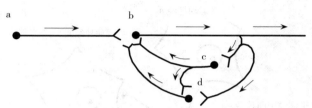

图10-16 中枢兴奋后后放的神经机制
当感觉冲动由 a 神经元传入后，除直接由 b 传出外，还会经旁支传到 c 和 d，再重新传到 b。这样由 a 传入的冲动可以使 b 先后发出几种冲动，产生后放

枢，以纠正和维持原先的反射活动，这也是产生后放的原因。

（7）对内环境变化的敏感性和易疲劳性：在反射活动中，突触是反射弧中最易发生疲劳的部位。因为突触间隙与细胞外液相通，故最易受内环境变化的影响。如急性缺氧几秒钟，即会发生传递障碍，这是由于缺氧而造成递质合成减少之故。突触对内环境的酸碱度改变也极为敏感。当动脉血的 pH 从正常值 7.4 上升到 7.8 时，可提高后膜对递质的敏感性，而使之易于兴奋，从而诱发惊厥出现碱中毒；当动脉血的 pH 下降到 7.0 或 6.95 时，可降低后膜对递质的敏感性而难以兴奋，从而导致昏迷出现酸中毒。

突触对某些药物亦很敏感。如临床上常用的兴奋药或麻醉药，多数是通过改变突触后膜对兴奋性或抑制性递质的敏感性而发挥作用的。如士的宁可降低后膜对抑制性递质的敏感性，特别是对脊髓内的突触作用最为明显，故常用作脊髓兴奋剂。又如巴比妥类可降低后膜对兴奋性递质的敏感性或提高其对抑制性递质的敏感性，特别是对脑干网状结构内的突触作用最为明显，故常用作镇静剂或麻醉剂。

3. 中枢抑制 在中枢内既有兴奋过程，又有抑制过程。根据中枢内抑制产生的机制不同，中枢抑制（central inhibition）可分为突触后抑制（postsynaptic inhibition）和突触前抑制（presynaptic inhibition）两类。

（1）突触后抑制：突触后抑制是由抑制性中间神经元引起的一种抑制。可分为传入侧支性抑制（afferent collateral inhibition）和回返性抑制（recurrent inhibition）。在传导通路中，传入纤维进入中枢后，一方面通过突触联系兴奋某一中枢神经元；另一方面通过侧支兴奋一个抑制性中间神经元，再通过后者的活动抑制另一中枢神经元。这种抑制称为传入侧支性抑制。回返性抑制是指中枢神经元兴奋时，其传出冲动沿轴突外传，同时又经轴突侧支兴奋另一抑制性中间神经元，后者释放抑制性递质，反过来抑制原先发生兴奋的神经元及同一中枢的其他神经元（图10-17）。其意义在于及时终止运动神经元的活动，并使同一中枢内

许多神经元的活动同步化。

（2）突触前抑制：突触前抑制是由于突触前神经元轴突末梢受到另一神经元轴突末梢释放的递质γ-氨基丁酸（GABA）的作用，预先去极化而减少其所释放的兴奋性递质，从而使得突触后膜兴奋性突触后电位减小，以致不易或不能引起突触后神经元兴奋，而产生抑制效应（图10-18）。突触前抑制在中枢内广泛存在，尤其多见于感觉传入通路中，对调节感觉传入活动具有重要意义。

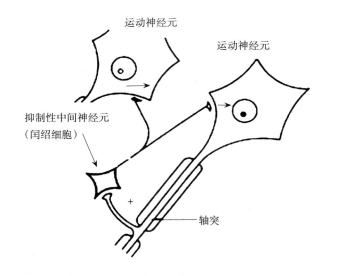

图10-17 回返性抑制示意图

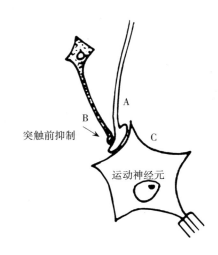

图10-18 突触前抑制示意图
A、B 轴突末梢 C. 运动神经元

4. 中枢易化 中枢内每一神经元兴奋性可受到其他神经元的影响而发生变化。当其兴奋性受到影响而升高时，其兴奋阈值降低，则兴奋的传递易于进行，反射易于发生，这一现象称为中枢兴奋的易化作用，又称中枢易化（central facilitation）。也可分为突触后易化（postsynaptic facilitation）和突触前易化（presynaptic facilitation）。突触后易化表现为EPSP的总和；突触前易化与突触前抑制具有同样的结构基础，不同的是使突触前神经元释放递质增多，最终使运动神经元EPSP增大，即产生突触前易化。

第三节 神经系统的功能

一、神经系统的感觉机能

动物机体通过各种感受器接受内外环境的刺激，转化为神经冲动，沿着感觉神经传入中枢神经系统，经过多次交换神经元，最后到达大脑皮质的一定区域，产生感觉。其中，脊髓和脑干是接受感受器刺激的传入冲动的基本部位，丘脑是感觉机能的较高级部位，大脑皮质是感觉机能的高级部位。

（一）感受器

感受器有多种多样（见第十一章感觉器官）。有的简单，只是一种游离的感觉神经末梢（如痛觉）；有的复杂，是接受某种刺激能量而发生兴奋的特殊结构（如视网膜中的光感受细胞）。尽管感受器结构各不相同，但它们共同的功能是接受内外环境的刺激，并将其转化为神经冲动，沿传入神经传入中枢神经系统。

1. 感受器的分类　感受器可分为外感受器和内感受器两大类。每大类又可分为几小类，见图10-19。

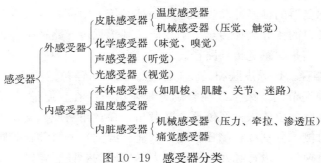

图10-19　感受器分类

2. 感受器的一般生理特性　不同结构的感受器虽然有不同的活动，但却表现出某些共同特征。

（1）适宜刺激：一般说来，每一种感受器都有它的适宜刺激（adequate stimulus）。如视网膜的适宜刺激为光波，内耳柯蒂氏器的适宜刺激是机械波，皮肤温度感受器的适宜刺激是温度变化等。

（2）感受器的换能作用：各种感受器在功能上的另一个共同点，是把作用于它们的各种刺激形式（刺激能量），转变为相应的传入神经上的动作电位或峰电位，这种作用统称为感受器的换能作用。用微电极插到感受器细胞内，在刺激时，它的神经末梢首先出现一个无潜伏期、不传播、能总和且不受局部麻醉剂影响的局部电位，这个电位称为感受电位（receptor potential）或发生器电位（generator potential）。它随着刺激加强而增大，当增大到一定水平时，就能使感觉传入神经末梢去极化，暴发动作电位，并以"全或无"的形式传向中枢（图10-20）。

（3）感受器的适应现象：以恒定的刺激强度持续作用于感受器时，将引起传入神经纤维上的冲动频率逐渐降低，这一现象称为感受器的适应（adaptation）。不同感受器的适应速度不同，通常可将其区分为快适应和慢适应感受器两类。快适应感受器以皮肤触觉感受器为代表，当它们受到刺激时只在刺激开始后的短时间内发放传入冲动，以后刺激仍在作用，但传入冲动频率可以逐渐降低到零；慢适应感受器以肌梭、痛觉感受器和颈动脉窦压力感受器为代表，它们在刺激持续作用时，一般只是在刺激开始以后不久

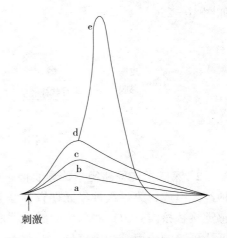

图10-20　感受器电位和动作电位的产生
a、b、c、d. 随刺激强度增加而产生的感受器电位　e. 动作电位

出现一次冲动频率的下降，但以后可以较长时间维持在这一水平，直至刺激撤除为止。

（4）感受器的反馈调节：感觉器官活动的自身调节是近年来才引起注意的问题之一。早已证明，在感受器或传入传导路的接替核，均有来自高位中枢的传出神经纤维存在。这些传出纤维对感受器的兴奋性或者对神经核的兴奋传导功能有调节作用。如在视网膜、耳蜗螺旋器、前庭器官的壶腹嵴、肌梭等感受器都证明有传出神经支配。这种传出神经纤维的调节作用，多数是属于抑制性的。它们是通过反馈作用来实现的一种自身调节。

（二）脊髓的感觉传导通路

来自全身各种感受器的神经冲动，除通过脑神经传入中枢外，大部分经脊神经背根进入脊髓，然后分别经各自的传导路径传至大脑皮质。其感觉传导路径可分为两大类：一类是浅感觉传导路径，另一类是深感觉传导路径。

1. 浅感觉传导路径 传导皮肤和黏膜的痛觉、温觉和轻触觉冲动。由三级神经元组成，第一级神经元在脊神经节内，第二级在脊髓背根，第三级在丘脑感觉接替核内。现分述如下：躯干、四肢的浅感觉由传入神经传至脊髓背角，在背角灰质区交换神经元，再发出纤维在中央管下交叉到对侧，分别经脊髓丘脑侧束（痛、温觉）和脊髓丘脑腹束（轻触觉）前行达丘脑，再由丘脑更换第三级神经元，投射到大脑皮质的躯体感觉区。此传导路径概括如图10-21。

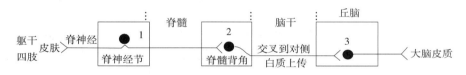

图10-21 躯干、四肢的浅感觉传导通路

头面部的浅感觉经三叉神经传入脑桥后，其中传导轻触觉的纤维止于三叉神经核，而传导痛、温度觉的纤维止于三叉神经脊束核。二者更换神经元后，交叉到对侧前行，组成三叉丘系，经脑干各部行至丘脑更换第三级神经元，投射到大脑皮质的躯体感觉区。此路径概括如图10-22。

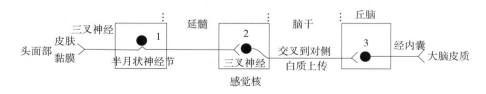

图10-22 头面部的浅感觉传导通路

2. 深感觉传导路径 传导肌肉、肌腱、关节等的本体感觉和深部压觉的冲动。由三级神经元组成，第一级神经元在脊神经节内，第二级在延髓薄束核、楔束核，第三级在丘脑的感觉接替核内。由这些部位的感受器所发出的冲动经脊神经传入脊髓背角，沿同侧背索前行抵达延髓的薄束核和楔束核，在此更换神经元并发出纤维交叉到对侧，经内侧丘系达丘脑，在丘脑交换神经元，投射到大脑皮质的躯体感觉区。此路径概括如图10-23。

可见，脊髓在传导感觉冲动的途径中，都有一次交叉。浅感觉传导路是先交叉再前行；

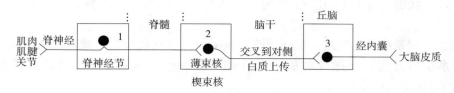

图 10-23 深感觉传导通路

深感觉传导路是先前行再交叉。因此，在脊髓半断离的情况下，浅感觉的障碍发生在断离的对侧，而深感觉的障碍发生在断离的同侧。

（三）丘脑及其感觉投射系统

丘脑是感觉传导的接替站。来自全身各种感觉的传导通路（除嗅觉外），均在丘脑内更换神经元，然后投射到大脑皮质。在丘脑内只对感觉进行粗略的分析与综合。丘脑与下丘脑、纹状体之间有纤维互相联系，三者成为许多复杂的非条件反射的皮质下中枢。

1. 丘脑核团的分类　丘脑的核团大致分三类（图10-24）。

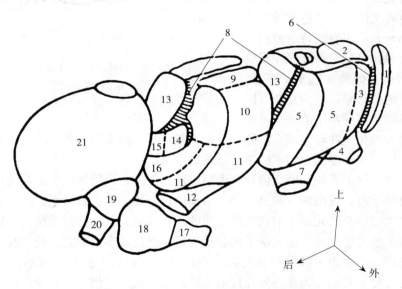

图 10-24　右侧丘脑主要核团示意图（网状核大部分已经除去）
1. 网状核　2. 前核　3. 前腹核　4. 苍白球传来的纤维　5. 外侧腹核　6. 外髓板
7. 小脑传来的纤维　8. 内髓板　9. 背外侧核　10. 后外侧核　11. 后外腹侧核
12. 内侧丘系　13. 背内核　14. 中央中核　15. 束旁核　16. 后内侧腹核
17. 视束　18. 外侧膝状体　19. 内侧膝状体　20. 外侧丘系　21. 丘脑枕

第一类（感觉接替核）：接受感觉的投射纤维，换元后投射到大脑皮质的感觉区。如后腹核、内侧膝状体、外侧膝状体等。

第二类（联络核）：接受由第一类核团和其他皮质下中枢传来的纤维（但不直接接受感觉的投射纤维），换元后投射到大脑皮质某一特定区域。如外侧腹核接受小脑、苍白球传来的纤维，投射到大脑皮质运动区等。

第三类（主要是髓板内核群）：是丘脑的古老部分，这类细胞没有直接投射到大脑皮质的纤维，但可间接地通过多突触接替，更换神经元后弥散地投射到整个大脑皮质，对维持大脑皮质的兴奋状态有重要作用。主要是髓板内核群,包括中央中核、束旁核和中央外侧核等。

2. 感觉投射系统及其作用　根据丘脑各核团向大脑皮质投射纤维特征的不同,丘脑的感觉投射系统可分为特异性投射系统(specific projection system)和非特异性投射系统(non specific projection system)。

(1) 特异性投射系统:丘脑的感觉接替核接受除嗅觉以外的躯体各种特定感觉(如视觉、听觉、触觉、温觉、痛觉等)传导通路传来的冲动,再由此发出纤维投射到大脑皮质的各感觉区,产生特定感觉。这种传导系统称为特异性投射系统(图10-25)。

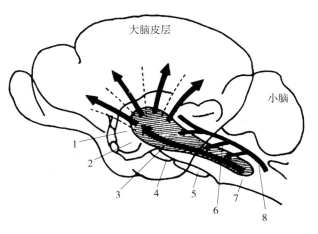

图10-25　网状结构上行激动系统示意图
(猫脑矢状切面)
1. 丘脑　2. 下丘脑和底丘脑　3. 脑干网状结构上行激动系统
4. 中脑　5. 脑桥　6. 侧支　7. 延髓　8. 前行神经束

典型的感觉传导路径,一般是由三级神经元接替完成的。第一级神经元位于脊神经节或有关的脑神经感觉神经节内;第二级神经元位于脊髓背角或脑干的有关神经核内;第三级神经元在丘脑的感觉接替核内。但特殊感觉(视觉、听觉、嗅觉)的传导路径较为复杂。因此,丘脑是特异性传导系统的一个重要接替站,它对各种传入冲动(嗅觉除外)进行汇集,并作初步的分析和综合,产生粗略的感觉,但对刺激的性质和强度,则不能进行精确的分析。

(2) 非特异性投射系统:感觉传导向大脑皮质投射时,即特异性投射系统的第二级神经元的纤维通过脑干时,发出侧支与脑干网状结构的神经元发生突触联系,然后在网状结构内通过短轴突多次更换神经元而投射到大脑皮质的广泛区域。这一投射系统是不同感觉的共同前行途径。由于各种感觉冲动进入脑干网状结构后,经过许多错综复杂交织在一起的神经元的彼此相互作用,故失去了各种感觉的特异性,因而投射到大脑皮质就不再产生特定的感觉。所以,将此传导系统称为非特异性投射系统。此系统的作用一是激动大脑皮质的兴奋活动,使机体处于醒觉状态,所以非特异性投射系统又称脑干网状结构上行激动系统(ascending activating system)。当这一系统的传入冲动增多时,皮质的兴奋活动增强,使动物保持醒觉状态,甚至引起激动状态;当这一系统的传入冲动减少时,皮质兴奋活动减弱,使动物处于相对安静状态,甚至皮质的广大区域转入抑制状态而引起睡眠。二是调节皮质各感觉区的兴奋性,使各种特异性感觉的敏感度提高或降低。如果这一系统受到损伤,使皮质的兴奋活动减弱,动物将陷入昏睡。由于这一系统是一个多突触接替的前行系统,所以它易受麻醉药物的作用而发生传导障碍。有些麻醉药如冬眠灵等,就是作用于脑干网状结构,阻断了这条通路,降低了皮质的兴奋性,从而引起安静和睡眠。

(四) 大脑皮质的感觉分析功能

大脑皮质是感觉的最高级中枢,它接受身体各部分传来的冲动,进行精细的分析与综合后产生感觉,并发生相应的反应。不同的感觉在大脑皮质内有不同的代表区(图10-26)。

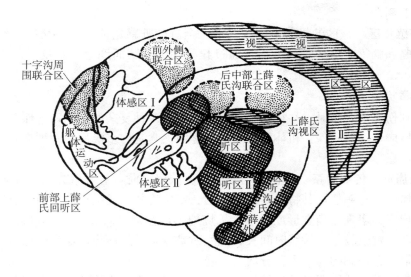

图 10-26　猫躯体感觉区在大脑皮层的投影

但大脑皮质的感觉代表区的功能性差别不是绝对的，它只能表明在一定的区域内对一定功能有比较密切的联系，并不意味着各感觉区之间互相孤立和各不相关。事实上，它们之间在功能上密切联系，协同活动，产生各种复杂的感觉。

1. 躯体感觉区　位于大脑皮质顶叶。低等哺乳类如兔、鼠等的躯体感觉区与躯体运动区基本重合在一起，统称感觉运动区。而猫、犬等家畜的躯体感觉区与躯体运动区也有重叠之处，但躯体感觉区主要在十字沟的后侧和外侧，称为第一感觉区。动物愈高等，躯体感觉区与躯体运动区愈明显分离。如灵长类动物（如猴）躯体感觉区在顶叶中央后回，而躯体运动区则在额叶中央前回。

躯体感觉在大脑皮质的投影有以下规律。①具有左右交叉的特点，但头面部的感觉投影是双侧性的。②前后倒置，即后肢投影在大脑皮质顶部，且转向大脑半球内侧面，而头部投影在底部。③投影区的大小取决于感觉的灵敏度、机能重要程度和动物特有的生活方式。研究证明，马和猪的躯体感觉以鼻部所占的投影区最大，而绵羊和山羊则以上下唇最大。这说明鼻、唇是这些动物觅食的主要器官，机能重要，灵敏度高，故投影区大。

研究证明，大脑皮质还有第二感觉区，位置在上述区域的下面，范围较小，从系统发生来看，可能比较原始，仅对感觉进行粗略的分析。

2. 感觉运动区　即躯体运动区，也是肌肉本体感觉投影区，位于中央前回，它与外周神经联系是对侧性的。

3. 视觉区、听觉区、嗅觉区和味觉区　视觉区位于皮层的枕叶。左侧枕叶皮层接受左眼的颞侧视网膜和右眼的鼻侧视网膜的传入纤维投射；右侧枕叶皮层接受右眼的颞侧视网膜和左眼的鼻侧视网膜的传入纤维投射。听觉区位于皮层的颞叶。听觉的投射是双侧性的，即一侧皮层代表区接受来自双侧耳蜗的传入冲动，但与对侧的联系较强。目前知道，嗅觉在大脑皮层的投射区随进化而愈益缩小，在高等动物只有边缘叶的前底部区域（包括梨状区皮层的前部、杏仁核的一部分等）与嗅觉功能有关。在人脑的刺激研究中观察到，刺激这些相应的结构可以引起特殊的主观嗅觉，如焦橡胶气味等。此外，味觉投射区在中央后回头面部感觉投射区之下侧。

4. 内脏感觉区 该区的投射范围较弥散。全身内脏感觉神经混在交感神经和副交感神经中进入脊髓和脑干，更换神经元后，通过丘脑和下丘脑而到达大脑皮质的中央后回和边缘叶。

（五）痛觉

机体受到伤害性刺激时，往往产生痛觉。痛觉是一种复杂的感觉，常伴有不愉快的情绪活动和防卫反应，这对于保护机体是重要的。疼痛又常是许多疾病的一种症状，因此在临床上引起很大注意。

1. 皮肤痛觉与传导通路 伤害性刺激引起皮肤疼痛时，可导致先后产生两种性质的痛觉：一是快痛，也称刺痛，其特点是感觉鲜明、定位清楚、发生迅速、消失也迅速；另一是慢痛，也称灼痛，表现为痛觉形成缓慢、呈烧灼感，在刺激后过 $0.5～1.0s$ 才能被感觉到，是一种弥漫性、定位较差、持续时间长、强烈而难以忍受的疼痛，这类疼痛常伴有心血管和呼吸反应，临床上遇到的疼痛大部分属于慢痛。

一般认为痛觉的感受器是游离神经末梢。引起痛觉不需要特殊的适宜刺激，任何形式的刺激只要达到一定强度有可能或已造成组织损伤时，都能引起痛觉，但其机制还不清楚。有人认为，这种游离神经末梢是一种化学感受器，当各种伤害性刺激作用时首先引起组织内释放某些引起致痛物质（例如 K^+、H^+、组胺、5-羟色胺、缓激肽、前列腺素等），作用于游离神经末梢，产生痛觉传入冲动，进入中枢引起痛觉。

痛觉的中枢传导通路比较复杂。痛觉传入纤维进入脊髓后，在后角更换神经元并发出纤维交叉到对侧，再经脊髓丘脑侧束上行抵达丘脑的体感觉核，转而向皮层体表感觉区投射。此外，痛觉传入冲动还在脊髓内弥散上行，沿脊髓网状纤维、脊髓中脑纤维和脊髓丘脑内侧部纤维，抵达脑干网状结构、丘脑内侧部和边缘系统，引起痛的情绪反应。

2. 内脏痛与牵涉痛 内脏痛与牵涉痛是临床常见的症状，其主要特点如下。

（1）内脏痛：内脏疼痛可分为两类：一类是体腔壁的浆膜痛，如胸膜或腹膜受到炎症、摩擦或手术的牵拉刺激所引起的疼痛；另一类是内脏本身出现的脏器痛。引起脏器痛的原因可能有两种：一是器官受机械性膨胀或牵拉（如胃、肠、膀胱或胆囊等受到膨胀或牵拉，内脏平滑肌痉挛时）所引起的疼痛；二是化学性刺激，如内脏局部缺血引起代谢物（乳酸、丙酮酸等）积聚，刺激神经末梢所引起的剧烈疼痛。内脏虽有神经末梢感受刺激，但较皮肤的神经末梢稀疏，传入通路也较分散，因此，这种痛觉模糊，定位不明显，属于钝痛性质。如马腹痛与体表痛相比，定位就不明确。

（2）牵涉痛：某些内脏疾病往往引起远隔的体表部位感觉疼痛或痛觉过敏，这种现象称为牵涉痛（referred pain）。例如，心肌缺血时，可发生心前区、左肩和左上臂的疼痛；胆囊病变时，右肩区会出现疼痛；胆囊炎、胆结石发作时，可感觉右肩区疼痛；阑尾炎时，常感上腹部或脐区有疼痛。牵涉痛发生的原因，通常用会聚学说（convergence theory）和易化学说（facilitation theory）加以解释。会聚学说认为，来自内脏器痛和躯体痛的传入纤维感觉纤维会聚到同一节段脊髓，即两者通过一共同的道路上传，且因通常疼痛刺激大多来源于体表部位，大脑皮层更习惯于识别体表信息，因而把内脏痛误认为体表痛，于是发生牵涉痛（图 10-27）。易化学说认为，来自内脏和躯体的传入纤维到达脊髓背角同一区域内彼此非常接近的不同神经元，由患病内脏传来的冲动可提高邻近的躯体感觉神经元的兴奋性，从而对

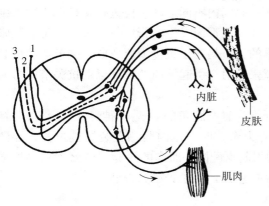

图 10-27 牵涉痛发生示意图
1. 体表痛觉传入通路 2. 体表与内脏痛觉传入通路
3. 内脏痛觉传入通路

体表传入冲动产生易化作用，使平常不会引起疼痛的刺激信号变为疼痛信号，从而产生牵涉痛。

二、神经系统对躯体运动的调节

躯体运动是动物对外界反应的主要活动。任何形式的躯体运动，都是以骨骼肌的活动为基础的。不同肌群在神经系统的调节下，互相协调和配合，形成各种有意义的躯体运动。神经系统不同部位对躯体运动有着不同的作用。

（一）脊髓对躯体运动的调节

躯体运动最基本的反射中枢位于脊髓。为了研究脊髓单独的功能，通常利用脊髓与高位中枢断离的方法，但为了保持动物的呼吸功能，常在颈脊髓第5节水平以下切断，以保留膈神经对膈肌呼吸的传出支配。这种脊髓与高位中枢离断的动物称为脊动物（spinal animal）。在脊动物可以观察到脊髓的一些基本功能，但由于失去了高位中枢的调节，因而不能完全反映正常的脊髓功能。

与高位中枢离断的脊髓，在手术后暂时丧失反射活动的能力，进入无反应状态，这种现象称为脊休克（spinal shock）。脊休克的主要表现为：在横断面以下脊髓所支配的躯体与内脏反射活动均减退以至消失，如骨骼肌紧张性减低或消失，血压下降，外周血管扩张，发汗反射消失，直肠和膀胱中粪尿潴留等。以后，一些以脊髓为基本中枢的反射活动可逐渐恢复。反射恢复的速度与不同动物脊髓反射对高位中枢的依赖程度有关。例如，蛙在脊髓离断后数分钟内反射即可恢复；人类则需数周以至数月才能恢复脊髓反射。脊髓是中枢神经系统的低级部位，通过脊髓可以完成一些简单的反射活动，例如牵张反射（stretch reflex）等。无论屈肌或伸肌，当其被牵拉时，肌肉内的肌梭就受到刺激，感觉冲动传入脊髓后，引起被牵拉的肌肉发生反射性收缩，从而解除被牵拉状态，称之为牵张反射（stretch reflex）（图10-28）。这在伸肌表现得特别明显。牵张反射的感受器和效应器都存在于骨骼肌内，是维持动物姿势最基本的反射。一般分为腱反射和肌紧张。

1. 腱反射（tendon reflex） 是指快速牵拉肌腱时发生的牵张反射。例如，敲击股四头肌腱时，股四头肌发生收缩，膝关节伸直，称之为膝反射（knee jerk）。敲击跟腱时，引起腓肠肌收缩，跗关节伸直，称之为跟腱反射。

2. 肌紧张（muscle tonus） 是指缓慢、持续地牵拉肌腱时所发生的牵张反射。即被牵拉的肌肉发生

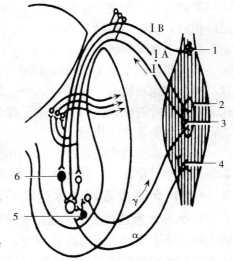

图 10-28 牵张反射示意图
1. 腱器官 2. 肌梭 3. 梭内肌纤维
4. 梭外肌纤维 5. 闰绍细胞
6. 抑制性中间神经元

缓慢而持久的收缩，以阻止被拉长。肌紧张是同一肌肉内不同运动单位进行交替性收缩来维持的，故能持久而不易疲劳。正常机体内，伸肌和屈肌都因发生牵张反射而维持一定的紧张性，但在动物站立时，由于重力影响，支持体重的关节趋向于被重力所弯曲，关节弯曲势必使伸肌肌腱受到持续的牵拉，从而发生持续的牵张反射，引起该肌的收缩以对抗关节的弯曲而维持站立姿势。

牵张反射的低级中枢位于脊髓腹角，传出纤维为脊髓腹角的α-运动神经元和γ-运动神经元，分别控制梭外肌和梭内肌。当肌肉受到外力牵拉时，梭内肌感受装置被拉长，导致ⅠA类感觉纤维神经冲动增加，肌梭的传入冲动引起支配同一肌肉的α-运动神经元活动增强和梭外肌收缩，从而形成一次牵张反射。外力牵拉愈强，肌紧张更为强烈。

（二）脑干对躯体运动的调节

脑干包括延髓、脑桥和中脑。脑干有较多的神经核以及与这些核相联系的前行和后行神经传导通路，还有纵贯脑干中心的网状结构。脑干网状结构是中枢神经系统中重要的皮质下整合调节机构，有多种重要功能。其中对牵张反射和姿势反射等躯体运动有重要的整合调节作用。例如，在中脑上、下丘之间切断脑干后，动物出现伸肌紧张性亢进，表现为昂首翘尾，四肢伸直，脊髓挺硬，坚硬如柱，这一现象称为去大脑僵直（decerebrate rigidity）。如果此时于某一肌肉内注入局部麻醉药或切断相应的脊髓背根以消除肌梭传入冲动，则该肌肉的僵直现象即消失。可见去大脑僵直是一种准确的牵张反射。

（三）小脑对躯体运动的调节

小脑是躯体运动调节的重要中枢，对于维持姿势、调节肌紧张、协调随意运动均有重要作用。主要通过以下三条途径发挥作用：一是通过与前庭系统的联系，维持身体平衡；二是通过与中脑红核等部位的联系，调节全身肌紧张；三是通过与丘脑和大脑皮层的联系，协调躯体的随意运动。

维持身体平衡主要是前庭小脑（vestibulocerebellum）的功能。前庭小脑主要由绒球小结叶构成，动物切除绒球小结叶后，其四肢活动仍正常，但却站立不稳，身体不能保持平衡，陷于平衡失调状态。

调节肌紧张主要是小脑前叶的功能。以电刺激一侧小脑前叶，即能抑制同侧伸肌的紧张性；单独切除动物的小脑前叶，会引起肌肉紧张亢进现象。因此，前叶有抑制肌紧张的作用。小脑前叶对肌紧张的调节除了抑制作用外，还有易化作用。如刺激猴小脑前叶两侧部位，有加强肌紧张的作用。

协调随意运动主要是新小脑的功能。当小脑半球损伤后，除肌肉无力外，另一个突出的表现是随意运动失调。如随意动作的速度、范围、强度和方向，都不能很好地控制。

（四）大脑皮质对躯体运动的调节

1. 大脑皮质运动区　大脑皮质的某些区域与骨骼肌运动有着密切关系。如刺激哺乳动物大脑皮质十字沟周围的皮质部分，可引起躯体广泛部位的肌肉收缩，这个部位称为运动区。运动区对骨骼肌运动的支配有如下功能特征：①对躯体运动的调节支配具有交叉的性质，即一侧皮质支配对侧躯体的骨骼肌。但对头面部肌肉的支配大部分是双侧性的。②具有精细的功能定位，即刺激一定部位的皮质，引起一定肌肉的收缩。运动愈精细而复杂的肌群，其代表区的面积愈大。例如，头面部肌群占有较广泛的定位区，躯干和四肢的肌群只有较小的定位区。这种功能定位的安排，总的呈倒置的支配关系。即支配后肢肌肉的定位区靠近中央，支配前肢和头部肌肉的定位区在外侧。但这种运动区的功能定位并不是绝对的，当某一区域损伤后，其他区域可部分地代偿受损区域的功能。

2. 锥体系 锥体系（pyramidal system）是指由大脑皮质发出并经延髓锥体而后行达脊髓的传导束，包括皮质脊髓束和皮质脑干束。由大脑皮质运动区锥体细胞发出轴突组成的纤维，经内囊、大脑脚、脑桥和延髓后行至脊髓者称皮质脊髓束，止于脑干者称皮质脑干束。皮质脊髓束约 3/4 的纤维经锥体交叉后到对侧脊髓外侧索下行，形成皮质脊髓外侧束；少数不交叉的纤维形成皮质脊髓腹侧束。皮质脑干束虽不通过锥体，但它在功能上与皮质脊髓束相同，故也包括在锥体系的概念中。

过去认为锥体系后行途径只包括两级运动神经元，一在皮质，另一在脊髓或脑干。现已证明，这种上、下位神经元的直接联系与动物在进化过程中技巧性活动的发展有关，大多数动物（除灵长类外），没有这种直接的单突触联系。锥体系统的后行冲动既可兴奋 α-运动神经元，使肌肉发生随意运动，又可通过 γ-环路调整肌梭的敏感性，通过两者的协同活动控制肌肉的收缩，以完成某些精细的动作。

3. 锥体外系 是指锥体系以外所有控制脊髓运动神经元活动的后行通路。锥体外系自大脑皮质发出，在基底核、丘脑底部、红核、黑质、前庭核和网状结构等处交换神经元，再到脑干或脊髓的运动神经元。由于不经过延髓锥体，故而得名。锥体外系统的机能主要是调节肌紧张，协调全身各肌肉群的运动，保持正常姿势。由于其在后行路径中多次更换神经元，因此不像锥体系那样能调控肌肉的精细运动。

由于锥体系和锥体外系在皮质的起源上相互重叠，以及两者在脑内的后行途径中不断发生纤维联系，所以从皮质到脑干之间，由于各种病理过程产生的运动障碍往往很难分清是属于锥体系还是锥体外系的功能缺陷。所以，近年来在生理学和临床医学已很少再用锥体系和锥体外系这样的概念了。

三、神经系统对内脏活动的调节

内脏活动的调节，是通过植物性神经系统实现的。植物性神经系统也称自主神经系统或内脏神经系统。内脏神经包括传入神经和传出神经，但习惯上仅将支配内脏器官的传出神经称为植物性神经，且将其分为交感神经（sympathetic nerve）和副交感神经（parasympathetic nerve）。

（一）交感和副交感神经

1. 交感神经和副交感神经的结构特征 植物性神经与躯体神经不同，植物性神经的纤维离开中枢神经系统后，不直接到达所支配的器官，而是先终止于神经节并交换神经元，再发出轴突到达效应器。因此，中枢的兴奋通过植物性神经传到效应器，必须经过两个神经元，第一个神经元称为节前神经元，位于脑干和脊髓灰质侧角，由它发出轴突到外周植物性神经节，此种纤维称为节前纤维（preganglionic fiber）；第二个神经元称为节后神经元，位于外周植物性神经节内，由它发出的轴突直达效应器，该纤维称为节后纤维（postganglionic fiber）。植物性神经根据形态和机能的不同，又可分为交感神经和副交感神经两部分，现将两者的结构特征比较如下：

(1) 初级中枢所在的部位不同。交感神经的节前神经元存在于胸腰段脊髓（从胸部第1至腰部第2或第3节段）的灰质侧角，故又称为胸腰植物性神经；而副交感神经的节前神经元存在于脑干（中脑、脑桥、延髓）和荐段脊髓的灰质侧角，故又称为脑荐植物性神经。

(2) 周围神经节的部位不同。交感神经节位于脊柱的两旁（锥旁神经节）和脊柱的下方（锥下神经节）；副交感神经节则位于所支配器官的附近和器官的壁内。因此，交感神经节的节前纤维短，节后纤维长；副交感神经则节前纤维长，节后纤维短。

(3) 节前、节后神经元突触的比例不同。一个交感神经节前神经元的轴突常分成许多分支，往往与几个至几十个节后神经元发生突触联系，可以引起广泛性的节后神经元兴奋，反应带有明显的弥散性；而一个副交感神经节前神经元的轴突常与一个或极少数节后神经元发生突触联系，其反应具有一定的局限性。

(4) 对同一器官所起的作用不同。交感神经和副交感神经节后纤维末梢所释放的递质不同，前者释放 NA，后者释放 Ach。它们分别与效应器上不同的受体（参见本章第二节）结合，产生不同的生理效应（表 10-6）。

2. 交感神经和副交感神经的功能特点　植物性神经系统的功能主要是调节心肌、平滑肌和腺体（消化腺、汗腺和部分内分泌腺）的活动。总体而言，交感和副交感神经系统具有以下几方面的特点：

(1) 对内脏活动的调节具有相互拮抗和互相协调的性质。从表 10-6 可知，在具有双重神经支配的器官中，它们对同一器官的作用，往往具有相互拮抗的性质。例如，对于心脏，迷走神经具有抑制作用，而交感神经则具有兴奋作用；对胃肠活动，迷走神经具有兴奋作用，而交感神经则具有抑制作用。这两种神经从正、反两方面调节器官的活动，使器官的活动水平能适应机体的需要。即使某一器官的活动既不过强也不过弱，维持在正常生理水平。从这点上看，它们的外周作用又是协调一致的。此外，在少数情况下，交感和副交感神经对某一器官的效应又是一致的。例如，对唾液腺，这两种神经兴奋都具有促进分泌的作用，仅在质和量上有差别。交感神经兴奋所分泌的唾液酶多而水分少，较黏稠；副交感神经兴奋所分泌的唾液酶少而水分多，较稀薄。

表 10-6　植物性神经的生理作用

器　官	交　感　神　经	副交感神经
循环系统	心率加快，收缩加强 腹腔内脏血管、皮肤血管、唾液腺血管等收缩，肌肉血管可收缩（肾上腺素能）或舒张（胆碱能）	心率减慢，收缩减弱 部分血管（软脑膜动脉及外生殖器血管等）舒张
呼吸系统	支气管平滑肌舒张	支气管平滑肌收缩、黏液腺分泌
消化系统	抑制胃运动，促进括约肌收缩 分泌少量黏稠唾液，含酶多，促进肝糖原分解	增强胃运动，促进消化腺分泌，使括约肌舒张 促进肝糖原合成
泌尿系统	膀胱平滑肌舒张，括约肌收缩	膀胱平滑肌收缩，括约肌舒张
眼	瞳孔散大（扩瞳肌收缩）	瞳孔缩小（缩瞳肌收缩）
皮肤	竖毛肌收缩，汗腺分泌	—
肾上腺髓质	促进分泌	—

(2) 植物性神经的外周性作用与效应器的机能状态有密切联系。例如，胃肠如果原来处于收缩状态，则刺激迷走神经可引起舒张，如原来处于舒张状态，则刺激迷走神经却引起收缩；又如刺激交感神经可导致动物无孕子宫的运动受到抑制，而对有孕子宫则可加强运动。这些说明植物性神经的作用随着支配器官本身的机能状态可以互相转化。

(3) 能持续发放神经冲动，对效应器具有紧张性作用。植物性神经对器官的支配，一般具有持久的紧张性作用。例如，切断支配心脏的迷走神经时，心率就加快，这表明迷走神经经常有紧张性冲动传出来，对心脏发生持续的抑制作用；又如切断心交感神经时，则心率减慢，这表明心交感神经的活动也具有紧张性。植物性神经的这种紧张性是由于其中枢在多方面因素的作用下，经常发出紧张性的传出冲动所致。

(4) 其递质和受体不同，对同一器官的功能不同。交感神经和副交感神经末梢是通过释放递质而发挥作用的，其所释放的递质和受体不同，对同一器官的功能也不同。例如，肾上腺素能受体又可分为 α 和 β 两种，α 受体与儿茶酚胺结合后，主要是兴奋平滑肌，如血管收缩、子宫收缩和瞳孔开张肌收缩等；但 β 受体与儿茶酚胺结合后，抑制平滑肌的活动，如血管舒张、子宫收缩减弱、小肠及支气管平滑肌舒张等。一般说来，递质与 α 受体结合后引起效应器细胞膜的去极化，而与 β 受体结合后则引起超极化，因而出现不同的效应。

(5) 交感神经系统的效应比较广泛，其主要作用在于应急。交感神经系统的活动一般较广泛，往往不是波及个别神经纤维及其所支配的效应器，而常以整个系统来参与反应。例如，在动物剧烈运动、窒息、失血或寒冷等情况下，由于反射地兴奋交感神经系统，机体出现心率加快、收缩加强，皮肤和腹腔内脏血管收缩，增加心输出量，血压升高，血液循环加快；支气管舒张，增加通气量；肾上腺素分泌增加，肝糖原分解加速，血糖升高等。这些都说明交感神经系统在环境急剧变化的情况下，动员机体许多器官的潜在力量，应付环境的剧变，使机体处于紧急动员状态。但交感神经系统活动的广泛性并不是毫无选择的，它在发生反射性反应时各部位的交感神经活动仍是有差别的。例如，失血开始后的几分钟内，交感神经的活动增强，主要表现为心脏活动的增强和腹腔脏器血管收缩，而其他反应却不明显。又如，温度升高时，主要表现为皮肤血管舒张（交感神经活动减弱），皮肤血流量增加，小汗腺分泌汗液（交感神经活动增加），以增加散热。

(6) 副交感神经系统的效应比较局限，其主要作用在于保护机体、促进消化、积储能量、加强排泄和保证种族繁衍等。例如，机体在安静时副交感神经活动往往加强，此时，心脏活动减弱，消化功能增强，以促进营养物质的吸收和能量补充等。

(二) 内脏活动的中枢调节

在中枢神经系统不同部位，如脊髓、脑干、下丘脑和大脑边缘叶都存在着调节内脏活动的中枢，但是，它们对内脏活动的调节能力却大不相同。

1. 脊髓 交感神经和部分副交感神经，起源于脊髓灰质的侧角内，因此脊髓是调节内脏活动的最基本中枢，通过它可以完成简单的内脏反射活动，例如排粪、排尿、血管舒缩以及发汗和竖毛等活动。但是这种反射调节功能是初级的，不能更好地适应生理机能的需要，在正常时脊髓受高级中枢的调控。

2. 脑干 由脑干发出的副交感神经，支配头面部所有的腺体、心脏、支气管、食管、胃肠道等。同时脑干网状结构中存在许多调节内脏活动的基本中枢。如调节呼吸运动的呼吸中枢；调节心血管活动的心血管运动中枢；调节消化管运动和消化腺分泌的食物中枢等。许多基本生命现象的反射调节在延髓水平已能初步完成，因此延髓有"生命中枢"之称。此外，中脑是调节瞳孔反射的中枢。

3. 下丘脑　下丘脑是大脑皮质下调节内脏活动的较高级中枢，它能够进行细微和复杂的整合作用，使内脏活动和其他生理活动相联系，以调节体温、水平衡、摄食等主要生理过程。

（1）体温调节：下丘脑是体温调节的主要中枢所在地。当体内、外温度发生变化时，可通过体温中枢对产热或散热机能进行调节，使体温恢复正常和经常保持相对稳定状态。

（2）水平衡调节：下丘脑的视上核和室旁核是水平衡调节中枢。它们调节水平衡，包括两方面：一是控制抗利尿激素的合成和分泌；另一是控制饮水。如血浆渗透压异常升高时，可引起垂体后叶释放抗利尿激素进入血液，随血液循环到达肾脏，促进远曲小管和集合管对水分的重吸收，同时产生渴感，驱使动物大量饮水，共同调节水平衡。

（3）摄食行为调节：下丘脑存在有摄食中枢（feeding center）和饱中枢（satiety center）。如果破坏摄食中枢，动物拒绝摄食；破坏饱中枢，动物食欲大增，逐渐肥胖。实验证明，血糖水平的高低可能调节摄食中枢和饱中枢的活动，这主要取决定于神经元对葡萄糖的利用程度。

（4）内分泌腺活动的调节：下丘脑有许多神经元具有分泌机能，可分泌多种激素进入血液，并通过垂体门脉循环到腺垂体，促进或抑制腺垂体各种激素的合成和分泌，进而调节其他内分泌腺的活动。

4. 大脑边缘系统　大脑半球内侧面皮质与脑干连接部和胼胝体旁的环周结构，称为边缘叶。与大脑半球外侧面皮质相比，这些结构属于进化上比较古老的皮质，故又称旧皮质，边缘叶包括扣带回、胼胝体回、海马沟与海马回等。

由于边缘叶在结构上和大脑皮质的岛叶、颞极、眶回等，以及杏仁核、隔区、下丘脑、丘脑前核等密切相关，于是常将边缘叶连同这些结构统称为边缘系统（limbic system）。

大脑边缘系统是内脏活动的重要调节中枢，而且还与情绪（emotion）、记忆功能有关。用电刺激边缘系统不同部位可引起很复杂的内脏活动反应。如可表现为血压升高或降低；呼吸加快或抑制；胃肠运动加强或减弱；瞳孔扩大或缩小等。这说明边缘系统是许多初级中枢活动的高级调节者，它对各低级中枢的活动起着调整作用（促进或抑制）。因而它的活动反应也很复杂。

四、神经系统的高级功能

大脑皮质是中枢神经系统的最高级部位，它不但对机体的非条件反射起着重要的调节作用，而且还能形成条件反射，一般把后者的神经活动称为高级神经活动。

（一）条件反射

1. 非条件反射和条件反射　非条件反射（unconditioned reflex）是动物在种族进化过程中，适应变化的内外环境通过遗传而获得的先天性反射，是动物生下来就有的。这种反射有固定的反射途径，反射比较恒定，不易受外界环境影响而发生改变，只要有一定强度的相应刺激，就会出现规律性的特定反应，其反射中枢大多数在皮质下部位。非条件反射的数量有限，只能保证动物的各种基本生命活动的正常进行，很难适应复杂的环境变化。例如，摄食反射、膝跳反射、眨眼反射、缩手反射、排尿反射等都是非条件反射。

条件反射（conditioned reflex）是动物在出生后的生活过程中，适应于个体所处的生活环境而逐渐建立起来的反射，它没有固定的反射途径，容易受环境影响而发生改变或消失。因此，在一定的条件下，条件反射可以建立，也可以消失。条件反射的建立，需要有大脑皮质的参与，是比较复杂的神经活动，从而也就提高了动物适应环境的能力。

2. 条件反射的形成　条件反射是建立在非条件反射基础上的。以猪吃食来说，食物进入口腔引起唾液分泌，这是非条件反射。在这里，食物是引起非条件反射的刺激物，称为非条件刺激。如果食物入口之前或同时，都响以铃声，最初铃声和食物没有联系，只是作为一个无关的刺激出现，铃声并不引起唾液分泌。但由于铃声和食物总是同时出现，经过反复多次结合之后，只给铃声刺激也可以引起唾液分泌，形成条件反射。这时的铃声就不再是摄食的无关刺激，而成为食物到来的信号。因此，把已经形成条件反射的无关刺激（铃声）称为信号。可见，形成条件反射的基本条件为：第一，无关刺激与非条件刺激在时间上的反复多次结合。这个结合过程称为强化（reinforcement）。第二，无关刺激必须出现在非条件刺激之前或同时。第三，条件刺激的生理程度比非条件刺激要弱。例如，动物饥饿时，由于饥饿加强了摄食中枢的兴奋性，食物刺激的生理强度就大大提高，从而容易形成条件反射。

3. 条件反射形成的原理　条件反射是在非条件反射的基础上形成的。由此可以设想，在条件反射形成之后，条件刺激神经通路与非条件反射的反射弧之间必定发生了一种新的暂时联系。关于暂时联系的接通，目前尚有争论。曾经认为哺乳动物条件反射的暂时联系，是发生在大脑皮质的有关中枢之间。以上述铃声形成条件反射（唾液分泌）来分析，条件刺激（铃声）作用时，使内耳感受器产生兴奋，沿传入神经（听神经）经多次更换神经元传到大脑皮质，使皮质听觉中枢形成一个兴奋灶。与此同时，非条件刺激也在皮质的唾液分泌中枢形成另一个兴奋灶。这两个兴奋灶之间虽有结构上的神经联系，但在条件反射形成之前没有功能上的联系，只有在条件刺激与非条件刺激多次结合强化之后，由于兴奋的扩散，这两个兴奋灶之间在功能上才逐渐接通，建立起暂时联系（图10-29）。

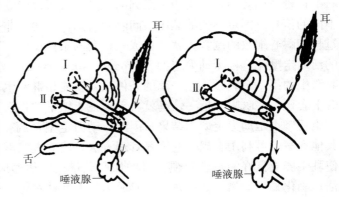

图10-29　条件反射形成示意图

关于暂时联系的接通机制，巴甫洛夫当时曾认为非条件刺激（食物）的皮质代表区的兴奋较强，可以吸引条件刺激（如声音）的皮质代表区的兴奋，从而使两个兴奋区的神经联系接通。后来他的一位继承人 Анохин（1967）认为，不是强的兴奋吸引弱的兴奋，而是强的兴奋沿皮质扩散开来，与弱兴奋相遇。1977年，巴甫洛夫另一位继承者又提出另一假说，他认为接通机制是由于信号和非条件刺激的反复同时出现，引起两种刺激的皮质代表区兴奋性提高，使活化的神经元数量增加。在此之前，多数神经元仅为某种特定模式的刺激所活化，而现在则可以为另一些模式的刺激所激活，从而变为多模式的神经元，这就是暂时联系形成的功能基础。总之,暂时联系的接通机制还有待更深入的研究。

4. 条件反射的消退 已形成的条件反射,如果在给予条件刺激时,不用非条件刺激强化,久而久之,原来的条件反射逐渐减弱,甚至不再出现,这称为条件反射的消退(extinction)。例如,铃声与食物多次结合形成的条件反射,如果反复单独应用铃声而不给食物(即不强化),则铃声引起的唾液分泌就会逐渐减少,甚至不分泌唾液。如果在给予动物条件刺激(例如铃声)后立即以一外来信号进行干扰,则条件反射(唾液分泌)也不再能发生,这称为条件反射的外抑制(external inhibition)。条件反射的消退不是条件反射的简单丧失,而是中枢把原先引起兴奋性效应的信号转变为产生抑制性效应的信号,所以是一种内抑制(internal inhibition)。

总之,为了建立条件反射,使用的条件刺激要固定、强度要适宜,而且要经常用非条件刺激来强化和巩固。否则,已经建立的条件反射也会受到抑制而逐渐消失。

5. 条件反射的生理学意义 条件反射的建立,极大地扩大了机体的反射活动范围,增加了动物活动的预见性和灵活性,从而对环境变化更能进行精确的适应。在动物个体的一生中,纯粹的非条件反射,只有在出生后一个不长的时间内可以看到,以后由于条件反射不断建立,条件反射和非条件反射越来越不可分割地结合起来。因此,个体对内外环境的反射性反应,都是条件反射和非条件反射并存的复杂反射活动。随着环境变化,动物不断地形成新的条件反射,消退不适合生存的旧条件反射。从进化的意义上说,越是高等动物,形成条件反射的能力越强,更能战胜不良环境而生存。

(二)动力定型

在役畜调教中,若给予一系列的刺激,就可以建立一整套的条件反射。也就是利用各种不同的信号以固定不变的顺序、间隔和时间,有的与非条件刺激结合,有的不与之结合,经过长期耐心细致的调教,就能形成一整套的条件反射。这种由一系列条件刺激,使大脑皮质的活动定型化,称为动力定型(dynamic stereotype)。动力定型形成后,只要给予这一系列刺激中的第一个刺激,这一套的条件反射就能相继发生。例如,辕马套车时,只要能安静地套上套包,一吆喝"捎"辕马就自动地往车辕里"捎"。一般所说的"习惯成自然"和"熟能生巧"也是动力定型的结果。因此,动力定型是调教动物的生理学基础。根据这个道理,其他家畜也可利用有规律的饲养管理方法,建立人们需要的动力定型,以利畜牧业生产。如使乳牛养成良好的挤乳习惯,可增加产乳量;使猪养成定时定位排粪、排尿,利于猪舍清洁;驯化野生动物(如梅花鹿等)成为家养性动物等。

由于动力定型的形成,使大脑皮质细胞只需消耗较少的能量,就可完成复杂的工作。如果环境改变,就需改变旧的定型以建立新的定型,必须消耗更多的能量才能完成。例如,对家畜定质、定量和定时的喂饲,由于日久建立起了巩固的动力定型,可使消化系统的活动更好地进行。如果骤然改变饲喂制度,使原来的动力定型破坏,就可能引起消化机能的障碍。

(三)神经活动的类型

畜牧兽医实践中常常看到,家畜在形成条件反射的速度、强度、精细度和稳定性等方面,对疾病的抵抗力、对药物的敏感性和耐受性以及生产性能等方面,都存在着明显的个体差异。这些个体差异,一般是由于大脑皮质的调节和整合活动存在着个体差异所致,生理学把这种特点称为神经活动的类型,一般简称神经型(nervous type)。

1. 家畜的基本神经型 根据大脑皮质活动的特点,可将家畜的神经型分为兴奋型、活泼型、安静型和抑制型4种基本类型。此外，还有许多介于两者之间的过渡类型。

（1）兴奋型：其特点是兴奋和抑制都很强，但比较起来，兴奋更占优势。这类动物的表现是急躁、暴烈、不受约束和带有攻击性，它们能迅速地建立比较巩固的条件反射，但条件反射的精细度很差，即对类似刺激辨别能力很弱。

（2）活泼型：其特点是兴奋和抑制都强，且均衡发展，互相转化比较容易且迅速。这类动物表现为活泼好动，对周围发生的微小变化能迅速发生反应。它们形成条件反射很快，能精细地辨别相似的刺激，能适应环境的复杂变化，是生理上最好的神经型。

（3）安静型：其特点是兴奋和抑制都强，发展也比较平衡，但互相转化比较困难而缓慢。这类动物表现为安静、细致、温顺和有节制，对周围变化反应冷淡。它们能很好地建立精细的条件反射，但形成的速度较慢。

（4）抑制型：其特点是兴奋和抑制都很弱，一般更容易表现抑制。这类动物胆怯而不好动，易于疲劳，常常畏缩不前和带有防御性，它们一般不易形成条件反射，形成后也不巩固。它们不能适应变化复杂的环境，也难于胜任比较强和持久的活动。

2. 神经型的形成 家畜的神经型既取决于神经系统的遗传特性，又取决于个体后天的生存条件。神经系统的遗传特性实际上就是形成条件反射的可能性，它包括形成的速度、强度和稳定性等方面的个体差异。至于真正形成条件反射或形成什么样的条件反射，必须要在后天的环境影响下才能完成，所以家畜的神经型是皮质功能的遗传性与周围环境影响相结合的产物。

实践证明，家畜的神经型一般都在幼年形成，这是因为幼年期的神经系统遗传特性还保持较大的可变性，易受环境因素的影响而改变。随着年龄的增长，这种可变性逐渐减小，环境因素就越来越不易使之改变。例如，犊牛的神经型，6~8月龄就已基本形成，到一周岁就已相当稳定。因此，在实践中要从幼畜的遗传特性出发，及早进行定向培养，使它们形成有利于生产的神经型。对那些具有兴奋性遗传素质的幼畜，宜在安静环境中进行适当培养；而那些具有抑制型遗传素质幼畜，可在多变的环境中进行培育，均可使之向好的神经型方面发展。

3. 神经型的实践意义 畜牧业生产实践证明，活泼型的个体生产性能最高，安静型次之，兴奋型较差，抑制型最差。以马和耕牛来说，活泼型的使役能力高、挽力大、速度快，能迅速适应使役条件的变化，稍驱赶就加快运动；安静型的使役能力好，挽力也大，但动作缓慢，常常需要驱赶；兴奋型在使役强度不大时表现良好，使役强度增大时，则表现能力不定，对驱赶表现反抗；抑制型的使役能力很差，挽力小、速度慢、不耐久，对驱赶反应迟钝。以上表明，畜体的神经型与生产性能之间有密切关系。因此，结合神经型的遗传素质进行定向培育，对提高生产性能大有必要。

对猪而言，安静型的个体容易肥育，而兴奋型的个体则难以肥育。在饲养管理中，常可发现有的进食快，有的进食慢，有的吃后即睡，有的吃后到处走动以致惊扰其他个体。如能结合神经型的特点进行合理分群饲养，则可提高肥育效果。

总之，神经型的理论对畜牧业生产的发展，具有重要的实践意义，须待人们在实际工作中去研究利用。

在兽医临床实践中发现，抑制型的个体对致病因素的抵抗力差，发病率高，病程和临床症状都比较沉重，对药物的耐受剂量一般较低，治疗效果差，痊愈和康复都很缓慢；活泼型和安静型的个体与抑制型恰好相反；兴奋型的个体对疾病的抵抗力和恢复能力均比抑制型好，但不如活泼型和安静型。可见，家畜的神经型在兽医实践中也具有重要意义。

五、神经、内分泌和免疫系统的相互关系

神经系统与内分泌系统是体内两大调节系统，神经调节的效应比较迅速而短暂，而体液调节的效应相对缓慢而持久。免疫系统由免疫细胞、免疫组织和免疫器官构成，是机体识别"异己"抗原，并能做精确应答的功能系统。尽管这三个系统各有其特殊的生理功能和作用方式，但近年来的研究表明，三者之间具有十分密切的关系，并已发展成为一个新兴的学科分支——神经免疫内分泌学（nerroimmunoendocrinology）。

（一）神经系统与内分泌系统的相互作用

1. 神经系统与内分泌系统的调节作用 据研究，几乎所有下丘脑激素的分泌都受神经系统的调节（参见第十二章内分泌系统）。腺垂体、内分泌腺和散在的内分泌细胞也不同程度地接受神经系统的支配。例如，交感神经兴奋可促使甲状腺激素释放，而副交感神经则起抑制作用。对内分泌系统的调节控制作用下，下丘脑分泌促垂体激素作用于腺垂体，导致腺垂体分泌促激素作用于靶腺的分泌细胞，使之分泌激素。这个三级水平的系统称为下丘脑-腺垂体-靶细胞调节系统；它集中体现了神经系统对内分泌系统的调控，并以下丘脑为神经冲动接受者，受到更高级中枢，如海马、大脑皮层等部位的调节。首先，当来自更高一级中枢的传出神经冲动到达下丘脑时，下丘脑视上核和室旁核的神经元分泌促垂体激素，此为一级激素；促垂体激素经垂体门脉到达腺垂体，刺激或抑制腺垂体分泌多种促激素，即二级激素；促激素经血液循环传至全身，作用于外周靶腺，促使这些靶腺的内分泌细胞释放外周激素，即为三级激素。通常情况下，较高位内分泌细胞分泌的激素对下位内分泌细胞的活动有促进作用；而下位内分泌细胞分泌的激素对高位内分泌细胞活动又表现为反馈调节作用，其中多是抑制效应。这就形成了一个闭合调节环路，使得血液中各激素水平得以维持相对稳定。

下丘脑-腺垂体-靶细胞调节系统的典型表现包括3个"轴"：下丘脑-腺垂体-肾上腺轴、下丘脑-腺垂体-甲状腺轴及下丘脑-腺垂体-性腺轴。以下丘脑-腺垂体-甲状腺轴为例介绍，详细的过程如下：下丘脑释放促垂体激素（促甲状腺激素释放激素，TRH），在此激素作用下，腺垂体释放促激素（促甲状腺激素，TSH），此激素作用于甲状腺，使甲状腺分泌甲状腺激素（T3和T4）。几种激素共同参与机体的各种反应，调节三大营养物质的代谢，促进生长发育。

2. 内分泌系统对神经系统的影响 现已证明，脑内存在许多通常被认为是激素的一类物质。例如，促甲状腺激素释放激素（TRH）在脑内广泛存在；促肾上腺皮质激素释放素（CRT）在大脑及边缘叶都有受体分布。此外，许多激素可以调节突触传递的效率，使神经调节功能更加准确和有效。例如，血管紧张素Ⅱ（AngⅡ）可促使支配血管的交感神经末梢释放去甲肾上腺素，加强血管收缩；而前列腺素（PGE_2和PGI_2）则能抑制交感神经末梢释放去甲肾上腺素，并降低血管平滑肌对去甲肾上腺素和AngⅡ的敏感性，从而使血管口径的改变能更好地适应于血压的调节。此外，激素还可通过其允许作用来影响神经调节，如糖皮质激素的存在，可以增强血管平滑肌对交感神经末梢释放的递质——去甲肾上腺素的

敏感性，从而促使血管平滑肌收缩。缺乏糖皮质激素，去甲肾上腺素的缩血管作用将不能很好地发挥。

（二）神经系统与免疫系统的相互影响

1. 神经系统对免疫系统的影响　神经系统可以通过释放递质来影响免疫功能，已经证明免疫细胞上有多种神经递质的受体，包括儿茶酚胺受体、组胺受体、阿片受体、血管活性肠肽受体等。绝大多数神经递质的受体都可以在免疫细胞上找到；所有的免疫细胞上都有不同的神经递质及内分泌激素受体。免疫细胞上的这些受体，成为神经和内分泌系统作用于免疫系统细胞的物质基础。

神经系统产生的神经肽和递质可通过免疫细胞表面相应的受体调节免疫功能，如表10-7所示。

表10-7　神经系统产生的神经肽和递质对免疫细胞的作用

名称	作用	效应
P物质（SP）	+	刺激细胞因子（IL-1、IL-6、TNF）生成，增强抗体生成，增强淋巴细胞增殖
血管活性肠肽	-	抑制抗体生成及淋巴细胞增殖，抑制细胞因子生成
多巴胺	-	减弱免疫反应，减少抗体生成
5-羟色胺	-	减少抗体生成
儿茶酚胺	-	抑制淋巴细胞增殖
乙酰胆碱	+	增加淋巴细胞和巨噬细胞的数量

注：+，增强；-，抑制。

神经系统对免疫系统的影响具体表现在以下两方面：

（1）人及动物的淋巴器官都受交感神经和副交感神经（主要是迷走神经）的末梢支配，特别是淋巴细胞巨噬细胞的细胞膜上存在多种神经递质受体。例如，淋巴细胞上有肾上腺素能受体（α、β受体）、胆碱能受体（M、N受体）、组胺受体（H_1、H_2）、阿片受体（μ、κ、δ受体）等。在一般情况下，副交感神经可增强免疫功能，而交感神经则主要抑制免疫功能。

（2）神经系统内部就具有合成和分泌免疫活性物质（细胞因子）、补体及其相应受体的能力，并以自分泌和旁分泌的形式调节神经系统和免疫系统的功能。

2. 免疫系统对神经系统的影响　免疫系统可以通过多种途径影响和调节神经内分泌系统。可以通过其产生的细胞因子以及其他调节物质作用于神经和内分泌系统，还可以通过由免疫细胞分泌的内分泌激素作用于神经和内分泌系统，以及全身各器官和系统。

（1）免疫细胞产生的神经肽：免疫细胞在促有丝分裂原和超抗原的诱导下可以产生神经肽。免疫细胞产生的神经肽见表10-8。

表10-8　免疫系统产生的神经肽

细胞来源	肽类或蛋白质
T淋巴细胞	内啡肽、甲硫脑啡肽
B淋巴细胞	内啡肽、IGF-1
巨噬细胞	内啡肽、P物质（SP）
肥大细胞及中性粒细胞	VIP

(续)

细胞来源	肽类或蛋白质
巨核细胞	神经肽 Y
胸腺细胞	β-内啡肽、甲硫脑啡肽、VIP
胸腺上皮细胞	β-内啡肽\SOM、OT、AVP

（2）细胞因子对神经系统功能的调节：主要有以下几个方面：①促进神经元和神经胶质细胞的生长和存活，如 IL-1、IL-3、IL-6、TNF、IFN-α、IFN-β 等。②影响中枢递质的释放，如 IL-2 可抑制海马内乙酰胆碱释放。③致发热作用，如 IL-1、IL-6 和 TNF 都是内源性致热原。④影响睡眠，如 IL-1、IL-2、IFN-α。IL-1 能延长慢波睡眠时间。⑤影响摄食，如在急性感染或炎症时，由于 IL-1 含量的增加可以出现发热、嗜睡和厌食。⑥影响运动或行为，IL-2 微量注射到大鼠的不同脑区能够引起行动迟钝，最敏感的脑区是蓝斑，蓝斑也是调节觉醒-睡眠的核团。

（三）内分泌系统与免疫系统的相互作用

1. 内分泌系统对免疫的调节作用 目前已经证明免疫细胞上有内分泌激素的受体，包括促甲状腺激素释激素受体、生长激素受体、催乳素受体、生长抑素受体、P 物质受体、升压素受体、胆囊收缩素受体、降钙素受体等。绝大多数的内分泌激素受体都可以在免疫细胞上找到；所有的免疫细胞上都有不同的内分泌激素受体。免疫细胞上的这些受体，成为内分泌系统作用于免疫系统细胞的物质基础。内分泌系统产生的激素可通过免疫细胞表面相应的受体调节免疫功能（表 10-9）。

表 10-9 激素对免疫的调控

名称	作用	效应
糖皮质激素	−	抑制单核-巨噬细胞的抗原递呈，抑制淋巴细胞的免疫应答，抑制细胞因子（IL-1、IL-2、IFN-γ）产生，抑制 NK 细胞活性，减少中性粒细胞在炎区积聚，大剂量则溶解淋巴细胞
ACTH	+/−	降低抗体生成，抑制 T 细胞产生 IFN-γ 及巨噬细胞活化，促进 NK 细胞功能
CRH	−	抑制 NK 细胞的功能，阻断 IL-2 诱导的细胞增殖
生长激素（GH）	+	促进巨噬细胞活化，使 T 辅助细胞增殖并产生 IL-2，增加抗体合成，增加 NK 细胞和 CTL 的活性
甲状腺素	+	促进 T 细胞活化
催乳素（PRL）	+	促进巨噬细胞活化，促进 T 辅助细胞产生 IL-2
升压素	+	促进 T 细胞活化
催产素	+	促进 T 细胞活化
褪黑激素	+	促进抗体合成，逆转应激的免疫抑制，中和糖皮质激素的免疫抑制作用
雌二醇	+/−	抑制外周免疫细胞的增殖反应以及 IL-2 的产生，增强中枢免疫细胞（胸腺细胞）的功能

注：−，抑制免疫；+，增强免疫。

2. 免疫系统对内分泌系统的影响 免疫细胞在促有丝分裂原和超抗原的诱导下可以产生激素。最先发现的是淋巴细胞和巨噬细胞可以产生 ACTH，其氨基酸序列与垂体分泌细胞中的 ACTH 完全相同。以后又证明免疫细胞分泌的其他激素，如 GH、LHRH 的氨基酸序列与内分泌系统分泌的也相同。同时，下丘脑释放的肽类激素如 GHRH、TRH、CRF、

AVP 等也能刺激免疫细胞合成和分泌肽类激素,如 GHRH 能促进 T 细胞、B 细胞合成 GH,而生长抑素可阻断这种作用。免疫细胞产生的激素见表 10-10。

表 10-10 免疫系统产生的激素

细胞来源	肽类或蛋白质
T 淋巴细胞	ACTH、TSH、GH、PRL、绒毛膜促性腺激素、甲状旁腺相关蛋白、胰岛素样生长因子-1 (IGF-1)
B 淋巴细胞	ACTH、GH、IGF-1
巨噬细胞	ACTH、GH、P 物质(SP)、IGF-1
脾细胞	LH、FSH、CRH
肥大细胞及中性粒细胞	VIP、生长抑素
胸腺细胞	VIP、GH、PRL、LH、SOM、LHRH
胸腺上皮细胞	ACTH、GH、FSH、LH、TSH、SOM、OT、AVP

免疫系统不仅是机体的防御系统,亦是机体重要的感受和调节系统。由于免疫细胞可随血液循环于全身,因此有人提出免疫系统可以起到"游动脑"(mobile brain)的作用。众所周知,神经系统可以感受神经和躯体的刺激,而免疫系统可以感受肿瘤、病毒、毒素等的刺激,因此,神经内分泌系统和免疫系统在体内成为机体的两大感受和调节系统,它们通过一些中间、共同的介导物质交换信息、相互作用,使机体在生理、病理条件下保持稳态(图 10-30)。

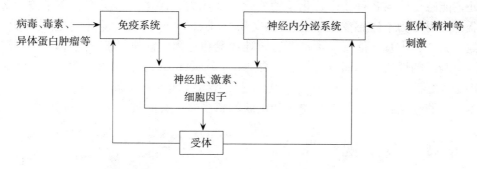

图 10-30 神经肽、激素和细胞因子相互作用图

(杨焕民,计红)

第十一章 感觉器官

感受器（recepter）是指分布于体表或组织内部的一些专门感受机体内外环境变化的结构或装置。感受器的结构形式多样，最简单的感受器就是感受神经末梢，如体表和组织内部分布的与痛觉有关的游离神经末梢；有的感受器是一些在裸露的神经末梢周围包绕着结缔组织的被膜样结构，如环层小体、触觉小体和肌梭等；另外，体内还有一些结构和功能上都高度分化的感受细胞，如视网膜中的视杆和视锥细胞是光感受细胞，耳蜗中的毛细胞是声感受细胞，味蕾中的味细胞是味觉感受器等。这些感受器连同它们的附属结构（如眼的折光系统、耳的集音与传音装置等）则构成了复杂的感觉器官（sense organ）。机体的感受器种类繁多，可用不同的方法对其进行分类。根据感受器所在部位不同，通常将其分为外感受器（exteroceptor）、内感受器（interoceptor）和本体感受器（proprioceptor）三大类。外感受器位于身体表面，能接受外界环境的各种刺激，如皮肤的触觉、压觉、温觉和痛觉，舌的味觉，鼻的嗅觉，以及接受光波和声波的感觉器官（眼和耳）。内感受器分布于内脏以及心、血管等处，能感受体内各种物理、化学的变化，如压力、渗透压、温度、离子浓度等刺激。内感受器也可再分为本体感受器和内脏感受器（visceral recepter）。本体感受器分布于肌肉、肌腱、关节、内耳，能感受运动器官所处状况和身体位置的刺激。此外，感受器还可根据其所接受刺激的性质不同而分为光感受器（photoreceptor）、机械感受器（mechanoreceptor）、温度感受器（thermoreceptor）和化学感受器（chemoreceptor）等。

畜体感受器在结构上有的较简单，如皮肤的感受器；有的较复杂。现简述如下。

第一节 视觉器官

视觉器官能感受光波的刺激，经视神经传至视觉中枢而产生视觉。视觉器官眼包括眼球及其辅助器官。

一、眼球的结构

眼球（bulbus oculi）位于眼眶内（图 11-1），是视觉器官的主要部分，呈前后稍扁的球形，后端有视神经与脑相连。由眼球壁和眼球内容物两部分构成。

（一）眼球壁

眼球壁分 3 层，由外向内依次为纤维膜、血管膜

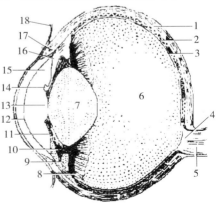

图 11-1 眼球纵切面模式图
1. 巩膜 2. 脉络膜 3. 视网膜 4. 视乳头
5. 视神经 6. 玻璃体 7. 晶状体 8. 睫状突
9. 睫状肌 10. 晶状体悬韧带 11. 虹膜
12. 角膜 13. 瞳孔 14. 虹膜粒 15. 眼前房
16. 眼后房 17. 巩膜静脉窦 18. 球结膜

和视网膜。

1. 纤维膜 纤维膜由致密结缔组织构成，厚而坚韧，为眼球的外壳，有维持眼球外部形态和保护眼球内容物的作用。可分为前部的角膜和后部的巩膜。

角膜（cornea）：是无色透明的折光结构，约占纤维膜的 1/5，外凸内凹。周边较厚，中央较薄，构成眼房的前壁，嵌入巩膜中。角膜内无血管、淋巴管分布，神经末梢丰富，感觉灵敏。上皮再生能力强，损伤后容易恢复。如损伤严重，则由于形成疤痕或炎症而变混浊，影响视力。表面被覆球结膜。角膜内面与虹膜之间构成眼前房，内有眼房水。

巩膜（sclera）：占纤维膜后部约 4/5，呈乳白色，不透明，由互相交织在一起的胶原纤维束和少量的弹性纤维构成。巩膜前接角膜，在与角膜交界处有环状巩膜静脉窦，是眼房水流出的通道，对眼压的调节起着重要的作用。在巩膜的后下部有巩膜筛板，是视神经纤维穿出的部位。

2. 血管膜 血管膜含丰富的血管和色素细胞，有产生眼房水，营养眼内组织，形成暗的环境，有利于视网膜对光色的感应等作用。血管膜由前向后分为虹膜、睫状体、脉络膜（图 11-2）。

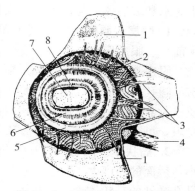

图 11-2 马眼球的血管膜前部
（角膜切除，巩膜翻开）
1. 巩膜 2. 脉络膜 3. 睫状静脉
4. 视神经 5. 睫状肌 6. 虹膜
7. 瞳孔 8. 虹膜粒

虹膜（iris）：位于晶状体的前方，是血管膜的前部，呈环状。虹膜将眼房分为眼前房和眼后房。虹膜内分布有色素细胞、血管和肌肉。虹膜的颜色因色素细胞的种类而不同。牛的呈暗褐色，绵羊黄褐色，山羊蓝色。虹膜的周缘连于睫状体，其中央有一孔以透过光线，称瞳孔（pupilla）。猪的瞳孔为圆形，其他家畜的为椭圆形。虹膜肌有两种，一种称瞳孔括约肌，环绕在瞳孔周围，其收缩可缩小瞳孔，受副交感神经支配；另一种是放射状的瞳孔开大肌，受交感神经支配，其收缩可开大瞳孔。在强光下瞳孔缩小，在弱光下瞳孔开大。马瞳孔的游离缘上有颗粒状突出物，称虹膜粒（granula iridis）。

睫状体（corpus ciliare）：位于角膜与巩膜移行处的内面，是血管膜中部的增厚部分。呈环状分布于晶状体周围，形成睫状环，其表面有许多向内面突出、呈放射状排列的皱褶，称睫状突。睫状突与晶状体之间由纤细的晶状体韧带连接。在睫状体的外部有睫状肌，肌纤维起于角膜与巩膜连接处，止于睫状环。睫状肌受副交感神经支配，收缩时可向前牵拉睫状体，使晶状体韧带松弛，通过调节晶状体曲度起到调节视力的作用。

脉络膜（choroidea）：占血管膜后方的大部分，衬于巩膜的内面，呈棕褐色，有丰富的血管和色素细胞。其后壁（猪除外）有一呈青绿色带金属光泽的三角区，称为照膜（tapetum），反光性很强，有助于动物在暗光环境中对光的感应。

3. 视网膜 视网膜（retina）是眼球壁的最内层。由视部和盲部构成。

视部薄而柔软，衬于脉络膜的内面，有感光作用。活体时平滑透明，略呈淡红色，死后混浊，变为灰白色，易于从脉络膜上脱落。在视网膜后部有一视乳头（papilla optici），为一卵圆形白斑，表面略凹，是视神经纤维穿出视网膜处，没有感光能力，又称盲点。视网膜中央动脉由此分支呈放射状分布于视网膜。在眼球后端的视网膜中央区是感光最敏锐的部分，呈一圆形小区，称视网膜中心（area centralis retinae）。

视部由两层构成，外层是单层色素上皮细胞层，内层是神经细胞层。神经细胞层由浅向深部由3层神经细胞组成。最浅层（外层）是感光细胞，有视锥细胞、视杆细胞。视锥细胞有感强光和辨别颜色的作用；视杆细胞有感弱光的作用。第二层（中间层）是双极神经细胞，有传导神经冲动的作用。第三层（内层）是多极神经细胞，称为神经节细胞，其轴突向视网膜乳头集中，成为视神经。视锥细胞和视杆细胞在光的作用下发生光化学反应，产生感光细胞电位，进而激发神经冲动，传至大脑皮层视觉区，产生视觉。

视网膜盲部贴衬于睫状体及虹膜的内面，无感光能力。外层为色素上皮，内层无神经元。

（二）眼球内容物

眼球内容物也称折光装置，是眼球内无色透明、无血管分布的一些结构，包括晶状体、眼房水和玻璃体，与角膜一起构成眼球的折光系统。对维持正常的视力有重要的作用。

1. 眼房和眼房水　眼房（camera oculi）是位于角膜与晶状体之间的腔隙，被虹膜分为眼前房、眼后房。

眼房水（humor aqueus）是充满于眼房内的无色透明液体，由睫状体分泌产生，在眼后房经瞳孔到眼前房，然后在眼前房的周缘渗入巩膜静脉窦而至眼静脉。眼房水有运输营养物质（营养角膜、晶状体）和代谢产物，折光和调节眼压的作用。如果眼房水分泌过多或排泄受阻，可引起眼内压升高导致青光眼。

2. 晶状体　晶状体（lens crystallina）透明而富有弹性，呈双凸透镜状，前面的凸度小，后面的凸度大，位于虹膜与玻璃体之间。晶状体实质由多层晶状体纤维构成，外面包裹具有弹性的晶状体囊。晶状体由晶状体韧带与睫状突相连。睫状肌收缩和松弛，可改变晶状体韧带对晶状体的拉力，从而改变晶状体的凸度，以调节焦距，使物象聚焦在视网膜上。晶状体因疾病、创伤等因素变为混浊不透明，临床上称白内障，影响视力。

3. 玻璃体　玻璃体（corpous vitreum）为无色透明的胶状物质，充满于晶状体与视网膜之间，外包一层透明的玻璃体膜。玻璃体具有折光作用，另外还有支持视网膜的作用。

折光系统的功能：眼的折光原理与凸透镜相类似，光心在晶状体内。按照凸透镜的成像原理，从物体上反射出来的光线，经过角膜、房水、晶状体和玻璃体等折光系统，在睫状肌等的配合下，调整瞳孔大小与晶状体的曲率半径，使光线亮度恰当地聚焦在视网膜上，便在视网膜上形成真实的倒像。这种倒置的映象经大脑皮层整合后就还原为正立的形象。

二、眼球的辅助器官

眼球的辅助器官包括眼球肌、眼睑、泪器、眶骨膜等，对眼球有运动、保护、支持等作用（图11-3）。

（一）眼球肌

眼球肌（musculi bulbi）是一些分布在眼球上的小的横纹肌，一端起于视神经周围的骨上，另一端附着在眼球巩膜上，是眼球的运动装置，能使眼球运动灵活，且不易发生疲劳。包括眼球退缩肌、眼球直肌、眼球斜肌、上眼睑提肌。

眼球退缩肌（m. reractor bulbi）：位于最深部，1块，由内、外、上、下四条肌束形成，包在眼球的后部和视神经的周围，收缩时有后退眼球的作用。

眼球直肌（m. recti）：有上、下、内、外4块，均呈带状，位于眼球退缩肌的背侧、腹侧、内侧和外侧，收缩时使眼球向上、下、内、外转动。

眼球斜肌（m. obliqui）：有上斜肌和下斜肌2块。上斜肌起于筛孔附近，沿内直肌的内侧向前再向外折转，止于上直肌与外直肌之间的巩膜表面，细而长，作用是向外上方转动眼球。下斜肌起于泪囊窝后方的眶内侧壁，经眼球腹侧向外侧延伸止于巩膜，短而宽，作用是向外下方转动眼球。

上眼睑提肌：属于面部肌，呈薄带状，位于上直肌的背侧，起于筛孔附近，止于上眼睑，收缩时可提举上眼睑。

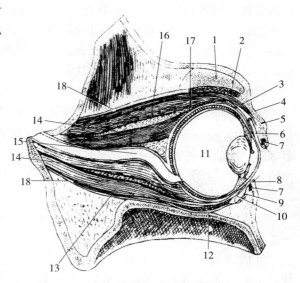

图 11-3　眼球的辅助器官
1. 额骨眶上突　2. 泪腺　3. 眼睑提肌　4. 上眼睑
5. 眼轮匝肌　6. 结膜囊　7. 睑板腺　8. 下眼睑
9. 睑结膜　10. 球结膜　11. 眼球　12. 眼球下斜肌
13. 眼球下直肌　14. 眼球退缩肌　15. 视神经
16. 眼球上直肌　17. 眼球上斜肌　18. 眶骨膜

（二）眼睑

眼睑（palpebrae）是位于眼球前方的皮肤褶，也称眼皮，对眼球有保护作用。眼睑分为上眼睑和下眼睑。上、下眼睑之间形成的裂隙称眼裂。眼裂的内外两端分别称为内侧眼角和外侧眼角。眼睑的外面为皮肤，内面为结膜，中间层主要是眼轮匝肌；内外两面移行部称睑缘，长有眼睫毛。结膜是一层薄而湿润、含有丰富血管的结缔组织膜。在眼睑内表面的为睑结膜（conjunctiva palpebralis）；折转覆盖在眼球巩膜前部的，称为球结膜（conjunctiva bulbi）。当眼睑合闭时，睑结膜、球结膜合成一完整的结膜囊（saccus conjunctiva）。牛的眼部发生寄生虫病时，寄生虫常寄生在结膜囊内。结膜正常时呈淡红色，当患某些疾病时，常发生苍白、发绀、黄疸等变化，可作为临床诊断疾病的一种依据。

第三眼睑（palpebra tertia）又称瞬膜、结膜半月襞，是位于内侧眼角的半月状结膜褶，常有色素，内有一块软骨。结膜半月襞内有浅腺和深腺（哈德氏腺），无肌肉控制。仅在动物高抬头时，眼球肌肉向后拉，压迫眼眶内组织而使第三眼睑被动拉出。

（三）泪器

泪器由泪腺和泪道两部分构成。

泪腺（glandula lacrimalis）：为扁平卵圆形，位于眼球的背外侧，在眼球与眶上突之间。有10余条导管开口于上眼睑结膜囊内。其分泌的泪液，借助于眨眼运动分布于眼球和结膜表面，有清洁、湿润眼球等作用。

泪道：是泪液排泄的管道，由泪点、泪小管、泪囊和鼻泪管组成。泪点是位于内侧眼角附近上下睑缘的缝状小孔。泪小管（ductus lacrimalis）是连接于泪点和泪囊之间的两条短管，位于内侧眼角。泪囊（saccus lacrimalis）为膜性囊，位于泪骨的泪囊窝内，呈漏斗状，为鼻泪管的起始端膨大部。鼻泪管（ductus nasolacrimalis）是将泪液从眼睛运送到鼻腔的膜性管道，位于骨性鼻泪管中，沿鼻腔侧壁向前向下延伸，开口于鼻腔前庭或下鼻道后部（猪）。泪液在此随空气蒸发。当某些因素使泪点受阻时，泪液不能正常排出，就会从睑缘溢出，如果时间过长，就刺激眼睛发生炎症。

（四）眼眶和眶骨膜

眼眶也称眶窝，由额骨、泪骨、颧骨、颞骨等构成。有保护眼睛的作用。

眶骨膜（periorbita）又称眼鞘，是位于眼眶内的致密、坚韧的纤维膜，包围着眼球、眼球肌、血管、神经和泪腺，呈锥形。其内、外间隙中充填着许多脂肪，有保护眼球的作用。

第二节 位听器官

耳包括外耳、中耳和内耳（图 11-4）。外耳、中耳，主要功能分别是收集声波和传导声波；内耳是听觉感受器、位置感受器所在地。

一、外　耳

外耳（auris externa）由耳郭、外耳道和鼓膜三部分构成。

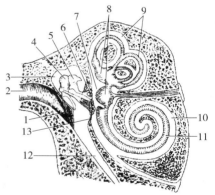

图 11-4　耳的构造模式图
1. 鼓膜　2. 外耳道　3. 鼓室　4. 锤骨
5. 砧骨　6. 镫骨及前庭窗　7. 前庭
8. 椭圆囊和球囊　9. 半规管　10. 耳蜗
11. 耳蜗管　12. 咽鼓管　13. 耳蜗窗

（一）耳郭

耳郭（auricula）的形状、大小，可因家畜的种类而不同。一般呈圆筒状，上端较大，下端较小。耳郭外面隆凸称为耳背，内面的凹面称为耳舟（舟状窝）。前后两缘向上汇合成耳尖，耳基部附着于岩颞骨的外耳道突。耳郭以耳郭软骨为支架，内外被有皮肤。内面的皮肤很薄，与软骨相接，含有丰富的皮脂腺，皮下组织很少。在耳郭的基部有脂肪垫和10余块耳郭肌，使耳郭的运动灵活，有利于收集音波。

（二）外耳道

外耳道（meatus acusticus externus）是从耳郭基部到鼓膜的一条管道，包括两部分：外侧部是软骨管性外耳道，内侧部是骨管性外耳道。内面被覆有皮肤，在软骨管部的皮肤含有皮脂腺和耵聍腺。后者为变态的汗腺，能分泌耵聍，又称耳蜡。

（三）鼓膜

鼓膜（membrana tympani）位于外耳道的底部，介于外耳与中耳之间，为构成外耳道底的一片圆形半透明的纤维膜，坚韧富有弹性。鼓膜略向内凹，外层为皮肤，中层为纤维层，由致密胶质纤维构成，内层为黏膜。

外耳的功能：耳郭的形状有利于接受外界的声波，有"集音"作用，对判断声源方向也有一定作用。外耳道是声波传导的通路，可作为一个共鸣腔。

二、中　耳

中耳（auris media）由鼓室、听小骨、咽鼓管构成。

（一）鼓室

鼓室（cavum tympani）是在岩颞骨内含有气体的小腔，内表面被覆有黏膜，位于鼓膜与内耳之间。外侧壁是鼓膜，通过鼓膜使鼓室与外耳道隔开。内侧壁为骨质壁或骨迷路壁，与内耳为界。内侧壁上有前庭窗和耳蜗窗。前庭窗被镫骨及韧带所封闭，耳蜗窗被第二鼓膜封闭。鼓室的前下方以小孔通咽鼓管。

（二）听小骨

听小骨（ossicula auditus）是位于鼓室内的小骨，共有3块，由外向内为锤骨、砧骨、镫骨。3块听小骨之间借助于关节形成链状，连接在鼓膜至前庭窗之间，一端以锤骨柄附着于鼓膜上，另一端以镫骨底部的环状韧带附着于前庭窗，当声波振动骨膜时，可将声波传递到内耳。

（三）咽鼓管

咽鼓管（tuba auditivae）也称耳咽管，是连接在咽与鼓室之间的管道。由软骨和骨质构成，内面衬有黏膜，与咽、鼓室黏膜相连。咽鼓管的一端开口于鼓室前下壁的咽鼓管鼓口，另一端开口于咽侧壁的咽鼓管咽口。马属动物的咽鼓管膨大形成一对咽鼓管囊。

中耳的主要功能是将空气中声波振动的能量高效率地传递到内耳淋巴液，其中鼓膜和听骨链在声音传递过程中起着重要的作用。

三、内　耳

内耳（auris interna）又称迷路，位于岩颞骨岩部的骨质内，在鼓室与内耳道底部之间，由结构复杂骨迷路和膜迷路组成。骨迷路由骨质构成，膜迷路内为膜性结构，套在骨迷路内，充满内淋巴，在膜迷路和骨迷路的间隙内有外淋巴（图11-4）。

（一）骨迷路

骨迷路（labyrinthus osseus）由前庭、骨半规管和耳蜗构成。

前庭（vestibulum）：是骨迷路中部扩大的腔隙，呈球形。外侧壁即鼓室的内壁，有前庭窗和蜗窗。

骨半规管（canales semicirculares ossei）：位于前庭的后上方，由3个互相垂直的半环形骨管组成。按其位置分别为上半规管、后半规管和外侧半规管。半规管的一端膨大，称为壶腹，另一端称为脚。上半规管、后半规管的脚合并为一总脚，故3个半规管有5个孔开口于前庭。

耳蜗（cochlea）：位于前庭的前下方，形似蜗牛的壳。蜗底朝向内耳道，蜗顶朝向前外方，由耳蜗螺旋管围绕蜗轴盘旋数圈形成。管的起端与前庭相通，盲端位于蜗顶。沿蜗轴向螺旋管内发出骨螺旋板，将螺旋管不完全地分隔为前庭阶和鼓室阶两部分。故耳蜗内共有3条管道，即上方的前庭阶、中间的膜耳蜗管、下方的骨阶。

（二）膜迷路

膜迷路（labyrinthus membranaceus）是套在骨迷路内、互相连通的膜性管、囊。有前庭内的椭圆囊和球囊，膜半规管位于骨半规管内，以及位于耳蜗内膜耳蜗管。膜迷路内含有内淋巴，不与外淋巴相通。椭圆囊与3个半规管相通连，球囊有一端与椭圆囊相通，另一端与耳蜗管相通。在椭圆囊、球囊和膜半规管壶腹的壁上增厚的部分，分别形成椭圆囊斑、球囊斑和壶腹嵴，有平衡觉感受器，起到感受平衡的作用。平衡感受器由前庭神经分布。

膜耳蜗管位于骨质耳蜗管内。一端连于球囊，另一端连于蜗顶，为一盲端。其断面呈三角形，位于前庭阶与鼓阶之间，有3个壁。顶壁为前庭壁，由前庭膜构成，把前庭阶和膜耳蜗管隔开；外侧壁较厚，与耳蜗的骨膜结合，其上皮下的结缔组织内含有丰富的血管，称血管纹，是产生内淋巴的结构；底壁为鼓壁，将鼓阶与耳蜗管隔开，由骨螺旋板和螺旋膜构成。螺旋膜又称基底膜，连于骨螺旋板与蜗螺旋管外侧壁之间，其上有螺旋器（organon spirale）（柯蒂氏器），是重要的声感受器。声感受器有耳蜗神经分布。

（三）内耳道

内耳道位于颞骨岩部内侧面下部，起自内耳门，终止于内耳道底部。内耳道底部被一横的嵴分为上部和下部：上部的前部有面神经管内口的开口，是面神经区，后部为前庭上区；下部前方是耳蜗区。

听觉的产生：声源引起空气振动产生的疏密波，通过外耳道、鼓膜和听骨链的传导，引起耳蜗中淋巴液和基底膜的振动，使耳蜗螺旋器中的毛细胞受刺激而产生兴奋，将声波的机械能转变为听神经纤维上的神经冲动，并以神经冲动的不同频率和组合形式对声音进行编码，然后传送到在大脑皮层的听觉中枢，产生听觉。

第三节 其他感受器

一、嗅觉感受器

嗅觉感受器，主要位于鼻腔后部嗅区的黏膜内，主要由嗅细胞（olfactory cell）组成。嗅细胞是双极神经细胞，它的轴突穿过筛板组成嗅神经。当接受某种物质刺激后，由嗅神经传导到大脑皮质而产生嗅觉。

根据动物嗅觉发达程度的不同，可分为嗅觉高度发达的动物，如牛、猪、马、羊、犬等大多数家畜，称为敏嗅觉类；另一类嗅觉很不发达的动物，如鸟类（包括家禽），称为钝嗅觉类；还有某些动物没有嗅觉，如某些水栖哺乳动物（鲸、海豚），称为无嗅觉类。

二、味觉感受器

味觉感受器是味蕾（taste bud）。味蕾主要分布在舌的菌状乳头、轮廓状乳头和叶状乳头上。味蕾由味细胞、支持细胞和基底细胞组成。味细胞的顶部有纤毛，称味毛，是味觉感受器的关键部位。当食物进入口腔，由味细胞的味毛感受刺激产生冲动，由面神经、舌咽神经传导到大脑皮质，产生味觉。味觉主要有甜、酸、苦、咸4种。舌尖部对甜味比较敏感；舌两侧对酸味比较敏感，而舌两侧的前部则对咸味比较敏感；舌根部对苦味比较敏感。

三、皮肤感受器

　　皮肤内主要有触觉、温觉、痛觉等感受器。因此，皮肤可感受触觉、温觉、痛觉等刺激。有些部位的皮肤触觉机能敏感，如唇部、耳部。

（张书杰）

第十二章 内分泌系统

第一节 概　　述

内分泌系统是由内分泌腺和分散存在于某些组织器官中的内分泌细胞组成的一个体内信息传递系统，它与神经系统密切联系，相互配合，共同调节机体的各种功能活动，维持内环境相对稳定。不同之处在于神经系统通过神经递质激活动作电位沿神经纤维传递信号，而内分泌系统通过化学信使沿体液循环进行调节，作用时间长，速度慢，范围广。

机体内主要的内分泌腺有垂体、甲状腺、甲状旁腺、肾上腺、胰岛、性腺、松果体和胸腺；散在于组织器官中的内分泌细胞比较广泛，如消化道黏膜、心、肾、肺、皮肤、胎盘等部位均存在各种各样的内分泌细胞；此外，在中枢神经系统内，特别是下丘脑存在兼有内分泌功能的神经细胞，使二者有机结合共同维持机体的稳态。

一、内分泌和激素的概念

（一）内分泌的概念

内分泌（endocrine）是相对于外分泌（exocrine）活动而提出的概念，通常是指内分泌腺（endocrine gland）或内分泌细胞（endocrine cell）将其所产生的生物活性物质——激素（hormone），直接释放到体液中并发挥作用的分泌形式；而外分泌则是指外分泌腺体（exocrine gland）将其分泌物通过特定的管道释放到体腔或体外而发挥作用的分泌形式，如唾液腺、胃腺、胰腺等消化腺及汗腺等的分泌。由于激素主要通过经典的内分泌方式经血液循环向较远的部位传递信息，因此也称远距分泌（telecrine）或血运分泌。但后来研究发现，远距分泌已不是激素在细胞间传递调节信息的唯一途径，有些激素还可作为"短程信使"通过旁分泌（paracrine）、神经分泌（neurocrine）和自分泌（autocrine）等传递调节信息（图12-1）。

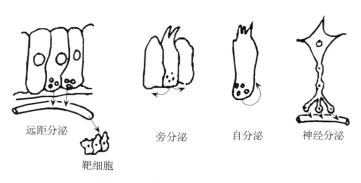

图 12-1　激素的信息传递方式

(二) 激素的概念

由内分泌腺或散在内分泌细胞所分泌的高效生物活性物质，经组织液或血液传递而发挥其调节作用，此种化学物质称为激素。随着内分泌学的不断发展，所发现的激素越来越多，除经典激素外，还有神经激素（neurohormone）、局部激素（local hormone）和性外激素（pheromone）等。神经激素是指由神经元所分泌或由神经末梢所释放的特殊化学物质，它们经血液（而不是突触间隙）循环于全身，从而对靶腺或靶细胞发挥作用。例如，下丘脑某些神经元分泌到腺垂体的下丘脑调节肽（hypothalamic regulatory peptide）、神经垂体释放的加压素（vasopressin）和催产素（oxytocin），以及肾上腺髓质所分泌的肾上腺素（adrenaline）、去甲肾上腺素（nor adrenaline）等。局部激素指的是散在分布于某些器官中的内分泌细胞所分泌的信息传递物质，它们通过组织间隙（液），扩散至邻近的靶细胞（旁分泌）以发挥其调节作用。例如，胰岛中的 D 细胞分泌生长抑素（somatostatin），以旁分泌方式发挥其对邻近的 A 细胞（分泌胰高血糖素，glucagon）和 B 细胞（分泌胰岛素，insulin）的抑制性调节作用。性外激素是指某一个体释放到外界的特殊化学物质，通过远距离传播（如空气或水体等），为同种动物的另一个体所感受，能使之产生相应的特殊反应（如引起性行为或体内激素分泌的变化等）。这类信息传递物质称为性外激素。

传统的激素定义，主要强调了两点：第一，激素是类特殊的化学物质，具有传递信息的作用；第二，激素必须经过血液循环传递调节信息。而现今的定义更强调激素传递信息的作用，而较少注重激素的传递方式。

二、激素作用的一般特征

(一) 激素的作用

激素的作用包括药理作用和生理作用。激素的生理作用，是指激素在该种腺体或细胞自身正常分泌范围内所发挥的作用。但在实验研究或临床治疗上，为了达到某种目的，激素的用量有时常超出生理范围的几倍、几十倍甚至几百倍。在这种条件下激素所发挥的作用，称为该种激素的药理作用。激素的生理作用主要是：

1. 促进生长、发育 激素可促进组织细胞的生长、增殖、分化和成熟，参与细胞凋亡过程等。有些激素能促进特定器官的生长发育。如生长激素可促进骨骼生长，通过调节代谢影响组织器官的营养分配；性激素能促进生殖器官、副性器官的生长等。

2. 调节消化、代谢过程 胃肠道激素等能调节消化道运动、消化腺的分泌和吸收活动；甲状腺激素、肾上腺皮质激素、胰岛激素等能调节糖类、蛋白质和脂类的代谢。

3. 维持内环境稳态 激素参与水、电解质平衡，酸碱平衡，体温，血压等调节过程，全面整合机体功能，以保持稳态。例如，依赖加压素、醛固酮、皮质醇、降钙素等的协同作用，对体液离子组成和血容量进行调节，以维持内环境稳态。

4. 保证种族繁衍 从生殖细胞生成、成熟到射精、排卵、妊娠和泌乳等过程的各个环节，都主要受生殖激素的调控。除生殖激素外，其余激素对正常的生殖活动起保证作用，如甲状腺激素，在缺碘地区，若甲状腺机能受损，则会出现死胎、弱仔、流产等现象。

5. 参与应激和免疫反应 糖皮质激素、肾上腺素、胸腺素等与机体适应不良环境，抵御敌害，增强对感染和毒物的抵抗力有密切的关系。

(二) 激素作用的一般特征

1. 激素的信息传递作用 激素发挥作用的方式犹如信使传递信息。激素与靶细胞上相应的受体结合，既不添加成分，又不提供能量，只能将携带的信息传递给靶细胞，促进或抑制靶细胞内固有的生化反应。

2. 激素的高效能生物放大作用 激素在血液中的含量很低，常以 pg/mL 或 ng/mL 计量，但作用较大，具有高效性。激素与受体结合后，在细胞内发生一系列酶促放大作用，一个接一个，逐级放大效果，形成一个效能极高的生物放大系统。

3. 激素作用的特异性 激素释放进入血液被运送到全身各个部位，虽然它们与各处的组织、细胞有广泛接触，但有些激素只作用于某些器官、组织和细胞，这种选择性称为激素作用的特异性。被激素选择作用的器官、组织和细胞，分别称为靶器官、靶组织和靶细胞。有些激素专一地选择作用于某一内分泌腺体，称为激素的靶腺。激素作用的特异性与靶细胞上存在能与该激素发生特异性结合的受体有关。大多数肽类和蛋白质激素的受体存在于靶细胞膜上，而类固醇激素与甲状腺激素的受体则位于细胞浆或细胞核内。

4. 激素间的相互作用 当多种激素共同参与某一生理活动的调节时，激素与激素之间往往存在着协同作用（synergistic action）或拮抗作用（antagonistic action），这对维持其功能活动的相对稳定起着重要作用。例如，生长激素、肾上腺素、糖皮质激素及胰高血糖素，虽然作用的环节不同，但均能升高血糖，在升糖效应上有协同作用；相反，胰岛素则可降低血糖，与上述激素的升糖效应有拮抗作用。甲状旁腺激素与 1, 25 - 二羟维生素 D_3 对血钙的调节是相辅相成的，而降钙素则与之有拮抗作用。激素之间的协同作用与拮抗作用的机制比较复杂，可以发生在受体水平，也可以发生在受体后信息传递过程，或者是细胞内酶促反应的某一环节。例如，甲状腺激素可使许多组织（如心、脑等）β-肾上腺素能受体增加，提高对儿茶酚胺的敏感性，增强其效应。孕酮与醛固酮在受体水平存在着拮抗作用，虽然孕酮与醛固酮受体的亲和性较小，但当孕酮浓度升高时，则可与醛固酮竞争同一受体，从而减弱醛固酮调节水盐代谢的作用。

激素之间还存在一种特殊的作用——允许作用（permissive action），即一种激素对特定的器官、组织或细胞并没有直接作用，但其存在却是另一种激素发挥效应的基础。例如，糖皮质激素对心肌和血管平滑肌并无收缩作用，但是，必须有糖皮质激素的存在，儿茶酚胺才能很好地发挥对心血管的调节作用。糖皮质激素是广泛发挥允许作用的一种激素，它的存在是其他许多激素呈现效应的基础。

三、激素的分类

激素的种类繁多，来源复杂，按其化学性质可分为三大类（表 12 - 1）。

(一) 含氮类激素

1. 蛋白质激素 主要有生长素、胰岛素、催乳素、促甲状腺素、甲状旁腺素等。

2. 肽类激素 主要有下丘脑调节肽、胰高血糖素、降钙素以及胃肠激素等。

3. 胺类激素 主要为氨基酸的衍生物，包括肾上腺素、去甲肾上腺素、甲状腺激素和褪黑素等。

(二) 类固醇（甾体）激素

类固醇激素是由肾上腺皮质和性腺分泌的激素，如皮质醇、醛固酮、雌激素、孕激素以及雄激素等。另外，胆固醇的衍生物 1,25-二羟维生素 D_3 也被作为激素看待。

(三) 脂肪酸衍生物

主要指前列腺素，其广泛存在于许多组织，在组织局部释放，对局部功能活动进行调节。因此，可将前列腺素看作一组局部组织激素，由花生四烯酸转化而成。

表 12-1　主要激素及其化学性质

主要来源	激素	英文缩写	化学性质
下丘脑	促甲状腺激素释放激素	TRH	3肽
	促性腺激素释放激素	GnRH	10肽
	生长素释放抑制激素（生长抑素）	GHRIH	14肽
	生长激素释放激素	GHRH	44肽
	促肾上腺皮质激素释放激素	CRH	41肽
	促黑（素细胞）激素释放因子	MRF	肽
	促黑（素细胞）激素释放抑制因子	MIF	肽
	催乳素释放因子	PRF	肽
	催乳素释放抑制因子	PIF	多巴胺(?)
	升压素（抗利尿激素）	VP（ADH）	9肽
	催产素	OXT	9肽
腺垂体	促肾上腺皮质激素	ACTH	39肽
	促甲状腺激素	TSH	糖蛋白
	卵泡刺激素	FSH	糖蛋白
	黄体生成素（间质细胞刺激素）	LH（ICSH）	糖蛋白
	促黑（素细胞）激素	MSH	13肽
	生长激素	GH	蛋白质
	催乳素	PRL	蛋白质
甲状腺	甲状腺素（四碘甲腺原氨酸）	T_4	胺类
	三碘甲腺原氨酸	T_3	胺类
甲状腺C细胞	降钙素	CT	32肽
甲状旁腺	甲状旁腺素	PTH	蛋白质
胰岛	胰岛素		蛋白质
	胰高血糖素		29肽
	胰多肽		36肽
	糖皮质激素（如皮质醇）		类固醇
	盐皮质激素（如醛固酮）		类固醇
髓质	肾上腺素	E	胺类
	去甲肾上腺素	NE	胺类
睾丸：间质细胞	睾酮	T	类固醇
支持细胞	抑制素		糖蛋白
卵巢、胎盘	雌二醇	E_2	类固醇
	雌三醇	E_3	类固醇
	孕酮	P	类固醇
胎盘	绒毛膜促性腺激素	CG	糖蛋白
消化道、脑	胃泌素		17肽
	胆囊收缩素-促胰酶素	CCK-PZ	33肽
	促胰液素		27肽

(续)

主要来源	激素	英文缩写	化学性质
心房	心房利钠肽	ANP	21、23 肽
松果体	褪黑素		胺类
胸腺	胸腺激素		肽类

四、激素的作用机制

激素作为信息物质与靶细胞上的受体结合后,把信息传递到细胞内,并经过错综复杂的反应过程,最终产生细胞生物效应。下面重点介绍含氮激素和类固醇激素的作用机制,现分别叙述。

(一)含氮类激素作用机制——第二信使学说

第二信使学说是 Sutherland 等于 1965 年提出来的。Sutherland 学派在研究糖原酵解第一步所需限速酶磷酸化酶的活性时,发现胰高血糖素与肾上腺素可使肝匀浆在 ATP、Mg^{2+} 与腺苷酸环化酶(adenylate cyclase,AC)的作用下产生一种新物质,这种物质具有激活磷酸化酶从而催化糖原酵解的作用。实验证明,它是环-磷酸腺苷(cyclic AMP,cAMP),在 Mg^{2+} 存在的条件下,腺苷酸化酶促进 ATP 转变为 cAMP。cAMP 在磷酸二酯酶的作用下,降解为 $5'$-AMP。随后,进一步发现 cAMP 之所以能激活磷酸化酶,是由于 cAMP 激活了另一种酶,即依赖 cAMP 的蛋白激酶(cAMP-dependent protein kinase,cAMP-PK,PKA)而完成的。

Sutherland 综合这些资料提出第二信使学说,主要内容包括:①激素是第一信使,它可与靶细胞膜上具有立体构型的专一性受体结合。②激素与受体结合后,激活膜内侧的腺苷酸环化酶系统。③在 Mg^{2+} 存在的条件下,腺苷酸环化酶促使 ATP 转变为 cAMP,cAMP 是第二信使,信息由第一信使传递给第二信使。④cAMP 使无活性的蛋白激酶(PKA)激活。PKA 具有两个亚单位,即调节亚单位与催化亚单位。cAMP 与 PKA 的调节亚单位结合,导致调节亚单位与催化亚单位脱离而使 PKA 激活,催化细胞内多种蛋白质发生磷酸化反应,包括一些蛋白发生磷酸化,从而引起靶细胞发生各种生理生化反应(图 12-2)。

以 cAMP 为第二信使学说的提出,推动了激素作用机制的研究工作迅速深入发展。近年来的研究资料表明,cAMP 并不是唯一的第二信使,可能作为第二

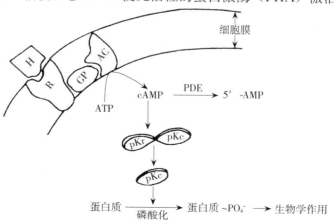

图 12-2 含氮激素作用机制示意图
H. 激素 R. 受体 GP. G 蛋白 AC. 腺苷酸环化酶
PDE. 磷酸二酯酶 pKr. 蛋白激酶调节亚单位
pKc. 蛋白激酶催化亚单位

信使的化学物质还有 cGMP、三磷酸肌醇、二酰甘油、Ca^{2+} 等。

(二) 类固醇激素作用机制——基因表达学说

类固醇激素的分子小，呈脂溶性，因此可透过细胞膜进入细胞。在进入细胞之后，经过两个步骤影响基因表达而发挥作用，故把此种作用机制称为两步作用原理，或称为基因表达学说。

第一步是激素与胞浆受体结合，形成激素-胞浆受体复合物，受体蛋白发生构型变化，从而获得进入核内的能力，由胞浆转移至核内。第二步是与核内受体相互结合，形成激素-核受体复合物，从而激发 DNA 的转录过程，生成新的 mRNA，诱导蛋白质合成，引起相应的生物效应（图 12-3）。

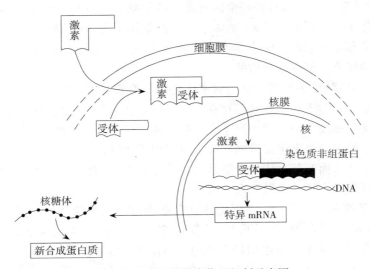

图 12-3 类固醇激素作用机制示意图

甲状腺激素虽属含氮激素，但其作用机制却与类固醇激素相似，它可进入细胞内，但不经过与胞浆受体结合即进入核内，与核受体结合调节基因表达。

第二节 下丘脑与垂体

一、下丘脑

(一) 下丘脑的形态结构

下丘脑在解剖上由前至后可分为三个区：①前区或称视上区，包括视交叉上核、视上核、室旁核等。②中区或称结节区，包括正中隆起、弓状核、腹内侧核等。③后区或乳头区，包括背内侧核、乳头体等。

这些区内存在一些特殊的神经内分泌细胞群。它们起源于神经元，但向腺细胞方向分化，兼有神经细胞和腺细胞的功能，一般具有下列特征：①它们一方面与来自脑其他部位的神经纤维构成突触，并接受中枢神经系统的控制；另一方面又能分泌肽类激素，释放进入血液，在其他部位发挥调节效应。②它们本身的轴突末梢不直接支配任何效应器，也不与其他神经元构成突触，而是与毛细血管相接。③细胞质中有特别发达的线粒体、高尔基器和粗面内质网系统，呈现典型的腺细胞形态特征。④用特殊染色法和电镜观察证实，这些细胞中的分泌颗粒能从胞浆、轴突一直追踪到轴突末梢。

下丘脑的神经内分泌细胞大致可分为大细胞性和小细胞性两个神经内分泌系统。大细胞性神经内分泌系统由下丘脑前区的视上核和室旁核神经元构成，它们的轴突构成下丘脑-垂体束，轴突末梢大部分终止于神经垂体内，小部分终止于正中隆起；小细胞性神经内分泌系统由分散在下丘脑底部的许多神经核内的小型神经内分泌细胞构成，它们的轴突主要组成下丘脑-垂体门脉系统，终止于正中隆起和漏斗柄。

（二）下丘脑与脑垂体的关系

1. 下丘脑-垂体束 下丘脑与神经垂体有着直接的联系。下丘脑的视上核和室旁核的神经纤维下行到神经垂体，形成下丘脑-垂体束。神经垂体不含腺细胞，不能合成激素，它所释放的血管升压素和催产素，实际上是在下丘脑视上核和室旁核中合成，沿下丘脑-垂体束通过轴浆运输到神经垂体储存并释放的。

2. 下丘脑-垂体门脉系统 下丘脑与腺垂体之间没有直接的神经联系，主要是通过垂体门脉系统发生功能联系。下丘脑基底部存在一个"促垂体区"，主要包括正中隆起、弓状核、腹内侧核、视交叉上核及室周核等，属于小细胞性神经元，其轴突投射到正中隆起，轴突末梢与垂体门脉系统的第一级毛细血管网接触，可将促垂体区神经元合成分泌的下丘脑调节肽释放进入门脉系统，从而调节垂体的分泌活动。另外，"促垂体区"的肽能神经元还与来自其他部位的神经纤维有广泛的突触联系。

3. 下丘脑调节性多肽 下丘脑"促垂体区"肽能神经元分泌的肽类激素，主要作用是调节腺垂体的活动，因此称为下丘脑调节性多肽（hypothalamus regulatory peptide，HRP）。近20多年来，从下丘脑组织相继成功分离促甲状腺激素释放激素（TRH）、促性腺激素释放激素（GnRH）、生长激素释放抑制激素（GHRIH）、促肾上腺皮质激素释放激素（CRH）与生长激素释放激素（GHRH），并确定了化学结构。此外，还有四种对腺垂体催乳素和促黑素细胞激素的分泌起促进或抑制作用的激素，因尚未弄清其化学结构，所以暂称因子。

（1）促甲状腺激素释放激素（thyrotropin-releasing hormone，TRH）：3肽，TRH主要作用于腺垂体，促进促甲状腺激素（TSH）释放，血中 T_4 和 T_3 随 TSH 浓度上升而增加。TRH 除了刺激腺垂体释放 TSH 外，也促进催乳素的释放，但 TRH 是否参与催乳素分泌的生理调节，尚不能肯定。

下丘脑存在大量的 TRH 神经元，它们主要分布于下丘脑中间基底部，如损毁下丘脑的这个区域则引起 TRH 分泌减少。另外，在第三脑室周围尤其是底部排列有形如杯状的脑室膜细胞（tanycyte），其形态特点与典型的脑室膜细胞有所不同，其胞体细长，一端面向脑室腔，其边界上无纤毛而有突起，另一端则延伸至正中隆起的毛细血管周围。这些细胞内含有大量的 TRH。除了下丘脑有较多的 TRH 外，在下丘脑以外的中枢神经系统，如大脑和脊髓，也发现有 TRH 存在，其作用可能与神经信息传递有关。

（2）促性腺激素释放激素（gonadotropin-releasing hormone，GnRH）：10肽，GnRH主要促进腺垂体合成与释放促性腺激素。下丘脑 GnRH 呈脉冲式释放，因而造成血中 LH 与 FSH 浓度也呈现脉冲式波动，这对其发挥生理作用是十分重要的。

GnRH 主要集中在弓状核、内侧视前区与室旁核。除下丘脑外，在脑的其他区域如间脑、边缘叶、松果体、卵巢、睾丸、胎盘等组织中也存在着 GnRH。GnRH 对性腺有直接抑制作用，尤其是药理剂量的 GnRH，抑制作用更为明显，可抑制卵巢卵泡发育和排卵，导致雌激素与孕激素生成减少；抑制睾丸精子的生成，导致睾酮的分泌降低。

(3) 生长抑素与生长激素释放激素：生长抑素（somatostatin）或生长激素释放抑制素（growth hormone release-inhibiting hormone, GHRIH）是由 116 个氨基酸的大分子肽裂解而来的 14 肽，其分子结构呈环状，在第 3 位和第 14 位半胱氨酸之间有一个二硫键。

生长抑素：作用比较广泛，是一种广泛的抑制剂，主要作用是抑制垂体生长激素（GH）的基础分泌，也抑制腺垂体对多种刺激所引起的 GH 分泌反应，包括运动、进食、应激、低血糖等。另外，生长抑素还可抑制促性腺激素、促甲状腺激素、催乳素、促肾上腺皮质激素的分泌。除下丘脑外，其他部位如大脑皮层、纹状体、杏仁核、海马，以及脊髓、交感神经、胃肠、胰岛、肾、甲状腺与甲状旁腺等组织广泛存在生长抑素。脑与胃肠又纯化出 28 个氨基酸组成的 $GHRIH_{28}$，由 $GHRIH_{14}$ 的 N 端向外延伸而成。生长抑素的垂体外作用比较复杂，在神经系统起递质或调质的作用，对胃肠运动与消化道激素的分泌起抑制作用，且抑制胰岛素、胰高血糖素、肾素、甲状旁腺激素及降钙素的分泌。

生长激素释放激素（growth hormone releasing hormone, GHRH）：44 肽，促进腺垂体 GH 分泌作用。GHRH 呈脉冲式释放，从而导致腺垂体的 GH 分泌也呈现脉冲式。大鼠实验证明，注射 GHRH 抗体后，可消除血中 GH 浓度的脉冲式波动。一般认为，GHRH 是 GH 分泌的经常性调节者，而 GHRIH 则是在应激刺激 GH 分泌过多时，才显著地发挥对 GH 分泌的抑制作用。GHRH 与 GHRIH 相互配合，共同调节腺垂体 GH 的分泌。GHRH 的神经元主要分布在下丘脑弓状核及腹内侧核，它们的轴突投射到正中隆起，终止于垂体门脉初级毛细血管。

(4) 促肾上腺皮质激素释放激素（corticotropin releasing hormone, CRH）：41 肽，其主要作用是促进腺垂体合成和释放促肾上腺皮质激素（ACTH）。下丘脑 CRH 的释放呈现昼夜周期节律，与 ACTH 及皮质醇的分泌节律同步。机体遇到应激刺激，如低血糖、失血、剧痛以及精神紧张等，作用于神经系统不同部位，最后将信息汇集于下丘脑 CRH 神经元，然后通过 CRH 引起垂体-肾上腺皮质系统反应。

分泌 CRH 的神经元主要分布在下丘脑室旁核，其轴突多投射到正中隆起。在下丘脑以外部位，如杏仁核、海马、中脑、松果体、胃肠、胰腺、肾上腺、胎盘等组织均发现有 CRH 存在。

(5) 催乳素释放因子（prolactin releasing factor, PRF）和催乳素释放抑制因子（prolactin release-inhibiting factor, PIF）：PRF 与 PIF 分别对腺垂体催乳素（PRL）的分泌起促进和抑制作用，PIF 与 PRF 的化学结构尚不清楚。由于多巴胺可直接抑制腺垂体 PRL 分泌，故有人认为多巴胺就是 PIF。

(6) 促黑（素细胞）激素释放因子（melanophore-stimulating hormone releasing factor, MRF）与促黑（素细胞）激素释放抑制因子（melanophore-stimulating hormone release-inhibiting factor, MIF）：MRF 为 5 肽，促进促黑（素细胞）激素（MSH）的释放；MIF 为 3 肽，抑制 MSH 的释放。

下丘脑调节性多肽除调节腺垂体功能外，几乎都具有垂体外作用，而且它们也不仅仅在下丘脑"促垂体区"产生，还可以在中枢神经系统其他部位及许多组织中存在，使人们更加广泛深入地研究它们的作用。

二、脑 垂 体

（一）脑垂体的位置、形态和结构

垂体位于颅中窝蝶骨体上的垂体窝内，借漏斗连于下丘脑。按其胚胎发育和功能、形态的不同，分为腺垂体和神经垂体两部分。腺垂体来自胚胎口凹的外胚层上皮，神经垂体来自间脑底部的外胚层。腺垂体包括远侧部、结节部和中间部；神经垂体包括神经部和漏斗部（包括正中隆起和漏斗柄）（图12-4）。远侧部又称垂体前叶，中间部和神经部合称垂体后叶（图12-5）。

图12-4 垂体的组成

1. 神经垂体的结构 神经垂体由无髓神经纤维、垂体细胞和丰富的毛细血管组成。垂体细胞即神经胶质细胞，形态多样，胞体内常含褐色的色素颗粒。电镜下，可见垂体细胞包绕着含有分泌颗粒的无髓神经纤维，其突起常达毛细血管壁（图12-6）。垂体细胞对神经纤维有支持营养作用，并可能对激素的释放有调节作用，神经垂体的血管主要来自左、右颈内动脉发出的垂体下动脉，进入神经部后分支形成窦状毛细血管网，最终汇入垂体静脉。

2. 腺垂体的结构（图12-7） 腺垂体的远侧部最大，约占垂体的75%。腺细胞排列成团或索，少数围成小滤泡，细胞间有少量结缔组织和丰富的窦状毛细血管。根据细胞的染色性质分为嗜色细胞和嫌色细胞，前者又分为嗜酸性细胞和

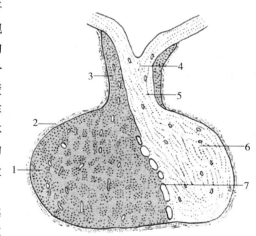

图12-5 垂体（矢状切面）
1.远侧部 2.被膜 3.结节部 4.正中隆起
5.漏斗柄 6.神经部 7.中间部

嗜碱性细胞。嗜酸性细胞数量较多，体积大，呈圆形或多边形，胞质内充满嗜酸性颗粒，如催乳素细胞、生长激素细胞。嗜碱性细胞数量较少，呈椭圆形或多边形，胞质内含有嗜碱性颗粒，如促甲状腺激素细胞、促性腺激素细胞、促肾上腺皮质激素细胞。嫌色细胞数量最多，体积小，胞质少，着色浅，细胞轮廓不清。有些嫌色细胞含少量分泌颗粒，故认为它们多数是脱颗粒的嗜色细胞，或处于嗜色细胞形成的初级阶段。其余多数嫌色细胞有突起，伸入腺细胞之间起支持作用。

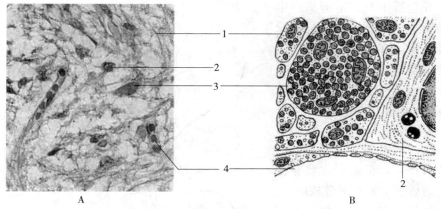

图 12-6 神经垂体的组织结构
A. 光镜结构 B. 超微结构模式图
1. 无髓神经纤维 2. 垂体细胞 3. 赫令体 4. 毛细血管

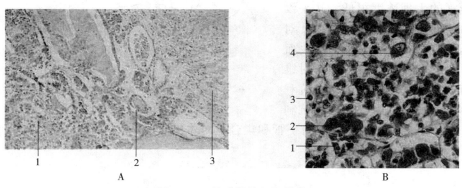

图 12-7 腺垂体的组织结构
A. 垂体（HE 染色×40） 1. 远侧部 2. 中间部 3. 神经部
B. 远侧部（HE 染色×400） 1. 窦状毛细血管 2. 嗜酸性细胞 3. 嫌色细胞 4. 嗜碱性细胞

结节部呈套状包围着神经垂体的漏斗，在漏斗的前方较厚，后方较薄或缺少。结节部有丰富的纵行毛细血管，腺细胞沿血管呈索状排列，细胞较小，主要是嫌色细胞及少数嗜酸性细胞和嗜碱性细胞，此处的嗜碱性细胞分泌促性腺激素。

中间部位于远侧部与神经部之间的狭窄部分，由较小细胞围成大小不等的滤泡，腔内含有胶质。滤泡周围还散在一些嫌色细胞和嗜碱性细胞，免疫细胞化学证明这些细胞可能产生促黑激素和 β-内啡肽的前体。

腺垂体的血液供应来自于大脑动脉环发出的垂体上动脉。垂体前动脉进入神经垂体的漏斗，在该部形成袢状的窦状毛细血管网，称一级毛细血管网。该网进入结节部汇集形成数条垂体门微静脉，下行至远侧部再度形成窦状毛细血管网，称二级毛细血管网。垂体门微静脉及两端的毛细血管网共同构成了垂体门脉系统。远侧部的毛细血管最后汇集成垂体静脉（图12-8）。

（二）脑垂体的生理功能

1. 神经垂体 神经垂体激素（neurohypophysis hormones）都来自下丘脑，主要有升压素和催产素两种。

（1）神经垂体释放的激素：神经垂体不含腺体细胞，不能合成激素。所谓的神经垂体激素是指在下丘脑视上核、室旁核产生而贮存于神经垂体的升压素（抗利尿激素）与催产素，在适宜的刺激作用下，这两种激素由神经垂体释放进入血液循环。

升压素（vasopressin，VP 或 antidiuretic hormone，ADH）与催产素（oxytocin，OXT）在下丘脑的视上核与室旁核均可产生，但前者主要在视上核产生，而后者主要在室旁核产生。它们的化学结构都是 9 肽，催产素与升压素只是第 3 位与第 8 位的氨基酸残基有所不同（图 12-9）。

升压素的生理浓度很低，几乎没有收缩血管而致血压升高的作用，对正常血压调节没有重要性，但在失血情况下，由于升压素释放较多，对维持血压有一定的作用。升压素的抗利尿作用却十分明显，因此又称为抗利尿激素。抗利尿激素主要促进远曲小管和集合管对水的重吸收，使尿液减少，起到抗利尿作用。

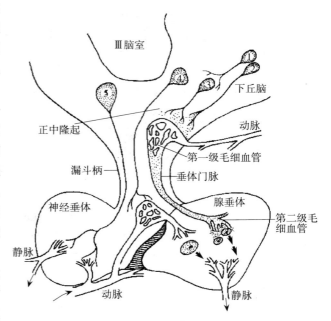

图 12-8　下丘脑-垂体功能单位
1. 单胺能神经元　2、3、4、5. 下丘脑各类肽能神经元
→血流方向　➡激素转运方向

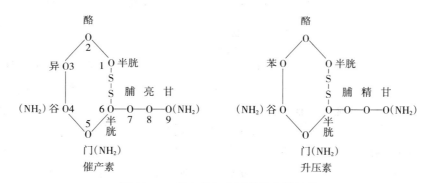

图 12-9　催产素与升压素的化学结构

催产素具有诱发乳腺平滑肌收缩，促进乳汁排出和刺激子宫收缩的作用。乳头含有丰富的感觉神经末梢，吸吮乳头的感觉信息经传入神经传至下丘脑，使分泌催产素的神经元发生兴奋，神经冲动经下丘脑-垂体束传送到神经垂体，使贮存的催产素释放入血，并作用于乳腺中的肌上皮细胞使之产生收缩，引起乳汁排出。

催产素对非孕子宫的作用较弱，而对妊娠子宫的作用较强，雌激素能增加子宫对催产素的敏感性，而孕激素则相反。

由于催产素与抗利尿激素的化学结构相似，故其生理作用有一定程度的交叉，例如，催产素对犬的抗利尿作用相当于抗利尿激素的 1/200，而抗利尿激素对大鼠离体子宫的收缩作用仅为催产素的1/500左右。

(2) 神经垂体机能的调节：ADH分泌主要受来自渗透压感受系统和血液容量感受系统的反射性调节。其有关的调节机制，详见第四章与第九章的内容。

OXT分泌的调节是通过下丘脑进行的，属于神经内分泌调节方式。OXT的释放主要受来自子宫颈、阴道、乳房的刺激。当交配、分娩或吮乳时都可反射性引起OXT的释放。与其密切相关的各种条件刺激，如幼仔出现、喊叫、挤乳准备等还可引起OXT条件反射性释放。

2. 腺垂体 腺垂体主要由腺细胞构成，它们分泌多种激素。

(1) 腺垂体分泌的激素：腺垂体分泌8种激素：生长激素（GH）；促甲状腺激素（TSH）；促肾上腺皮质激素（ACTH）；促黑（素细胞）激素（MSH）；卵泡刺激素（FSH）；黄体生成素（LH）；催乳素（PRL）；促脂解素（LPH）。在腺垂体分泌的激素中，TSH、ACTH、FSH与LH均有各自的靶腺，分别形成下丘脑-垂体-甲状腺轴、下丘脑-垂体-肾上腺皮质轴、下丘脑-垂体-性腺轴。腺垂体的这些激素是通过调节靶腺的活动而发挥作用的，而GH、PRL、MSH与LPH则不通过靶腺，分别直接调节个体生长、乳腺发育与泌乳、黑素细胞活动、脂肪组织分解等。所以，腺垂体激素的作用极为广泛而复杂。

①生长激素（growth hormone，GH）：191肽，由于其化学结构与催乳素类似，故生长激素有弱催乳素作用，而催乳素有弱生长激素作用。GH具有种属特异性。GH能促进物质代谢与生长发育，对机体各个器官与各种组织均有影响，尤其对骨骼、肌肉及内脏器官的作用更为显著。因此，GH也称为躯体刺激素（somatotropin）。幼年动物摘除垂体后，生长即停止，如及时补充GH则可使其生长恢复。GH还能促进脂肪分解，增强脂肪酸氧化，抑制外周组织摄取与利用葡萄糖，减少葡萄糖的消耗，提高血糖水平。

GH的促生长作用是由于它能促进骨、软骨、肌肉以及其他组织细胞分裂增殖，蛋白质合成增加。离体软骨培养实验发现，将GH加入去垂体动物的软骨培养液中，对软骨的生长无效，而加入正常动物的血浆却有效，说明GH对软骨的生长并无直接作用，而在正常动物血浆中存在某种有促进生长作用的因子。实验研究证明，GH主要诱导肝产生一种具有促生长作用的肽类物质，称为生长介素（somatomedin，SM），因其化学结构与胰岛素类似，所以又称为胰岛素样生长因子（insulin-like growth factor，IGF）。目前已分离出两种生长介素，即IGF-Ⅰ和IGF-Ⅱ，GH的促生长作用主要是通过IGF-Ⅰ介导。生长介素的主要作用是促进硫酸盐进入软髓组织外，促进氨基酸进入软骨细胞，增强DNA、RNA和蛋白质的合成，促进软骨组织增殖与骨化，使长骨加长。GH对脂肪与糖代谢的作用似乎与生长介素无关，机制尚不清楚。

近年研究证明，血中的生长介素对GH分泌有负反馈调节作用。IGF-Ⅰ能刺激下丘脑释放GHRIH，从而抑制GH的分泌。IGF-Ⅰ还能直接抑制培养的腺垂体细胞GH的基础分泌和GHRH刺激的GH分泌，说明IGF-Ⅰ可通过下丘脑和腺垂体对GH分泌进行负反馈调节。另外，睡眠和代谢产物也能影响GH分泌：觉醒状态下，GH分泌少，睡眠时GH分泌增加；血中糖、氨基酸与脂肪酸均能影响GH的分泌，低血糖对GH分泌的刺激作用最强。血中氨基酸与脂肪酸增多可引起GH分泌增加，有利于机体对这些物质的代谢与利用。

②催乳素（prolactin，PRL）：为199个氨基酸的多肽，有3个二硫键。PRL的主要作

用是促进哺乳动物乳腺生长，发动和维持泌乳。另外，PRL能促进黄体形成并分泌孕激素，大剂量PRL使黄体溶解；PRL促进雄性动物前列腺及精囊腺的生长，增强LH对间质细胞的作用，使睾酮的合成增加；PRL参与应激（stress）反应，在应激状态下，血中PRL浓度升高，与ACTH及GH一样，是应激反应中腺垂体分泌的三大激素之一。

③ 促性腺激素（gonadotropin hormone，GtH）：包括促卵泡激素（follicle stimulating hormone，FSH）和黄体生成素（luteinizing hormone，LH）。在雌性动物，FSH作用于卵巢的卵泡，促进卵泡生长发育和颗粒细胞增殖，使卵泡分泌卵泡液，产生雌激素；与LH共同作用，促进卵泡的最后成熟并排卵；排卵后，LH促进卵泡形成黄体，产生孕激素。在雄性动物，FSH与LH和睾酮共同促进精子的生成；FSH促进支持细胞分泌雄激素结合蛋白，后者可维持曲精细管内高浓度的睾酮，以刺激生精细胞的成熟分裂；LH刺激睾丸间质细胞，使它们分泌睾酮。

④ 促肾上腺皮质激素（adrenocorticotropic hormone，ACTH）：39个氨基酸的多肽，ACTH分子上的1~24位氨基酸为生物活性所必需的，25~39位氨基酸可保护激素，减慢降解，延长作用时间。ACTH的主要作用是刺激束状带与网状带细胞的生长发育，促进糖皮质激素合成和分泌，对醛固酮分泌无影响。但在鸟类，醛固酮的分泌需要ACTH，在应激等情况下，ACTH能促进醛固酮分泌。ACTH也具有促黑素细胞产生黑色素的作用。

⑤ 促甲状腺激素（thyroid stimulation hormone，TSH）：TSH是一种糖蛋白激素，由α和β两个亚单位组成。TSH的生物活性主要取决于β亚单位，但只有α亚单位与β亚单位结合在一起共同作用，才能显出全部活性。TSH可促使甲状腺形态和机能发生变化，通过磷脂酰肌醇系统刺激甲状腺激素的合成与释放。

⑥ 促黑素细胞激素（melanophore stimulation hormone，MSH）：主要作用是刺激黑素细胞内黑素的生成和扩散，使皮肤颜色变暗、变黑。对低等脊椎动物起皮肤变色以适应环境变化的作用；在哺乳动物的作用尚未确定，可能对色素沉着有作用，或对中枢神经系统的中枢兴奋状态有调节作用。

⑦ 促脂解素（lipotropin，LPH）：主要作用是促进脂肪组织分解，释放脂肪酸，表现溶脂肪作用。另外，它与ACTH、MSH同源，有某些类似ACTH、MSH的作用。

（2）腺垂体分泌的调节：腺垂体的分泌功能一方面受中枢神经系统特别是下丘脑的控制；另一方面也受外周靶腺所分泌的激素和代谢产物的反馈调节（图12-10）。

① 下丘脑促垂体区释放激素和释放抑制激素的作用：促性腺激素、促甲状腺激素和促肾上腺皮质激素释放激素的分泌直接受下丘脑分泌的相应的释放激素的控制，而生长激素、催乳素和促黑素细胞激素则分别受下丘脑释放的释放激素和释放抑制激素的双重控制。

② 神经肽、神经递质和神经调质的作用：

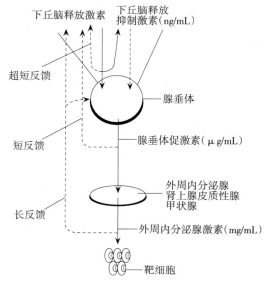

图12-10 腺垂体激素分泌的调节

加压素、神经降压肽、阿片样肽、5-羟色胺等可促进 GH 分泌,肾上腺素、去甲肾上腺素、γ-氨基丁酸等对 MSH 和 ACTH 分泌有调节作用。

③其他中枢部位和外周感受器的作用：MSH 分泌还受下丘脑的直接控制,切除中间叶与脑的联系或用某种方法抑制下丘脑可见 MSH 分泌增加；吮吸刺激乳头可反射性引起催乳素分泌增加。

④靶腺激素和代谢产物的反馈调节：血液中靶腺激素的浓度通过反馈途径可直接影响,也可间接通过下丘脑影响腺垂体激素的分泌。例如,用化学方法或切除手术消除甲状腺和肾上腺的作用后,血液中甲状腺素和皮质醇浓度的下降既可直接作用于腺垂体,也可通过对下丘脑释放激素的改变间接作用于腺垂体,从而使 TSH 和 ACTH 分泌加强。相反,给予甲状腺素或皮质醇可通过同样途径引起 TSH 和 ACTH 分泌减少。

血中代谢物浓度亦可对腺垂体激素分泌进行反馈调节。如血糖和血液氨基酸特别是精氨酸的浓度可调节生长激素的分泌。长期饥饿或注射胰岛素引起血糖过低时,血浆中 GH 增多。注射精氨酸可促进生长激素分泌,而且在高血糖情况下,也不能影响和抑制这个反应。

第三节 甲 状 腺

一、甲状腺的位置、形态和结构

甲状腺是体内最大的内分泌腺,分左、右两叶,中间以峡部相连。甲状腺表面包有薄层结缔组织被膜,结缔组织伸入腺实质,将实质分为许多不明显的小叶,小叶内有很多甲状腺滤泡和滤泡旁细胞。滤泡由单层排列的甲状腺滤泡上皮细胞围成,其内充满透明的胶质,滤泡呈圆形、椭圆形或不规则形。胶质是滤泡上皮细胞的分泌物,主要成分为甲状腺球蛋白。滤泡上皮细胞是甲状腺激素的合成与释放的部位,而滤泡腔的胶质是激素的贮存库。滤泡上皮细胞的形态和滤泡内胶质的量与其功能状态密切相关。滤泡上皮细胞通常为立方形,当甲状腺受到刺激而功能活跃时,细胞变高呈柱状,胶质减少；反之,细胞变低呈扁平状,而胶质增多(图 12-11)。

图 12-11　甲状腺的组织结构
1. 滤泡上皮细胞　2. 胶体
3. 滤泡旁细胞　4. 结缔组织

二、甲状腺激素的合成与释放

(一) 甲状腺激素的合成

甲状腺激素主要有甲状腺素（3,5,3′,5′-四碘甲腺原氨酸,简称 T_4）和三碘甲腺原氨酸（3,5,3′-三碘甲腺原氨酸,简称 T_3）两种,它们都是酪氨酸碘化物。另外,甲状腺也可合成极少量的逆-T_3（反 T_3 或 rT_3）,其生物活性很低（图 12-12）。甲状腺激素合成的原料有碘和酪氨酸,甲状腺激素的合成过程包括三步。

1. 腺泡聚碘 甲状腺细胞能主动地从血液吸聚无机碘，血液经甲状腺每循环一次，血液中 I^- 约 1/5 被摄取。碘的主动转运靠"碘泵"作用，有赖 Na^+-K^+-ATP 酶提供能量。某些化学物质能阻碍聚碘作用而抑制甲状腺功能，如抑制 ATP 酶的哇巴因、能与 I^- 竞争碘泵的过氯酸根和硫氰酸根等。

2. I^- 的活化 摄入腺泡上皮细胞的 I^-，在过氧化酶的作用下被活化，活化的部位在腺泡上皮细胞顶端质膜微绒毛与腺泡腔交界处。活化过程的本质尚未确定，可能是由 I^- 变成 I_2 或 I^0，或是与过氧化酶形成某种复合物。

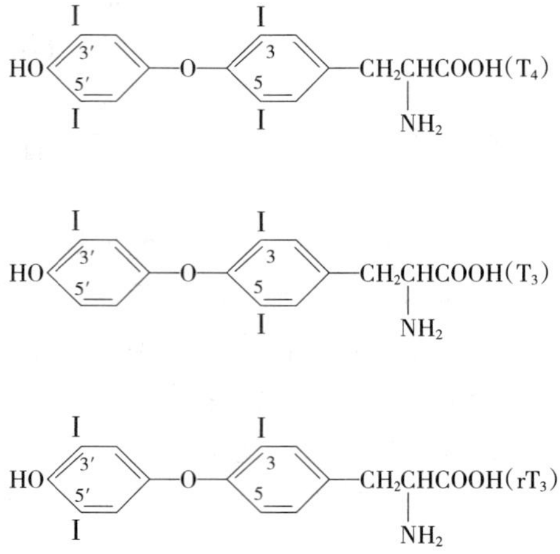

3. 酪氨酸碘化与甲状腺激素的合成 活化碘形成后与腺泡细胞顶部存在的甲状腺球蛋白（thyroglobulin，TG）上的酪氨酸残基结合（碘化），生成一碘酪氨酸残基（MIT）和二碘酪氨酸残基（DIT），然后两个分子的 DIT 耦联生成四碘甲腺原氨酸（T_4）；一个分子的 MIT 与一个分子的 DIT 发生耦联，形成三碘甲腺原氨酸（T_3），还能合成极少量的 rT_3，碘活化、酪氨酸残基碘化及碘化酪氨酸的耦联等过程由甲状腺过氧化酶催化。所以，甲状腺过氧化酶在甲状腺激素的合成过程中起关键作用，抑制此酶活性的药物，如硫尿嘧啶，便可抑制甲状腺激素的合成，可用于治疗甲状腺功能亢进。

图 12-12 甲状腺激素的化学结构

上述酪氨酸的碘化和碘化酪氨酸的耦联作用，都是在甲状腺球蛋白的分子上进行的，甲状腺球蛋白的分子上既含有酪氨酸、碘化酪氨酸，也常含有 MIT、DIT、T_4 及 T_3。在一个甲状腺球蛋白分子上，T_4 与 T_3 之比为 20∶1，这种比值常受碘含量的影响。当甲状腺内碘化活动增强时，DIT 增多，T_4 含量也相应增加；在缺碘时，MIT 增多，则 T_3 含量明显增加。

（二）甲状腺激素的贮存、释放、运输与代谢

1. 贮存 在甲状腺球蛋白上形成的甲状腺激素，在腺泡腔内以胶质的形式贮存。甲状腺激素的贮存有两个特点：一是贮存于细胞外（腺泡腔内）；二是贮存量很大，可供机体利用 50~120d 之久，在激素贮存量上居首位，所以应用抗甲状腺药物时，用药时间需要较长才能奏效。

2. 释放 当甲状腺受到 TSH 刺激后，腺泡细胞顶端即活跃起来，伸出伪足，将含有 T_4、T_3 及其他多种碘化酪氨酸残基的甲状腺球蛋白胶质小滴，通过吞饮作用，吞入腺细胞内。吞入的甲状腺球蛋白随即与溶酶体融合而形成吞噬体，并在溶酶体蛋白水解酶的作用下，将 T_4、T_3 以及 MIT 和 DIT 水解下来。甲状腺球蛋白分子较大，一般不易进入血液循环，而 MIT 和 DIT 的分子虽然较小，但很快受脱碘酶的作用而脱碘，脱下来的碘大部分贮存在甲状腺内，供重新利用合成激素，另一小部分从腺泡上皮细胞释出，进入血液。T_4 和 T_3 对腺泡上皮细胞内的脱碘不敏感，可迅速进入血液。此外，尚有微量的 rT_3、MIT 和 DIT 也可从甲状腺释放进入血中。已经脱掉 T_4、T_3、MIT 和 DIT 的甲状腺球蛋白，则被溶酶体中的蛋白水解酶所水解。由于甲状腺球蛋白分子上的 T_4 数量远远超过 T_3，因此甲状腺分泌的激素主要是 T_4，约占总量的 90% 以上，T_3 的分泌量较少，但 T_3 的生物活性比 T_4

约大5倍。

3. 运输 T_4与T_3释放入血之后，以两种形式在血液中运输，一种是与血浆蛋白结合，另一种则呈游离状态，两者之间可互相转化，维持动态平衡。游离的甲状腺激素在血液中含量甚少，然而正是这些游离的激素才能进入细胞发挥作用，结合型的甲状腺激素是没有生物活性的。能与甲状腺激素结合的血浆蛋白有三种：甲状腺素结合球蛋白（thyroxine-binding globulin, TBG）、甲状腺素结合前白蛋白（thyroxine-binding prealbumin, TBPA）与白蛋白。它们可与T_4和T_3发生不同程度的结合。血中T_4与TBG的结合受TBG含量与T_4含量变化的影响，TBG在血浆中浓度为10mg/L，可以结合T_4 100~260μg。T_3与各种蛋白的亲和力小得多，主要与TBG结合，但也只有T_4结合量的3%。所以，T_3主要以游离形式存在。

4. 代谢 血浆T_4半衰期为7d，T_3半衰期为1.5d。20%的T_4与T_3在肝内降解，与葡萄糖醛酸或硫酸结合后，经胆汁排入小肠，在小肠内重吸收极少，绝大部分被小肠液进一步分解，随粪排出。其余80%的T_4在外周组织脱碘酶（5'-脱碘酶或5-脱碘酶）的作用下，产生T_3（占45%）与rT_3（占55%）。T_4脱碘变成T_3，是T_3的主要来源，血液中的T_3有75%来自T_4，其余来自甲状腺；rT_3仅有少量由甲状腺分泌，绝大部分是在组织内由T_4脱碘而来。

甲状腺激素的合成与代谢如图12-13所示。

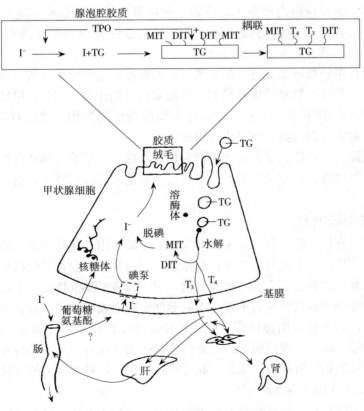

图12-13 甲状腺激素合成及代谢示意图
TPO. 过氧化酶 TG. 甲状球蛋白

三、甲状腺激素的生理作用

甲状腺激素的主要作用是促进物质与能量代谢，促进生长和发育过程。机体未完全分化与已分化的组织，对甲状腺激素的反应不同，成年后，不同的组织对甲状腺的敏感性也有差别。

（一）调节新陈代谢

1. 产热效应 甲状腺激素可提高绝大多数组织的耗氧率，增加产热量。有人估计，1mg T_4 可使组织产热增加，提高基础代谢率28%。给动物注射甲状腺激素后，需要经过一段较长时间的潜伏期才能出现生热作用。T_3 的生热作用比 T_4 强 3~5 倍，但持续时间较短。

甲状腺功能亢进时，产热量增加，基础代谢率升高；而甲状腺功能低下时，产热量减少，基础代谢率降低。

2. 对蛋白质、糖和脂肪代谢的影响

（1）蛋白质代谢：T_4 或 T_3 作用于核受体，刺激 DNA 转录过程，促进 mRNA 形成，加速蛋白质与各种酶的生成。肌肉、肝与肾的蛋白质合成明显增加，细胞数量增多，体积增大，尿氮减少，表现为正氮平衡。甲状腺激素分泌不足时，蛋白质合成减少，肌肉收缩无力，但组织间的黏蛋白增多，可结合大量的正离子和水分子，引起黏液性水肿；甲状腺激素分泌过多时，则加速蛋白质分解，特别是促进骨骼蛋白质分解，使肌酐含量降低，尿酸含量增加，并可促进骨的蛋白质分解，从而导致血钙升高和骨质疏松，尿钙的排出量增加。

（2）糖代谢：甲状腺激素促进小肠黏膜对糖的吸收，增强糖原分解，抑制糖原合成，并能增强肾上腺素、胰高血糖素、皮质醇和生长激素的升糖作用，因此，甲状腺激素有升高血糖的趋势。但是，由于 T_4 与 T_3 还可加强外周组织对糖的利用，故也有降低血糖的作用。甲状腺功能亢进时，血糖升高，有时出现糖尿。

（3）脂肪代谢：甲状腺激素促进脂肪酸氧化，增强儿茶酚胺与胰高血糖素对脂肪的分解作用。T_4 与 T_3 既促进胆固醇的合成，又可通过肝加速胆固醇的降解，而且分解的速度超过合成。

（二）调节生长发育

甲状腺激素具有促进组织分化、生长与发育成熟的作用。切除甲状腺的蝌蚪，生长与发育停滞，不能变态成蛙，若及时给予甲状腺激素，可恢复生长发育，包括长出肢体、尾巴消失，躯体长大，发育成蛙。在人类和哺乳动物，甲状腺激素是维持正常生长发育不可缺少的激素，特别是对骨和脑的发育尤为重要。在胚胎期缺碘造成甲状腺激素合成不足，或出生后甲状腺功能低下，脑的发育明显障碍，脑各部位的神经细胞变小，轴突、树突与髓鞘均减少，胶质细胞数量也减少。神经组织内的蛋白质、磷脂以及各种重要的酶与递质的含量都减低。甲状腺激素还能刺激骨化中心发育，软骨骨化，促进长骨和牙齿的生长。

（三）对神经系统的影响

甲状腺激素不但影响中枢系统的发育，而且对已分化成熟的神经系统活动也有作用。甲状腺功能亢进时，中枢神经系统的兴奋性增高，主要表现为不安、过敏、易激动、睡眠减少等；相反，甲状腺功能低下时，中枢神经系统兴奋性降低，对刺激感觉迟钝、反应缓慢、学习和记忆力减退、嗜睡等。

（四）对心血管活动的影响

甲状腺激素对心脏的活动有明显影响。T_4 与 T_3 可使心率加快，心缩力增强，心输出量与心做功增加。

（五）其他作用

甲状腺激素对性腺发育、副性征出现及泌乳都有一定影响。幼畜缺乏甲状腺激素可见性腺发育停止，不表现副性征；成年动物甲状腺激素不足将影响公畜精子成熟，母畜发情、排卵和受孕。甲状腺激素对泌乳有促进作用，乳牛甲状腺机能不足，可见产乳量和乳脂率下降，喂以甲状腺制剂或甲状腺激素可恢复产乳量和乳脂率。对消化系统，甲状腺激素可增加消化腺分泌和消化道运动，增强小肠对糖的吸收，还能引起肾上腺皮质增生，增强儿茶酚胺类激素的作用等。

四、甲状腺激素分泌的调节

甲状腺功能活动主要受下丘脑与垂体的调节。下丘脑、垂体和甲状腺三个水平紧密联系，组成下丘脑-垂体-甲状腺轴。此外，甲状腺还可进行一定程度的自身调节。

（一）下丘脑-腺垂体-甲状腺轴的作用

腺垂体分泌的 TSH 是调节甲状腺功能的主要激素，而腺垂体 TSH 的分泌受下丘脑 TRH 的控制。下丘脑 TRH 神经元接受神经系统其他部位传来的信息，将环境因素与 TRH 神经元活动联系起来，然后 TRH 神经元释放 TRH，作用于腺垂体释放 TSH，TSH 促进甲状腺激素的合成与释放。TSH 的长期效应是刺激甲状腺细胞增生、腺体增大，这是由于 TSH 刺激腺泡上皮细胞核酸与蛋白质合成增强所致。切除垂体之后，血中 TSH 迅速消失，甲状腺发生萎缩，甲状腺激素分泌明显减少。

（二）甲状腺激素的反馈调节

血中游离的 T_4 与 T_3 浓度的升降，对腺垂体 TSH 的分泌起着经常性反馈调节作用。当血中游离的 T_4 与 T_3 浓度增高时，抑制 TSH 分泌。T_4 与 T_3 比较，T_3 对腺垂体 TSH 分泌的抑制作用较强，血中 T_4 与 T_3 对腺垂体这种反馈作用与 TRH 的刺激作用相互拮抗，相互影响，对腺垂体 TSH 的分泌起着决定性作用。关于甲状腺激素对下丘脑是否有反馈调节作用，实验结果很不一致，尚难有定论。

（三）交感神经和副交感神经的作用

寒冷刺激通过下丘脑释放 TRH 引起 TSH 分泌增多，高热或应激引起 TSH 分泌减少。这些反应最终影响甲状腺机能，表明中枢神经系统通过下丘脑和其他脑区经 TSH 间接影响甲状腺。实验证明，刺激交感神经使甲状腺激素合成增加，支配甲状腺的胆碱能纤维对甲状腺激素的分泌则是抑制性的。

（四）甲状腺的自身调节

甲状腺本身还具有适应碘的供应变化，调节自身对碘的摄取以及合成与释放甲状腺激素的能力；在缺乏 TSH 或 TSH 浓度不变的情况下，这种调节仍能发生，称为自身调节。它是一个有限度的缓慢的调节系统。血碘浓度增加时，最初 T_4 与 T_3 的合成有所增加，但碘量超过一定限度后，T_4 与 T_3 的合成在维持一高水平之后，随即明显下降，即过量的碘可产生抗甲状腺效应，称为 Wolff - Chaikoff 效应。过量的碘抑制碘转运的机制，尚不十分清楚。如果再持续加大碘量，则抑制 T_4 与 T_3 合成的现象就会消失，激素的合成再次增加，出现对高碘含量的适应。相反，当血碘含量不足时，甲状腺将出现碘转运机制增强，并加强甲状腺激素的合成。

甲状腺激素分泌的调节如图 12-14 所示。

第四节 甲状旁腺与调节钙、磷代谢的激素

机体的钙代谢有重要的意义。骨和牙齿主要由钙与磷的化合物构成，也是机体钙的储库；分布在体液中的钙对维持毛细血管的通透性、神经肌肉的兴奋性以及血液的凝固等都起重要作用。正常情况下血钙水平是相对恒定的（10～13mg/dL），这主

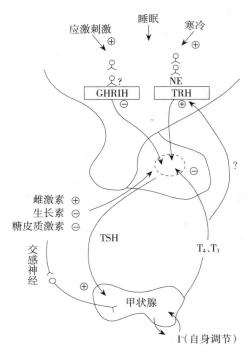

图 12-14 甲状腺激素分泌的调节示意图
⊕表示促进或刺激 ⊖表示抑制

要有赖于激素的调节。参与调节钙代谢最重要的激素是甲状旁腺分泌的甲状旁腺激素（parathyroid hormone，PTH）与甲状腺C细胞分泌的降钙素（calcitonin，CT）以及1,25-二羟维生素 D_3。它们主要通过影响肠道对钙的吸收、骨骼对钙的储藏与分解以及肾脏对钙的重吸收和排泄等过程，共同维持体内钙的稳态。其他激素如雌激素、胰高血糖素、糖皮质激素、生长激素、胰岛素、催乳素和甲状腺素等对钙代谢也有影响。

一、甲状旁腺的位置、形态和结构

甲状旁腺为豆状小体，位于甲状腺侧叶的背面，上下各一对，少数个体的甲状旁腺被埋在甲状腺内。其表面包有薄层结缔组织被膜，腺细胞排列呈团索状，间质中有丰富的有孔毛细血管网，腺细胞分为主细胞和嗜酸性细胞。主细胞是腺实质的主要成分，细胞为圆形或多边形，体积较小，细胞核圆形，位于中央，分泌甲状旁腺素。嗜酸性细胞体积稍大于主细胞，可单个和成群存在。细胞核小而圆，胞质内充满嗜酸性颗粒，其功能不清楚（图12-15）。犬、鼠、鸡和低等动物的甲状旁腺只含主细胞，没有嗜酸性细胞。

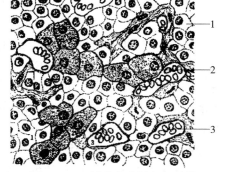

图 12-15 甲状旁腺的组织结构
1. 主细胞 2. 嗜酸性细胞 3. 毛细血管

二、甲状旁腺激素的生物学作用

PTH 是甲状旁腺主细胞分泌的含有 84 个氨基酸的直链肽，其生物活性取决于 N 端的第 1～27 个氨基酸残基。在甲状旁腺主细胞内先合成一个含有 115 个氨基酸的前甲状旁腺激素原（prepro-PTH），以后脱掉 N 端 25 肽，生成 90 肽的甲状旁腺激素原（pro-PTH），再脱去 6 个氨基酸，变成 PTH。

PTH 主要通过对骨、肾、肠道等靶器官的作用引起血钙升高。

1. 对骨的作用 PTH 直接作用于骨，加强破骨细胞活动，使骨组织溶解，将钙、磷释放入血，导致血钙浓度升高。

2. 对肾的作用 PTH 促进肾小管对钙的重吸收，抑制对磷酸盐的重吸收，减少钙从肾的排出，但可促进磷随尿排出。PTH 还可激活 1α-羟化酶，促进 25-羟维生素 D_3（25-OH-D_3）在肾内转变为有活性的 1,25-二羟维生素 D_3 [1,25-$(OH)_2$-D_3]。

3. 对肠道的作用 PTH 可促进肠道对钙的重吸收。主要通过促进 25-羟维生素 D_3 转变为 1,25-二羟维生素 D_3 间接发挥作用。

三、降 钙 素

降钙素（CT）是由甲状腺 C 细胞所分泌。哺乳动物 C 细胞主要分布在甲状腺腺泡细胞之间的基质内，也称滤泡旁细胞。也有少量 C 细胞存在于甲状旁腺或胸腺中。禽类或其他脊椎动物的 C 细胞则聚集成单独的腺体，称为鳃后腺，位于甲状腺后方，颈总动脉基部附近。

CT 是含有一个二硫键的 32 肽，整个分子皆为激素活性所必需，不同动物的 CT 氨基酸的组成和排列略有差异。

CT 的合成和分泌受血钙水平的制约，血钙水平升高并在一定范围内变动（12～20mg/dL）时，可见血钙浓度与 CT 分泌量之间呈直线关系。

降钙素的靶器官是骨和肾，主要作用是降低血钙水平，与 PTH 共同维持血钙水平稳定。

1. 对骨的作用 降钙素抑制破骨细胞的生成和活动，使骨的溶解过程减弱，同时促进骨中钙盐的沉积，从而降低血钙水平，特别在高血钙情况下作用更明显。

2. 对肾的作用 降钙素抑制肾小管对钙、磷的重吸收，增加钙、磷随尿排出，使血钙和血磷水平都下降。CT 还可抑制肾内 25-OH-D_3 转变为 1,25-$(OH)_2$-D_3，间接抑制肠道对钙的吸收，使血钙水平降低。

四、1,25-二羟维生素 D_3

1,25-二羟维生素 D_3 是维生素 D 的激素形式，可看作是肾脏分泌的激素。它由维生素 D_3 的前身 7-脱氢胆固醇，在动物体内经代谢转变而生成。7-脱氢胆固醇存在于动物真皮层，经紫外线照射形成维生素 D_3，它没有生物活性，必须先在肝内经 25-羟化酶系催化成

$25-OH-D_3$ 进入血液，成为血液中维生素 D 的主要形式，但它的活性也不高，还需经肾脏在 1α-羟化酶系的催化下形成 1,25-二羟维生素 D_3。$1,25-(OH)_2-D_3$ 活性最高，可比 $25-OH-D_3$ 强 200 倍，是维生素 D 参与钙代谢调节的生理活性形式。

1. 对肠道的作用 $1,25-(OH)_2-D_3$ 能促进小肠黏膜上皮细胞对钙、磷的吸收，使血钙和血磷维持在较高水平，而有利于骨的钙化。$1,25-(OH)_2-D_3$ 能进入小肠黏膜细胞内，与胞浆受体结合后进入细胞核，促进转录过程，诱导钙结合蛋白的合成，使钙的主动吸收增加。

2. 对骨的作用 对骨钙动员和骨盐沉积有作用。一方面促进钙、磷的吸收，增加血钙、血磷含量，刺激成骨细胞的活动，从而促进骨盐沉积和骨的形成；另一方面，当血钙浓度降低时，又能提高破骨细胞的活性，动员骨钙入血，使血钙浓度升高。另外，$1,25-(OH)_2-D_3$ 能增强 PTH 对骨的作用，在缺乏 $1,25-(OH)_2-D_3$ 时，PTH 的作用明显减弱。

3. 对肾脏的作用 $1,25-(OH)_2-D_3$ 可促进肾小管对钙、磷的重吸收，减少钙、磷随尿排出，但大剂量 $1,25-(OH)_2-D_3$ 又可引起磷酸盐尿。

五、甲状旁腺素、降钙素和 1,25-二羟维生素 D_3 分泌的调节

1. 血钙浓度 三种调钙激素的分泌主要都受血钙浓度的控制。血钙降低刺激 PTH 分泌，同时抑制降钙素分泌；血钙浓度升高促进降钙素分泌，同时对 PTH 起抑制作用。长期给动物喂低钙日粮造成低血钙时，肾脏 $1-\alpha$ 强化酶活性增强，血中 $1,25-(OH)_2-D_3$ 水平升高；血钙较高时，则可见相反的变化。

2. 血磷浓度 血磷浓度可影响血钙浓度，间接调节 PTH 和 CT 的分泌。例如，血磷升高常引起血钙降低，血钙降低刺激 PTH 分泌，同时抑制 CT 分泌；反之，血磷降低则表现相反的变化。

3. 其他激素的作用 肾上腺素、多巴胺、5-HT 促进 PTH 分泌；皮质醇和 GH 对 PTH 也有促分泌作用；生长抑素抑制 PTH 和 CT 分泌；促胃液素、CCK、雨蛙肽等促进 CT 分泌。

现将 PTH，$1,25-(OH)_2-D_3$ 和降钙素对血钙的调节作用及其相互关系总结于图 12-16。

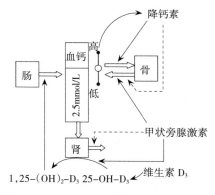

图 12-16 PTH、CT 与 $1,25-(OH)_2-D_3$ 对血钙的调节
⟶ 表示促进　---→ 表示抑制

第五节　胰　　岛

一、胰岛的位置、形态和结构

（一）胰岛的位置、形态

胰岛散在于胰腺外分泌部之间，形状、大小、数量和集中的部位随动物种属而有不同。

胰岛细胞成团、索状分布，细胞之间有丰富的毛细血管，细胞释放激素直接入血（图 12-17）。

（二）胰岛的内分泌细胞类型

胰岛细胞按其染色、形态学特点和所含激素不同，主要分为 A 细胞、B 细胞、D 细胞、PP 细胞及 D_1 细胞。A 细胞约占胰细胞的 20%，多居胰岛的周边部或岛内毛细血管近旁，分泌胰高血糖素（glucagon）；B 细胞占胰岛细胞的 70%，位于胰岛的中央，分泌胰岛素（insulin）；D 细胞占胰岛细胞的 4%~5%，散在于 A、B 细胞之间，分泌生长抑素；PP 细胞数量很少，占胰岛细胞的 1%~3%，位于胰岛周边部，或散在于胰腺的外分泌部，分泌胰多肽（pancreatic polypeptide）；D_1 细胞数量极少，主要分布于胰岛的周边部，分泌血管活性肠肽（图 12-18）。

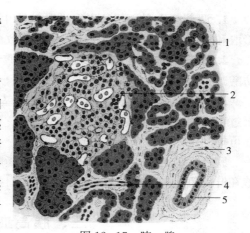

图 12-17 胰 腺
1. 胰腺泡 2. 胰岛
3. 小叶间结缔组织 4. 闰管 5. 小叶间导管

二、胰岛素的生理作用

胰岛素是 A 链（21 个氨基酸）与 B 链（30 个氨基酸）靠两个二硫键结合组成的小分子蛋白质（图 12-19）。B 细胞先合成一个大分子的前胰岛素原，随后加工成 86 肽的胰岛素原，再经水解脱去连接肽（C 肽）成为胰岛素，分泌入血液，经血液循环到达靶细胞起调节作用。胰岛素是促进合成代谢、调节血糖稳定的主要激素。

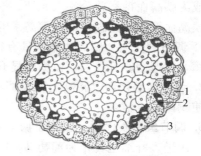

图 12-18 几种细胞在胰岛
中分布示意图
1. A 细胞 2. D 细胞 3. B 细胞

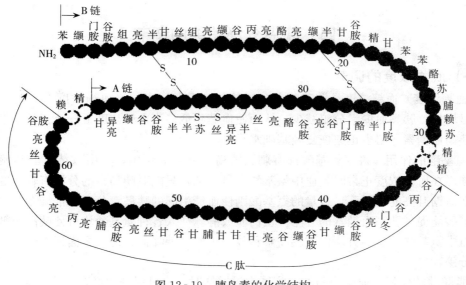

图 12-19 胰岛素的化学结构

1. 调节糖代谢　胰岛素促进肝糖原生成，抑制糖原分解，增强组织、细胞对葡萄糖的摄取和利用，并促进糖转变为脂肪，导致血糖降低。

2. 调节脂肪代谢　胰岛素促进体内脂肪的贮存，抑制贮存脂肪的分解，使血中游离脂肪酸减少，抑制酮体生成。

3. 调节蛋白质代谢　胰岛素促进氨基酸通过膜的转运进入细胞；使细胞核的复制和转录过程加快，增加 DNA 和 RNA 的生成；加速翻译过程，促进蛋白质合成；另外，胰岛素还可抑制蛋白质分解和肝糖异生。

胰岛素缺乏时，引起糖尿病，出现脂肪代谢紊乱，脂肪分解增强，血脂升高，加速脂肪酸在肝内氧化，生成大量酮体，引起酮血症与酸中毒。

三、胰高血糖素的生理作用

胰高血糖素是由 29 个氨基酸组成的直链多肽，它也是由一个大分子的前体裂解而来，最后成为胰高血糖素并分泌入血液。

胰高血糖素的生理作用与胰岛素的作用相反，胰高血糖素是一种促进分解代谢的激素。

1. 调节糖代谢　胰高血糖素具有很强的促进糖原分解和糖异生作用，激活肝细胞的磷酸化酶，加速糖原分解，使血糖明显升高。

2. 调节脂肪代谢　胰高血糖素能激活脂肪酶，促进脂肪分解，同时又能加强脂肪酸氧化，使酮体生成增多。

3. 调节蛋白质代谢　胰高血糖素对蛋白质也有促进分解和抑制合成的作用，并能使氨基酸加快进入肝细胞转化为葡萄糖。

胰高血糖素产生上述代谢效应的靶器官是肝，如切除肝或阻断肝血流，这些作用便消失。

另外，胰高血糖素可促进胰岛素和胰岛生长抑素的分泌。药理剂量的胰高血糖素可增强心肌收缩力，增加心率，使心输出量增加，血压升高。

四、胰岛分泌功能的调节

（一）底物浓度的调节

1. 血糖浓度　血糖浓度是调节胰岛分泌功能的重要因素，当血糖浓度升高时，胰岛素分泌明显增加，胰高血糖素分泌减少，从而使血糖降低。当血糖浓度下降至正常水平时，胰岛素和胰高血糖素分泌也迅速恢复到基础水平。

2. 氨基酸的作用　许多氨基酸都有刺激胰岛素分泌的作用，其中以精氨酸和赖氨酸的作用最强。在血糖浓度正常时，血中氨基酸含量增加，只能对胰岛素的分泌有轻微的刺激作用；但在血糖升高的情况下，过量的氨基酸则使血糖引起的胰岛素分泌加倍增多。

氨基酸能促进胰高血糖素的分泌。蛋白质或静脉注入各种氨基酸均可使胰高血糖素分泌增多。血中氨基酸增多一方面促进胰岛素释放，可使血糖降低；另一方面还能同时刺激胰高血糖素分泌。

3. 脂肪酸的作用　血中脂肪酸和酮体大量增加时，也可促进胰岛素分泌。

（二）激素之间的作用

1. 其他激素的作用　参与糖代谢调节的其他激素如生长素、皮质醇、甲状腺激素、肾上腺素等，通过对血糖浓度的影响调节胰岛素的分泌。胃肠激素（如抑胃肽）能促进胰岛素分泌；胃泌素、促胰液素、胆囊收缩素在某些条件下能促进胰高血糖素分泌。

2. 胰岛内激素间的相互作用　胰岛内各激素间通过旁分泌作用可相互影响。例如，胰岛素可抑制胰高血糖素的分泌，也可抑制生长抑素的分泌；胰高血糖素可刺激胰岛素的分泌，亦可刺激生长抑素的分泌；生长抑素则对胰岛素和胰高血糖的分泌起抑制作用（图 12-20）。

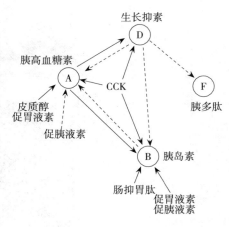

图 12-20　胰岛功能激素调节示意图
──→表示促进　---→表示抑制

（三）神经调节

胰岛受迷走神经与交感神经支配。刺激迷走神经，可通过乙酰胆碱作用于 M 受体，直接促进胰岛素的分泌；迷走神经还可通过刺激胃肠激素的释放，间接促进胰岛素的分泌。交感神经兴奋时，则通过去甲肾上腺素作用于 α_2 受体，抑制胰岛素的分泌，同时促进胰高血糖素分泌。

第六节　肾　上　腺

一、肾上腺的位置、形态和结构

（一）肾上腺的位置、形态

肾上腺呈新月状覆盖在两肾的上极，肾上腺表面包有结缔组织被膜，少量结缔组织伴随神经和血管伸入肾上腺实质。实质由周围的皮质和中央部分的髓质组成。两者在结构、功能和胚胎发育上均为独立存在的两个内分泌腺。皮质来源于中胚层，分泌类固醇激素；髓质来源于外胚层，分泌含氮激素。

（二）肾上腺皮质的组织结构

肾上腺皮质约占肾上腺体积的 90%，根据其位置和内分泌细胞的形状、排列以及功能的不同，由外向内分为 3 个带，即球状带、束状带和网状带。各带分别占皮质体积的 15%、80% 和 5%，3 个带之间无明显的分界（图 12-21）。肾上腺皮质 3 个带的细胞所分泌的激素均为类固醇激素，腺细胞具有类固醇激素细胞的超微结构特点（图 12-22），细胞之间均有丰富的窦状毛细血管和少量结缔组织。

球状带位于被膜下方，肾上腺皮质的外层。此带较薄，细胞呈成团状排列，胞体较小，呈多边形，核小，有少量脂滴，主要分泌以醛固酮为代表的盐皮质激素。束状带位于球状带的深层，此层最厚。细胞排列成单排或呈 2~3 个细胞并排的细胞索。束状带细胞较大，呈多边形，细胞内充满大的脂滴，这些细胞分泌糖皮质激素，主要有皮质醇和皮质酮。网状带位于皮质的最深层，细胞排列成细胞索，细胞索互相连接成网。此带细胞较束状带小，胞核

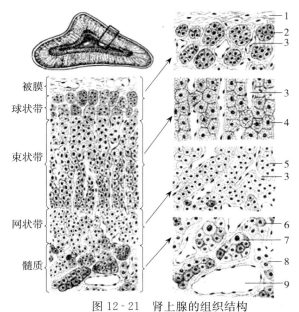

图 12-21 肾上腺的组织结构
1. 被膜 2. 球状带细胞 3. 血窦 4. 束状带细胞 5. 网状带细胞
6. 去甲肾上腺素细胞 7. 交感神经节细胞 8. 肾上腺素细胞 9. 中央静脉

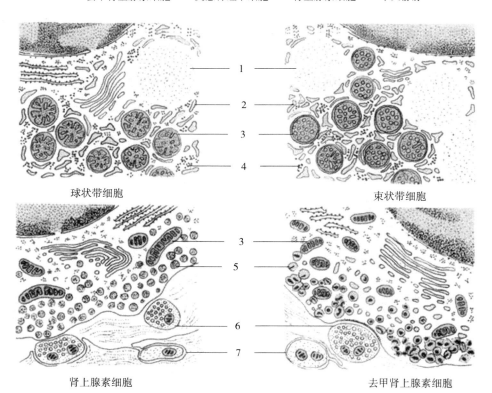

图 12-22 肾上腺各部细胞的超微结构模式图
1. 脂滴 2. 滑面内质网 3. 线粒体 4. 糖原颗粒 5. 分泌颗粒 6. 触突 7. 交感神经

也小，胞质内脂滴亦少而小，主要产生雄激素，也可产生少量的糖皮质激素和雌激素。

(三) 肾上腺髓质的组织结构

肾上腺髓质约占肾上腺体积的10%，位于肾上腺的中央，主要由髓质细胞组成。髓质细胞排列成索状，细胞索之间有丰富的窦状毛细血管、成束的无髓神经纤维和少量单个或成簇的交感神经节细胞，这些细胞体积大，核圆，核仁明显。髓质细胞呈多边形，用铬盐处理的标本，胞质内可见棕黄色颗粒，故又称嗜铬细胞。该细胞为含氮激素细胞，根据分泌颗粒内所含激素的不同，髓质细胞又分为肾上腺素细胞和去甲肾上腺素细胞，前者约80%，胞质内分泌颗粒电子密度较低，含肾上腺素；后者数量较少，胞质内分泌颗粒电子密度较高，含去甲肾上腺素。

二、肾上腺皮质激素

(一) 肾上腺皮质激素的种类和分泌

肾上腺皮质激素属于类固醇（甾体）激素，其基本结构为环戊烷多氢菲。按其结构和功能可分为三大类：①盐皮质激素，由球状带分泌，主要参与水盐代谢调节，如醛固酮、脱氧皮质酮等。②糖皮质激素，由束状带和网状带分泌，主要参与糖代谢，如皮质醇、皮质酮等。③性激素，由网状带分泌，以脱氢异雄酮为主，还有少量雌二醇，具有性激素活性（图12-23）。

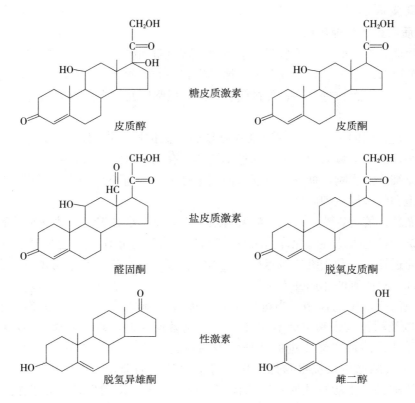

图 12-23 几种主要肾上腺皮质激素的化学结构

胆固醇是合成肾上腺皮质激素的原料，主要来自血液。在皮质细胞的线粒体内膜或内质网中所含的裂解酶与羟化酶等酶系的作用下，使胆固醇先变成孕烯酮，然后再进一步转变为各种皮质激素。由于肾上腺皮质各层细胞存在的酶系不同，所以合成的皮质激素亦不相同（图12-24）。

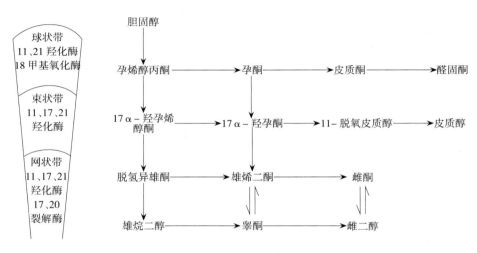

图12-24 肾上腺皮质激素合成的主要步骤

（二）糖皮质激素

1. 糖皮质激素的生理作用

（1）对物质代谢的影响：糖皮质激素对糖、蛋白质和脂肪代谢均有作用。促进蛋白质分解，使较多的氨基酸进入肝，增强肝内与糖异生有关的酶的活性，升高血糖；糖皮质激素又有抗胰岛素作用，促进血糖升高；促进脂肪分解，增强脂肪酸在肝内氧化过程，利于糖异生作用。

（2）对水盐代谢的影响：糖皮质激素有较弱的保钠排钾作用，降低肾小球入球血管阻力，增加肾小球血浆流量而使肾小球滤过率增加，有利于水的排出。

（3）对血细胞的影响：糖皮质激素可使血中红细胞、血小板和中性粒细胞的数量增加，而使淋巴细胞和嗜酸性粒细胞减少。

（4）对循环系统的影响：糖皮质激素对维持正常血压是必需的，糖皮质激素能增强血管平滑肌对儿茶酚胺的敏感性（允许作用）；抑制具有血管舒张作用的前列腺素的合成；降低毛细血管的通透性，有利于维持血容量。离体实验证明，糖皮质激素可增强心肌的收缩力，但在整体条件下对心脏的作用并不明显。

（5）在应激反应中的作用：当机体受到各种有害刺激（如缺氧、创伤、手术、饥饿、疼痛、寒冷以及精神紧张和焦虑不安等）发生应激反应时，均可见糖皮质激素分泌相应增高，但并不表现皮质机能亢进的特征，表明在这一反应中，除垂体-肾上腺皮质系统参加外，交感-肾上腺髓质系统也参加。切除肾上腺髓质的动物，可以抵抗应激而不产生严重后果；而当去掉肾上腺皮质时，则机体应激反应减弱，对有害刺激的抵抗力大大降低，严重时可危及生命。应激反应可能从以下几个方面调节机体的适应能力：①减少应激刺激引起的一些物质（缓激肽、蛋白水解酶及前列腺素等）的产生量及其不良作用。②使能量代谢转以糖代谢为中心，保持葡萄糖对重要器官（如脑和心）的供应。③在维持血压方面起允许作用，增强儿茶酚胺对血管的调节作用。应该指出，在应激反应中，除了ACTH、糖皮质激素与儿茶酚胺的分泌增加外，β-内啡肽、生长素、催乳素、抗利尿激素、胰高血糖素及醛固酮等均可增加，说明应激反应是多种激素参与并使机体抵抗力增强的非特异性反应。

糖皮质激素的作用广泛而复杂，以上仅简述了它们的主要作用。此外，还有多方面的作用，如促进胎儿肺表面活性物质的合成，增强骨骼肌的收缩力，提高胃腺细胞对迷走神经与胃泌素的反应性，增加胃酸与胃蛋白酶原的分泌，抑制骨的形成而促进其分解等。临床上使用大剂量的糖皮质激素及其类似物，可用于抗炎、抗过敏、抗毒和抗休克。

2. 糖皮质激素的分泌调节　糖皮质激素分泌由下丘脑-垂体-肾上腺皮质轴控制。垂体分泌的 ACTH 对束状带细胞类固醇激素的合成和分泌有直接的刺激作用，而 ACTH 分泌则受下丘脑 CRF 的控制。所以，凡能影响 ACTH 和 CRF 分泌的因素都可影响糖皮质激素的合成和分泌。加压素引起 ACTH 分泌增加，褪黑素对 CRF 释放起抑制作用，这些都能影响糖皮质激素分泌。

血中糖皮质激素的水平对自身分泌可起反馈调节作用，现知这种反馈调节同时可作用于垂体、下丘脑和更高级的脑水平上。

综上所述，下丘脑、垂体和肾上腺皮质组成一个密切联系、协调统一的功能活动轴，从而维持血中糖皮质激素浓度的相对稳定和在不同状态下的适应性变化（图 12-25）。

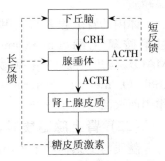

图 12-25　糖皮质激素分泌的调节示意图
实线表示促进　虚线表示抑制

（三）盐皮质激素

1. 盐皮质激素的生理作用　醛固酮是调节机体水盐代谢的重要激素，它促进肾远曲小管及集合管重吸收钠、水和排出钾，即具有保钠、保水和排钾作用。当醛固酮分泌过多时，将使钠和水潴留，引起高血钠、高血压和低血钾；相反，醛固酮缺乏时，则钠与水的排出过多，血钠减少，血压降低，而尿钾排出减少，血钾升高。另外，盐皮质激素与糖皮质激素一样，增强血管平滑肌对儿茶酚胺的敏感性，且作用比糖皮质激素更强。

2. 盐皮质激素的分泌调节　醛固酮的分泌主要受肾素-血管紧张素系统的调节。另外，血 K^+、血 Na^+ 浓度可以直接作用于球状带，影响醛固酮的分泌（详见第四章血液与第九章泌尿系统）。

在正常情况下，ACTH 对醛固酮的分泌无调节作用；但切除垂体后，应激时醛固酮的分泌反应减弱，提示在应激情况下，ACTH 对醛固酮的分泌可能起到一定的支持作用。

三、肾上腺髓质激素

（一）肾上腺髓质激素及其生物合成

髓质激素的合成与交感神经节后纤维合成去甲肾上腺素的过程基本一致，不同的是在嗜铬细胞胞浆中存在大量的苯乙醇胺氮位甲基移位酶（PNMT），可使去甲肾上腺素甲基化而生成肾上腺素。合成髓质激素的原料为酪氨酸，其合成过程为：酪氨酸→多巴→多巴胺→去甲肾上腺素→肾上腺素，各个步骤分别在特异酶（如酪氨酸羟化酶、多巴脱羧酶、多巴胺β-羟化酶及PNMT）的作用下，最后生成肾上腺素。

肾上腺素与去甲肾上腺素一起贮存在髓质细胞的囊泡里，肾上腺素与去甲肾上腺素的比例大约为4∶1，以肾上腺素为主。在血液中去甲肾上腺素除由髓质分泌外，主要来自肾上腺素能神经纤维末梢；而血中肾上腺素主要来自肾上腺髓质。

体内的肾上腺素与去甲肾上腺素通过单胺氧化酶（monoamine oxidase，MAO）与儿茶酚-O-甲基移位酶（catechol-O-methyltransferase，COMT）的作用而灭活（图12-26）。

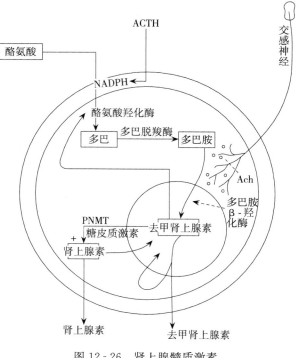

图12-26 肾上腺髓质激素生物合成示意图
PNMT. 苯乙醇胺氮位甲基移位酶

（二）肾上腺髓质激素的生理作用

髓质与交感神经系统组成交感-肾上腺髓质系统，或称交感-肾上腺系统，所以，髓质激素的作用与交感神经紧密联系。机体应激时，去甲肾上腺素、肾上腺素的分泌量大大增加，提高中枢神经系统兴奋性，使机体处于警觉状态，反应灵敏；呼吸加强加快，肺通气量增加；心跳加快，心缩力增强，心输出量增加；血压升高，血液循环加快，内脏血管收缩，骨骼肌血管舒张同时血流量增多，全身血液重新分配，以利于应急时重要器官得到更多的血液供应；肝糖原分解增加，血糖升高，脂肪分解加强，血中游离脂肪酸增多，葡萄糖与脂肪酸氧化过程增强，以适应在应急情况下对能量的需要。总之，上述一切变化都是在紧急情况下，通过交感-肾上腺髓质系统发生的适应性反应，称之为应急反应。实际上，引起应急反应的各种刺激，也是引起应激反应的刺激，当机体受到应激刺激时，同时引起应急反应与应激反应，两者相辅相成，共同维持机体的适应能力。

（三）肾上腺髓质激素分泌的调节

1. 交感神经 髓质受交感神经胆碱能节前纤维支配。交感神经兴奋时，节前纤维末梢释放乙酰胆碱，作用于髓质嗜铬细胞上的N型受体，引起肾上腺素与去甲肾上腺素的释放。

2. ACTH与糖皮质激素 动物摘除垂体后，髓质中酪氨酸羟化酶、多巴胺β-羟化酶与PNMT的活性降低；补充ACTH则能恢复酶的活性，给予糖皮质激素可使多巴胺β-羟化酶与PNMT活性恢复，而对酪氨酸羟化酶未见明显影响。这些提示ACTH促进髓质合成儿茶酚胺的作用主要通过糖皮质激素得以实现，也可能有直接作用。肾上腺皮质的血液经髓质后才流回循环,这一解剖特点有利于糖皮质激素直接进入髓质,调节儿茶酚胺的合成。

3. 自身反馈调节 去甲肾上腺素或多巴胺在髓质细胞内的量增加到一定数量时,可抑制酪氨酸羟化酶。同样,肾上腺素合成增多时,也能抑制 PNMT 的作用。当肾上腺素与去甲肾上腺素从细胞内释入血液后,胞浆内含量减少,解除了上述的负反馈抑制,儿茶酚胺的合成随即增加。

第七节 其他内分泌腺和激素

一、松 果 体

松果体(pineal body)为灰红色椭圆形小体,位于第三脑室顶,又称脑上腺(epiphysis cerebri),其一端借细柄与第三脑室顶相连。松果体表面被以由软脑膜连续而来的结缔组织被膜,被膜随血管伸入实质内,实质主要由松果体细胞(pinealocyte)、神经胶质细胞和神经纤维等组成。松果体细胞是松果体内主要细胞,由神经细胞演变而来,它分泌的激素主要有褪黑素和肽类激素(图 12-27)。

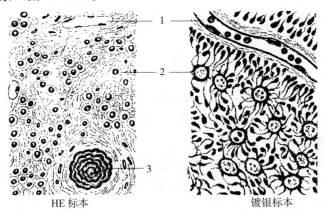

图 12-27 松果体
1. 毛细血管 2. 松果体细胞 3. 脑砂

(一)松果体激素的生理功能

1. 褪黑素 1959 年 Lerner 从牛松果体提取物中分离出一种能使青蛙皮肤褪色的物质,并命名为褪色素(melatonin),其化学结构为 5-甲氧基-N-乙酰色胺。在松果体内羟化酶、脱羟酶、乙酰移位酶及甲基移位酶的作用下,色氨酸转变为褪色素。

松果体褪色素的分泌有明显的昼夜节律变化,白天分泌减少,黑夜分泌增加。实验证明,大鼠在持续光照下,松果体重量变轻,细胞变小,合成褪色素的酶系活性明显降低,褪色素合成减少;反之,致盲大鼠或大鼠持续在黑暗环境中,松果体合成褪色素的酶系活性增强,褪色素的合成增加。

褪色素对下丘脑-垂体-性腺轴与下丘脑-垂体-甲状腺活动均有抑制作用。切除幼年动物的松果体,出现性早熟,性腺与甲状腺的重量增加,功能活动增强。

2. 肽类激素 松果体能合成 GnRH、TRH 及 8 精-(氨酸)催产素等肽类激素。在多种哺乳动物（鼠、牛、羊、猪等）的松果体内，GnRH 比同种动物下丘脑所含的 GnRH 量高 4~10 倍。有人认为，松果体是 GnRH 和 TRH 的补充来源。

（二）松果体激素的分泌调节

来自颈上交感神经节后神经末梢与松果体细胞形成突触联系，通过释放去甲肾上腺素控制松果体细胞的活动。褪色素分泌的昼夜节律与交感神经活动有关。刺激交感神经可使松果体活动增强，而 β-肾上腺素能受体阻断剂可阻断交感神经对松果体的刺激作用。

在黑暗条件下，交感神经节节后纤维末梢释放去甲肾上腺素，褪色素合成增加；在光刺激下，视网膜的传入冲动可抑制交感神经的活动，使褪色素合成减少。

二、胸 腺 素

胸腺能分泌多种肽类物质，如胸腺素（thymosin）、胸腺生长素（thymopoietin）等，主要功能是保证免疫系统发育，控制 T 淋巴细胞的分化和成熟，促进 T 淋巴细胞的活动，参与机体的免疫功能调节。胸腺机能受多种因素的影响，肾上腺皮质和淋巴组织对胸腺有相互拮抗作用。性腺对胸腺也有影响，性成熟前胸腺仍在生长，一旦性成熟，胸腺则逐渐蜕变。在鸟类，与胸腺类似的组织称腔上囊，又名法氏囊，主要参与机体的体液免疫过程。

三、前列腺素

前列腺素（prostaglandin，PG）最先在动物的精液中发现，并被认为来自前列腺，故而得名。现已知它是广泛存在于动物和人体内的一组重要的组织激素。

（一）前列腺素的化学结构和分类

前列腺素为一类含有五元环和两条侧链的二十碳不饱和脂肪酸。根据其分子结构的不同，可把前列腺素分为 A、B、C、D、E、F、G、H、I 等型。

细胞膜的磷脂在磷脂酶 A_2 的作用下，生成 PG 的前体花生四烯酸。花生四烯酸在环氧化酶的催化下，形成不稳定的环内过氧化物 PGG_2，随后又转变为 PGH_2。PGH_2 在异构酶或还原酶的作用下，分别形成 PGE_2 或 $PGF_{2\alpha}$。PGG_2 与 PGH_2 又可在前列腺素合成酶的作用下，转变为前列环素（PGI_2），在血栓烷合成酶的作用下变成血栓烷 A_2（TXA_2）（图 12-28）。另外，花生四烯酸在脂氧化酶的作用下，形成 5-氢过氧酸，进而被代谢生成白三烯。

PG 在体内代谢极快，除 PGI_2 外，经过肺和肝被迅速降解灭活，在血浆中的半衰期为 1~2min。一般认为，PG 不属于循环激素，而是在组织局部产生和释放，并对局部功

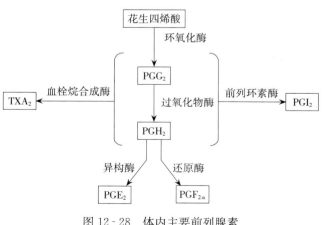

图 12-28 体内主要前列腺素的合成途径

能进行调节的组织激素。

（二）前列腺素的作用

PG 的生物学作用极为广泛而复杂，几乎对机体各个系统的功能活动均有影响。例如，由血小板产生的 TXA_2，能使血小板聚集，还有能使血管收缩的作用。相反，由血管内膜产生的 PGH_2，能抑制血小板聚集，并有舒张血管的作用。PGE_2 有明显的抑制胃酸分泌的作用，它可能是胃液分泌的负反馈抑制物。PGE_2 可增加肾血流量，促进排钠利尿。此外，PG 对体温调节、神经系统以及内分泌与生殖均有影响。

四、瘦 素

瘦素（leptin，Lep）是肥胖基因（obesity gene，*ab/ab*）的表达产物，是由白色脂肪组织特异分泌的多肽类激素，由 146（人）或 167（小鼠）个氨基酸残基构成。人的瘦素结构序列与小鼠、大鼠之间的同源性达 83%。目前研究已经证实，其他组织也能产生瘦素，包括胎盘、骨骼肌、胃、乳腺上皮细胞、腺垂体、大脑等。

瘦素是摄食和能量消耗的中枢性调节因子，主要通过以下途径发挥作用：作用于下丘脑弓状核，抑制食欲，减少摄食，控制机体由外界摄入的能量；作用于中枢神经系统，加强交感神经系统的活动，动员体内储备能力的转化和释放；直接作用于脂肪细胞，抑制脂肪组织中脂类的合成。因此，瘦素是调节能量稳态的重要激素之一。瘦素的生物学效应较为广泛，与其他激素的分泌密切相关，参与机体新陈代谢及多方面功能活动（例如生殖内分泌活动等）的调节。

（王月影）

第十三章 免疫系统

免疫（immunity）是机体内的一种保护性生理反应，具有识别"自己"和"异己"、排除抗原性异物、维持机体内环境平衡和稳定的功能。免疫系统（immune system）是执行免疫反应的机构，由免疫细胞、免疫组织和免疫器官构成。广义的免疫系统还包括其他各种白细胞及肥大细胞和免疫活性分子等。免疫系统的核心成分是淋巴细胞，它们经血液和淋巴周游全身，使分散各处的免疫组织和免疫器官连成一密切相关的功能整体。

免疫反应的分子基础在于，机体内所有细胞表面都有相同的主要组织相容性复合分子（major histocompatibility complex molecules，MHC 分子），但 MHC 分子具有种属特异性和个体特异性，它是自身细胞的标记。MHC 分子可分为 MHC-Ⅰ类分子和 MHC-Ⅱ类分子，前者分布于机体的所有细胞表面，而后者仅分布于某些免疫细胞的表面，以利于免疫细胞之间的相互协助，如抗原呈递。另外，T 细胞和 B 细胞表面还有各种不同的抗原受体，可针对不同的抗原发生免疫应答。

第一节 免疫细胞

免疫细胞（immune cell）是指参加免疫应答或与免疫应答有关的细胞，主要包括淋巴细胞、单核吞噬细胞系统和抗原呈递细胞等。

一、淋巴细胞

淋巴细胞（lymphocyte）是免疫系统的主要成分，它使免疫系统具备识别和记忆能力。淋巴细胞既可以游离于血液和淋巴内，又可以通过血液和淋巴的循环进入上皮和结缔组织，还可聚集在淋巴组织和淋巴器官中，成为这些器官的主要成分。体内的淋巴细胞不是单一的品系，而是不同功能类型（如 T 细胞、B 细胞、K 细胞等）和不同分化阶段淋巴细胞的混合群体。有的淋巴细胞是尚无识别抗原能力的早期细胞；有的则是已具有识别抗原能力但处于静息状态的细胞；有的是被抗原激活后正在增殖分化的细胞；而有的是正处于免疫功能活跃的效应细胞。

淋巴细胞是通过其表面的抗原受体来识别抗原的。抗原种类繁多（10^5 种以上），抗原受体种类也很多。每个 T 细胞或 B 细胞表面只具有识别一种抗原的抗原受体，它只能识别某一种抗原，这就形成了淋巴细胞的特异性。具有相同抗原受体的淋巴细胞集团，都是由具有某一种抗原受体的淋巴细胞分裂而成的，能识别某种抗原的细胞群，称为一个细胞株（cell strain）或一个克隆（clone）。由于体内存在千万种淋巴细胞株，所以机体能对各种抗原异物进行识别，从而发生免疫应答。

淋巴细胞具有特异性、转化性和记忆性三个重要特性。也就是说，各种淋巴细胞表面具有特异性的抗原受体，能分别识别不同的抗原。当淋巴细胞受到抗原刺激时，即转化为淋巴母细胞（lymphoblast），继而增殖分化形成大量效应淋巴细胞和记忆淋巴细胞。效应淋巴细胞（effector lymphocyte）能产生抗体、淋巴因子或具有直接杀伤作用，从而清除相应的抗原，即引起免疫应答。记忆淋巴细胞（memory lymphocyte）是在分化过程中又转为静息状态的小淋巴细胞，能记忆抗原信息，并可在体内长期存活和不断循环，当受到相应抗原的再次刺激时，能迅速增殖形成大量效应淋巴细胞，使机体长期保持对该抗原的免疫力。接种疫苗可使体内产生大量记忆淋巴细胞，从而起到预防感染性疾病的作用。

淋巴细胞数目庞大，包括许多功能不同的类群，它们的形态相似，在一般光镜下不易互相区分。但各种淋巴细胞具有不同的表面标志，电镜下的超微结构也有所不同。表面标志分为表面抗原和表面受体，能用免疫学或免疫细胞化学方法将其检出。根据淋巴细胞的发生部位、形态结构、表面标志和免疫功能的不同，一般将淋巴细胞分为三类。

1. 胸腺依赖淋巴细胞（thymus-dependent lymphocyte） 这类淋巴细胞的干细胞需在胸腺内发育，简称 T 细胞，是淋巴细胞中数量最多、功能最复杂的一类，占外周血淋巴细胞的 60%~75%，淋巴结淋巴细胞的 75%，脾淋巴细胞的 35%~40%。T 细胞体积小，表面较光滑；胞核大而圆，染色质呈致密块状；胞质很少，含丰富的游离核糖体、少量线粒体以及数个呈非特异性酯酶阳性的溶酶体。

T 细胞表面具有特异性抗原受体。胸腺产生的 T 细胞是初始 T 细胞，初始 T 细胞进入外周淋巴器官或淋巴组织，接触与其抗原受体相匹配的抗原后便增殖分化，进入免疫应答过程。大部分 T 细胞称为效应 T 细胞（effector T cell），执行细胞免疫功能，小部分成为记忆 T 细胞（memory T cell）。效应 T 细胞的寿命很短，仅 1 周左右，能迅速进入免疫效应阶段；记忆 T 细胞寿命可长达数年，当它再次遇到抗原时，能迅速启动免疫应答，使机体长期保持对该抗原的免疫力。

T 细胞有 3 个主要亚群：①辅助性 T 细胞（T helper lymphocyte，Th 细胞）、数量较多，约占 T 细胞的 65%。它能协助处女型 T 细胞或 B 细胞识别抗原，引起和增强免疫应答。②抑制性 T 细胞（T suppressor cell，Ts 细胞）：数量较少，约占 T 细胞的 10%。它能识别抗原，分泌抑制因子，从而减弱或抑制免疫应答，与 Th 细胞共同调节免疫应答的强弱。Ts 细胞常在免疫应答后期增多。③细胞毒性 T 细胞（cytotoxic T cell，Tc 细胞）：占 T 细胞的 20%~30%，它受抗原刺激后可增殖形成大量效应性 Tc 细胞，能特异性地杀伤具有抗原性的靶细胞。当它们与靶细胞和抗原结合后释放穿孔素（porforin），嵌入靶细胞膜内形成有孔的聚合体。细胞外液便可进入靶细胞，使其膨胀破裂死亡，而其本身无损伤，可重新攻击其他靶细胞。Tc 细胞还分泌颗粒酶，从小孔进入靶细胞，诱发细胞凋亡。这种通过淋巴细胞直接作用的免疫方式称为细胞免疫（cellular immunity）。

2. 骨髓依赖淋巴细胞（bone marrow dependent lymphocyte）**或囊依赖淋巴细胞**（bursa dependent lymphocyte） 哺乳类的骨髓依赖淋巴细胞是在骨髓内发育的，鸟类则在腔上囊（bursa of Fabricius）内发育，均简称为 B 细胞。B 细胞占外周血淋巴细胞的 10%~15%，淋巴结淋巴细胞的 25%，脾淋巴细胞的 40%~55%。B 细胞较 T 细胞略大，表面有较多微绒毛，胞质内溶酶体少，含少量粗面内质网。B 细胞表面也有特异性的抗原受体，是其细胞膜表面的免疫球蛋白，以 SIg 表示，也称膜抗体。在骨髓发育的 B 细胞是初始 B 细胞，进入周围淋巴器官和淋巴组织遇到与其抗原受体相匹配的抗原后也增殖分化，进入免疫应答过程，也产生大量的效应 B 细胞和少量的记忆 B 细胞。记忆 B 细胞的作用与记忆 T 细胞相同；效应 B 细胞为浆细胞，浆细胞分泌抗体，进入组织液。抗体与抗原结合后，既降低了抗原的致病性，又加速了巨噬细胞对抗原的吞噬和清除。这种通过体液中抗体介导的免疫方式称为体液免疫（humoral immunity）。

3. 大颗粒淋巴细胞（large granular lymphocyte，LGL） 常较 T、B 细胞大，胞质较丰富，含许多散在的溶酶体。在脾内和腹膜渗出液中较多，淋巴结和骨髓内较少，胸腺内没有。其来源不明，寿命约数周，细胞表面无特异性抗原受体。大颗粒淋巴细胞可分为两种：①杀伤淋巴细胞（killer lymphocyte）：简称 K 细胞，在骨髓内发育分化成熟，数量较少，占外周血淋巴细胞的 5%～7%，直径 9～12μm，胞质内含溶酶体和分泌颗粒。K 细胞本身无特异性，但其细胞膜表面有抗体 IgG 的 Fc 受体，能借抗体与靶细胞接触，即当抗体与靶细胞表面抗原特异性结合后，K 细胞可借 Fc 受体与抗体的 Fc 端相结合，进而杀死靶细胞（主要是寄生虫或肿瘤细胞等）。因此，K 细胞又称抗体依赖细胞毒细胞。②自然杀伤淋巴细胞（nature killer lymphocyte）：简称 NK 细胞，在骨髓内发育分化成熟，数量亦较少，仅占外周血淋巴细胞的 2%～5%，直径 12～15μm，表面有短小的微绒毛；胞核卵圆形，染色质丰富，异染色质多位于边缘；胞质较多，含许多大小不等的嗜天青颗粒。电镜下观察，嗜天青颗粒是溶酶体。NK 细胞不需抗原的刺激，也不需抗体的协助，即能杀伤某些肿瘤细胞和受病毒感染的细胞，在防止肿瘤发生中起重要作用。

二、单核吞噬细胞系统

在免疫系统中有一类细胞，虽然其名称不同、形态各异、分布于多种器官和组织中，但它们具有共同的祖先，即均来源于骨髓的幼单核细胞（promonocyte），并且具有活跃的吞噬功能，这类细胞归纳在一起，称为单核吞噬细胞系统（mononuclear phagocyte system，MPS）。

单核吞噬细胞系统是在网状内皮系统（reticuloendothelial system，RES）的基础上发展起来的。1924 年，Aschoff 首先将全身各处能吞噬活体染料（如墨汁、台盼蓝等）的细胞，如淋巴结、脾、骨髓和消化管的网状细胞，肝、脾、肾上腺和脑垂体血窦的内皮细胞等，称为网状内皮系统，并认为这些内皮细胞均起源于网状细胞。以后许多实验证明，网状细胞和内皮细胞的吞噬功能不明显，其起源也不同于具有活跃吞噬功能的巨噬细胞。因此，1972 年 Van Furth 提出单核吞噬细胞系统的概念。

单核吞噬细胞系统包括骨髓中的定向干细胞、原单核细胞、幼单核细胞，血液内的单核细胞和多种器官中的巨噬细胞。后者包括结缔组织的巨噬细胞、肝的枯否氏细胞、肺的尘细胞、神经组织的小胶质细胞、骨组织的破骨细胞、表皮的郎格汉斯细胞、淋巴组织和淋巴器官的巨噬细胞及交错突细胞、胸膜腔和腹膜腔内的巨噬细胞等。

幼单核细胞来源于骨髓的多能干细胞，进一步分化为单核细胞后进入血液。单核细胞的吞噬能力很弱，但它穿出血管壁进入其他组织后还能继续分化，细胞质内的细胞器尤其是溶酶体大量增加，吞噬能力明显增强，在不同组织中分别分化为上述各种细胞。中性粒细胞虽有吞噬作用，但不是由单核细胞分化而来，故不属于单核吞噬细胞系统。

单核吞噬细胞系统是体内一个非常重要的防御系统。其功能是：①吞噬和杀伤病原微生物，识别和清除体内衰老损伤的自身细胞。②杀伤肿瘤细胞和受病毒感染的细胞。③摄取、加工、处理、呈递抗原给淋巴细胞，激发免疫应答。④分泌作用。巨噬细胞能分泌50多种生物活性物质，如补体、白细胞介素-2、干扰素、凝血因子、肿瘤生长抑制因子等。

三、抗原呈递细胞

抗原呈递细胞（antigen presenting cell）又称免疫辅佐细胞（accessory cell），是指参与免疫应答，能捕获、加工、处理抗原，并将抗原呈递给淋巴细胞的一类免疫细胞。主要包括巨噬细胞、郎格汉斯细胞、微皱褶细胞、滤泡树突细胞、交错突细胞等，它们多属单核吞噬细胞系统。此外，B细胞、血管内皮细胞、肿瘤细胞和受病毒感染的细胞也有抗原呈递作用。

1. 巨噬细胞（macrophage） 是最重要的抗原呈递细胞。在特异性免疫应答中，绝大多数抗原都须经巨噬细胞摄取、加工、处理并呈递给淋巴细胞后，才能启动免疫应答。

2. 郎格汉斯细胞（Langerhans cell） 首先由 Pual Langerhans 发现，主要分布于表皮。该细胞从胞体向四周发出多个突起，其末端呈纽扣样膨大；胞核不规则；胞质内含较多细胞器和特征性的 Birbeck 颗粒。该颗粒外形呈盘状，表面有膜包裹，长15~50nm，宽4nm；一端或两端常有泡状结构，故呈网球拍状；中央有纵向致密线；颗粒内含酸性或碱性磷酸酶。郎格汉斯细胞能捕获、处理进入表皮内的抗原，并将抗原呈递给T细胞，启动免疫应答。

3. 微皱褶细胞（microfold cell） 主要分布于回肠集合淋巴小结处肠黏膜上皮细胞之间，能从肠道捕捉抗原，经处理后呈递给上皮下的B细胞。

4. 滤泡树突细胞（follicular dendritic cell） 主要分布于脾的白髓、淋巴结的淋巴小结以及肠道集合淋巴小结等处。细胞具有长短不一、粗细不均、数量不等的鹿角样突起；胞核不规则，异染色质多沿核膜呈嵴状分布，有一小核仁；胞质内细胞器丰富。该细胞能捕获、处理和呈递进入周围淋巴器官和淋巴组织B细胞区的抗原或抗原抗体复合物。

5. 交错突细胞（interdigitating cell） 主要分布于胸腺髓质和周围淋巴器官的胸腺依赖区。其结构特征是：细胞具有规则的多分支的长突起，它们互相交错、穿插，伸展于淋巴细胞之间。交错突细胞能将抗原呈递给邻近的T细胞。

由此可见，抗原呈递细胞是免疫系统的前哨细胞，在诱发机体特异性免疫应答中起关键作用。

第二节 免疫组织

免疫组织（immune tissue）又称淋巴组织（lymphoid tissue），是一种以网状组织为支架，网眼内填充有大量淋巴细胞和一些其他免疫细胞的特殊组织。

淋巴组织依其分布和形态，可分为下列几种：

1. 弥散淋巴组织（diffuse lymphoid tissue） 以网状细胞和网状纤维连接成多孔的支

架，网孔中充满了淋巴细胞、浆细胞和巨噬细胞等，形成了一片以淋巴细胞为主体的组织，与周围结缔组织无明显分界，主要含 T 细胞，有的也含较多的 B 细胞。淋巴细胞的类型和密集程度不一。抗原刺激可使弥散淋巴组织增大、增多，并出现淋巴小结。弥散淋巴组织中常见毛细血管后微静脉（postcapillary venule），其内皮为单层立方上皮，内皮细胞间有间隙，内皮外基膜不完整。毛细血管后微静脉是淋巴细胞穿越血管壁的重要部位，以进行淋巴细胞再循环或迁移。

2. 淋巴小结（lymphoid nodule） 为圆形或卵圆形的密集淋巴组织，与周围组织界限清楚，由大量 B 细胞及少量 T 细胞、巨噬细胞、树突状细胞等构成。淋巴小结受抗原刺激后，在其中央有一淡染的区域称为生发中心（germinal center），细胞常见分裂相。生发中心分为暗区（dark zone）和明区（light zone），暗区主要含大淋巴细胞，染色较深；明区主要含中淋巴细胞，染色较淡。明区的上方覆盖着由密集小淋巴细胞构成的小结帽（nodule cap）。无生发中心的淋巴小结较小，称初级淋巴小结（primary lymphoid nodule），有生发中心的称次级淋巴小结（secondary lymphoid nodule）。淋巴小结单独存在时，称为孤立淋巴小结（solitary lymphoid nodule）；聚集成群时称为集合淋巴小结（aggregated lymphoid nodules）。淋巴小结受抗原刺激时可增大、增多，无抗原刺激时可减少或消失，是体液免疫的重要指征。

淋巴组织除上述两种主要形态外，还可形成索状结构，称为淋巴索（lymphatic cord），如淋巴结的髓索、脾的脾索等。淋巴索可互相连接成网状，索内主要为 B 细胞。

淋巴组织除分布于免疫器官外，还广泛分布于与体外相通的消化道、呼吸道和泌尿生殖道的黏膜内，以及眼结膜、哈德氏腺、泪腺等组织中，组成黏膜相关淋巴组织（mucosal-associated lymphoid tissue）。它是免疫系统的重要组成部分，参与构成机体的第一道防线，抵御外来病菌、异物的侵袭。黏膜相关淋巴组织包括肠道孤立淋巴小结、回肠集合淋巴小结、弥散淋巴组织，肠上皮细胞间的淋巴细胞和巨噬细胞，气管和支气管黏膜固有层内的孤立淋巴小结或弥散淋巴组织等。

第三节 免疫器官

免疫器官（immune organ）是以淋巴组织为主要成分构成的器官，因此又称淋巴器官（lymphoid organ）。根据淋巴器官的发生和功能不同，可分为两类：①中枢淋巴器官（central lymphoid organ）：也称初级淋巴器官（primary lymphoid organ），如胸腺、腔上囊和骨髓，它们是淋巴细胞早期分化的场所。淋巴干细胞在中枢淋巴器官内分裂分化，分别成为具有特异性抗原受体的细胞。如胸腺培育 T 细胞，腔上囊（禽类）或骨髓培育 B 细胞。中枢淋巴器官发生较早，出生前已基本发育完善。淋巴干细胞的分裂分化不受抗原刺激，而是受激素及所在微环境的影响，形成具有不同功能和不同特异性的初始型淋巴细胞，并输送到周围淋巴器官和淋巴组织中。②周围淋巴器官（peripheral lymphoid organ）：又称次级淋巴器官（secondary lymphoid organ），如淋巴结、脾及扁桃体等。由于其依赖中枢淋巴器官供给淋巴细胞，故发生较迟，其淋巴细胞的进一步分裂、分化需受抗原的刺激，从而产生大量效应淋巴细胞，所以是接受抗原刺激并产生免疫应答的重要场所。无抗原刺激时体积较小，抗原刺激后体积增大，结构发生变化，抗原被清除后又逐渐恢复原状。

第十三章 免疫系统

一、胸　腺

（一）解剖学位置

胸腺（thymus）为哺育 T 淋巴细胞的中枢淋巴器官。在胎儿晚期和出生后的幼龄期，胸腺发育完好，活动旺盛。一对胸腺由喉或气管前段的两侧向后延伸，在气管中段以后，渐移向气管腹侧，彼此靠近、融合，最后进入胸腔，延伸到心前纵隔中。新鲜时胸腺呈黄白色或灰红色，一般越年幼，红色越浓。性成熟以后，胸腺逐渐退化，但并不完全消失，即使在老年期，胸腺原位的结缔组织中，仍可见小块有活性的胸腺遗迹。

小猪的颈部胸腺前端达枕骨颈突下端和二腹肌起腱的后方，沿颈总动脉向后伸延，到胸口处，两侧的颈部胸腺融合，向后入胸腔，成为胸部胸腺，位于心前纵隔的下部。性成熟后颈部胸腺后段先退化，1 岁以后，胸腺逐渐退化完毕，在原位留下结缔组织和脂肪组织，其中含有在显微镜下才能观察到的活性胸腺组织遗迹。犊牛胸腺很发达，前端达甲状腺后方，性成熟后，颈部胸腺先退化。羊的胸腺于 2 周岁时退化。驹的胸腺大部分在向前纵隔中，颈部的发育较差，前端很少达到甲状腺，而且常只有一侧发育，到 2 岁时胸腺即退化，只留遗迹。

（二）组织学结构

胸腺表面有薄层结缔组织被膜包裹，被膜伸入实质内部形成小叶间隔，将胸腺分成许多大小不等的胸腺小叶（thymic lobule）（图 13-1）。每一小叶周围为皮质，其细胞密集，着色深；小叶中央为髓质，细胞排列不如皮质密集，着色浅。由于小叶间隔不完整，故相邻小叶的髓质常彼此相连。

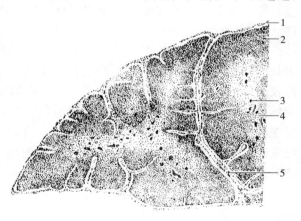

图 13-1　胸腺（低倍）
1. 被膜　2. 皮质　3. 胸腺小体
4. 髓质　5. 小叶间结缔组织

1. 胸腺皮质（thymic cortex）　以有突起呈网状排列的上皮性网状细胞（epithelial reticular cell）为支架，间隙内含有大量胸腺细胞和少量巨噬细胞等。上皮性网状细胞有多种类型，并且存在种间差异，它们分布于胸腺的不同部位，构成不同的局部微环境。一般认为，胸腺皮质内主要有两种上皮性网状细胞：①扁平上皮性网状细胞：位于被膜下和小叶间隔旁，与结缔组织相邻的一侧呈扁平状，而另一侧有一些突起，彼此以桥粒相连。此类细胞能分泌胸腺素、胸腺生成素等。有的扁平上皮性网状细胞的胞质内含有一些内吞的胸腺细胞，这种细胞称为哺育细胞（nurse cell），哺育细胞为大的圆形或椭圆形细胞，胞质丰富，内含数个至数十个胸腺细胞，有的还正在分裂。②星形上皮性网状细胞：细胞呈星形，核椭圆形，细胞突起细长而分支，突起间以桥粒相连成网。网眼内充满胸腺细胞及一些巨噬细胞和交错突细胞。星形上皮性网状细胞不分泌激素，其质膜紧贴胸腺细胞，能诱导胸腺细胞发育分化。

胸腺细胞（thymocyte）：是由进入胸腺的淋巴干细胞分裂、分化而来的，进一步分化成为初始 T 细胞。皮质内的胸腺细胞分布很密，占皮质细胞总数的 85%～90%。淋巴干细胞迁入胸腺后，发育为体积较大的早期胸腺细胞，多位于被膜下区，是快速分裂、分化的细胞。细胞经数次分裂后移向皮质深层转变为普通胸腺细胞。普通胸腺细胞体积较小，其特点是开始出现T细胞抗原受体，但它们对抗原尚无应答能力。胸腺细胞在胸腺内处于被选择期，其中95%左右能与机体自身抗原相结合的胸腺细胞将被淘汰而凋亡，少数选定的细胞能最后成熟为处女型T细胞进入髓质，或经皮质与髓质交界处的毛细血管后微静脉迁至周围淋巴器官或淋巴组织中。

2. 胸腺髓质（thymic medulla） 染色较淡，但与皮质界限不甚明显。髓质含大量上皮性网状细胞和一些胸腺细胞、巨噬细胞、交错突细胞和肌样细胞，也含少量肥大细胞、有粒白细胞、B细胞、浆细胞、成纤维细胞和脂肪细胞等。胸腺内的胸腺细胞数量虽少，但均已成熟并具有免疫应答能力，它们迁出胸腺后即成为初始T细胞。髓质内也含两种上皮性网状细胞：①髓质上皮性网状细胞：呈球形或多边形，胞体较大，细胞间以桥粒相连，间隙内有少量胸腺细胞。该细胞是分泌胸腺激素的主要细胞。②胸腺小体上皮性网状细胞：呈扁平状，构成胸腺小体（thymic corpuscle）（图13-2），又称Hassall氏小体。小体大小不一，直径20~150μm，散在于髓质中，由数层上皮性网状细胞呈同心圆状包绕而成。外层细胞较幼稚，胞质嗜酸性，胞核清晰；近中心的细胞较成熟，胞质内含较多角蛋白，胞核渐退化；中心的上皮细胞则已完全角质化，细胞强嗜酸性，有的已破碎呈均质透明状；中心还常见巨噬细胞或嗜酸性粒细胞。胸腺小体虽然功能不明，但缺乏胸腺小体的胸腺不能培育出功能完善的T细胞。

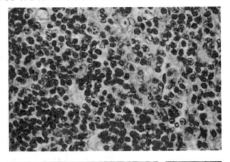
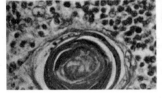

图13-2 胸腺髓质与胸腺小体

3. 胸腺的血液供应及血-胸腺屏障（图13-3） 若干小动脉由被膜和小叶间隔进入胸腺后，分支形成毛细血管分布于皮质和髓质，在皮质、髓质交界处汇成毛细血管后微静脉，此处的内皮为高内皮细胞，是淋巴细胞进出胸腺的重要通道。毛细血管后微静脉在髓质汇集成小静脉，经小叶间隔及被膜出胸腺。

胸腺皮质内存在能阻止大分子抗原物质进入胸腺内的屏障结构，即血-胸腺屏障（blood-thymus barrier）（图13-3）。其中，皮质毛细血管及其周围结构是血-胸腺屏障的主要结构基础，它由下列几层构成：①连续毛细血管，其内皮细胞间有紧密连接。②血管内皮外完整的基膜。

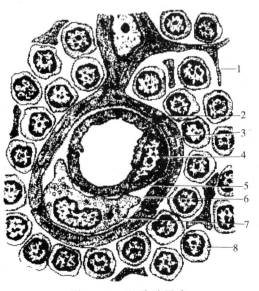

图13-3 血-胸腺屏障
1. 上皮细胞突起　2. 细胞连接　3. 上皮基膜
4. 内皮细胞　5. 内皮基膜　6. 毛细血管周隙
7. 巨噬细胞　8. 淋巴细胞

③血管周隙，内含巨噬细胞。④胸腺上皮细胞的基膜。⑤一层连续的胸腺上皮细胞。血-胸腺屏障对维持胸腺内微环境的稳定，保证胸腺细胞的发育有重要作用。胸腺髓质无血-胸腺屏障。

（三）胸腺的功能

胸腺不仅是中枢免疫器官，同时也是内分泌器官。主要有以下功能：①培育和选择T细胞：淋巴干细胞进入胸腺后，在胸腺微环境的诱导和选择下，发育分化形成各种处女型T细胞，经血液输送至周围淋巴组织和淋巴器官。②分泌激素：胸腺上皮细胞能分泌胸腺素（thymosin）、胸腺生长素（thymopoietin）、胸腺刺激素（thymulin）等多种激素，它们均有促进胸腺细胞分化成熟成为T细胞，并获得免疫活性的作用。

二、腔上囊

家禽具有腔上囊，又称法氏囊（bursa fabricii），是哺育B淋巴细胞的中枢淋巴器官，位于泄殖腔背侧，开口于肛道。鸡的法氏囊为圆形，鸭、鹅的为长椭圆形。黏膜形成纵褶，鸡有12条，鸭、鹅只有2条，黏膜褶含有丰富的淋巴组织。与胸腺一样，性成熟后，腔上囊就开始退化。

腔上囊的组织结构与消化道相似，也分黏膜、黏膜下层、肌层和浆膜（图13-4）。在黏膜固有层内含有许多淋巴小结样结构，称为腔上囊小结，简称囊小结（bursa nodule）。有些部位的黏膜上皮与囊小结直接相连，这种上皮具有摄取和转运抗原的能力。腔上囊是禽类特有的产生B细胞的中枢免疫器官。但近年来在腔上囊背侧近导管开口处，发现一片弥散淋巴组织，主要含T细胞，属胸腺依赖区。因此，腔上囊还可能具有周围免疫器官的功能。

三、骨髓

红骨髓是哺乳动物培育B细胞的中枢免疫器官。淋巴干细胞在骨髓微环境中经各个发育阶段，最后成熟为处女型B细胞，经血液循环迁至周围淋巴器官和淋巴组织。

四、脾

（一）解剖学位置与形态

脾位于血液循环的通路上，是体内最大

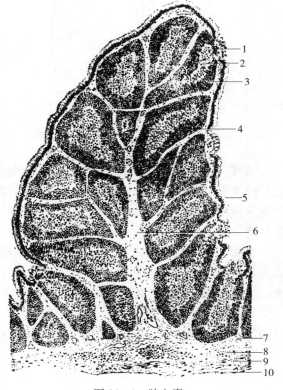

图13-4 腔上囊
1. 淋巴小结髓质部与黏膜上皮连接处
2. 淋巴小结髓质部 3. 淋巴小结皮质部
4. 毛细血管 5. 黏膜上皮 6. 小梁
7. 黏膜下层 8. 内纵肌层 9. 外环肌层 10. 浆膜

的淋巴器官。各种家畜的脾（图 13-5）均位于腹前部、胃的左侧。

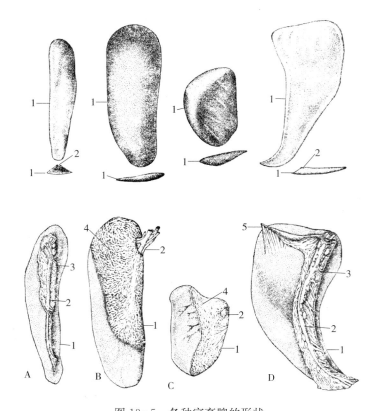

图 13-5 各种家畜脾的形状
A. 猪 B. 牛 C. 绵羊 D. 马
1. 前缘 2. 脾门 3. 胃脾网膜 4. 脾和瘤胃的粘连区域 5. 脾悬韧带

猪脾：狭长，长轴几乎呈背腹方向，弯曲度和胃大弯一致，脏面有一长嵴，为脾门所在处。脾和胃由胃脾韧带松弛相连，脾门上部的脾动脉、静脉起着悬吊脾的作用。猪脾被膜比其他家畜薄，使其红髓和白髓稍向外凸，致使脾表面稍呈高低不平状。表面颜色为带褐色的紫红色，脾的硬度也较软。切面上白髓最明显，而脾小梁不明显。

牛脾：呈长而扁的椭圆形，贴于瘤胃背囊的左前方，壁面凸，与膈为邻，脏面凹，与瘤胃为邻。脾门位于脏面的上 1/3 处，靠近前缘。牛脾因被膜和小梁厚而呈蓝灰色，硬度也最大，新鲜切面上小梁清楚，白髓轮廓不明显。

羊脾：扁而略呈钝三角形，长轴方向斜向前下。壁面凸，与膈为邻，前 1/3 附着于膈，脏面凹，与瘤胃为邻，前一半附着于瘤胃。脾门呈一圆窝，位于脏面，靠近前上角。

马脾：略呈镰刀形，上端宽，较固定，下端窄，位置不定。由后上方斜向前下方，与胃大弯左部的方向一致，由左膈脚起延伸至与第 11 肋骨下 1/3 相对处。壁面凸，大部分与膈为邻，小部分与腹壁为邻，脏面凹，由一纵嵴分为前后不等的两个面，嵴上有一沟，为脾门所在。前缘凹，后缘凸，两缘都锐薄。马脾被膜厚度介于猪、牛之间，硬度中等，表面呈带紫色的蓝红色或铁青色。切面上，白髓色淡，但不如猪的明显；小梁明显，但不如牛的明显。

(二) 脾的组织结构

脾（spleen）是体内最大的周围淋巴器官，其结构与淋巴结有许多相似之处，也由淋巴组织构成。但脾实质无皮质与髓质之分，而分为白髓、边缘区和红髓。脾位于血液循环的通路上，脾内没有淋巴窦，而有大量血窦。

1. 被膜与小梁 脾的被膜较淋巴结的被膜厚，表面是一层浆膜，浆膜下为致密结缔组织和平滑肌。被膜结缔组织伸入脾内形成许多分支的小梁（图13-6），它们互相连接构成脾的粗支架。小梁之间填充有网状组织，构成脾实质的海绵状多孔隙的细微支架。脾的被膜和小梁内含有数量不等的平滑肌纤维，小梁上有发达的小梁动脉和小梁静脉。平滑肌的收缩可调节脾内的血量。

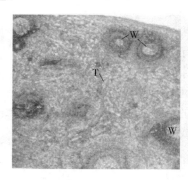 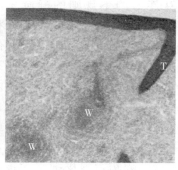

图 13-6 脾的组织结构（低倍模式）
T. 被膜 W. 脾小结

2. 白髓（white pulp） 脾实质中肉眼看到的白斑总称为脾的白髓，由密集的淋巴组织环绕动脉而成，包括脾小结和动脉周围淋巴鞘。脾小结（splenic nodule）即淋巴小结，主要由B细胞构成。发育良好的脾小结也可呈现明区、暗区和小结帽，小结帽朝向红髓。与淋巴结的淋巴小结不同的是，脾小结内有中央动脉分支穿过，绝大多数处于偏心位置，只有极少数位于中央。健康动物脾内脾小结较少，当受到抗原刺激引起体液免疫应答时，脾小结增多增大。动脉周围淋巴鞘（periarterial lymphatic sheath）是围绕中央动脉周围的厚层弥散淋巴组织，由大量T细胞、少量巨噬细胞、交错突细胞等构成，属胸腺依赖区，相当于淋巴结的深层皮质。中央动脉旁有一条伴行的小淋巴管，沿动脉进入小梁，继而在门部汇集成较大的淋巴管出脾，它是鞘内T细胞迁出脾的重要通道。

3. 边缘区（marginal zone） 位于白髓与红髓之间，宽100~500μm，呈红色。其中淋巴细胞较白髓稀疏，但较红髓密集，主要含B细胞，也含T细胞、巨噬细胞、浆细胞和其他各种血细胞。中央动脉分支而成的一些毛细血管，其末端在白髓与边缘区之间膨大形成边缘窦（marginal sinus），窦的附近有许多巨噬细胞，能对抗原进行处理。因此，边缘区是脾内首先捕获、识别、处理抗原和诱发免疫应答的重要部位。边缘窦是血液中的淋巴细胞进入脾内淋巴组织的重要通道，脾内淋巴细胞也可经过此区转移至边缘窦，参与再循环。

4. 红髓（red pulp） 分布于被膜下、小梁周围、白髓及边缘区的外侧，约占脾实质的2/3。因含大量血细胞，在新鲜切面上呈红色而得名。红髓包括脾索和脾血窦。

脾索（splenic cord）：由富含血细胞的索状淋巴组织构成，内含T细胞、B细胞、浆细胞、巨噬细胞和其他血细胞。脾索相互连接成网，与脾窦相间排列。脾索内有笔毛动脉

(penicillar artery)，它是中央动脉主干穿出白髓进入脾索后形成形似笔毛的分支，除少数直接注入脾血窦外，多数的末端扩大呈喇叭状，末端开放于脾索，故脾索内含有各种血细胞。脾索内的血细胞大多可穿过血窦壁的内皮细胞间隙重新进入血流，但是衰老的红细胞、血小板及异物等则被脾索内的大量巨噬细胞所吞噬。所以，脾索是滤血的主要场所。

脾血窦（splenic sinusoid）：简称脾窦，位于脾索之间，为相互连通的不规则的静脉窦，宽 30~100μm，互相连接成网。窦壁由一层长杆状的内皮细胞呈纵向平行排列而成，细胞之间有宽 0.2~0.5μm 的间隙，脾索内的血细胞可经此穿越进入脾窦，内皮外有不完整的基膜和环行的网状纤维围绕（图13-7）。因此，脾窦如同多孔隙的栅栏状结构。当脾收缩时，血窦壁的孔隙变窄或消失，脾扩张时孔隙变大。在脾窦的横切面上，可见窦壁内皮位于窦壁的周边，内皮细胞含核部分较大，凸向窦腔。脾窦外侧有较多的巨噬细胞，其突起可通过内皮间隙伸入窦腔内。犬、兔、猪的脾窦发达，而猫和反刍动物的则不发达。

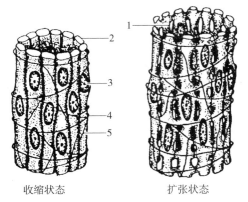

图13-7 脾的血窦结构示意图
1. 内皮间隙 2. 杆状细胞 3. 内皮细胞核
4. 网状纤维 5. 内皮连接

（三）脾的血液通路

脾循环是门脉循环的一部分，其静脉血流经肝。脾动、静脉由脾门进出。脾动脉从脾门入脾后分支进入小梁，称为小梁动脉（trabecular artery）。小梁动脉离开小梁进入动脉周围淋巴鞘，称为中央动脉（central arteriole）。中央动脉沿途发出一些分支形成毛细血管供应白髓，其末端膨大形成边缘窦。中央动脉主干穿出白髓进入红髓的脾索内并分成数支，称为笔毛动脉（图13-8）。笔毛动脉在脾索内依次分为三段：①髓动脉（artery of pulp）：内皮外有1~2层平滑肌。②鞘毛细血管（sheathed capillary）：内皮外包有富含巨噬细胞的网状组织鞘。③动脉毛细血管：其末端多数扩大成喇叭状开放于脾索，少数则直接连通于脾窦。脾窦汇入髓静脉（pulp vein）、小梁静脉（trabecular vein），最后在门部汇成脾静脉（splenic vein）出脾。猪的鞘毛细血管不仅数量多，而且体积大，称椭球（ellipsoid）。

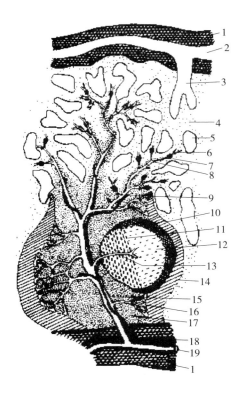

图13-8 脾血液通路模式图
1. 小梁 2. 小梁静脉 3. 髓微静脉 4. 脾索
5. 血窦 6. 动脉毛细血管 7. 鞘毛细血管
8. 髓微动脉 9. 毛细淋巴管 10. 小结帽
11. 暗区 12. 明区 13. 小结微动脉
14. 边缘区 15. 中央动脉 16. 边缘窦
17. 动脉周围淋巴鞘 18. 输出淋巴管
19. 小梁动脉

(四) 脾的功能

脾是免疫应答的重要场所，构成机体免疫的第三道防线。此外，还有滤血、储血和造血的作用。

1. 免疫 脾内含有大量的淋巴细胞、浆细胞等多种免疫细胞，侵入血内的病原体，如细菌、疟原虫、血吸虫等，可引起脾内发生免疫应答，脾的体积和结构也发生变化。体液免疫应答时，淋巴小结增多增大，脾索内浆细胞增多；细胞免疫应答时，动脉周围淋巴鞘显著增厚。

2. 滤血 脾内含有大量的巨噬细胞，可吞噬清除血液中的病原体和衰老的血细胞。脾内滤血的主要部位是脾索和边缘区。当脾肿大或功能亢进时，红细胞破坏过多，可导致贫血。脾切除后，血内衰老及异形的红细胞增多。

3. 储血 脾窦和脾索内可以储存一定量的血液。在动物剧烈运动、大量失血、缺氧时，血液从脾窦和脾索内释放出来进入血液循环，起到比心脏更有效的"泵作用"，这是由脾平滑肌收缩实现的。血细胞可在脾中保存一定的时间，再释放到血液循环中。

4. 造血 胚胎早期的脾具有造血功能，但骨髓开始造血后，脾逐渐变为一种淋巴器官，仅能产生淋巴细胞和浆细胞。不过，此时脾内仍有少量造血干细胞，当机体严重缺血或某些病理状态下，脾可恢复造血功能，产生一般在骨髓中形成的血细胞，此现象称为髓外造血（extramedullary hemopoiesis）。

五、淋 巴 结

(一) 解剖学位置

机体的淋巴结单个或成群分布，多位于凹窝或隐蔽处，如腋窝、关节屈侧、内脏器官门部及大血管附近。在哺乳动物，一个淋巴结或淋巴结群经常分布于身体的同一部位，并且接受几乎相同区域的输入淋巴管。这个淋巴结或淋巴结群就是该区域的淋巴中心（lymphocentrum）。体内的淋巴中心一般有18个（马19个），分属于7个部位：头部3个；颈部2个；前肢1个；胸腔4个；腹腔内脏3个；腹壁和骨盆壁4个；后肢1个（马2个）（图13-9、图13-10）。

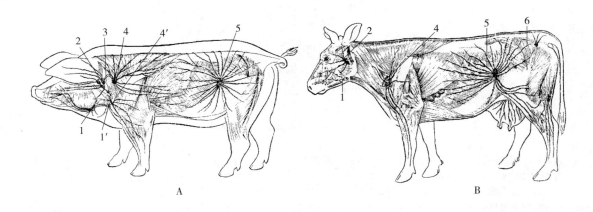

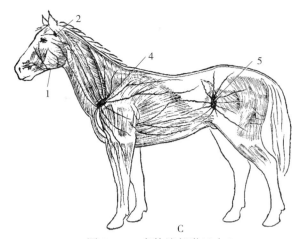

图 13-9　畜体浅部淋巴中心
A. 猪　B. 牛　C. 马
1. 下颌淋巴中心的下颌淋巴结　1'. 猪的下颌副淋巴结　2. 腮淋巴中心　3. 咽后外侧淋巴结
4. 颈浅淋巴中心　4'. 猪的颈浅腹侧淋巴结　5. 髂下淋巴结　6. 坐骨淋巴中心

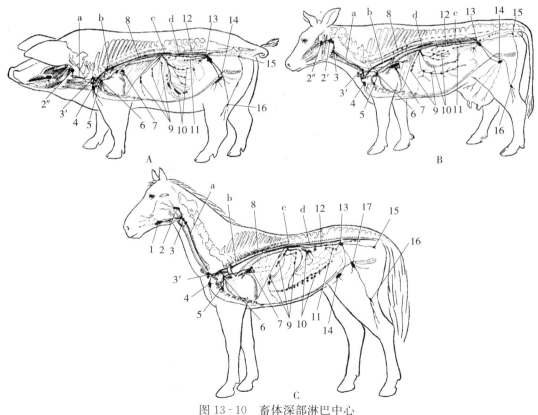

图 13-10　畜体深部淋巴中心
A. 猪　B. 牛　C. 马
1. 下颌淋巴中心　2. 咽后淋巴中心　2'. 咽后外侧淋巴结　2". 咽后内侧淋巴结　3. 颈前淋巴结　3'. 颈后淋巴结
4. 腋淋巴中心　5. 胸腹侧淋巴中心　6. 纵隔淋巴中心　7. 支气管淋巴中心　8. 胸背侧淋巴中心　9. 腹腔淋巴中心
10. 肠系膜前淋巴中心　11. 肠系膜后淋巴中心　12. 腰淋巴中心　13. 髂内淋巴结　14. 腹股沟浅淋巴结
15. 坐骨淋巴中心　16. 腘淋巴中心　17. 腹股沟深淋巴结　a. 气管干　b. 胸导管　c. 乳糜池　d. 腰淋巴干

1. 头部淋巴中心 包括下颌淋巴中心、腮淋巴中心以及咽后淋巴中心。其中，下颌淋巴中心和咽后淋巴中心比较重要，前者位于下颌间隙中，为一群下颌淋巴结；后者有两群，一群位于咽后浅部，称为咽旁淋巴结或咽后外侧淋巴结，另一群位于咽后深部，称为咽背侧淋巴结或咽后内侧淋巴结。

2. 颈部淋巴中心 包括颈浅淋巴中心和颈深淋巴中心。其中，颈浅淋巴中心比较重要，它位于肩前，在肩关节上方，被浅层肌肉覆盖，为一群颈浅淋巴结（又称肩前淋巴结）。

3. 前肢淋巴中心 只有1个腋淋巴中心。马的前肢较长，由下向上依次有3个淋巴结群：肘淋巴结、腋淋巴结和第一肋腋淋巴结。牛、羊前肢较短，没有肘淋巴结。猪的前肢最短，只有第一肋腋淋巴结。

4. 胸腔淋巴中心 有胸腹侧淋巴中心、纵隔淋巴中心、支气管淋巴中心和胸背侧淋巴中心。其中，以支气管淋巴中心和纵隔淋巴中心为重点。前者有数群，总称为支气管淋巴结，位于气管末端左侧的为左群，右侧的为右群，在气管叉中的为中群；后者在牛、马有三群，即纵隔前、纵隔中和纵隔后淋巴结，在羊缺少纵隔中淋巴结，而猪则缺少纵隔中和纵隔后淋巴结。纵隔前淋巴结在心前纵隔中，位于血管、气管和食管的表面。

5. 腹腔内脏淋巴中心 包含腹腔淋巴中心、肠系膜前淋巴中心和肠系膜后淋巴中心。腹腔淋巴中心在牛、羊有四群：腹腔淋巴结、胃淋巴结、肝淋巴结和胰十二指肠淋巴结。猪和马的还多一群脾淋巴结。肠系膜前淋巴中心包括肠系膜前淋巴结、空肠淋巴结、盲肠淋巴结和结肠淋巴结。其中，空肠淋巴结位于空回肠系膜中，数量多；结肠淋巴结在猪、牛和羊位于结肠旋袢中，数量多，在马沿上、下大结肠之间分布，特别多。肠系膜后淋巴中心只有一群，即肠系膜后淋巴结，它们伴随肠系膜后动脉及其分支，分布于结肠末部和直肠前部的系膜中。通常把肠系膜前、后两个淋巴中心的全部淋巴结统称为肠系膜淋巴结。

6. 腹壁和骨盆壁淋巴中心 包括腰淋巴中心、髂荐淋巴中心、腹股沟浅淋巴中心和坐骨淋巴中心四个。其中，淋巴中心的髂内淋巴结位于旋髂深动脉始部和髂外动脉始部，左、右各有一大群，为身体后部两个大淋巴枢纽，也是左右两条腰淋巴干的起点。腹股沟浅淋巴中心有腹股沟浅淋巴结和髂下淋巴结两大群。前者位于腹下壁皮下、大腿内方、腹股沟管皮下环附近，在公畜又称为阴囊淋巴结，在阴囊的两侧，在母畜又称为乳腺上淋巴结，在乳腺底上面；后者位于髋关节和膝关节之间、阔筋膜张肌的前方、腹侧壁的皮下。

7. 后肢淋巴中心 即腘淋巴中心，为一群腘淋巴结，位于腓肠肌的后上方，股二头肌和半腱肌之间。马的后肢淋巴中心还有一个髂股淋巴中心。

（二）淋巴结的组织结构

淋巴结（lymph node）是滤过淋巴和产生免疫应答的重要器官，通常呈卵圆形或肾形，大小不等。淋巴结一侧隆凸，有几条输入淋巴管（afferent lymphatic vessel）通入结内，另一侧凹陷，称淋巴结门（hilum of lymph gland），有1～2条输出淋巴管（efferent lymphatic vessel）、血管和神经由门部出入。淋巴结表面覆有薄层致密结缔组织构成的被膜，内含少量弹性纤维和平滑肌纤维。数条输入淋巴管穿越被膜通入被膜下淋巴窦。门部有较多的结缔组织。被膜和门部的结缔组织伸入淋巴结实质，形成许多粗细不等的小梁（trabecula）。小梁互相连接成网，构成淋巴结的粗支架，连同神经、血管一起形成淋巴结的间质。小梁之间填充有网状组织构成的细微支架（图13-11）。淋巴结的实质可分为周围的皮质和中央的髓质两部分，二者之间无明显界限。

1. 皮质 位于被膜下方，由浅层皮质、深层皮质和皮质淋巴窦构成。

浅层皮质（superfacial cortex）：为紧靠被膜下淋巴窦的淋巴组织，由淋巴小结和小结间弥散淋巴组织构成。在抗原刺激下，淋巴小结发育良好，可见明显的暗区、明区和小结帽。淋巴小结内95%的细胞为B细胞，其余为巨噬细胞、滤泡树突细胞、T细胞等。暗区位于基部，其中的大B细胞分裂分化为中B细胞后，移至明区。这些中B细胞中，只有其膜抗体与滤泡树突细胞表面抗原有高度亲和性的才能继续分裂分化，形成小淋巴细胞移至小结帽，其余则被明区的巨噬细胞吞噬清除。小结帽的小淋巴细胞中，主要是浆细胞的前身，另有一些B记忆细胞。

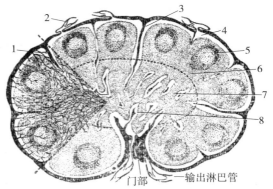

图 13-11　淋巴结结构示意图（低倍）
1. 网状纤维　2. 输入淋巴管　3. 小梁
4. 被膜下淋巴窦　5. 淋巴小结　6. 副皮质区　7. 髓索　8. 髓窦

深层皮质（deep cortex）：又称副皮质区（paracortical zone），位于皮质深部，为厚层弥散淋巴组织，主要含T细胞，属胸腺依赖区，与淋巴小结及髓质之间都无明显的界限。深层皮质又由若干个单位组成，每个单位与一条输入淋巴管相对应。深层皮质单位的中央区，细胞较密集，含大量T细胞和一些交错突细胞等；周围区细胞较稀疏，含T、B细胞，还有许多毛细血管后微静脉，是血液内淋巴细胞进入淋巴结的重要通道。在深层皮质与髓质邻接处，含有一些小淋巴窦，淋巴细胞可经此处进入淋巴窦。

皮质淋巴窦（cortical lymphatic sinus）：是淋巴结内淋巴流动的通道，简称皮窦（图13-12）。包括被膜下淋巴窦和小梁周围淋巴窦。被膜下淋巴窦（subcapsular sinus）位于被膜下方，是包围整个淋巴结实质的扁囊，数条输入淋巴管穿越被膜通入其内；小梁周围淋巴窦（peritrabecular sinus）位于小梁周围，多为较短的盲管。淋巴窦壁衬有一层连续内皮细胞，内皮外有薄层基质、少量网状纤维和一层扁平网状细胞；窦腔内有一些呈星状的内皮细胞和网状纤维作支架，并有许多巨噬细胞附于其上或游离于窦腔内，网眼内还有许多淋巴细胞。因此，淋巴在窦内流动缓慢，有利于巨噬细胞清除异物和摄取抗原。巨噬细胞可进入淋巴组织，将抗原呈递给淋巴细胞，以引起免疫应答。

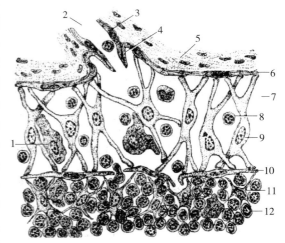

图 13-12　皮质淋巴窦
1. 巨噬细胞　2. 输入淋巴管　3. 内皮细胞　4. 瓣膜
5. 被膜　6. 内皮细胞　7. 被膜下淋巴窦　8. 淋巴细胞
9. 网状细胞　10. 内皮细胞　11. 网状细胞　12. 淋巴细胞

2. 髓质 位于淋巴结中央和淋巴结门附近，由髓索和髓窦组成（图13-13）。

髓索（medullary cord）：由弥散淋巴组织构成的不规则形索，彼此相连成网，主要含B

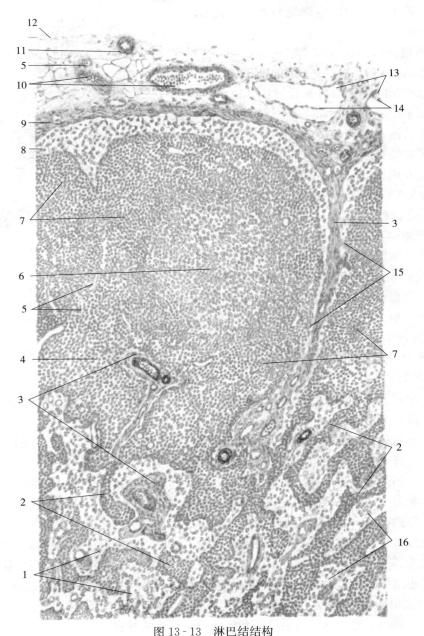

图 13-13 淋巴结结构
1. 皮窦　2. 髓索　3. 小梁　4. 副皮质区　5. 毛细血管　6. 生发中心
7. 皮质　8. 被膜下淋巴窦　9. 被膜　10. 静脉　11. 小动脉
12. 被膜周结缔组织　13. 小淋巴管　14. 淋巴管瓣　15. 小梁周窦　16. 髓窦

细胞，另有一些T细胞、浆细胞、肥大细胞和巨噬细胞等。索内细胞的数量与比例可因免疫状态而异。健康动物的髓索内浆细胞较少，慢性炎症时，浆细胞大量增多。所以，髓索是淋巴结产生抗体的部位。髓索中央常有一条毛细血管后微静脉，是血液内淋巴细胞进入髓索的通道。

髓窦（medullary sinus）：即髓质淋巴窦，位于髓索之间，相互连接成网，其结构与皮窦相同，但腔大，腔内巨噬细胞较多，因此有较强的滤过作用。

3. 猪淋巴结的组织结构 猪的淋巴结与上述典型淋巴结的结构不同。仔猪的淋巴结"皮质"和"髓质"的位置恰好相反（图 13-14）。淋巴小结位于中央区域，而不甚明显的淋巴索和少量较小的淋巴窦则位于周围。输入淋巴管从一处或多处经被膜和小梁一直穿行到中央区域，然后流入周围窦，最后汇集成几条输出淋巴管，从被膜的不同地方穿出。在成年猪，皮质和髓质混合排列。

4. 淋巴细胞再循环 周围淋巴器官和淋巴组织内的淋巴细胞可经淋巴管进入血液循环于全身，它们又可通过毛细血管后微静脉再回到淋巴器官或淋巴组织内，如此周而复始，使淋巴细胞从一个地方到另一个地方，这种现象称为淋巴细胞再循环（recirculation of lymphocyte）。大部分淋巴细胞参与再循环，尤以记忆

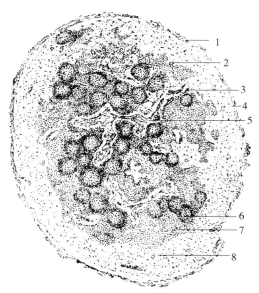

图 13-14　仔猪淋巴结
1. 被膜　2. 毛细血管　3. 小梁周围的淋巴窦
4. 被膜下淋巴窦　5. 小梁　6. 淋巴小结
7. 弥散淋巴组织　8. 周围组织

T、B 细胞最为活跃。淋巴细胞再循环有利于识别抗原和迅速传递信息，使分散各处的淋巴细胞成为一个相互关联的有机整体，使功能相关的淋巴细胞共同进行免疫应答。

（三）淋巴结的功能

淋巴结是机体内重要的免疫器官，构成机体免疫的第二道防线。淋巴结的主要功能有：

（1）滤过侵入机体的抗原物质。细菌和病毒等都很容易从结缔组织中进入毛细淋巴管，渗入淋巴中。当淋巴流经淋巴结的淋巴窦时，腔大而迂回，流速缓慢，窦内的巨噬细胞即将其中的抗原物质、细菌等吞噬清除。例如，对细菌的清除率可达 99%。但若机体的免疫力降低，或抗原的数量和毒力过大时，淋巴结亦可成为抗原扩散之地。

（2）免疫活性淋巴细胞形成和引发免疫反应。抗原进入淋巴结后，巨噬细胞和交错突细胞可将其捕获、处理并呈递给淋巴细胞，使之发生转化，引起免疫应答。当引起体液免疫应答时，淋巴小结增多增大，髓索内浆细胞增多；引起细胞免疫应答时，副皮质区明显扩大，效应 T 细胞输出增多。淋巴结常常同时发生体液免疫和细胞免疫，免疫反应剧烈时，临床上表现为肿大和出血等。淋巴结是检疫和疾病诊断常检的器官之一。

六、扁 桃 体

扁桃体（tonsil）位于消化道与呼吸道的交会处，呈卵圆形隆起。表面覆有复层扁平上皮，上皮向固有层内凹陷形成许多分支的隐窝。上皮深面及隐窝周围的固有层内含有大量的弥散淋巴组织和淋巴小结，淋巴小结常见生发中心。隐窝深部的上皮内也含大量淋巴细胞、浆细胞和少量巨噬细胞等，使淋巴组织与上皮组织界限不清。但猫、犬等肉食动物的部分扁桃体表面光滑，不形成隐窝。扁桃体周围的结缔组织内常有小唾液腺。由于扁桃体环绕咽喉

分布，处于门户位置，是最易于接受抗原刺激的免疫器官，因而是构成机体免疫第一道防线的主要结构，可引起局部或全身的免疫应答，对机体有重要的防御和保护作用。

七、血结与血淋巴结

1. 血结（hemonode） 主要存在于反刍动物，但也见于马、人和其他灵长类。血结沿内脏血管分布，往往成串存在，为暗红色小体；没有输入和输出淋巴管，含有大量血窦，而无淋巴窦。血结表面覆有被膜，被膜结缔组织伸入内部形成小梁，小梁互相连接，构成不发达的网状支架。被膜和小梁中分布有较多的血管和一些平滑肌。血结实质内的淋巴组织排列成索状，或构成淋巴小结。其血窦包括边缘窦和中间窦。边缘窦位于被膜下方；中间窦穿行于淋巴索和淋巴小结之间吻合成网。被膜的血管，有的先通入边缘窦，再由此通入中间窦；有的先穿行于小梁，然后离开小梁直接通入中间窦。血结具有过滤血液和进行免疫应答的作用。

2. 血淋巴结（hemolymph node） 见于鼠、牛、羊、猪和人类，数量很少，每个大小为5～12mm，主要分布于主动脉附近，胸腹腔脏器表面和血液循环的通路上。血淋巴结的结构介于血结和淋巴结之间，具有输入和输出淋巴管。由于毛细血管与淋巴窦相通，故窦腔内同时存在血液和淋巴。血淋巴结的被膜较薄，小梁不发达。实质虽可分为皮质和髓质，但分界不明显（图13-15）。皮质淋巴细胞排列较密，可见淋巴小结，但轮廓不清楚；髓质淋巴细胞排列较稀疏。淋巴窦分布于被膜下、小梁旁和淋巴组织之间，彼此沟通成网。被膜下窦接受输入淋巴管的淋巴，将其注入小梁旁窦，然后经髓窦汇集于输出淋巴管。血淋巴结也有滤血作用，并可能参与免疫应答。

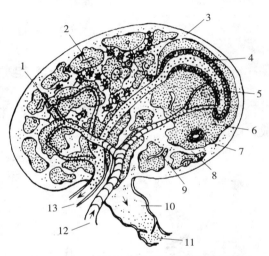

图13-15 血淋巴结及其血液通路模式图
1. 毛细血管 2. 血淋巴窦 3. 被膜下淋巴窦
4. 毛细血管后微静脉 5. 毛细血管 6. 淋巴组织
7. 毛细血管后微静脉 8. 血淋巴窦
9. 毛细血管开口于淋巴窦 10. 输出淋巴管
11. 红细胞及少量淋巴细胞 12. 小动脉 13. 小静脉

实际上，血结和血淋巴结之间并无明显区别，而且，在一定条件下淋巴结与血淋巴结之间有可能相互转变。

（陈秋生）

第十四章 生殖系统

生殖系统包括雄性生殖系统和雌性生殖系统。生殖系统的主要功能是产生生殖细胞（精子或卵子），分泌性激素，繁殖新的个体，延续种族。

第一节 生殖器官

一、雄性生殖器官

雄性生殖器官由睾丸、附睾、输精管、精索、尿生殖道、副性腺、阴囊、阴茎和包皮组成（图 14-1）。

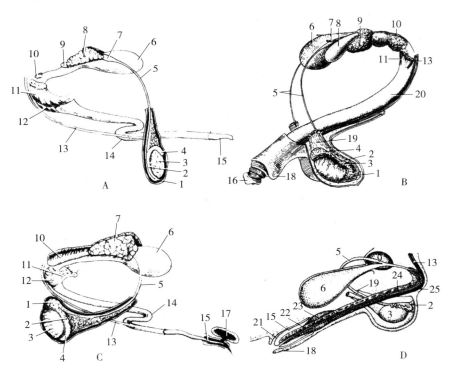

图 14-1 公畜生殖器官比较模式图
A. 牛 B. 马 C. 猪 D. 犬
1. 附睾尾 2. 附睾体 3. 睾丸 4. 附睾头 5. 输精管 6. 膀胱 7. 输精管壶腹
8. 精囊腺 9. 前列腺 10. 尿道球腺 11. 坐骨海绵体肌 12. 球海绵体肌 13. 阴茎缩肌
14. "乙"状弯曲 15. 阴茎头 16. 龟头 17. 包皮盲囊 18. 包皮 19. 精索 20. 阴茎
21. 包皮腔 22. 阴茎骨 23. 阴茎头球 24. 阴茎海绵体 25. 尿道

（一）睾丸与附睾

1. 形态位置 睾丸（testis）和附睾（epididymis）均位于阴囊中，左右各一，中间由阴囊中隔隔开。睾丸的主要作用是产生精子，分泌雄性激素。睾丸在胚胎时期位于腹腔内，肾脏的附近。在出生前后，睾丸与附睾一起经腹股沟管下降到阴囊内，这个过程称为睾丸下降。如果一侧或两侧睾丸没有下降到阴囊内，仍然留在腹腔，称为单睾或隐睾。这样的公畜生殖能力下降或没有生殖能力，不适宜作种公畜使用。睾丸呈左右稍压扁的椭圆形，一侧与附睾相连，称附睾缘；另一侧游离，为游离缘。有血管、神经进入的一端为睾丸头，与附睾头相连；另一端为睾丸尾，与附睾尾相连。牛、羊的睾丸比较发达，呈垂直方向，睾丸头朝向上方，附睾缘朝向后方。猪的睾丸很发达，呈椭圆形，位于会阴部的阴囊内，纵轴斜向后上方，睾丸头位于前下方。马的睾丸近似水平位，睾丸头朝前，附睾缘朝向背侧与附睾相邻，位于两股间的阴囊内。犬的睾丸呈卵圆形，比较小，长轴由后上方斜向前下方。

2. 睾丸的组织结构 睾丸由被膜和实质两部分组成。被膜覆盖在睾丸的表面，即固有鞘膜（tunica vaginalis propria）。固有鞘膜的深面是白膜（tunica albuginea），由致密结缔组织构成。白膜分出许多结缔组织形成睾丸间隔，将睾丸实质分隔成许多锥形的睾丸小叶（lobuli testis）。睾丸间隔在睾丸纵轴处集中成网状的睾丸纵隔（mediastinum testis）。

睾丸的实质由精小管（曲细精管、直细精管）、睾丸网和间质细胞构成。在每个睾丸小叶内，有2~3条细长卷曲的曲细精管。曲细精管以盲端起始于睾丸小叶的边缘，向睾丸纵隔迂回伸延，在接近睾丸纵隔处变直，称为直细精管。直细精管在睾丸纵隔内互相吻合形成睾丸网。睾丸网在睾丸头处汇合形成10~30条睾丸输出小管。睾丸输出小管出睾丸，进入附睾头（图14-2）。曲细精管是产生精子的地方，其管壁由基膜和生殖上皮构成。生殖上皮是一种特殊的复层生殖上皮，主要有生精细胞和支持细胞。生精细

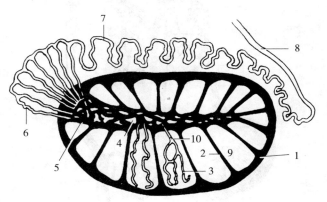

图14-2 睾丸和附睾的组织结构模式图
1. 白膜 2. 睾丸间质 3. 曲细精管 4. 睾丸网
5. 睾丸纵隔 6. 输出小管 7. 附睾管
8. 输精管 9. 睾丸小叶 10. 直细精管

胞处于不同的发育阶段，包括精原细胞、初级精母细胞、次级精母细胞、精细胞和精子。支持细胞从曲细精管基底直达腔面，其作用有：①支持、营养生精细胞。②分泌雄激素结合蛋白和抑制素。③产生睾丸液。④吞噬精子细胞的残余胞质。⑤参与血-睾屏障的构成。各个发育不同阶段的生精细胞，散布在支持细胞之间，镶嵌在支持细胞的侧面，待成熟后，脱离支持细胞，进入管腔。睾丸间质细胞，是位于曲细精管之间结缔组织内的一种内分泌细胞，在家畜性成熟后分泌雄性激素。

3. 附睾 附睾（epididymis）是贮存精子和精子进一步发育成熟的地方。附着于睾丸的附睾缘，可分为附睾头（caput epididymidis）、附睾体（corpus epididymidis）和附睾尾（cauda epididymidis）三部分。附睾头膨大，由十余条睾丸输出小管穿出睾丸白膜形成。睾丸输出小管（图14-2），最后汇合成一条粗而长的附睾管（ductus epididymidis）。附睾管盘

曲成附睾体和附睾尾，在附睾尾部管径增粗，延续为输精管。附睾尾借附睾韧带与睾丸尾相连。附睾韧带延续到阴囊的部分称阴囊韧带。

（二）输精管与精索

输精管（ductus deferens）是附睾管的延续，起于附睾尾，经腹股沟管入腹腔，由腹腔再向后伸延进入骨盆腔。输精管在膀胱背侧形成膨大部，称输精管壶腹（ampulla ductus deferentis），末端开口于尿道起始部背侧壁的精阜（colliculus seminalis）上。牛（羊）的输精管壶腹较小；猪无输精管壶腹；马属动物的输精管壶腹最发达；犬的输精管壶腹较细。

精索（funiculus spermaticus）呈扁的圆锥形，长 20～25cm，内有血管、淋巴管、神经、睾内提肌、输精管等，外包有固有鞘膜。精索基部附着于睾丸和附睾，在睾丸背侧较宽，向上逐渐变细。出腹股沟管内环，沿腹腔后部底壁进入骨盆腔内。在家畜进行去势术时，要结扎或者截断精索。成年公猪和去势猪的生殖器官见图 14-3。

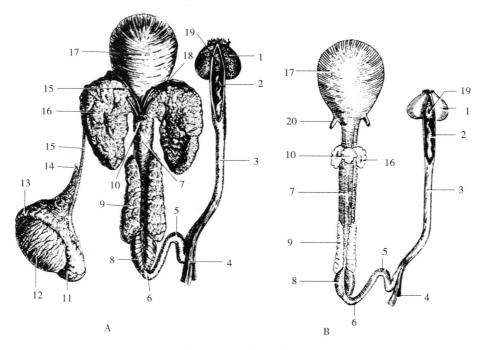

图 14-3 公猪生殖器官
A. 成年猪 B. 去势猪
1. 包皮 2. 剥开包皮囊中的阴茎头 3. 阴茎 4. 阴茎缩肌 5. 阴茎"乙"状弯曲
6. 阴茎根 7. 尿生殖道骨盆部 8. 球海绵体肌 9. 尿道球腺 10. 前列腺 11. 附睾尾
12. 睾丸 13. 附睾头 14. 精索的血管 15. 输精管 16. 精囊腺 17. 膀胱
18. 精囊腺的排出管 19. 包皮盲囊入口 20. 输尿管

（三）阴囊

1. 形态位置 阴囊是袋状的腹壁囊，相当于腹腔的突出部，通过腹股沟管与腹腔相通。上部狭窄，称阴囊颈，下部游离称阴囊底。在阴囊的中央，被阴囊中隔分为左右互不相通的两个腔。公牛（公羊）、公马的阴囊，位于两股之间；公猪的阴囊位于股后部，与周围的皮肤分界不明显。

2. 阴囊壁的结构　阴囊壁由阴囊皮肤、肉膜、阴囊筋膜和鞘膜等构成（图14-4）。

（1）阴囊皮肤：较薄而柔软，富有弹性，有少量细毛（公羊的毛发达）。阴囊正中有阴囊缝（raphe scroti），将阴囊的外表分为左、右两部分。阴囊缝是家畜做去势术时的定位标志。

（2）肉膜（tunica dartos）：较厚，相当于腹壁的浅筋膜，由结缔组织和平滑肌组成，位于阴囊皮肤的深面，与阴囊皮肤紧贴在一起，不容易分离。肉膜在阴囊中央形成阴囊中隔（septum scroti），与阴囊皮肤表面的阴囊缝相对。肉膜有调节阴囊内温度的作用。

（3）阴囊筋膜（fascia scroti）：位于肉膜深面，是腹壁深筋膜和腹外斜肌腱膜的延续，将肉膜与总鞘膜较疏松地连接起来。其深面有睾外提肌（m. cremaster externus）。睾外提肌是腹内斜肌的延续，包在总鞘膜的外侧面和后缘，其作用是上提睾丸，并与肉膜一起调节阴囊内的温度。

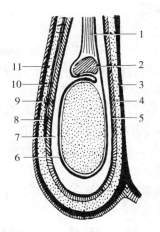

图14-4　阴囊结构模式图
1. 精索　2. 附睾　3. 阴囊中隔
4. 总鞘膜纤维层　5. 总鞘膜
6. 固有鞘膜　7. 鞘膜腔
8. 睾外提肌　9. 筋膜
10. 肉膜　11. 皮肤

（4）鞘膜（tunica vaginalis）：包括总鞘膜和固有鞘膜。总鞘膜由腹膜壁层延续而来，附着在阴囊筋膜的深面；固有鞘膜是腹膜脏层的延续，包在精索、附睾和睾丸的表面。固有鞘膜和总鞘膜之间形成的腔隙称鞘膜腔（cavum vaginale），内有少量的浆液，有润滑作用。鞘膜腔的上部细窄，称为鞘膜管，通过腹股沟管与腹腔相通。当鞘膜管的口增大时，小肠可脱入到鞘膜管内或鞘膜腔内，形成腹股沟疝或阴囊疝。在固有鞘膜和总鞘膜之间系膜的增厚部分称附睾尾韧带（lig. caudae epididymidis）或称阴囊韧带（lig. scrotale）。公畜做去势术时，必须将该韧带剪断，方能摘除睾丸和附睾。

（四）尿生殖道

雄性尿道既有排尿作用又有排精作用，故称为尿生殖道。可分为尿生殖道骨盆部和尿生殖道阴茎部，两者间以坐骨弓为界。

1. 尿生殖道骨盆部　位于骨盆腔底壁与直肠之间，是起自膀胱颈到骨盆腔后口的一段，直径较细、均匀。在尿生殖道骨盆部起始部的背侧，有输精管壶腹、精囊腺、前列腺；在后部的背侧有尿道球腺。公牛的尿生殖道骨盆部较长，长约12cm；公猪的最长，为9～15cm；公马的长短与牛相似，但比牛的粗而扁，起始部较狭窄，在前列腺之后管径变粗，到坐骨弓处又变窄，形成尿道峡。

2. 尿生殖道阴茎部　是尿生殖道骨盆部的延续，位于阴茎内。是尿生殖道经由坐骨弓转到阴茎腹侧的一段，末端开口于阴茎头，开口处称尿道外口（ostium urethrae externum）。在坐骨弓处，尿生殖道壁上的海绵体层稍变厚，形成尿道球（bulbus urethrae）。

尿生殖道管壁包括黏膜层、海绵体层、肌层和外膜。黏膜有许多皱襞，在骨盆部起始端背侧壁的中央形成一圆形的隆起，称为精阜。精阜有输精管、精囊腺的共同开口。

（五）副性腺

家畜的副性腺包括精囊腺、前列腺和尿道球腺，有的动物还包括输精管壶腹。副性腺分泌物为精清，与精子一起形成精液；精清还有稀释精子、营养精子、改善母畜阴道内环境等作用。

1. 精囊腺 精囊腺（glandula vesicularis），又称精囊，位于膀胱颈背侧的尿生殖道褶中，输精管壶腹的外侧，一对。每侧精囊腺的输出管与同侧输精管共同开口于精阜。牛、羊的精囊腺较发达，呈分叶状，左、右侧不对称。猪的精囊腺最发达，呈三面锥体。马的精囊腺呈囊状。犬没有精囊腺。

2. 前列腺 前列腺（glandula prostata），位于尿生殖道起始部背侧，输出管较多，以数个小孔开口于精阜周围。牛、猪的前列腺分为腺体部和扩散部，腺体部很小（羊仅有扩散部），位于尿生殖道壁内黏膜层。马的前列腺发达，由两侧腺叶和中间的峡部构成，无扩散部。犬的前列腺大而坚实，呈黄色球状，被一正中沟分为左、右两叶，环绕在膀胱颈和尿生殖道的起始部，扩散部位于尿道与膀胱颈交界处的壁内，以多条输出管开口于尿生殖道骨盆部。

3. 尿道球腺 尿道球腺（glandula bulbourethralis），一对，位于尿生殖道骨盆部末端的背面两侧，接近坐骨弓，输出管开口于尿生殖道骨盆部。牛的尿道球腺为胡桃状，每侧腺体各有一条输出管，开口于尿生殖道背侧壁，开口处有半月状黏膜褶被盖。马的尿道球腺呈卵圆形，每侧有6～8条输出管，开口于尿生殖道背侧近中央两列小乳头上。猪的尿道球腺很发达，呈圆柱形，位于尿道骨盆部后2/3的背外侧，前端与精囊腺接触，表面被球腺肌覆盖。每侧腺体各有一条输出管，开口于尿生殖道骨盆部后端背侧壁的一憩室内，开口处也有半月状黏膜褶被盖。

（六）阴茎与包皮

1. 阴茎 阴茎（penis）是公畜的排尿、排精和交配器官，附着于两侧的坐骨结节，经左右股部之间向前伸延到脐部的后方。可分为阴茎根、阴茎体和阴茎头。阴茎根（radix penis）以两个阴茎脚起于坐骨结节的腹侧面，逐渐合并为阴茎体（corpus penis）。阴茎体是阴茎的主要部分。阴茎头（glans penis）位于阴茎的游离端。

阴茎主要由白膜、阴茎海绵体、尿生殖道阴茎部、肌肉等构成，外面包有筋膜和皮肤。阴茎海绵体的外面包有一层厚而坚实的白膜，内由许多海绵体小梁和腔隙组成，腔隙与血管相通。当腔隙充血时，阴茎则变粗变硬而勃起。尿生殖道阴茎部经阴茎根，沿阴茎体腹侧的尿道沟向前伸延，在阴茎头处形成阴茎头海绵体，末端形成尿生殖道外口。

（1）牛（羊）的阴茎：牛（羊）的阴茎呈圆柱状，细而长。阴茎体呈"乙"状弯曲，勃起时伸直。阴茎头长而尖，游离端形成阴茎头帽。羊的阴茎头伸出长的（3～4cm）尿道突。尿道外口位于尿道突顶端。

（2）猪的阴茎：猪的阴茎体也有"乙"状弯曲，位于阴囊前方。阴茎头尖细，呈螺旋状。

（3）马的阴茎：公马的阴茎头端膨大，头上有阴茎头窝（fossa glandis），尿道外口开口于此。马的阴茎内海绵体发达，阴茎粗大，直平，腹侧有阴茎退缩肌。

（4）犬的阴茎：犬的阴茎由阴茎海绵体（corpus cavernosum penis）和阴茎骨组成。阴茎内海绵体发达，阴茎后部有两个明显的海绵体，正中由阴茎中隔分开。中隔前方有长约10cm的骨块，称阴茎骨（os penis），是由阴茎海绵体骨化形成。阴茎头很长，覆盖在阴茎骨的表面，它的前部呈圆柱状，游离端为一尖端。阴茎头的起始部膨大，称龟头球（bulbus glandis），内有勃起组织。阴茎勃起时，海绵体血窦内充满血液，使阴茎变硬和伸长。

2. 包皮 包皮（preputium）为皮肤折转而形成的管状鞘，有保护阴茎头的作用。牛、羊的包皮长而狭窄呈囊状，包皮口在脐部稍后方，周围有长毛。猪的包皮呈管状，包皮口周围也有长毛，前部背侧有一包皮盲囊，又称包皮憩室。囊内常聚集有腐败的尿液及脱落的上皮，具有特殊腥臭味。马的包皮为双层皮肤套，分为内包皮和外包皮，外包皮较长，在腹侧正中有包皮缝。

二、雌性生殖器官

雌性（母畜）的生殖器官包括卵巢、输卵管、子宫、阴道、尿生殖前庭和阴门（图14-5）。

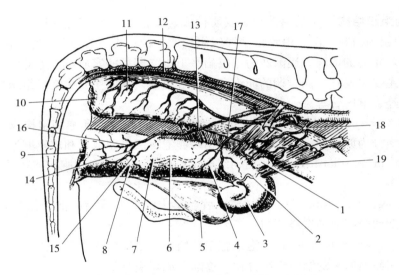

图 14-5 母牛的生殖器官位置关系（右侧观）
1. 卵巢 2. 输卵管 3. 子宫角 4. 子宫体 5. 膀胱 6. 子宫颈管
7. 子宫颈阴道部 8. 阴道 9. 阴门 10. 肛门 11. 直肠
12. 荐中动脉 13. 髂内动脉 14. 尿生殖动脉 15. 子宫后动脉
16. 阴部动脉 17. 子宫中动脉 18. 子宫卵巢动脉 19. 子宫阔韧带

（一）卵巢

卵巢（ovarium）是成对的实质性器官，主要机能是产生卵子和分泌性激素。

1. 卵巢的解剖结构 母畜卵巢的形态、位置、结构，可因动物的种类、个体、年龄、性周期不同而有差异。卵巢被卵巢系膜悬吊在腰下部，没有排出卵子的管道。卵巢定期排出的卵细胞，经腹膜腔被输卵管伞收集。卵巢具有卵巢门（hilus ovarii），是血管、神经、淋巴管出入卵巢的地方。

2. 各种家畜卵巢的特点 牛（羊）、猪、马和犬的卵巢有如下特点。

（1）牛（羊）的卵巢：牛卵巢呈扁椭圆形，通常右侧大于左侧。羊的较小、较圆。卵巢的前端为输卵管端，窄、厚；后端为子宫端，较宽、薄；背侧缘有卵巢系膜附着；腹侧缘游离。一般位于骨盆腔前口两侧。未经产的母牛稍向后移，多在骨盆腔内；经产的母牛则位于腹腔内耻骨前缘的前下方。

（2）猪的卵巢：因年龄和个体的不同，变化较大。性成熟前的小母猪，卵巢较小，呈豆形，表面光滑，淡红色，位于荐骨岬两侧稍后方；接近性成熟时，呈桑葚状，位置稍下垂和前移，位于髋结节前缘横断面处的腰下部；性成熟后及经产的母猪，卵巢呈结节状或一堆小葡萄状，位置下垂和前移，位于髋结节前缘4cm处的横断面上。

（3）马的卵巢：马的卵巢被卵巢系膜悬吊在腰下部肾的后方；左侧在第4~5腰椎横突的下方，位置较低；右侧在第3~4腰椎横突腹侧，位置较高。呈豆形，背侧缘凸，有卵巢门；腹侧缘游离，有凹陷的卵巢窝（fossa ovarii），也称排卵窝。成熟的卵细胞（卵子）只能在卵巢窝表面排出。

（4）犬的卵巢：犬的卵巢较小，呈扁平卵圆形，位于肾后部约1cm处，被卵巢囊所包裹。

3. 卵巢的组织结构 卵巢由被膜和实质构成。被膜的外层是浅层上皮（epithelium superficiale），内层为白膜，白膜由致密结缔组织构成。浅层上皮在胚胎期和幼龄时期为单层立方上皮，随着年龄的增长，逐渐变为单层扁平上皮。卵巢的实质可分为外侧的皮质和中央的髓质。皮质主要由发育不同时期的卵泡和黄体等组成。髓质主要由结缔组织构成，含有丰富的血管、神经、淋巴管等。

（1）卵泡（ovarian follicle）：由中央卵母细胞和周围的一些卵泡细胞构成。根据发育程度的不同，卵泡分为原始卵泡、生长卵泡（初级卵泡、次级卵泡）和成熟卵泡。

原始卵泡（primordial follicle）：由初级卵母细胞和一层卵泡细胞构成，位于皮质浅层，体积小，数量多。

生长卵泡（growing follicle）：在性成熟后卵巢中的部分原始卵泡开始生长发育，称为生长卵泡。包括初级卵泡和次级卵泡。

初级卵泡（primary follicle）：卵泡细胞不断增殖，由单层变成多层。在卵母细胞的周围出现透明带；在卵泡周围的结缔组织分化，逐渐形成卵泡膜。

次级卵泡（secondary follicle）：在卵泡内出现卵泡腔和卵泡液，卵母细胞及其周围的卵泡细胞被卵泡液挤压到卵泡腔的一侧，形成卵丘。另一部分卵泡细胞被挤压到卵泡腔的周围形成卵泡壁，也称颗粒层。在透明带表面的颗粒细胞变为柱状，排列呈放射状，称为放射冠。

成熟卵泡（mature follicle）：次级卵泡发育到最后阶段即形成成熟卵泡。此种卵泡的体积最大，向卵巢表面隆起，并突出于卵巢的表面，卵泡壁变薄。成熟卵泡破裂后，将卵细胞等排出卵巢，此过程称为排卵。

在一般情况下，卵巢内的大多数卵泡不能发育成熟，在各发育阶段中，逐渐萎缩退化，称之为闭锁卵泡。

（2）黄体（corpus luteum）：卵细胞由卵泡排出后，卵泡壁塌陷，卵泡壁的细胞增大，细胞质内出现黄色颗粒，称黄体细胞。黄体细胞集合成群，形成团块状结构称为黄体。排出的卵细胞如果受精，黄体继续发育，称为真黄体（妊娠黄体），可分泌孕酮或称黄体素；卵细胞如果没有受精，黄体则退化，称假黄体（周期黄体）。黄体退化后被结缔组织代替，称为白体。

（二）输卵管

输卵管（tuba uterina）是长而弯曲的管道，位于子宫角和卵巢之间。输卵管靠近卵巢的部分管径较粗，靠近子宫角的部分管径较细。输卵管固定在输卵管系膜内，是运送卵细胞和进行受精的场所。输卵管分为三个部分。

输卵管漏斗（infundibulum tubae uterinae）：是输卵管的最前端，边缘不规则，呈伞状，称输卵管伞（fimbriae tubae）。伞中央有输卵管腹腔口（ostium abdominale tubae uterinae）。

输卵管壶腹（ampulla tubae uterinae）：是输卵管漏斗部的延续，较长，稍膨大，管壁薄而弯曲。是精细胞、卵细胞相遇、受精的场所。

输卵管峡（isthmus tubae uterinae）：是输卵管壶腹的延续，较短，管径细而直，管壁较厚，末端以输卵管子宫口与子宫角相通。

输卵管管壁由黏膜层、肌层和浆膜构成。浆膜形成输卵管系膜。在输卵管系膜与卵巢固有韧带之间形成卵巢囊（bursa ovarii）。输卵管系膜位于卵巢的外侧，是由子宫阔韧带分出的连在输卵管和子宫角之间的浆膜褶。卵巢固有韧带位于输卵管的内侧，是位于卵巢后端与子宫角之间的浆膜褶。

（三）子宫

家畜的子宫（uterus），绝大部分属于双角子宫。其主要作用是为胎儿的生长发育提供适宜的场所；直接参与胎儿的分娩；在家畜进行交配时，通过子宫的收缩运动，有助于精子向输卵管内运行。

1. 子宫的构造 子宫分为子宫角、子宫体和子宫颈三部分。子宫颈壁厚，黏膜形成许多纵行褶，中央为细的管道，前端的开口称子宫颈内口，后端的开口称子宫颈外口。子宫借子宫阔韧带悬吊在腰下部，大部分位于腹后部，少部分位于骨盆腔内。背侧是直肠，腹侧为膀胱，两侧与骨盆腔侧壁及肠管相邻。在家畜妊娠期间，子宫突入腹腔内。子宫阔韧带为一宽厚的腹膜褶，内有丰富的结缔组织、血管、神经及淋巴管等。在子宫阔韧带的外侧前部，靠近子宫角处有一向外突出的浆膜褶，称为子宫圆韧带（lig. teres uteri）。子宫壁由黏膜层、肌层和浆膜三层构成。黏膜又称子宫内膜，内有子宫腺。肌层发达，内含丰富的血管和神经。

2. 各种家畜子宫的特点

（1）牛（羊）的子宫：子宫角长，前部呈绵羊角状，后部由肌组织、结缔组织组成伪体，表面有腹膜。子宫体很短，由子宫角后部汇合形成。子宫颈呈圆筒状，前接子宫体，后通入阴道。子宫颈壁厚，中央有子宫颈管（canalis cervicis uteri），前端开口于子宫体称子宫颈内口，后端呈菊花瓣状，称子宫颈阴道部［portio vaginalis（cervicis）］，中央有子宫颈外口（ostium uteri externum）。在子宫体和子宫角的子宫内膜上，有特殊的隆起，称子宫阜（carunculae）或子宫子叶。牛的子宫阜为圆形隆起，约100多个，排成四列。羊的子宫阜呈纽扣状，中央凹陷，约60多个。在妊娠时，子宫阜特别大，是胎膜与子宫壁相结合的部位（图14-6）。

（2）猪的子宫：子宫角（cornu uteri）特别长，弯曲如小肠袢，管壁较厚。子宫体（corpus uteri）短，子宫颈（cervix uteri）长，子宫颈管（canalis cervicis uteri）也呈螺旋状，无子宫颈阴道部（图14-7）。

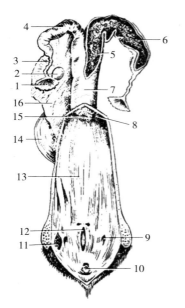
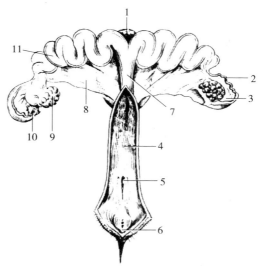

图 14-6 母牛的生殖器官（背侧观）
1. 输卵管伞 2. 卵巢 3. 输卵管 4. 子宫角
5. 子宫内膜 6. 子宫阜 7. 子宫体 8. 阴道穹隆
9. 前庭大腺 10. 阴蒂 11. 剥开的前庭大腺
12. 尿道外口 13. 阴道 14. 膀胱
15. 子宫颈外口 16. 子宫阔韧带

图 14-7 母猪的生殖器官（背侧观）
1. 膀胱 2. 输卵管 3. 卵巢囊 4. 阴道黏膜
5. 尿道外口 6. 阴蒂 7. 子宫体 8. 子宫阔韧带
9. 卵巢 10. 输卵管腹腔口 11. 子宫角

（3）马的子宫：呈"Y"字形，子宫角较短，稍弯曲呈弓状；子宫体长；子宫颈阴道部明显，呈现花冠状黏膜褶（图 14-8）。

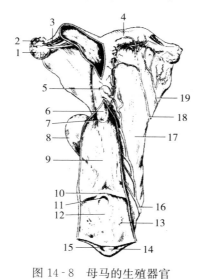
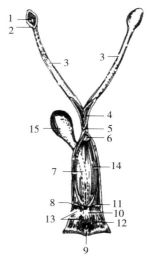

图 14-8 母马的生殖器官
1. 卵巢 2. 输卵管伞 3. 输卵管 4. 子宫角 5. 子宫体
6. 子宫颈阴道部 7. 子宫颈外口 8. 膀胱 9. 阴道
10. 阴瓣 11. 尿道外口 12. 尿生殖前庭 13. 前庭大腺开口
14. 阴蒂 15. 阴蒂窝 16. 子宫后动脉 17. 子宫阔韧带
18. 子宫中动脉 19. 子宫卵巢动脉

图 14-9 母犬的生殖器官
1. 卵巢 2. 卵巢囊 3. 子宫角 4. 子宫体
5. 子宫颈 6. 子宫颈阴道部 7. 尿道
8. 阴瓣 9. 阴蒂 10. 尿生殖前庭
11. 尿道外口 12、13. 前庭小腺开口
14. 阴道 15. 膀胱

(4) 犬的子宫：子宫角细而长，左右分开呈"V"字形。子宫体短；子宫颈很短，壁厚，其后端呈圆柱状，有 1/2 突入到阴道，形成子宫颈阴道部（图 14 - 9）。

（四）阴道

阴道（vagina），呈扁管状，是母畜的交配器官和胎儿产出的通道。位于骨盆腔内，子宫的后方，前接子宫颈，后通尿生殖前庭，背侧与直肠相邻，腹侧与膀胱及尿道相邻。由黏膜层、肌层和外膜构成。黏膜层较厚，呈粉红色。有些家畜的阴道前部由于子宫颈阴道部突入，形成陷窝状阴道穹隆（fornix vaginae）。牛的阴道长 20~25cm，妊娠母牛达 30cm，阴道穹隆呈半环状。猪的阴道长，无阴道穹隆。母马的阴道较牛的短，壁较厚，阴道穹隆呈环状。犬的阴道比较长，前端尖细，肌层很厚，黏膜形成许多纵行皱褶。

（五）尿生殖前庭

尿生殖前庭（vestibulum urogenitale），即母畜的交配器官和产道，又是排尿必经之路，因此称尿生殖前庭。是一扁的短管，位于骨盆腔内，直肠的腹侧，前接阴道，后端通过阴门与外界相通。尿生殖前庭的壁由黏膜层、肌层和外膜构成。黏膜呈粉红色，常形成纵褶。在尿生殖前庭与阴道交界处腹侧有一横行黏膜褶，称为阴瓣（hymen），可作为前庭与阴道的分界。母牛的阴瓣不明显，在尿道外口腹侧，有一伸向前方的短盲囊，称尿道下憩室（diverticulum suburethrale），长约 3cm。给母牛导尿时，应注意勿使导管误入尿道下憩室。幼龄母马阴瓣发达，经产老龄母马阴瓣不明显。母猪的阴瓣为一环形褶。在前庭的腹侧壁上，阴瓣的紧后方有尿道外口。在尿道外口后方的两侧，有前庭小腺的开口；在两侧壁上稍靠背侧处，有前庭大腺的开口。

（六）阴门

阴门（vulva），是尿生殖前庭的外口，位于肛门腹侧，以短的会阴与肛门隔开。由左、右两阴唇（labium pudendi）构成。两阴唇间的裂缝称为阴门裂（rima pudendi）。阴唇上端的联合，称为阴唇背侧联合（commissura labiornm dorsalis）；下端的联合，称为阴唇腹侧联合（commissura labiornm ventralis）。在腹侧联合前方有一阴蒂窝（fossa clitoris），内有阴蒂（clitoris），相当于公畜的阴茎，由海绵体组成。牛的阴唇背侧联合圆，而腹侧联合尖，其下方有一束长毛。猪的阴门呈锥形，阴唇背侧联合圆，腹侧联合尖锐，并垂向下方，阴蒂细长，突出于阴蒂窝的表面。马的阴蒂较发达，在母马发情时，常常暴露。犬的阴蒂窝大，有一黏膜褶向后延展，覆盖在阴蒂的表面，褶的中央部有一向外突出的部分，常被误认为阴蒂。

（七）雌性尿道

雌性尿道较短，位于阴道腹侧，前端与膀胱颈相接，后端开口于尿生殖前庭起始部的腹侧壁，为尿道外口。

（张书杰）

第二节 生殖生理

生殖是指所有的生物能够产生与它们自己相同或相似的、新的生物个体的能力，也指单细胞或多细胞的动物或植物自我复制的能力。高等动物的生殖过程必须由雌、雄两性个体共同完成，生殖过程包括生殖细胞生成、交配、受精、妊娠、分娩及哺乳等重要环节。

一、雄性生殖生理

雄性动物的生殖系统参与完成精子的发生和成熟，并将精子释放到雌性动物生殖道中。

（一）睾丸的生理功能

睾丸是雄性动物最为重要的生殖器官，主要由曲细精管和间质构成。构成睾丸的间质包含有动、静脉血管和睾丸间质细胞，血管主要为睾丸提供营养、调节温度和排除代谢产物，睾丸间质细胞分泌雄激素，为精子的发生提供一个合适的激素环境。曲细精管是生成精子的部位，由生精细胞和支持细胞构成。

1. 睾丸的生精作用 生精作用是指在睾丸的精细管中，从精原细胞发育为精子的过程，也称为精子的发生。原始的生精细胞为精原细胞，紧贴于曲细精管的基膜上，精原细胞分阶段发育成精子，由基膜到管腔，分别为精原细胞、初级精母细胞、次级精母细胞、精子细胞和精子，成熟的精子脱离支持细胞进入管腔。一般分为三个阶段：精原细胞增殖期、精母细胞减数分裂期和精子分化期（图14-10）。

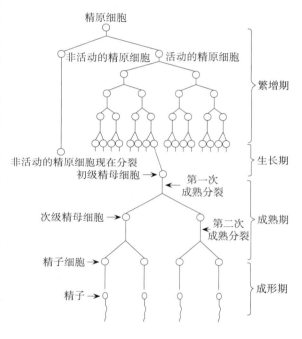

图14-10 精子的发生示意图

精原细胞增殖期：即精原细胞通过有丝分裂发育为精母细胞的过程。初级精母细胞来源于精原细胞的有丝分裂。精原细胞是生精干细胞，由原始生精细胞分化而来，为双倍体。为保证精子发生的延续，每个精原细胞分裂成一个非活动的精原细胞和一个活动的精原细胞。此后，后者分裂4次，最后获得16个初级精母细胞。

精母细胞减数分裂期：初级精母细胞经过两次减数分裂。第一次分裂生成2个次级精母细胞，染色体数减半。每一个次级精母细胞经第二次分裂生成2个精子细胞，此时细胞核中的DNA减半，成为单倍体。

精子分化期：精子细胞经过形态变化形成精子，不再分裂。这一过程除了形状的变化以外，大部分细胞质，包括核糖核酸、水分和糖原均消失。此外，核浓缩，高尔基体转变成精子顶体，中心粒形成精子尾部。1个精原细胞经过上述发育阶段最后最多形成64个（绵羊、牛、兔等）或96个（大鼠和小鼠等）精子。

支持细胞（supporting Cell）又称足细胞，来源于性成熟期前未分化的性腺支持细胞，在生精过程中也具有重要作用（图14-11）。支持细胞的功能包括。①营养、支持、保护生精细胞及精子。②吞食退化精子和精子脱落的残体。③参与FSH对生殖细胞的调节作用，产生雄激素结合蛋白。④分泌含有钾、肌醇、谷氨酸铁转运蛋白等的管腔液成分。⑤分泌抑制素，参与血-睾屏障的形成等。

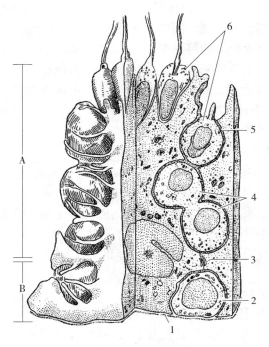

图14-11 支持细胞结构模式图
A. 支持细胞顶部 B. 支持细胞基部
1. 基膜 2. 精原细胞 3. 紧密连接 4. 精母细胞
5. 支持细胞与生精细胞间的细胞间隙 6. 精子细胞

2. 睾丸的内分泌功能 在睾丸的曲细精管间有血管、淋巴管、成纤维细胞、游离单核细胞和间质内分泌细胞，即睾丸间质细胞。睾丸间质细胞产生睾丸雄激素，但公猪和公马同时也产生大量的雌激素。所有动物的睾丸间质细胞都含有大量的脂类，滑面内质网上有类固醇脱氢酶，线粒体数量也增多，内有许多管状嵴，参与睾酮的合成。睾酮在细胞内的储存及释放并不引起该细胞形态上的明显变化。

3. 睾丸功能的调节 下丘脑-垂体-性腺轴是调节睾丸生精和内分泌的重要途径（图14-12）。来自外界环境的刺激，经大脑边缘系统整合，将信号传至下丘脑，引起GnRH的脉冲释放，进而导致腺垂体LH、FSH的脉冲释放。LH作用于间质细胞促进睾酮分泌，适量的睾酮有维持生精的功能，但当睾酮过量时则反馈性地抑制GnRH

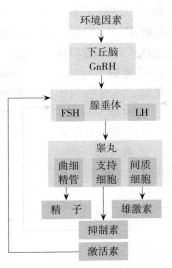

图14-12 下丘脑-腺垂体-睾丸轴

和 LH 的分泌。支持细胞在睾丸功能的调节中起重要作用。在 FSH 作用下，支持细胞参与精子发生的启动，在 FSH 和睾酮作用下，支持细胞合成雄激素结合蛋白（ABP），ABP 与睾酮结合可促进精母细胞的减数分裂，有利于生精过程。此外，支持细胞还能分泌抑制素，抑制 FSH 的分泌。在 FSH 作用下，支持细胞中的睾酮经芳香化酶作用转变为雌二醇。雌二醇与抑制素一起共同实行对垂体 FSH 的反馈调节，从而使睾丸的功能处于正常状态。此外，在睾丸还存在复杂的局部调节机制。例如，支持细胞和间质细胞间，通过分泌活性因子相互作用。支持细胞含有芳香化酶，能将睾酮转化为雌二醇，它既可对下丘脑-垂体进行反馈调节，也可直接抑制间质细胞的睾酮合成。睾丸还可分泌合成多种肽类，至今已发现 50 多种，如 GnRH、IGFs、白细胞介素、转化生长因子等。在中国太湖猪、大白猪睾丸中都检测到生长激素受体（GHR）、IGF-1、IGF-1 受体（1GF-1R）mRNA 的表达，它们可能通过旁分泌、自分泌方式局部调节睾丸的功能。

（二）附睾的功能

附睾是由中肾管发育而来的。附睾不仅仅是一个精子运输通道，还是精子浓缩、获得运动能力和受精能力以及储存精子的部位。

1. 输出小管的功能 输出小管主要由有纤毛或无纤毛的柱状细胞构成，另有淋巴细胞散布于上皮基部。输出小管的功能主要是运送精子和对小管液进行重吸收。输出小管的无纤毛细胞上有微绒毛和发育完好的内吞细胞器，有利于对小管液的重吸收，从而使管腔中的内环境处于相对的稳定状态，以利于精子的成熟。另外，有纤毛细胞中纤毛的运动可推动精子向附睾管运动，利于精子的成熟与排出。

2. 附睾管的功能 从睾丸产生的液体大约有 90% 被输出管和附睾管吸收。睾丸支持细胞产生的雄激素结合蛋白也是在附睾管的起始段被吸收。附睾管的另一功能是精子在附睾中逗留，精子发生下列形态和功能上的变化：①完善其运动性。②代谢改变。③胞质膜改变（膜上有在受精时发挥识别能力的分子）。④巯基团的结合增加了膜的稳定性。⑤失去胞质中的多余小滴。

（三）雄性副性器官的功能

除去产生精子的睾丸，运送精子到附睾最后排出体外的管道系统以外，雄性生殖系统还包括各种腺体，射精时把它们的分泌物混到精子中间。包括壶腹腺、精液囊、前列腺和尿道球腺。这些腺体的功能是分泌精清，对精子的运送、保护及存活都有一定意义。

1. 精囊腺 精囊腺的分泌物为白色或黄白色胶状液体，一般占射精量的 25%～30%，富含果糖，具有为精子提供能量和稀释精子的功能。

2. 前列腺 前列腺的分泌物为黏稠的蛋白样分泌物，偏碱性，能提供给精液磷酸酯酶、柠檬酸等物质，具有刺激精子运动、中和精液和清洗尿道的作用。

3. 尿道球腺 尿道球腺的黏液和蛋白样分泌物在射精时先流出，具有中和尿道内环境、润滑尿道和阴道的作用。

二、雌性生殖生理

雌性生殖系统包括卵巢、输卵管、子宫、阴道、前庭、阴门和相关腺体。卵子的发生、成熟、运输、受精、妊娠及胎儿的出生等功能均由雌性生殖器官完成。

（一）卵巢的功能

1. 卵巢的生卵作用 生卵功能包括卵泡发育和卵子发育两个过程。

（1）卵泡的发育：根据卵泡的发育时期或生理状态，可将卵泡分为原始卵泡、生长卵泡和成熟卵泡。其中，生长卵泡要经历三个阶段，即初级卵泡、次级卵泡和三级卵泡或格拉夫卵泡（图14-13）。

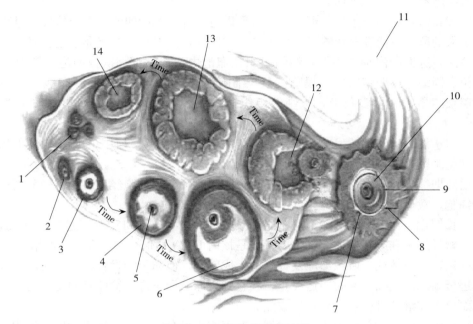

图14-13 卵泡的发育过程
1. 原始卵泡 2. 初级卵泡 3. 次级卵泡 4. 颗粒细胞
5. 卵母细胞 6. 卵泡液 7. 第一极体 8. 辐射冠 9. 透明带
10. 次级卵母细胞 11. 输卵管 12. 排卵 13. 血体 14. 白体

①原始卵泡：原始卵泡由一个大而圆的初级卵母细胞和其周围的扁平上皮细胞构成。在肉食动物、羊和猪的原始卵泡中，可能有2~6个初级卵母细胞，是多卵卵泡。初级卵母细胞大而呈圆形，核内染色质细小而分散，核仁大而明显。原始卵泡要在性成熟时才开始生长发育。

②初级卵泡：大多数动物的初级卵泡是由一个直径约为20μm的初级卵母细胞和周围的单层立方卵泡细胞组成。胚胎期和出生后，卵巢中大多数是初级卵泡。各种动物在出生时，单个卵巢中的初级卵泡数从数十万到数百万个不等。但在一生中只有几百个卵泡发育到排卵，大多数都退化。

③次级卵泡：随着卵泡的进一步发育，在卵子周围形成多层卵泡细胞或颗粒细胞。卵母细胞外有一层3~5μm厚的糖蛋白，称透明带。透明带是由紧贴卵母细胞的颗粒细胞和卵母细胞共同分泌的产物。由多层颗粒细胞和由其包围的初级卵母细胞构成次级卵泡。随着卵泡的继续发育，在颗粒细胞间隙有少量的卵泡液出现。

④三级卵泡：其特点是在其中央有一空腔，即卵泡腔。卵泡腔是由次级卵泡的颗粒细胞间隙增大并融合形成的一个较大腔体，其中充满卵泡液。卵母细胞与颗粒细胞层之间形成卵

丘。在较大的三级卵泡中，紧裹在卵母细胞周围的颗粒细胞形成的呈放射状排列的结构，称放射冠。

⑤成熟卵泡：当卵泡发育到快排卵时，其中的初级卵母细胞恢复并完成第一次减数分裂，排出第一极体，形成次级卵母细胞。但犬和马在排卵后完成第一次减数分裂。第一次减数分裂完成后接着进行第二次减数分裂，但停滞在分裂的中期，直到受精时才完成第二次分裂，卵母细胞释放出第二极体。

⑥闭锁卵泡：动物出生后，卵巢中就有数以百万计的原始卵泡。在个体发育过程中，卵巢内大多数的卵泡不能发育成熟，在发育的不同阶段逐渐退化。初级卵泡退化时，首先是卵母细胞萎缩，进而卵泡细胞离散，结缔组织在卵泡内形成瘢痕。次级卵泡退化时，卵母细胞核偏位、固缩；透明带膨胀、塌陷；颗粒细胞松散并脱落进卵泡腔；卵泡液被吸收，卵泡膜内层细胞增大，呈多角形，被结缔组织分隔成团索状，分散在卵巢基质中并形成间质腺。

（2）卵子发育：卵子的发育和成熟并不与卵泡同步。成熟卵泡中的卵子大体上仍处于次级卵母细胞阶段。卵子的发育大体需经三个阶段：

①增殖期：当卵泡从原始卵泡发育至初级卵泡时，卵原细胞经过多次有丝分裂后成为初级卵母细胞，数量增加。

②生长期：当卵泡从初级卵泡发育成次级卵泡时，初级卵母细胞经过第一次成熟分裂，形成次级卵母细胞和第一极体，其主要特点是核内 DNA 加倍，胞质和内容物增加。

③成熟期：虽然这一阶段卵泡发育已进入成熟期，但卵子的发育则出现滞后，次级卵母细胞在进行第二次成熟分裂时中途停止，一直到排卵。卵子进入输卵管并受精后，暂停的第二次成熟分裂才继续进行，直到最后成熟。

卵母细胞的生长发育与周围的卵泡细胞有着密不可分的关系。裸露的卵母细胞在体外培养时几乎不能生长。卵泡是哺乳动物卵巢上的基本发育单元，卵子的发生是在卵泡内进行的，卵泡为卵子的发生提供了一个最佳的微环境。卵子分泌的某些物质也能影响卵泡细胞和膜细胞的发育。卵母细胞能分泌特异性的促卵丘颗粒细胞扩散因子，影响颗粒细胞的机能和增殖，对扩散有调节作用。

（3）排卵：卵巢内卵子从成熟卵泡排出的过程，称排卵（ovulation）。排卵的发生取决于卵泡、卵子的一系列变化，包括卵泡内部卵泡液的增加，内压增大；卵母细胞核的成熟；随着卵泡液的增多，卵泡外膜的胶原纤维分解，卵泡壁变得柔软而富有弹性；排卵前在卵泡膜蛋白酶作用下，卵泡外膜分离，内膜通过裂口而突出，形成排卵点，并向卵巢表面突出，直至破裂，卵泡液流出。随卵泡液排出的卵子经输卵管伞进入输卵管。有些动物是通过包被在卵巢上的卵巢囊膜（bursa）而进入输卵管的。

根据家畜的排卵特点，排卵可分为两种类型：

①自发性排卵：卵泡成熟后便自发排卵和自动生成黄体，称为自发性排卵。这种类型又分为两种情况：一种是发情周期中黄体的功能可以维持到一定时期，且具有功能性，如牛、猪、马、羊等属于这种类型；二是除非交配，否则形成的黄体不具备功能性，小鼠属于这种类型。如未交配，黄体几乎无分泌孕酮的功能，则发情周期很短（5d）；如交配而未孕，黄体功能期较长，使发情周期延至 12d 左右。

②诱发性排卵：只有通过交配或子宫颈受刺激才能排卵，称为诱发性排卵。猫、兔、骆

驼（包括羊驼）、水貂等属于此类。

各种动物的发情周期、发情期及排卵时间见表14-1。

表14-1 各种动物的发情周期、发情期及排卵时间

动物种类	发情周期（d）	发情持续时间	排卵时间
马	19～25	4～8d	发情结束前1～2d
乳牛	21～22	18～19d	发情结束后10～11h
黄牛	20～21	1～2d	
水牛	20～21	1～3d	
绵羊	16～17	24～36h	发情开始24～30h
山羊	19～21	32～40h	发情开始30～36h
猪	19～21	48～72h	发情开始35～45h

（4）排卵机理：在黄体完全溶解后，优势卵泡便会在促性腺激素的刺激下继续发育，并在形态和功能上发生重要的变化，逐渐发育成排卵卵泡。排卵是多种因素综合作用的结果。一般认为排卵的机制是由于 E_2 引起的LH排卵前锋，LH峰引发卵泡内一系列细胞和分子关联反应，包括前列腺素和类固醇合成和释放的增加，某些生长因子和蛋白酶活性作用的增强，促进排卵前卵泡顶端细胞和血管破裂以及细胞死亡，最终导致卵泡破裂释放出卵子和卵泡液。

（5）黄体的形成和退化：黄体的形成和退化过程如下。

①黄体的形成：排卵后的最初几个小时内，残留的颗粒细胞和膜细胞迅速变为黄体细胞，它们生长很快，直径可增加2倍以上，腔内充满脂肪，呈黄色，这一过程称为黄体化，这些细胞群则称为黄体。黄体的血液供应十分充足。黄体中的颗粒细胞分泌大量孕酮和少量雌激素，而膜细胞主要分泌雄激素，但它们大部分最后都被颗粒细胞转变为雌激素。颗粒细胞和膜细胞的分泌主要取决于LH的分泌和排卵。黄体属于分泌腺，分泌的孕酮（progesterone）能刺激子宫腺体的分泌功能和乳腺发育。在妊娠期，黄体分泌的孕激素主要是维持动物的妊娠过程。

②黄体的退化：黄体退化时，缘于颗粒细胞的黄体细胞退化很快，细胞质空泡化及核萎缩。随着血管退化，供血减少，黄体体积逐渐变小，黄体细胞的数量也显著减少，颗粒细胞逐渐被纤维细胞所代替，黄体细胞间被结缔组织侵入、增殖，最后整个黄体细胞被结缔组织所代替，形成一个斑痂，颜色变白，成为白体。

排卵和黄体形成的机制具有这样一些基本特点：丘脑下部核或高级神经中枢一种或多种神经体液物质的产生；在不同的外感受性刺激的影响下，这些物质向脑下垂体门脉血管系统中释放；这些物质运送至垂体远侧部，在这里引起促性腺激素的释放。现有的证明认为存在着FSH和LH各自的释放因子。这种释放因子是分子质量较小的肽。丘脑下部也以类似的方式参与促肾上腺皮质激素（ACTH）、促甲状腺激素（TSH）和生长激素（GH）的释放。

（6）种间卵泡发育和排卵特点：

①牛卵泡发育和排卵特点：初情期前大多数青年母牛卵巢上有一定数量的小卵泡发育，第一次排卵前20～40d，卵泡发育明显加快。一般在牛的发情周期的黄体期中，达到最大约

15mm 的优势卵泡在退化前将维持 3~6d。牛通常在产后第 13~15d，卵巢上有卵泡发育成熟并排卵，且能形成黄体，第 1~2 次排卵的间隔时间要比正常的发情周期短 3~4d。牛是家畜中唯一排卵发生在发情停止后的动物。正常情况下，牛的每个发情周期只有一个卵泡发育成熟排卵，两个卵泡排卵的几率为 0.5%~2%。

②羊的卵泡发育和排卵特点：羊属于短日照季节性多次发情动物。在发情季节的初期，绵羊常安静排卵，山羊的安静排卵较绵羊少。排卵前 1h，卵巢出现透明的排卵点。排卵时，排卵点处形成锥状突起，卵泡在此处破裂排卵。排卵后，卵泡腔内无出血现象。

③马和驴的卵泡发育和排卵特点：马的排卵模式不同于其他哺乳动物，马的排卵部位在排卵窝。母马间情期末期有一小群卵泡发育，但只有一个发育迅速，在随后的发情期间成熟和排卵，过一段时间，其余的卵泡继续发育。

④猪的卵泡发育和排卵特点：母猪发情开始前 2~3d，卵泡开始迅速增大，直到发情后 18h 为止。排卵始于发情后 20~36h，发情期交配可使排卵提前 4h。母猪的排卵数多少因品种、年龄、胎次、营养水平而异，一般为 10~25 个。

2. 卵巢的内分泌功能 卵巢除产卵外，还能分泌性激素，有雌激素、孕激素及少量的雄激素。妊娠期间还可分泌一种使耻骨韧带松弛的松弛素。

3. 卵巢活动的调节 内、外环境的变化可通过下丘脑-腺垂体-性腺（卵巢）轴及靶腺激素的反馈作用来调节卵巢的活动。

（二）母畜的发情周期

处在生育阶段的母畜，其生殖系统的形态、功能以及性行为均呈周期性变化，这种生理现象称为发情周期。

1. 发情周期类型 家畜的发情周期主要受神经内分泌所控制，但也受外界环境条件的影响。由于各种家畜所受的影响程度不同，故表现也各异。各种动物发情周期类型基本上可分两种：

（1）季节性发情：这一类动物只有在发情季节期间才能发情排卵。在非发情季节，卵巢机能处于静止状态，不发情排卵，称为乏情期。有的家畜在发情季节有多个发情周期，称为季节性多次发情，如马、驴、绵羊和山羊等；有的在发情季节只有一个发情周期，称为季节性单次发情，如犬有两个发情季节，即春、秋两季，每季只有一个发情周期。

（2）非季节性发情：这一类动物无发情季节之分，常年均可发情，如猪、牛、湖羊以及小尾寒羊等。

2. 发情周期的划分 发情周期作为一种生理过程有一定的持续时间，通常指本次发情开始到下次发情开始，或本次排卵到下次排卵的间隔时间。

发情周期一般可分为四个期：

（1）发情前期：为发情的准备时期。对于发情周期平均为 21d 的动物（如牛、猪、马、驴、山羊等），如果以发情征状开始时为发情周期第 1 天，则发情前期相当于发情周期第 16~18d。卵巢上的黄体已经退化萎缩，新的卵泡开始生长发育；雌激素分泌逐渐增加，孕激素的水平逐渐降低；生殖上皮增生，腺体活动增强，黏膜下基层组织开始充血，子宫颈和阴道的分泌物稀薄而增多，但无性欲表现，具体表现为母畜不接受公畜和其他母畜的爬跨。

（2）发情期：即有明显发情征状的时期，相当于发情周期第 1~2 天。主要特征表现为精神兴奋、食欲减退，接受公畜和其他母畜的爬跨，有很强的性欲；卵巢上皮发育较快，体积增大，雌激素分泌很快增加到最高水平，孕激素分泌降低到最低水平；子宫黏膜充血、肿胀，子宫颈口开张，子宫肌收缩加强，腺体分泌增多；阴道黏膜上皮逐渐角质化，并有鳞片细胞（无核上皮细胞）脱落；外阴部充血、肿胀、湿润，悬挂透明棒状黏液。

(3) 发情后期：为发情征状逐渐消失的时期，相当于发情周期的第 3~4 天。发情状态由兴奋逐渐转为抑制，母畜拒绝爬跨；多数母畜的卵泡破裂并排卵，新的黄体开始生成，雌激素含量下降，孕激素分泌逐渐增加；子宫基层收缩和腺体分泌活动均减弱，黏液分泌量减少而变黏稠，黏膜充血现象逐渐消退，子宫颈口逐渐收缩；阴道黏膜上皮脱落，释放白细胞至黏液中；外阴肿胀逐渐消失。

(4) 间情期：又称休情期，相当于发情周期第 4~15 天。性欲消失，食欲恢复正常。卵巢上的黄体逐渐生长、发育至最大，孕激素分泌逐渐增加；子宫内膜增厚，黏膜上皮呈高柱状，子宫腺体高度发育，分泌活动旺盛。随着时间推移，黄体发育停止并开始萎缩，孕激素分泌量逐渐减少，增厚子宫内膜回缩，呈矮柱状，腺体变小，分泌活动停止。

3. 发情周期的调节 家畜的发情周期，实际上是卵泡期和黄体期的交替变换过程，而卵泡生长发育以及黄体的形成与退化，受神经激素的调节和外界环境条件的影响。外界环境通过影响中枢神经，刺激下丘脑分泌 GnRH。GnRH 调节 LH、FSH 的分泌，两者协同作用于卵巢，调节卵泡生长发育并合成分泌雌激素。雌激素一方面作用于生殖器官，另一方面与少量孕酮协同作用于中枢神经系统引起发情。与此同时，雌二醇可通过负反馈抑制 FSH 分泌、正反馈引起 LH 的分泌高峰，使接近成熟的卵泡最终成熟，从而发生排卵。排卵后，卵巢形成黄体，并分泌孕酮，而雌二醇则大幅度下降，进而使 LH、FSH 分泌减少，新卵泡不再发育，动物进入发情后期和间情期。如果母畜发情未受精或受精未孕，则经过一定时期，子宫内膜分泌前列腺素破坏黄体组织，使黄体退化，孕酮分泌量下降，其对下丘脑、垂体的抑制解除，GnRH、FSH、LH 的分泌随之增加，从而进入下一次发情周期；如果受精则转入妊娠期。因此，发情周期的调节可以说是下丘脑-垂体-卵巢神经内分泌轴所分泌的激素之间相互作用的结果。

4. 发情周期的种间差异 在一个发情周期中，子宫、阴道和卵巢中发生一系列变化，各种动物发生这些变化的时间和条件差异较大。

(1) 母牛：牛的发情周期平均约为 21d。发情周期在 18~24d 者一般认为是正常的。

发情持续期是人为规定的一头母牛接受另一头母牛或公牛爬跨的那段时间。乳用和肉用品种的平均发情持续期均为 18h，12~24h 通常都可认为是正常的。青年母牛比成年母牛略短。

排卵发生在发情结束后 10~11h，肉用品种和乳用品种均如此，5~15h 都是正常的。黄体在整个妊娠期中持续存在，牛的胎盘产生的孕酮量不多，黄体在整个妊娠期大概是最重要的。妊娠期平均约 280d，由于品种、胎儿的性别和季节的不同，妊娠期有小的差异。产后至第一次发情的平均间隔期变动很大，在乳用牛为 32~69d。乳牛患子宫内膜炎和饲养水平低明显地导致间隔期延长。产后至发情的间隔期在年龄较老的牛，特别是低于正常营养和管理条件的草原牛可能要长些。多数的研究说明，乳用牛产后 50~90d 人工授精可以得到正常受精力。

(2) 母绵羊和母山羊：绵羊是季节性多次发情的。未孕母羊的发情周期通常于初秋开始。有许多因素，例如光照-黑暗比例、温度、营养状况和公羊在场影响发情周期的开始时间。多数品种发情周期为16～17d，发情周期短于14d长于19d通常认为是不正常的。发情持续期一般认为是24～36h，排卵大约在发情期结束时发生。母牛通常是排一个卵，而母羊则往往排两个和3个卵。"催情"或在配种前短时期内给以高水平营养能增多排卵的数量。妊娠期持续144～152d。母羊的胎盘在妊娠期也产生孕酮，但黄体在妊娠期持续存在，临近分娩时黄体迅速退化。在泌乳期，卵巢一般是静止而不活动的，所以发情周期不再出现，直到秋季的到来。母山羊的发情周期与母绵羊相似，为季节性多次发情，而高峰出现于秋季，但是发情周期比母绵羊长（19～20d）。发情持续期为40h，而排卵发生于发情开始后30～36h。不同品种的妊娠期，在146～153d之间变动。

（3）母猪：青年母猪和成年母猪的发情周期平均约为21d。正常发情的母猪，发情平均持续40～46h。排卵发生在发情期的后期，通常有10～25个卵排出。不同品种妊娠期，在113～123d之间变动。在妊娠期中黄体持续存在。

（4）母马：母马的发情周期是所有家畜中变异性最大的。有些母马是真正多次发情的，它们在一年中任何时间都能产驹。然而，绝大多数的母马则是季节性多次发情。

发情周期平均为21～22d，但变化很大；大部分是在17～24d之间，但有相当的比例很长（29d）或非常短（10～16d）。发情持续期平均约为5.3d，母马的排卵通常发生在发情的第3d和第6d之间，母马的妊娠期因品种而异，平均322～339d，而且受与其他种家畜相同的因素的影响。在各类家畜中母马独特之处是，妊娠黄体并不持续存在至妊娠结束；其机能寿命大约只有40d，在妊娠第40～50d之间退化。由于在此期间发生排卵，故可能有一个或更多的新黄体形成，经过不同时间后也要退化。母马的胎盘产生维持妊娠（150d以后）所必需的孕酮。

（三）附性器官的功能

1. 输卵管的功能　输卵管具有以下主要功能：

（1）接纳卵巢排出的卵子：卵巢排出的卵子，一般均被纳入输卵管的伞端。

（2）卵子和精子的转运：在卵巢激素的作用下，可促使输卵管上皮纤毛和管壁肌发生有规律的蠕动，而使精子和卵子分别向着输卵管上1/3的壶腹部转运。

（3）输卵管还是精子获能和受精的地点。

（4）受精卵卵裂和早期胚胎发育的场所：输卵管分泌细胞分泌的液体可供给受精卵卵裂、胚胎早期发育所需的营养，有利于受精卵向子宫方向转运。

2. 子宫的功能　子宫是胚胎发育的场所，妊娠期所形成的胎盘是重要的内分泌器官。子宫的主要生理作用如下：

（1）子宫肌的运动对生殖机能的影响：发情期在卵巢激素和交配等因素的作用下，子宫肌发生节律性的收缩，可促进精子向输卵管方向移动，有利于受精；妊娠期在孕激素的作用下，子宫肌运动减弱，处于相对静止状态，有利于胎儿的生长发育；分娩时，在神经体液的调节下，子宫肌发生强力收缩，促进胎儿排出。

（2）提供胎儿生长发育所需的各种物质和环境：胎儿在生长发育过程中所需的所有营养物质及其代谢产物的排出，均是通过胎盘而实现的，胎盘是母体子宫组织和胚胎组织共同构成的临时性器官。

（3）子宫颈分泌黏液的作用：发情期子宫颈分泌较为稀薄的黏液而有利于精子的通过；

在妊娠期，其分泌物黏稠，闭塞子宫颈，可以防止感染物进入子宫。

（4）子宫的内分泌功能：子宫能分泌前列腺素，前列腺素可通过子宫-卵巢的局部循环而引起黄体溶解。子宫内膜中有子宫腺，能分泌多种物质，除对胎儿具有重要的营养作用外，对于胚胎着床、妊娠识别和胎儿的存活与发育起着重要的调节作用。在肉食类动物，子宫内膜分泌活性的改变将导致胚胎着床的延迟。在啮齿类，由子宫分泌白血病抑制因子、降钙素等因子，对子宫接受性的建立和胚胎的着床起作用。在猪、牛、马和羊等家畜，子宫内膜的分泌物影响到胎儿存活和胚胎的发育。利用孕酮抑制母羊子宫内膜腺的分化，或由其他疾病引起的子宫内膜的纤维化，均可导致不孕、早期胎儿的死亡或早期流产等。

三、交配与受精

（一）交配

交配（copulation）是性成熟的雄性和雌性动物共同完成的一种性行为。

1. 交配行为 交配是复杂的性行为，包括求偶、勃起、爬跨、交配、射精及射精结束等步骤。各种家畜交配所需的时间不同，马为 1.5～2min，猪 5～8min，犬 45min，牛、羊只有几秒钟。

2. 射精（ejaculation） 射精是指公畜将精液射入母畜生殖道内的过程。根据射精的部位不同，一般可分为以下两种类型。

（1）阴道射精型：将精液射至母畜阴道深处和子宫颈附近，如牛、绵羊、山羊等。

（2）子宫射精型：将精液射入母畜的子宫颈和子宫体内，如猪和马等动物。

3. 配子的运行 雄性动物射精后，精子在母畜生殖道内运行，经过阴道、子宫颈、子宫、输卵管，最后到达受精部位。精子的运行，需要多种力量的配合，如射精的力量、子宫颈的吸入作用、生殖道肌肉的收缩力、生殖道分泌液的推动力以及精子本身的运动能力等。卵子进入输卵管伞后经数小时到达输卵管壶腹，并在此受精。卵子在输卵管内的运行主要依靠输卵管收缩、黏膜纤毛运动以及管腔液的流动。所有这些动力除物理因素外，都受神经、内分泌调节。

（二）受精

受精（fertilization）是指两性配子（卵子和精子）结合而形成合子的复杂生理过程。

1. 受精部位和时间 家畜的受精部位都在输卵管壶腹部。精子在生殖道中保持受精能力或存活的时间为：牛 15～56h、羊 48h、猪 50h，马则比较长，配种 5d 后仍有活的精子。卵子只有在壶腹部有正常的受精能力，一般保持受精能力的时间并不长：牛 18～20h、马 4～20h、猪 8～12h、绵羊 12～16h、兔 6～8h。

2. 精子和卵子在受精前的准备 受精过程涉及精子运行、精子获能、精卵识别、顶体反应与精卵融合等一系列环节。

（1）精子受精前的准备：

①精子在雌性生殖道内的运行：精子在雌性生殖道中必须保留一段时间，待机能进一步成熟后，才能获得使卵子受精的能力。子宫颈是精子运行的第一个生理屏障。进入子宫颈的精子，大部分随黏液流动进入腺窝形成精子库，然后再缓慢释放出来。小部分精子靠自身的

运动和子宫颈黏液向前流动进入子宫。通过子宫颈的精子在阴道和子宫颈收缩活动的作用下进入子宫。大部分精子进入子宫内膜腺，形成精子在子宫内的贮库。精子在此处不断向外释放，并在子宫肌和输卵管系膜的收缩、子宫液的流动以及精子自身运动综合作用下通过子宫，进入输卵管。宫管连接部是精子运行的第2个生理屏障。进入输卵管的精子，借助输卵管黏膜褶皱及输卵管系膜的复合收缩作用以及管壁上皮纤毛摆动引起的液体流动，使精子继续前行。壶峡连接部是精子运行的第3个生理屏障。在峡部的精子相对处于静止状态，一旦进入壶腹便被激活。事实上，能进入壶腹的精子数极少，而绝大部分在通过雌性生殖道不同部位时消失。

②精子获能：精子形成后经过附睾中的发育，已具备了受精能力，但因它与附睾和精液中的去能因子结合而暂时失去受精能力，这种现象称为精子去能。已经证明，引起精子去能的去能因子是精液中存在的一种抗受精的糖蛋白。如果去能精子再回到母生殖道中，精子可再次获能。获能就是暴露精子表面与卵子识别的装置，以解除对顶体反应的抑制，使精子得以穿入卵内完成受精过程。精子获得受精能力的过程，称为精子获能。精子获能对于受精有十分重要的意义，它为顶体反应以及使精子超活化、穿过放射冠和透明带准备了条件。当精子穿过宫颈时，精浆内大量的去能因子被阻挡，精子同子宫内膜接触后，子宫内膜产生获能因子。输卵管的分泌物也参与了精子获能。因此，可以说精子的获能过程是一个多时相的过程。先在子宫内，后在输卵管内。随着精子的获能，氧耗量增加，精子运动加速，并迅速游向卵子，最终精卵结合。但对射精类型不同的动物，获能部位也有一定差别。子宫射精型动物精子的获能开始于子宫，但主要在输卵管；阴道射精型动物，精子在阴道中就开始获能，子宫和输卵管是最有效的获能部位。

(2) 卵子受精前的准备：

①卵子的接纳：新排出的卵子包裹在放射冠和卵丘细胞内，卵子进入输卵管主要由于伞部内表面纤毛与卵子外面的卵丘细胞间的相互物理作用所致。伞部纤毛的活动受卵巢类固醇激素的调节，排卵时，伞部纤毛朝向输卵管的开口颤动，同时由于卵丘细胞的存在，纤毛通过对卵丘细胞的作用而将卵子拉入输卵管内。卵子外面的卵丘细胞对卵子能否进入输卵管极为重要，如果卵子外面的卵丘细胞已经脱落，则这种卵子只会在伞的内表面打滚而不能进入输卵管开口内。加上排卵时，在雌激素的作用下，伞部充血膨胀，贴近卵巢表面，以及卵巢韧带的收缩活动，使卵巢延长轴前后缓慢移动，因而有助于卵子进入输卵管内。所以当发情时，伞部收集卵子的效率最高。此外，伞部和卵巢的解剖特点亦与卵子的收集率有关。

②卵子在输卵管内的运行：卵子与精子不同，本身不能自行运动。卵子在输卵管内的运行，在很大程度上则是依赖于输卵管的收缩、液体的流动及纤毛的摆动。卵子在输卵管内运行的速度，因输卵管各部位的解剖生理特点而存在差异。在壶腹部，因壶腹内表面的纤毛朝向峡部方向颤动，对卵子外面的卵丘层起推动作用，加上输卵管肌层、平滑肌、环状肌和纵纹肌分段收缩，于是将包在卵丘内的卵子朝向卵巢反方向运送。卵子在输卵管内运行，并非直前移行，而是随着壶腹管壁的收缩波呈间歇性向前移行。输卵管中平滑肌的这种活动受卵巢类固醇激素的影响，即当排卵时，其作用加强。这种收缩作用可使卵子在很短时间内被运送到受精部位，在壶峡连接处壶腹一侧，卵子停留2~3d，然后迅速通过峡部进入子宫。卵子在峡部移行的速度较慢。峡部在功能上起着括约肌的作用，对控制卵通过输卵管的速度有重大影响。

卵子进入峡部后即迅速开始失去受精能力，而进入子宫后则完全失去受精能力。所谓卵子的受精能力，不但指卵子受精正常，而且还要保证胚胎正常发育。在卵子即将失去受精能力之前，还有可能发生受精，但这种受精卵通常不能在子宫内附植，而即使能附植，胚胎也很难正常发育。家畜中尤其是单胎动物，如牛经交配而不受孕的部分原因，往往就是卵子衰老所引起。猪配种延迟，衰老的卵子容易发生多精子受精。

③卵子在受精前的准备：卵子在受精前也有类似于精子获能的成熟过程或准备过程。有实验表明，刚排出的卵子释放抗受精素，对精子起排斥作用，使之不能受精。而生殖道液体中含有受精素，能中和抗受精素，使之受精。各种动物卵子的成熟过程并不一样。牛、绵羊、猪排出的卵子虽然已经过第一次减数分裂，但还需要进一步发育才能达到受精所需的要求。马、犬排出的卵子仅处于初级卵母细胞阶段，在输卵管中需要进行又一次成熟分裂。

3. 受精过程（图14-14） 哺乳动物的受精过程主要包括以下几个主要步骤：精子和卵子相遇，精子穿越放射冠（卵丘细胞），精子接触并穿越透明带，精子与卵子质膜的融合，雌雄原核的形成和合子的形成。

（1）精子和卵子相遇：获能后的精子，在受精部位与卵子相遇，会出现顶体帽膨大，精子质膜和顶体外膜相融合。融合后的膜形成许多泡状结构，随后这些泡状结构与精子头部分离，造成顶体膜局部破裂，顶体内酶类释放出来，以溶解卵丘放射带和透明带，这一过程称为顶体反应。

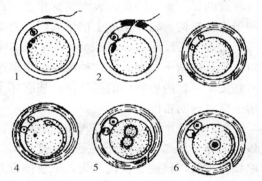

图14-14 精卵受精过程模式图
1. 精子与透明带接触 2. 精子已穿过透明带
3. 精子进入卵黄内 4、5. 雄原核与雌原核形成
6. 受精完成

（2）精子穿越放射冠：放射冠是包围在卵子透明带外的卵丘细胞群，它们以胶样基质相粘连，基质主要由透明质酸多聚体组成。发生顶体反应的精子所释放的透明质酸酶，可使基质溶解，使精子得以穿越放射冠接触透明带。

（3）精子穿越透明带：精子穿越放射冠后，以刚暴露的顶体内膜附着于透明带表面，这是精子穿过透明带的先决条件。这种附着只有获能和发生顶体反应的精子才能发生。精子与透明带的附着具有非常明显的种间特异性，异种动物的精子是不能附着和穿过透明带的。不同的精子其受精能力是不同的，这种受精选择性现象可能与透明带表面特异受体位点存在有关。这种特异受体位点称精子受体（recepter for sperm）。精子与透明带最初接触部位是头部赤道区和核帽后区。精子通常在附着透明带后5～15min穿过透明带，因此顶体脱落可能发生在精子头接触透明带前后。在哺乳动物精子顶体内含有20种以上的酶，即除透明质酸酶、顶体素外，还有脂酶、磷脂酶A、酸性磷酸酶、芳香基硫酸酶、芳香基酰胺酶和一些非特异性的酸性蛋白酶。这些酶系的量在物种间存在差异。它们在精子穿过透明带期间具有协同作用，而顶体素则被看做是精子穿透透明带的主要溶解酶，在顶体酶系中，它是以酶原的形式存在，当精子发生顶体反应时激活。精子与透明带结合后不久，顶体的酶将透明带溶出一通道，精子借助自身的运动穿过透明带。

（4）精子进入卵黄（vitellus）：精子进入透明带后，到达卵周隙（perivitelline space）。此时精子仍能活动，一旦接触卵黄膜，活动即停止，卵黄膜融合在一起。卵黄膜表面的微绒毛抓住精子的头，卵黄发生旋转，此时精子尾部全部进入卵周隙内，接着两层质膜（精子和卵子）形成连续的膜，并将精子头都包起来，随两层膜不断向精子尾部融合，精子就被"拖入卵内"。在精子头与卵黄膜发生融合的同时，卵子激活（activation），并产生一系列反应。

①皮质反应（cortical reaction）：这是一种防止卵黄膜再被其他精子穿透的防御性反应。当精子与卵黄膜接触时，在接触点膜电荷发生改变并向周围扩大，整个膜持续去极化数分钟，在卵黄膜下的皮质颗粒（直径 0.1~0.5μm）向卵子表面移动，在 Ca^{2+} 的作用下，皮质颗粒与卵黄膜融合，以胞吐方式将其内容物排入卵周隙。皮质反应从精子入卵处开始，迅速向卵黄膜四周和透明带扩散。

②卵黄膜反应（vitelline reaction）：由于皮质反应的结果，大部分原来的卵黄膜加入了皮质颗粒膜而发生膜的改组，这种变化称为卵黄膜反应或卵黄膜封闭作用。同时，皮质颗粒所释放的黏多糖与卵黄膜表面紧密相黏，在卵子周围又形成一保护层，称透明膜，从而改变卵子表面结构，阻止第二个精子入卵，避免产生多精子受精现象。

③透明带反应（zona reaction）：皮质颗粒内容物的释放，改变了透明带的性质，从而阻止了其他精子的穿入。这种反应相当迅速与有效，作用是阻止精子再穿过透明带。其他原因是皮质颗粒内容物中的类胰蛋白酶破坏了透明带上的特异性精子受体，从而达到阻止其他精子穿过透明带的目的。

（5）原核形成：精子进入卵细胞后，核开始破裂，最后形成一个比原精细胞核大的雄原核。而卵子第二次减数分裂完成，排出第二极体。两原核形成后，彼此靠近、接触，随后两原核膜破裂，核膜、核仁消失，染色体合并，形成二倍体的核。随后，染色体对等排列在赤道部，出现纺锤体，达到第一次卵裂的中期，受精至此结束。

4. 异常受精　正常情况下，哺乳动物大多为单精子受精，异常受精的情况不超过正常受精的 1%～2%。多精受精、雌核发育和雄核发育以及双雌受精都属于异常受精。

（1）多精受精：许多动物有多精受精现象，即在受精时有一个以上的精子进入卵内，但仅有一个雄原核真正参与发育，与雌原核发生融合，其余的精子逐渐退化、消失。

（2）雌核发育：当精子进入卵子将卵子激活后，精子不能形成雄原核并发生萎缩，而被激活的卵子充分发育，并且不排出第二极体，仍发育成双倍的个体，这种生殖方式称雌核发育。

（3）雄核发育：卵子被激活后，雌核消失，只有染色体的雄核部分发育，称雄核发育。雄核发育在任何一种动物中都被认为是不正常的发育。

（4）双雌核受精：是由于卵子在某次成熟分裂中未将极体排出，造成卵中有两个雌核，而且都发育成原核形成的。受精后为 3 个原核（两个雌原核，1 个雄原核）。

四、妊　　娠

胚胎在雌性动物子宫内生长发育的过程称妊娠（pregnancy）。妊娠包括卵裂、胚泡的着床、胚盘的形成和胎儿的发育等生理过程。

（一）妊娠的识别、附植和妊娠维持

1. 妊娠识别　卵子受精后在运往子宫的途中进行细胞分裂形成胚泡，此间产生某些因子向母体发出信号，使母体识别胚胎的存在，并做出相应的反应，包括子宫上皮增厚、分泌增加，为胚泡着床作准备。卵巢上形成妊娠黄体，继续分泌孕酮，随着孕酮分泌的增加，子宫的前列腺素释放被抑制，同时反馈作用于下丘脑、垂体，抑制新卵泡的发育和排卵，以维持妊娠状态。

2. 附植（implantation） 附植指活化状态的囊胚滋养层细胞与处于接受态的母体子宫上皮细胞之间逐步建立组织上和生理上联系的过程，附植的作用是为胎儿以后的发育提供充足的营养。在啮齿类和灵长类动物中，胚胎通过侵入和吞噬作用穿过子宫黏膜，附植到子宫的基膜中，并引起基膜细胞的变形、增生；家畜胚胎滋养层与子宫内膜上皮之间只发生表面的、非侵入性的黏着作用，胚胎始终存在于子宫腔内。附植过程保证了胚胎的有效营养和安全保护，有利于胚胎的存活。

（1）附植时间：胚泡附植是一个渐进的过程。在游离期之后，胚泡与子宫内膜即开始疏松附植；紧密附植的时间是在此之后较长的一段时间，且又有明显的种间差异（表14-2）。

表 14-2 胚泡附植的进程（以排卵后的天数计算）

动物种类	妊娠识别	疏松附植	紧密附植
马	14～16	35～40	95～105
牛	16～17	28～32	40～45
绵羊	12～13	14～16	28～35
猪	10～12	12～13	25～26

（2）附植部位：家畜胚泡附植的部位都是在子宫腔内，且在子宫系膜的对侧，因为该部位的血管稠密，便于胚泡滋养层获得丰富的营养，供给胚胎发育的需要。一般牛、羊胚泡位于子宫角内下 1/3 处；马的胚泡附植在子宫角的基部，单胎时常迁至对侧子宫角，而产后首次发情妊娠的胚胎多在上一胎的空角基部。怀双胎时，则两侧子宫角各附植一个。在多胎动物（如猪）中，可通过子宫内迁作用均匀分布在两侧子宫角，其胚泡则等量等距离分布于两子宫角，胚泡间有适当的距离以防止拥挤。

3. 妊娠的维持 胚泡附植后，由胎盘提供营养使胚泡在子宫内继续生长发育直至分娩的生理过程，称为妊娠的维持。胎盘（placenta）是指由胎膜的尿膜绒毛膜（猪还包括羊膜绒毛膜）和妊娠子宫黏膜共同构成的复合体。

（1）胎盘的形成：着床后的胚泡滋养层迅速向外生长，形成含有胚泡血管组织的绒毛；同时子宫内膜与胚泡相接的黏膜增生形成蜕膜，绒毛深入蜕膜形成胎盘（图 14-15）。

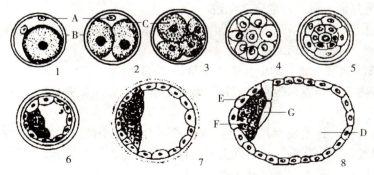

图 14-15 胚胎的形成
1. 受精卵单细胞期 2. 2细胞期 3. 4细胞期 4. 8细胞期 5. 桑葚胚 6～8. 囊胚期
A. 极体 B. 透明带 C. 卵裂球 D. 囊胚腔 E. 极端滋养层 F. 内细胞群 G. 胚盘

(2) 胎盘的分类：按胎盘的形态和绒毛的分布可分成四类：

①弥散型胎盘：比较原始简单，绒毛膜囊是一个薄膜囊；囊壁各处分散伸出指状突起——绒毛；绒毛插入子宫内膜的陷窝中。如猪、马等的胎盘。

②子叶型胎盘：绒毛局部集中成为豆瓣状的绒毛叶，分布在绒毛膜囊上。如羊、牛、鹿等反刍类动物的胎盘。

③环带型胎盘：绒毛集中排成环带状。如猫、犬、狐等肉食类动物的胎盘。

④盘状胎盘：绒毛集中成饼形。如灵长类、啮齿类动物的胎盘。

(3) 胎盘的功能：胎盘在胎儿生长发育过程中起重要作用，其主要功能有：①从母体获得营养。②交换气体，排除废物。③调节胎儿的体液和离子成分。④合成肽类、蛋白质、甾体等生物活性物质。

4. 妊娠期　从卵子受精到正常分娩所经历的时间，称为妊娠期，各种动物的妊娠期不同（表14-3）。

表14-3　各种动物的妊娠期

动物种别	平均妊娠期（d）	变动范围（d）
马	340	320～350
奶牛	282	276～290
水牛	307	295～315
绵羊、山羊	150	146～161
猪	114	102～140
犬	62	59～65
猫	68	55～60
兔	30	28～33
大鼠	22	20～25

(二) 妊娠期胚胎的生长发育及其调节

1. 胚胎的生长发育　从受精卵到发育足月胎儿，大体需经三个阶段：

(1) 胚芽期（合子期）：这是生长的第一阶段，主要是合子不断地进行细胞分裂，数量增加。

(2) 胚胎发生期：这一发育阶段表现为细胞发生分化形成胚层（内胚层、中胚层和外胚层），并由各胚层分别形成各种器官和系统。

(3) 胎儿生长期：这一阶段表现为胎儿重量和体积的增长。胎儿生长模式为早期比较慢，而后加快，至分娩前又趋缓慢。

2. 胚胎生长的调节　胚胎的生长取决于母体-胎盘-胎儿三者之间的关系。妊娠期间，三者都产生新的生物活性物质和激素，通过三者的功能整合，保证充足的营养供给，并调节胚胎的生长发育。

(1) 胚胎的营养：胚胎发育期间的营养供给可分为三个阶段：①初期营养：受精卵早期，由微小的卵黄囊供应营养。②早期营养：即滋养层营养，由滋养层摄取子宫上皮细胞碎片得到营养。③后期营养则主要来源于胎盘。

(2) 妊娠期母畜的生理变化：妊娠母畜在胚胎发育过程整个机体都发生相应的生理变化。

①生殖系统的变化：妊娠期母畜生殖系统随着卵巢妊娠黄体的形成，孕酮分泌增加，进而抑制新卵泡生长和成熟卵泡的发育和排卵，子宫重量、体积增大，黏膜变厚，黏液分泌增加，子宫活动减弱。乳腺发育，为产后泌乳做准备。

②能量稳定：维持能量稳态是母畜妊娠期的重要生理特点。

妊娠前半期，母畜处于合成代谢期，表现为食欲增加，消化、吸收功能加强。合成代谢加强有利于乳腺、子宫的生长、发育，保证妊娠期的营养需要。怀孕后期，母畜转变为分解代谢期，表现为饥饿性低血糖，抗胰岛素能力提高，降低日粮糖类、蛋白质和脂肪的同化作用。而母体与胎儿之间的葡萄糖浓度梯度并不很大，以此满足胎儿的需要。

③激素合成：胆固醇是各种甾体类激素的前体。母体通过胎盘为胎儿提供胆固醇，胎盘不能直接合成雄激素和雌激素，但可从胎儿获得雄激素，进而转变为雌激素，进入母体。

(3) 胎儿的变化：胎儿在生长发育过程中也影响胎盘及母体的功能，例如甾体类激素的作用。此外，还分泌胎儿蛋白。

五、分　娩

发育成熟的胎儿及其附属物（包括胎膜和胎盘）通过母畜生殖道产出的过程，称为分娩。

（一）分娩过程

分娩前，母体常发生一系列生理变化，分开口期、胎儿排出期和胎衣排出期。

第一阶段：开口期。子宫底部向子宫颈的收缩波频繁发生，推动胎儿头部紧抵子宫颈。

第二阶段：胎儿娩出期。子宫颈变软并开放完全，胎儿由宫腔经子宫颈和阴道娩出体外。

第三阶段：胎衣排出期。胎儿娩出后经短时间的间歇，胎盘与子宫分离并排出体外，同时子宫肌强烈收缩，压迫血管以防止过量出血。

各种母畜分娩各阶段所需时间见表14-4。

表14-4　各种母畜分娩各阶段所需时间

畜　种	开口期	胎儿产出期	胎衣排出期
牛	6h	0.5～4h	2～8h
马	1～2h	10～30min	20～60min
猪	3～4h	2～6h	10～60min
羊	4～5h	0.5～2h	2～4h
犬	3～6h		
兔	20～30min		

（二）分娩机理

分娩是哺乳动物胎儿发育成熟后借助子宫和腹肌的收缩，将胎儿及其附属膜（胎衣）排出的自发生理过程。分娩是一个多因子相互作用的生理过程，包括正、负反馈的共同调节，这些反馈调节以精确的时间调控模式和其他因素一起调控分娩发动。胎儿和母体均参与正常的分娩过程，胎儿的内分泌系统对于动物的分娩发动起决定性的作用。

1. 胎儿发动分娩机理　胎儿发动分娩学说认为分娩是由胎儿引起的。胎儿的神经内分泌轴在妊娠晚期已经发育得相当完善，妊娠期满后，胎儿发出的分娩信号通过胎儿肾上腺皮质分泌的可的松增多造成的应激反应来传递。例如，在绵羊妊娠到 60~125d（妊娠期 150d），胎儿的下丘脑-垂体-肾上腺轴（HPA 轴）是休眠的。大约在妊娠第 125 天，胎儿血浆中皮质醇的浓度突然升高，这种升高和胎儿血浆中促肾上腺皮质激素（ACTH）浓度的升高时间一致。若阻断 HPA 轴，则会延长妊娠。损伤下丘脑室旁核会阻止 ACTH 和皮质醇的升高，最终延长妊娠。给绵羊胎儿注射 ACTH 或者皮质醇则能促进早产。

2. 母体发动分娩机理 母体发动分娩的学说认为：母体某些激素分泌量的变化导致分娩（图 14-16）。研究者根据不同的研究对象和不同的研究方法所获得的结果，分别对母体发动分娩的机理提出如下几种解释。

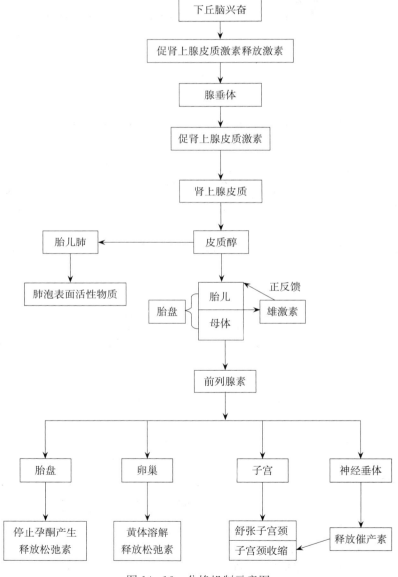

图 14-16 分娩机制示意图

（1）妊娠末期母体孕酮含量急剧下降或雌激素含量升高，使两者的比例发生变化，是发动分娩的主要原因。这是由于在孕酮占优势的条件下，子宫对各种刺激的反应性降低，因而子宫处于相对安静状态。而雌激素则刺激子宫肌发生节律性收缩，也能提高子宫肌对催产素的敏感性而间接起作用，所以，当这两种激素比例发生改变时可导致分娩。但雌激素不能诱发马和猪的分娩。

（2）临分娩前 $PGF_{2\alpha}$ 分泌量的增加，可导致分娩。因为 $PGF_{2\alpha}$ 不但具有溶解黄体作用，而且能直接刺激子宫肌收缩和分娩时的阵缩，因而导致分娩。

（3）分娩前松弛素分泌量增加，可发动分娩。因为松弛素能使子宫颈松软和开张，因而参与分娩发动。

（4）分娩时催产素分泌增多可发动分娩。这是因为催产素可引起子宫肌的强烈收缩，但对牛的研究发现，分娩开始时，血浆中催产素的含量并不升高，只有胎儿进入产道时，才通过神经-体液途径引起催产素分泌的增多。所以，催产素只能协助分娩的完成，而不参与分娩的发动。

母体发动分娩学说认为，妊娠后期激活的胎儿垂体-肾上腺轴只起支持作用，而不是发动分娩的原因。

六、泌　乳

泌乳包括乳的分泌和排出两个相对独立而又相互制约的过程，乳腺持续分泌乳汁的过程称为泌乳期。

（一）乳腺的功能结构

乳腺是类似于皮脂腺和汗腺的一种皮肤腺。由乳腺腺泡和导管系统、结缔组织和脂肪组织（为间质）组成。腺泡是分泌乳汁的部位，乳导管系统为一系列复杂的导管。乳腺中有丰富的血管、传入神经和传出神经。乳腺各部有多种内外感受器。

（二）乳腺发育与调节

1. 乳腺的发育　幼畜生长过程中，乳腺中结缔组织和脂肪组织逐步增加，到初情期时，乳腺的导管系统开始生长，形成分支复杂的细导管系统。妊娠后，乳腺导管组织的数量增加，每个导管的末端出现腺泡；到妊娠中期，腺泡出现分泌腔；妊娠后期，腺泡上皮开始具有分泌机能。

2. 乳腺发育的调节　乳腺发育受神经系统和内分泌腺活动的调节。

（1）激素调节：

①导管系统的生长：妊娠期胎盘分泌的雌激素是引起乳腺导管生长的主要原因，GH、催乳素（PRL）、糖皮质激素、胰岛素也参与调节。

②腺泡系统的发育：孕酮与雌激素协同作用引起腺泡的进一步发育，GH、PRL、甲状激素也参与。

（2）神经调节：

①刺激乳腺的感受器，发出冲动传到中枢神经系统，通过下丘脑-垂体系统或者直接支配乳腺的传出神经控制乳腺的发育。

②神经系统对乳腺的营养作用也很重要。

(三) 乳的分泌

乳的分泌是指乳腺组织的分泌细胞，从血液中摄取营养物质生成乳汁后，分泌进入腺泡腔内的过程。

1. 乳的分类 分初乳和常乳。

（1）初乳（colostrum）：分娩期或分娩后最初 3~5d 内，乳腺产生的乳称为初乳。

初乳的特点：含丰富的球蛋白和白蛋白。初乳中的蛋白质能透过肠壁被吸收；初乳中含大量的免疫抗体、酶、维生素及溶菌酶等。

（2）常乳（normal milk）：初乳期后，乳腺分泌的乳汁称为常乳。常乳的成分包括水、蛋白质、脂肪、糖、无机盐、酶、维生素等。

2. 乳的生成过程 乳的生成包括以下过程。

（1）乳蛋白的合成：乳中的主要蛋白质为酪蛋白、β-乳蛋白和 α-乳白蛋白，它们是乳腺分泌上皮的合成产物，其合成原料来自血液中的氨基酸。

（2）乳糖的合成：乳糖主要原料来源于血液中的葡萄糖。葡萄糖在乳糖合成酶的催化下，一部分在乳腺内转变成半乳糖，然后再与葡萄糖结合生成乳糖。

（3）乳脂的合成：乳脂几乎完全为甘油三酯状态。乳脂在上皮细胞的粗面内质网中形成脂肪小球。甘油三酯的脂肪酸为 C_4~C_{18}，脂肪酸的比例随日粮而不同。瘤胃发酵产生的乙酸等可在乳腺细胞中转变为 C_4~C_{18} 脂肪酸。

3. 乳分泌的发动与维持 在母畜泌乳期间，乳的分泌包括发动泌乳和维持泌乳两个过程，这两个过程均受神经-体液调节。

发动泌乳：是指伴随分娩而发生的乳腺开始分泌大量乳汁。

维持泌乳：发动泌乳后，乳腺能在相当长的一段时间内持续进行泌乳活动。

（1）发动泌乳及其调控：在妊娠期间，胎盘和卵巢分泌大量的雌激素和孕酮，抑制乳的分泌，因此腺垂体不释放催乳素。妊娠后期，血液中催乳素、肾上腺皮质激素（GCs）浓度较高，具备泌乳条件，但无法启动。分娩后启动泌乳，原因如下：

①孕酮（P）对泌乳抑制作用的解除。分娩胎盘排出，P 水平急剧下降，解除对下丘脑和垂体前叶的抑制作用，引起催乳素迅速释放，强烈促进乳的生成，从而发动泌乳。同时，雌激素水平明显下降，低水平的雌激素刺激泌乳。

②胎盘生乳素（PL）对乳腺 PRL 受体封闭作用的解除。妊娠后期，血液中 PL 水平较高，对乳腺 PRL 受体有封闭作用；分娩后，胎盘 PL 水平下降，封闭解除。

③PRL 和 GCs 分泌的进一步提高。由分娩应激和前列腺素作用引起，PRL 为泌乳所必需。

（2）维持泌乳及其调控：①PRL 依赖型：人、兔、大鼠。②非 PRL 依赖型：反刍动物牛、羊等，维持泌乳与 GH 有关，PRL 作用不大。

乳汁分泌的维持，必须依靠下丘脑的调控及多种激素的协同作用。一定水平的催乳素、肾上腺皮质激素、生长激素、甲状腺激素是维持泌乳所必需的。甲状腺激素能提高机体的新陈代谢，对乳生成有显著的促进作用；肾上腺皮质激素对机体的蛋白质、糖类、无机盐和水代谢都有显著的调节作用，因此对乳生成具有一定影响。此外，乳腺导管系统内压也是重要的影响因素，乳从乳腺有规律地几乎完全排空是维持泌乳的必要条件。

(四) 乳的排出

1. 排乳过程 乳汁从腺泡和导管系统向乳池迅速转运的过程称为排乳（ejection 或 letdown)。

容纳系统：乳腺的全部腺泡腔、导管、乳池构成乳的贮存处。

乳池乳：排乳时最先排出的乳汁即为乳池乳。

反射乳（reflex milk）：由排乳反射从腺泡和乳导管获得的乳，称为反射乳，这些乳汁必须依靠乳腺内肌细胞的反射性收缩才能排出。

残留乳：反射乳排完后，乳房中存留的那部分乳汁。

泌乳是排乳的前提，而排乳使乳腺排空是维持泌乳的必要条件。

2. 排乳的神经-体液调节 排乳是由高级神经中枢、下丘脑和垂体参加的复杂反射活动。乳头和乳房皮肤等为其感受器，吮吸和挤奶是最重要的兴奋性刺激；另外，除温热刺激、刺激生殖道或仔畜对乳房的冲撞等非条件刺激外，外界环境的各种条件刺激经常通过视觉、听觉、嗅觉、触觉等促进或抑制排乳反射。非条件反射引起的排乳，其传入神经为精索外神经的传入纤维。室旁核和视上核为排乳反射的基本中枢。其传出途径，一是神经途径，另一为神经-体液途径。前者的传出纤维存在于精索外神经和交感神经中；后者主要是通过下丘脑-垂体途径，其中起关键作用的是神经垂体释放的催产素。

3. 条件反射 排乳反射各个环节都能形成条件反射，如挤乳地点、时间，各种挤乳设备、挤乳操作以及挤乳员的出现等都可成为条件刺激，形成条件反射，促进排乳活动。

4. 排乳的抑制 疼痛、不安、恐惧和其他情绪性紊乱常抑制动物排乳。排乳反射抑制分为中枢抑制和外周抑制。中枢的抑制性影响常起源于脑的高级部位，阻止神经垂体释放催产素；外周性抑制效应常由于交感神经系统兴奋和肾上腺髓质释放肾上腺素，导致乳房内外小动脉收缩，结果使乳房循环血量下降，不能输送足够的催产素到达肌上皮而导致排乳抑制。一般以中枢抑制为主。

第三节　家禽生殖的特点

一、家禽的生殖系统

（一）雄禽生殖系统

雄禽的生殖器官包括睾丸、阴茎、输精管和附睾。一对睾丸位于腹腔内，紧靠肾脏的前部下方。禽类并无哺乳类具有的精液囊或考伯氏腺（尿道球腺）。禽类的睾丸无膈膜和小叶，由精细管、精管网和输出管构成（图14-17）。

1. 睾丸 有两个，位于腹腔内脊椎两侧，以短系膜悬挂在肾脏前叶下方。幼禽（例如鸡）睾丸很小，只有米粒大；成禽睾丸具有明显的季节变化，

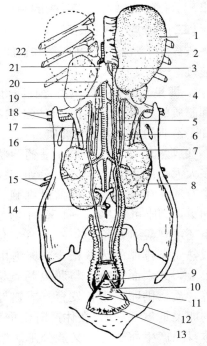

图14-17　公鸡泌尿系及生殖器
1. 睾丸　2. 睾丸系膜　3. 附睾　4. 肾前部
5. 输精管　6. 肾中部　7. 输尿管　8. 肾后部
9. 粪道　10. 输尿管口　11. 射精管乳头
12. 泄殖道　13. 肛道　14. 肠系膜后静脉
15. 坐骨动脉及静脉　16. 肾后静脉
17. 肾门后静脉　18. 股动脉及静脉　19. 主动脉
20. 髂总静脉　21. 后腔静脉　22. 肾静脉

生殖季节发育最大。

鸡的睾丸由精细管及管间组织构成。其重量、大小及颜色等常因品种、年龄、性机能的活动而变化，颜色通常为黄色。肉用品种公鸡成熟的睾丸平均重15～20g，蛋用品种8～12g。在自然条件下，成年公鸡于春季性机能特别旺盛，精子大量形成，睾丸颜色逐渐变白，形状变大。当性机能减退时，则又变小。睾丸不仅是精子生成的器官，而且睾丸内的间质细胞能分泌雄性激素。

2. 副睾　公鸡副睾丸不发达，位于睾丸内侧凹部，前接睾丸，后接输精管。它是由睾丸输出管构成，其表面和睾丸一起被一层很薄的白膜包着。

3. 输精管　左右各一条，是弯弯曲曲的白色细管，与输尿管平行，开口于泄殖腔，输精管由前至后逐渐变粗，形成一膨大部，末端为圆锥形，突入泄殖腔内，为输精管乳头。

精子从睾丸生成后，需经过副睾、输精管方能完全成熟。副睾及输精管均为精子成熟的场所。精子自睾丸经输精管到泄殖腔只需24h。体内精子主要贮存在输精管，特别是输精管的膨大部，在那里存有大量成熟的精子。

4. 交媾器（鸭、鹅称阴茎）　公鸡、公火鸡和鹌鹑等的交媾器是由两个乳嘴和一个退化的交尾器组成。乳嘴位于泄殖腔的腹面，是输精管的终点，每个乳嘴有一小腔，精液从中射出。退化的交媾器位于乳嘴的稍后方。

（二）雌禽生殖系统

雌禽的生殖器官包括卵巢和输卵管，存在于腹腔左侧。右侧的一般在出壳时已退化，仅留痕迹。

1. 卵巢　雌禽的卵巢由含有卵母细胞的皮质以及内部的髓质所组成。在性成熟时，皮质和髓质的界线就消失了。卵巢上含有许多未成熟卵泡的地方为皮质，而其他含有血管、神经和平滑肌的血管区域为髓质。

性成熟时，母鸡的卵巢呈葡萄状，上面有许多大大小小发育不同的白色卵泡。每个卵泡内含有一个生殖细胞，即卵母细胞。一个成熟的卵巢，肉眼可见1 000～1 500个卵泡，在显微镜下还可观察到更多，约12 000个，但实际上发育成熟而又排卵的为数很少。卵泡由柄附着于卵巢上，其表面有血管与卵巢髓质相通，输送营养物质，供卵子生长发育。成熟母鸡产蛋时期的卵巢重40～60g，在休产时仅重4～6g。卵巢本身除产生卵子外，又能分泌雌激素影响其他生殖器官，如输卵管的生长，使耻骨及肛门增大、张开以利于产蛋等。

2. 输卵管　禽的输卵管很长而呈迴旋状，由5个明显部分构成（图14-18）。主要部分如下：喇叭口或漏斗（长约9cm）；膨大部（长33cm），是输卵管最长、弯曲最多的部分；峡部（长约10cm）；蛋壳腺或子宫，是输卵管的囊状

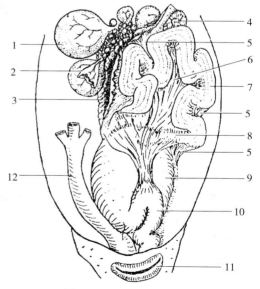

图14-18　母鸡的生殖器
1. 成熟卵泡　2. 排卵后卵泡　3. 漏斗　4. 卵巢
5. 背侧韧带　6. 腹侧韧带　7. 膨大部　8. 峡部
9. 子宫部　10. 阴道部　11. 肛门　12. 直肠

部，厚而富有肌肉（产蛋鸡者长 10～12cm）；阴道弯曲呈"S"形，最后开口于泄殖道，是由子宫到泄殖腔的那一部分（长约 12cm）。位于子宫-阴道连接部的是管状腺，其中贮存着雄禽的精子，经过贮存，精子保持机能的期限大为延长。在输卵管的喇叭口处也有类似的腺体。

3. 血液供应 禽类子宫有 3 个动脉管供应血液，全来自身体的左侧。子宫的前部由左腹下动脉供应血液，它是左坐骨动脉的一个分支，腹下动脉分出两支，成为子宫前动脉和子宫上动脉。子宫前动脉分支形成子宫侧动脉和子宫下动脉。

4. 神经系统 禽类的副交感骨盆神经是来自第 30～33 对脊髓神经或第 8～11 对腰荐神经的骨盆分支，但骨盆神经主要是来自第 8 和第 9 对腰荐神经。在禽类，首要的骨盆神经是第 8 对腰荐神经。和哺乳动物相同，阴部神经主要是来自第 8 和第 9 对腰荐神经。母鸡只有左侧骨盆神经的分支和子宫中、后动脉一块伸向子宫。腹下神经和腹下动脉走向一致，属于交感神经，是对子宫的基本的交感神经支配。它是主动脉神经丛的一个直接延续部分。

5. 卵的形成和生长 当接近性成熟期时，卵子开始迅速生长，在母鸡，9～10d 内就可充分成熟。在排卵前的 7d 内，卵的重量可增加 16 倍。成熟排出的卵子重 16～18g。

垂体前叶的促卵泡成熟激素（FSH）的作用是促进卵泡的生长和成熟。蛋黄的多少则部分受产蛋序数的影响，因为在一个产蛋序数中第一个蛋的蛋黄大于以后所产者。蛋黄是在生长和成熟时一层一层聚积起来的。每一层的颜色可有不同，这取决于饲料中黄色素或叶黄素的含量多少。如果食物中的叶黄素含量和食入总量恒定；一般蛋黄各层的颜色看不出明显差别。

6. 排卵 卵子由卵泡释放出来，是由于卵泡膜的排卵点破裂所引起，排卵点是一个无血管的区域。鸡的排卵一般发生于产蛋后的 15～75min 内，而鸽子是在产第一蛋之后 4～5h 内。在一个产蛋序数中，产蛋和下一次排卵之间的间隔期，在每天连续产蛋的禽类如鸡、鸭、火鸡和鹌鹑是相似的。注射排卵激素、孕酮或其他引起该激素释放的物质，能诱发提前排卵。

二、家禽生殖生理的特点

（一）雄禽生殖生理的特点

公禽的生殖生理与哺乳动物有所不同，公禽的睾丸在腹腔内能正常地产生精子。公禽没有一整套完整的副性腺体，公鸡缺乏真正的阴茎，但鸭、鹅有很发达的阴茎。精子在母禽的生殖道内保持受精能力的时间可长达数周。

1. 精子形成 家禽精子形态与家畜的不同，头部侧面像镰刀，外形纤细，立体形状呈长圆柱形，颈很短。精子生成的阶段依禽类的年龄和生长速度而不同，但鸡的精子生成第一阶段约在 5 周龄时出现。在此阶段内有许多的经过组织化和增殖的精原细胞。大约在第 6 周和以后的 1 周或 2 周，初级精母细胞开始出现，而且其生长处于比精原细胞层进一步增殖的领先地位。在第 10 周龄时，次级精母细胞开始出现，未成熟的精子（精细胞）在精细管中第一次出现约在第 12 周龄，而在第 20 周龄时，所有精细管中都有精细胞。在第 20 周龄时，不同的禽类，其精子的大小和形状差异很大。

2. 精液形成 鸡的精液一般呈白色而混浊，但也可能透明，水样稀薄，视精子的密度而定。一次射出的精液量差异很大，受很多因素的影响。禽类精液在体内保持受精能力的时间很长，鸡的可长达35d之久，火鸡更长。

3. 精子受精率 指受精蛋数（包括死精蛋和活胚蛋）占入孵蛋的比例。鸡的种蛋受精率一般在90%以上，高水平可达98%以上。受精率受公鸡的精液品质、性行为、精液处置方法和时间、授精方法和技巧、母鸡生殖道内环境等因素的影响。

4. 排精反射 家禽的排精受盆神经和交感神经支配。公鸡自然交配时，由于盆神经的兴奋使交配器官勃起，并通过交感神经节后纤维促进输精管收缩而发生排精。人工授精时，常用腹部按摩法，通过外感受性排精反射采到精液。

（二）雌禽生殖生理的特点

禽是卵生动物，所以雌禽没有家畜那样的"发情周期"、"发情期"和"妊娠期"。雌禽只要在适宜的条件下，可以在同一时期内卵泡连续发育、排卵和受精。雌禽的卵子较大，输卵管又能增添受精卵发育所需的营养物质，随后以蛋的形式排出母体，受精蛋可在母体之外短期保存，遇适宜条件再继续发育，直至孵出雏禽。而家畜的受精卵是附植于母畜子宫，不断地从母体吸取营养，需经几个月胚胎方能发育完全而分娩。禽胚胎发育绝大部分是在体外，而且只需20多d便可孵出雏禽。

1. 产蛋和产蛋习性 禽类的产蛋行为受产蛋序数、产蛋序数中断或停顿时间长短和间隔期以及产蛋后是否孵化等的影响。产蛋序数是指在连续的天数里，产蛋中断或漏产之前所产的蛋数。野禽一般连续产一定数量的蛋，然后即停产孵蛋。家禽可连续几天产蛋4~6个或更多，然后空过1d左右。一只母鸡连续产蛋，然后跳过1d，随后又开始产蛋，此为一个产蛋周期。大多数产蛋序数和产蛋周期是不规律的，即大多数家养禽类可连续产蛋数日，然后跳过1d或数天。这就形成不规律的产蛋周期。连续几天内产蛋的间隔时间是不同的，为24~28h，受产蛋序数长短的影响。

2. 产蛋的控制

（1）激素（药物）控制：子宫必须收缩将蛋经由阴道和泄殖腔排出。有证据表明，禽类垂体后叶中有一种激素称为维索妥辛，能激发子宫的收缩，继而引起产蛋。鸡的子宫对这一激素非常敏感。垂体后叶含有最少量维索妥辛时正是和产蛋的时间相巧合，垂体将该激素释放至血液中。在蛋即将排出体外之前，这类激素的效价或浓度增加，比产蛋前水平高出数倍。其他因素也能影响产蛋，例如乙酰胆碱能增强子宫的收缩和引起蛋的排出。戊巴比妥钠和子宫内的异物也能引起蛋由子宫提前排出。麻黄素和肾上腺素可引起子宫的松弛和产蛋受阻。

（2）神经控制：输卵管特别是子宫受交感神经和副交感神经的支配，切断腹下神经或骨盆神经不影响产蛋。

3. 蛋的形成 成熟的卵从卵巢排出落入漏斗，此时如与进入输卵管内的精子相遇，便发生受精作用。卵黄通过漏斗部的时间很短，约15min。输卵管的蠕动，使卵黄在输卵管内旋转前进至膨大部，该部首先分泌浓蛋白，由于机械的旋进，浓蛋白纽成系带，并形成内稀蛋白，然后再分泌浓蛋白。当卵黄离开膨大部后，输卵管其他各部分不再分泌蛋白，主要是加水于蛋白中，因而形成外稀蛋白。卵在此停留约3h。峡部是输卵管最细部份，内、外蛋壳膜在此形成，并加入水分。峡部的粗细，决定蛋的形状，卵在此停留约80min。子宫呈囊状，卵在此停留时间最长，为18~20h，子宫先分泌子宫液，通过蛋壳膜渗入，随后在蛋壳膜上沉积蛋壳和色素，最后还分泌有利于产蛋的滑润剂，称胶护膜（壳上膜）。阴道是输卵管末端，蛋在此只是通过，仅几分钟。母鸡产蛋时，阴道口经泄殖腔向外翻出，所以在正常情况下产的蛋不会接触到泄殖腔的内容物。

(1) 蛋白的形成：产下的蛋，其蛋白由明显的四层构成。分别为：与蛋黄连接的系带层、内稀薄层、中间的浓厚层和外稀薄层。实际上，当蛋白在膨大部分泌时，只有一层蛋白，各层的形成是由于蛋未产下时在输卵管内旋转和运动所致。

蛋白总量的约60%存在于厚蛋白层，25%在外面的稀薄层，其余的在内稀薄层和系带中。当蛋白在膨大部分泌出来不久，水分即添加于其中，蛋白被稀释很多。产出的蛋其蛋白容量差不多是最初分泌出来的量的2倍。蛋白中的蛋白质是球蛋白、白蛋白和黏蛋白。浓厚层蛋白较大的黏稠性就是有黏蛋白的原因。然而，这一层浓厚蛋白实际上比外面的稀薄层含有稍多的水分。新产出的蛋，可以看到在蛋黄相对的两端有白色的弯曲的蛋白带，它与蛋的长轴相平行，此即系带。它是由于蛋在输卵管中机械扭动和旋转作用的结果形成的，因为当蛋白最初分泌出来时，并没有系带存在。高温环境和呼吸道疾病能降低蛋白的黏稠性。支气管炎病毒作用期限的长短取决于病毒品系的类型和毒性大小，因为有些鸡在患支气管炎后不久很快就恢复正常，而另一些鸡则无限期地产出品质不良的蛋。浓厚蛋白和稀薄蛋白量的多少也受遗传的影响。

(2) 蛋壳膜的形成：蛋壳里面有内外两层壳膜。卵进入输卵管峡部后引起该处腺体分泌黏性纤维，于是形成了包围蛋白的内、外壳膜。此膜为含角蛋白成分的半透性膜。

(3) 蛋壳的形成：蛋壳本身几乎全由碳酸钙构成，尚有少量的镁、磷酸盐、柠檬酸盐以及极少量的钠和钾。有很多因素影响蛋壳的形成，其中有环境、年龄、营养、育种、季节和疾病。某些呼吸道病除影响蛋白的品质外，似乎也影响蛋壳的厚度。食物中钙的不足会导致蛋壳越来越薄，最后引起产蛋完全停止。维生素D的缺乏也影响钙的吸收和蛋壳形成。当蛋进入子宫（蛋壳腺）后，在开始的4h内，钙化速度一直增加，此后16h内，钙化速度保持恒定不变。蛋的含钙量为1.6~2.4g，这取决于蛋的大小和蛋壳的厚度。大多数的钙是在蛋壳形成较快的阶段沉积下来的，持续15~16h。蛋壳钙的主要来源是血液和骨骼，因为已证明子宫本身只含有很少量的钙。当钙沉积于蛋壳中时，有些鸡血浆中的钙量可下降多达5mg/L。全部血钙由两个主要部分组成，即扩散性钙（或无机钙）和非扩散性钙（或与有机物结合的钙）。产蛋母鸡的血钙约60%为与有机物结合的钙，其余的为无机钙。只有无机钙才沉积于蛋壳中。因此，非扩散性钙离解为无机钙，才能够沉积于蛋壳中。饲喂缺乏钙的食物，母鸡仍能产蛋6个之多，且将其骨骼中的钙消耗掉38%。骨骼是矿物质的贮存地点，当对矿物质需要量超过从食物吸收的量时，或食物中缺钙时，这些矿物质就被利用。

4. 抱禽（就巢性） 即抱窝，在自然条件下是母鸡繁殖后代的一种本能。母鸡产一定数量的蛋之后，就伏在蛋上孵化并育雏。就巢是由于脑下垂体分泌的催乳素增加而引起的。引起就巢的外因可能是由于鸡窝内积蓄鸡蛋、天气过热、不通风等。母鸡在就巢期间都停止产蛋，也不接受交配，一般平均停产15~30d。就巢有遗传性，可通过选种选配去掉或减弱，也可注射激素（使用丙酸睾丸素，每千克体重12.5mg，胸部肌肉注射）或将母鸡放在阴凉、通风的铁丝笼内使之醒巢。

（高爱琴）

家畜解剖生理学实验指导

家畜解剖生理学实验基础知识

一、解剖生理学实验的目的与要求

(一)教学目的与任务

解剖生理学是一门实验性学科,是在进行动物实验和观察分析的基础上发展起来的。同时,解剖生理学实验也是高等院校药学专业、制剂专业等专业教学中一门重要的实验性课程。它包括正常动物体的解剖结构和微观细胞组织形态的观察,以及动物机体功能的生理实验。具有直接性、可操作性的特点,又集观察、分析、检测、验证和操作能力的培养为一体,是一门理论性与实践性很强的技能方法课。主要目的为:

(1) 了解获得解剖生理学知识的方法。

(2) 使学生逐步掌握解剖生理学实验的基本操作技能,并能正确使用常用的手术器械。

(3) 培养学生理论联系实际和严谨求学的科学作风及对事物进行观察、分析、综合判断和解决问题的能力。因此,在整个实验过程中应达到实验课要求。

(二)实验课的要求

一堂完整的实验课包括实验前、实验中和实验后三个环节,需要师生共同努力,才能有一个良好的教学效果。

1. 实验前 教师要做好实验前的准备和预备试验。实验准备包括动物的选购、控制饲喂、仪器调试、试剂配置和器械的准备等。对于,比较复杂的实验,在课前教师应集体做预备试验,新教师、新实验内容必须进行预备试验,通过这样一种集体备课的方式,检查实验准备情况,明确实验目的要求,使教师操作进一步达到规范和熟练。

学生有目的地做好准备。仔细阅读和研究实验指导,了解实验原理和基本操作方法,复习有关理论知识,估计实验的预期结果、可能出现的问题及相应的对策。这是避免被动盲目操作、提高实验课质量的重要前提。有条件时可以做预习笔记,设计记录表格,甚至提出实验改进建议。

2. 实验中 指导教师简要讲解实验原理、关键步骤,明确实验要求。首次出现的操作可以规范地示教,主要保证学生的动手机会和时间。鼓励和指导学生提出自己的建议,指导老师全程监控实验进行,及时耐心地解决学生提出的问题和遇到的困难。

实验室即课堂。学生必须遵守实验室规则,入室前穿好实验服,室内保持安静,不随意走动,不做与实验无关的事情。节约实验用品,实验动物由老师统一发送,不可任意捕捉。实验器材每次专人负责领取清点,已调试好的仪器不要任意调动,实验器具不得与其他组调换,如需要可向辅助老师要求添加或更换。实验时要注意动脑思考,实验中自行更改或设计项目应征求同伴和老师的意见。组内分工合作，认真有条理地操作，耐心细致的观察，及时准确地记录。原始记录交老师审查，签字认可后方可结束实验；如有错误及时补救。实验完成较早，通过教师允许可以利用动物预习下次操作、补做上次内容或自行练习等。此时仍要注意规范操作和保护动物福利。

3. 实验后 学生各组清理好自己的场地、物品，归还实验用品，动物尸体放在指定位置。准备老师复核学生归还的实验用品是否齐全、完好和清洁，如有损坏或缺少，应详细登记，并酌情赔偿。值日同学清理好公共用品和场地，检查好门、窗、水、电，报老师同意方可离开。每人应转录、整理原始记录，及时写好实验报告上交。指导老师认真批改实验报告，鼓励学生按自己的操作和理解撰写实验报告，具体指明报告中存在的不足。应在下次实验时下发并适当讲评。

特别强调同学们要珍惜实验条件和机会，保证实验课质量；做到学风端正，操作规范，结果准确，时间观念强。绝对不许用动物和手术器械开玩笑。有兴趣的同学可以申请参加实验准备和预备实验。

（三）实验报告的撰写

1. 原始记录 原始记录是实验结果的直接记录，是实验报告的依据。原始记录要求客观、及时、全面、准确。客观就是要求实事求是、尊重事实，不允许修改、编造数据和实验结果。及时就是要在事件发生的当时记录，不是靠回忆追记或猜测。为此，最好先设计好记录表格，原始记录中为快速及时，可以使用自造的不规范的代号，但应及时补充说明，避免引起歧义。全面就是要求不仅要记录实验中直接观察到的现象、数据、描记的图形图像等内容，而且记录或标注这些结果产生的条件以及干扰因素。如测定神经干上动作电位的传导速度，就要将刺激强度、波宽和两对电极间距离等一并记录。剪切图形时也要注意尽量包括相应的标注。准确就是要求观察、记录的结果描述恰当，数值和单位无误。

记好原始记录是一位科技工作者的基本功，在科学实验中具有基本而重要的作用。一定要求学生切实完成好这一工作。

2. 实验报告 写实验报告是对所做实验的再理解、再创造的工作，是检查学生知识掌握和衡量能力的重要尺度之一，是今后撰写科学论文的初始演练。

（1）一般要求：使用学校统一印刷的报告纸。填全各栏目，并标明学号或组号，"日期"一栏填做实验的日期，写报告日期可标于文末。"指导教师"一栏不写，是留于阅报告人签名用。报告要求格式标准、卷面整洁、图标准确、字迹清楚、简明精练，按时上交。写报告不得使用圆珠笔，绘图宜用铅笔。注意文字规范、语言通顺，不用不规范的简化字、代码。

（2）基本格式与写作：实验有侧重于结果分析的，有侧重现象观察的，有侧重操作方法的，多数则兼而有之。应根据实验类型，选用适当的报告格式及详略安排各栏目。

实验报告大体上有两种格式：一种是一般实验报告式，另一种是仿学术论文式，其对应关系见表实-1。一般认为操作类易选用前者，而侧重结果的实验后者更为适用。

（3）注意事项：写报告应以事实为依据，忌抄书，尽量用自己的话表述，但应注意使用专业术语。实验方法与步骤可视重要程度而详写或略写，但报告应独立成章。有的实验报告中，结果、分析甚至实验项目可以列表表达。结果是报告的重要内容，是对原始数据的整理和计算、统计。应在原始记录的基础上予以归纳和提炼，不能照抄照搬，也不能推断或引申。"讨论"是一篇报告的核心，应根据理论知识对实验结果进行科学的分析和解释，并判断实验结果是否和理论相符。如果出现矛盾，应分析其中的原因。"结果与分析"一栏可在实验小组内讨论，必要时也可以参考其他组数据（需注明），但报告必须按要求独立完成，禁止互相抄袭。提倡学生根据实验结果提出自己的独到见解，以及值得深入探索的问题。

表实-1 实验报告的基本格式

一般实验报告式	仿学术论文式
题目（内容）	题目
目的原理	引言（导言）
实验对象与用品	材料与方法
方法步骤	
结果与分析	结果与分析
讨论（结论与结语）	讨论与结语（论）
注意事项，原始记录，实验分工，体会与建议	附录（含原始记录、公式推导、参考文献、致谢等）

二、解剖生理学实验方法

（一）解剖组织学实验常用方法

1. 模型、标本观察法 是用肉眼直接观察畜体各系统、器官形态与结构特征，是组织解剖学最常用的实验方法之一。通过对标本、模型的观察可以帮助学生建立正确的、直观的畜体各器官、系统的大体位置和形态结构。

2. 显微镜观察法 光学显微镜包括普通自然光源的显微镜（主要观察应用普通切片制备技术制作的切片标本）、荧光显微镜（主要观察应用荧光染料染色或作为标记物制作的切片标本）、相差显微镜（主要观察活细胞标本）等，主要用于观察细胞、组织的微细结构（分辨率为 $0.2\mu m$，即 200nm，放大倍数达1 600倍左右；人肉眼分辨率为 0.2mm）。

（二）器官系统水平的生理学实验常用方法

生理学的知识来自对生命现象的客观观察和科学实验。生理学实验就是人为地创造一定条件，以利于从外表观察到隐蔽或细微的生理活动或某种生理过程。器官系统水平的生理学实验方法主要分为急性实验和慢性实验两大类。

1. 急性实验法 急性实验又分为离体组织器官法、活体解剖法、生物电观察法。

离体组织器官法：是指将动物的组织、器官等分离出来，置于一定的存活条件（如温度、氧气、水、pH及营养成分等）下进行观察和处理的一种实验方法。它可以用来观察离体组织、器官的正常功能状态以及研究施加处理因素后对活性或功能的影响。

活体解剖法：是以活体动物为整体对象的实验方法。动物在麻醉或非麻醉状态下，施加某种处理因素，观察和研究动物体内的变化或反应，从而证明处理因素的实际效果。这种实验方法是药学研究在临床前的"必经之路"。

生物电观察法：是用记录仪器对动物的各种生物电现象（如心电、肌电、脑电等）进行记录、观察和研究的实验方法。这种观察可以是在体的，也可以是离体的，也可以用来研究处理因素对生物电活动的影响。

急性生理实验持续时间短暂、条件简单，容易排除其他因素干扰，可以对研究的对象进行直接观察。动物用于实验后一般不能存活，也无须无菌条件。但所获结果可能与正常生理机能相差较大。

2. 慢性实验法 慢性生理实验通常先实施慢性生理手术，在无菌条件下安置体内电极、安装瘘管后切除移植腺体等，待动物术后恢复，在完全清醒的情况下进行记录、取样等实验项目。这类实验过程较长，实验室条件要求较高，实验动物模型可使用较长时间，其机能活动更接近正常。但慢性实验法很难用来研究某些组织器官的生理特性。

因此，每种方法都有其长处，也都存在一定的局限性，故应根据研究的目的和对象选择适宜的实验方法。

（三）实验动物

1. 实验动物的选择 实验动物的选择是动物实验中首先要考虑的问题之一，它关系到实验的成败。在充分了解实验动物的生物学特点和解剖学特征的前提下，根据实验研究目的和要求认真选择。通常要遵循相似性原则、特殊性原则、经济性原则、标准化原则和规格化原则，此处着重介绍前三种。

相似性原则：利用动物与人类某些功能、结构、疾病特征的相似性选择实验动物。如犬具有发达的血循环和神经系统，在毒理方面的反应与人的也相近，适用于做实验外科学、药理学、毒理学、行为学等方面的实验研究；青蛙和蟾蜍的高级神经系统不发达，但做简单的反射弧实验很合适，因为最简单的反射中枢位于脊髓，它们的脊髓已进化到符合实验要求的程度，且其结构简单，易于分析；猪的皮肤结构和人类的很相似，其上皮再生、烧伤后的内分泌及代谢等也类似人类，故选小型猪作为烧伤实验研究较为理想。

特殊性原则：利用不同种系的实验动物存在的机体特殊构造或某些特殊反应，选择解剖、生理特点符合实验目的和要求的实验动物。如家兔颈部的减压神经是独立的，而很多动物的减压神经是在迷走-交感神经干或迷走神经中，所以要观察减压神经对心脏的作用应该选家兔为实验动物；大鼠的肝脏再生能力很强，适合做肝外科的研究，但是大鼠没有胆囊，所以不能做胆囊功能研究；大多数动物都是按照性周期排卵的，而家兔和猫是刺激排卵的，只有通过交配刺激才能排卵，因此这两种动物可以作为避孕药研究的常用动物。

经济性原则：尽量选择容易获得、价格便宜和饲养经济的实验动物。

2. 常用动物的捕捉、固定

青蛙和蟾蜍：左手持蛙，食指和中指夹住左前肢，拇指压住右前肢，其余三指自然地护在腹部和后肢。右手进行操作，注意不要挤压其耳后腺，以免蟾酥溅入眼中。

小鼠和大鼠：一手轻轻向后拉鼠尾，在鼠向前挣扎时，另一只手迅速用拇指和食指捏住双耳和颈部皮肤，然后用小拇指和无名指夹持尾根部固定于手中（图实-1）。

图实-1 大鼠的捕捉

家兔：用手大把抓住颈部皮肤并提起，另一只手托住家兔的臀部，使重量瞬间落在这只手上，抱在前胸，家兔的四肢和面部朝向外侧（图实-2）。

几种大动物的保定通常都要几个人进行。猪的保定，常用猪的横卧徒手保定、倒提保定和搔痒保定法；凶猛的犬用铁钳钳住犬的颈部来保定；羊的保定，采用握角骑跨夹持法、双手围抱法和横卧保定法等。

3. 给药和采血方法

(1) 采血：采血是进行血常规检查和生化分析所必需的。采血方法的选择，主要取决于实验的目的、所需血量及动物种类。兔采血，可用耳静脉采血、耳中央动脉采血，如果需血量较多时可采用体外心脏采血；鼠类的采血，可以用断尾法采血、眼眶后静脉丛采血和颈静脉或颈动脉采血，一次性采血有摘眼球采血和断头法采血；猪的采血，常用前腔静脉采血；羊、马、牛的采血，常以颈静脉穿刺为方便。

(2) 给药：给药的方法很多，常用的有静脉注射、腹腔注射、饲喂和吸入途径等。

①静脉给药：静脉注射是动物给药的常用途径，其方法与采血相同或相似。以家兔为例（图实-3），注射部位除毛消毒后采用揉、弹等方法使血管充盈，保定好家兔，吸好注射液的注射器插好针头，且针头的斜面与注射器的刻度在同一直线便于观察注入量。左手食指和中指夹住静脉的近心端，拇指紧绷静脉的远心端，无名指及小指垫在下面，右手持注射器，食指护在针头上，从耳尖部向耳根部水平刺入皮肤，进入血管后左手拇指和食指固定针头，右手轻推活塞，很轻松、畅快甚至血管的颜色改变等表示成功给药；否则，则重新试，切勿强推。

图实-2 抓兔法
（引自陆宏开、丁衡君，兽医临床诊断学实习指导，1989）
a、b、c. 不正确抓兔法 d、e. 正确抓兔法

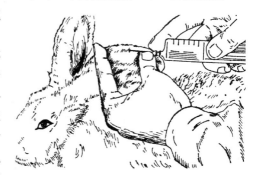

图实-3 兔耳缘静脉注射方法
（引自范振勤，家畜生理学实验指导，1991）

②腹腔给药：在腹部的左下1/4，为了防止注入空肠，仅针头的尖部穿透腹壁即可。

③饲喂方法：将药物同饲料混合，经消化系统到血液，同样可以起很好的效果。

④吸入途径：将小动物置于含有乙醚等具有良好挥发性的麻醉剂的密闭空间里，通过呼吸吸入麻醉剂起到麻醉效果。

4. 常用动物的处死与护理 实验过程中应监控动物的体温、脉搏、呼吸和麻醉深度等。手术结束后，急性实验的动物考虑动物的安乐死，如颈部脱臼法、空气栓塞法、大量放血法、断头法和药物法（乙醚、氯仿）等；慢性生理实验的动物要交专人护理，落实指标监控、饲养管理、术部护理等方面，并及时拆线。

（四）生理溶液与麻醉剂

1. 生理溶液 在离体组织实验中，为维持其正常生命活动，须提供适宜的环境。在体外模仿体液成分代替其功能的溶液即生理溶液，又称代替液，生理溶液一般具有以下条件：与血液、组织液等渗；含有维持正常体机体所需要的、比例适宜的各种无机盐离子；应含有氧气和营养物质；酸碱度应与血浆相同，并且有一定缓冲能力。动物种类不同，相应的生理溶液也会有不同。常用的生理溶液见表实-2。

表实-2 常用生理盐溶液（g）

成 分	格林溶液		洛克液（哺乳类用）	蒂罗德液（哺乳类胃肠）	两栖类生理盐水	哺乳类生理盐水
	两栖类	禽类				
NaCl	6.5	6.8	9.0	8.0	6.5	9.0
KCl	0.14	1.73	0.42	0.2		
$CaCl_2$	0.12	0.64	0.24	0.2		
$NaHCO_3$	0.2	2.45		0.2		0
NaH_2PO_4	0.01	0	0	0.05		
$MgCl_2$	0	0.25($MgSO_4$)	0	0.1		
葡萄糖	2.0 或 0	0	1.00~2.00	1.0		
蒸馏水	均加至1 000mL					

注：格林液（Ringer）又称任氏液，洛克（Locke）液又称勒氏液，蒂罗德（Tyrode）液又称台氏液。

2. 麻醉剂 实验动物的麻醉是用物理或化学的方法，使动物全身或局部暂时痛觉消失或感觉迟钝，以利于进行实验。痛觉的产生依赖于大脑皮层的完整性，在进行动物实验时，用清醒状态的动物最为接近生理状态，但实验时各种强烈刺激持续传入动物大脑，会引起大脑皮层的抑制，使其对皮层下中枢的调节作用减弱或消失，使动物机体发生生理功能障碍，从而影响实验结果，甚至导致休克、死亡。此外，从安全和人道的角度出发，麻醉也是实验中应该采取的措施。解剖生理学常用的麻醉剂有：

戊巴比妥钠：浓度为1%~5%的溶液都可以作为麻醉剂，主要是抑制动物的呼吸中枢。实验室常选用3%的戊巴比妥钠溶液，兔参考用量是每千克体重1mL，但不用于反刍动物。麻醉过深可用尼克刹米解救。

乌拉坦（即氨基甲酸乙酯，尿烷）：可导致较持久的浅麻醉，对呼吸无明显影响，安全系数大。配成25%溶液耳缘静脉注射，兔的参考用量是每千克体重4mL。目前只用于血压测定等麻醉要求较高的实验。

乙醚：乙醚是无色有强烈刺激味的液体，极易挥发。是小鼠等中小型动物全身麻醉的最佳药物，行吸入麻醉途径。机理是抑制中枢神经系统，但会刺激呼吸道分泌物增多，甚至导致窒息而死，是短效麻醉剂，15min即可苏醒。

速眠新：又称"846"，对羊、犬、兔具有良好的镇静肌松作用，安全范围大。可以用作麻醉剂，羊参考用量为每千克体重0.1mL。

普鲁卡因：是局部麻醉剂，用于中、小外科手术。麻醉的方法有表面麻醉、局部浸润麻醉、区域阻滞麻醉和神经干（丛）组织麻醉等，可消除局部疼痛。

麻醉注意事项：静脉注射麻醉剂时应缓慢，同时观察肌肉紧张度、角膜反射和对皮肤夹捏的反应，当这些反应明显减弱或消失时停注。麻醉剂的浓度和注入速度要严格把控；保持动物气道通畅；同时注意保温等。

三、切片标本的制备

（一）标本制备的一般方法

包括石蜡切片、冰冻切片等，最常用的是石蜡切片标本。标本的制备过程如下：

1. 取材 在动物死后最短的时间内取到新鲜的组织材料，材料厚度不超过0.5cm。

2. 固定 为防止组织的自溶变化及腐败，需将组织材料立即放入固定液固定，常用的固定液有10%福尔马林液、Bouin液、Zenker和Susa等。固定时间一般为3～24h。采用有些固定液（福尔马林）固定犬的组织块，需要进行水洗以除去组织中的固定液。

3. 脱水 目的是除去组织块中的水分。常用脱水剂为乙醇，一般经70%、80%、90%、100%的乙醇各6～12h，也可以根据动物、组织的不同适当调整。

4. 透明 用二甲苯透明组织块，便于石蜡浸入包埋。

5. 浸蜡 将组织块放入溶化的石蜡中（56～62℃）2～3h。

6. 包埋 将溶化的石蜡倒入包埋框中再将浸蜡后的组织块放入包埋框内，待石蜡冷却变成固体。

7. 切片 经修理好的蜡块安装在切片机上或固定在木块上，然后切片，切片的厚度可根据不同的组织而定，切成5～8μm或8～25μm不等的薄片。

8. 贴片 将切片从水中捞出，放在洁净的载玻片上，展开后进行染色。

9. 染色 分为普通染色、特殊染色方法、异染性等几种。

（1）普通染色（HE染色：苏木精-伊红）：

①苏木精（haematoxylin）：碱性染料，使酸性物质着色，染成紫蓝色。物质容易被碱性染料所着色的特点为物质的嗜碱性。

②伊红（eosin）：酸性染料，使碱性物质着色，染成粉红色。物质容易被酸性染料所着色的特点为物质的嗜酸性。物质对碱性和酸性染料亲和力都不强的性质为物质的中性。

（2）特殊染色方法：除HE染色外的其他染色方法，均为特殊染色法，以显示细胞中某种特定的成分，如银染法、铬染法等。

（3）异染性：有些组织用甲苯胺蓝等碱性染色时呈粉红色，物质的这种性质为异染性。

染色的步骤如下：

①二甲苯10min，除去石蜡。②各级乙醇：100%→95%→90%→80%→70%乙醇各5min，以除去二甲苯。③蒸馏水冲洗5min，除去乙醇。④苏木精液染10～15min，细胞核被染成紫蓝色。⑤0.5%盐酸乙醇分化数秒。⑥流水冲洗15～30min。⑦伊红液染30s，细胞质被染成粉红色。⑧水洗数秒，以洗去浮色。⑨用各级乙醇脱色：70%→80%→90%→100%乙醇各5min。⑩二甲苯10min，使标本透明。

10. 封片 透明的标本滴树胶，加盖玻片封固。

结果：细胞核紫蓝色，细胞质粉红色，结缔组织及骨基质粉红色，软骨基质深蓝色，黏液紫蓝色。

四、生理学手术基础

生理学实验通常需要先进行一定的手术操作，才能开展实验项目的观察。因此，掌握基本的生理手术知识和技能是必要的。

（一）手术器械

手术器械是施行手术的必要工具，虽然手术器械的种类、样式很多，但其中有一些是各类手术所必须使用的基本器械，正确和熟练地掌握这些器械的使用方法，对于保证手术操作的顺利进行关系很大。

1. 手术刀　原为一体式，现多采用由活动的刀片与刀柄组装而成，当刀片被污染或刀刃用钝是可随时更换。手术刀用于切开皮肤和脏器，刀柄还可用于钝性分离。使用手术刀的关键在于锻炼稳重而精确的动作。一般用止血钳安装和取下刀片（图实-4）。执刀姿势视切口的大小、位置等不同，有指压式（又称琴弓式或直弓式）、抓持式、执笔式及反挑式（外向执笔式）等持法，见图实-5。指压式为最常用的一种执刀方法，发挥腕和手指的力量，多用于腹部皮肤切开及切断钳夹的组织。抓持式用于切割范围广、用力较大的坚硬组织，如筋腱、坏死组织、慢性增生组织等，力量在手腕。执笔式用于切割短小切口，用力轻柔而操作精细，如分离血管和神经以及切开腹膜小口等，动作和力量主要在手指。反挑式的手法是刀刃由内向外挑开，避免深部组织或器官损伤，如腹膜切开或挑开狭窄的剑鞘等。

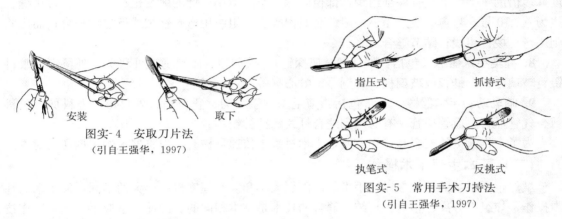

图实-4　安取刀片法
（引自王强华，1997）

图实-5　常用手术刀持法
（引自王强华，1997）

2. 手术剪（外科剪、组织剪）　有长短、尖头钝头、直弯之分；弯剪多用于深部组织的分离，手和剪柄不致妨碍视线。外科剪常用来剪断软组织、分离无血管的组织、系膜、网膜等。为保护娇嫩的内脏不受伤害，剪开腹膜常用尖头钝头剪（专称腹膜剪）。急性实验中也用来剪开皮肤等，但是不可剪毛、剪骨。小型手术剪又称眼科剪，剪细小组织用，一般不可用于剪皮肤。手术剪执法均为拇指和无名指分别插入两个柄环内，以第一关节为度，不宜过深，食指自然地压在剪轴处，其余二指护在剪柄相应部位，以协助掌握方向和用力（图实-6）。

图实-6　执剪方法
1. 头部　2. 腮部
3. 柄环　4. 剪柄　5. 剪轴
（改自范振勤，实验指导，1991）

3. 剪毛剪（简称毛剪）　毛剪与弯剪类似，只是尖部平钝。用于术部被毛的剪除，持法和手术剪相同。剪毛时自然落下逆毛方向一次次将毛剪下，加力下压或一手提起被毛，均易剪破皮肤。剪下的毛应集中放入加有清水的污物盒内，避免四处飞扬。在兔耳缘静脉注射或鼠尾静脉注射时常用拔毛法。慢性手术中，还常用剃毛法或硫化钠等化学药品脱毛法，除毛较彻底。

4. 止血钳（血管钳）　止血钳有弯、直、长、短之分，常用的是蚊嘴式。作用一是尽量少地夹住出血的血管或出血点达到止血的目的；二是用于分离组织、牵引缝线等。止血钳是生理手术中钝性分离的最常用器械，其余还有手术镊、手术刀柄、玻璃分针、玻璃钩等，后两者主要用于神经的分离。正确执止血钳的姿势，基本上和执剪法相似。但止血钳柄环间有齿，可咬合锁住，松开时左右手的操作不同。

5. 镊子 大小不一，有有齿（外科镊）、无齿（解剖镊）、扁平头且与镊柄有一个钝角（切片镊）、直头弯头之分。用于夹住和提起组织，便于剥离、剪断和缝合。有齿镊用于夹住较坚硬组织，如皮肤、筋膜、肌腱等。无齿镊用于夹持黏膜、血管和神经等较脆嫩的组织。切片镊主要在制作和使用切片的时候用。手术中一般多用左手以执笔式执镊，持镊时忌将镊柄握于掌心而妨碍操作的灵活性，见图实-7。

图实-7 执镊方法
（引自王强华，1997）

6. 铁剪刀 生理实验中剪骨和蛙头等专用。日常持法。

7. 缝针、缝线 种类、型号繁多。直针为圆刃，一般用于内脏缝合，特别适用于胃肠、子宫、膀胱的缝合，可用手直接操作，动作快而敏捷，需要较大的空间；弯针有一定的弧度，多借助于持针器缝合深部组织，部位越深，空间愈小，针的弧度也相应愈大。常用缝合线为0~10号，号愈大线愈粗。一般缝合肌肉等皮下组织用弯圆针细线行连续缝合；而皮肤则用弯三棱针粗线行结节缝合。

8. 蛙类手术器械 包括：蛙针（金属探针）、铁剪刀、眼科剪、外科剪、外科镊、眼科镊、玻璃分针、蛙板或玻璃板、锌铜弓、蛙心夹等。

9. 哺乳动物手术器械 通常包括：剪毛剪、手术刀、止血钳、外科镊、外科剪、眼科剪、气管插管、血管插管，有时用到缝合针线和持针钳等。

为了工作人员的安全和操作方便，手术过程中传递器械时，应将器械的把柄递给对方。

（二）基本生理手术操作

虽然生理手术的种类多样，手术的范围、大小和复杂程度也有很大的不同，但手术的基本操作，如组织分离、止血、打结和缝合的技术是基本相同的。因此，掌握手术基本操作技术是做好一切手术的基础。在学习生理手术过程中，必须认真做好基本功的练习，做到正确、熟练地掌握基本操作，才能逐步做到动作稳健、敏捷、准确、轻柔，缩短手术的时间，提高手术的效率和成功率。

1. 组织分离 组织分离的目的在于充分暴露深层的组织或血管，便于其他手术操作。

组织分离要根据不同的手术部位的需要采用不同的分离方法。常用的分离方法有两种。

（1）用刀或剪作锐性分离。用割、剪的方式将组织分离，该方法常用于致密组织如皮肤、韧带、筋膜等的分离。用手术刀时，先用手或器械使两侧组织牵拉紧张，以刀刃做垂直的轻巧的切开，不要做刮削的动作。用力适当，使切口平直、深度一致，不能切成锯齿状或使切线尾部呈鱼尾状。用手术剪时，以剪刀尖端深入组织间隙内，不宜过深，然后张开剪柄分离组织，在确定没有重要的血管、神经后再予剪断。锐性分离腹膜时，要用镊子提起后剪一小口，然后用食、中二指深入切口下的腹腔继续操作。锐性分离对组织的损伤较小，术后的反应也小，但必须熟悉局部解剖，在辨明组织结构时进行，动作要准确精细。

（2）用止血钳、手指或刀柄等将组织推开或牵拉开的钝性分离。该方法用于皮下组织、肌肉筋膜间隙等疏松组织的分离。分离要沿着组织间隙进行，这样易于分离，且出血较少，视野干净、清楚。但不能粗暴勉强进行，否则造成重要血管和神经的撕裂，或器械穿过邻近的空腔脏器或组织，将导致严重的后果。

锐性切开和钝性分离各有优点，在手术的操作过程中可以根据具体情况选择使用。总的目的是充分显露深部的组织和器官，同时又不致造成过多组织的损伤。为此，必须确定准确切开的部位，控制切口大小以满足实验需要为度，切开时按解剖层分层进行等。

肌肉的分离，宜顺应肌纤维方向钝性分离，若需要横行切断分离，应在切断处上下端先夹两把止血钳，切断后立即结扎两断端，以防止肌肉中血管出血。神经、血管的分离，宜顺应平行方向分离，要求动作轻柔、细心，切忌横向过分拉扯，以防断裂。

2. 止血　在手术的过程中，组织的切开、切除等都可造成不同程度的出血。因此，在手术操作中，完善而彻底的止血，不但能防止严重的失血，而且能保证术部清晰，便于手术顺利的进行，避免损伤重要的器官，有利于切口的愈合。

小血管出血或静脉渗血，止血时将纱布或棉球用湿热生理盐水浸湿拧干后，按压在出血部位片刻即可。注意用纱布或棉花吸血和压迫止血，不可用来擦拭组织，否则会损伤组织和使血栓脱落。有的出血点，若未能确切止血，用此法也可以清除术部血液，辨清组织及出血点以进行其他有效的止血方法。

较大的出血，特别是小动脉出血时，先用止血钳准确夹闭血管断端，结扎后除去止血钳。较大的血管应尽量避开，或先作双结扎后剪断。结扎止血法是手术中最常用、最可靠的止血方法，又包括单纯结扎止血法、缝合结扎止血法和适用于大网膜、肠系膜的贯穿结扎止血法。

其他止血方法还有电凝止血、烧烙止血和局部药物止血法等，以及用骨蜡、明胶海绵止血等。

3. 缝合与打结　缝合的目的主要是有利于组织愈合，以及固定瘘管、封闭切口等。打结是止血和缝合的需要。

缝合需要缝合针、缝线和持针器。持针器有钳式和握式两种形式，夹在弯缝合针的中后1/3交界处，针尖垂直刺入，按缝合弧度和方向用力，见图实-8。缝合必须按组织的解剖层分层缝合，不留死腔；缝合前彻底止血；进针点距切口缘的距离及针距要均匀、远近适当。

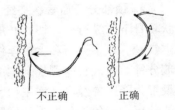

图实-8　皮肤缝合的进针方法
（引自王强华，1997）

缝合的方法有很多，生理实验中常用到的有结节缝合（单纯剪断缝合）、螺旋缝合（单纯连续缝合）和荷包缝合三种（图实-9）。结节缝合的特点是由多数缝线分别打结而成，常用于皮肤、筋膜及肌肉等组织的缝合，可对抗较大的张力，并可防止因个别缝线断折时形成全部切口的开裂，又便于拆线。螺旋缝合是用一条长缝线，先在创口的一端打结，然后用同一缝线等距离作螺旋形缝合，最后留下线尾抽紧打结。螺旋缝合较快捷和紧密，存在于组织的缝合线较少，在深部缝合时不需拆线，适用于皮下深部组织以及内脏器官修复和消化管瘘管

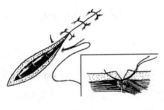
结节缝合法

螺旋缝合法

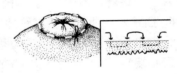
荷包缝合法

图实-9　常用的三种缝合法
（引自王强华，1997）

手术等。荷包缝合是围绕腔体器官小创口作环形的浆膜基层连续缝合。主要用于胃肠壁上小范围的内翻,还可用于胃、肠、胆囊、膀胱造瘘引流管的固定等。

结的种类主要有方结(平结)、外科结和三叠结等几种,见图实-10。平结由两个方向相反的单结组成,它的线圈内的张力最大,扣结越紧,不易滑脱。是手术中最常用的结,用于结扎血管和各种缝合的结扎。在平结的基础上再加一结即为三叠结,目的是使方结更加牢靠,用于重要组织和大血管的结扎等,或用于肠线或尼龙线的结扎。外科结由于第一个结圈绕两次,摩擦面比较大,故再作第二个结时不易滑脱,适用于大血管的结扎和张力较大的组织缝合后打结。打平结时如果两道结动作和方向相同就成为假结(斜结),此结易松脱,不能采用。打结时两手用力不均匀、只拉紧一线,或两手用力方向一横一直,打出来的是滑结,应予以避免。

图实-10　结的种类
（引自王强华,1997）

4. 颈部分离血管、神经　将麻醉好的家兔仰卧保定在手术台上。剪去颈部被毛,于甲状软骨下方纵行剪（切）开皮肤约5cm。用止血钳等器械钝性分离皮下组织和肌肉,直至暴露气管。左手拇指和食指捏住切口缘的皮肤和肌肉,其余三指从皮肤外侧向上顶,右手持玻璃分针。在气管一侧找到颈部血管神经束,粗壮且搏动的是颈动脉,与颈动脉伴行的神经中最细为降压神经（又称主动脉神经）,最粗的为迷走神经,交感神经居中。辨认清楚后,才能分离,避免先分离搞乱位置后使神经和筋膜难以辨认。分离时根据需要先将较细的神经分离出来,再分离其他神经和血管,并随即在各血管神经下穿埋粗细颜色不同的丝线以标记。在类似的分离操作中,尽量避免用金属器械刺激神经,更要防止刃器或带齿的器械损伤血管神经,多用烧制好的玻璃分针或玻璃钩顺血管神经的走向剥离。

5. 腹壁切开法　腹中线切口适用于犬、猫、猪和兔的腹部实验手术。无论是前中部,还是中后部腹中线切口,通路手术所经过的组织层次基本相同,其长度视动物不同而异。将动物在手术台上仰卧保定,可作全身麻醉配合局部浸润麻醉。腹部正中线剪毛,助手将腹部皮肤左右提起,术者用手术剪（或刀）纵向剪一小口,再水平插入剪刀,剪刀尖上挑式剪开腹中线皮肤。此时可见一纵向腹白线,如皮肤同样先剪一小口,再用钝头外科剪（腹膜剪）或伸入手指垫着,沿腹白线打开腹腔,以免伤及脏器。

6. 插管术　插管包括气管插管、输尿管插管、血管插管等。

分离出欲插管的一段血管,埋以双线,结扎或用动脉夹夹闭供血端（动脉的近心端,静脉的远心端）,用眼科剪斜向45°在管壁上剪一小口,不超过管径的50%。输液用则顺血流方向剪,引流用则逆血流方向剪。用眼科镊提起切口缘,按上述方向插入插管（勿插入到夹层）,用预埋线结扎固定,必要时可用缝针挂到附近的组织上以免滑脱。胰管、胆管、输尿管的插管均可类似操作。

在许多动物手术中，气管插管是为了保持动物的呼吸道通畅，减少死亡率。此外，还可用于气管内给药的治疗研究。在暴露的气管中断第 3 或第 4 软骨环上切开气管管径的 1/3，用剪刀向头端作一纵向呈"⊥"形切口，用镊子夹住切口的一角，将导管向胸部方向插入气管内，结扎并将结扎线固定在"Y"形气管导管分叉处，以防止导管滑脱。

五、解剖生理学实验常用仪器

（一）生物显微镜

生物显微镜可广泛应用于生物学、细菌学、组织学、生理学等实验室教学。生物显微镜的光学系统由成像系统和照明系统两大部分组成。

1. 成像系统　由目镜、物镜组成。来自标本的光线经物镜后射向棱镜，转向 45°角，成像在目镜的视野光栏，进入人眼。

2. 照明系统　由聚光镜旋转光栏或孔径栏、反射镜组成。反射镜将外来光线经聚光镜汇集于标本，标本被照明，便于观察。带电源的生物显微镜由灯泡和集光镜取代反射镜。灯丝发出光线经集光镜及聚光镜，使标本获得较大视野的照明，由物体所透射的光线经物镜射向棱镜，使光轴倾斜 45°角并汇聚成像于目镜的视野光栏，被目镜放大后进入人眼，在视觉上得到一个放大而清晰的虚像。使用方法和注意事项如下：

（1）接通电源，打开电源开关，缓慢调节电位器，使灯泡亮至所需要的亮度。

（2）将标本放入载物台，用标本夹加紧，扳动孔径光栏手柄，调节孔径光栏。

（3）使用中倍镜（10×），通过目镜观察。调节粗动和微动调焦手轮，使目镜中成像清晰。

（4）如果观察标本不在视野中心，可转动纵向和横向移动手轮，把所要观察的标本移到视野中。

（5）当换用其他物镜时，视野中成像是模糊轮廓，应重新利用微动调焦手轮使之成像清楚。

（6）扳动孔径光栏手柄，调节孔径光栏大小，使成像获得良好的对比度。

（7）使用油浸物镜时，需在标本片上滴加香柏油，使物镜与标本之间充满香柏油。使用完毕后应立即用二甲苯擦拭干净。

（8）关闭时应先降低灯泡亮度，后切断电源，避免灯泡在再次点亮时，受到大电流的冲击而缩短寿命。

（9）推荐在高倍物镜观察时，反射镜使用凹面；在低倍镜下，使用平面。

（10）长期不使用应注意在各转动部分加些润滑油，所用油脂黏度要适当，避免酸性成分。

（二）刺激系统

多种刺激因素如声、光、电、机械及化学因素均能使可兴奋组织产生反应，但在动物解剖生理学实验上最常用的是刺激参数易于控制却不易对实验对象产生影响的电刺激，常用的刺激系统有电子刺激器、锌铜弓、刺激电极等。其功能主要是产生符合实验要求的目标刺激，并通过输出线作用于实验对象。

1. 电子刺激器　单个刺激有 3 个要素：强度、持续时间及强度-时间变化率。电子刺激器是将交流电通过整流、滤波、振荡，再由阴极输出各种不同强度和频率的连续的或单个方波脉冲，作为刺激组织之用，又称为方波刺激器。其输出的电信号由 0V 迅速达到最高（设定的电压，由粗调细调旋钮共同控制），持续一段时间（即波宽），又立即降为0V。连续刺激（由单个/连续开关控制）的频率是指每秒钟内输出的方波个数，不可能大于波宽的倒数。延迟、时标旋钮是与示波器、记录仪器配合使用的，一般不必调。刺激输出端视不同的需要连接裸露电极或保护电极等。仪器应该连接地线。

2. 锌铜弓　在生理实验中，锌铜弓是最常用和最简单的刺激工具，常用于检验标本机能活性和给予单个刺激。由铜和锌两种金属制成，使用时用生理盐溶液湿润其两极，锌铜弓湿润的两极与组织接触时，其产生的电位差所形成的电流沿 Zn→组织→Cu 方向流动而产生刺激作用。

3. 刺激电极　在解剖生理实验中常用于刺激标本或用于引导生物信号，分为金属电极、乏极化电极、同心圆电极。其中以金属电极最为常用，在生理实验中常用不锈钢丝作为引导电极和刺激电极，有直露电极、保护电极、闭锁电极之分。在使用之前必须检查刺激电路是否接通，其方法是刺激切口附近的骨骼肌，观察有无反应。电极周围不应有很多的血液、组织液或生理溶液，以避免电流经电解质溶液传导而刺激其他组织，但也应注意勿使组织干燥而失去机能。

（三）信号引导和转换系统

1. 神经屏蔽盒　电生理实验中，在研究神经干生物电活动的时候，常用神经标本屏蔽盒作为生物电的引导装置。下面对其使用方法作简要介绍。

（1）结构：神经标本屏蔽盒由金属屏蔽盒、电极固定槽和电极三部分组成。金属屏蔽盒起到静电屏蔽作用，能屏蔽高频率噪声信号的干扰；电极固定槽用于固定电极位置和调节电极间的距离；电极则由一对刺激电极、两对引导电极和一根接地电极构成。引导电极常由电阻较小的金属丝制成。

（2）使用方法：在进行实验时，首先将刺激器输出连接在屏蔽盒上的刺激电极两接线柱上；正极（红线）接左侧，负极（白色）接右侧靠近地线的电极上；将放大器输入连线连接在第一引导电极的两接线柱上；在进行神经兴奋传导速度测定实验时，则需将另一放大器输入连线连接在第二引导电极的两接线柱上，放大器输入连线的地线（黑色）均接在中间的接地电极上。然后，把准备好的神经标本搭在电极上，并通过电极固定槽的滑动（或引导电极的接线位置变动），调整引导电极间的距离以及与接地电极、刺激电极间的距离，调整到显示器上的描记图形满意为止。一般来说，调整引导电极间的距离将影响动作电位的波形；调整接地电极与刺激电极间的距离可以影响刺激伪迹的大小。

（3）注意事项：实验前用任氏液棉球轻轻拭擦引导电极，以除去表面氧化物。环境过于干燥时，在屏蔽盒内置一块湿纱布，以保持盒内湿度。

2. 换能器（张力换能器、压力换能器）　换能器又称为传感器，是将非电信号转化为电信号的装置。在解剖生理实验中，有许多生理现象都是非电信号，如血压、肌肉收缩、呼吸、温度变化等。为了便于观察和记录这些生理现象，必须用换能器将它们转化为电信号。换能器的种类繁多，其中以血压换能器和张力换能器在生理实验中应用广泛。

（1）血压换能器：血压换能器主要用于测定血压和其他可以通过液体传导的压力。

工作原理：换能器的工作原理是利用惠斯登电桥的基本结构实现能量的转换。在换能器内部有一平衡电桥，该电桥的一部分由应变电阻元件构成，它将压力的变化转换成电阻值的变化。当换能器感受欧德压力为零时电桥平衡，输出为零（由于各种非正常原因引起的电桥不平衡，造成基线不在零位上，可通过调节使电桥平衡，基线回到零位上）；当压力作用于换能器时，应变电阻元件的电阻值发生变化，引起电桥失衡产生电流，进而换能器产生电信号输出。在换能器的测定范围内，该电信号大小与压力呈一定的线性关系。

使用方法：在观察、记录血压时，首先应将换能器及测定插管内充满抗凝液体，并排尽里面的气泡。将测压插管与大气相通，确定零压力的基线位置，插好后即可进行血压观察、记录。

注意事项：①测量血压时，换能器应放置在与心脏同一水平面上，以保证测定结果的准确性。②血压换能器有一定的测压范围，不要用换能器去测量超过其范围的压力。严禁在换能器管道处于闭合状态下，用注射器向换能器内加压。③每次使用后，应及时清洗换能器内的液体，并用蒸馏水洗净、晾干。

（2）张力换能器：又称张力传感器、机械-电换能器，主要用于肌肉收缩和其他位移信号的换能。

工作原理：张力换能器的工作原理同压力换能器。张力换能器的应变电阻粘贴在应变梁上，力作用于应变梁，使其变形，应变电阻值改变，电桥失衡；换能器将张力信号转化成电信号输出。

使用方法：用丝线将张力换能器的应变梁与实验对象相连。连接的松紧以丝线拉直为宜，并尽量使丝线与应变梁呈垂直方向。选择适当的放大倍数，即可观察、记录。

注意事项：①张力换能器有一定的测量量程，超过其量程的负荷不宜测量，以免损伤换能器。②张力换能器应变梁口是开放式的，在实验过程中应防止液体进入换能器内部，造成短路损坏。③在使用张力换能器过程中，应避免换能器的碰撞、摔打。

（四）显示记录系统

1. 记纹鼓 经典的生理记录仪器是记纹鼓，有双鼓、单鼓、烟熏式、墨水式之分。但存在使用繁琐、灵敏度差、记录纸过短等不足，逐步被二道生理记录仪等现代仪器所取代。

2. 示波器简介 示波器具有输入阻抗高、频率响应好、便于观察等特点，能较客观地显示信号的波形曲线。主要用于观察快速变化的生理信号，如动作电位、皮质诱发电位等。其缺点是实验结果不易保存，随着技术的不断发展，较先进的示波器已有了部分储存的功能，并可将数据输入到计算机进行处理。示波器主要由示波管、扫描系统、水平放大器、垂直放大器和电源组成。

3. 二道生理记录仪 LMS-2A（或2B）型二道生理记录仪是一种墨水式记录仪，配以适当的引导电极或换能器，即可测量记录生物电信号，以及血压、肌肉收缩、呼吸、脉搏等多种非电生理指标。仪器的放大器采用插件式，可根据记录指标更换适当的插件，是一种灵敏度较高的通用记录仪。它由描笔记录系统、信号放大系统、记录指示器和换能装置及各种导线组成，使用时需在老师的指导下按操作规程进行。应该特别注意接地、导线连接可靠，灵敏度由最低开始逐步调节，对换能器、放大系统各键的变动均应先把灵敏度关至最低等几点事项。

（五）生物信号采集处理系统

微机生理实验系统，又称生物信号采集处理系统或生物机能实验系统。它是将传统仪器的优点与计算机的强大处理功能相结合而设计的智能化系统。如 BL-420E$^+$ 生物机能实验系统、PCLab 系统等。它由硬件和软件两大部分组成。安装到微机上的硬件和软件可完成对各种生物电信号（如心电、脑电、肌电）和非电生物信号（血压、张力、呼吸）的调理、放大，并进而对信号进行记录、存储、处理及打印输出，同时对系统各部分进行控制，与操作者进行人机对话。基本可替代原来的刺激器、放大器、记录仪器、示波器、心电图仪等传统的机能实验常用仪器的全部功能，以及传统仪器所无法实现的数据分析功能。电子计算机技术在生物、医学领域的广泛应用，使原先不易进行的某些生物信息的检测，变得容易可行。微机生理系统已成为生理实验教学与研究的一个发展方向。

1. 生物信号采集处理系统概述 生物信号采集处理系统的基本原理是：首先将原始的生物机能信号进行放大、滤波等处理，通过模/数转换（A/D 转换，模拟信号 analog signal 转换为数字信号 digital signal）后，将数字化的信号传输到计算机，计算机通过专门的系统软件对这些信号进行实时处理，一方面进行生物机能波形的显示，另一方面进行生物机能信号的存储。同时，还可根据操作者的命令对数据进行处理和分析，对于存储在计算机内部的实验数据，系统可以随时将其调出进行观察和分析，并能打印实验波形和分析数据。

2. 常用的生物机能系统 目前，在国内使用很多的生物信号采集系统，如南京美易公司生产的 MedLad 系列、成都仪器厂生产的 RM6240 系列、泰盟公司生产的 BL 系列生物信号采集系统等产品。

BL‐410 系统是 BL‐420E$^+$ 系统的前身，其主要区别是 BL‐420E$^+$ 系统采用了外置硬件，弥补了 BL‐410 在这方面的不足。下面以 BL‐420E$^+$ 生物机能实验系统为例作详细的介绍。

主界面介绍：BL‐420E$^+$ 生物信号显示与处理软件的主界面是实验人员与这一系统打交道的唯一手段，熟悉主界面及其各个部分的用途是实验顺利完成的前提。主界面从上到下依次分为：标题条、菜单条、工具条、波形显示窗口、数据滚动条及反演按钮区、状态条六个部分；从左到右分别为：标尺调节区、波形显示窗口和分时复用区三个部分。在标尺调节区上方是刺激器调节区，其下方则是记号标记区。分时复用区包括：控制参数调节区、显示参数调节区、通用信息显示区和专用信息显示区四个分区，上方是特殊实验标记选择区。

3. BL‐420E$^+$ 生物机能实验系统操作步骤 使用实验系统的目的就是观察各种生物机体内或离体器官中探测到的生物电信号以及张力、压力、温度等生物体非电信号的波形。为了能够观察到这些波形，首先应该将这些信号引入到生物机能实验系统中。

（1）生物信号的引导：

①直接使用引导电极对生物体电信号进行引导。通常与系统相配套的引导电极为一黑色屏蔽引导电极，一端为 7 芯插口，与系统实验通道相连；另一端为 3 个不同颜色的鳄鱼夹，红色的夹子引导正电信号，白色的引导负电信号，而黑色的用以接地，三个夹子可以直接或通过其他小电极与生物体相连接完成生物电信号的引导。

②通过传感器对生物体内非电信号进行引导。通过传感器可以将生物体内的非电信号转换为电信号后引导入生物机能实验系统进行观察。可根据不同实验目的来选择不同类型的传感器，如压力传感器、张力传感器、呼吸传感器和温度传感器等。

（2）开始一个实验：完成了引导电极与生物机能实验系统的连接之后，就可使用该系统来完成相关的实验。双击图标进入系统界面后，启动生物信号采样与显示的常用方法有以下两种：①从"实验项目"菜单中选择需要的实验项目，单击该项目即可开始实验。②从"输入信号"菜单中需要采用与显示的通道设定相应的信号种类，然后从工具条中选择"启动波形显示"按钮，无论使用哪种方法启动，系统处理软件都将根据选择信号种类或实验项目为每个实验通道设置相应的初始参数。

(3) 参数调节：根据生理理论和大量的生理实验来设置系统初始参数，基本上能够满足相应实验的要求。但由于实验对象存在着个体差异，实验过程中也可以通过调节实验参数来获得最佳的实验效果。常用系统参数有增益（G）、时间常数（T）、滤波（F）、扫描速度等，这些控制按钮都在软件主界面右边的参数控制区中。

(4) 暂停或结束实验：如果仔细观察正在显示的某段图形，鼠标单击工具条上的"暂停"按钮，此时该段图形将被冻结在屏幕上；如果需继续观察扫描图形，鼠标单击"启动"键即可。当完成本次实验之后，可以选择工具条上的"停止"命令按钮，此时，系统软件将提示你为本次实验得到的记录数据文件取名以便保存和以后查找，然后结束本次实验。

(5) 实验标记的选择：为明确实验过程中的变化，就必须对实验时发生的事件如用药、刺激等作标记。系统有两种刺激标记方法供选择，一种是特殊实验标记，在显示区的右上角，是对特殊波形点的文字说明，通常选择不同的实验项目时，系统会自动选择一组实验模块本身预先设置的相关特殊实验标记。当鼠标选定标记内容后，移动鼠标到显示区任意位置，左键点击即可。值得注意的是这个标记可以通过鼠标拖动，用于标记的纠正。另一种是通用实验标记，当需要标记时，单击工具条上"添加标记"，显示通道上将自动生成一个数字标记，标记的编号数字从 1 开始顺序进行。

(6) 系统内置刺激器的使用：如果实验需要电刺激，就会涉及内置刺激器的使用。系统刺激器调节区位于主界面工具条下方的左上角，其内部包含两个与刺激器相关的按钮。打开刺激器调节对话框按钮，用于打开或关闭刺激器调节对话框。根据需要可在对话框中选择刺激方式（单刺激、双刺激或串刺激）和调节刺激强度和波宽等。单击该按钮，可以打开对话框；再单击，则关闭对话框。启动刺激器按钮，用于启动或停止刺激。单击该按钮系统会依照选择的刺激方式输出刺激。

(7) 实验数据的测量与处理：计算机的优越性就在于它可以进行方便的数据测量与处理。在 BL-410 系统中有很多种数据测量方法，如光标测量、加记号标记的光标测定、区间测量等。在实验上经常用到的是光标测量和区间测量，在此着重介绍一下。

①光标测量：该命令是使用测量光标测量波形曲线上指定点数值结果的最简单的测量方法。测量光标是指在波形曲线上运动的一个小标记，测量时只需在测量点上单击鼠标左键，所测量值即被自动显示在信息区的"当前值"栏目上。

②区间测量：该命令用于测量当前通道图形的任意一段波形的频率、最大值、最小值、平均值以及面积等参数。方法是鼠标单击工具条上的"区间测量"按钮，此时图形暂停，通道内出现一垂直线条，线条随鼠标移动而移动；单击鼠标左键以确定要测量图形的始端，同时第二条垂直线出现，相同方法确定终端。在被测量图形内出现一条水平直线。用鼠标上下移动该直线，选定频率计数的基线，鼠标单击以示确定（水平直线也代表该区间的时程，用此测量方法同样可以测量某波形的时程）。这时所有被测量的参数自动显示在该通道信息区内，单击鼠标右键结束本次测量。

(8) 打印：实验完成后，可以对剪辑的图形和数据进行打印。可以图形剪辑打印和数据图形打印。

（马恒东，司晓辉）

实验一 家畜解剖学方位与躯体各部名称

一、畜体方位术语

【目的和要求】熟悉和掌握畜体的解剖学方位术语和各部名称。

(一) 三个基本切面的方位术语

1. 矢状面 与畜体长轴平行且与地面垂直的切面。其中把畜体等分成左、右对称两半的矢状面称为正中矢面。

2. 横断面 与畜体（或器官）长轴垂直的切面。它把畜体（或器官）分成前、后两部分。

3. 额面 与地面平行而与矢状面和横断面垂直的切面，也称水平面。它把畜体分成背、腹两部分。

(二) 躯干的方位术语

1. 前与后 近头端的为前（或头侧，cranialis），近尾端的为后（或尾侧，caudalis）。

2. 背侧（dorsalis）与腹侧（ventralis） 额面上方的部分为背侧，下方的部分为腹侧。

3. 内侧（medialis）与外侧（lateralis） 离正中矢面较近的一侧为内侧，较远的一侧为外侧。

4. 内（internus）与外（externus） 在体腔和管状器官里面的为内，在外面的为外。

5. 浅（superficialis）与深（profundus） 离体表近的为浅，远的为深。

(三) 四肢的方位术语

1. 近端（proximalis）与远端（distalis） 近躯干的一端为近端，离躯干较远的一端为远端。

2. 背侧、掌侧（volaris）和跖侧（plantaris） 四肢的前面为背侧，前肢的后面为掌侧，后肢的后面为跖侧。

3. 桡侧（radialis）与尺侧（ulnaris） 前肢的内侧为桡侧，外侧为尺侧。

4. 胫侧（tibialis）与腓侧（fibularis） 后肢的内侧为胫侧，外侧为腓侧。

【作业】请写出图实-11中各字母和数字代表的方位名称。

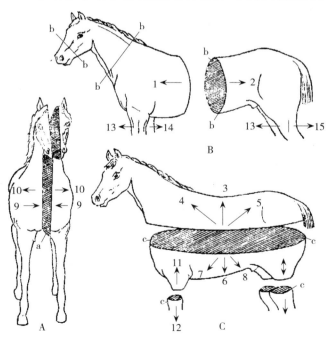

图实-11 畜体方位和切面示意图

二、畜体各部名称

以骨为基础，可以将畜体划分为以下若干部。

1. 头部 包括颅部和面部。

（1）颅部：位于颅腔周围。可进一步分为枕部（在头颈交界处、两耳根之间）、顶部（马在颅腔顶壁，牛在两角根之间）、额部（在顶部之前、两眼眶之间）、颞部（在眼和耳之间）和耳部（包括耳和耳根）。

（2）面部：位于口腔和鼻腔周围。又可分眼部（眼和眼睑）、眶下部（在眼眶前下方、鼻后部的外侧）、鼻部（鼻孔、鼻背和鼻侧）、咬肌部（咬肌所在部位）、颊部（颊肌所在部位）、唇部（上、下唇）、颏部（下唇腹侧）和下颌间隙（下颌骨之间）。

2. 颈部

（1）颈背侧部：位于颈背侧，前接头枕部，后达鬐甲前缘。

（2）颈侧部：位于颈部两侧。颈侧部有颈静脉沟，在臂头肌和胸头肌之间，沟内有颈静脉。

（3）颈腹侧部：位于颈部腹侧，前部为喉部，后部为气管部。

3. 躯干 包括背胸部、腰腹部和荐臀部。

（1）背胸部：又可分为以下几部：

①背部：为颈背侧部的延伸，主要以胸椎为基础。前部为鬐甲部，后部为背部。

②胸侧部（肋部）：以肋骨为基础，其前部为前肢的肩带部和臂部所覆盖，后方以肋弓与腹部为界。

③胸腹侧部：又分前、后两部。前部在胸骨柄附近，称为胸前部；后部自两前肢之间向后达剑状软骨，称为胸骨部。

（2）腰腹部：其中，腰部以腰椎为基础，为背部的延伸；腹部为腰椎横突腹侧的软腹壁部分。

（3）荐臀部：其中，荐部以荐骨为基础，是腰部的延续；臀部位于荐部两侧。

4. 尾部 位于荐部之后，可分为尾根、尾体和尾尖。

5. 四肢

（1）前肢：进一步分为肩带部（肩部）、臂部、前臂部和前脚部（腕部、掌部和指部）。

（2）后肢：可进一步分成大腿部（臀部）、小腿部和后脚部（跗部、跖部和趾部）。

【作业】请写出图实-12中数字代表的畜体各部名称。

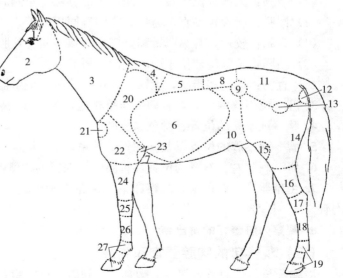

图实-12 畜体各部划分示意图

实验二　几种畜禽的实地解剖

一、猪尸体解剖

【目的要求】系统观察猪的各器官系统，重点是胸腔、腹腔各器官的位置关系，加深整体概念，并进一步认识和记忆在离体标本上看不到的结构。

【观察内容和步骤】

（一）观察腹肌

将尸体左侧倒卧，剥去腰、腹部的皮肤，依次观察皮肌、腹外斜肌、腹内斜肌、腹直肌和腹横肌。

（二）观察内脏器官

切断部分皮肤和肌肉，使髋关节脱臼，以支撑尸体呈仰卧位。沿肋骨切开腹肌，从剑状软骨到耻骨前缘作切线，观察腹腔各器官的位置关系和形态特点。

1. 胃　横位于肝的后方，胃大弯向下，直接腹壁。胃的大部分偏左，自胃大弯有发达的大网膜附着，可见其覆盖在肠管表面，位于肠和下腹壁之间。食管从左侧接贲门。

2. 肠

（1）十二指肠：起自幽门，在右侧肝的脏面附近形成"乙"状弯曲，然后向后伸延到右肾后方，再转向左，向前延续为空肠。

（2）空肠：大部分位于腹腔右侧，一部分位于左侧后部，有较长的肠系膜。

（3）回肠：肠管较平直，与盲肠之间有回盲韧带。

（4）盲肠：较短，有纵肌带和肠袋，盲端伸向骨盆腔前口。

（5）结肠：结肠旋祥位于腹腔左侧，胃的后方。

（6）直肠：周围多脂肪，无纵带，位于膀胱和生殖器官的背侧。

3. 肝　位于膈的后方，有韧带与膈相连，观察肝的分叶，胆管通入十二指肠的位置。

4. 胰　观察胰的位置、颜色和分叶。

5. 脾　观察脾的位置以及脾和胃的关系。

6. 肾　观察左、右肾的位置，肾脂囊，在肾的内侧寻找肾上腺。

7. 生殖器官　对母猪，观察卵巢、输卵管和子宫；对公猪，观察副性腺、精索和腹股沟管。

8. 观察内脏器官的淋巴结

（三）观察猪的胸腔器官和胸膜

沿胸骨与肋骨的节后部除去胸骨，从腹侧进行观察；或者将尸体左侧倒卧，除去右侧肋骨，从右侧观察胸腔器官。健康猪肺呈粉红色，分叶明显，可分为尖叶、心叶、膈叶和副叶。气管在分为左、右两条支气管前，还分出一只较小右尖叶支气管进入右肺尖叶。

观察胸膜和纵隔：在胸腔内观察。肋胸膜：肋骨表面的浆膜；肺胸膜，被覆在肺表面的浆膜；膈胸膜和心包胸膜：是分别被覆在膈的胸腔面和心包外面的浆膜。进一步观察纵隔胸膜。纵隔胸膜是位于胸椎和胸骨之间的浆膜，左、右各有一层纵隔胸膜，两层纵隔胸膜以及夹在两层间的器官和结缔组织形成纵隔，把左、右胸膜腔隔开。纵隔内有动脉、食管、气管和心脏等器官。

观察心包和心、大血管。

观察头颈部器官：在下颌后方找到喉和气管，在喉的后方观察甲状腺的分叶、形状和位置。观察猪的腮腺和下颌腺，注意猪的下颌腺呈扁球形，位于腮腺的深面，寻找下颌腺管及其在口腔的开口。

二、马尸体解剖

【目的要求】在认识和记忆马的各内脏器官的基础上，通过马（或驴、骡）的尸体解剖，系统复习和观察马体各系统的结构，加深整体概念，并进一步认识和记忆离体标本上看不到的部分。

【准备工作】重点复习马属动物内脏器官的结构，并复习有关肌肉章节。

【观察内容和步骤】

（一）观察腹壁肌肉

除去躯干皮肌，可见在软腹壁上有一层浅黄色有弹性的致密结缔组织膜，称为腹黄膜。它为草食动物所特有，以增强腹壁弹性和韧性，保护肌腹和内脏器官。

1. 腹外斜肌 位于腹黄膜的深面，肌纤维的方向是自前上方斜向后下方。该肌起自肋骨的外面，与对侧同名肌相接，共同形成腹白线，止于髂骨及耻骨上，该肌在靠近肋骨的部分为肉质，向后下方则逐渐转变为腱质。

2. 腹内斜肌 沿肌纤维方向钝性分离腹外斜肌，可见腹内斜肌。它位于腹外斜肌的深面，肌纤维方向与腹外斜肌相反，是从后上方斜向前下方，自髋结节下行，肌质逐渐为腱膜，与腹外斜肌腱膜相交织，止于腹白线。

3. 腹直肌 沿肌纤维方向分离腹内外斜肌并切开腱膜，可见腹直肌起自胸骨及肋软骨，为一宽带状肌，肌纤维自前向后伸延，以强厚的耻前腱止于耻骨前缘，肌腹有9～11条腱划。

4. 腹横肌 沿肌纤维方向钝性分离腹内斜肌可见腹横肌，位于腹部诸肌的最内层，肌纤维方向自上向下几乎是垂直走向，该肌起于腰椎横突和肋弓内侧面，与膈的附着部相接。该肌较薄，肌质部分不发达，向下以腱膜止于腹白线。

（二）观察腹腔诸器官和腹膜

将尸体右侧倒卧，从左侧沿肋弓除去腹肌，注意勿伤及腹壁后部的腹股沟管。小心剪开腹膜，露出腹腔内脏器官。

1. 观察腹腔内诸器官的位置 从左侧观察，自前向后顺序进行。

（1）肝的左叶：在膈的后方，与膈之间有韧带相连。

（2）肝的左后方接胃和大结肠，胃的大弯有大网膜附着，观察大网膜的长度和周围器官的关系。大网膜向上方连于脾门,观察脾的形状、颜色。

(3) 左肾:位于最后肋骨椎骨端及第1～3腰椎横突腹侧,肾的周围有脂肪,外包结缔组织膜,称为肾脂肪囊。在肾的内侧前方观察左肾上腺。

(4) 肠和肠系膜:在腹腔左侧观,大结肠和盲肠位于腹腔下部,而空肠和小结肠则位于腹腔左侧上部。首先观察小结肠:肠管较粗,有两条纵肌带和两列肠袋。小结肠背侧缘有小结肠系膜悬吊于3～6腰椎腹侧。将小结肠连同其系膜向体外翻转,放在腰部背侧,可见小结肠在肾的下方与从右侧转过来的十二指肠之间有一明显的十二指肠小结肠韧带,该韧带可作为十二指肠和空肠的分界标志。从十二指肠小结肠韧带开始,沿空肠肠祥向后寻找到回肠,回肠的特点是:一侧缘连以肠系膜,另一侧缘有回肠进入盲肠的部位。

观察小肠系膜,小肠系膜包括空肠系膜和回肠系膜,该系膜在空肠起始部较短,以后逐渐增长,最宽处可达50～60cm,到空肠末端及回肠处又逐渐变短。该系膜的根部附着于第1～2腰椎腹侧,肠系膜前动脉、神经、淋巴管及静脉均通过该根部穿行在系膜内,两层浆膜之间。

进一步在腹腔下部观察大结肠和盲肠。在骨盆腔前口处先找到骨盆曲,以骨盆曲为分界,观察下方的左下大结肠和上方的左上大结肠。然后再沿上、下大结肠的前部找到胸骨曲和膈曲。最后握住骨盆曲向外牵拉,可将大结肠的游离部分拉出腹腔,可见骨盆曲为中点,将大结肠分为上大结肠和下大结肠两个部分,此时,可清楚地看到盲肠底、盲肠体和盲肠尖,仅右上大结肠的后部与盲肠底以结缔组织连于腰椎腹侧,称为无浆膜区。

(5) 在母马尸体上观察卵巢、输卵管和子宫的位置;在公马尸体上重点观察精索与腹股沟管。在骨盆前口的左侧(或右侧),先找到腹股沟的腹环,可见精索(包括输精管和脉管等)经腹环进入腹股沟管,该管是斜行穿过腹外斜肌和腹内斜肌之间的缝隙,为胎儿时期睾丸从腹腔下降到阴囊的通道,有内外两个口,内口通腹腔,称为腹环,外口通皮下称皮下环,该管长约10cm。

(6) 观察肾、输尿管及膀胱的位置关系。

2. 观察腹膜 被覆在腹膜壁上的浆膜称为腹膜壁层;被覆在腹腔器官表面的浆膜称为腹膜脏层。腹膜在器官与体壁,器官与器官之间的移行,形成网膜、系膜和韧带。

观察上述结构并考虑:什么叫腹膜腔,它与腹腔有何不同?公畜和母畜的腹膜腔有何不同?小结肠系膜与小肠系膜的关系如何?

在教师指导下,摘除小肠、小结肠、肝等器官,在摘除上述肠管之前,应对欲切断的肠管做双结扎,以免粪便污染。

(三) 观察胸腔器官和胸膜

先除去胸壁肌肉,在肋骨与肋软骨连接处剪断肋骨。在肋骨的椎骨端用骨钳或板锯切断所有肋骨,小心切断膈与肋骨的联系,即可观察。

1. 胸膜 在胸腔内观察。肋胸膜:肋骨表面的浆膜;肺胸膜:被覆在肺表面的浆膜;膈胸膜和心包胸膜:分别被覆在膈的胸腔面和心包外面的浆膜。进一步观察纵隔胸膜:纵隔胸膜是位于胸椎和胸骨之间的浆膜,左、右各有一层纵隔胸膜,两层纵隔胸膜以及夹在两层间的器官和结缔组织形成纵隔,把左、右胸膜腔隔开。纵隔内有动脉,食管、气管和心等器官。

考虑胸膜与胸腔有何不同,观察马属动物纵隔的特点。

2. 观察心、肺、迷走神经、交感神经、膈神经、食管、气管、胸主动脉以及后腔静脉等器官

（1）观察马肺的分叶。

（2）观察心包。心包与胸骨之间有心包胸骨韧带，在心包上观察膈神经的走向。

（3）观察食管的位置，在食管的背侧和腹侧，观察迷走神经背干和腹干。

（4）在胸椎椎体外侧观察交感神经干，在第一肋椎骨端找到星状神经节。

（5）观察气管分为两个支气管的情况。

（6）切开心包，观察心包液的量、透明度，心外膜。

（7）观察胸导管的毗邻关系，寻找它汇入静脉的地方。

（四）观察颈部内器官

在颈部，观察食管、气管、颈静脉、迷走交感干、甲状腺等器官，在下颌骨后缘观察腮腺、颌下腺及淋巴结。

（五）观察右侧胸、腹腔诸器官

在完成以上观察内容的基础上，翻转尸体，使其左侧倒卧，切除右侧胸壁和腹壁肌肉。锯断肋骨，在去肋骨时，注意观察膈的肋骨内侧面的附着处，切断膈与肋骨的联系，观察顺序如下：

1. 观察胸腔器官 右肺除尖叶、心膈叶外，还有一个副叶。观察前腔静脉和后腔静脉进入右心房，然后切去部分膈。观察肝的右叶，注意在右叶脏面上不见胆囊，寻找肝管及其通入十二指肠处。

2. 观察胃 位于肝的左后方，胃的幽门部以幽门通十二指肠，寻找胃的大弯并观察大网膜。

观察十二指肠的走向和特点：自幽门起始后向上走，靠近肝的脏面处形成"乙"状弯曲，进而向后延伸，在右肾后方转向左侧，在左肾下方延续为空肠。

3. 观察胰 位于十二指肠和腹腔顶壁之间，前邻肝的脏面。寻找胰管，观察胰管汇入十二指肠。

4. 观察盲肠底和右侧大结肠的关系以及它们在腹腔内的固定情况

三、牛羊尸体解剖

【目的要求】在学习各离体内脏器官的基础上，通过牛（或羊）的尸体解剖，系统复习和观察反刍动物各系统，特别是胸腔和腹腔各器官的位置、相互联系，加深整体概念，并进一步认识和记忆在离体标本上看不到的结构。

【观察内容和步骤】

（一）观察腹壁肌肉

剥去腰、腹部皮肤，顺序观察皮肌、腹外斜肌、腹直肌和腹横肌（参考马的尸体解剖部分）。

（二）观察牛（羊）的腹腔器官的腹膜

（1）使尸体左侧倒卧，沿肋弓切除腹壁肌肉，然后切开腹膜。

(2) 观察大网膜：打开右侧腹壁后，可见大网膜包裹了十二指肠外的绝大部分肠管，位于表面的是大网膜的浅层，剪开浅层可见大网膜深层，观察深层和浅层大网膜的起始部、走向和终止的器官。

(3) 观察小网膜与哪些器官的什么部位相连。

(4) 剪开大网膜深层：观察各肠段的位置关系。

①首先观察十二指肠，从皱胃的幽门起始，向上形成"乙"状弯曲，在肝的脏面附近转向后走，绕过右肾，在向前方折转，重新达到肝的脏面附近向下延续为空肠。

②观察总肠系膜：两层腹膜先将盲肠、结肠初袢和终袢包住，然后将结肠旋袢包在中间，向下延续为小肠系膜，小肠位于结肠旋袢的右侧和下方，羊的结肠旋袢的离心回最后一圈远离旋袢，延伸在小肠系膜之中，肠管内已形成粪球。

③观察肝：牛肝分叶不明显，由发达的胆囊和圆韧带把肝分成左叶、中叶和右叶，寻找胆管，观察其在"乙"状弯曲的入口。胆管与胰管合并后开口到"乙"状弯曲，羊肝的右叶在右背侧，后端结右肾。右叶背面有尾叶的尾状突，肝左叶位于腹侧。边缘较薄，胆囊附在中叶与右叶之间。

④观察胰：位于十二指肠肠袢之间，呈不正四边形，粉红色。寻找胰管，牛的胰管约在距幽门 30cm 处，单独汇入十二指肠。羊的胰形状不规则，胰管与胆管汇合后共同开口于十二指肠"乙"状弯曲。

⑤观察盲肠：盲肠的盲端伸向骨盆腔入口处，寻找回肠进入盲肠的部位，观察盲肠转为结肠，观察回盲韧带。

⑥观察胃：牛（羊）胃约占据腹腔的 3/4，瘤胃左侧与左腹壁相邻，右侧与肠相邻。网胃在瘤胃的前下方与膈相邻，瓣胃位于瘤胃的右前方。皱胃位于瓣胃的下方和后方。

将胃肠道从腹腔摘出后，观察胃的内部结构。剪开瘤胃，观察瘤胃肉柱、瘤胃乳头。剪开网胃，观察其黏膜结构，牛的网胃内常有金属异物存在。观察食管沟，注意其沟唇、食管沟的经路。剪开瓣胃，观察瓣叶结构特点，观察纵向分布的黏膜褶。

⑦观察唾液腺：注意腮腺的形状和位置，寻找腮腺管及其通入口腔的部位，下颌腺位于腮腺的深面。注意观察其形状，呈长条状，伸向下颌间隙，左、右两侧的下颌腺前端几乎相连。

(5) 观察肾：在腰椎下方，找到左肾和右肾，比较二肾的位置特点，牛肾的外边包有脂肪囊，称为肾脂囊，小心剥离肾脂囊，在肾的腹侧寻找输尿管，观察其进入膀胱。

(6) 观察脾：脾位于瘤胃背囊的背、左侧。观察脾与胃的联系。

(7) 观察盆腔内直肠、子宫（母畜）、副性腺（公畜）与膀胱的位置关系，沿子宫角寻找卵巢，观察卵巢的形状、大小和位置。

（三）观察胸腔器官和胸膜（参考马的胸膜部分）

(1) 在纵隔上，观察位于纵隔内的淋巴结，寻找纵隔淋巴结。纵隔淋巴结分为纵隔前、纵隔中和纵隔后淋巴结，它们分别位于心的前方、心的背侧和心的后方。牛、羊的纵隔后淋巴结常常很大，当患结核病时，该淋巴结常常肿大压迫食管，影响嗳气。

(2) 观察胸腔器官：①观察肺的分叶、气管、支气管及右肺尖叶支气管。②观察心包、膈神经。③观察食管，迷走神经的背干和腹干。④观察主动脉及其在胸腔内的分支。⑤观察交感神经干及星状神经节。⑥观察胸导管的毗邻关系，胸导管汇入静脉的入口。

(3) 观察牛、羊的口腔器官：参考牛、羊消化器官部分以及呼吸器官部分，观察唾液腺，注意下颌淋巴结的位置及其与下颌腺的关系。观察牛、羊的甲状腺。

(4) 淋巴管注射示教：教师可任选一个瘤胃和肠段，用2%～5%的墨汁水溶液，用细针头作淋巴管注射。观察器官浆膜下淋巴管，并可作淋巴结补充注射，观察淋巴干和胸导管。

四、禽解剖特征

【目的要求】通过对鸡的内脏器官解剖，掌握禽类消化、呼吸、泌尿、生殖器官系统的构造特点。

【准备工作】熟悉本实验指导的内容。

【观察内容】将拔除羽毛的鸡尸体固定好，把准备好的玻璃管插入气管，向肺及气囊内吹气，待气囊充气后，结扎气管。按以下顺序解剖观察。

(1) 在仰卧着的鸡腹部后方正中处，用左手指提起皮肤将剪刀插入皮下，沿正中线向前剪，剪到下颌的后方，向后剪到肛门（注意勿伤肌肉），后用小刀将皮肤向两侧剥离，在颈后部要注意勿伤锁骨间气囊和颈气囊。

(2) 在胸部露出胸浅肌，将此肌肉由正中向两侧切开，此时应注意在胸浅肌与胸深肌间有一个小的气囊憩室（由锁骨间气囊形成的），注意不要碰破，然后再将胸深肌切除。

(3) 肌肉除去后，露出胸部骨骼，然后小心地用骨剪剪断锁骨、乌喙骨，沿胸骨两侧剪断肋骨，注意勿伤气囊和肺，此时注意观察胸前气囊和胸后气囊。

(4) 小心地打开腹腔，观察腹气囊（可对照气囊标本进行观察）。

(5) 在颈部观察以下部位：

①气管：在颈腹侧，由很多软骨环组成，在心脏的背侧接鸣管。

②食管：与气管一起偏于颈的右侧，在锁骨的前方膨大成嗉囊，嗉囊以下的食管走在气管的背侧进入胸腔。

③胸腺：幼鸡明显，位于颈两侧皮下，长形分叶状，浅黄粉色。

④甲状腺：在颈后部胸腔前部，颈静脉内侧，为椭圆形红色腺体。

(6) 观察内脏器官的位置：

①肝：较大，位于胸骨背侧，分左、右两叶，右叶有一胆囊。左叶的肝管直接开口于十二指肠，右叶的肝管先到胆囊，再由胆囊发出胆管到十二指肠。

②脾：位于腺胃右侧，呈不正的球形。

③前胃（腺胃）：由左侧拉开肝的左叶，在左叶背侧有接腺胃及十二指肠的开口。

④十二指肠：围在肌胃的右侧及后方，呈马蹄形，在十二指肠袢间有胰腺，呈米黄色，长条状，分三叶。

⑤盲肠：在十二指肠右后方，可见到盲肠的一部分，拉开盲肠观察，见两条长的盲管，盲端朝后。

⑥空肠：主要位于腹部右侧，拉开空肠观察小肠系膜，空肠中部有一个小突起，称为卵黄囊憩室。

⑦回肠：短而较直，以系膜与两盲肠相连。

⑧胰管、胆管的开口：将十二指肠拉开，在肝的背侧，可见到两条管子，注意用镊子分离结缔组织，找出左侧的肝管和右侧的胆管，都开口在十二指肠的末端。在胰腺的前端分离结缔组织，可找到三条胰管，与胆管一起开口于十二指肠的末端。

（7）将肝取下，在紧靠腺胃的前方将食管切断，用手将胃及肠向外拉出，剪断肠系膜，把胃及肠管放在腹腔外，详细观察各器官的形态结构。

（8）观察鸣管：位于器官末端，分叉处有一呈锲状的鸣骨，鸣管有两对弹性薄膜，称内、外鸣膜，形成一对狭缝，为鸡的发声器官。

（9）观察肺：两肺位于胸腔背侧部，不分叶，鲜红色，肋面上有较深的肋沟，肺门位于腹侧面的前部，肺上还有一些与气囊相通的开口。

（10）观察生殖器官：包括雄性生殖器官和雌性生殖器官。

①雄性生殖器官：

睾丸：其大小因年龄和季节而有变化。睾丸位于腹腔内，在肾的前部腹侧，睾丸的背内侧缘有一扁平突出物称为附睾。

输精管：是一对弯曲的细管，与输尿管并列而行，后端开口于泄殖腔。

②雌性生殖器官：

卵巢：位置与睾丸相同，仅左侧发育（右侧已退化），呈葡萄状，均为处于不同发育时期的卵泡，卵泡呈黄色，卵巢表面密布血管。卵巢的大小与年龄和产卵期有关。

输卵管：只有左侧发育，是一条长而弯曲的管道。根据其构造和功能，由前向后依次分为五部分：漏斗部：中央有输卵管腹腔口，边缘薄呈伞状。膨大部或称蛋白分泌部：是最长最弯曲的部分。峡部：为膨大部后方的缩细部分。子宫部：扩大成囊状，壁较厚。阴道部：变细弯曲呈"S"形，后端开口于泄殖腔的左侧。

（11）观察泌尿器官：肾狭长呈荚状，位于腰荐骨两旁和髂骨的肾窝内，分前、中、后三部分。肾周围没有脂肪。输尿管从肾中部走出，沿肾的腹侧面向后伸延，最后开口于泄殖腔顶壁两侧。鸡没有膀胱。

实验三 四大基本组织及主要器官组织学观察

一、基本组织学

（一）上皮组织的被覆上皮

1. 单层扁平上皮

蛙肠系膜装片：装片的厚度各部不一，硝酸银染色后着色深浅也不同。在低倍镜下观察时，应选择标本最薄的地方；换用高倍镜就会看到细胞呈扁平多边形，彼此之间以棕黑色的波形线分开，界限很清楚。有时细胞界限不是连续的黑线而是黑点状，这是因为有不着色的连接在细胞之间的细胞间桥存在。细胞核扁圆形，位于细胞中央。

鼠肾脏切片（高倍镜观察）：视野中所看到的是位于肾脏皮质部的肾小体，肾小体由肾小囊和血管球组成。肾小囊的脏层围绕血管球不易看到；肾小囊的壁层由单层扁平上皮所构成，细胞核凸出，染色深，细胞质较少。

2. 单层立方上皮 高倍镜观察甲状腺腺泡壁是由单层立方上皮构成，细胞核大而位于中央，呈圆形，细胞之间分界明显，腺泡腔内充满胶状物质，为细胞分泌的产物，染成红色。

3. 单层柱状上皮 小肠肠腔的表面有许多突出的绒毛，绒毛表面为单层柱状上皮。用高倍镜观察单层柱状上皮的细胞呈柱状，细胞核为长椭圆形，与细胞长轴相平行，位于细胞基部，细胞质染色深。

4. 假复层柱状纤毛上皮 气管的管腔内面由假复层柱状纤毛上皮所构成。用高倍镜观察，见上皮细胞分界不清楚，核多为卵圆形，不在同一水平上排列，上下都有，类似复层。实际上，每个细胞的基部都与基底膜相连，但因切片的关系，不能看到相连的情况。上皮细胞的表面有纤细的纤毛，其间还夹有分泌黏液的杯状细胞。

5. 复层扁平上皮 角膜上皮由复层扁平上皮构成。用高倍镜观察，上皮由多层细胞构成。表面为数层扁平的细胞，核亦扁平，中间为数层不规则多边形的细胞，核为圆形，靠近基底部为一层具有大椭圆形细胞核的低柱状细胞。

6. 变移上皮 其形态结构随器官功能状态而改变，如膀胱上皮。当器官扩张时，上皮变薄，只有 2~3 层细胞；收缩时，上皮有 5~6 层细胞，此时，视野中所看到的是膀胱最内面的黏膜层，其最表面的细胞大而扁圆，突向管腔中，中间为数层不规则的倒梨形或三角形上皮细胞，最深层的细胞呈立方状或矮柱状。

舒张时，上皮细胞只有 2~3 层，表面细胞呈扁平形，深层为不规则的立方形。

（二）固有结缔组织的疏松结缔组织

疏松结缔组织——台盼蓝活体注射，苏-伊染色

用高倍镜观察装片最薄的地方，此处的细胞排列得很疏松而不重叠，见有成束的胶原纤

维及长而细的弹性纤维交错成网，其中散布有许多细胞，最多的是有突起的成纤维细胞，细胞质弱嗜碱性，着色浅，附着在胶原纤维上而不易区分。核大呈卵圆形，核中的染色质粒细小色浅，分布均匀，核仁明显。另有组织细胞，形状不一，核小而染色深，细胞质较多，染色亦深，且吞噬有台盼蓝染色剂的蓝色颗粒。其他还有许多小而圆的白细胞。

示范片：在高倍镜下见指针所指示的为浆细胞，细胞呈圆形或椭圆形，核圆形，偏于细胞的一端。核膜清楚可见，核质排列呈车轴状，染色质深。细胞质在核的周围较少，为淡染区。

指针所指的肥大细胞，呈圆形或椭圆形，核被细胞质中的粗大颗粒所盖而不见。

【作业】高倍镜下绘图，示疏松结缔组织的一部分。注解：胶原纤维　弹性纤维　成纤维细胞　组织细胞

（三）家畜血液涂片的显微镜观察

家畜血液涂片——瑞特氏染色

在油镜下见有许多粉红色、圆形无细胞核的红细胞，细胞的边缘较中央染色为深。因红细胞呈双面凹、中央薄的圆盘，故有时遇到边缘不整齐而呈桑葚状的红细胞。

移动涂片可找到各种类型的白细胞。因其有细胞核，故易与红细胞区别。白细胞的数量比红细胞少得多，因而要移动涂片寻找。

最常见的是中性粒细胞，细胞呈圆形，具有弱嗜酸性的淡黄色的细胞质，其中含有细小的分布均匀的紫色颗粒，核呈紫蓝色。染色质呈块状靠近核膜，核分叶。一般分为2~5叶，各叶之间的染色质丝有时分不清楚。分叶的数目与中性粒细胞的年龄及分化有关系。

嗜酸性粒细胞是较大的细胞，数量很少。细胞呈圆形，整个细胞的细胞质内充满着嗜酸性粗大的颗粒，且有时可将细胞核盖住，颗粒呈鲜红色，核分为2~3叶。嗜酸性粒细胞的细胞膜破裂时，大的颗粒可在细胞外面发现。

嗜碱性粒细胞数量也少，细胞呈圆形。胞质内充满嗜碱性颗粒，颗粒大小不等，分布不均匀，呈紫蓝色细胞核着色较淡，常呈"S"状弯曲或分叶，经常被粗大的颗粒盖住而看不见。嗜碱性粒细胞的颗粒被溶化，细胞核被破坏时，细胞完全染成深蓝色。

小淋巴细胞很小，呈圆形。细胞质极少，有时几乎看不到，呈透明的天蓝色，细胞质形成窄小的边缘，包围着大而圆的细胞核。核的一侧常有小凹陷，染色质致密呈块状，着色很深，呈深紫色。

单核细胞是很大的细胞，细胞边缘不整齐，呈圆形或椭圆形。细胞核呈马蹄形、肾形或扭曲折叠的不规则形，核常偏位，染色质分布呈细网状，着色淡，细胞质较多，为灰蓝色。

另外，还可找到成群聚集的血小板。血小板的形状不规则，大小不一，细胞质中有蓝色微细的颗粒，无细胞核。

【作业】油镜下绘图，示几个红细胞和各种白细胞。注解：红细胞　中性粒细胞　嗜酸性粒细胞　嗜碱性粒细胞　淋巴细胞　单核细胞　血小板

（四）肌肉组织的骨骼肌

骨骼肌（羊食管切片）——苏-伊染色

在低倍镜下由外向内观察。外为食管的浆膜层，内为肌肉层。肌肉层由横纹肌构成，见横纹肌为柱状长条，肌纤维内含有许多椭圆形的细胞核，且多位于肌膜下。肌浆内有纵行而

明显的肌原纤维，因其上的明带和暗带着色不同而显出横纹。

【作业】高倍镜下绘图，示横纹肌的一部分。注解：胞核　肌原纤维　横纹

（五）神经组织

脊神经节切片（兔）——苏-伊染色

在切片上，脊神经节内的圆形神经细胞和围绕它的神经胶质细胞（即卫星细胞），可以看得很清楚。脊神经节由感觉神经细胞及其突起、卫星细胞（神经胶质）及结缔组织构成。在高倍镜下，神经细胞很大，呈圆形，成群地分布着。细胞核圆而明亮，内含有少量的染色质，核膜明显。核内有正圆形核仁，染色极深。此外，还可以看到有圆形或卵圆形具有明显核仁的细胞核围绕着每个神经细胞，这就是卫星细胞。在卫星细胞外面，还可看到薄薄一层结缔组织与卫星细胞构成一个围绕神经细胞的膜。神经细胞与膜之间有空隙，这是由于固定剂的影响，细胞稍微收缩后而形成的。

脊神经节内的神经细胞，属假单极型，从细胞体发出一个突起，但很快又分为两支，一支为树状突，一支为轴状突。但在切片上则看不到直接由神经细胞发出的突起。在神经细胞之间还可以看到成束的神经纤维。

二、主要器官的组织结构

1. 心脏切片（羊）——苏-伊染色　心脏的壁和血管相同，由三层构成，为心内膜、心肌膜和心外膜。

换高倍镜观察心内膜的内层是内皮，内皮外面是由纤细的结缔组织构成的内皮下层，有时含有少量平滑肌纤维。内皮下层外面是心内膜下层，由疏松结缔组织构成，其中含有分散的心肌纤维和蒲肯野氏纤维，这种纤维比心肌纤维粗，具有大而圆形的核。肌浆较多，染色淡，肌原纤维较少，位于外周部分。

心肌膜最厚，由螺旋形排列的心肌纤维和结缔组织构成。

心外膜的外表面为一层扁平的间皮，间皮与心肌膜之间为一薄层结缔组织层，内含有神经、血管和脂肪组织。

【作业】高倍镜下绘图，示心内膜和心肌膜的一部分。注解：内皮　内皮下层　心内膜下层　蒲肯野氏纤维　心肌膜　心肌胞核　闰盘　结缔组织　血管

2. 猪脾脏切片——苏-伊染色　脾脏与淋巴结不同，无输入淋巴管与淋巴窦，而有静脉窦。其支架和淋巴结相同，包括被膜、小梁和网状组织。低倍镜下观察切片，见表面均被覆一层间皮，其内为较厚的被膜，其中有许多的弹性纤维和平滑肌。被膜伸入脾实质构成小梁，也与网状组织共同构成脾的支架，脾实质分白髓与红髓。

白髓：小梁之间有一些深蓝色的淋巴小结，是 B 淋巴细胞堆积处。小结中央部分着色淡，亦称生发中心。小结一侧为一厚层密集的呈弥散状态的淋巴组织，即动脉周围淋巴鞘，其中可见中央动脉及其分支。白髓中可见各种不同切面的小动脉，称中央动脉。

红髓：白髓以外的部分均为红髓。红髓主要由脾索和脾窦组成。脾索与脾窦相间排列，脾索内含有许多 B 淋巴细胞、浆细胞、巨噬细胞和各种血细胞。脾索之间有很多脾窦和小动脉。窦壁由长梭形的内皮细胞平行排列而成。

边缘区：白髓的四周为白髓与红髓相移行部分，称为边缘区，此区淋巴细胞稀疏，还有

大量巨噬细胞。

【作业】低倍镜下绘图，示脾脏各部分结构的轮廓。注解：被膜　小梁　淋巴小结　动脉周围淋巴鞘　中央动脉　边缘区　脾索　脾窦　网状细胞　淋巴细胞　巨噬细胞　白髓　红髓

3. 羊十二指肠切片——苏-伊染色 低倍镜下先分清黏膜层、黏膜下层、肌层和浆膜，再换用高倍镜依次观察。

黏膜层：黏膜上的突起为小肠绒毛，有的绒毛是纵切的，有的因弯曲的缘故而被切成横或斜切面。绒毛中央有中央乳糜管。选一个纵切的绒毛用高倍镜观察，见上皮为单层柱状上皮，包括柱状吸收细胞和杯状细胞。在绒毛之间的上皮突向固有膜中形成肠腺。肠腺为单管腺，由吸收细胞和杯状细胞构成，核圆形。腺体深部有潘氏细胞和内分泌细胞等。固有膜：含有丰富的毛细血管网、毛细淋巴管、神经、淋巴组织和散在的平滑肌，构成了绒毛的中轴组织。黏膜肌层：极薄，有一些散在的平滑肌纤维伸入绒毛的中心。

黏膜下层：为疏松结缔组织，有十二指肠腺，是一种分支管泡腺。腺的分泌部是低柱状细胞，核扁圆形，位于细胞的基部。十二指肠腺开口于肠腺的底部或单独开口于黏膜表面。

肌层：内环外纵，两层之间为疏松结缔组织，内有血管和神经，有时可见较大的肌间神经丛。

浆膜：由间皮和疏松结缔组织构成。

【作业】低倍镜下绘图，示十二指肠的一段构造。注解：小肠上皮　绒毛　固有膜　小肠腺　黏膜肌层　十二指肠腺　黏膜下层　浆膜　血管　神经丛　中央乳糜管

4. 猪肝脏切片——苏-伊染色 低倍镜下见被膜组织穿入肝内，将肝分为许多小叶，称小叶间隔。通常在3个或几个肝小叶之间形成一个三角形的区域，为门管区。门管区内含：

小叶间动脉：为肝脉的分支，管腔圆形而小，较厚，其构造属于中等动脉型或较大的动脉型。

小叶间静脉：为门静脉的分支，管腔扁大而不规则，管壁较薄，其构造属于中等静脉或较小的静脉型。

小叶间胆管：管腔较小，由单层立方上皮组成，外包以结缔组织。较大的胆管上皮较高，结缔组织较厚。内有许多弹性纤维与分散的平滑肌。

门管区内还可见小叶间淋巴管。

高倍镜下观察，见肝小叶呈多面棱柱状。切片上看到的是多边形，但因动物种类而不同，也有小叶不显著者。在小叶中央有中央静脉。肝小叶是由肝板组成，肝板以中央静脉为中轴向外作辐射状排列，且分支互相吻合成索。肝细胞较大，呈立方形或多边形。核大而圆，核膜清楚，染色质松散，着色浅。常见1~2个核仁，亦见有双核者。胞质内含有线粒体、高尔基体、肝糖、脂肪与色素等。但在普通切片中不易看到。肝板之间为形状不规则的肝窦（窦状隙、静脉窦），是由小叶间静脉（进入小叶内）与中央静脉之间的微血管扩大而形成，肝窦与肝索交互排列，其腔体大小不一。窦壁的内皮细胞小而扁平，细胞核扁圆形，突向管腔而染色深。肝窦腔内有枯否氏细胞，呈不规则的星形，有突起，细胞核大，呈椭圆形或不规则形，染色淡，具吞噬作用。肝细胞之间的毛细胆管，用特殊染色方法才能见到。

【作业】低倍镜下绘图，示肝小叶的构造。注解：门管区　肝小叶　小叶间隔　肝板

肝窦　中央静脉　小叶间静脉　小叶间动脉　小叶间胆管　内皮细胞　枯否氏细胞

5. 兔肺切片——苏-伊染色　支气管进入肺后呈树枝状分支，形成支气管树：支气管—细支气管—呼吸性细支气管—肺泡管—肺泡囊—肺泡。

肉眼可见切片上较大的圆洞，为肺内较大的支气管，低倍镜下，它与气管无太大差异。支气管的纵行皱襞多，上皮为假复层柱状纤毛上皮，夹有杯状细胞。上皮下为薄层的固有膜，有时可见弥散的淋巴组织。黏膜下层为疏松结缔组织，尚存腺体。外膜由较致密的结缔组织组成，其中的透明软骨片重叠排成一圈。

低倍镜下找到细支气管，管壁上的软骨片和腺体减少直至消失，平滑肌形成完整的肌层。黏膜形成很多皱襞突向管腔，固有膜极薄。上皮变为单层柱状纤毛上皮，杯状细胞消失。呼吸性细支气管较短，管壁更薄，管壁上有散在肺泡开口，平滑肌减少。黏膜已无皱襞，上皮为单层柱状或立方状。与呼吸性细支气管相连的是肺泡管，切片上看不到完整的管壁。管壁衬以单层立方上皮，下方为薄层弹性纤维、网状纤维和少量平滑肌纤维呈螺旋状环绕管壁，断面形成膨大的结节状。

切片上看到很多蜂窝状小空泡，均为肺泡或肺泡囊。高倍镜下，肺泡上皮由单层扁平细胞和立方的分泌细胞构成。扁平细胞胞质菲薄，胞核处突入肺泡腔。肺泡隔很薄，其中具有丰富的毛细血管、弹性纤维、胶原纤维和少量结缔组织，也常见巨噬细胞（尘细胞）。

【作业】低倍镜下绘图，示意：支气管、细支气管、呼吸性细支气管、肺泡囊、肺泡和肺泡隔。

6. 鼠肾脏切片——苏-伊染色

低倍镜观察肾脏的一般组织结构：被膜由致密结缔组织组成，容易剥离。肾门处结缔组织很厚，有肾动脉、肾静脉和输尿管出入。肾实质的外周部分为皮质，由皮质迷路和皮质迷路之间的髓放线组成。髓质分布在肾脏内部，由肾锥体构成。皮-髓质之间常有大血管分布，为弓状动、静脉。

换高倍镜观察：皮质迷路内含有许多肾小体和盘曲的肾小管。肾小体外周的肾小囊外壁（壁层）由单层扁平上皮组成，内层紧贴在血管球上，不易分出。两层之间形成的囊腔与尿极的近曲小管相通。血管球由毛细血管盘曲成球状。血管极可见入球小动脉和出球小动脉。近曲小管（近端小管曲部）很长，管壁由四五个大的锥体状细胞围成，呈红色，胞核大而圆，位于基底部。细胞界线不清楚，细胞游离面有刷状缘。管壁外径大，但管腔狭小。远曲小管（远端小管曲部）较短，管壁由矮立方状细胞围成，着色淡，胞核位于细胞中央，数目较多，细胞界线较明显。虽然管壁外径小，但管腔较大。肾小体的血管极见到细胞排列密集的致密斑。髓放线是一些直行的管道。

髓质部可见细段，管径最小，管壁最薄，由扁平细胞围成。集合小管管径大，由典型的单层立方上皮围成，胞核大而圆，胞质清亮。细胞界线清晰，游离面平整，管腔大。肾间质结缔组织较少，含有丰富的毛细血管。

【作业】高倍镜下绘图，示意：肾小体、肾小囊、近曲小管、远曲小管、致密斑、细段、集合小管、毛细血管。

（陈秋生）

实验四 血液学实验

一、红细胞渗透脆性实验

【实验目的】学习测定红细胞渗透脆性的方法，理解细胞外液渗透张力对维持红细胞正常形态与功能的重要性。

【实验原理】正常红细胞混悬于等渗的血浆中，若置于高渗溶液内，则红细胞会失水皱缩；反之，置于不同浓度的低渗溶液中则会膨胀，乃至破裂，发生溶血。对低渗 NaCl 溶液耐受力高者，红细胞不易破裂，即脆性低。

【实验对象与用品】家兔。试管架、小试管10支、2 mL 吸管2支、1%NaCl、蒸馏水、滴管。

【方法步骤】

(1) 制备不同浓度的低渗 NaCl 溶液。将试管编号后排列在试管架上，按表实-3 向各试管准确加入 1%NaCl 溶液和蒸馏水，混匀，配制成从 0.25%~0.70% 10 种不同浓度的低渗 NaCl 溶液。

表实-3 制备不同浓度的低渗 NaCl 溶液

管号	1	2	3	4	5	6	7	8	9	10
1%NaCl（mL）	1.4	1.3	1.2	1.1	1.0	0.9	0.8	0.7	0.6	0.5
蒸馏水（mL）	0.6	0.7	0.8	0.9	1.0	1.1	1.2	1.3	1.4	1.5
NaCl 浓度（%）	0.70	0.65	0.60	0.55	0.50	0.45	0.40	0.35	0.30	0.25

(2) 采取新鲜血液（或去纤维蛋白血），在上列试管中各加 1 滴，双手搓动，混匀之。

(3) 室温下静置 2h，使细胞下沉（必要时可取一组离心沉淀，2 000~3 000r/min，3~5min），然后根据混合液的颜色和透明度进行观察。

(4) 所观察到的现象可分为下列 3 种：

①小试管内液体完全变成透明红色，说明红细胞完全溶解，称为完全溶血。引起红细胞最先完全溶解的浓度，即为红细胞对低渗溶液的最大抵抗力（表示红细胞的最小脆性）。

②小试管内下层为混浊红色，表示有未溶解的红细胞，而上层出现透明红色，表示部分红细胞被破坏和溶解，称为不完全溶血。开始出现部分溶血的盐溶液浓度，即为红细胞的最小抵抗力（表示红细胞的最大脆性）。

③小试管内液体下层为混浊红色，上层为无色或淡红色的液体，说明红细胞没有溶解。
记录该实验中红细胞的最小脆性和最大脆性。

【注意事项】

1. 不同浓度的低渗 NaCl 溶液的配制应准确。
2. 渗透脆性实验中，取血、滴血、混匀时避免用力振荡，以免引起非渗透脆性溶血。

3. 向试管内滴加血液时应迅速准确，避免血液凝固。

【思考题】
1. 红细胞在低渗溶液中为什么会出现体积膨胀甚至破裂？
2. 为何同一个体的红细胞渗透脆性不同？

二、血细胞计数

【实验目的】了解血细胞计数的原理并掌握红细胞、白细胞、血小板计数的方法。

【原理】红细胞计数结果可作为生理机能检查和临床诊断的指标。用相应的稀释液将血液稀释若干倍（另有抗凝、固定、着色作用），置于计数室中，在显微镜下计数一定容积内的血细胞数。稀释血液有血细胞吸管法和试管法，本实验采用后者。

【实验对象与用品】家兔。血细胞计数板、专用盖玻片、吸血管、显微镜、计数机、血细胞稀释液、拭镜纸、毛笔。

【方法步骤】

（一）熟悉计数室

血细胞计数板系一长方形厚玻片，常用的改良牛氏（Improved-Neubauer）计数板在中央横沟的两边各有一计数室，两计数室结构完全相同。计数室较两边的盖玻片支柱低0.1mm。因此，放上盖玻片时，计数板与其间距，即计数室空间的高度为0.1mm（图实-13）。在低倍显微镜下，可见计数室被双线划分成9个边长为1mm的大方格。四角的大方格又各分为16个中方格，这是用来计数白细胞的。中央大方格被划分为25个中方格，每一中方格又划分成16个小方格（图实-14为25×16小方格，也有的计数板为16×25的，小方格面积一致）。中央大方格的四角及中心5个中方格（16×25者则为四角上的中方格）为红细胞或血小板计数范围。

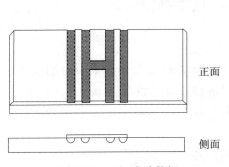

图实-13 血细胞计数板

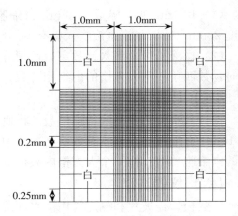

图实-14 改良牛氏血细胞计数室
"白"为计数白细胞的大方格

（二）红细胞计数

（1）红细胞悬液的制备。用5mL吸管吸取3.98mL红细胞稀释液放入试管内，然后用血红蛋白吸血管吸取血液至刻度 20mm³ 处,并将血液吹入盛有红细胞稀释液的试管内,双手搓动,混匀。

(2) 将盖玻片放在计数板正中,用小吸管吸取摇匀的稀释血液,将一小滴滴在盖玻片边缘的玻片上,使稀释血液借毛细管现象而自动流入计数室内。如滴入过多,溢出并流入两侧深槽内,使盖玻片浮起,体积改变,会影响计数结果,需用滤纸片把多余的溶液吸出,以深槽内没有溶液为宜。如滴入溶液过少,经多次充液,易造成气泡,应洗净计数室,干燥后重做。

(3) 血液稀释液滴入计数室后,须静置 2~3min,然后在低倍显微镜下计数。计数红细胞时,数中央大方格的四角的 4 个中方格和中央的一个中方格(共 5 个中方格)的红细胞总数。计数时应循一定的路径,采用"由上至下,由左至右,顺序如弓"的顺序,对压边线细胞采取"数上不数下,数左不数右"的原则计数(图实-15)。计数红细胞时,如各中方格的红细胞数目相差 20 个以上,表示血细胞分布不均匀,必须把稀释液摇匀后重新计数。

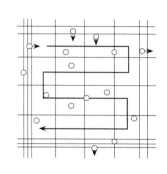

图实-15 计数血细胞的路线

(三) 血小板计数

采取血液并立即与抗凝剂混合(因血小板具有趋向于凝集和黏附于异物表面的特性)。以血小板稀释液(10%EDTANa₂ 10mL 与 0.8%NaCl 90mL 组成)将血液稀释 200 倍,混匀后滴入血细胞计数室内,静置 15min,待血小板下沉后,于高倍镜下计数(同红细胞计数)。在高倍镜下,血小板呈椭圆形、圆形或不规则的折光小体分布于红细胞间,注意与杂质相区别。也可用复方尿素稀释液稀释血液,应静置 20min 以上,待红细胞充分溶解后再充液计数。

(四) 白细胞计数

(1) 用 1mL 吸管吸取 0.38mL 白细胞稀释液放入小试管内,用血红蛋白吸血管吸血至刻度 20mm³ 处,并将血液吹入盛有白细胞稀释液的小试管内,轻轻摇匀。

(2) 血液稀释液滴入计数室后,须静置 2~3min,然后在低倍显微镜下计数。计数白细胞时,数四角 4 个大方格的白细胞总数。

(五) 计算

按计数室构造及血液稀释倍数,将血细胞计数结果换算成每立方毫米中血细胞的个数。每 1mm³ 血液内的红细胞总数:把 5 个中方格内数得的红细胞总数乘以 10 000。每 1mm³ 血内的白细胞总数:把 4 个大方格内数得的白细胞总数乘以 50。

(六) 仪器洗涤

计数板、盖玻片和测定管用清水冲洗,再用绸布或细布沾干。

【注意事项】

1. 充液前应充分混匀血细胞悬液,充液要连续、适量,充液后应待血细胞下沉后再计数。

2. 计数板、盖玻片、吸血管及测定管等用过后必须立即按要求洗涤干净。

实验五 坐骨神经-腓肠肌标本的制备及坐骨神经干动作电位的测定

一、坐骨神经-腓肠肌标本的制备

【实验目的】学习和掌握蟾蜍坐骨神经-腓肠肌标本制备的方法。

【实验原理】蛙类的一些基本生命活动和生理功能与温血动物相似,其离体组织所需的生活条件比较简单,容易维持良好的机能状态。因此,蛙类的神经-肌肉标本常用以观察研究兴奋性、兴奋过程、刺激反应的一般规律,以及骨骼肌的收缩特点等。

【实验对象与用品】蛙或蟾蜍。蛙板、蛙类手术器械、长滴管、玻璃分针、任氏液、烧杯、锌铜弓、BL-420生物机能实验系统。

【方法步骤】

(一) 破坏脑、脊髓

取蟾蜍一只,左手握蟾蜍,用食指下压其头部使其尽量前俯,右手持蛙针由枕骨大孔处垂直刺入皮肤,入枕骨大孔后将针折向前方插入颅腔并左右搅动,捣毁脑组织(图实-16)。而后退针至皮下,针尖向后刺入椎管并左右搅动以破坏脊髓。或者将铁剪刀插入蟾蜍口裂,沿两眼后缘剪去头,再以蛙针捣毁脊髓。待蟾蜍四肢肌肉紧张性完全消失,即表示脑和脊髓已破坏完全。

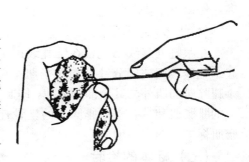

图实-16 破坏蟾蜍脑、脊髓

(二) 剪除躯干上部及内脏

在腋部用铁剪刀剪断脊柱(图实-17),将头、前肢和内脏一并弃去,仅保存一段脊柱和

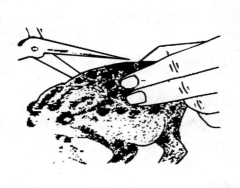 

图实-17 剪除躯干上部及内脏

后肢。脊柱的两旁可见坐骨神经丛。

（三）剥皮

左手捏住脊柱断端，右手捏住断端边缘皮肤，逐步向下牵拉剥离皮肤（图实-18）。然后，将标本放入盛有林格液的小烧杯中。洗净双手和用过的全部手术器械，以免皮肤分泌物污染神经-肌肉标本。

（四）分离标本为两部分

沿中线将脊柱剪成左右两半，再从耻骨联合中央剪开，注意勿损伤坐骨神经。将已分离的两腿浸于盛有任氏液的小烧杯中。

（五）游离坐骨神经

取一侧下肢，先用大头针将其俯位固定在蛙板上，用玻璃分针在半膜肌和股二头肌之间分离出坐骨神经。注意分离时要仔细用剪刀剪断坐骨神经的分支，勿伤神经干，前面分离至脊柱坐骨神经丛基部，向下分离至膝关节。保留与坐骨神经相连的一小块脊柱，将分离出来的坐骨神经搭于腓肠肌上，去除膝关节周围以上的全部大腿肌肉，用铁剪刀刮净股骨上附着的肌肉，保留下半段股骨。

图实-18 剥 皮

（六）分离腓肠肌

在跟腱处穿线结扎，在结扎线以下 0.5cm 处剪断跟腱；提起结扎线，用玻璃分针分离腓肠肌至膝关节处，在膝关节处将小腿除腓肠肌外的其余部分剪掉，即制备出一个具有附着在股骨上的腓肠肌和带有支配腓肠肌的坐骨神经标本，即坐骨神经-腓肠肌标本（图实-19）。

（七）标本的检验

取锌铜弓在任氏液中沾湿后迅速接触坐骨神经，若腓肠肌明显收缩，表明标本的兴奋性良好。将标本放入盛有任氏液的烧杯中待用。

【注意事项】

1. 制备标本过程中，应经常滴加任氏液润湿神经和肌肉，防止干燥。

图实-19 蛙坐骨神经-
腓肠肌标本的制备
（实线所示为标本保留部分）

2. 分离标本时，只能用玻璃分针，不可用金属器械及手触摸。同时，应避免过度牵拉或器械损伤神经或肌肉。

3. 勿使蟾蜍皮肤分泌物和血液等污染标本，也不能用水冲洗标本。

4. 要用玻璃分针尽量将神经干周围的结缔组织等分离干净，否则将影响以后的实验结果。

【思考题】

1. 完全损毁脑、脊髓后的蟾蜍应有何表现？
2. 为什么在制备神经肌肉标本过程中要经常滴加任氏液？标本干燥将会有何后果？为

什么不能用自来水或蒸馏水来代替任氏液？

二、坐骨神经干动作电位的测定

【实验目的】学习电生理实验的基本方法；测量神经干动作电位。

【实验原理】兴奋性是生命活动的基本特征之一，当内外环境的变化作用于机体时，将引起机体或组织的机能活动改变。可兴奋组织对刺激的兴奋反应，首先表现为电活动的变化，即产生动作电位。

【实验对象与用品】蛙或蟾蜍。蛙类手术器械、屏蔽盒、BL-420生物机能实验系统、任氏液等。

【方法步骤】

（一）制备蟾蜍坐骨神经-腓（或胫）神经标本（参考坐骨神经-腓肠肌标本的制备过程）

（1）破坏脑脊髓。

（2）剪除躯干上部及内脏。

（3）剥皮。

（4）清洗用过的器械。

（5）分离两腿。

（6）游离坐骨神经。

（7）分离腓神经（或胫神经）。当坐骨神经游离到膝关节腘窝处后，再向下继续分离，在腓肠肌两侧肌沟内找到胫神经和腓神经，剪去任一分支，分离保留的另一分支直至踝关节以下。

（8）完成神经干标本。用线分别在神经干的脊柱端和足趾端结扎，在结扎的远端剪断神经，即制成坐骨神经-腓神经标本或坐骨神经-胫神经标本。将制备好的神经干标本浸泡于任氏液中备用。

（二）连接实验装置

记录电极连接到主机BL-420面板1通道或2通道，刺激电极连接刺激输出。须避免连接错误或接触不良，注意地线的连接。

（三）安放神经干标本

用浸有任氏液的棉球擦拭神经标本屏蔽盒内所有的电极，然后用镊子夹持已制备好的神经干标本两端的线头，将标本安放在电极上。注意应将神经干的中枢端安放在刺激电极上，而将外周端安放在引导电极上。

（四）启动BL-420生物机能实验系统

打开计算机，双击BL-420图标，单击实验项目选择肌肉神经实验中的"神经干动作电位的引导"实验模块。

（五）神经干动作电位的观察

（1）观察双相动作电位：由弱至强调节生物机能实验系统的刺激强度，以一适宜强度的电脉冲刺激神经干；再调节实验系统的"灵敏度"和"扫描速度"到适当位置，此时可在荧光屏上显示出一个双相动作电位。

（2）单相动作电位：在观察到神经干双相动作电位的基础上，用镊子将两个记录电极之间的神经夹伤或用药物（如普鲁卡因）阻断，屏幕上呈现单相动作电位。

（3）增强刺激强度时可见动作电位在一定范围内随强度变化而变化。

【注意事项】

1. 神经屏蔽盒用前应清洗干净，尤其是刺激电极和记录电极，用后应清洗擦干，否则，残留盐溶液会导致电极腐蚀和导线生锈。

2. 标本应平直地放在电极上与电极密切接触。

3. 神经干须经常滴加任氏液保持湿润。可在屏蔽盒内置一个湿棉球，以保持盒内湿润，防止标本干燥。

【思考题】

1. 神经干复合电位是否遵循"全或无"定律？为什么？
2. 记录神经干动作电位时，可能出现哪些问题？如何解决？

实验六　离体蛙心灌流

【实验目的】学习离体蛙心灌流的方法，观察各种理化因素对心脏活动的影响。

【实验原理】心脏具有自律性收缩活动的特性，离体蛙心在模拟其内环境的体外条件下，在一定时间内仍具有节律性的舒缩活动。当其内环境的某些理化因素发生改变时，心脏的活动将发生相应的变化。

【实验对象与用品】蛙或蟾蜍。斯氏蛙心套管、蛙心夹、蛙板、蛙类手术器械、BL-420生物机能实验系统、长滴管、铁支架、任氏液、0.65%NaCl、1%CaCl$_2$、2.5%NaHCO$_3$、3%乳酸、0.01%肾上腺素、0.01%乙酰胆碱等。

【方法步骤】

（一）离体蛙心制作

1. 暴露心脏　取一蟾蜍，对其行双刺毁，仰卧固定于蛙板上，用铁剪刀剪去胸壁，再用眼科剪小心地剪开心包膜，暴露心脏。

2. 观察心脏的解剖结构　识别心脏动脉球、静脉窦（背面）等结构（图实-20）。

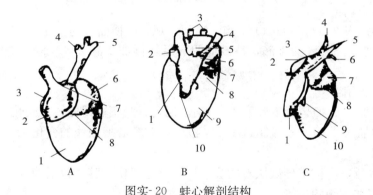

图实-20　蛙心解剖结构

A. 腹面　1. 心室　2. 动脉圆锥　3. 右心房　4. 颈总动脉
　　　　5. 肺皮动脉　6. 左心房　7. 主动脉干　8. 房室沟
B. 背面　1. 静脉窦　2. 左心房　3. 主动脉　4. 前腔静脉　5. 右心房
　　　　6. 肺静脉　7. 动脉圆锥　8. 房室沟　9. 心室　10. 后腔静脉
C. 右侧面　1. 静脉窦　2. 肺静脉　3. 前腔静脉　4. 外头静脉　5. 无名静脉
　　　　　6. 锁骨下静脉　7. 动脉圆锥　8. 房室沟　9. 肺静脉　10. 心尖

3. 心脏插管　用蛙心夹夹住蛙心尖部，蛙心夹用线固定在蛙板上。于主动脉分支下预埋一条棉线做一虚结备用。将主动脉左支上端结扎，在近动脉球处剪一向心斜切口，左手用眼科镊提起切口缘，右手将盛有少量任氏液的蛙心插管由此口插入主动脉球，然后稍退出，使尖端沿着动脉球后壁向心室中央方向插入，经主动脉瓣插入心室腔内。进入心室的标志是随着心室的搏动，有血液喷入插管，插管的液面随着心搏而升降。将主动脉的虚结扎紧，并固定在插管的侧钩上。及时用吸管吸去插管中的血液,多次更换新鲜任氏液。剪断左主动脉,轻轻提起插管和心脏,在心脏的下方绕一线,将右主动脉、左右肺静脉、前后腔静脉一起结扎(切勿损伤静脉窦)。于结扎线下方剪去所有牵连的组织,将心脏摘出,离体蛙心标本即制成。

(二) 仪器连接与应用

(1) 用试管夹将蛙心插管固定于铁支架上,将蛙心夹上的线连至张力换能器的悬梁臂上,连线应保持垂直,松紧适宜(图实-21)。

(2) 将张力换能器连至 BL‐420 生物机能实验系统的通道 1。开机进入 BL‐420 系统,选择"实验项目"菜单中的"循环实验"子菜单;在"循环实验"子菜单中选择"蛙心灌流"实验模块。

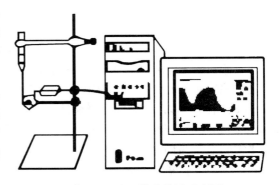

图实-21 蛙心灌流装置示意图

【实验项目】

(1) 描记正常的蛙心搏动曲线并分析其疏密、规律性、幅度、顶点及基线的含义。

(2) 离子的影响:

①套管内全部换入 0.65%NaCl,观察心搏曲线的变化。

②任氏液中加入 1~2 滴 1%$CaCl_2$,混匀,观察心搏曲线的变化。

③任氏液中加入 1~2 滴 1%KCl,混匀。观察心搏曲线的变化。

(3) 酸碱的影响:

①任氏液中加入 2.5%$NaHCO_3$ 1 滴,混匀,观察心搏曲线的变化。

②任氏液中加入 3%乳酸 1 滴,待效应明显后,再加 1 滴 2.5%$NaHCO_3$,观察心搏曲线的变化。

(4) 递质的作用:

①任氏液中加入 0.01%肾上腺素 1~2 滴,混匀,观察心搏曲线的变化。

②任氏液中加入 0.01%乙酰胆碱 1 滴,混匀,观察心搏曲线的变化。

【注意事项】

1. 制备标本时,应按指导试探着插管,尽量避免损伤心脏(包括静脉窦)。

2. 勿混用滴加试剂的试管。

3. 每次加药,心搏曲线出现变化后,应立即吸出全部灌流液,及时更换新鲜任氏液,直至恢复正常。

4. 每次换液时,插管内液面应保持相同的高度。

5. 每次滴加试剂先加 1~2 滴,如作用不明显时再补加。

6. 每项实验都应有前后对照。

【思考题】

1. 实验过程中套管内液面为什么每次都应保持一定的高度?

2. 在每个实验项目中心搏曲线分别出现什么变化,为什么?

(王 讯)

实验七 动脉血压直接测定

【**实验目的**】学习直接测定和记录家兔动脉血压的急性实验方法;以动脉血压为指标,观察某些神经、体液因素对心血管活动的影响。

【**实验原理**】动脉血压主要受心输出量和外周阻力的影响。动脉血压的变化,是反映心血管活动的重要指标。体内外许多因素通过神经和体液途径调节心输出量和外周阻力,致使血压发生改变。

【**实验动物**】家兔。

【**实验药品与器材**】3%(g/mL)戊巴比妥钠或20%(g/mL)氨基甲酸乙酯,生理盐水,0.5%(g/mL)肝素生理盐水溶液,1:100 000乙酰胆碱,1:10 000肾上腺素;BL-410生物机能实验系统、血压换能器、动脉插管、动脉夹、铁支架、三通管、兔手术台、哺乳动物手术器械、注射器和有色丝线等。

【**实验方法与步骤**】

1. 实验准备

(1) 麻醉和固定:家兔称重后,于耳缘静脉缓慢注射20%氨基甲酸乙酯(每千克体重5mL)或3%戊巴比妥钠(每千克体重1mL)进行麻醉。当动物四肢松软,呼吸变深变慢,角膜反射迟钝时,表明动物已被麻醉,即可停止注射。将麻醉的家兔仰卧位固定于兔手术台上。

(2) 分离颈部神经、血管:颈部剪毛,沿颈部正中线切开皮肤5~7cm,用止血钳钝性分离皮下组织及浅层肌肉,暴露气管;在气管右侧找到颈部血管神经束,与颈总动脉伴行的神经中最细的为减压神经,最粗的为迷走神经,交感神经居中。辨认清楚后,宜先以玻璃分针将减压神经分离出来,再分离其他神经;并应随即在其下各穿粗细、颜色不同的丝线备用。分离左、右两侧颈总动脉,左侧颈总动脉下穿两条棉线供插动脉套管时使用。

2. 连接实验装置 将血压换能器固定于铁支架上,使换能器位置与家兔心脏大致在同一水平上。将换能器输入端连于BL-410生物机能实验系统信号输入插口CH1,另一端通过三通管与动脉插管连接。用注射器将肝素生理盐水通过三通管缓慢注入换能器和动脉插管内,将换能器和动脉插管内的空气排尽,随即旋动旋柄,将该三通管关闭。

3. 左颈总动脉插管 将左侧颈总动脉近心端用动脉夹夹闭,远心端用线扎牢,在结扎处的近端朝心脏方向剪一斜口,插入已注满肝素盐水的动脉插管,用线将插管与动脉扎紧(图实-22)。

4. 开始实验 打开计算机进入BL-410生

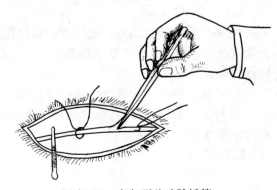

图实-22 家兔颈总动脉插管

物机能实验系统主界面,点击"实验项目"菜单,选择"循环实验"菜单中的"兔动脉血压调节"。

【实验项目】

（1）记录并观察正常血压曲线（图实-23），识别一级波和二级波，观察有无三级波。

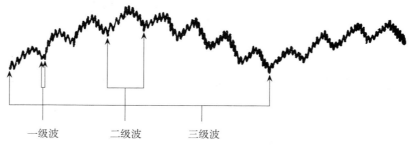

图实-23　家兔颈总动脉血压三级波

一级波（心搏波）：由心室舒缩所引起的血压波动，心缩时上升，心舒时下降，其频率与心率一致。

二级波（呼吸波）：由呼吸运动所引起的血压波动，吸气时血压先下降，继而上升，呼气时血压先上升，继而下降，其频率与呼吸频率一致。

三级波：可能由心血管中枢的紧张性活动周期变化所致，不常出现。

（2）松开两后肢的固定绳，并迅速将身体后举起，观察地心引力对血压的影响。

（3）提起右颈总动脉的备用线，用动脉夹夹闭颈总动脉5~10s，观察血压变化。

（4）手持左颈总动脉远心端上的结扎线向下牵拉5s，或直接给颈动脉窦以机械刺激，观察血压变化。

（5）将减压神经结扎、剪断，以中等强度电流连续刺激其中枢端，观察减压神经对血压的影响。

（6）结扎、剪断迷走神经，刺激其离中端，观察血压变化。

（7）将左侧迷走神经也剪断，观察血压变化。然后再刺激减压神经，观察有何反应。

（8）耳缘静脉注射1∶10 000肾上腺素0.5mL，观察血压变化。

（9）耳缘静脉注射1∶10 000乙酰胆碱0.5mL，观察血压变化。

（10）心脏采血10~20mL，观察血压变化。然后从静脉输入20mL 38℃的生理盐水，观察血压变化。

【注意事项】

1. 本实验麻醉应适量，过浅则动物挣扎，过深则反射不灵敏。分离神经时应特别小心，不要过度牵拉而损伤神经影响实验结果。动脉插管应始终保持与动脉的方向一致，防止动脉插管刺破管壁。

2. 每次实验后，应等血压和心率基本恢复并稳定后，再进行下一项实验。

3. 每次注射药物后，应立即用另一注射器注射生理盐水0.5mL左右，以防止药液残留在局部静脉中而影响下一种药物的效应。

【思考题】

1. 为什么水银检压计的零位必须与兔心在同一水平上？

2. 说明各实验因素引起动脉血压变化的机制。

实验八　不同因素对尿生成的影响

【实验目的】学习用膀胱或输尿管插管技术收集尿液的方法；观察不同生理因素对动物尿量的影响，加深对尿液生成调节的理解。

【实验原理】肾脏的主要功能是生成尿。尿的生成过程包括：肾小球的过滤作用；肾小管与集合管的重吸收作用；肾小管与集合管的分泌作用。凡影响上述过程的因素都可引起尿量的改变。

【实验对象】家兔。

【实验药品与器材】

实验药品：3%戊巴比妥钠或20%氨基甲酸乙酯、1∶10 000 去甲肾上腺素（NE）、20%葡萄糖液（G.S）、垂体后叶素、生理盐水（N.S）等。

实验器材：BL-410生物机能实验系统、哺乳动物手术器械一套、兔手术台、气管插管、膀胱导管（或输尿管导管）、注射器及针头、烧杯等。

【实验方法与步骤】

（一）动物手术

1. 麻醉与固定　家兔称重，由耳缘静脉缓慢注入20%氨基甲酸乙酯（每千克体重5mL）或3%戊巴比妥钠溶液（每千克体重1mL），待动物麻醉后，仰卧位固定于兔手术台上。

2. 颈部手术　颈部剪毛，沿颈部正中线切开皮肤5～7cm，用止血钳钝性分离皮下组织及浅层肌肉，暴露气管。分离气管右侧的迷走神经，穿线备用，用温热生理盐水纱布覆盖创面。

3. 收集尿液　可选择膀胱导尿法或输尿管导尿法。

（1）膀胱导尿法：在耻骨联合上缘向上沿正中线作4cm长皮肤切口，再沿腹白线剪开腹壁和腹膜（勿损伤腹腔脏器），找出膀胱，然后将膀胱轻轻翻转至腹腔外（勿使肠脏器外露，避免造成血压下降）。在膀胱底部找出两侧输尿管，认清两侧输尿管在膀胱开口的部位（图实-24）。小心地从两侧输尿管的下方穿一丝线，将膀胱上翻，结扎尿道。然后在膀胱顶部血管较少处剪一小口，插入充满盐水的膀胱插管，用线结扎固定（图实-25）。插管漏斗口应对着输尿管开口处并紧贴膀胱壁。手术完毕，用温热生理盐水纱布覆盖腹部创口。

（2）输尿管导尿法：在耻骨联合上方沿正中线向上作5cm长的皮肤切口，沿腹白线切开腹壁，将膀胱轻轻翻出腹腔外，暴露膀胱三角，在膀胱底部找出两侧输尿管，并将输尿管与周围组织轻轻分离，避免出血，在每侧输尿管下方各穿2条线。首先，用一条线把一侧输尿管的近膀胱端扎住（使尿液不能流进膀胱），在结扎之上部剪一"V"形小口，向肾脏方向插入充满生理盐水的输尿管插管；然后，用另一条线把输尿管及插管扎紧。按上述相同的方法，对另一侧输尿管进行插管、结扎并固定。可看到尿液从细塑料管中慢慢地逐滴流出

（注意：塑料管要插入输尿管管腔内，不要插入管壁肌层与黏膜之间；插管方向应与输尿管方向一致，勿使输尿管扭结，以免妨碍尿液流出）。手术完毕后，用温热（38℃左右）生理盐水纱布将腹部切口盖住，以保持腹腔内温度和湿度。

（二）实验项目

(1) 计数正常情况下每分钟尿分泌的滴数。
(2) 耳静脉注射 0.01％肾上腺素 0.2～0.5mL。
(3) 静脉灌注 38℃生理盐水 20mL。
(4) 以中等强度电流刺激一侧颈迷走神经离中端，持续 0.5～1min。
(5) 静脉灌注 38℃ 20％葡萄糖溶液 10mL。
(6) 耳静脉注射垂体后叶素 2U，计数 10min。
(7) 电刺激内脏大神经。
(8) 耳静脉注射 10％NaCl 或 10％尿素液 2mL。

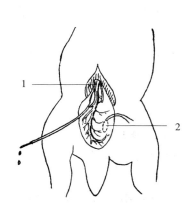

图实-24 家兔输尿管与膀胱
1. 输尿管 2. 插膀胱导管部位

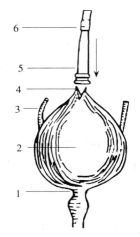

图实-25 家兔膀胱导尿法
1. 膀胱颈 2. 膀胱 3. 输尿管
4. 膀胱顶切口 5. 膀胱插管 6. 引流管

【注意事项】

1. 实验前应给兔多喂青菜和饮水，以增加其基础泌尿量。
2. 实验中需多次进行静脉注射，应注意保护兔的耳缘静脉；必要时可做股静脉插管。
3. 注意套管位置，尽量避免插管手术中出血，保证尿排出的通畅。
4. 在进行每一项之前，须待尿量基本恢复或者相对稳定后才开始。

【思考题】

1. 比较输尿管插管与膀胱插管的优缺点。
2. 注射生理盐水导致尿量增多的机理是什么？是渗透利尿还是水利尿？"迷走神经对肾脏等无直接支配作用，所以刺激它对尿的生成无影响"的说法对吗？

实验九 胆汁和胰液的分泌

【实验目的】学习胆汁、胰液体外引流方法；观察某些神经、体液因素对胆汁和胰液分泌活动的影响。

【实验原理】胰液和胆汁的分泌受神经和体液因素的调节。影响胆汁、胰液分泌的因素，除了有迷走神经外，激素中如促胰液素、胆囊收缩素等的作用都较强。与神经调节相比较，体液调节更为重要。此外，胆盐（或胆酸）亦可促进肝脏分泌胆汁，称为利胆剂。

【实验对象】家兔。

【实验药品与器材】3％戊巴比妥钠或20％氨基甲酸乙酯、0.5％ HCl 溶液、粗制胰泌素*、阿托品等；哺乳动物手术器械一套、兔手术台、电子刺激器、塑料管及玻璃胰导管和烧杯等。

【实验方法与步骤】

（一）手术准备

1. 麻醉固定 用3％戊巴比妥钠或20％氨基甲酸乙酯（剂量、方法见"实验八"）麻醉动物后，仰卧固定于手术台上。

2. 迷走神经分离 沿颈正中线切开皮肤，分离出左侧迷走神经，穿线备用。

3. 胰管插管 沿剑突下腹正中线切开腹壁，暴露腹腔找出十二指肠，在十二指肠顶点（即"U"状弯底）向后约10cm处，提起小肠对着光线可见白色发亮的胰主导管入十二指肠。细心分离胰导管入肠处，剪一小孔插入充满生理盐水的玻璃胰导管，结扎固定。套管游离端可用丝线固定在肠管上，以防套管扭曲变位。

4. 胆总管插管 在十二指肠起始部背面可见一黄绿色的较粗的胆总管（注意与静脉区别，图实-26），认准后，分离出胆总管，并在其下方穿线备用。于胆总管靠近十二指肠的一端，剪一小口，向肝脏方向插入引流管，用线结扎固定，即可见有胆汁流出。此时，可取小烧杯将流出的胆汁收集备用。

在不影响胆汁、胰液引流条件下，尽可能用止血钳封闭腹腔，以保持体温。

（二）实验项目

1. 胰液和胆汁的自动分泌 记录5～10min分泌量（滴数/min），并计算平均值。

2. 体液性（化学性）因素的影响

（1）向十二指肠内注入20mL 0.4％盐酸（37℃），观察反应全过程（潜伏期、增加、恢复，以滴/min表示）。

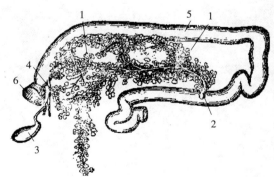

图实-26 家兔的十二指肠与胰管、胆管位置
1. 胰腺 2. 胰管 3. 胆囊
4. 胆管 5. 十二指肠 6. 幽门

(2) 皮下注射 0.1%毛果芸香碱（或 0.01%甲基硫酸新斯的明）0.5～1 mL。

(3) 静脉注射稀胆汁（用生理盐水将已收集备用的胆汁稀释 3 倍）4 mL，观察胆汁分泌的变化。

(4) 静脉注入粗制胰泌素溶液*5～10mL。

3. 神经因素的影响　先用适宜强度和频率的电流刺激左侧迷走神经，观察胆汁、胰液分泌速率的变化。静脉注射阿托品，片刻后待迷走神经至心脏的末梢被麻醉时，以电子刺激器刺激颈迷走神经外周端几分钟，再观察胆汁、胰液分泌速率的变化。

【注意事项】

1. 家兔禁食 24h，实验前半小时喂以青草可提高胆汁胰液分泌量。
2. 胆总管的切口应尽量靠近十二指肠端。
3. 胆总管插管应平直插入胆总管，不能扭转。

【思考题】说明各实验因素引起胆汁、胰液分泌变化的机制。

【组织建议】视时间和学生情况，可只要求胆汁内容，胰液分泌仅做插管练习，或选取较好的 1～2 组演示。

* 促胰液素的制备方法：实验完成后，在兔空肠和幽门处各作结扎。用大注射器将 100mL 0.4%盐酸注入十二指肠内，0.5～1h 后，将盐酸放出。此时溶液内已有促胰液素，保存于冰箱待用。要用时煮沸，加入氢氧化钠溶液使其略呈碱性，再慢慢加入淡醋酸，使其稍带酸性。然后用纱布、滤纸分别过滤，所得滤液即可供实验用。

（黎德兵）

实验十　内分泌腺和性腺组织学观察

一、主要内分泌腺

1. 牛甲状腺切片——苏-伊染色　低倍镜下，甲状腺外包薄层结缔组织被膜，被膜结缔组织伸入腺实质，将甲状腺分为许多不明显的小叶。小叶内分布着大量不开口的滤泡，滤泡大小不一。卵泡壁主要由立方形的滤泡细胞围成，卵泡腔内充满嗜酸性的胶状物质。在滤泡细胞之间，或滤泡之间，还分布着少量体积较大的滤泡旁细胞，由于其胞质着色很淡，故也称为亮细胞。滤泡之间含有丰富的毛细血管。

2. 牛肾上腺切片——苏-伊染色　低倍镜下见其外为被膜，由结缔组织所组成，周围部分着色较深，称皮质。细胞排成索状，索间均有网状组织与窦样毛细血管。根据细胞索的形状可分为三区：

球状区（弓状区）：在被膜下，最薄。索为球形或弓形团块，无空腔，细胞较小，为低柱状或卵圆形。细胞核染色深，细胞质少，嗜碱性，内含少量脂滴。

束状区（中区）：在球状区之内，最厚，占皮质的大部分，由立方状或多边形细胞排列成单行或双行细胞索，细胞索平行呈辐射状伸向髓质。细胞核呈泡状而大，染色淡，细胞质内含许多脂滴。

网状区（内区）：在皮质最内，紧靠髓质。细胞索斜向髓质吻合成网。细胞小，呈多角形，细胞核染色深，有时可见核固缩，细胞质染色深浅不甚一致。靠近髓质含有脂褐素，脂滴含量减少，与髓质部无明显的界限。

髓质：位于腺体中央。细胞呈多边形，堆积成团或排列成索，并互相连成网状。胞核圆形，染色浅。细胞质中含有小颗粒，遇重铬酸钾染成棕黄色，因分布不均匀，故细胞质染色深浅不一致。此种细胞称嗜铬细胞。还有少数交感神经节细胞，细胞核很大。细胞索之间为网状纤维、窦样毛细血管及结缔组织。髓质中央为中央静脉及其分支。

3. 牛脑垂体切片——苏-伊染色　低倍镜下见有许多圆形核的部分是远部；另一部分有许多神经纤维，而细胞少的部分是神经部；在远部和神经部之间着色较淡的部分是中间部。围绕神经垂体的漏斗是节结部。

换用高倍镜观察，远部为垂体的主要部分，腺细胞排列成索或团，彼此连接成网。腺细胞有三种：甲细胞的细胞质中含有嗜酸性颗粒，乙细胞的细胞质中含有嗜碱性颗粒，这两种细胞均属嗜色细胞；丙细胞的细胞质中则不含颗粒，又称嫌色细胞。三种细胞在普通染色切片中不易区分。远部和中间部之间为一狭小的垂体裂（马无）。

神经部：由神经胶质细胞和神经纤维构成。其中含有较大呈不规则形的细胞，称垂体细胞。普通染色切片中不易和神经胶质细胞区分。

中间部邻近神经部，两者互相紧密交错，含有淡染的嗜碱性细胞。

结节部：为多血管区，细胞排列成索或构成滤泡状，远部的嫌色细胞相似，嗜色细胞则很少。

二、性腺的组织结构

1. 兔睾丸切片——苏-伊染色 低倍镜下，见鞘膜包于睾丸之外。鞘膜的内面为白膜，由致密结缔组织组成。白膜伸入睾丸实质形成睾丸纵隔，睾丸纵隔中分布着睾丸网。纵隔的结缔组织再发出睾丸小隔，将睾丸分成许多睾丸小叶，曲精小管就分布于睾丸小叶内。

选择一个曲精小管在高倍镜下观察。曲精小管管壁上分布着大量的不同发育时期的生精细胞，由基膜向管腔依次可见：

精原细胞：紧靠基膜，细胞小而圆，圆形的细胞核染色深，具1~2个核仁。

初级精母细胞：位于精原细胞内侧。精原细胞生长发育后，分化为体积较大的初级精母细胞。此时，胞体大，核大而圆，块状染色质多处于分裂时期的浓缩状。

次级精母细胞：由初级精母细胞经第一次成熟分裂后形成，位置更靠近管腔。细胞体积较小，胞核圆，染色质呈细粒状。次级精母细胞存在时间很短，不易见到。

精子细胞：次级精母细胞很快完成第二次成熟分裂，产生精子细胞。精子细胞在管腔面成群存在，体积更小，核小而深染，胞质也少。

精子：由精子细胞变态而来，呈蝌蚪形，可分为头、颈和尾三部分。头部形状因动物种类不同而异。

曲精小管壁上还间隔分布着高锥体形的支持细胞，细胞界线不清楚，胞核淡染，呈椭圆形，与基膜垂直分布，核仁明显。曲精小管之间的结缔组织中成群分布着特殊的睾丸间质细胞，细胞呈椭圆形，核偏端，胞质丰富而嗜酸性。

【作业】高倍镜下绘图，示意：曲精小管、基膜、支持细胞、精原细胞、初级精母细胞、精子细胞、精子、间质细胞。

2. 犬卵巢切片——苏-伊染色 低倍镜下，卵巢表面有一层扁平或立方形的生殖上皮，其下为致密结缔组织构成的白膜。皮质占据卵巢外周，较宽阔；髓质位于卵巢中央，较狭小，与皮质分界不明显，由富含血管的结缔组织组成。皮质中分布着各级卵泡。

原始卵泡：分布于白膜下，数目较多，体积很小，圆形。中央为初级卵母细胞，周围是一层扁平的卵泡细胞。

初级卵泡：中央的初级卵母细胞开始生长，细胞核逐渐泡状化。周围的卵泡细胞变成单层立方形或多层排列。在卵泡细胞和初级卵母细胞之间形成了一层嗜酸性的均质透明带。卵泡周围的结缔组织分化成一层卵泡膜。

次级卵泡：卵泡进一步增大。开始，卵泡细胞之间出现了一些小腔，后来，这些小腔逐渐融合，发育成一个较大的卵泡腔，内含卵泡液。靠近透明带的卵泡细胞变成柱状并呈放射状排列，形成放射冠。随着卵泡液的增加，初级卵母细胞及其周围的透明带和一些卵泡细胞被挤压到卵泡一端，突出于卵泡腔中，形成卵丘。卵丘之外的其余卵泡细胞围绕卵泡腔排列成层，发育成卵泡的颗粒层。卵泡外的卵泡膜此时也分化出内、外两侧，与颗粒层一起构成卵泡壁。

成熟卵泡：体积最大，分布位置逐渐由皮质内层移向卵巢表面并突出于卵巢。卵泡腔越来越大，卵泡壁越来越薄，卵丘相对变小。

皮质中除了各级卵泡之外，还有各种闭锁卵泡和黄体。黄体被结缔组织和血管分隔成若干区，实质由两种黄体细胞组成。粒性黄体细胞大而浅染，呈多边形；膜性黄体细胞小而深染，数量少。

【作业】低倍镜下绘图，示意：皮质、髓质、初级卵泡、次级卵泡、透明带、放射冠、卵丘、卵泡膜。

（陈秋生）

主要参考文献

何慧明主编．1986．家畜解剖生理学．长沙：湖南教育出版社
穆祥主编．2003．家畜解剖与生理学．北京：中央广播电视大学出版社
周其虎主编．2006．畜禽解剖生理．北京：中国农业出版社
陈耀星主编．2000．畜禽解剖学．北京：中国农业大学出版社
董长生等著．2001．家畜解剖学．北京：中国农业出版社
范作良主编．2003．家畜解剖．北京：中国农业出版社
杨维泰等著．2004．家畜解剖学．北京：中国农业出版社
董常生主编．2005．家畜解剖学．第三版．北京：中国农业出版社
陈耀星主编．2005．畜禽解剖学．第二版．北京：中国农业大学出版社
李德雪，尹昕主编．1995．动物组织学彩色图谱．长春：吉林科学技术出版社
成令忠，冯京生、冯子强等主编．2000．组织学彩色图鉴．北京：人民卫生出版社
沈霞芬主编．2000．家畜组织学与胚胎学．第三版．北京：中国农业出版社
马仲华主编．2002．家畜解剖学及组织胚胎学．第三版．北京：中国农业出版社
陈秋生主编．2002．兽医比较组织学．北京：中国农业出版社
成令忠等主编．2003．现代组织学．上海：上海科学技术文献出版社
魏丽华主编．2004．组织学与胚胎学实验指导和图谱．上海：上海科学技术出版社
唐军民主编．2004．组织学与胚胎学彩色图谱．北京：北京大学医学出版社
高英茂主编．2005．组织学与胚胎学．北京：人民卫生出版社
刘斌主编．2005．组织学与胚胎学．北京：北京大学医学出版社
邹仲之主编．2005．组织学与胚胎学．北京：人民卫生出版社
雷亚宁主编．2005．组织学与胚胎学．杭州：浙江大学出版社
杨佩满主编．2006．组织学与胚胎学．第四版．北京：人民卫生出版社
曾园山，陈宁欣主编．2006．组织学与胚胎学．北京：科学出版社
高英茂主编．2006．组织学与胚胎学彩色图谱和纲要．北京：科学出版社
孟运莲，付承英主编．2006．组织学与胚胎学实验指南．武汉：湖北科学技术出版社
张华主编．2006．组织学与胚胎学实习指导．北京：科学出版社
程会昌，李敬双主编．2006．畜禽解剖与组织胚胎学．郑州：河南科学技术出版社
华北农业大学等译校．1978．M．J．斯文森主编．家畜生理学．北京：科学出版社
向涛主编．1990．家畜生理学原理．北京：农业出版社
何炎武主编．1992．家畜生理学．北京：高等教育出版社
郑行主编．1994．动物生殖生理学．北京：北京农业大学出版社
南京农业大学主编．2000．家畜生理学．北京：中国农业出版社
张玉生，柳巨雄，刘娜主编．2000．动物生理学．长春：吉林人民出版社
傅伟龙编著．2001．动物生理学．北京：中国农业科技出版社
王玢，左明雪主编．2001．人体及动物生理学．第二版．北京：高等教育出版社
范作良主编．2001．家畜生理．北京：中国农业出版社
杨凤主编．2001．动物营养学．第二版．北京：中国农业出版社

主要参考文献

陈杰主编. 2003. 家畜生理学. 第四版. 北京：中国农业出版社
陈守良主编. 2000. 动物生理学. 第二版. 北京：北京大学出版社
杨秀平主编. 2002. 动物生理学. 北京：高等教育出版社
陈守良编著. 2005. 动物生理学. 第三版. 北京：北京大学出版社
欧阳五庆主编. 2005. 动物生理学. 北京：科学出版社
张镜如主编. 1997. 生理学. 第四版. 北京：人民卫生出版社
周衍椒，张镜如主编. 1978. 生理学. 北京：人民卫生出版社
姚泰主编. 2000. 生理学. 第五版. 北京：人民卫生出版社
姚泰主编. 2001. 生理学（七年制）. 北京：人民卫生出版社
季常新主编. 2004. 生理学. 北京：科学出版社
姚泰主编. 2004. 生理学（七年制）. 上海：复旦大学出版社
姚泰主编. 2006. 生理学. 第六版. 北京：人民卫生出版社
郑煜主编. 2005. 生理学. 成都：四川大学出版社
范少光，汤浩主编. 2006. 人体生理学. 第三版. 北京：北京大学医学出版社
谢普勤等译. P. D. 斯特凯著. 1964. 家禽生理学. 上海：上海科学出版社
罗丽兰主编. 1998. 生殖免疫学. 湖北科学技术出版社
王建辰主编. 1998. 动物生殖调控. 安徽科学技术出版社
杨利国主编. 2003. 动物繁殖学. 北京：中国农业出版社
朱士恩主编. 2006. 动物生殖生理学. 中国农业出版社
桑润滋主编. 2006. 动物繁殖生物技术. 第二版. 中国农业出版社
张嘉保主编. 2007. 动物繁殖理论与生物技术. 中国农业出版社
高英茂主编. 2006. Textbook of Histology and Embryology. 北京：科学出版社
Sylvia S Mader. 2002. Understanding Human Anatomy and Physiology（14 - th Edition 影印版）. 北京：高等教育出版社
Lauralee Sberwood. 2003. Human Physiology From Cell to Systems（影印版）. 北京：高等教育出版社
Rod R Seeley, Trent D Stephens, Philip Tate. 1998. Anatomy & physiology. 4th ed. New York, USA：McGraw - Hill Companies, Inc
Arthur Vander, Jame Sherman, Dorothy Luciano. 1998. Human Physiology. 7th ed. New York, USA：McGraw - Hill Companies, Inc
Walter F Boron, Emile L. Boulpaep. 2003. Medical Physiology. USA：Saunders, Elsevier Science
Frandson R D, Wilke W L, Anna Dee Fails. 2003. Anatomy and physiology of farm animals. Philadelphia：Lippincott Williams & Wilkings
Luiz Carlos Junqueira, Jose Carneiro. 2003. Basic Histology（Tenth Edition）. The McGraw - Hill Companies, Inc

图书在版编目（CIP）数据

家畜解剖生理学/周定刚，马恒东主编.—北京：中国农业出版社，2010.3（2022.5重印）
全国高等农林院校"十一五"规划教材
ISBN 978-7-109-14400-2

Ⅰ.家… Ⅱ.①周…②马… Ⅲ.家畜－动物解剖学：生理学－高等学校－教材 Ⅳ.S852.1

中国版本图书馆 CIP 数据核字（2010）第 025948 号

中国农业出版社出版
（北京市朝阳区农展馆北路 2 号）
（邮政编码 100125）
责任编辑　武旭峰
文字编辑　王　丽

北京通州皇家印刷厂印刷　新华书店北京发行所发行
2010 年 5 月第 1 版　2022 年 5 月北京第 2 次印刷

开本：787mm×1092mm　1/16　印张：29
字数：705 千字
定价：68.00 元

（凡本版图书出现印刷、装订错误，请向出版社发行部调换）